PHYSIKALISCHE THERAPIE

VON

Dr. JOSEF KOWARSCHIK
UNIV.-PROFESSOR FÜR PHYSIKALISCHE MEDIZIN IN WIEN

ZWEITE
VOLLKOMMEN NEUGESTALTETE AUFLAGE

MIT 285 TEXTABBILDUNGEN

SPRINGER-VERLAG WIEN GMBH

ISBN 978-3-7091-3507-5   ISBN 978-3-7091-3506-8 (eBook)
DOI 10.1007/978-3-7091-3506-8

Alle Rechte,
insbesondere das der Übersetzung in fremde Sprachen, vorbehalten

Ohne ausdrückliche Genehmigung des Verlages
ist es auch nicht gestattet, dieses Buch oder Teile daraus
auf photomechanischem Wege (Photokopie, Mikrokopie)
zu vervielfältigen

Copyright © 1957 by Springer-Verlag Wien
Originally published by Wien Springer-Verlag in 1957
Softcover reprint of the hardcover 2nd edition 1957

Vorwort zur ersten Auflage

Dieses Buch ist das Ergebnis einer mehr als dreißigjährigen Tätigkeit auf dem Gebiet der physikalischen Therapie. Es soll in erster Linie den Bedürfnissen des praktischen Arztes dienen und ihm ein Wegweiser und Berater auf dem Gebiet der physikalischen Heilkunde sein. Es wurden daher nur bewährte, fast ausschließlich von mir selbst jahrelang erprobte Methoden aufgenommen.

Zunächst erschien es notwendig, die Technik der physikalischen Heilmethoden möglichst eingehend darzustellen, da so wie in der Chirurgie und anderen operativen Fächern auch in der Physikotherapie der therapeutische Erfolg wesentlich von der Beherrschung des Handwerklichen abhängt. Leider läßt gerade die Technik infolge der unzulänglichen Ausbildung der Ärzte auf dem Gebiet der physikalischen Heilmethoden und infolge des Mangels an geschulten Hilfskräften noch sehr viel zu wünschen übrig. Ganz das Gleiche gilt für die therapeutische Anzeigenstellung. Diese kann nur dann richtig erfolgen, wenn der Arzt die Wirkung der physikalischen Maßnahmen voll erfaßt hat. Darum werden im Anschluß an den technischen Teil die physiologischen Wirkungen der einzelnen Heilmethoden ausführlich besprochen. Aus ihnen ergeben sich die therapeutischen Anzeigen sozusagen von selbst.

An erster Stelle des Buches stehen die Thermo- und die Hydrotherapie als die ältesten und wichtigsten physikalischen Heilverfahren. Ihnen schließt sich die Balneotherapie, die Behandlung mit Heilbädern, an, die eine etwas breitere Darstellung fand, als dies sonst in den Lehrbüchern der physikalischen Therapie der Fall ist. Es schien mir wichtig, dem Leser eine klare Vorstellung von der Wirkung der einzelnen Heilwässer und ihren Indikationen zu geben, da gerade darüber die Lehrbücher der internen Medizin und Neurologie ganz unzureichende Angaben machen und nicht viele in der Praxis stehende Ärzte die Zeit und Muße finden, sich aus den Werken über Balneologie das für sie Notwendige anzueignen. Der Heilbäderlehre folgt ein Abschnitt über die Lichtbehandlung, das ist die therapeutische Anwendung der ultravioletten Strahlen in Form des Sonnen-, Kohlenbogen- und Quarzlichtes. Ein vierter Teil behandelt die heute soviel geübte Elektrotherapie. Mit der Heilgymnastik findet der allgemeine Teil seinen Abschluß. Ich habe in diesem letzten Abschnitt den Versuch gemacht, ein System der Heilgymnastik aufzustellen, das will sagen, alle ihre so verschiedenen Anwendungsformen von einem Gesichtspunkt aus zu erfassen. Dem allgemeinen Teil folgt ein besonderer, in dem die physikalische Therapie der einzelnen Krankheiten abgehandelt wird.

Kein praktischer Arzt, kein Facharzt kann heute die physikalischen Heilmethoden bei der Ausübung seines Berufes entbehren. Unendlich groß ist die Zahl der Kranken, die einer physikalischen Behandlung bedürfen. Nehmen wir nur das Heer der Rheumatiker, für welche eine Kur mit Bädern, Schlamm, Moor oder ähnlichem oft die einzig wirksame Therapie darstellt, nehmen wir die zahllosen Unfall- und Kriegsverletzten, die Gelähmten oder sonstwie Bewegungsgestörten, die nur durch eine Übungsbehandlung, aktive oder passive Heilgymnastik wieder berufs- und arbeitsfähig werden können, so wird man schon daraus die Bedeutung der physikalischen Heilmethoden für die Heilkunde sowohl wie für die Volksgesundheit erkennen.

Die physikalische Therapie ist heute aus der Medizin nicht mehr wegzudenken. Sie steht der chemischen oder Arzneimittelbehandlung gleichwertig gegenüber. Trotzdem ist man in akademischen Kreisen noch weit davon entfernt, dies anzuerkennen. Wohl kann man die physikalischen Methoden ebensowenig entbehren wie die chemischen, nichtsdestoweniger kann man sich nicht entschließen, ihnen eine Gleichberechtigung mit diesen zu gewähren. Man hält es, wenigstens bei uns in Österreich, für überflüssig, die physikalische Therapie in den Lehrplan des Medizinstudiums aufzunehmen und den Studenten über Dinge zu unterrichten, die er später bei der Ausübung seiner ärztlichen Tätigkeit täglich und stündlich benötigt. Von all den Heilmethoden, die in diesem Buch behandelt werden — und man sollte meinen, daß sie für den Arzt nicht unwichtig sind —, erfährt der Mediziner während seines Studiums überhaupt nichts. Wer kann es unter diesen Verhältnissen dem praktischen Arzt zum Vorwurf machen, wenn er bei der Verordnung von Wärmeanwendungen, Heilbädern, Elektrotherapie, Lichtbehandlung, Heilgymnastik und dergleichen zum Schaden seiner Kranken die gröbsten Fehler begeht, wie das andauernd geschieht. Glücklicherweise hat man in verschiedenen Staaten Europas, wie in Deutschland, Rußland, den baltischen Staaten, Finnland, Belgien, Bulgarien sowie an verschiedenen Universitäten Italiens, an den Universitäten von Paris, Lille, Aberdeen und anderen Städten, vor allem aber an den Universitäten und medizinischen Schulen der Vereinigten Staaten von Amerika die Bedeutung der physikalischen Therapie und ihre Unentbehrlichkeit für die ärztliche Berufsausübung bereits erkannt und sie dementsprechend in den Lehrplan aufgenommen.

Möge dieses Buch dazu beitragen, daß sich diese Erkenntnis auch in meinem Vaterland Österreich, wo ein WINTERNITZ die Hydrotherapie wissenschaftlich begründete, ein ZEYNEK durch die Erfindung der Diathermie eine neue Form der Elektrotherapie schuf, langsam durchsetzt. Das wäre der schönste Lohn, den meine Arbeit finden könnte.

Wien, im Juni 1948

J. Kowarschik

Vorwort zur zweiten Auflage

Die zweite Auflage dieses Buches erforderte eine weitgehende Umgestaltung. Einerseits mußte eine nicht unbeträchtliche Zahl neuer Erkenntnisse, welche die physikalische Therapie gerade in den letzten Jahren gemacht hat, neu aufgenommen werden, anderseits schien es mir zweckmäßig, den Umfang des Buches etwas zu verkleinern, was nur durch Streichungen oder eine gebundenere Darstellung möglich war. Um diese beiden Forderungen zu erfüllen, war es notwendig, mehr als die Hälfte des Buches neu zu schreiben.

Eine Verkürzung erfuhr zunächst die Hydrotherapie, die bedauerlicherweise wenigstens bei uns in Österreich immer mehr in Vergessenheit gerät. Die Kürzungen beziehen sich vor allem auf die physiologischen Wirkungen. Da ich noch als junger Arzt die außerordentlichen Erfolge, die man mit einfachem kalten und warmen Wasser erzielen kann, selbst miterlebte, habe ich die Technik der Hydrotherapie im wesentlichen gelassen, da ich mit Sir Patrick in B. SHAWS Drama "The doctor's dilemma" der Ansicht bin, daß alle wertvollen Methoden der Heilkunde, auch wenn sie in Vergessenheit geraten sind, immer wieder neu entdeckt werden, und ich hoffe, daß dies auch für die Hydrotherapie zutreffen wird.

Auch bei der Darstellung der Heilbäderbehandlung wurde manches den praktischen Arzt nicht Interessierende weggelassen und so das Wesentliche gegenüber dem Unwesentlichen klarer herausgestellt. Dafür wurden neue Forschungsergebnisse über die Wirkung der Heilbäder aufgenommen.

Vollkommen neu mußte der Abschnitt über die Niederfrequenzbehandlung geschrieben werden, da wir diese heute nicht mehr in Galvanisation und Faradisation unterteilen, wie das in Anlehnung an die Elektrotechnik seit mehr als hundert Jahren geschehen ist, sondern sie vom physiologisch-therapeutischen Standpunkt in eine Behandlung mit konstantem Gleichstrom und in eine solche mit Reizstrom unterscheiden. Die Hochfrequenztherapie wurde durch einen neuen Abschnitt über Mikrowellenbestrahlung bereichert.

In ganz neuer Fassung erscheint weiterhin die Mechanotherapie. Die anatomischen Grundlagen dieser Methode wurden gestrichen, die physiologischen wesentlich gekürzt, dafür aber sind zahlreiche praktische Beispiele für Kraft-, Dehnungs- und Koordinationsübungen neu hinzugekommen. An die Massage wurde sinngemäß die Ultraschallbehandlung, die ja nichts anderes ist als eine hochfrequente Vibrationsmassage, angeschlossen. Auch die Reflexzonenmassage, die synkardiale und die gleitende Saugmassage wurden kurz beschrieben. Jedem Abschnitt ist ein Verzeichnis der wichtigsten Bücher und zusammenfassenden Arbeiten über das behandelte Thema angeschlossen worden. Zahlreiche Abbildungen wurden durch neue ersetzt.

Wien, im März 1957

J. Kowarschik

Inhaltsverzeichnis

Erster Teil

Technik, Wirkung und therapeutische Anzeigen

	Seite
I. Die Wärme- und Kältebehandlung (Thermo- und Hydrotherapie)	1
Die biophysikalischen Grundlagen	1
Die physiologischen Wirkungen	4
Die Wirkung auf die Blutgefäße	4
Die Wirkung auf das Herz, das Blut und die endokrinen Drüsen	7
Die Wirkung auf die Lunge, den Magen, den Darm und die Nieren	7
Die Wirkung auf die Nerven und Muskeln	8
Die Wirkung auf die Körpertemperatur, den Stoffwechsel und die Schweißbildung	9
Wärme und Kälte als Heilmittel	10
Die Anwendung des Wassers (Hydrotherapie)	13
Allgemeines	13
Die Wasseranwendung mit Hilfe von Tüchern	16
Abreibungen und Abwaschungen	16
Packungen, Wickel und Umschläge	19
Die Bäder	25
Die technischen Behelfe	25
Die mechanischen Wirkungen des Bades	26
Die Bäderformen	28
Die Duschen und Güsse	36
Die Duschen	36
Die Güsse	40
Die Anwendung von Heißluft und Dampf	41
Allgemeines	41
Die Heißluft- und Dampfkammer	42
Das Heißluft- und Dampfkastenbad	42
Die örtliche Heißluft- und Dampfbehandlung	43
Die Anwendung strahlender Wärme (Infrarotstrahlung)	45
Allgemeines	45
Die Voll-, Halb- und Teillichtbäder	47
Die Wärmebestrahlungslampen	49
Schrifttum über Wärme- und Kältebehandlung	51

Inhaltsverzeichnis

	Seite
II. Die Heilbäderbehandlung (Balneotherapie)	52
Allgemeines	52
Die Kochsalz- und Solebäder	56
Natürliche und künstliche Kochsalzbäder	56
Die Wirkung der Kochsalzbäder	57
Die therapeutischen Anzeigen der Kochsalzbäder	57
Anhang: Die Meerbäder	58
Die Schwefelbäder	59
Die Schwefelbäder und ihre Anwendung	59
Die Wirkung der Schwefelbäder	61
Die therapeutischen Anzeigen der Schwefelbäder	63
Die Kohlensäurebäder	63
Die Kohlensäurebäder und ihre Anwendung	63
Die Wirkung der Kohlensäurebäder	66
Die therapeutischen Anzeigen der Kohlensäurebäder	68
Anhang: Die Luftsprudelbäder	68
Die Radium- und Radontherapie	69
Die Physik der radioaktiven Körper	69
Die Anwendung des Radons	71
1. Die Inhalation	71
2. Die Trinkkur	72
3. Die Badekur	74
Die Wirkung des Radiums und Radons	75
Die therapeutischen Anzeigen der Radiumkuren	76
Die Moorbäder	76
Allgemeines	76
Die Moorbäder und ihre Anwendung	77
Die Wirkungen und therapeutischen Anzeigen der Moorbäder	78
Die Schlammbäder und Schlammpackungen	80
Allgemeines	80
Die Anwendung des Schlammes	80
Die Sandbäder	82
Die Paraffinpackungen	84
Kataplasmen und Tonerdeumschläge	86
Bäder mit pflanzlichen Zusätzen	87
Schrifttum über Heilbäderbehandlung	88
III. Die Ultraviolettlicht-Behandlung	89
Allgemeines	89
Das Sonnenlicht	90
Physikalische Grundlagen	90
Das Sonnenbad	91
Anhang: Das Luftbad	93
Das Kohlenbogenlicht	94
Physikalisch-technische Grundlagen	94
Kohlenbogenlampen für therapeutische Zwecke	95
Die therapeutische Anwendung des Kohlenbogenlichtes	96
Das Quecksilber-Quarzlicht	96
Physikalisch-technische Grundlagen	96
Quarzlampen für therapeutische Zwecke	97
Die therapeutische Anwendung des Quecksilber-Quarzlichtes	99
Die allgemeine Anwendung	100
Die örtliche Anwendung (Erythembehandlung)	102

	Seite
Die physiologischen Wirkungen der UV-Strahlen	103
Die örtlichen Wirkungen	103
Die allgemeinen Wirkungen	105
Die therapeutischen Anzeigen der UV-Lichtbehandlung	106
Schrifttum über Ultraviolettlicht-Behandlung	107

IV. Die Elektrotherapie ... 107

Allgemeines ... 107
Die konstante Galvanisation ... 108
   Das Instrumentarium der konstanten Galvanisation ... 108
   Die Ausführung der konstanten Galvanisation ... 111
      Allgemeine Behandlungsregeln ... 111
      Die Behandlung einzelner Körperteile ... 112
   Die Wirkungen der konstanten Galvanisation ... 115
      Die physikalisch-chemischen Wirkungen ... 115
      Die physiologischen Wirkungen ... 117
   Die therapeutischen Anzeigen der konstanten Galvanisation ... 119
Anhang: Die Iontophorese ... 119
   Die Grundlagen der Iontophorese ... 119
   Die Ausführung der Iontophorese ... 120
   Die Wirkungen der Iontophorese ... 121
   Die therapeutische Wertung der Iontophorese ... 121
Die Reizstromtherapie ... 122
   Die physiologischen Grundlagen der Reizstromtherapie ... 122
   Das Instrumentarium der Reizstromtherapie ... 127
   Die Ausführung der Reizstromtherapie ... 127
   Die Wirkungen der Reizstromtherapie ... 133
   Die therapeutischen Anzeigen der Reizstromtherapie ... 134
Die Hochfrequenztherapie (Arsonvalisation) ... 134
   Die Physik der Hochfrequenzströme ... 134
   Das Instrumentarium der Hochfrequenztherapie (Arsonvalisation) ... 138
   Die Ausführung der Hochfrequenztherapie (Arsonvalisation) ... 140
   Die physiologischen Wirkungen der Hochfrequenztherapie (Arsonvalisation) ... 140
   Die therapeutischen Anzeigen der Hochfrequenztherapie (Arsonvalisation) ... 141
Die Langwellendiathermie ... 142
   Allgemeines ... 142
   Das Instrumentarium der Langwellendiathermie ... 142
   Die Ausführung der Langwellendiathermie ... 144
      Allgemeine Behandlungsregeln ... 144
      Die Behandlung einzelner Körperteile ... 147
      Die Behandlung des ganzen Körpers ... 150
Die Kurzwellendiathermie ... 151
   Allgemeines ... 151
   Das Instrumentarium der Kurzwellendiathermie ... 155
   Die Ausführung der Kurzwellendiathermie ... 155
      Die Behandlung im Kondensatorfeld ... 156
      Die Behandlung im Spulenfeld ... 160
      Die Behandlung einzelner Körperteile ... 162
      Die Kurzwellenhyperthermie ... 164
   Die physiologischen Wirkungen der Kurzwellendiathermie ... 166
   Die therapeutischen Anzeigen der Lang- und Kurzwellendiathermie ... 169

Die Mikrowellentherapie 170
   Allgemeines.. 170
   Das Instrumentarium der Mikrowellentherapie 171
   Die Ausführung der Mikrowellentherapie 172
   Die physiologischen Wirkungen der Mikrowellentherapie...... 173
   Schrifttum über Elektrotherapie 175

V. Die Mechanotherapie 176
  Allgemeines.. 176
  Die Bewegungstherapie oder Heilgymnastik.................. 176
    Die Erhöhung der motorischen Kraft 177
     Allgemeines über Kraftübungen........................ 177
     Beispiele für Kraftübungen............................ 182
    Die Vergrößerung des Bewegungsumfanges eines Gelenkes.... 186
     Allgemeines über Dehnungs- und Lockerungsübungen..... 186
     Beispiele für Dehnungs- und Lockerungsübungen......... 189
    Die Verbesserung der Koordination 194
     Allgemeines über Koordination 194
     Koordinationsübungen 196
    Die Unterwassergymnastik 198
  Die Massage 202
    Allgemeines.. 202
    Die Ausführung der Massage 204
    Besondere Formen der Massage.......................... 213
  Die Ultraschallbehandlung 216
    Allgemeines.. 216
    Das Instrumentarium der Ultraschallbehandlung 217
    Die Ausführung der Ultraschallbehandlung 219
    Die biophysikalischen Wirkungen der Ultraschallbehandlung.. 220
    Die therapeutischen Anzeigen der Ultraschallbehandlung...... 221
  Schrifttum über Mechanotherapie.......................... 222

Zweiter Teil
Die Behandlung einzelner Krankheiten

I. Die Krankheiten der Gelenke und Muskeln............. 224
  Allgemeines über Gelenkkrankheiten 224
  Polyarthritis acuta 224
  Polyarthritis chronica..................................... 226
  Monarthritis acuta 230
  Monarthritis chronica 232
  Tuberkulose der Gelenke.................................. 233
  Krankheiten der Sehnenscheiden, Schleimbeutel und anderes 235
  Verletzungen der Gelenke, Knochen und Weichteile 236
  Myalgie 238
  Statische Insuffizienz 240

II. Die Krankheiten des Nervensystems 242
  Allgemeines über Lähmungen.............................. 242
  Poliomyelitis... 243
    Das Stadium der akuten Entzündung..................... 245
    Das Stadium der Rückbildung 247

Polyneuritis und andere schlaffe Lähmungen 254
Lähmung einzelner peripherer Nerven 255
Zerebrale Hemiplegie 258
Sonstige spastische Lähmungen 263
Morbus Parkinson, Parkinsonismus 264
Tabes dorsalis 266
Multiple Sklerose 270
Neuritis und Neuralgie 271
Psychische und vegetative Neurosen 274
    Anhang 277
Beschäftigungsneurosen 277
Tickkrankheit 278
Hyperthyreose, Morbus Basedow 279

III. **Die Krankheiten des Herzens und der Blutgefäße** 280

    Herzschwäche 280
    Koronarinsuffizienz, Angina pectoris, Myokarditis 283
    Krankheiten der Arterien 285
    Krankheiten der Venen 288

IV. **Die Krankheiten der Atmungsorgane** 289

    Krankheiten der oberen Luftwege 289
    Chronische Bronchitis, Bronchiektasien, Emphysem 291
    Asthma bronchiale 294
    Pneumonie 296
    Pleuritis (Empyem) 297
    Tuberkulose der Lunge 299

V. **Die Krankheiten der Verdauungsorgane** 302

    Gastritis und Enteritis 302
    Ulcus ventriculi und duodeni 303
    Hyper- und Atonie des Magens und Darms. Habituelle Obstipation 304
    Krankheiten der Leber, der Gallenwege und des Bauchfelles 307

VI. **Die Krankheiten der Harn- und Geschlechtsorgane** ... 308

    Nephritis 308
    Cystitis, Pyelitis, Uretersteine 310
    Krankheiten der männlichen Geschlechtsorgane 311
    Krankheiten der weiblichen Geschlechtsorgane 313

VII. **Die Konstitutions- und Stoffwechselkrankheiten** ... 315

    Skrofulose, exsudative Diathese, Rachitis 315
    Fettsucht 318
    Diabetes mellitus 320
    Gicht 322

VIII. **Die Infektionskrankheiten** 324

    Typhus abdominalis 324
    Masern 326
    Scharlach 326
    Erysipel 327

	Seite
IX. Die Hautkrankheiten	327
Ekzem	327
Pyodermien	328
Hautgeschwür	329
Schrifttum über die gesamte physikalische Therapie	330
Sachverzeichnis	332

Erster Teil

Technik, Wirkung und therapeutische Anzeigen

I. Die Wärme- und Kältebehandlung (Thermo- und Hydrotherapie)

Die biophysikalischen Grundlagen

Begriff der Wärme- und Kältebehandlung. Die Wärmebehandlung heißt auch Thermotherapie ($\vartheta\varepsilon\varrho\mu\acute{o}\varsigma$ = warm), dementsprechend hat man die Kältebehandlung als Kryotherapie ($\varkappa\varrho\acute{v}o\varsigma$ = kalt) bezeichnet, ein Wort, das sich bei uns nicht eingebürgert hat. In Amerika spricht man von Hyperthermie und Hypothermie. Da wir als Kälteträger fast ausschließlich das Wasser in flüssiger oder fester Form benützen, hat man die Kältebehandlung auch mit der Hydrotherapie identifiziert und die Hydrotherapie der Kaltwasserbehandlung gleichgesetzt. Das ist erstens sprachlich nicht richtig, denn Hydrotherapie heißt eben nur Wasserbehandlung, dann aber auch sachlich nicht, denn in der Hydrotherapie kommt nicht nur kaltes, sondern auch warmes Wasser, und zwar noch viel häufiger als kaltes, zur Anwendung. Thermo- und Hydrotherapie sind demnach nicht zwei gegensätzliche, sondern vielmehr zwei Begriffe, die sich gegenseitig überdecken.

Die Thermotherapie reicht weit über die Anwendung des warmen Wassers hinaus, denn sie bedient sich auch anderer Wärmeträger, die teils fest (Heizkissen), teils halbflüssig (Schlamm, Moor), teils gasförmig (Heißluft) sind. Zur Thermotherapie gehört weiterhin die Anwendung gestrahlter Wärme mit Hilfe von Wärmelampen, Voll- und Teillichtbädern und im therapeutischen Sinn auch die Lang- und Kurzwellendiathermie.

Was ist Wärme und Kälte? Wärme ist nach unserer Vorstellung von heute kinetische oder Bewegungsenergie, Bewegung der kleinsten Teilchen, der Moleküle und Atome. Kälte ist überhaupt kein physikalischer Begriff, denn alles, was über dem absoluten Nullpunkt von $-273°$ C liegt, ist Wärmebewegung, die nur je nach dem Temperaturgrad schwächer oder stärker ist. Kälte ist vielmehr ein physiologischer Begriff, der Ausdruck einer gewissen, meist unangenehmen Empfindung, die bei der Einwirkung niederer Temperaturgrade auftritt. Die Fragestellung müßte also richtig lauten: *Was empfinden wir als warm und was als kalt?*

Es wäre naheliegend, anzunehmen, daß wir alles, was kälter ist als unsere Haut, als kalt und alles, was wärmer ist als diese, als warm empfinden. So einfach ist die Sache allerdings nicht, wie folgender Versuch beweist. Wir kleiden uns einmal in einem Raum, dessen Temperatur 22° C beträgt, vollkommen nackt aus. Wir werden diese Temperatur weder als kalt noch als warm empfinden. Wir bezeichnen sie als indifferent. Anders ist die Empfindung, wenn wir in ein Wasserbad von 22° C steigen. Es wird uns unvergleichlich kälter erscheinen, obwohl es dieselbe Temperatur aufweist wie die Luft. Das wird dadurch bedingt, daß das Wasser ein besserer Wärmeleiter ist als die Luft, dem Körper also in der gleichen Zeit mehr Wärme entzieht. Für die Temperaturempfindung ist demnach nicht allein die absolute Temperatur des umgebenden Mediums, sondern auch dessen Wärmeleitvermögen maßgebend.

Je besser das Wärmeleitvermögen eines Körpers ist, den wir berühren, um so kälter wird er empfunden, falls seine Temperatur *unter* dem Indifferenzpunkt liegt. Wasser erscheint uns daher bei gleicher Temperatur kälter als Luft. Umgekehrt wird ein solcher Körper wärmer empfunden, wenn seine Temperatur *über* dem Indifferenzpunkt liegt. Ein Wasserbad von 40° C erscheint uns daher wärmer als ein Luftbad der gleichen Temperatur.

Als *Indifferenzpunkt* bezeichnen wir, wie bereits erwähnt, jenen Temperaturgrad, den wir weder als warm noch als kalt empfinden. Er liegt um so tiefer, je schlechter das Leitvermögen eines Körpers ist, und umgekehrt. Luft ist der schlechteste Leiter, den wir therapeutisch verwenden. Ihr Indifferenzpunkt liegt bei 22 bis 24° C. Wasser dagegen ist der beste Leiter. Sein Indifferenzpunkt entspricht einer Temperatur von 35 bis 36° C.

Toleranzpunkt heißt jener Temperaturgrad, der eben noch ohne Schaden vertragen wird. Der Toleranzpunkt trockener Luft liegt bei 100° C, dem Siedepunkt des Wassers. FORDYCE vermochte, wie er in Selbstversuchen feststellte, in einem Raum von 100° C bis zu 20 Minuten zu verweilen. Die Toleranzgrenze des Wassers liegt wesentlich tiefer und ist schon bei 45 bis 46° C erreicht.

Der Umstand, daß unsere temperaturempfindenden Nerven einerseits die Temperatur und andererseits das Wärmeleitvermögen des berührten Körpers kontrollieren, ist biologisch von größter Bedeutung, denn diese beiden Faktoren sind es, welche die Größe des Wärmestromes bestimmen, der unserem Körper in der Zeiteinheit zufließt, bzw. ihm entzogen wird. Dieser Wärmestrom ist um so größer, je größer das Temperaturgefälle, d. h. der Temperaturunterschied zwischen dem Körper und dem berührten Gegenstand und je größer das Leitvermögen dieses ist. Erst dadurch, daß unsere Wärme- und Kältenerven diese beiden Faktoren gleichzeitig erfassen, werden sie zu Wächtern unserer Eigentemperatur, die, über die ganze Körperoberfläche verbreitet, uns allsogleich jede drohende Wärme- oder Kälteschädigung anzeigen.

Die Wärmeübertragung geschieht entweder durch Leitung oder durch Strahlung.

Die Wärmeleitung ist stets an Materie, d. h. an den unmittelbaren Kontakt zweier verschieden temperierter Körper gebunden. Die Wärme strömt dann von dem Ort höherer zu dem niederer Temperatur solange über, bis ein Wärmeausgleich erreicht ist.

Bei der Wärmefortpflanzung innerhalb von Flüssigkeiten oder Gasen spielen auch mechanische Kräfte eine wichtige Rolle. Erhitzen wir z. B. Wasser oder Luft von unten her, so werden die zunächst erhitzten Teilchen infolge ihrer Ausdehnung spezifisch leichter und steigen nach oben, während kältere Teilchen nach unten sinken. Es kommt so zu Strömungen innerhalb der Flüssigkeit oder des Gases, welche die Wärme mechanisch verschleppen. Diesen Vorgang bezeichnet man als *Wärmeströmung* oder *Konvektion*. Diese mechanische Fortführung der Wärme kann bei Flüssigkeiten durch Umrühren, bei Gasen durch künstliche Bewegung unterstützt werden. Die Konvektion ist für die Fortleitung der Wärme im Wasser, vor allem aber in der Luft, die an sich ein sehr schlechter Wärmeleiter ist, von größter Bedeutung. Daher ist z. B. die Kälteempfindung an windstillen kalten Tagen wesentlich geringer als an windigen, da der Wind die rasche Abfuhr der Körperwärme fördert. Unsere Kleidung wirkt vor allem dadurch als Wärmeschutz, daß sie zwischen Körper und Außenwelt eine stagnierende Luftschicht schafft, die der Konvektion entzogen ist.

Die Wärmestrahlung. Bei der Behandlung mit gestrahlter Wärme ist der Körper nicht in unmittelbarer Berührung mit der Wärmequelle, sondern durch einen größeren oder kleineren Zwischenraum von ihr getrennt. Die Wärme, die von der Sonne oder einer anderen Wärmequelle ausgeht, wird zunächst in elektromagnetische Strahlung (Infrarotstrahlung) umgesetzt. Diese durchdringt das Vakuum oder die Luft, ohne sie zu erwärmen und wird erst bei ihrem Auftreffen auf den Körper wieder in Wärme zurückverwandelt.

Das **Wärmeleitvermögen** eines Körpers wird durch die sogenannte Wärmeleitzahl gekennzeichnet, die für jeden Körper eine Konstante darstellt. Die besten Wärme- und gleichzeitig Elektrizitätsleiter sind die Metalle. Die schlechtesten Wärme- und Elektrizitätsleiter sind die Gase (Luft). Zwischen beiden stehen das Wasser und damit auch alle stark wasserhaltigen Körper, wie die tierischen Gewebe. Das Wasser leitet ungefähr 1000mal schlechter als die Metalle, aber immerhin noch 23mal besser als trockene Luft.

Spezifische Wärme. Wenn wir 1 kg Wasser und 1 kg Quecksilber erwärmen, so können wir leicht feststellen, daß wir dem Wasser unvergleichlich mehr Wärme zuführen müssen als dem Quecksilber, um seine Temperatur um 1° C zu erhöhen. Diejenige Wärmemenge, die, gemessen in Kalorien, notwendig ist, um 1 g irgend einer Substanz um 1° C zu erwärmen, nennen wir ihre *spezifische Wärme*. Zur Erwärmung des Wassers ist entsprechend der Definition der Kalorie gerade eine kleine Kalorie nötig. Die spezifische Wärme des Wassers beträgt daher 1. Sie ist größer als die irgendeiner anderen Substanz. Das Wasser ist daher imstande, mehr Wärme aufzunehmen als alle sonstigen Körper und dementsprechend auch mehr Wärme abzugeben. Es ist ein idealer Wärmespeicher.

Wärmekapazität. Wir können an Stelle der spezifischen Wärme auch den Begriff der Wärmekapazität einführen, worunter wir jene Kalorienmenge verstehen, die nicht 1 g, sondern 1 ccm eines Stoffes zu einer Temperaturerhöhung von 1° C erfordert. Für den physikalischen Therapeuten erscheint es zweckmäßiger, gleiche Volumina als gleiche Gewichtsmengen miteinander zu vergleichen. Wärmekapazität = spezifische Wärme × spezifisches Gewicht.

Die Temperaturmessung wird in Celsiusgraden vorgenommen. Die Reaumurskala findet heute kaum mehr eine Verwendung. In den angelsächsischen Ländern ist auch heute noch die Temperaturmessung nach Fahrenheit üblich, die auf der irrtümlichen Voraussetzung beruht, daß im Jahre 1709 die tiefste, überhaupt mögliche Temperatur mit — 32° C erreicht worden wäre, weshalb man diese dem Nullpunkt gleichsetzte. Für wissenschaftliche Zwecke kommt immer mehr die absolute Temperaturmessung in Gebrauch, deren Ausgangspunkt der absolute Nullpunkt mit — 273° C ist, so daß der Gefrierpunkt des Wassers bei 273° C liegt.

Die Umrechnungsformeln der genannten Systeme sind folgende: C = 5 R : 4 — R = 4 C : 5 — C = 5 (F — 32) : 9 — A = C — 273.

Die physiologischen Wirkungen
Die Wirkung auf die Blutgefäße

Die Wirkung auf die Hautgefäße. Wärme erweitert die kleinen und kleinsten Gefäße, die Arteriolen, Kapillaren und Venolen. Gleichzeitig kommt es zu einer Erschließung ruhender Kapillaren, die außer Dienst gestellt waren, zur Kapillarisation. Mit der Erweiterung der Gefäße geht eine Vermehrung und Beschleunigung des Blutstromes Hand in Hand, was A. BIER als aktive Hyperämie bezeichnet hat.

Die Gefäßerweiterung ist nicht die Folge einer unmittelbaren Wirkung der Wärme auf die Gefäßwand, sondern kommt durch die Vermittlung des vegetativen Nervensystems zustande. Dieses umspinnt mit seinem terminalen Neuroretikulum, einem Geflecht feinster Achsenzylinder, selbst die kleinsten Gefäße. Da die Erweiterung dieser dem Parasympathikus untersteht, müssen wir annehmen, daß die Wärme den Tonus des Parasympathikus steigert, bzw. den des Sympathikus herabsetzt (s. auch S. 8).

Die durch die Wärme bedingte Erweiterung der Strombahn bleibt aber nicht auf den Ort der Einwirkung beschränkt, sondern erstreckt sich, wenn auch in geringerem Grad, auf die ganze Hautdecke. Diese *gleichsinnige* oder *konsensuelle Reaktion* kommt auf reflektorischem Weg zustande. Da das allgemeine Temperaturgefühl von der Durchblutung der Hautgefäße abhängt, so kann man ein Kältegefühl durch ein heißes Fußbad beseitigen. Andererseits beginnt man zu frieren, wenn man kalte Füße bekommt.

Die *Kälte* bewirkt zunächst eine Zusammenziehung der Hautgefäße, der dann eine Erweiterung mit stärkerer Durchblutung folgt, die aber auch nicht annähernd so stark ist wie die Wärmehyperämie. Hält die Kälte lange Zeit an, so kommt es zu einer Erschlaffung der Gefäße und einer Verlangsamung des Blutstromes, begleitet von einer zyanotischen Verfärbung der Haut.

Die Wirkung auf die tiefen Gefäße. Ebenso wie es bei einer örtlichen Wärmeanwendung reflektorisch zu einer Erweiterung aller Hautgefäße kommt, tritt eine solche auch in den unter der Einwirkungsstelle der Wärme liegenden Muskeln oder Organen auf. Die konsensuelle Reaktion ist also nicht zwei-, sondern dreidimensional. Auch diese Wirkung ist eine reflektorische. Daß die Gefäßerweiterung nicht einfach durch die physikalische Fortleitung der Wärme in die Tiefe erfolgt, ist daraus ersichtlich, daß sie augenblicklich, d. h. in wenigen Sekunden eintritt und durch eine paraneurale Infiltration der hinteren Wurzeln verhindert werden kann.

Die Tiefenhyperämie kann an den Extremitäten plethysmographisch nachgewiesen werden.

Abb. 1 zeigt das Plethysmogramm eines Armes aus einem Versuch, bei dem der Arm der anderen Seite mit Wasser von 43° C 10 Sekunden lang über-

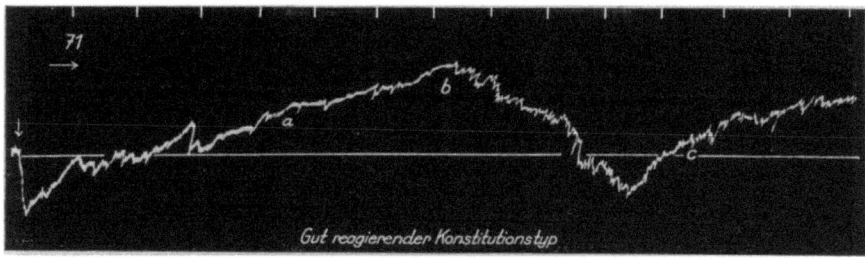

Abb. 1. Plethysmogramm eines normal reagierenden Menschen, bei dem der nicht im Plethysmograph befindliche Unterarm mit Wasser von 43° C 10 Sekunden lang übergossen wird. Anfängliche Verengerung, dann zunehmende Erweiterung der Gefäße. Bei *a* Auftreten von Wärmegefühl, bei *b* Abkühlung. (Nach LAMPERT)

gossen wurde. Wir sehen zunächst eine Volumsabnahme, bedingt durch eine sofort eintretende Kontraktion der Gefäße, die aber bald vorübergeht und einer Erweiterung Platz macht.

Grundsätzlich anders verhalten sich kranke Gefäße. Sie haben die Fähigkeit, sich rasch zu erweitern, eingebüßt und zeigen gleichzeitig eine erhöhte Kontraktionsbereitschaft. Wenn solche Gefäße von einem starken Kälte-, aber auch Wärmereiz (!) getroffen werden, so verfallen sie in einen krampfartigen Kontraktionszustand, einen Spasmus, von dem sie sich nur langsam wieder erholen. Abb. 2 zeigt eine solche paradoxe Reaktion bei einem Kranken

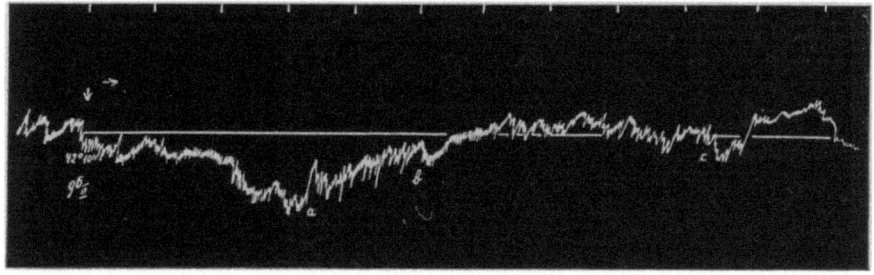

Abb. 2. Plethysmogramm eines Kranken mit diabetischer Gangrän. Der gleiche Versuch wie bei Abb. 1 ergibt eine krampfhafte Zusammenziehung der Gefäße (paradoxe Reaktion), die allmählich nachläßt, aber von keiner Hyperämie gefolgt wird. (Nach LAMPERT)

mit einer diabetischen Gangrän. Ein heißer Guß hat eine langdauernde Kontraktion der Gefäße zur Folge. Von einer reaktiven Hyperämie dagegen ist nichts zu sehen. *Man hüte sich daher, bei Gefäßkranken intensive Wärmereize, wie Heißluft, Schlammpackungen u. dgl. anzuwenden, wenn man nicht eine Gangrän provozieren will.*

Anders als die Wirkung eines plötzlichen starken Wärmereizes ist die einer langsam zunehmenden Wärme. Abb. 3 gibt das Verhalten der Gefäße in einem Teilbad von HAUFFE wieder. Es ist dies ein Armbad, dessen anfängliche Temperatur von 36° C durch Zufließenlassen von heißem Wasser langsam auf 44° C aufgehöht wird. Infolge der langsamen Anpassung an die hohe Temperatur, welche eine Schockwirkung vermeidet, bleibt die primäre Gefäßkontraktion

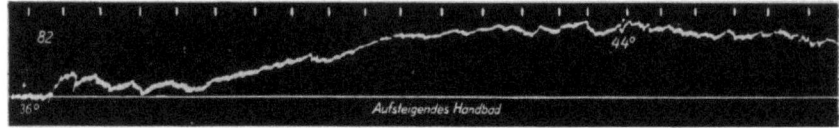

Abb. 3. Plethysmogramm bei einem Unterarmbad, dessen Temperatur allmählich von 36 auf 44⁰ C erhöht wird (HAUFFEsches Teilbad). Die primäre Gefäßkontraktion (s. Abb. 1) fehlt, es kommt von vornherein zu einer zunehmenden Erweiterung der Gefäße. (Nach LAMPERT)

aus. Dieses Verhalten ist von größter praktischer Bedeutung. *Überall dort, wo wir kranke Gefäße schonend erweitern und eine Blutdruckerhöhung vermeiden wollen, werden wir uns mit der Wärme in dieser Weise einschleichen.*

Da das Blut das höchsttemperierte „Gewebe" des menschlichen Körpers ist, muß mit einer Tiefenhyperämie gleichzeitig eine Erhöhung der Temperatur in den tiefer liegenden Teilen auftreten. *Eine Tiefenhyperämie und Tiefenerwärmung kann also durch jedes thermische Verfahren und nicht allein durch Lang- oder Kurzwellendiathermie erzeugt werden, wie man vielfach anzunehmen geneigt ist.*

Die Nichtbeachtung dieser biologischen Tatsache hat manche Fehlschlüsse veranlaßt. Seit Jahren bemüht man sich, die physikalische Tiefenwirkung verschiedener Wärme- und Kälteanwendungen festzustellen. So haben einige Forscher nachgewiesen, daß die Temperatur im Mageninnern oder in anderen Körperhöhlen ansteigt, wenn man Wärme äußerlich auf die entsprechenden Hautstellen einwirken läßt. Das ist zweifellos richtig, aber der daraus gezogene Schluß, daß die Haut und die Unterhaut verhältnismäßig gute Wärmeleiter seien, ist falsch. Man übersieht, daß bei allen diesen Anwendungen schon die Hauterwärmung allein reflektorisch eine Tiefenhyperämie und eine Temperatursteigerung zur Folge hat.

Das Gegenspiel zwischen oberflächlichen und tiefen Gefäßen. Während bei örtlichen Einwirkungen von Wärme oder Kälte die tiefen Gefäße im gleichen Sinn reagieren wie die der Haut, ist das bei allgemeinen thermischen Eingriffen, etwa einem heißen Vollbad, nicht der Fall. Kommt es unter dem Einfluß der Wärme zu einer starken Hyperämie der ganzen Hautdecke, so muß die hierzu nötige Blutmenge dem Körperinnern entzogen werden. Es kommt zu einer relativen Blutarmut der inneren Organe und der Muskulatur, die mit einer Verengerung ihrer Gefäße einhergeht. Aber noch ein zweiter Faktor ist es, der für die Autotransfusion des Blutes in die peripheren Gefäße einen Ausgleich schafft. Es ist die Eröffnung der großen Blutdepots in der Leber, der Milz und den subpapillären Venenplexus, in denen unter normalen Verhältnissen beträchtliche Blutmengen angesammelt sind, die im Bedarfsfall in den Kreislauf geworfen werden. Bei allgemeinen Kälteeinwirkungen, bei denen sich die gesamten Hautgefäße kontrahieren, kommt es umgekehrt zu einer erhöhten Blutfülle der Muskeln und der Eingeweide. Dieser Antagonismus zwischen oberflächlichen und tiefen Körpergefäßen, der als *Dastre-Moratsche Regel* seit langem bekannt ist, wurde von REIN durch Messungen mit der Stromuhr an Hunden neuerlich bestätigt. Die *Dastre-Moratsche Regel* gilt allerdings nicht ausnahmslos für alle inneren Organe. Die Gefäße des Herzens und der Nieren folgen der Regel nicht. Sie verengern sich nicht unter dem Einfluß allgemeiner Wärmeanwendungen, sondern sie erweitern sich in gleicher Weise wie die Hautgefäße.

Die Wirkung auf das Herz, das Blut und die endokrinen Drüsen

Die Wirkung auf das Herz. Die *Pulsfrequenz* wird durch örtliche Wärmeanwendungen nicht oder nur wenig beeinflußt, dagegen durch allgemeine wie Heißluft-, Dampf- oder heiße Wasserbäder erhöht und das um so mehr, je höher die einwirkende Temperatur ist. Bei einem Anstieg der Körperwärme um 1° C steigt die Pulsfrequenz um 18 bis 20 Schläge in der Minute an. Örtliche Anwendungen von *Kälte* in Form von kalten Kompressen oder eines Eisbeutels auf die Herzgegend wirken verlangsamend und beruhigend auf die Herzaktion.

So wie die Pulszahl werden auch das *Schlag- und Minutenvolumen* bei allgemeinen Wärmeanwendungen erhöht. Der *Blutdruck* pflegt in Bädern von 37 bis 39° C zu sinken, was im wesentlichen auf die Erweiterung der peripheren Gefäße und die dadurch bedingte Verminderung des Widerstandes zurückzuführen ist. Im heißen Bad dagegen ebenso wie im kalten müssen wir mit einem Anstieg des systolischen Druckes rechnen, weshalb solche Bäder für einen Hypertoniker eine Gefahr bedeuten.

Die Wirkung auf das Blut. Auch das serologische und morphologische Blutbild werden durch Wärme und Kälte, vor allem, wenn sie die ganze Körperoberfläche treffen, wie im warmen und kalten Bad, beeinflußt. Durch *Wärme* kommt es infolge der Erhöhung des Parasympathikustonus zu einem Abfall der Leukozyten, Anstieg der Eosinophilen, Anstieg des Albumin/Globulin-Quotienten, Abfall des Blutzuckers, alkalotische Tendenz usw.

Die Wirkung der *Kälte* ist im allgemeinen eine gegensätzliche. Sie wird beherrscht von einer Steigerung des Sympathikustonus. Dadurch kommt es zu einem Anstieg der Leukozyten, Abfall der Eosinophilen, Abfall des Albumin/Globulin-Quotienten, Anstieg des Blutzuckers, azidotischer Stoffwechselwirkung.

Die Wirkung auf die endokrinen Drüsen. Wärme und Kälte, welche größere Teile der Körperoberfläche treffen, wirken nach SELYE als Stressoren auf die Hypophyse, wodurch es zu einer vermehrten Ausschüttung von ACTH kommt, welches wieder eine verstärkte Sekretion der Nebennieren zur Folge hat.

Die Wirkung auf die Lunge, den Magen, den Darm und die Nieren

Die Wirkung auf die Lunge. Die örtliche Einwirkung von Kälte, etwa in Form eines kalten Gusses vor allem auf die Nackengegend, wirkt als starker Reiz auf das Atmungszentrum. Es wird eine tiefe Inspiration ausgelöst, auf deren Höhe ein Atemstillstand eintritt. Es verschlägt einem den Atem, wie man zu sagen pflegt. Dann kommt es zu einer langgezogenen Exspiration, der anschließend tiefe Atemzüge folgen. Auch in kalten Bädern von 30° C abwärts wird die Atmung vertieft und das Atemvolumen vermehrt. In ähnlicher Weise wirken warme Bäder, die mit zunehmender Temperatur die Atmung vertiefen, ohne deren Frequenz wesentlich zu ändern. Nur bei langer Dauer kommt es zu einer Beschleunigung, wobei die Atemzüge gleichzeitig oberflächlicher werden.

Die Wirkung auf den Magen und Darm. Örtlich auf das Epigastrium wirkende Wärme erhöht den Tonus und die Peristaltik der Magenmuskulatur und beschleunigt dadurch die Entleerung, wie sich unter dem Röntgenschirm nachweisen läßt. Anders ist die Sache bei krankhaft gesteigerter Peristaltik. Wie schon lange bekannt ist, wirkt die Wärme krampflösend, d. h. sie dämpft die erhöhte Peristaltik und beruhigt die damit verbundenen Schmerzen. Sie wird daher bei allen Erregungszuständen der glatten Muskulatur, Spasmen oder Koliken verwendet. Es zeigt sich also auch hier, daß der gleiche Reiz bei gesunden und kranken Menschen gegensätzliche Reaktionen auszulösen vermag, wie wir bereits bei gesunden und kranken Blutgefäßen gesehen haben (S. 5).

Anders als die Wärme wirkt die Kälte auf die Magen- und Darmbewegung. Sie setzt bei örtlicher und allgemeiner Anwendung den Tonus und die Peristaltik der Magen-Darmmuskulatur herab.

Die Wirkung auf die Nieren. Die Nierengefäße reagieren, wie bereits erwähnt, stets gleichsinnig mit den Hautgefäßen. Es kommt daher sowohl bei örtlicher Wärmeeinwirkung auf die Nierengegend wie bei allgemeiner Wärmeanwendung, etwa warmen Vollbädern, zu einer vermehrten Durchblutung der Nieren. Dadurch wird die Diurese gefördert, gleichzeitig damit kommt es zu einer vermehrten Kochsalz- und Stickstoffausscheidung. Warme Umschläge von mehrstündiger Dauer, unterstützt durch ein Wärmekissen oder eine langdauernde Lang- und Kurzwellendurchströmung vermögen selbst bei Anurie nicht selten die Harnausscheidung wieder in Gang zu bringen. Ein bis zwei Stunden währende Vollbäder von 36 bis 37°C erhöhen die Harnmenge bei Nierenkranken.

Anders ist die Reaktion bei intensiven allgemeinen Wärmeangriffen, die zu einem starken Schweißverlust führen. Infolge der vermehrten Ausscheidung von Wasser und anderen Stoffen durch die Haut wird die Harnmenge oft beträchtlich vermindert.

Die Wirkung auf die Nerven und Muskeln

Die Wirkung auf die Sinnes- und vegetativen Nerven. Wärme und Kälte wirken zunächst auf die temperaturempfindenden Nerven, deren Endorgane als Wärme- und Kälterezeptoren über die ganze Körperoberfläche verteilt sind. Ihre Aufgabe ist es, jede durch eine zu hohe oder zu niedrige Temperatur drohende Schädigung des Körpers abzuwehren.

Gleichzeitig wirken thermische Reize auf die vegetativen Nerven, den dympathikus und Parasympathikus, deren Endausbreitungen sich bis in die Epidermis verfolgen lassen. Wärme mäßigen Grades wirkt vagotonisch,

Kälte sympathikotonisch. Durch die Wärme kommt es, wie wir bereits früher ausgeführt haben, zu einer Erweiterung der Hautgefäße und zu einer vermehrten Durchblutung. Kälte bewirkt das Gegenteil.

Bekannt ist die schmerzstillende Wirkung der Wärme. Es ist anzunehmen, daß die Schmerzstillung durch die unmittelbare Wirkung der Wärme auf die sympathischen Nerven zustande kommt, die wir ja heute für die Schmerzempfindung verantwortlich machen. Die Wärme mit ihrer vagotonischen Tendenz setzt den Tonus dieser Nerven herab und wirkt so beruhigend und schmerzlindernd.

Auch die *Kälte* höheren Grades kann eine schmerzstillende Wirkung ausüben, indem sie die Schmerzleitung aufhebt. So benützt man seit langem die Vereisung mit Chloraethyl zur Lokalanästhesie. In Amerika macht man sich heute die analgetische Wirkung der Kälte in der Weise zunutze, daß man ganze Extremitäten 1½ bis 2½ Stunden in Eis einpackt, wobei die Gewebstemperatur auch in der Tiefe auf 5 bis 10° C absinkt. Bei dieser Temperatur ist die Schmerzleitung vollkommen aufgehoben und man kann einen Arm oder ein Bein ohne Anwendung eines sonstigen Anästhetikums völlig schmerzlos amputieren.

Die Wirkung auf den Muskeltonus. Wärme setzt bekanntlich den Muskeltonus herab. Darum sind warme Bäder von 36 bis 38° C ein ausgezeichnetes Mittel, um bei spastischen Lähmungen wie bei einer Hemi- oder Paraplegie die Muskelspasmen zu lösen. Die gleiche Tonusverminderung zeigen auch die glatten Muskelfasern unter dem Einfluß der Wärme. Sie kommt offenbar dadurch zustande, daß die Wärme den Tonus des Sympathikus herabsetzt, der nach BOER für den Muskeltonus verantwortlich ist.

Die Wirkung auf die Körpertemperatur, den Stoffwechsel und die Schweißbildung

Die Wirkung auf die Körpertemperatur und den Stoffwechsel. Örtliche oder lokale Wärmeanwendungen bewirken zwar eine Erhöhung der Temperatur an der Anwendungsstelle, beeinflussen aber die allgemeine Körperwärme nicht. Anders dagegen allgemeine Wärmeanwendungen, wie heiße Wasserbäder, Heißluft-, Dampf- und Lichtbäder. Sie erhöhen bei einer Dauer von 15 bis 20 Minuten die Körpertemperatur um durchschnittlich 1° C. Durch längere Einwirkung höherer Temperaturen, wie das z. B. im Überwärmungsbad der Fall ist, kann die allgemeine Körperwärme bis auf 40° C und mehr getrieben werden. Umgekehrt ist es möglich, durch kalte Bäder Fiebertemperaturen herabzusetzen, wie man das früher vor allem bei Typhuskranken in ausgedehntem Maß gemacht hat.

Allgemeine Wärme- und Kälteanwendungen steigern den *Stoffwechsel*, und das um so mehr, je intensiver und länger dauernd sie sind. Heißluft-, Dampf- und Lichtbäder dienen daher vielfach als Unterstützungsmittel bei Entfettungskuren.

Die Schweißbildung. Mit dem Anstieg der Körpertemperatur geht die Perspiratio insensibilis in eine Perspiratio sensibilis oder Transpiration über. Der Schweiß stellt eine 1%ige Lösung von Stoffen dar, die zur Hälfte aus Kochsalz, zur anderen Hälfte aus Harnstoff, Harnsäure, Ammoniak, Cholin, Kreatin, Milchsäure und anderen Substanzen besteht. Es ist praktisch von Interesse, daß bei Urämie die Harnstoffausscheidung durch den Schweiß eine beträchtliche Steigerung erfährt. Bei diesen „Sudores urinae", wie sie die Ärzte früher nannten, kann es auch zu kristallinischen Niederschlägen auf der Haut kommen. Bei Ikterus können Gallenfarbstoffe, bei Diabetes Zucker und Azeton durch die Haut ausgeschieden werden. Auch Arzneistoffe, die dem Körper zugeführt werden, wie Salizylsäure, Jod, Brom, Arsen, Quecksilber, Kampfer, Chinin, Sulfonamide u. a., können im Schweiß wieder erscheinen. Desgleichen ist die Ausscheidung von Bakterien, wie z. B. Staphylokokken, Streptokokken, Typhusbazillen, durch die Haut erwiesen. Es ist zweifellos, daß die Schweißsekretion für die Ausscheidung normaler und pathologischer Stoffwechselprodukte eine wichtige Rolle spielt, eine Rolle, welche die alten Ärzte therapeutisch stets hoch eingeschätzt haben, der man aber auffallenderweise heute kaum mehr eine Beachtung schenkt. Zur Zeit sieht man das therapeutisch Wirksame der Schwitzkuren fast ausschließlich in der Erhöhung der Körpertemperatur.

Dem Schweiß kommt auch eine kühlende Wirkung durch Wasserverdunstung zu. Es ist sicher physikalisch richtig, daß zur Verdunstung von 1 Liter Wasser 450 Kalorien verbraucht werden, die der Umgebung entzogen werden müssen. Nun ist aber beim Schwitzen in sehr vielen Fällen ein solches Verdunsten überhaupt nicht möglich, wie z. B. im Wasserbad und überall dort, wo die Umgebung des Körpers mit Wasserdampf gesättigt ist wie im Dampfbad. Ein Verdunsten des Schweißes wird auch durch die Bekleidung unmöglich gemacht. Schließlich geht selbst bei unbekleidetem Körper aller Schweiß für die Kühlwirkung verloren, der an der Haut abrinnt. Der gebildete Schweiß kommt also in sehr vielen Fällen gar nicht, in anderen nur in ganz beschränktem Maß zur Verdunstung, so daß die durch ihn bedingte Körperkühlung sehr problematisch ist. Eine praktische Bedeutung gewinnt die Abkühlung durch den Schweiß nur dann, wenn der schwitzende Körper einer starken Luftbewegung ausgesetzt ist (s. Konvektion, S. 3). Jeder kennt die dabei eintretende Abkühlung, die sich bald bis zur Kälteempfindung steigern kann.

Wärme und Kälte als Heilmittel

Thermotherapie, eine unspezifische Reiztherapie. Wärme ist, wie wir bereits festgestellt haben, Bewegung der kleinsten Teilchen, der Moleküle und Atome. Zufuhr von Wärme bedeutet nichts anderes als eine Beschleunigung dieser Bewegung. Diese Beschleunigung ist gleichbedeutend mit einer Steigerung aller chemischen Lebensvorgänge. Es kommt zu einem rascheren Ablauf der oxydativen, fermentativen, katalytischen und sonstigen Reaktionen. Die Reaktionszeit wird mit dem Anstieg der Temperatur in gesetzmäßiger Weise (VAN'T HOFFsche Regel) verkürzt. Wollen wir im Laboratorium den Ablauf einer Reaktion beschleunigen, so brauchen wir nur die Eprouvette mit den gelösten chemischen Stoffen über einen Bunsenbrenner halten.

Ganz allgemein ausgedrückt, bedeutet die Zufuhr von Wärme eine Steigerung oder Intensivierung aller Lebensvorgänge, die ja in erster Linie chemischer Natur sind. Damit werden aber auch alle Vorgänge aktiviert, die der Abwehr der Krankheit dienen. Die Beschleunigung der molekularen Bewegung und die damit verbundene Intensivierung der biochemischen Lebensabläufe stellen die primären Wirkungen der Wärme dar. Sie führen zu einer Reihe biologischer Reaktionen, die wir bereits besprochen haben. Die therapeutisch wichtigsten sind folgende:

1. *Die aktive Hyperämie.* Bekanntlich steigt der Blutbedarf eines Organs mit der Erhöhung seiner Leistung. Die vermehrte Durchblutung befähigt daher die Organe zu einer Verbesserung ihrer Funktion, die im Krankheitsfall vielfach eine ungenügende ist.

2. *Die baktericide und entzündungshemmende Wirkung der Wärme.* Sie ist eine Folge der Hyperämie und dadurch begründet, daß das Blut der wichtigste Träger der Abwehrstoffe ist.

3. *Die erhöhte Resorption.* Mit der vermehrten Zufuhr des Blutes muß es auch zu einer vermehrten Abfuhr der Stoffwechselprodukte und eventueller pathologischer Ausscheidungen, wie Transsudaten und Exsudaten, kommen.

4. *Die schmerzstillende Wirkung der Wärme,* die wir uns bei rheumatischen und vielen anderen Krankheiten zunutze machen.

5. *Die tonusvermindernde und krampflösende Wirkung der Wärme,* die uns bei pathologisch gesteigertem Tonus der quergestreiften und glatten Muskulatur zugute kommt.

Diese Wirkungen machen die Wärme zu dem wichtigsten physikalischen Heilmittel, das wir besitzen. Es ist darum auch jenes Mittel, das häufiger als irgend ein anderes zur Anwendung kommt und das in der Mannigfaltigkeit seiner Anwendungsformen von keinem anderen erreicht wird. Ungleich seltener als die Wärme benützen wir die Kälte für therapeutische Zwecke.

Die Wirkung der Wärme, bzw. der Kälte hängt einerseits von der Art, andererseits von der Stärke des thermischen Reizes ab.

Die Art des thermischen Reizes. Wir unterscheiden geleitete und gestrahlte Wärme. Die *geleitete Wärme* kann wieder in trockener oder feuchter Form zur Anwendung kommen. Zu den trockenen Wärmeträgern gehören feste Körper, wie Heizkissen, Sand, Paraffin, und gasförmige, wie die trockene Heißluft. Zu den feuchten Wasser, Wasserdampf, Schlamm und Moor. Bei gleicher Temperatur wird die feuchte Wärme, weil ihre Träger bessere Wärmeleiter sind, die Wärme rascher an den Körper abgeben als trockene. Haben wir kalte Füße, so werden wir diese durch ein heißes Fußbad ungleich schneller erwärmen können als durch einen Thermophor oder Heißluft. Im allgemeinen wird feuchte Wärme auch angenehmer empfunden als trockene. Gestrahlte Wärme, über die wir noch später sprechen werden, kommt im wesentlichen der geleiteten trockenen Wärme gleich.

Die Stärke des thermischen Reizes wird durch drei Größen bestimmt: 1. Die Höhe der zur Anwendung kommenden Temperatur. 2. Die Dauer der Einwirkung. 3. Die Größe der von dem Reiz getroffenen Hautfläche. Sie steigt mit diesen drei Größen gleichsinnig an.

Temperaturunterschiede von nur wenigen Graden können Wirkungen völlig gegensätzlicher Art zur Folge haben. So wirkt ein Bad von 36 bis 37° C in der Regel beruhigend und schlaffördernd. Ein solches von 39 bis 40° C dagegen meist erregend und schlafstörend. Andererseits können thermische Reize, deren Temperaturen weit auseinanderliegen, die gleiche Wirkung aufweisen. Kurze, sehr heiße oder sehr kalte Anwendungen in Form von Duschen oder Tauchbädern üben die gleiche anregende und erfrischende Wirkung aus. Ein heißes oder kaltes Bad von langer Dauer dagegen führen zur Ermüdung oder selbst Erschöpfung. Im allgemeinen kann man sagen, daß mäßige Wärme vagotonisch, Kälte sympathikotonisch wirkt. Hitze dagegen wirkt gleich der Kälte sympathikotonisch.

Ein thermischer Reiz wird bei gleicher Temperatur um so stärker empfunden, je größer die Hautfläche ist, die von ihm getroffen wird. Während ein Hand- oder Fußbad von 42° C noch durchaus erträglich ist, wird ein Vollbad der gleichen Temperatur vielen Menschen bereits unerträglich erscheinen. Für die Wirkung eines thermischen Reizes ist aber nicht nur seine Art und Stärke von Bedeutung, sondern auch die

Reaktion des Kranken. Diese wird einerseits durch seine konstitutionelle Veranlagung, andererseits durch seine augenblickliche Reaktionslage bestimmt. Unter *Konstitution* verstehen wir hier weniger die anatomische Konstitution nach KRETSCHMER, als vielmehr seine physiologische Konstitution, d. h. die Art, wie der Kranke auf Reize verschiedener Art anspricht. In diesem Sinn unterscheidet H. LAMPERT einen A-Typ, der langsam und schwach, und einen B-Typ, der rasch und stark reagiert. Auch die Unterscheidung in Vago- und Sympathikotoniker nach EPPINGER und HESS, die man eine Zeitlang abgelehnt hat, gewinnt heute wieder Anerkennung. Selbstverständlich gibt es reine Typen der einen oder anderen Art nur selten, fast immer sind es Mischtypen, die jedoch eine deutliche Neigung nach der einen oder anderen Seite erkennen lassen.

Bekanntlich hängt das allgemeine Wärmegefühl von dem Durchblutungszustand der Haut ab. Der Sympathikotoniker mit seiner Neigung zur Gefäßkontraktion leidet häufig an kalten Händen und Füßen und friert leicht. Dem Vagotoniker mit seiner gut durchbluteten Haut ist dagegen in den meisten Lebenslagen warm.

Während die Konstitution eine relativ konstante Größe darstellt, ist die *vegetative Reaktionslage* durchaus veränderlich. Sie ist von dem Alter des Kranken, seiner Gewöhnung an thermische Reize, vor allem aber von seiner Erkrankung abhängig. Alte Leute vermögen sich wegen der verminderten Elastizität ihrer Blutgefäße nicht mehr so prompt auf starke thermische Reize einzustellen wie junge. Doch gibt es nicht wenige Menschen, die gewohnheitsmäßig selbst in einem Alter von 70 bis 80 Jahren heiße Vollbäder, Dampf- oder Heißluftbäder gebrauchen. Menschen, die längere Zeit in den Tropen gelebt oder wiederholt Schlamm- oder Moorbadkuren gebraucht haben, zeigen eine auffallende Unterempfindlichkeit gegen Wärme. Man soll daher einem Kranken nie eine bestimmte Badetemperatur verordnen, ohne sich vorher darüber unterrichtet zu haben, was er als warm oder kalt empfindet.

Krankheiten pflegen die Reaktionslage zu verschieben. Je akuter eine Krankheit ist, je stärker die klinischen Reizerscheinungen sind, um so vorsichtiger muß man mit der Anwendung thermischer Reize sein. Eine besondere Überempfindlichkeit gegen Kälte sowohl wie gegen Wärme zeigen frische Neuritiden und Neuralgien. Das gleiche gilt für alle Gefäßerkrankungen, die zu einer Verminderung der Durchblutung geführt haben (S. 5).

Die Anwendung des Wassers (Hydrotherapie)

Allgemeines

Das Wasser ist weitaus der wichtigste Temperaturträger, nicht nur weil es überall zu haben und billig ist, weil es sich auf jede Temperatur leicht einstellen läßt, sondern auch, weil es die größte spezifische Wärme, mit anderen Worten, die größte Wärmekapazität von allen Körpern besitzt, somit mehr Wärme als irgend ein anderer Körper zu speichern und dementsprechend wieder abzugeben vermag, und schließlich weil es sich auch in Gestalt von Umschlägen, Wickeln und Packungen sozusagen in feste Form bringen läßt. Diesen großen Vorzügen steht nur ein Nachteil gegenüber, und der ist, daß das Wasser ein allzu gewöhnliches Mittel ist, an dessen Heilkraft der Laie nur schwer zu glauben vermag. Der Kranke von heute erhofft sein Heil von einer „Bestrahlung", aber nicht von dem einfachen kalten oder warmen Wasser. Es bedarf daher der suggestiven Kraft des Arztes, des Einflusses seiner Persönlichkeit, um ihn an die Wirkung des Wassers glauben zu lassen. Darum waren alle berühmten Hydrotherapeuten, seien es Ärzte oder Laien, Menschen von großer persönlicher Wirkung, die imstande waren, auch Ungläubige zu bekehren, ja selbst zu Glaubensfanatikern zu machen. Leider ist die Hydrotherapie, die sich noch vor 50 bis 60 Jahren der größten Beliebtheit erfreute, heute, wenigstens in Österreich, fast ganz in Vergessenheit geraten und das in einer Zeit, in der sie im Hinblick auf die große Zahl der Kriegs- und Nachkriegsneurosen, vegetativen Dystonien und sonstigen funktionellen Störungen notwendiger wäre als je. Der junge Arzt von heute weiß nicht, daß es kein Mittel gibt, das imstande wäre, das vegetative System so rasch und so überzeugend umzustimmen, wie das kalte und warme Wasser. In dieser Beziehung ist es den zahllosen Mitteln, die von den chemischen Fabriken auf den Markt geworfen werden, weit überlegen.

Geschichtliches. Hydrotherapeuten gab es zu allen Zeiten. So lebte zur Zeitwende in Rom ein Arzt namens ANTONIUS MUSA, der den Kaiser AUGUSTUS durch eine Wasserkur von einem langwierigen rheumatischen Leiden heilte, wofür dieser zum Dank dem ärztlichen Stand alle öffentlichen Abgaben erließ. Auch den Lieblingsdichter der damaligen Zeit, HORAZ, befreite MUSA von einem Augenübel, was ihm dieser in Oden dankte.

Im Mittelalter, in dem ein pharmazeutischer Aberglaube die Köpfe der Ärzte und Kranken beherrschte, glaubte niemand an die Heilkraft des Wassers. Erst im 17. Jahrhundert brachte der englische Arzt JOHN FLOYER (1649—1714) die Wasserheilkunde wieder zu Ehren. Er schrieb auch ein Buch über diese mit dem Titel „Psychrolusia", das in kurzer Zeit sechs Auflagen erlebte. Zu gleicher Zeit beschäftigte sich in Deutschland FR. HOFFMANN, Professor der Medizin in Halle, mit der Hydrotherapie. Sein Schüler K. FR. SCHWERDTNER übersetzte verschiedene ausländische Bücher über Wasserheilkunde in das Deutsche, die zur Verbreitung dieser Methode in Deutschland viel beitrugen. Sie haben auch SIEGMUND HAHN (1644—1742), praktischer Arzt und Physikus in Schweidnitz (Schlesien), angeregt, sich mit der Hydrotherapie zu befassen. Er übte sie nicht nur praktisch aus, sondern war auch bemüht, sie wissenschaftlich zu begründen. Sein Sohn JOHANN SIEGMUND HAHN (1696—1773), der zweite der beiden „Wasserhähne", setzte das Lebenswerk seines Vaters fort und legte die gemeinsamen Erfahrungen in einem Buch nieder, dem er den Titel gab „Unterricht von Krafft und Würckung des frischen Wassers in die Leiber der Menschen". Dieses Buch, das weiteste Verbreitung fand, war es wohl, das eines Tages in der Münchener Staatsbibliothek dem Theologiestudenten SEBASTIAN KNEIPP (1821—1897) in die Hände fiel und ihn dazu anregte, die Lungentuberkulose, an der er damals litt, mit kaltem Wasser zu behandeln. Der Erfolg machte ihn zu einem überzeugten Anhänger der Wasserheilkunde. Als Pfarrer in Wörishofen (Bayern) hatte er später Gelegenheit, die an sich selbst gemachten Erfahrungen an zahlreichen Kranken zu erproben. Die von ihm erzielten Heilungen wurden bald in der ganzen Welt bekannt. Sein Buch „Meine Wasserkur" wurde in alle bekannten Sprachen übersetzt und in Deutschland allein in mehr als 600 000 Exemplaren verbreitet.

Während KNEIPP stets bemüht war, die Ärzte für sein Heilverfahren zu interessieren und mit ihnen zusammenzuarbeiten, war der im österreichischen Schlesien lebende VINZENZ PRIESSNITZ, Bauer auf dem Gräfenberg (1799 bis 1850), ein ausgesprochener Ärztefeind. Doch sind ihm ein richtiges Empfinden für die Bedürfnisse seiner Kranken, Menschenkenntnis sowie technisches Geschick in der Anwendung des Wassers nicht abzusprechen. Wir verdanken ihm eine Reihe von Anwendungsformen des kalten Wassers, die auch heute noch im Gebrauch sind.

Durch die großen Erfolge der beiden Laienmediziner PRIESSNITZ und KNEIPP angeregt, entschloß sich gegen Ende des vorigen Jahrhunderts nunmehr auch die wissenschaftliche Heilkunde, sich mit der Hydrotherapie zu beschäftigen. WINTERNITZ, MATTHES, STRASBURGER, STRASSER sind die Namen einiger Männer, die sich um den wissenschaftlichen Ausbau der Hydrotherapie verdient gemacht haben.

Anwendungsformen. Das Wasser kann in dreifach verschiedener Weise zur Anwendung kommen: 1. In Form von Packungen, Wickeln oder Umschlägen, wobei Tücher als Träger für das Wasser benützt werden. 2. In Form von Bädern, die man in Voll- und Teilbäder unterscheiden kann. 3. Als Duschen und Güsse.

Grundregeln der Kaltwasseranwendung. Ein Kältereiz bewirkt, wie wir bereits ausgeführt haben, zunächst eine Kontraktion der Gefäße, verbunden mit einem Kältegefühl, die sich aber bald in eine reaktive Hyperämie, in eine bessere Durchblutung umwandelt, welche von einem wohltuenden Wärmegefühl begleitet wird. Es wird also die Kältewirkung nicht nur kompensiert, sondern überkompensiert. *Auf diese Überkompensation mit allen ihren reflektorisch bedingten Fernwirkungen kommt es nun im* *wesentlichen an, sie ist das Ziel des therapeutischen Eingriffes.* Das sie begleitende angenehme Gefühl der Wiedererwärmung und Kräftesteigerung ist uns ein Indikator dafür, daß die Behandlung gut vertragen wird und den beabsichtigten therapeutischen Erfolg verspricht. *Diese Reaktion, wie man das in der Hydrotherapie kurzweg nennt, muß also unter jeder Bedingung angestrebt werden.* Wird sie nicht erreicht, beantwortet der Kranke die Kaltwasseranwendung mit einem Frostgefühl und einem subjektiven Unbehagen, so hat sie ihr Ziel verfehlt. Sie ist entweder in der vorgeschriebenen Form nicht angezeigt gewesen oder technisch schlecht ausgeführt worden. Im folgenden wollen wir die wichtigsten Bedingungen erörtern, die zur Erzielung einer guten Reaktion notwendig sind.

1. *Der Kranke soll mit einem Wärmeüberschuß an die Behandlung herantreten.* Jeder weiß, wie angenehm in der heißen Jahreszeit eine Abkühlung durch kaltes Wasser empfunden wird und wie unangenehm diese unter Umständen im Winter sein kann. Darum ist die Zeit der Kaltwasserkuren der Sommer. Führen wir aber in der kalten Jahreszeit eine solche Behandlung durch, dann muß die Voraussetzung des nötigen Wärmeüberschusses künstlich geschaffen werden. Der Behandlungsraum muß genügend warm sein (über 20° C). Im Haus des Kranken macht man eine Kaltwasseranwendung am besten morgens aus der Bettwärme heraus oder man läßt den Kranken sich vorerst eine halbe Stunde lang gut zugedeckt erwärmen. In Kuranstalten pflegt man den Patienten, wenn er von der Straße kommt, einige Minuten in einer Warmluftkammer, einem Heißluft- oder Glühlichtkasten vorzuwärmen. Nur eine gut durchblutete Haut wird den Kältereiz mit der gewünschten Reaktion beantworten.

2. *Die Reaktion ist im allgemeinen um so kräftiger, je stärker der Kältereiz ist.* Temperaturen, die nahe dem Indifferenzpunkt liegen, rufen keine Reaktion hervor, ihr Reiz bleibt unterschwellig. Das Wasser muß richtig kalt und nicht nur kühl oder lauwarm sein, sonst kommt es wohl zu einer Kontraktion der Hautgefäße, nicht aber zu einer reaktiven Hyperämie. Der Kranke beantwortet derartige Anwendungen mit Frösteln oder Frieren. Es ist daher ein Irrtum, wenn man glaubt, daß man mit solch halben Maßnahmen den gleichen Erfolg in besonders schonender Weise erzielen kann. Es ist allgemein bekannt, daß man sich an kühlen Herbst- oder Vorfrühlingstagen viel leichter erkältet als an einem kalten klaren Wintertag, wo der Körper die starke Kälte mit einer kräftigen Reaktion erwidert.

Die Temperatur des Wassers sei also kalt und nicht kühl, dafür aber die Dauer seiner Anwendung kurz und nicht lang. Wirkt Kälte zu lange Zeit auf die Haut ein, so kommt es zu einer Parese der Gefäße und einer Verlangsamung des Blutstromes, die subjektiv durch ein wieder auftretendes Kältegefühl, den sogenannten zweiten Frost, gekennzeichnet sind. *Die Devise jeder Kaltwasserbehandlung sei also: Kurz und Kalt!*

3. Das Auftreten der Reaktion kann man unterstützen, wenn man den Kältereiz mit einem *mechanischen Reiz*, wie Abreiben mit der Hand, einem Tuch oder einer Bürste, unterstützt, wie das bei manchen Anwendungen geschieht, da ja der mechanische Reiz schon an sich gefäßerweiternd wirkt.

4. Ist trotz alledem die Reaktion nicht oder nicht in dem gewünschten Maß aufgetreten, so kann man sie in vielen Fällen noch dadurch erreichen, daß man den Kranken nach der Behandlung für eine halbe Stunde in das Bett oder wenigstens unter eine Decke bringt oder ihn anweist, kräftig Bewegung (Turnübungen) zu machen.

Die Wasseranwendung mit Hilfe von Tüchern
Abreibungen und Abwaschungen

Die Teilabreibung, so genannt, weil dabei ein Teil des Körpers nach dem anderen, und zwar zuerst die Arme, dann die Beine, der Rücken und schließlich Brust und Bauch mit kaltem Wasser abgerieben werden, ist eine schonende Anwendungsform des kalten Wassers, die im Haus des Kranken mit einfachen Mitteln durchgeführt werden kann. Sie wirkt leicht anregend auf den Kreislauf, die Atmung und die übrigen Funktionen des Körpers. Am besten macht man sie morgens oder nach einer kurzen Bettruhe, wenn der Körper gut durchwärmt ist. Wird sie im Zug einer Kaltwasserbehandlung durchgeführt, so bedient man sich ihrer meist zur Einführung, einerseits um die Reaktion des Kranken kennenzulernen, andererseits um diesen an später folgende stärkere Kältereize zu gewöhnen.

Zur Ausführung einer Teilabreibung bedarf man eines Kübels mit brunnenkaltem Wasser, das ist Wasser von 10 bis 15° C, in das ein Handtuch getaucht wird. Ein zweites Handtuch, am besten aus Frottierstoff, dient zum Trockenreiben. Bequemer ist es, wenn man zwei Kübel mit Wasser zur Verfügung hat, in denen je ein Handtuch liegt, damit das eine in der Zeit, in welcher das andere zum Abreiben verwendet wird, im Wasser abkühlt.

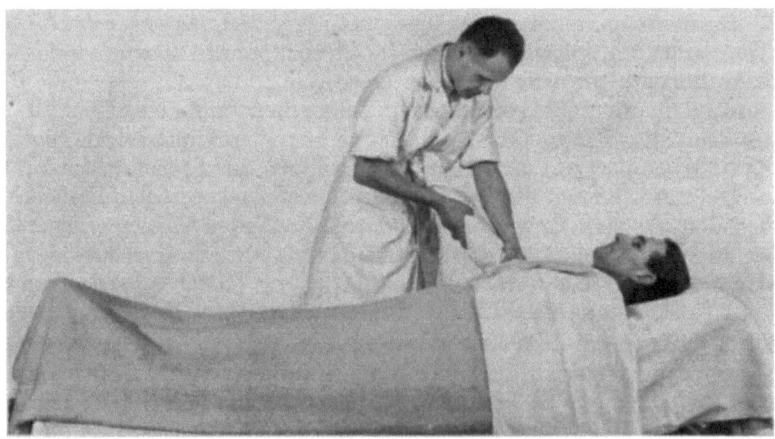

Abb. 4. Teilabreibung (Arm)

Der Badewärter nimmt eines der nassen Handtücher und wringt es gut aus. Dann streckt der Kranke, der völlig entkleidet unter einer Decke ruht, den einen Arm hervor, während sein übriger Körper zugedeckt bleibt. Der Arm wird der ganzen Länge nach in das nasse Tuch eingeschlagen. Das obere Ende hält der Kranke mit der Hand der anderen Seite fest, das untere Ende schließt er in seine Faust, die er gegen die Hüfte des Wärters stemmt (Abb. 4). Dieser reibt nun mit seinen Handflächen in langen Strichen *über* das Tuch (nicht mit dem Tuch!), bis es sich warm anfühlt, also die Körpertemperatur angenommen hat. Dann legt er es in den Kübel zurück, schlägt den Arm in das Frottiertuch ein, um ihn trockenzureiben. Ist das geschehen, so wird der Arm wieder unter die Decke genommen und der andere Arm in gleicher Weise behandelt.

Nun folgt das eine der beiden Beine. Es wird in ein nasses Handtuch in gleicher Weise wie die Arme eingeschlagen. Das obere Ende des Tuches hält der Behandelte selbst fest, während das untere Ende über die Fußsohle geschlagen und durch Anstemmen an die Hüfte des Wärters gehalten wird. Ist das eine Bein abgerieben und getrocknet, so folgt das zweite.

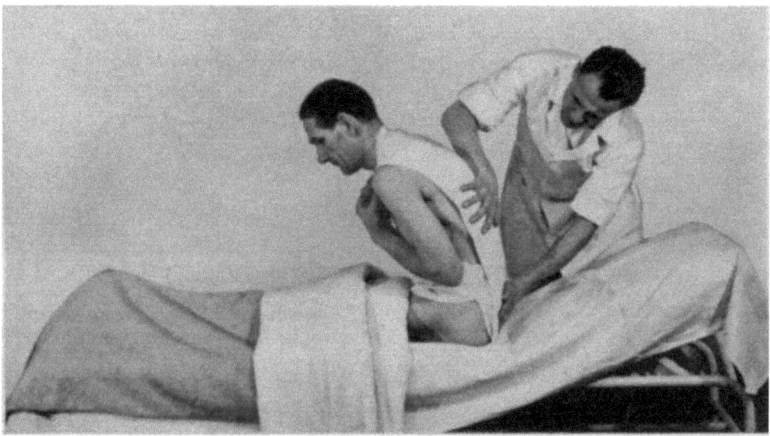

Abb. 5. Teilabreibung (Rücken)

Jetzt setzt sich der Kranke auf. Über seinen Rücken wird ein nasses Handtuch gebreitet, dessen obere über die Schultern gelegte Ecken er mit den Händen hält (Abb. 5). Das untere Ende des Tuches wird unter das Gesäß geschoben, nachdem man durch Unterbreiten des trockenen Frottiertuches die Unterlage vor einer Durchnässung geschützt hat. Nun wird der Rücken teils in Längs-, teils in Querrichtung abgerieben. Zum Schluß folgen Brust und Bauch. Der Kranke hält dabei das obere Ende des Tuches fest, während der Wärter mit der einen Hand das untere Ende fixiert und mit der anderen die Abreibung vollzieht (Abb. 6). Der Behandelte bleibt dann noch solange zugedeckt liegen, bis er sich wieder erwärmt hat.

Die Teilwaschung ist technisch noch einfacher als die Teilabreibung. Dabei werden die einzelnen Körperteile in der gleichen Reihenfolge wie bei der Abreibung mit einem nassen Schwamm oder Frottierhandschuh abgewaschen und gleich darauf getrocknet.

Die Ganzabreibung. Bei dieser wird gleichzeitig der ganze Körper in ein nasses Leintuch eingeschlagen und abgerieben. Mit Rücksicht darauf, daß die gesamte Hautoberfläche zu gleicher Zeit von dem Kältereiz getroffen wird, ist der Kälteschock und damit die Wirkung auf den Kreislauf und das Herz wesentlich größer als bei der Teilabreibung. Sie bedeutet eine funktionelle Belastung, die nur gefäß- und herzgesunden Personen zugemutet werden kann. Darum ist die Ganzabreibung auch ein mächtiges Umstimmungsmittel bei allen Erkrankungen des vegetativen Systems. Es empfiehlt sich, dieselbe erst dann anzuwenden, wenn man den Kranken durch Teilabreibungen, Halbbäder u. dgl. an das kalte Wasser gewöhnt hat.

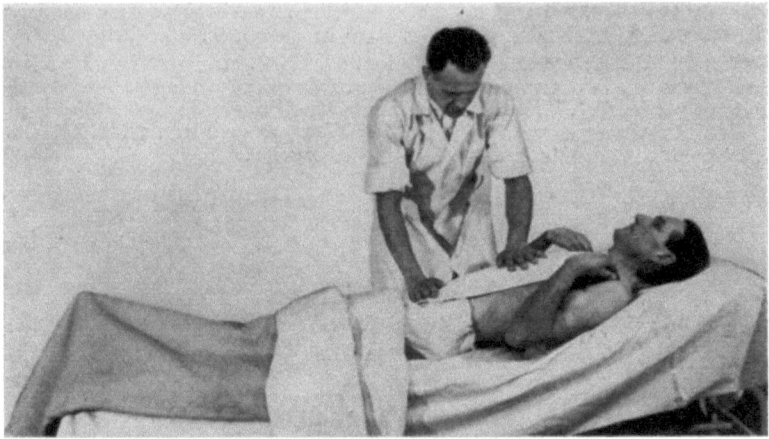

Abb. 6. Teilabreibung (Brust und Bauch)

Zur Ganzabreibung benötigt man ein Leintuch von ganz besonderer Größe in den Ausmaßen von 200 × 200 bis 250 cm, da der Körper vom Hals bis zu

Abb. 7. Ganzabreibung. Umschlagen des nassen Leintuches. 1. Phase

Abb. 8. Ganzabreibung. Umschlagen des nassen Leintuches. 2. Phase

den Füßen zweimal von dem Tuch umfaßt werden muß. Es soll aus möglichst grobem, sogenanntem Kneipp-Leinen bestehen, damit bei der Abreibung auch der die Reaktion fördernde mechanische Reiz zur Geltung kommt. Dieses Leintuch wird in Wasser von 15 bis 20° C getaucht, das man in eine Badewanne eingelassen hat, und so gut als möglich ausgewrungen. Dann nimmt der Wärter das Tuch, faltet es an der Längsseite harmonikaartig und tritt vor den Kranken. Dieser hat sich unterdessen ausgekleidet, er trägt nur Pantoffel oder steht auf einer Bademaatte. Eine Kopfkühlung, die man ihm gegeben hat, soll seine Gehirngefäße auf den nun folgenden starken Kältereiz vorbereiten. Der Wärter legt das von seiner linken Hand gehaltene freie Ende des Leintuches in die rechte Achselhöhle und führt es quer über die Brust zur Achselhöhle der anderen Seite (Abb. 7), worauf der Kranke seine beiden Arme an den Rumpf anlegt, um das Tuch festzuhalten. Dieses wird weiter schief über den Rücken zur rechten Schulter gezogen (Abb. 8) und darauf in der Höhe des Halses nochmals über die Brust zur linken Schulter geleitet, so daß auch die beiden Arme unter das Tuch zu liegen kommen. Das Ende desselben wird in der Halsumrahmung festgesteckt. Während der Umhüllung sorgt man dafür, daß auch der untere Teil des Lakens immer nachgezogen wird, so daß es den Beinen allseits gut anliegt. Soweit als möglich wird es auch zwischen die Beine eingeschoben, damit die gesamte Hautoberfläche von dem Tuch bedeckt ist. Dieses soll dem Körper überall straff anliegen. Die beschriebene Prozedur muß rasch durchgeführt werden, was einige Übung und Geschicklichkeit erfordert.

Nun tritt der Wärter an die Seite des Kranken und reibt mit seinen flachen Händen Brust und Rücken kräftig ab, anschließend daran auch die Beine (Abb. 9). Dann stellt er sich vor oder hinter den Kranken, um auch die seitlichen Teile der Arme und Beine zu frottieren. Das muß solange geschehen, bis das nasse Tuch sich warm anfühlt und sich das Kältegefühl, das der Behandelte anfänglich empfindet, in ein behagliches Wärmegefühl umgewandelt hat, was bei einer normalen Reaktion in längstens einer Minute der Fall ist. Die Behandlung wird mit einigen Klatschungen geschlossen. Dann wird das nasse Leintuch rasch abgenommen und durch ein trockenes, wenn möglich vorgewärmtes Badetuch ersetzt, oder der Kranke schlüpft in einen Bademantel, mit dem er trockengerieben wird. Um die reaktive Wiedererwärmung zu fördern, läßt man ihn anschließend Bewegung machen oder eine Zeitlang gut zugedeckt ausruhen.

Packungen, Wickel und Umschläge

Zwischen diesen Formen der Wasseranwendung besteht dem Wesen nach keinerlei Unterschied. Es ist ausschließlich die Größe der Hautfläche, welche von der Behandlung erfaßt wird, die uns dazu bestimmt, in dem einen Fall von einer Packung, in dem anderen Fall von einem Wickel oder einem Umschlag zu sprechen.

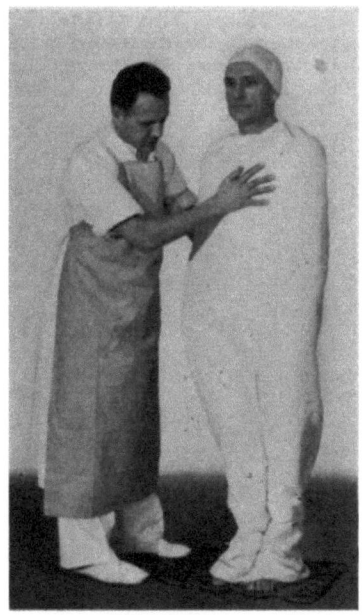

Abb. 9. Ganzabreibung. Ausführung der Ganzabreibung

Die feuchte Ganzpackung. Dabei wird der ganze Körper in ähnlicher Weise wie bei der Ganzabreibung in ein nasses Leintuch eingeschlagen, nur daß dieses Einschlagen im Liegen erfolgt, und außerdem in eine Wolldecke eingepackt. Der erste Kälteschreck ist durch die ihm folgende reaktive Hyperämie meist rasch überwunden und wird von einem wohltuenden Wärmegefühl abgelöst. Die Wiedererwärmung wird durch die Umhüllung mit der Wolldecke wesentlich unterstützt. Sobald das Leintuch Körpertemperatur angenommen hat, wirkt es nicht mehr Wärme entziehend, sondern Wärme stauend, d. h. es behindert die normale Wärmeabgabe des Körpers. Die auf den ganzen Körper einwirkende feuchte Wärme wirkt ausgesprochen beruhigend. Dauert die Wärmestauung lange Zeit an, so kann sie auch zur Schweißbildung führen, die aber kaum vor einer Stunde eintritt. Da eine solche Überwärmung aber nicht der Zweck der Behandlung ist, so wird die Packung meist nach 40 bis 50 Minuten unterbrochen und ihr eine leichte Abkühlung in Form eines Halbbades, einer Teilabreibung oder einer kühlen Dusche angeschlossen.

Zur Ausführung einer Ganzpackung bedarf man eines Leintuches gleicher Art, wie man es zur Ganzabreibung benützt, in der Größe von 200 × 200 bis 250 cm, dazu einer Wolldecke von annähernd gleicher Größe, die unter dem Namen Gräfenberger Decke bekannt ist. Sie wird auf dem Behandlungsbett derart ausgebreitet, daß sie auf der einen Seite weiter herabhängt als auf der anderen. Darüber wird das in brunnenkaltes (15° C), seltener in zimmerwarmes (20° C) Wasser getauchte und gut ausgewrungene Leintuch gedeckt. Nun legt sich der entkleidete Kranke so auf das Bett, daß der obere Rand des nassen Tuches bis zur Haargrenze reicht. Dann hebt er die Arme hoch. Der Badewärter breitet darauf den weniger weit herabhängenden Teil des Leintuches derart über die Vorderseite des Körpers, daß sein oberer Rand von der einen Achselhöhle zur anderen verläuft (Abb. 10). Der seitliche Rand wird unter den

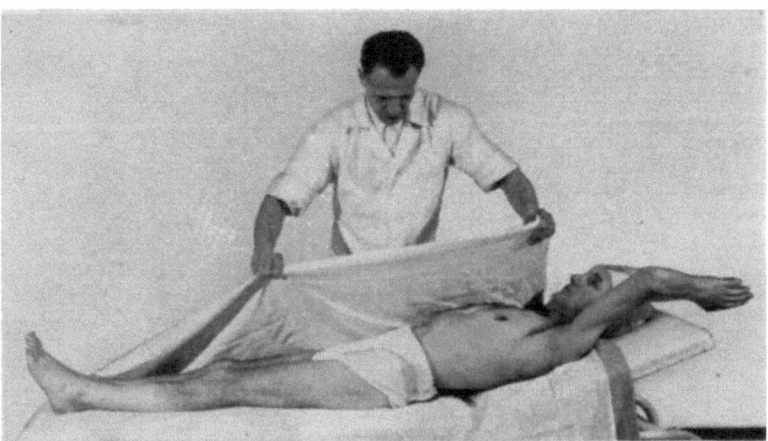

Abb. 10. Ganzpackung. Einhüllung in das nasse Leintuch

Rücken und das Gesäß geschoben und das Tuch überall straff gespannt. Teile desselben werden auch zwischen die Beine gesteckt, damit die ganze Körperoberfläche von dem nassen Tuch bedeckt wird. Nachdem der Kranke die beiden Arme an den Rumpf angeschlossen hat, wird nunmehr der Körper in den restlichen Teil des Leintuches eingeschlagen. Die Packung wird am Hals gut abgedichtet, das Tuch eng um die Beine geschlagen und der über die Füße hinausragende Teil nach unten umgeschlagen und unter die Fersen geschoben.

Ist das geschehen, so folgt die Umhüllung mit der Wolldecke. Auch dabei wird zunächst der schmälere Teil um den Körper gelegt und dann mit dem breiteren überdeckt. Durch einige schräg gestellte Falten sorgt man für einen dichten Abschluß am Hals (Abb. 11). Der restliche Teil der Decke wird unter

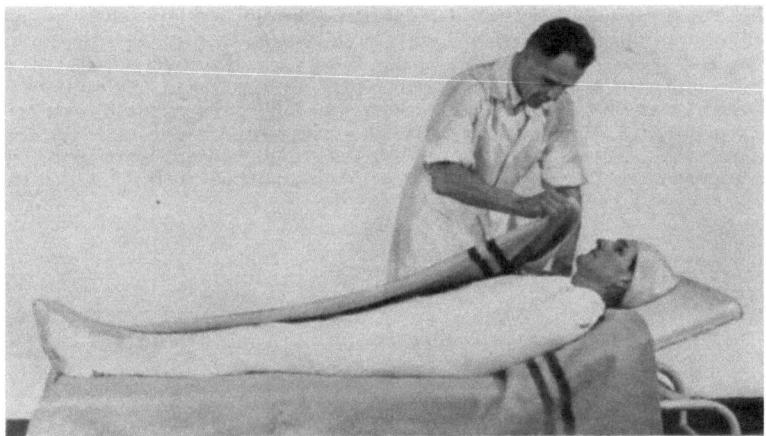

Abb. 11. Ganzpackung. Einhüllung in die Wolldecke

den Rücken geschoben, bzw. unter den Beinen durchgezogen. Was über die Füße hinausreicht, wird nach unten umgelegt. Nun schiebt man noch unter das Kinn ein Handtuch, um das Kratzen der Wolldecke an der Haut zu verhindern, womit die Packung vollendet ist (Abb. 12).

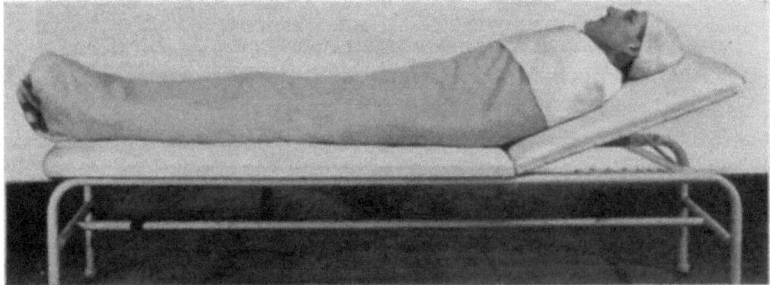

Abb. 12. Ganzpackung vollendet

Die gegebene Schilderung kann nur eine unvollkommene Vorstellung von der Ausführung einer Packung vermitteln. Diese muß unter Anleitung eines geübten Badewärters praktisch erlernt werden. Von größter Wichtigkeit ist, daß das nasse Leinen dem Körper überall eng anliegt, so daß Luftzwischenräume möglichst vermieden werden. Nur so wird eine prompte Wiedererwärmung gewährleistet. Sollte diese trotzdem nicht genügend rasch eintreten, so kann man sie dadurch fördern, daß man ein Wärmekissen oder ein bis zwei Wärmeflaschen an die Füße legt.

Die feuchte Dreiviertelpackung. Es gibt Kranke, die das Eingeschlossensein in eine eng anliegende Packung, die ihnen jede Bewegungsmöglichkeit nimmt, unangenehm empfinden und dadurch ängstlich werden. In solchen Fällen begnügt man sich mit einer Dreiviertelpackung, das ist eine Packung, die in der Höhe der Achselhöhlen abschließt und die Schultern sowie die Arme freiläßt. Damit der Kranke an diesen Teilen nicht friert, umhüllt man sie mit einer Decke oder einem Bademantel.

Der Stamm- oder Rumpfwickel. Von einem solchen spricht man, wenn die feuchte Packung nur den Stamm oder Rumpf von den Achselhöhlen bis zur Symphyse umfaßt. Man bedient sich hierzu zweier Leintücher, die der Länge nach so breit gefaltet werden, als es der Länge des Rumpfes entspricht. Eines dieser Tücher wird, während der Kranke sitzt, in trockenem Zustand quer über das Behandlungsbett gelegt. Das andere, das ein wenig schmäler ist, wird in Wasser von 15 bis 20° C getaucht, kräftig ausgewrungen und über das trockene Tuch gebreitet. Nun legt sich der Kranke zurück, worauf zuerst das feuchte, dann das trockene Tuch um den Leib gespannt wird (Abb. 13). Das letzte freie

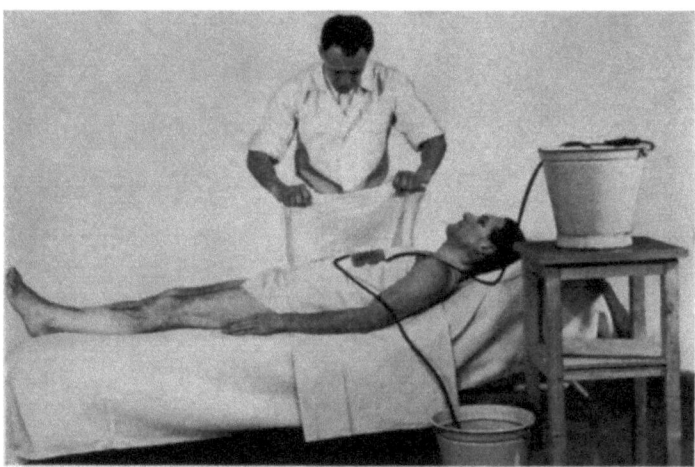

Abb. 13. Stamm- oder Rumpfwickel mit Warmwasserschlauch
(WINTERNITZsches Magenmittel)

Ende wird mit Sicherheitsnadeln festgesteckt. Das Ganze muß gut anliegen, damit die Wiedererwärmung ehemöglichst eintritt. Ist der Kranke nicht imstande, sich aufzusetzen, dann werden das trockene und feuchte Tuch, zur Hälfte gerollt, rasch unter dem Rumpf durchgezogen, während eine zweite Person den Kranken etwas von der Unterlage aufhebt.

Dient die Packung, wie gewöhnlich, der Beruhigung, dann bleibt sie eine Stunde und darüber liegen. Soll sie aber bei Fieberkranken wärmeentziehend wirken, dann muß sie nach 20 Minuten erneuert und mehrmals gewechselt werden. Dort, wo das öftere Wechseln den Kranken zu sehr anstrengen würde, begnügt man sich mit einem *Stammaufschlag*. Während das trockene Tuch, das rings um den Leib läuft, andauernd liegenbleibt, wird das feuchte, in entsprechender Größe gefaltet, nur der Vorderseite des Rumpfes aufgelegt. Es kann so mühelos für den Kranken öfters gewechselt werden.

Der Stamm- oder Rumpfwickel wird bei allen Reizzuständen des Magen-Darmkanals und seiner Anhangsorgane, seien sie entzündlicher, seien sie funktioneller Natur, mit Erfolg angewendet. So bei Gastritis, Enteritis, Colitis, Appendizitis, Cholecystitis, Magen-Darmspasmen u. dgl. Bisweilen legt man zwischen das feuchte und trockene Tuch noch einen Thermophor oder einen Apparat, durch den in der auf S. 24 beschriebenen Weise warmes Wasser von 40° C geleitet wird, eine Kombination, die als *Winternitzsches Magenmittel* bekannt, die beruhigende und schmerzstillende Wirkung der Packung steigert.

Die Kreuzbinde dient zur feuchten Einpackung des Thorax. Sie besteht aus einem Leinenstreifen in einer Breite von 25 bis 30 cm und einer Länge von 250 bis 300 cm. Solche Binden sind im Handel fertig käuflich. Man benötigt deren zwei. Die eine von ihnen wird, bereits gerollt, in kaltes Wasser getaucht und gut ausgewunden. Dann faßt man den Kopf der Binde mit der rechten, das freie Ende mit der linken Hand. Dieses legt man an der rechten Thoraxseite des Kranken an und führt die Binde zur linken Schulter und über den Rücken wieder zur Ausgangsstelle zurück. Nun folgt eine Tour quer über die Brust zur linken Achselhälfte und schief über den Rücken zur rechten Schulter (Abb. 14). Der Rest wird über die Brust abgerollt (Abb. 15). Die zweite Binde wird trocken

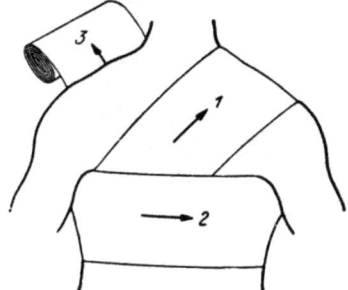
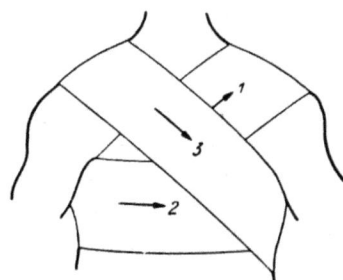

Abb. 14. Anlegen einer Kreuzbinde I   Abb. 15. Anlegen einer Kreuzbinde II

in ganz der gleichen Weise angelegt und soll die nasse allseits decken. In Ermangelung einer richtigen Kreuzbinde können zwei oder drei Handtücher, der Länge nach aneinandergenäht und in entsprechender Breite gefaltet, Verwendung finden.

Die Kreuzbinde erfreut sich großer Beliebtheit bei Bronchitis, lobulärer und lobärer Pneumonie sowie Pleuritis und ihren Restzuständen. Sie beruhigt den Hustenreiz, fördert die Expektoration und vertieft die Atmung, wodurch sie der Bildung von Atelektasen vorbeugt.

Der Prießnitzumschlag ist die kleinste Einheit der Feuchtpackung, die zur Behandlung umschriebener Körperstellen dient. Man benützt dazu eine Kompresse, ein Handtuch oder eine Serviette, die, in entsprechender Größe mehrfach gefaltet, in kaltes Wasser getaucht und gut ausgewrungen, der betreffenden Körperstelle aufgelegt wird. Der feuchte Umschlag wird mit einem trockenen Tuch, das allseits etwas größer ist als das feuchte, jedoch nicht mit einem Gummi- oder wasserundurchlässigen Stoff, bedeckt. Wird der Umschlag angenehm empfunden, dann kann er so lange liegenbleiben, bis er trocken ist. Erzeugt er jedoch Frösteln oder ein anderes unangenehmes Gefühl, so soll er sofort entfernt werden.

Der Prießnitzumschlag wird, solange seine Temperatur niedriger ist als die des Körpers, diesem Wärme entziehen. Hat er jedoch die Körpertemperatur angenommen, was in 1 bis 2 Minuten der Fall ist, so wirkt er *wärmestauend*, d. h. er verhindert die normalerweise stattfindende Abgabe der Körperwärme an die Umgebung und führt so zu einem Anstieg der Hauttemperatur. Er wirkt somit wie ein milder warmer Umschlag hyperämisierend.

Der kalte Umschlag. Dieser soll andauernd kälter sein als der Körper, diesem also andauernd Wärme entziehen. Er wird zunächst in gleicher Weise angelegt wie ein Prießnitzumschlag, aber nicht mit einem trockenen Tuch bedeckt, damit das Wasser die Möglichkeit hat, zu verdunsten, wobei es Wärme bindet und so sich selbst kühlt. Trotzdem wird der Umschlag nach einiger Zeit körperwarm und muß durch einen neuen ersetzt werden.

Um ihn dauernd kühl zu erhalten, kann man sich eines **Kühlapparates** bedienen, der aus einem mehrfach gewundenen Metallrohr besteht, durch welches kaltes Wasser fließt (Abb. 16). An die Enden des Rohres werden zwei Gummischläuche angeschlossen, von denen der eine als Zu-, der andere als Abfluß für das Wasser dient. Ist ein direkter Anschluß an die Wasserleitung nicht möglich, so benützt man zwei Kübel, von denen der eine mit kaltem oder auch eisgekühltem Wasser gefüllt ist und erhöht auf einen Tisch gestellt wird, während der zweite, der leer ist, auf den Boden neben das Behandlungsbett zu stehen kommt. Nun saugt man mit Hilfe einer Spritze am unteren Ende des Schlauches das Wasser so lange an, bis es zu fließen beginnt. Das weitere Fließen wird dann durch die Heberwirkung unterhalten (Abb. 13).

Abb. 16. Kühlapparate für den Kopf und das Herz

In Amerika und England sind fahrbare **elektrische Kühlapparate** in Gebrauch, die, nach dem Prinzip eines Kühlschrankes gebaut, an jeden Steckkontakt angeschlossen werden können. Das Wasser wird durch Gummischläuche geleitet, die der zu behandelnden Körperstelle aufgelegt werden. Die Temperatur des Wassers ebenso wie seine Strömungsgeschwindigkeit können nach Wunsch geregelt werden. Der Apparat enthält außerdem einen Heizkörper, der eine Erwärmung der Flüssigkeit bis auf 65° C ermöglicht (Lancet I, 1954, 549).

Ein anderes Mittel zur Dauerkühlung ist der **Eisbeutel,** das ist ein wasserdicht schließender Sack aus Gummi oder Gummistoff, der mit walnußgroßen Eisstücken gefüllt wird. Die Zerkleinerung des Eises geschieht durch Zerschlagen der in ein Tuch eingeschlagenen größeren Stücke mittels eines Hammers oder durch Zerstückelung mit einer großen Nadel. Der Eisbeutel wird der Haut nie unmittelbar, sondern nur unter Zwischenschaltung eines trockenen Tuches aufgelegt, um eine Erfrierung zu vermeiden. Durch die Dicke der Unterlage kann man die Kältewirkung dosieren. Die große Kühlwirkung des Eises beruht vor allem darauf, daß dieses eine beträchtliche Wärmemenge bindet, um aus dem festen in den flüssigen Aggregatzustand überzugehen (Schmelzwärme). Ein Kilogramm Eis von 0° C verbraucht nicht weniger als 79,7 Kalorien, um sich in Wasser von 0° C zu verwandeln. Das ist so viel Wärme, als notwendig ist, um 1 Liter Wasser von 0° C auf 79,7° C zu erhitzen.

Der Eisbeutel, der noch vor 50 bis 60 Jahren bei Entzündungen jeder Art, wie Tonsillitis, Appendizitis, Adnexitis, zur Anwendung kam, wird heute nur mehr selten gebraucht, seitdem uns BIER gelehrt hat, daß die die Entzündung begleitende Hyperämie und Temperatursteigerung Erscheinungen eines natürlichen Heilvorganges sind und nicht bedingungslos bekämpft werden sollen.

In Amerika wird in den letzten Jahren die Kältebehandlung (Hypothermie) wieder in größerem Maßstab geübt. Es wurde bereits auf S. 9 darauf hingewiesen, daß die Kälte in vielen Fällen schmerzstillend wirkt und bei intensiver länger dauernder Einwirkung die Schmerzleitung sogar vollkommen aufheben kann. Ihre analgetische Wirkung ist bei Schmerzen, wie sie durch Brandwunden erzeugt werden, bei postoperativen Schmerzen und solchen, wie sie zur Gangräne führende Gefäßkrankheiten begleiten, der schmerzstillenden Wirkung der Wärme überlegen.

Der warme Umschlag. Warm oder heiß nennen wir einen Umschlag dann, wenn seine Temperatur andauernd höher ist als die der Haut. Während wir den kalten Umschlag nicht bedecken, um sein Kaltbleiben durch Wasserverdunstung zu unterstützen, bedecken wir im Gegensatz hierzu den warmen Umschlag mit einem schlechten Wärmeleiter, einem Woll- oder Flanelltuch, um seine Abkühlung zu verzögern. Nichtsdestoweniger sinkt nach 15 bis 20 Minuten seine

Temperatur so weit ab, daß wir ihn erneuern müssen. Dauernd warm können wir ihn nur durch einen Thermophor, entweder in Form eines Heißwasserkissens oder eines elektrischen Wärmekissens, erhalten.

Das Heißwasserkissen ist ja allgemein bekannt. Es ist ein Gummibeutel, der mit Wasser von 60 bis 80° C gefüllt und, nachdem man die restliche Luft ausgedrückt hat, verschlossen wird. Es vermag einen Umschlag eine halbe bis eine Stunde warm zu erhalten.

Das elektrische Heizkissen (Abb. 17) hat dem Heißwasserkissen gegenüber den Vorteil, daß es sich wegen seiner Biegsamkeit dem Körper gut anschmiegt, ohne auf diesen einen Druck auszuüben, daß es in seiner Temperatur abstufbar ist und unbeschränkt lange warm bleibt. Dagegen hat es auch einen Nachteil und der besteht in der Verbrennungsgefahr. Da dem Heizkissen andauernd elektrische Energie zugeführt wird, muß auch für eine genügende Wärmeabfuhr gesorgt werden, wenn seine Temperatur nicht bis zu gefährlicher Höhe ansteigen soll. Wird die Wärmeabfuhr behindert, dadurch, daß man das elektrische Kissen zum Beispiel unter ein Polster oder eine Federdecke legt, so darf man sich nicht wundern, wenn diese so stark erhitzt werden, daß sie sich entzünden. Auf diese Weise sind wiederholt Brände und schwere, ja selbst tödliche Verbrennungen bei Menschen zustande gekommen. Man soll deshalb ein elektrisches Wärmekissen unter keinen Umständen zu einer Zeit, wie z. B. während des Schlafes, verwenden, wo man seine Funktion nicht überwachen kann.

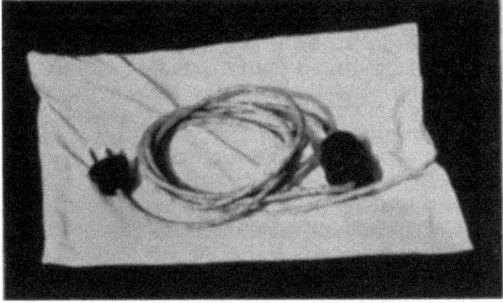

Abb. 17. Elektrisches Heizkissen

Ein warmer Umschlag, im Verein mit einem Thermophor in der Dauer von 1 bis 2 Stunden angewendet, ist ein ebenso einfaches wie wirksames Mittel bei Krankheiten der verschiedensten Art, das technisch viel kompliziertere Methoden, wie z. B. eine Lang- oder Kurzwellendiathermie, in vielen Fällen vollwertig zu ersetzen vermag. Leider ist gerade die Einfachheit dieser Therapie heute dem Patienten gegenüber keine besondere Empfehlung. Einem warmen Umschlag fehlt zweifellos die suggestive Wirkung, die der Hochfrequenzwärme in so hohem Maße eigen ist und die dem Illusionsbedürfnis aller Menschen so entgegenkommt.

Um auch dem Umschlag eine suggestive Wirkung zu verleihen, wird man gut tun, an Stelle des einfachen warmen Wassers ein Kräuterdekokt zu setzen, wodurch das Vertrauen zur Wirkung der Verordnung wesentlich gehoben wird. Zu diesem Zweck empfiehlt es sich, Flores graminis (Heublumen), Flores chamomillae, Folia salviae, Folia malvae (Käspappel), Herba equiseti (Zinnkraut), einzeln für sich oder miteinander gemengt, in einer Gesamtmenge von 200 bis 250 g zu verschreiben. Davon wird ein gehäufter Eßlöffel mit einem halben Liter Wasser drei Minuten lang gekocht, diese Abkochung durchgeseiht und als Umschlagwasser verwendet (S. 87).

Die Bäder
Die technischen Behelfe

Man unterscheidet Wannen- oder Einzelbäder und Bassin- oder Gesellschaftsbäder. Da der Arzt auch über die zum Baden nötigen technischen Einrichtungen unterrichtet sein soll, sei darüber einiges gesagt.

Das Wannenbad. Die heute am häufigsten gebrauchte Wannenart ist die *emaillierte Gußeisenwanne*. Sie wird jedoch immer mehr durch die *emaillierte Stahlblechwanne* verdrängt, die nicht nur viel leichter ist, sondern auch das Wasser infolge ihrer geringeren Metallmasse weniger rasch abkühlt. Daneben werden heute noch Wannen aus *nichtrostendem Stahl* gebaut, die an Widerstandskraft die emaillierten Wannen übertreffen, aber auch teurer sind als diese.

Alle Wannen sollen womöglich in eine Ecke des Baderaumes verlegt und außen mit Kacheln oder noch besser mit Eternitplatten, die leicht entfernt werden können, verkleidet werden. Das hat den Vorteil, daß alle toten Räume und damit alle Schmutzwinkel fortfallen und daß die zwischen Wanne und Verkleidung befindliche stationäre Luftschicht einen Isoliermantel bildet, der das Abkühlen des Badewassers verzögert.

Eine der ältesten Wannenformen ist die *Feuerton- oder Fayencewanne*. Sie ist außerordentlich dauerhaft, ja geradezu unverwüstlich, wird von keinem der gebräuchlichen Badezusätze angegriffen, nur ist sie schwer und auch teuer.

Auch *Holzbadewannen* sind heute noch in Gebrauch. Zu ihrer Herstellung wird meist das Holz der Eiche, Lärche oder amerikanischen Pechkiefer (Pitchpine) verwendet. Derartige Wannen sind weder schön noch dauerhaft, sie sind auch hygienisch nicht einwandfrei. Nichtsdestoweniger sind sie für hydrotherapeutische Kuren kaum zu entbehren. Infolge des schlechten Wärmeleitvermögens des Holzes werden kalte Bäder in ihnen weniger unangenehm empfunden als in Wannen aus Metall, da dieses bei seiner Berührung dem Körper viel rascher Wärme entzieht und dadurch die schon durch das Wasser verursachte Kälteempfindung noch vergrößert. Dann aber würden Metall- oder Feuertonwannen bei den Übergießungen, wie sie z. B. im Halbbad mit kleinen Eimern ausgeführt werden, allzu leicht beschädigt werden. Schließlich erfordern die Wannen für Halbbäder und Bewegungsbäder Formen, die von denen der üblichen Wannen abweichen.

Verkachelte Wannen kommen heute immer mehr außer Gebrauch. Sie sind wegen ihrer Fugen unhygienisch, sie sind auch unzweckmäßig, weil sie dem Kranken infolge ihrer prismatischen Form mit den senkrechten Wänden ein bequemes Liegen im Bad nicht gestatten und sie brauchen schließlich lange Zeit, bis ihre Wände sich so weit durchwärmt haben, daß sie sich nicht mehr kalt anfühlen. Sind sie dann noch halb oder ganz in den Boden versenkt, so werden sie für die Behandlung Schwerkranker völlig unbrauchbar, weil sie jede Hilfeleistung während des Badens unmöglich machen.

Das Fassungsvermögen einer Wanne soll 250 bis 270 Liter betragen. Ist die Wanne zu groß, vor allem zu lang, so findet der Kranke mit seinen Füßen am unteren Wannenende keine Stütze, was infolge des Auftriebes das Gefühl großer Unsicherheit erzeugt. Es wird die Verwendung einer Fußstütze notwendig, die als unhygienisch bezeichnet werden muß, da sie von einem Bad in das andere wandert.

Das Bassinbad. Das Bassin- oder Gesellschaftsbad nannte man in den römischen Thermen Piszine (piscina = Fischteich), ein Name, der heute noch gebraucht wird. Man findet solche Bassinbäder in Kurorten, wo genügend warmes Wasser zur Verfügung steht.

Die Gesellschaftsbäder ermöglichen es dem Kranken, sich im Wasser frei zu bewegen und gestatten so bei Gelähmten, Rheumatikern und anderen Schwerbeweglichen eine Übungstherapie während des Bades. Auch die Gelegenheit, sich mit anderen Leidensgenossen zu unterhalten und die dadurch gegebene psychische Anregung empfinden manche Kranke angenehm. Andererseits lassen sich gegen die Gemeinschaftsbäder vom hygienischen und ästhetischen Standpunkt gewisse Einwendungen machen. Ihr Indikationskreis ist auf jeden Fall beschränkt.

Die mechanischen Wirkungen des Bades

Die Wirkungen des Bades sind teils thermischer, teils mechanischer Art. Die thermischen Wirkungen haben wir zum größten Teil schon besprochen und werden sie bei den einzelnen Badeformen noch ergänzen. Zu den mechanischen Wirkungen rechnen wir einerseits den Auftrieb, den der Körper im Wasser erfährt, andererseits den hydrostatischen Druck.

Der Auftrieb. Nach dem Archimedischen Prinzip verliert ein Körper im Wasser so viel von seinem Gewicht, als die von ihm verdrängte Wassermenge wiegt. Kennt man das spezifische Gewicht eines Körpers, so läßt sich leicht errechnen, wie groß sein Gewichtsverlust ist, mit anderen Worten, wieviel er im Wasser wiegt. Da das reine Wasser ein spezifisches Gewicht von 1,0 hat, der menschliche Körper dagegen bei mittlerer Atmungseinstellung ein solches von 1,036, so ist das Gewicht des Menschen nur um $^{36}/_{1000}$ größer als das gleiche Volumen Wasser. Ein Mensch wiegt daher, wenn er mit dem Kopf unter Wasser ist, 36 Tausendstel seines ursprünglichen Gewichtes, das ist bei einem Gewicht von 70 kg 70 × 0,036 = = 2,52 kg. Taucht der Kopf auf, so steigt natürlich das Körpergewicht um das des Kopfes. Da dieses nach STRASBURGER 4,5 kg beträgt, so würde ein bis an den Hals in das Wasser tauchender Mensch ein Gewicht von etwa 7 kg haben.

Diese Betrachtungen gelten für reines Wasser mit dem spezifischen Gewicht von 1,0. In salzhaltigem Wasser, dessen spezifisches Gewicht höher ist, ist dementsprechend auch der Gewichtsverlust größer. Jedermann weiß, daß das Schwimmen im Meerwasser, das einen durchschnittlichen Salzgehalt von 3% hat, leichter ist, weil das Wasser besser „trägt". In den konzentrierten Solen mancher Kurorte wird das Gewicht des Körpers, mathematisch gesprochen, sogar negativ. Es beträgt — 3 kg, d. h. es ist um diesen Betrag geringer als das des gleichen Volumens Sole. In solchen Wässern kann der Körper nicht mehr untergehen, er schwimmt vielmehr auf ihnen.

Der Gewichtsverlust des Körpers und aller seiner Teile im Wasser hat einen wesentlichen Einfluß auf die Bewegungen, da ja der Widerstand, den die Schwerkraft vielen Bewegungen entgegensetzt, beträchtlich geringer ist. Das machen wir uns bei der Unterwassergymnastik zunutze (S. 198).

Der hydrostatische Druck. Der normalerweise auf dem Körper lastende Luftdruck entspricht dem Druck einer Quecksilbersäule von 760 mm oder dem einer Wassersäule von 10,3 m Höhe. Alle unsere Körperfunktionen sind auf diesen Druck eingestellt. Eine wesentliche Verminderung desselben in großer Höhe, wie ihn Bergsteiger oder Flieger erleiden, oder eine Erhöhung desselben, wie er in Caissons unter Wasser herrscht, hat schwere Störungen der Atmung und des Kreislaufes zur Folge. Demgegenüber hielt man den Druck des Wassers, dem der Körper im Bad ausgesetzt ist, für bedeutungslos. Dagegen stellte STRASBURGER fest, daß der menschliche Körper im Bad eine Kompression erfährt, in deren Folge sowohl der Bauch- wie auch der Brustumfang abnehmen.

Schon beim Eintauchen des Körpers in das Badewasser, ehe noch dieses die Spitze des Brustbeines erreicht, steigt der Druck in der Bauchhöhle, deren Vorderwand am nachgiebigsten ist, an, wobei sich der Bauchumfang um 2,5 bis 6,5 cm verringert. Der erhöhte abdominale Druck unterstützt wohl den Rückfluß des Blutes gegen das Herz, hemmt aber gleichzeitig den Zustrom des venösen Blutes aus den unteren Extremitäten, was jedoch durch den auf ihnen lastenden Wasserdruck wieder ausgeglichen wird. Jedenfalls steigt der venöse Blutdruck im Bad an, wie zuerst von SCHOTT festgestellt wurde.

Durch die Steigerung des intraabdominalen Druckes wird das Zwerchfell hochgedrängt. Da gleichzeitig das Wasser von außen auf dem Thorax lastet, so wird auch dessen Innendruck erhöht. Der Brustkorb nimmt eine Exspirationsstellung ein, sein Umfang wird um 1,0 bis 3,6 cm verkleinert.

Die Einengung des Brustraumes bleibt nicht ohne Rückwirkung auf das Herz und die großen Gefäße, wie BÖHM und seine Mitarbeiter durch kymographische Röntgenaufnahmen nachweisen konnten. Der Herzschatten wird in seinem Querdurchmesser um durchschnittlich 0,8 cm verbreitert, auch das Gefäßband erfährt eine Verbreiterung (Abb. 18 und 19).

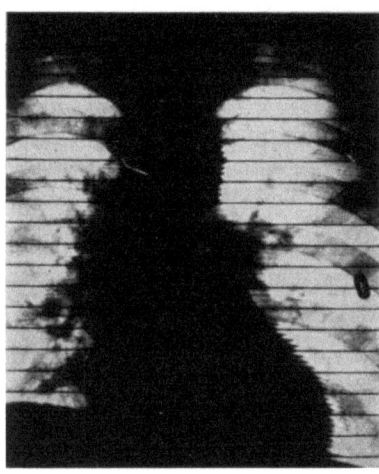
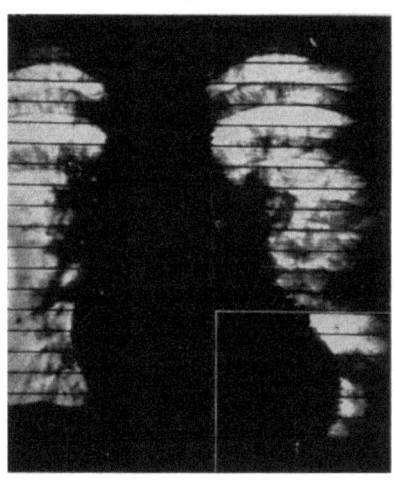

Abb. 18. Kymographische Röntgenaufnahme des Herzens vor dem Vollbad. (Nach EKERT)

Abb. 19. Kymographische Aufnahme des Herzens im Vollbad von indifferenter Temperatur. (Nach EKERT)

Gleichzeitig werden die Bewegungen des Herzens eingeengt, was in den kymographischen Aufnahmen durch eine Verkürzung der Randzacken zum Ausdruck kommt. Es sind das Veränderungen, die wir bisher nur unter pathologischen Verhältnissen zu sehen gewohnt waren. Daraus ergibt sich, daß schon das einfache indifferente Süßwasserbad eine Belastung für das Herz und den Kreislauf bedeutet. Wenn das auch bei Gesunden nicht augenfällig in Erscheinung tritt, so werden wir doch verstehen, daß manche Herzkranke schon ein einfaches Vollbad nicht vertragen.

Die Bäderformen

Je nach der Temperatur unterscheidet man 1. *indifferente Bäder* von 34 bis 36° C; 2. *kühle und kalte Bäder*, wobei man solche von 34 bis 20° C als kühl, solche unter 20° C als kalt bezeichnet; 3. *warme und heiße Bäder* von 36 bis 43° C. Nach dem Umfang des Bades unterscheidet man Vollbäder und Teilbäder. Zwischen beiden steht das Halbbad.

Das kalte Vollbad mit einer Temperatur unter 20° C wird heute therapeutisch nur mehr selten gebraucht, während es in der Hydrotherapie früherer Zeiten eine große Rolle spielte. Kalte Bäder werden in zweifacher Absicht gegeben, einerseits zur allgemeinen Anregung und Kräftigung, andererseits zur Herabsetzung der Körpertemperatur bei Fieberkranken. Im ersten Fall beträgt die Dauer des Bades nur Sekunden bis zu einer Minute. Bäder dieser Art werden auch als Tauchbäder bezeichnet. Sie sind ein mächtiges Anregungsmittel für den Kreislauf, haben aber ein gesundes Herz und Gefäßsystem zur Voraussetzung.

Zur Herabsetzung des Fiebers, insbesondere bei Typhuskranken, wird das Vollbad seit langem verwendet. Es waren früher verschiedene, meist sehr energische Methoden in Gebrauch, die heute vollständig vergessen sind. Zur Zeit kommt bei Fieberkranken, soweit sie noch mit kalten Bädern behandelt werden, nur das langsam abgekühlte Vollbad nach ZIEMSSEN in Frage, das auf S. 324 näher beschrieben wird.

Das laue und warme Vollbad ist verschiedenen Zwecken dienlich. Man benützt es als Beruhigungsmittel bei nervösen Erregungszuständen und Schlaflosigkeit. Im letzten Fall läßt man das Bad unmittelbar vor dem Zubettgehen in einer Dauer von 20 bis 30 Minuten nehmen.

Die entspannende Wirkung des lauen und warmen Vollbades auf die Skelettmuskulatur nützen wir auch bei allen Krankheiten aus, die mit einem gesteigerten Muskeltonus einhergehen, so z. B. bei spastischen Lähmungen (Hemiplegie), multipler Sklerose, Paralysis agitans, Parkinsonismus usw.

Als *Bürstenbad* bezeichnet man ein laues oder warmes Vollbad, in dem die Haut mit ein oder zwei Bürsten so lange gebürstet wird, bis eine deutliche Rötung eintritt. Solche Bäder finden ihre Anzeige als Umstimmungsmittel bei Neurosen, vegetativer Dystonie, bei schlechter Hautdurchblutung, Adiposalgien, Akroparästhesien, Sklerodermie und Hautatrophie.

Schließlich sei noch erwähnt, daß indifferente Bäder auch als *Dauerbäder* gebraucht werden. F. v. HEBRA hat diese Form unter dem Namen Wasserbett in die Therapie eingeführt. Es kommt bei ausgedehnten Verbrennungen, Querschnittläsionen des Rückenmarks, schwerem Dekubitus und manchen Hautkrankheiten zur Anwendung.

Das heiße Vollbad mit einer Temperatur von 40 bis 43° C stellt einen ebenso starken Temperaturreiz dar wie das kalte Bad. In der Dauer von wenigen Minuten wirkt es in gleicher Weise wie dieses anregend, kräftigend und leistungssteigernd.

Während wir uns meist des kalten Bades als Erfrischungsmittel bedienen, erfreut sich in Japan, aus dessen vulkanischem Boden zahlreiche heiße Quellen entspringen, das heiße Tauchbad sowohl bei Gesunden wie bei Kranken der höchsten Beliebtheit.

Das allmählich aufgeheizte Vollbad oder Überwärmungsbad ist ein Vollbad, dessen anfänglich indifferente Temperatur von 36° C durch

Zufließenlassen von heißem Wasser im Verlauf von 20 bis 30 Minuten auf 38 bis 40° C und darüber aufgeheizt wird. Der Zweck dieses Bades ist, die allgemeine Körperwärme zu steigern, eine Art künstlichen Fiebers oder, besser gesagt, eine allgemeine Hyperthermie zu erzeugen. Solche Bäder sind in Teplitz-Schönau schon seit mehr als 100 Jahren in Gebrauch. 1926 wurden sie neuerlich von WALINSKI empfohlen. In den letzten Jahren hat sich vor allem LAMPERT um ihre Anerkennung bemüht und ihr Indikationsgebiet ausgebaut.

Der Kranke wird in ein Vollbad von 36° C gebracht und möglichst bequem gelagert. Dann wird die orale Temperatur gemessen und der Puls an der Arteria temporalis oder carotis gezählt. Das Ergebnis der Messungen wird in ein Protokoll eingetragen. Ist das geschehen, so läßt man langsam heißes Wasser zufließen, damit die Temperatur des Bades allmählich ansteigt. Dabei kontrolliert man alle 5 Minuten die Körpertemperatur und die Pulszahl.

Die Wassertemperatur eilt meist 1 bis 2° C der Mundtemperatur voraus. Will man also eine orale Temperatur von 38° C erreichen, dann wird man bei einer Wassertemperatur von 39 bis 40° C den Zufluß des heißen Wassers stoppen, da die Erfahrung lehrt, daß die Körpertemperatur auch dann noch weiter ansteigt. Es empfiehlt sich, die Körperwärme beim ersten Bad nur auf 38° C zu erhöhen, um festzustellen, wie der Kranke die Behandlung verträgt. Später kann man, wenn es notwendig erscheint, auf 39 bis 40° C gehen.

Ist die gewünschte Höhe erreicht, so bringt man den Kranken nach flüchtigem Abtrocknen in eine Trockenpackung mit vorgewärmtem Leintuch und Wolldecke in der er eine Stunde lang nachschwitzt. In dieser Zeit sinkt die Temperatur um beiläufig 1° C ab. Nach der Packung erhält der Kranke ein laues Bad zur Abkühlung und Reinigung vom Schweiß. Dann ruht er noch eine Stunde aus.

Will man die im Bad erzielte Temperatur längere Zeit halten, dann beläßt man den Kranken in diesem und sorgt durch zeitweiliges Zufließenlassen von heißem Wasser dafür, daß die Bade- und Körpertemperatur nicht absinken. Man kann so die Hyperthermie auch auf 1 bis 2 Stunden ausdehnen. Durch Kühlung des Kopfes mit kalten Kompressen wird man dem Badenden das Durchhalten wesentlich erleichtern. Die Überwärmungsbäder werden meist zwei- bis dreimal in der Woche verabfolgt. Zu einer Kur sind je nach der Art des Leidens 10 bis 20 Bäder erforderlich.

Die Pulszahl steigt im Bad parallel mit der Körpertemperatur an und erreicht bei 40° C 120 bis 140, was bei sonstigem Wohlbefinden des Kranken durchaus unbedenklich ist. Pulszahlen über 160 mahnen zur Vorsicht. Tritt einmal eine Herz- oder Gefäßschwäche ein, so senkt man die Temperatur des Bades, indem man heißes Wasser ab- und kaltes zufließen läßt oder hebt den Kranken aus der Wanne.

Es ist eine den Ärzten seit Jahrtausenden bekannte Erfahrung, daß akute Krankheiten, die mit hohem Fieber einhergehen, wie eine Malaria, eine Pneumonie oder ein Erysipel, alte chronische Erkrankungen des Nervensystems, rheumatische Leiden u. dgl., zu bessern, unter Umständen auch zu heilen vermögen. So hebt schon HIPPOKRATES an verschiedenen Stellen seines Werkes den heilenden Einfluß der Malaria auf Epilepsie und andere mit Krämpfen verbundene Krankheiten hervor. Das Überwärmungsbad ist wohl die zweckmäßigste und gleichzeitig schonendste Form, um eine Hyperthermie zu erzeugen. Sie hat gegenüber der Erzeugung von Fieber durch lebende Krankheitserreger (Malariaplasmodien, Typhusbazillen) oder chemische Stoffe (Milch, Kasein) folgende Vorteile: 1. Die Möglichkeit, die Höhe und Dauer der Temperatursteigerung im voraus bestimmen zu können, wodurch sich die Behandlung der Art der Erkrankung und der besonderen Reaktionsweise des Kranken genau anpassen läßt. 2. Die Möglichkeit, die Temperatur rasch absinken zu lassen, wenn ein unvorhergesehener Zwischenfall das notwendig macht. 3. Das 'Fehlen aller toxisch bedingten schädlichen Wirkungen auf den Kreislauf und das Nervensystem, was zur Folge hat, daß der Kranke sich schon kurze Zeit nach der Behandlung frisch und wohl fühlt.

Die therapeutischen Anzeigen der Überwärmungsbäder.

1. Chronisch rheumatische Krankheiten der Gelenke, Muskeln und Nerven, die auf mildere Formen der physikalischen Therapie nicht mehr ansprechen. Dazu gehören vor allem die primär chronische progrediente Polyarthritis, schwere Arthrosen, Spondylosen, der M. Bechterew, die Polyarthritis urica, gonorrhoica usw. Ferner immer wieder rezidivierende Fälle von Myalgien, Ischias und anderen Neuritiden.

2. Krankheiten des Nervensystems, wie poliomyelitische und polyneuritische Lähmungen.

3. Chronisch entzündliche Erkrankungen der Sexualorgane, beim Mann Prostatitis, bei der Frau Adnexitis, Perimetritis, Parametritis u. a.

In sehr vielen Fällen wird es sich empfehlen, die Hyperthermiebehandlung mit einer medikamentösen Behandlung zu verbinden, um den Erfolg zu verbessern.

Gegenanzeigen aller Überwärmungsmethoden sind Erkrankungen des Herzens mit Insuffizienzerscheinungen, Koronarsklerose, Restzustände nach Infarkt, Hypertonie, zerebrale Arteriosklerose, alle Erschöpfungszustände.

Das Halbbad. Das Wort Halbbad wird in doppeltem Sinne gebraucht. Einerseits versteht man darunter jedes Bad, bei dem die Wanne nur bis zur Hälfte gefüllt ist, gleichgültig, ob es sich dabei um ein gewöhnliches Wasser-, ein Kohlensäure-, ein Moor- oder ein anderes Bad handelt, andererseits bezeichnet man mit Halbbad eine Kaltwasseranwendung, bei welcher der Kranke in einer halb mit Wasser gefüllten Wanne nach bestimmten Regeln übergossen und abgerieben wird.

Für Halbbäder der letzten Art benützt man Wannen aus Holz, die sich von den üblichen Wannen durch ihre größere Breite und geringere Länge unterscheiden (S. 26). Eine solche Wanne wird bis zur halben Höhe, also 20 bis 25 cm hoch, mit Wasser gefüllt, dessen Temperatur zwischen 34 und 28° C liegt. Der Kranke steigt, nachdem er eine Kopfkühlung erhalten hat, in die Wanne und taucht, indem er sich zurücklegt, für einen Augenblick bis über die Schultern in das Wasser. Dann setzt er sich auf, beugt sich nach vorn und wird von dem Badewärter mittels eines kleinen Holzeimers fünf- bis zehnmal von rückwärts übergossen und reibt sich selbst die Brust mit kaltem Wasser kräftig abreibt (Abb. 20). Dann legt er sich flach in die Wanne und der Wärter frottiert der Reihe nach die beiden Arme und Beine, und zwar *unter* Wasser (Abb. 21). Darauf wird der Zufluß des Wassers, der sich am Fußende der Wanne befinden soll, geöffnet und, während der Behandelte die Beine spreizt, kaltes Wasser zufließen gelassen. Der Badediener nimmt in die linke Hand ein Thermometer, mit dem er die Abkühlung des Wassers verfolgt, in die rechte den Schöpfeimer, mit dem er Brust und Bauch des Badenden übergießt. Ist die vom Arzt vorgeschriebene Endtemperatur des Bades, die meist vier Grad unter seiner

Anfangstemperatur liegt, erreicht, so werden Brust und Bauch und schließlich, nachdem der Kranke sich aufgesetzt hat, auch noch der Rücken mit kaltem

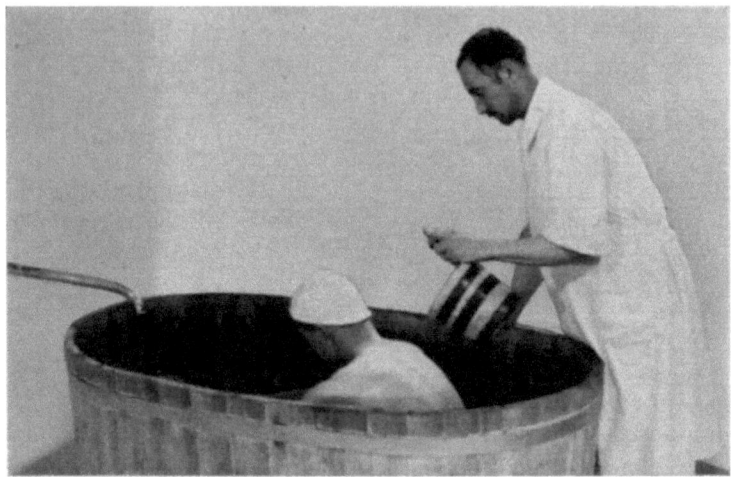

Abb. 20. Halbbad. Übergießung des Rückens

Wasser abgerieben. Ein paar Übergießungen des Rückens schließen die Behandlung. Alle Handgriffe sollen rasch und flink vor sich gehen, so daß die Dauer

Abb. 21. Halbbad. Abreibung eines Armes

des Bades höchstens fünf Minuten in Anspruch nimmt. Gewöhnlich beginnt man mit einer Anfangstemperatur von 34° C und einer Endtemperatur von 30° C, die man dann im Verlauf der Kur mehr oder weniger rasch auf 30 bis 26° C oder selbst 28 bis 24° C vermindert.

Das Halbbad ist eine der am häufigsten gebrauchten Bäderformen in der Hydrotherapie. Durch die Wahl einer höheren oder niedrigeren

Wassertemperatur, durch stärkeres oder schwächeres Reiben, durch eine längere oder kürzere Dauer des Bades, läßt sich der thermisch-mechanische Reiz in weiten Grenzen abstufen und so der Individualität des Kranken anpassen. Die Bäder werden meist im Anschluß an eine feuchte Packung oder eine Wärmeanwendung, wie ein Licht-, Heißluft- oder Dampfbad, gegeben.

Das Sitzbad. Dazu benötigt man eine Sitzbadewanne mit bequemer Rückenlehne. Damit der Kranke während des Bades nicht friert, werden die außerhalb des Wassers befindlichen Körperteile mit Decken umhüllt. Kalte Sitzbäder werden heute kaum mehr gebraucht, um so häufiger dagegen kommen warme zur Anwendung. Ihre Temperatur schwankt zwischen 38 und 42° C, ihre Dauer zwischen 10 und 20 Minuten. Sie haben eine Hyperämie der Becken- und Baucheingeweide zur Folge, deren schmerzstillende, krampflösende und entzündungshemmende Wirkung wir uns vielfach zunutze machen, so bei Erkrankungen des weiblichen Genitales, wie Adnexitis, Peri- und Parametritis, Dysmenorrhöe und Amenorrhöe, ferner bei Entzündungen und Krampfzuständen der Harnblase, Dysurie, Prostatitis, Tenesmus, entzündeten Hämorrhoidalknoten, Analfissuren und Fisteln.

Nicht selten setzt man dem Bad noch ½ bis 1 kg Ischler oder Staßfurter Salz, eine entsprechende Menge von Moorschwebstoff zu, um dessen thermische Wirkung noch durch eine chemische zu unterstützen.

Das Fußbad. Der Kranke sitzt dabei auf einem Stuhl und taucht seine bis zu den Knien entblößten Beine in eine Fußbadewanne, die so hoch sein soll, daß das Wasser bis zur Mitte der Waden reicht.

Kalte Fußbäder von 15 bis 20° C in einer Dauer von 1 bis 3 Minuten führen meist zu einer starken reaktiven Hyperämie an den Beinen, deren Auftreten durch Reiben der Füße aneinander beschleunigt werden kann. Ist die Reaktion eingetreten, so soll das Bad sofort unterbrochen werden. Solche Bäder wirken reflektorisch stark auf die Blutverteilung und werden als Ableitungsmittel oder Derivans, wie es die alten Ärzte nannten, bei Kongestionen, Kopfschmerzen und Schlaflosigkeit verordnet.

Eine Abart des kalten Fußbades ist das *Wassertreten*. Zu diesem Zweck bestehen in manchen Anstalten etwa 1 m breite und mehrere Meter lange Vertiefungen im Boden, die mit kaltem Wasser gefüllt sind, in denen die Kranken 1 bis 3 Minuten lang auf- und abgehen. In einzelnen Kurorten, wie in Wörishofen, wird das Wassertreten auch in freien Bächen geübt. Im Hause läßt man den Kranken in einer entsprechend hoch mit Wasser von 10 bis 15° C gefüllten Badewanne hin- und hergehen. Beim Wassertreten wird durch die gleichzeitige Muskelbewegung der Eintritt der Reaktion gefördert.

Im Winter, wo die Füße eher kalt als warm sind, bei anämischen oder schlecht reagierenden Personen und alten Leuten ersetzt man das kalte zweckmäßig durch ein *heißes Fußbad* mit einer Temperatur von 40 bis 42° C und einer Dauer von 2 bis 3 Minuten. Es wirkt in ganz ähnlicher Weise ableitend wie ein kaltes. Man kann es daher vielfach dem Gefühl des Kranken überlassen, ob er ein kaltes oder heißes Bad vorzieht. Die gefäßerweiternde Wirkung des heißen Fußbades kann man noch durch einen Zusatz von Senfmehl verstärken (S. 88).

Wechselwarme Fußbäder werden mit Hilfe von zwei Fußwannen verabfolgt, von denen die eine mit Wasser von 40° C, die andere mit solchem von 20° C gefüllt wird (Abb. 22). Der Kranke taucht die beiden Beine zuerst 2 Minuten lang in das heiße und unmittelbar darauf in das kalte Wasser, in dem er sie aber nur 20 bis 30 Sekunden beläßt. Dieser Wechsel zwischen warm und kalt wird dreimal hintereinander wiederholt und wie bei allen wechselwarmen Anwendungen mit der Kältewirkung abgeschlossen.

Durch den Kontrast zwischen Wärme und Kälte wird die thermische Reizwirkung wesentlich gesteigert und dadurch die reaktive Hyperämie erhöht. Doch ist bei der Verordnung solcher Wechselbäder Vorsicht geboten. Kranke mit organischen oder funktionellen Gefäßschäden reagieren auf derart starke Temperaturkontraste häufig mit einem Krampf, statt mit einer Erweiterung ihrer Gefäße, wie wir bereits auf S. 5 auseinandergesetzt haben. Will man bei irgendwelchen Gefäßerkrankungen die Durchblutung fördern, dann wird man an Stelle des wechselwarmen das allmählich aufgeheizte Fußbad vorziehen.

Abb. 22. Wechselwarmes Fußbad

Das allmählich aufgeheizte Teilbad. Das ist ein Arm- oder Fußbad, dessen anfangs indifferente Temperatur langsam auf 40 bis 42° C aufgehöht wird. Solche Bäder wurden von SCHWENINGER, dem Leibarzt BISMARCKS, viel verwendet, aber erst durch seinen Schüler HAUFFE, der sein ganzes Leben lang für sie eintrat, in weiteren Kreisen bekannt.

Nach HAUFFE werden die beiden Arme gemeinsam in eine Wanne gebracht. Andere Autoren ziehen es vor, nur einen Arm zu baden. Schließlich werden auch Teilbäder für die beiden Füße gebraucht. Diese macht man in einfachster Weise folgendermaßen. Der Patient sitzt entkleidet nur in ein Leintuch und eine Wolldecke eingehüllt, auf einem Stuhl und taucht seine beiden Beine in eine Fußwanne, die mit Wasser von 36° C gefüllt ist. Neben der Wanne steht ein Krug mit sehr heißem Wasser, das eine Hilfsperson in Zwischenräumen von Minuten in kleinen Mengen dem Bad zusetzt, so daß dessen Temperatur in 20 Minuten auf 40 bis 42° C ansteigt. Dann verweilt der Kranke noch zehn Minuten im Bad und ruht nach diesem, leicht zugedeckt, eine halbe Stunde aus. Ein Schweißausbruch soll bei Gefäß- und Herzkranken vermieden werden.

Diese primitive Art des Teilbades hat man dadurch verbessert, daß man die Wanne direkt an die Zuleitung für das heiße Wasser anschloß und gleichzeitig mit einem Überlauf versah (Abb. 23). Einen weiteren technischen Fortschritt stellen die elektrisch heizbaren Wannen dar, bei denen ein Vorschaltwiderstand es ermöglicht, die Badetemperatur langsamer oder rascher ansteigen zu lassen, und ein Temperaturregler es verhindert, daß eine bestimmte Maximaltemperatur überschritten wird (Abb. 24).

Infolge des langsamen Temperaturanstieges kommt es bei den Teilbädern nach SCHWENINGER und HAUFFE nicht zu einer primären

Gefäßkontraktion und der damit verbundenen Blutdrucksteigerung, wie das bei plötzlich angreifenden starken Wärme- und Kältereizen der Fall ist. Es tritt vielmehr von vornherein eine immer mehr zunehmende und schließlich maximale Erweiterung der Gefäße ein (s. Abb. 3, S. 6). Die ansteigenden Teilbäder werden also überall dort am Platze sein, wo wir eine Gefäßerweiterung mit möglichster Schonung des Herzens und des Kreislaufes erzielen wollen. Wir benützen sie

1. um ihrer örtlichen Wirkung willen bei Endangiitis obliterans, arteriosklerotischen und diabetischen Gefäßschäden, Morbus Raynaud, Gefäßspasmen u. dgl.

2. wegen ihrer reflektorischen Fernwirkung bei Hypertonie, Koronarinsuffizienz, Myokardschaden (Angina pectoris), unregelmäßiger Herztätigkeit (Extrasystolen), leichten Kompensationsstörungen und allgemeiner Arteriosklerose.

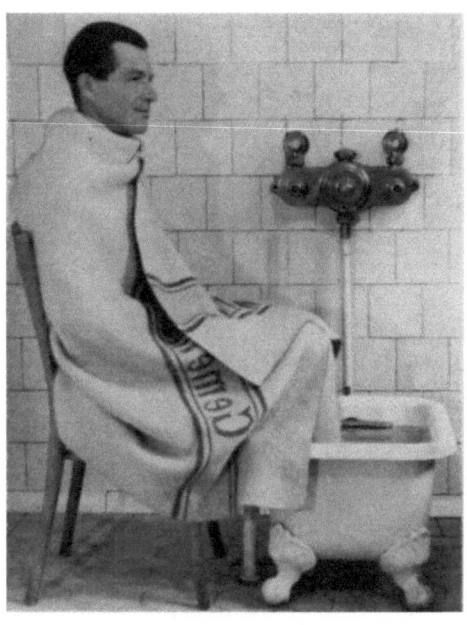

Abb. 23. Allmählich aufgeheiztes Fußbad in fließendem Wasser

3. stellen die allmählich aufgeheizten Teilbäder ein einfaches Mittel dar, um einen allgemeinen Schweißausbruch zu erzeugen. Dieser wird erleichtert, wenn man den Kranken gut in Decken einhüllt und ihm außerdem heißen Tee zu trinken gibt. In dieser Art verwendet man die allmählich aufgeheizten Teilbäder, um bei frischen Erkältungen,

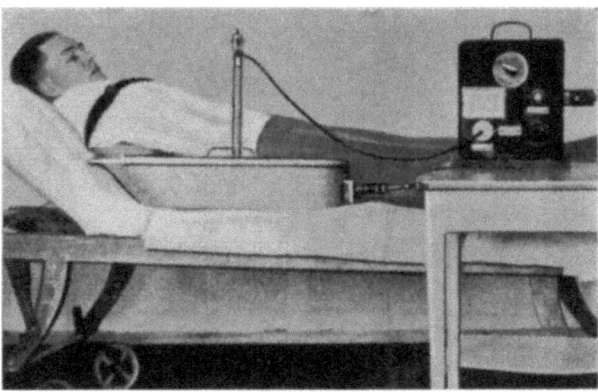

Abb. 24. Armbad nach HAUFFE in elektrisch heizbarer Wanne mit automatischer Regulierung der gewählten Endtemperatur

akuten und chronischen rheumatischen Leiden im Haus des Patienten und überall dort eine Schwitzkur einzuleiten, wo andere Behelfe für diesen Zweck nicht zur Verfügung stehen.

Das Wirbelstrombad (Whirlpoolbath)[1] besteht aus einem Metalltank, in dem das Wasser durch eine elektrisch angetriebene Turbine nach dem Prinzip der Waschmaschine in kreisende Bewegung versetzt wird (Abb. 25). Gleichzeitig wird durch einen „Aeroator" dem Wasser vorgewärmte Luft beigemengt, so daß ein kräftiger Wirbel entsteht. Auf diese Weise tritt zu der thermischen Wirkung des Bades noch eine mechanische, eine Art Massage. Das Wirbelstrombad kommt am häufigsten zur Wiederherstellung nach Knochen- und Gelenkverletzungen und bei Lähmungen zur Anwendung.

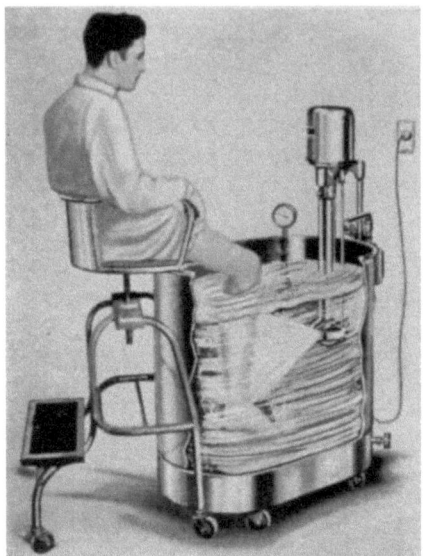

Abb. 25. Wirbelstrombad

Die Duschen und Güsse
Die Duschen

Die Arten der Duschen. Bei den Duschen kommt das Wasser in bewegter Form zur Anwendung, so daß neben der thermischen Komponente noch eine mechanische, bestehend aus dem Druck, den die lebendige Kraft des Wassers auf den Körper ausübt, in Erscheinung tritt. Je nach der Größe dieses Druckes und der Temperatur

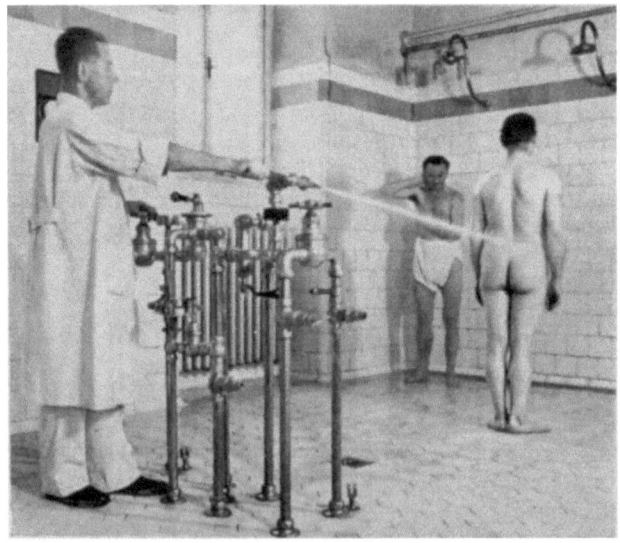

Abb. 26. Verabfolgung einer Strahldusche

---
[1] Erzeugt von Ille Electric Corp., 36-08, 33rd Street, Long Island City 1, N. Y.

des Wassers kann einmal die mechanische, ein andermal die thermische Komponente überwiegen. Man unterscheidet nachfolgende Duschenformen:

1. *Die Strahldusche*, bei welcher der Wasserstrahl geschlossen aus einer Öffnung von 0,5 bis 1,0 cm Durchmesser austritt (Abb. 26). Hier wirkt die ganze Kraft des Wassers ungebrochen auf den Körper ein. Der mechanische Effekt der Strahldusche ist bei höherem Druck so stark, daß die Temperaturempfindung fast vollkommen übertönt und nur mehr der heftige Anprall des Wassers empfunden wird. Die Wirkung kommt der einer Druck- oder Stoßmassage gleich.

2. *Die Fächerdusche*. Die mechanische Kraft der Strahldusche wird vermindert, wenn man die Austrittsöffnung des Wassers teilweise mit dem Finger deckt und so den Strahl bremst. Er wird dadurch gleichzeitig fächerförmig verteilt. Das gleiche erreicht man, wenn man den Strahl statt aus einer runden aus einer spaltförmigen Öffnung austreten läßt.

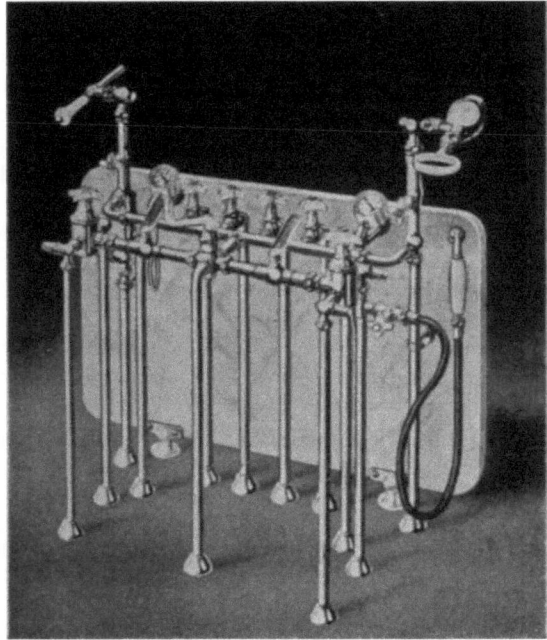

Abb. 27. Duschenkatheder

3. *Die Regendusche*. Eine weitere Verminderung der mechanischen Kraft wird erzielt, wenn man den Wasserstrahl durch Vorschaltung eines Siebes, d. h. eines vielfach durchlochten Bleches, in zahlreiche kleinere Strahlen aufteilt. Man erhält so die Regendusche oder Brause. Diese wird entweder von der Hand des Badewärters gehalten oder sie ist fest an der Wand angebracht, wobei jedoch der Brausekopf etwas schief stehen soll, damit die Dusche nicht direkt auf den Scheitel zielt.

4. *Die Staubdusche*. Preßt man das Wasser durch eine feine Düsenöffnung hindurch, so zerstäubt es nebelartig, wobei der mechanische Druck so gut wie ganz verlorengeht. Die feine Verteilung läßt auch hohe Temperaturen kaum mehr zur Geltung kommen, so daß man Staubduschen nur kalt anzuwenden pflegt.

Die Duschen werden entweder mit der Hand gelenkt oder sie sind fest angebracht, wonach man bewegliche und feste Duschen unterscheidet. Meist erfolgt ihre Bedienung von einer zentralen Stelle, dem *Duschenkatheder* aus (Abb. 27), der es ermöglicht, einerseits den Druck durch Drosselung der Wasserzufuhr zu regeln, andererseits die Temperatur der Dusche an Hand eines Metallthermometers nach Wunsch einzustellen. Beide Forderungen lassen sich jedoch nur dann einwandfrei erfüllen, wenn Kalt- und Warmwasser unter gleichem Druck stehen, was z. B. durch zwei in gleicher Höhe aufgestellte Reservoirs (Boilers) erreicht werden kann. Zur Ausführung von wechselwarmen Duschen müssen zwei voneinander unabhängige Mischhähne vorgesehen sein, so daß ein unmittelbarer Wechsel zwischen warm und kalt möglich ist.

Je nach der Temperatur unterscheidet man so wie bei den Bädern kalte (10 bis 20° C), indifferente (34 bis 36° C) und warme, bzw. heiße

Duschen (37 bis 42° C). Auch wechselwarme, sogenannte schottische Duschen werden viel verwendet, meist in Form des Vollstrahles. Dabei wird zunächst ein Strahl von 40° C in der Dauer von 1 bis 2 Minuten und unmittelbar darauf ein solcher von 20° C, jedoch nur 10 bis 20 Sekunden lang, gegen den Körper gerichtet. Dieser Wechsel wird dreimal wiederholt, so daß die ganze Anwendung 5 bis 6 Minuten in Anspruch nimmt.

Die Vollstrahldusche kommt meist warm oder heiß zur Anwendung, so bei Myalgien der Rücken- und Lendenmuskeln (Lumbago) oder Ischias. Sie wirkt ausgesprochen erregend und blutdrucksteigernd, weshalb sie bei Hypertonikern, Herz- und Gefäßkranken vermieden werden soll. Die Wirkung der heißen Strahldusche kann verstärkt werden, wenn man sie mit einer kalten abwechseln läßt, sie kann vermindert werden, wenn man statt des vollen Strahles einen Fächer wählt. In ähnlicher Weise, nur noch milder, wirkt die Regendusche bei örtlicher Anwendung. Die allgemeine Regendusche, warm oder heiß, dient uns zur Vorwärmung des Körpers für Kaltwasseranwendungen, kühl oder kalt zur Abkühlung nach Packungen oder Schwitzkuren.

Die Duschenmassage, Unterwassermassage (Massage sous l'eau). Darunter versteht man die Ausführung einer Handmassage unter gleich-

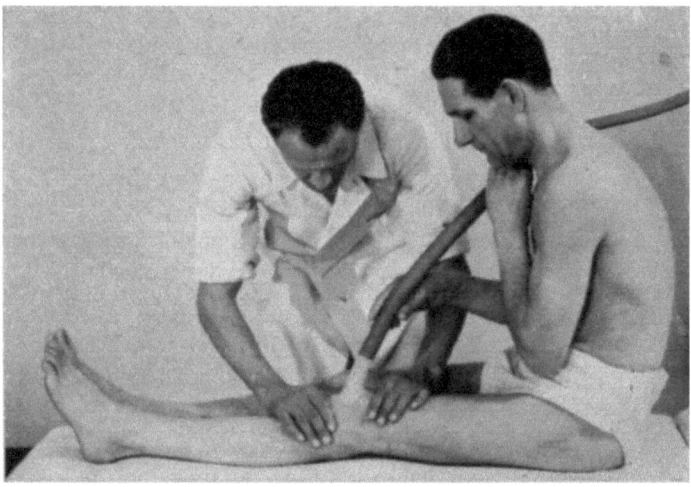

Abb. 28. Unterwassermassage

zeitiger Anwendung einer warmen Dusche von geringem Druck. Während der Masseur mit seinen Händen ein Gelenk oder eine Muskelgruppe massiert, werden diese Teile von warmem oder heißem Wasser (38 bis 42° C), das aus einer breiten Schlauchöffnung ohne jeden Druck austritt, überströmt (Abb. 28). Den Schlauch hält entweder der Kranke selbst oder eine zweite Person oder er ist an einem Träger über dem Massagetisch befestigt. Es gibt auch besondere Einrichtungen für Duschenmassage, bei denen Duschen verschiedener Art über einem Behandlungstisch oder einer Badewanne, in der sich der Kranke befindet, angebracht sind (Abb. 29). Die Kombination von Duschen und Massage wurde zuerst in dem französischen Schwefelbad Aix les Bains geübt, das dadurch Weltruf erlangte. Sie soll am Ende des 18. Jahrhunderts von Ägypten aus dort eingeführt worden sein.

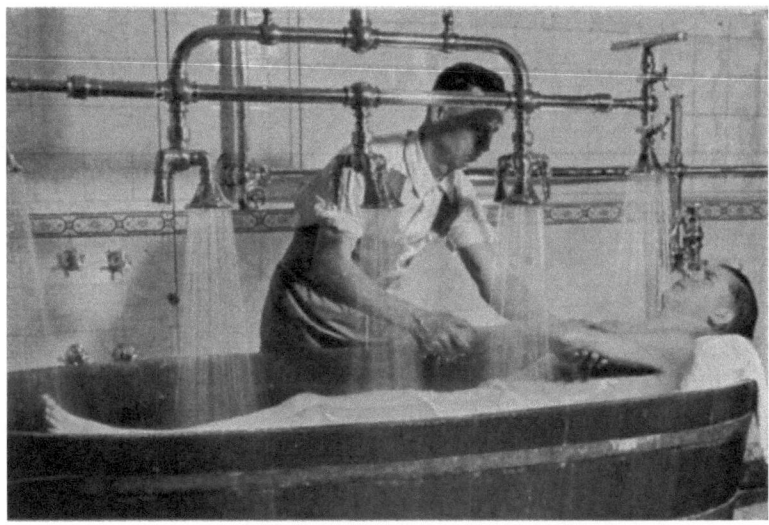

Abb. 29. Unterwassermassage (Massage sous l'eau) (Baden-Baden) nach Saebens-Worpswede

Die Unterwasserdusche. Dabei sitzt der Kranke in einem warmen Bad, während unter Wasser ein Vollstrahl von hohem Druck gegen den kranken Körperteil gerichtet wird (Abb. 30). Vielfach bezeichnet man diese Behandlung auch als Unterwassermassage, was ganz unberechtigt ist, einerseits weil es sich ja gar nicht um eine Massage, sondern um eine Dusche handelt, und andererseits, weil diese Bezeichnung zur Verwechslung mit der eben beschriebenen Unterwassermassage führen muß.

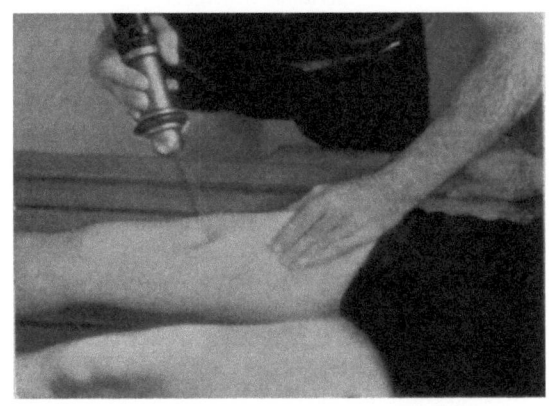

Abb. 30. Unterwasserdusche (Aachen)

Die Unterwasserdusche ist in Aachen, Gastein, Ragaz und anderen Orten seit langem in Gebrauch. Zu ihrer Ausführung benötigt man eine elektrisch angetriebene Wasserstrahlpumpe, die das Wasser der Badewanne entnimmt und unter Druck setzt (Abb. 31).

Die Wirkung der Behandlung ist die einer Vollstrahldusche. Da das in der Wanne befindliche Wasser eine Bremswirkung auf die Dusche ausübt, so kann die Schlauchmündung nahe an den Körper herangebracht werden. Die im warmen Wasser zustande kommende Entspannung der Muskeln soll die Tiefenwirkung der Dusche unterstützen.

Abb. 31. Unterwasserdusche (Gesellschaft für Elektrotherapie, Stuttgart)

Die Güsse

Unter einem Guß verstehen wir die Anwendung eines dicken Wasserstrahles, der sich jedoch im Gegensatz zur Strahldusche ohne wesentlichen Druck über den Körper ergießt. Zu seiner Ausführung benötigt man entweder eine Gießkanne, deren Brausekopf entfernt wurde, oder einen Schlauch mit einer lichten Weite von 2 bis 3 cm, der unmittelbar an die Wasserleitung angeschlossen wird. Die Temperatur des Wassers betrage 10 bis 15° C. Der Druck soll nur so groß sein, daß das Wasser bei senkrecht nach oben gehaltener Schlauchöffnung nicht mehr als handbreit übersprudelt. Die Behandlung mit Güssen wurde besonders von KNEIPP ausgebildet.

Infolge des Fehlens eines nennenswerten Wasserdruckes ist die Wirkung der Güsse eine rein thermische. Sie haben zwei bemerkenswerte Vorzüge, einerseits, daß sie eine verhältnismäßig schonende Form der Kaltwasserbehandlung darstellen, indem man sich mit dem Kältereiz gleichsam ein- und ausschleicht, und zweitens, daß sie ohne besondere technische Behelfe mit den einfachsten Mitteln, infolgedessen auch im Hause des Kranken, ausführbar sind.

Der Kniegluß. Der Kranke steht mit bis zur Hüfte entkleidetem Unterkörper auf einer Matte oder einem Holzrost. Man begießt zuerst die Rückseite des einen Unterschenkels, indem man, am äußeren Knöchel beginnend, an der Außenseite der Wade bis zur Kniekehle hochsteigt, an dieser kurze Zeit verweilt, um dann an der Innenseite der Wade bis zum Knöchel herunterzugehen (Abb. 32). Das Bein der anderen Seite wird in gleicher Weise behandelt. Nun folgt die Begießung der Vorderseite, wobei man wieder am äußeren Knöchel beginnt und am inneren endigt. Der Schlauch oder die Kanne soll dabei so gehalten werden, daß der Unterschenkel gleichsam von einem Wassermantel umhüllt wird.

Anfangs begnügt man sich mit einem Guß, später kann man deren zwei bis drei verabfolgen. Jeder einzelne von ihnen soll jedoch nicht länger als zehn Sekunden dauern, so daß die Behandlung in einer Minute beendet ist. Darnach werden die Beine mit einem Frottierhandtuch kräftig trocken gerieben, um die reaktive Durchblutung zu fördern.

Der Schenkelguß wird in ähnlicher Weise ausgeführt wie der Knieguß und unterscheidet sich von diesem nur dadurch, daß man mit dem Strahl an der Rückseite des Beines bis zur Hüftgegend, an der Vorderseite bis zur Leistengegend ansteigt.

Der Unterguß beginnt an der Rückseite des einen Beines, steigt dann bis zur Lendengegend hoch und am anderen Bein wieder abwärts. Vorn geht er bis zum Rippenbogen. Beim Unterguß kommt es im wesentlichen auf die Bespülung der Lenden- und Kreuzbeingegend sowie des Bauches an (Abb. 33).

Der Armguß. Der Kranke steht vornüber geneigt und stützt seine Arme auf eine Sitzbadewanne, einen Stuhl oder ein besonderes Gestell. Man beginnt mit dem Guß an der Hand, führt ihn entlang der Streckseite des Armes bis zur Schulter, wo man einige Sekunden verweilt, so daß das Wasser in einem breiten Mantel den ganzen Arm umspült, um dann den gleichen Weg zurückzugehen.

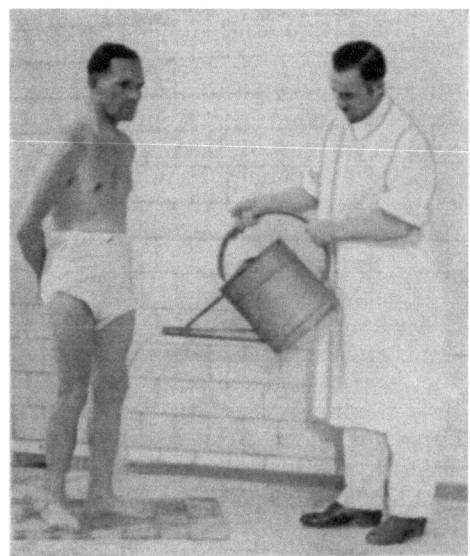

Abb. 32. Knieguß

Die Anwendung von Heißluft und Dampf
Allgemeines

Man kann vom technischen Standpunkt drei Anwendungsformen unterscheiden: 1. Die *Heißluftkammer*, in welcher der ganze Körper einschließlich des Kopfes der Wärmeeinwirkung ausgesetzt ist. 2. Den *Heißluftkasten*, in dem der Körper ausschließlich des Kopfes mit Heißluft behandelt wird. 3. Den *Heißluftapparat*, welcher der Behandlung einzelner Körperteile dient. Da vielfach die gleichen Einrichtungen abwechselnd für Heißluft und Dampf Anwendung finden, so mögen diese beiden Verfahren gemeinsam besprochen werden.

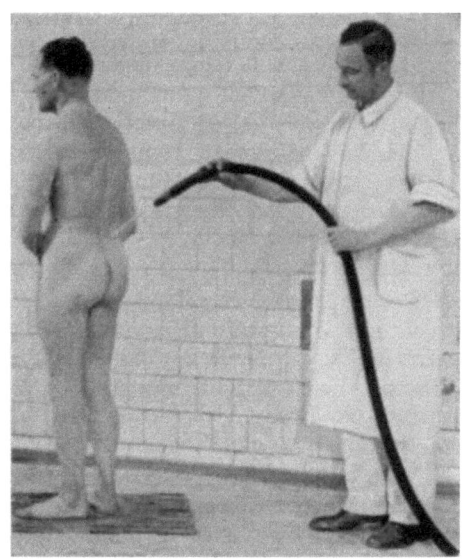

Abb. 33. Unterguß

Die Heißluft- und Dampfkammer

In kleineren Anstalten wird meist derselbe Raum abwechselnd zur Heißluft- und Dampfbehandlung benützt. Im ersten Fall soll dieser eine Temperatur von 60 bis 80° C aufweisen. Der Kranke verweilt dann, mit einer Kopf- oder Herzkühlung versehen, 10 bis 20 Minuten in der Kammer. Da hierbei auch der Kopf der Heißluft ausgesetzt und diese überdies noch eingeatmet wird, so ist die Behandlung begreiflicherweise anstrengend und hat ein gesundes Herz und Gefäßsystem zur Voraussetzung. Die Einatmung der heißen Luft hat eine günstige Wirkung bei Erkrankungen der Nasen-, Kehlkopf- und Bronchialschleimhaut und wird bei diesen mit Erfolg verwendet.

Eine besondere Form des Heißluftbades ist die **Sauna**. Die Behandlung in der Sauna ist eine Badeform, die im Mittelalter in allen deutschsprechenden Ländern verbreitet war, aber heute in Vergessenheit geraten ist. Nur in einzelnen skandinavischen Ländern wie in Finnland hat sie sich bis auf unsere Tage erhalten. Während des zweiten Weltkrieges wurde durch im hohen Norden eingesetzte Soldaten die Erinnerung an diese Badeart wieder wachgerufen.

Die finnische Sauna ist in einem aus Holz gebauten Blockhaus untergebracht, dessen Inneres durch einen Ofen auf 60 bis 90° C erhitzt wird. Die Badenden peitschen ihre Haut mit Birkenreisern, um die Schweißbildung zu fördern. Zum Abschluß des Bades wird durch Übergießen der auf dem Ofen liegenden Granitsteine ein Dampfstoß entwickelt, wodurch das Hitzegefühl stark ansteigt. Abschließend wird der Körper mit warmem und kaltem Wasser übergossen. Häufig ist die finnische Sauna an einem Fluß oder See gelegen, welche die Möglichkeit einer kräftigen Abkühlung bieten.

In vielen Fällen wird man auch mit der *Warmluftbehandlung* auskommen, wobei die Raumtemperatur auf 40 bis 50° C eingestellt wird. Infolge der niedrigeren Temperatur kann der Aufenthalt in der Kammer bis zu 1 Stunde ausgedehnt werden. Solche Behandlungen wurden von dem Verfasser bei chronischer Polyarthritis und anderen rheumatischen Leiden, auch bei Nephritiden und Nephrosen mit bestem Erfolg zur Anwendung gebracht.

Bei der *Dampfbehandlung* wird die Kammer nur auf 40 bis 50° C geheizt, da die mit Wasserdampf gesättigte Luft wegen ihres guten Leitvermögens beträchtlich wärmer empfunden wird als trockene heiße Luft. Trotzdem bedeutet das Dampfbad eine größere Belastung für das Herz und den Kreislauf, da der Dampf das Verdunsten des Schweißes unmöglich macht und so die automatische Wärmeregulierung verhindert.

Nach jeder Behandlung in der Heißluft- oder Dampfkammer ist eine Abkühlung des Körpers erforderlich, die in Form einer kalten Dusche, eines kühlen Voll- oder Halbbades gegeben wird.

Das Heißluft- und Dampfkastenbad

Dabei wird der ganze Körper mit Ausnahme des Kopfes der Einwirkung der Heißluft oder des Dampfes ausgesetzt. Die Behandlung erfolgt in besonderen Kasten, deren Inneres je nach Wunsch mit heißer Luft oder mit Dampf erfüllt werden kann (Abb. 34). Im ersten Fall wird die Temperatur auf 60 bis 70° C, im zweiten Fall auf 45 bis 50° C gebracht. Die Dauer der Behandlung beträgt 15 bis 20 Minuten. Nach dieser wird eine Abkühlung gegeben.

Neben den durch Dampfrohre heizbaren Heißluftbädern gibt es auch solche, die elektrisch geheizt werden. Sie bestehen aus einem oder mehreren Bogen, die aneinandergereiht über den Körper des Kranken gestellt werden (Abb. 35). Ihr Stromverbrauch ist jedoch ein ziemlich großer, so daß man ihnen die zwar weniger wirksamen, jedoch einfacheren und billigeren Liegelichtbäder (S. 48) vorzieht.

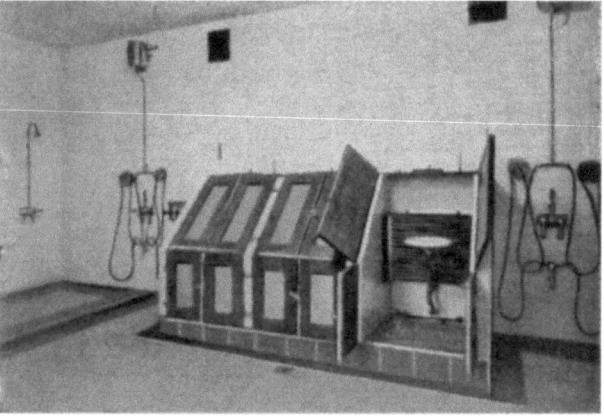

Abb. 34. Heißluft- und Dampfkasten

Die örtliche Heißluft- und Dampfbehandlung

Die Heißluftapparate, die von BIER in die Therapie eingeführt wurden, dienen der Behandlung einzelner Körperteile oder Gelenke.

Abb. 35. Elektrisch geheiztes Heißluftbad

Die Apparate bestehen aus einem hitzebeständigen Werkstoff. Sie sind innen mit Asbest ausgekleidet und elektrisch heizbar (Abb. 36). Der behandelte Körperteil ruht auf Asbestgurten oder Stützen, so daß er allseits von heißer Luft umgeben wird. Waschbare Leinenmanschetten dichten die Öffnungen des Apparates ab.

Die im Heißluftapparat gemessenen Temperaturen liegen zwischen 70 und 90° C. Dazu ist jedoch zu bemerken, daß infolge des Auftriebes der heißen Luft die Temperatur an der Decke des Apparates, wo sich das Thermometer befindet, in der Regel am höchsten ist und an anderen Stellen oft um 15 bis 20° C weniger beträgt. Die Behandlungsdauer soll mit 20 und 30 Minuten bemessen werden. Die Heißluftanwendung wird mit einer kalten Abreibung des erwärmten Körperteiles abgeschlossen.

Die Behandlung mit Heißluftapparaten ist nicht ohne *Gefahren*. Wiederholt sind Verbrennungen ersten, zweiten und selbst dritten Grades vorgekommen. Besonders gefährdet sind Narben und alle Hautstellen, an denen die Epidermis nicht normal ist. Solche Stellen bestreiche man, um sie zu schützen, messerrückendick mit Zinkpaste. Bei Kranken mit

Nervenverletzungen und Nervenerkrankungen prüfe man stets die Temperaturempfindung, ehe man sie einer Heißluftbehandlung unterzieht, da bei

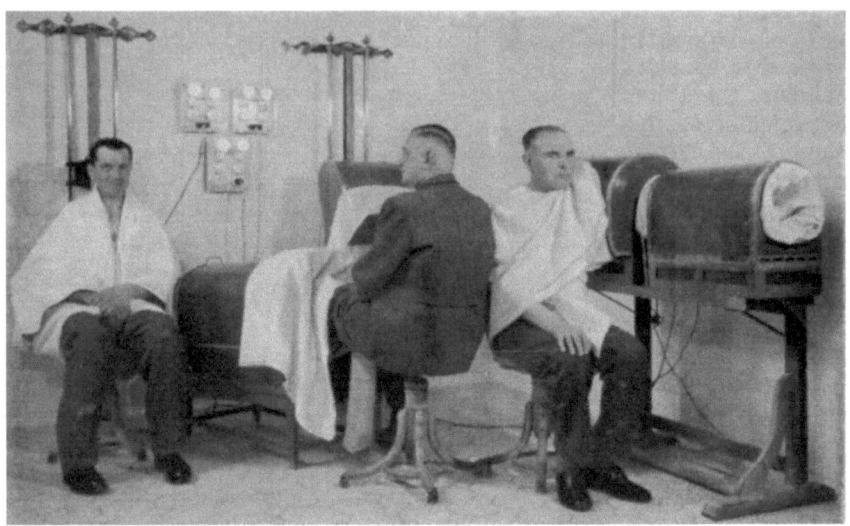

Abb. 36. Behandlung mit Heißluftapparaten

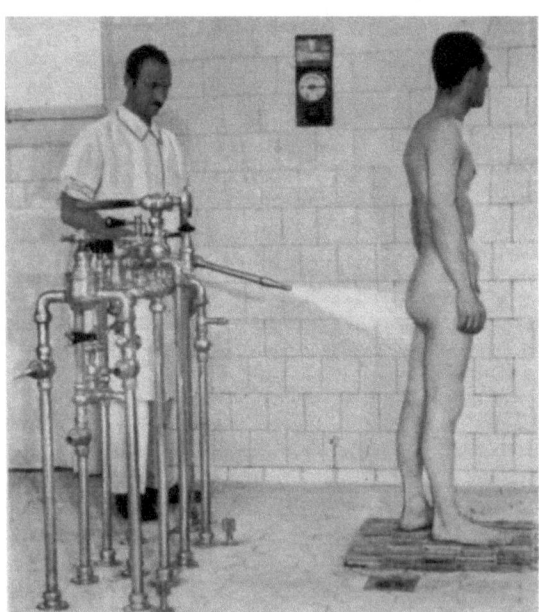

Abb. 37. Dampfdusche

ihnen nicht selten Störungen des Temperatursinnes vorkommen.

Die Dampfdusche kann in wirksamer Form nur in hierzu eingerichteten Kur- oder Krankenanstalten zur Anwendung kommen, da sie einen Dampfdruck von 1 bis 2 Atmosphären erfordert, wie er in den gewöhnlichen Niederdruck-Dampfheizungen nicht zur Verfügung steht.

Bei Anwendung einer Dampfdusche ist sorgfältig darauf zu achten, daß der Kranke nicht durch das von dem Dampf mitgerissene Kondenswasser verbrüht wird. Man darf es daher nicht unterlassen, vor jeder Behandlung den Dampfstrahl voll aufzudrehen und gegen den Boden zu kehren, um die Leitung von dem Kondenswasser zu befreien. Dann erst richtet man ihn gegen den zu behandelnden Körperteil, nachdem man vorher durch Vorhalten der eigenen Hand die Temperatur geprüft und die richtige Entfernung eingestellt hat (Abb. 37).

Die Behandlung betrage 10 bis 15 Minuten. Schon in ganz kurzer Zeit tritt eine intensive Hauthyperämie ein, deren Auftreten durch den mechanischen Anprall der mikroskopisch kleinen Wasserteilchen gefördert wird. Als ein Vorzug der Duschenbehandlung kann angesehen werden, daß man bei ihr kranke oder versteifte Gelenke bewegen und so üben kann.

Therapeutische Anzeigen. Die Dampfdusche stellt ein außerordentlich wirksames, leider in weiten Kreisen noch unbekanntes Mittel der örtlichen Thermotherapie dar. Ihre Anzeigen sind im wesentlichen die gleichen, die wir bei der örtlichen Heißluftbehandlung bereits aufgezählt haben, also Verletzungen der Gelenke, Knochen und Muskeln, sowie die rheumatischen Krankheiten dieser Organe.

Darüber hinaus aber findet die Dampfdusche ein dankbares Anwendungsgebiet bei Hautkrankheiten, wie Akne, Furunkulose, Erfrierungen, Gefäßparesen, trophischen Hautgeschwüren usw. Besonders bewährt hat sich die lokale Dampfanwendung dem Verfasser bei Magen-, Darm-, Anal- und anderen Fisteln. Auch bei Krankheiten des weiblichen Genitales, wie Peri- und Parametritis, Adnexitis u. dgl., kann die Dampfdusche mit bestem Erfolg zur Anwendung kommen.

Die Anwendung strahlender Wärme (Infrarotstrahlung)

Allgemeines

Während bei der Behandlung mit geleiteter Wärme der Körper in unmittelbarer Berührung mit der Wärmequelle (Wasser, Heißluft, Dampf) steht, ist er bei der Behandlung mit strahlender Wärme durch einen größeren oder kleineren Abstand von ihr getrennt. Die Energieübertragung erfolgt durch elektromagnetische Strahlen (Wärme- oder infrarote Strahlen), welche die Luft, ohne sie zu erwärmen, durchsetzen und erst bei ihrem Auftreffen auf den Körper wieder in Wärme zurückverwandelt werden (S. 3). Als Wärmestrahler kommen für therapeutische Zwecke, abgesehen von der Sonne, fast ausschließlich *Glühlampen* in Betracht. Es sind das Lampen, bei denen ein drahtförmiger Leiter durch den elektrischen Strom so erhitzt wird, daß eine zur Beleuchtung ausreichende Helligkeit entsteht. Da diese Lampen mehr als 90% infrarote oder Wärmestrahlen, nur relativ wenig sichtbares und kein ultraviolettes Licht aussenden, ist ihre Wirkung vom biologischen Standpunkt eine Wärmewirkung. Aus diesem Grund trennen wir die Behandlung mit Glühlampen von der eigentlichen Lichttherapie, worunter wir die Behandlung mit violetten und ultravioletten Strahlen verstehen, und besprechen sie im Rahmen der Thermotherapie.

Neben den Glühlampen benützen wir zur Behandlung mit strahlender Wärme noch Geräte (Profunduslampe, Heizsonne), bei denen ein Widerstand durch den elektrischen Strom nur so weit erwärmt wird, daß er nicht oder nur ganz schwach zum Glühen kommt, daher fast nur infrarote Strahlen aussendet.

Die ersten Glühlampen wurden von TH. A. EDISON (1879) hergestellt. Er wählte als elektrischen Widerstand eine verkohlte Bambusfaser, weshalb diese Lampen als Kohlefadenlampen bezeichnet werden. Es war ein bedeutender

Fortschritt, daß man anfangs dieses Jahrhunderts den Kohlefaden durch einen Metallfaden ersetzte, der auf eine viel höhere Temperatur gebracht werden konnte, wodurch die sichtbare Strahlung im Verhältnis zur unsichtbaren Wärmestrahlung wesentlich größer wurde. Als Metall wählte man Wolfram[1], das unter allen Metallen den höchsten Schmelzpunkt (3380° C) hat. Diese Metallfadenlampen sind, um ein Zerstäuben des Metallfadens möglichst zu verhindern, nicht luftleer, sondern mit einem indifferenten Gas, meist Stickstoff, gefüllt.

Wellenlänge und Tiefenwirkung. Die Wellenlänge der ausgesandten Strahlung hängt wesentlich von der Temperatur des Strahlers ab. Mit steigender Temperatur wird nach dem WIENschen Verschiebungsgesetz die Wellenlänge immer kürzer, gleichzeitig nimmt die Gesamtintensität der Strahlung zu. Auch die Tiefenwirkung hängt von der Wellenlänge ab. Den größten Tiefgang besitzen die Strahlen mit einer Wellenlänge von $8\,\mu$[2] (Abb. 38). Es sind jene Strahlen, die an der Grenze der unsichtbaren infraroten und der sichtbaren roten Strahlen liegen.

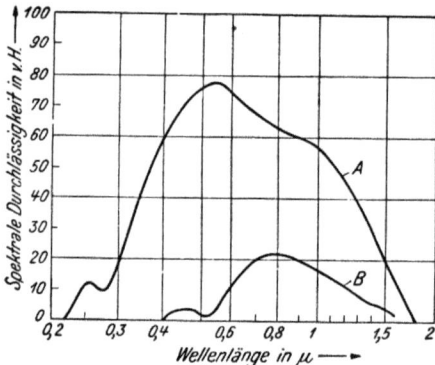

Abb. 38. Spektrale Durchlässigkeit der Oberhaut (A) sowie der Oberhaut einschließlich der Lederhaut (B). (Nach E. H. MEYER)

Die Chromotherapie. Wir verstehen darunter die Behandlung mit farbigem Licht. Färben wir das Glas einer Glühbirne rot oder setzen wir vor sie ein Rotfilter, so erweckt das den Anschein, als ob nun das Licht der Lampe reicher an roten Strahlen geworden wäre. Das ist eine Täuschung, die dadurch hervorgerufen wird, daß das rote Glas ausschließlich die roten Strahlen des sichtbaren Lichtes hindurchläßt, die anderen dagegen absorbiert. Umgekehrt ist ein blaues Glas nur für die blauen Strahlen durchlässig, während es die roten, ge ben und grünen verschluckt. Die Strahlung einer Lichtquelle erfährt also durch ein Farbenfilter keine Vermehrung, sondern eine Verminderung ihres Reichtums an sichtbarem Licht. Aus dem polychromatischen wird ein monochromatisches Licht. Die von dem farbigen Glas oder dem Filter zurückgehaltenen Strahlen setzen sich in diesem in Wärme um.

Es fragt sich nun, welche Bedeutung das farbige Licht für die Therapie hat, genauer gesagt, welchen Vorteil es hat, aus dem polychromatischen Licht der Glühlampen gewisse Farben auszuschalten. Das wäre dann begründet, wenn die so ausgeschalteten Strahlen den Heilungsverlauf von Krankheiten verzögern oder ungünstig beeinflussen würden. In der Tat sind solche Fälle bekannt. So wußte man schon im Mittelalter, daß bei den echten Pocken (Variola) die Eiterung ausblieb und die Narbenbildung wesent ich geringer wurde, wenn man die Kranken im Dunkeln hielt.

---

[1] Osram ist kein Metall, sondern der Name einer Glühlampenfabrik.
[2] 1 Mikron (μ) = 1 Millionstel Meter = 1 Tausendstel Millimeter.

N. FINSEN konnte zeigen, daß dies nicht durch die Abwesenheit des Lichtes an sich, sondern durch das Fehlen der blauen, violetten und ultravioletten Strahlen bedingt ist. Er empfahl deshalb, die Kranken in rot beleuchteten Räumen zu halten. Man könnte das als negative Lichttherapie bezeichnen.

Wenn wir vielfach mit farbigen Lampen behandeln oder uns eines roten oder blauen Filters bedienen, so hat das allerdings andere Gründe. Nehmen wir ein blaues Glas, so fallen die roten, also die vornehmlich wärmenden Strahlen weg und es tritt eine merkliche Schwächung der Wärmeempfindung ein. Geringer ist die Schwächung, wenn wir ein Rotfilter verwenden, das die roten Strahlen hindurchläßt und nur die weniger wärmenden blauen absorbiert. Wir können so drei Wärmestufen schaffen: das Vollicht, das Rotlicht und das Blaulicht. Wenn man z. B. bei Neuritis das Blaulicht empfohlen hat, so entspricht das der Erfahrung, daß bei dieser Erkrankung die mildeste Form der Wärmeanwendung am zweckmäßigsten ist.

Schließlich dürfen wir nicht vergessen, daß dem farbigen Licht auch psychische Werte, oder, wie GOETHE das ausdrückt, eine sinnlich-sittliche Wirkung innewohnt. Rot zählt nach ihm zu den positiven Farben, es hat eine erregende Wirkung. Es ist daher die Farbe der Liebe, des Kampfes, der Revolution. Blau dagegen gehört nach GOETHE zur negativen Seite, es wirkt herabstimmend, beruhigend. Es ist die Farbe der Stetigkeit, der Treue, des Erinnerns.

Die Glühlampen werden in dreifach verschiedener Weise verwendet: 1. in Form der Vollichtbäder zur Behandlung des ganzen Körpers, 2. als Teillichtbäder zur Behandlung einzelner Körperteile, 3. als Bestrahlungslampen zur Bestrahlung größerer oder kleinerer Teile der Körperoberfläche.

Die Voll-, Halb- und Teillichtbäder

Das Vollichtbad besteht aus einem Holzkasten, der an seiner Vorderseite durch Türen zu öffnen ist und an seiner Decke einen Ausschnitt für den Kopf besitzt (Abb. 39). Das Innere des Kastens trägt mehrere Reihen von Glühlampen.

Abb. 39. Vollichtbad, geöffnet

Der Kranke nimmt, nachdem er sich entkleidet und eine Kopfkühlung bekommen hat, auf dem im Innern des Kastens befindlichen Stuhl Platz. Dann werden die Türen geschlossen und die Öffnung rings um den Hals mit einem Tuch abgedichtet. Nun schaltet man zunächst sämtliche Lampen ein, worauf die Temperatur in 5 bis 10 Minuten auf etwa 40° C ansteigt. Der Kranke beginnt zu schwitzen. Ist er in vollem Schweiß, so kann man einen Teil der Lampen ausschalten. Meist verweilt der Patient 15 bis 20 Minuten im Kasten und bekommt anschließend eine Dusche, ein Voll- oder Halbbad zur Abkühlung. Bisweilen läßt man ihn vor der Abkühlung ½ bis 1 Stunde in einer Packung nachschwitzen, um die thermische Wirkung des Lichtbades zu verstärken.

Die Behandlung im Lichtbad gehört zu den Überwärmungsmethoden. Der Anstieg der allgemeinen Körperwärme beträgt, oral gemessen, nach Untersuchungen des Verfassers in 20 Minuten durchschnittlich 1° C.

Das Liege- oder Halblichtbad besteht aus einer Reifenbahre oder einem ausziehbaren Gestell, das an der Innenseite eine Reihe von Glühlampen trägt (Abb. 40). Es wird über den auf dem Behandlungsbett liegenden Kranken gestülpt und mit einer Decke oder einem Leinentuch überdeckt. Da hier der Körper nur von der einen Seite, also nur zur Hälfte bestrahlt wird, kann man von einem Halblichtbad sprechen. Dieser Umstand bedingt es auch, daß die Erwärmung langsamer erfolgt, so daß die Behandlungszeit auf eine halbe bis eine Stunde ausgedehnt werden kann. Da der Kranke während dieser Zeit liegt, bedeutet das für ihn keine größere Anstrengung. Das Liegelichtbad hat den Vorteil, daß es auch im Haus des Kranken zur Anwendung kommen kann.

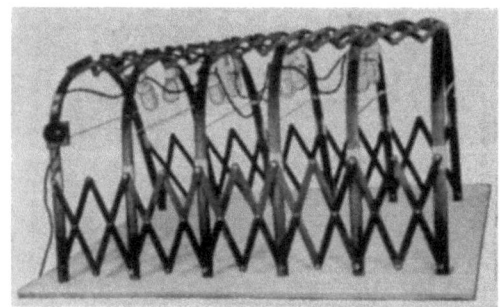 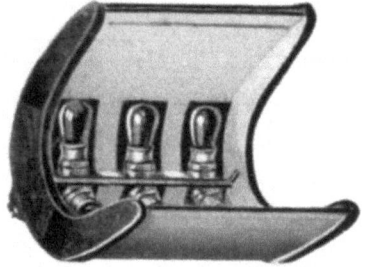

Abb. 40. Liege- oder Halblichtbad   Abb. 41. Teillichtbad

Das Teillichtbad, das der Behandlung einzelner Körperteile dient, besteht aus einem eckigen oder halbbogenförmigen Holzkasten, der starr oder zusammenlegbar ist und im Innern eine Anzahl von Glühlampen trägt (Abb. 41). Er wird über den zu behandelnden Körperteil gestellt und seine beiden Öffnungen durch Tücher verschlossen. Will man die Wärmewirkung milder gestalten, so kann man von einem solchen Verschluß absehen. Die Behandlungsdauer soll nicht weniger als 30 Minuten betragen, nach der Bestrahlung ist eine kalte Abreibung oder Abwaschung des behandelten Körperteiles zweckmäßig.

Die Teillichtbäder werden sehr häufig als Heißluftbäder bezeichnet. Das ist ein sprachlicher Unfug, denn es ist nicht die heiße Luft, welche hier die Wärme auf den Körper überträgt, sondern die Strahlung der Lampen. Daß auch die Luft dabei etwas erwärmt wird, ist eine sekundäre Erscheinung, die dadurch zustande kommt, daß das Glas der Glühlampen, welches sich erhitzt, und ebenso der erwärmte Körper einen Teil ihrer Wärme an die Luft abgeben.

Die richtige Heißluftbehandlung ruft eine ungleich stärkere Hyperämie und Schweißabsonderung hervor als die Glühlampenbestrahlung. Dieser stärkeren Reaktion entspricht auch eine größere therapeutische Wirksamkeit. Wenn trotzdem die Teillichtbäder viel häufiger angewendet werden als die elektrisch geheizten Heißluftapparate, so liegt das einfach daran, daß sie billiger sind und weniger Strom verbrauchen, so daß sie keiner besonderen Leitung bedürfen, sondern an jede Lichtleitung angeschlossen werden können.

Die Wärmebestrahlungslampen

Allgemeines. Während bei den Voll- und Teillichtbädern die Bestrahlung in einem nach außen abgeschlossenen Raum erfolgt und die in diesem Raum miterwärmte Luft sich an der Wirkung beteiligt, ist das bei den freistehenden offenen Bestrahlungslampen nicht der Fall. Hier kommt die Strahlungswärme rein zur Geltung.

Abb. 42. Große Solluxlampe (Quarzlampengesellschaft, Hanau)

Abb. 43. Kleine Solluxlampe (Quarzlampengesellschaft, Hanau)

Die Zahl der Bestrahlungslampen ist außerordentlich groß. Wir beschränken uns darauf, die bekanntesten von ihnen anzuführen.

Die Solluxlampe der Hanauer Quarzlampengesellschaft ist eine gasgefüllte Metallfadenlampe, die innen verspiegelt ist, so daß sie keines Reflektors bedarf. Sie wird in einem großen und kleinen Modell hergestellt. Abb. 42 zeigt das große Modell, das an einem fahrbaren Stativ angebracht ist. Die kleine Solluxlampe (Abb. 43) wird meist als Tisch-, seltener als Stativmodell verwendet.

Die Aquasollampe (Abb. 44). Der großen Solluxlampe kann ein Wasserfilter vorgeschaltet werden, durch welches andauernd Wasser fließt. Durch dieses werden die langwelligen Infrarotstrahlen aufgefangen. Es sind das jene Strahlen, die sonst in der obersten Schicht der Haut, in der die Empfänger der Thermosensibilität liegen, zur Absorption kommen. Dadurch, daß sie vom

Wasser zurückgehalten werden, die kürzeren Infrarotstrahlen, die tiefer eindringen, durch das Wasser aber hindurchgehen, können dem Körper größere Wärmemengen zugeführt werden, ohne daß es zu einem unangenehmen Wärmegefühl kommt.

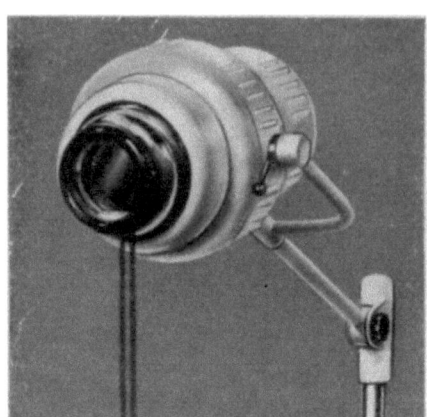

Abb. 44. Aquasollampe (Quarzlampengesellschaft, Hanau)

Abb. 45. Vitaluxlampe

Die Vitaluxlampe der Osramgesellschaft ist eine Glühlampe, deren Wolframwendel bis zur Weißglut erhitzt wird, so daß sie phyikalisch nachweisbar auch ultraviolette Strahlen aussendet (Abb. 45). Doch ist die Menge dieser sehr gering, so daß sie vom therapeutischen Standpunkt zu den Wärmelampen gezählt werden muß (s. auch Ultravitaluxlampe S. 97).

Abb. 46. Infraphillampe (Philips)

Abb. 47. Profunduslampe

Die Infraphillampe der Firma Philips (Abb. 46). Ihr Kolbenboden ist zur weitgehenden Absorption der sichtbaren Strahlen rubiniert. Der hintere Teil des Kolbens wirkt durch aufgedampftes Aluminium als Reflektor.

Die Profunduslampe (Abb. 47). Ihre Infrarotstrahlung geht von einem spiralig gewundenen Draht aus, der auf einem Tonkörper aufgezogen ist und durch den elektrischen Strom nicht oder nur ganz schwach zum Glühen kommt.

Die Ausführung der Bestrahlung ist technisch sehr einfach. Die Dosierung der Strahlungsintensität erfolgt durch die Wahl des Lampenabstandes von dem zu behandelnden Körperteil. Dabei behalte man im Auge, daß die Intensität annähernd mit dem Quadrat der Annäherung oder Entfernung sich ändert. Die Wahl des Abstandes überlasse man nicht dem Kranken, sondern bestimme ihn selbst, da der Kranke erfahrungsgemäß der Ansicht ist, daß die Strahlung um so wirksamer sei, je stärker sie ist und infolgedessen nicht selten so nahe an die Lampe heranrückt, daß es zu einer Verbrennung kommt. Die Dauer der Bestrahlung soll nicht unter 30 Minuten betragen.

Die therapeutischen Anzeigen der Behandlung mit Wärmelampen sind sehr zahlreich. Sie decken sich mit denen der Wärme im allgemeinen und mit denen der Teillichtbäder im besonderen. Eine spezielle Eignung besitzen sie zur Behandlung von Krankheiten des Ohres, der Nase und ihrer Nebenhöhlen, des Kehlkopfes, zur Behandlung von Okzipital-, Interkostal- und anderen Hautneuralgien, zur Bestrahlung von Hautkrankheiten, wie Furunkeln, Karbunkeln und Schweißdrüsenabszessen, Wunden und Geschwüren, weil dabei jede Berührung der kranken Teile mit der Wärmequelle vermieden wird.

Schrifttum über Wärme- und Kältebehandlung

BRAUCH, FR.: Die Behandlung mit ansteigenden Teilbädern. Dresden u. Leipzig: Th. Steinkopff. 1941.

DEVRIENT, W.: Überwärmungsbäder, 4. Aufl. A. Marcus u. E. Webers Verlag. 1950.

— Sauna, 4. Aufl. Derselbe Verlag. 1950.

FEY, CHR.: Hydrotherapie, dargestellt mit besonderer Berücksichtigung des Kneippschen Heilverfahrens. Stuttgart: Haugh. 1950.

GASPARO, H. DI: Die Grundlagen der Hydro- und Thermotherapie. Graz: Deutsche Vereinsdruckerei. 1922.

LAMPERT, H.: Überwärmung als Heilmittel. Stuttgart: Hippokrates. 1948.

LAMPERT u. RAJEWSKY (Herausgeber): Erforschung und Praxis der Wärmebehandlung in der Medizin. Dresden u. Leipzig: Th. Steinkopff. 1937.

MATTHES, M.: Lehrbuch der klinischen Hydrotherapie, 2. Aufl. Jena: G. Fischer. 1903.

OTT, R.: Die Sauna. Basel: B. Schwabe. 1948.

SCHLENZ, J.: Das Überwärmungsbad (Schlenzbad). Innsbruck: Inn-Verlag. 1948.

STRASBURGER, J.: Einführung in die Hydrotherapie und Thermotherapie. Jena: G. Fischer. 1909.

WINTERNITZ, W.: Die Hydrotherapie auf physiologischer und klinischer Grundlage. (Faksimile-Abdruck der 1. Aufl. vom Jahre 1877.) Leipzig: F. C. W. Vogel. 1912.

ZABEL u. SCHLENZ: Praxis und Theorie der Fiebererzeugung durch Überwärmungsbäder. Stuttgart: Hippokrates. 1944.

II. Die Heilbäderbehandlung (Balneotherapie)

Allgemeines

Der Begriff des Heilbades. Heilbäder nennen wir im allgemeinen Bäder, deren Wasser chemische Stoffe gelöst enthält, welche für die therapeutische Wirkung des Bades von Bedeutung sind. Außerdem zählt man zu den Heilquellen auch solche, deren Wasser sich von dem gewöhnlichen Quell- und Brunnenwasser chemisch-analytisch in keiner Weise unterscheidet, obwohl ihre Heilwirkung durch eine oft jahrhundertelange Erfahrung einwandfrei erwiesen ist. Ja es gibt auch Heilquellen, die sich durch die besondere Reinheit ihres Wassers, d. h. durch einen auffallend geringen Gehalt an Mineralsalzen auszeichnen. Man nennt sie akratische Wässer (ἀκρᾶτος, rein, ungemischt). Der Begriff der Heilquelle ist also heute noch ein rein empirischer, er läßt sich einstweilen wissenschaftlich nicht definieren.

Die Einteilung der Heilbäder. Die Heilquellen kann man nach ihrer Temperatur in warme und kalte unterscheiden. Zu den warmen Quellen oder Thermen zählt man jene, die mit einer Temperatur über 20° C aus dem Boden treten.

Das gebräuchlichste Einteilungsprinzip ist das chemische, nach dem die Heilquellen durch jene Stoffe gekennzeichnet werden, die in ihnen mengenmäßig vorherrschen. Da die im Wasser gelösten Salze, Säuren und Basen in elektrisch geladene Bruchstücke oder Ionen zerfallen sind, so gibt die chemische Analyse die Art und Menge der vorhandenen Ionen, getrennt in Anionen und Kationen, an. Zu den wichtigsten positiven oder Kationen gehören das H-Ion und die Metallionen Na, K, Ca, Mg, zu den negativen oder Anionen das Hydroxylion OH, die Halogene Cl, Br, J und die Säurereste, wie das Karbonation CO_3, das Hydrokarbonation HCO_3, das Sulfation SO_4.

Außer den allgemein verbreiteten Mineralsalzen kommen in den meisten Heilquellen noch verschiedene Elemente, meist allerdings nur in kleinen Spuren, vor. Man hat sie deshalb *Spuren- oder Mikroelemente* genannt. Dazu gehören Kupfer, Kobalt, Mangan, Zink, Gallium, Germanium, Vanadium, Molybdän u. a. So wurden z. B. in dem als einfache alkalische Quelle geltenden Wasser von Vichy nicht weniger als 50 verschiedene Elemente, also mehr als die Hälfte aller überhaupt bekannten Elemente nachgewiesen (SCHOBER).

Wenn die Spurenelemente auch am Aufbau des Pflanzen- und Tierkörpers keinen wesentlichen Anteil haben, so sind doch manche von ihnen für dessen Funktionen von lebenswichtiger Bedeutung. Zu den für das Leben unentbehrlichen Spurenelementen gehören außer Jod noch Kupfer, Kobalt, Zink und Mangan. Man hat sie als anorganische Vitamine bezeichnet.

Welchen therapeutischen Wert das Vorhandensein von Mikroelementen in den Heilquellen hat, ist einstweilen noch nicht ganz klar. Vielfach sind unsere Heilquellen nach Spurenelementen, die sich oft nur spektralanalytisch nachweisen lassen, noch gar nicht durchforscht, andererseits ist auch die biologische Bedeutung mancher Spurenelemente noch unbekannt. Es ist aber mehr als wahrscheinlich, daß ihnen bei der Wirkung der Heilbäder eine therapeutische Rolle zukommt.

Die chemische Analyse der Heilquellen als Einteilungsprinzip ist wissenschaftlich durchaus begründet, doch sagt sie dem Arzt zu wenig. Daß Bad Gastein eine Glaubersalzquelle oder daß Baden bei Wien nach den in ihr vorherrschenden Ionen eine Gipsquelle darstellt, ist vom medizinischen Standpunkt uninteressant. Es ist für den Arzt viel wichtiger, daß die Quellen von Gastein „nebenbei" Radon, die von Baden noch „nebenbei" Schwefelwasserstoff führen, denn das sind jene Stoffe, welche die therapeutische Wirksamkeit dieser Quellen begründen.

Die Quellen von Nauheim z. B. enthalten unter anderem Kochsalz in beträchtlicher Menge. Nichtsdestoweniger werden sie nicht so sehr wegen ihres Kochsalzgehaltes, sondern wegen ihres Kohlensäuregehaltes aufgesucht, der sich bei Herzkranken besonders wirksam erweist. Nauheim ist daher das wichtigste Kohlensäure- und Herzbad Deutschlands. Nun finden wir in dem Deutschen Bäderbuch, dem offiziellen Verzeichnis der deutschen Heilquellen, überhaupt keine Gruppe „Kohlensäurebäder". Nauheim zählt hier zu den Kochsalzquellen. Hall in Oberösterreich, Tölz, Heilbrunn und andere Kurorte werden vor allem wegen des Jodgehaltes ihrer Quellen aufgesucht und zählen daher vom therapeutischen Standpunkt zu den Jodbädern. Auch diese Gruppe scheint in den offiziellen Bäderbüchern nicht auf. Die genannten Orte finden sich in anderen Bädergruppen. Wir sehen also, daß die medizinische Einteilung der Heilbäder eine andere ist als die chemische.

Jedes Heilbad, bzw. jede Heilbädergruppe erweist sich nicht nur bei einer, sondern bei einer ganzen Reihe von Krankheiten wirksam. So wirken Schwefelbäder nicht nur bei rheumatischen Krankheiten, sondern auch bei Frauenleiden und Hautkrankheiten. Andererseits kann ein und dieselbe Krankheit, sagen wir eine chronische Polyarthritis, durch Quellen verschiedener Art, wie Schwefel-, Sole- oder Radonquellen, günstig beeinflußt werden. Diese polyvalente Wirkung der Heilquellen sollte allerdings nicht dazu führen, daß einzelne Kurorte so ziemlich alle existierenden Krankheiten in ihren Anzeigenbereich aufnehmen.

Den natürlichen stehen die *künstlichen Heilbäder* gegenüber, das sind solche, die man durch Zusatz chemischer Stoffe zum Badewasser herstellt. Es muß uns aber von vornherein klar sein, daß solche künstliche Heil- oder Medizinalbäder die natürlichen nie vollwertig zu ersetzen vermögen. Natürliche Heilquellen enthalten ja nicht eine, zwei oder drei chemische Substanzen gelöst, sondern eine ganz große Anzahl solcher, die teils synergistisch, teils antagonistisch zueinander eingestellt sind. So stellt jede Heilquelle einen höchst komplizierten chemischen Heilkörper dar, der aber eine in sich geschlossene therapeutische Einheit ist, die einstweilen synthetisch nicht nachgeahmt werden kann. Dazu kommen aber, wie wir gleich sehen werden, noch andere Dinge, welche die Überlegenheit der natürlichen Heilbäder gegenüber den künstlichen außer Zweifel stellen.

Die Wirkung der Heilbäder. Die Wirkung eines Heilbades setzt sich im wesentlichen aus zwei Faktoren zusammen, einerseits aus der *Änderung der Umwelt*, welche durch das Aufsuchen eines Kurortes zwangsläufig notwendig wird, und andererseits aus der Wirkung des Bades selbst. Die Loslösung von den Sorgen des Alltags, die für jeden einerseits durch den Beruf, andererseits durch die Familie gegeben sind, stellen eine seelische Entlastung dar, die von dem Kranken angenehm empfunden wird. Der Wegfall der Berufsarbeit hat eine körperliche Erholung zur Folge. Der Wechsel des Klimas, gekennzeichnet durch Temperatur, Luftdruck, Feuchtigkeitsgehalt der Luft, Luftbewegung, Sonnenstrahlung usw., wirkt als neuer Lebensreiz auf den Organismus. Diese Faktoren sind häufig allein schon imstande, das Leiden günstig zu beeinflussen.

Den zweiten Wirkungsfaktor stellt *das Bad* selbst dar. Es setzt sich im wesentlichen aus zwei Komponenten zusammen, einer thermischen und einer chemischen. Die Wärme ist, wie immer betont werden muß, das wirksamste physikalische Heilmittel, das wir kennen. Die Wärme allein vermag, wie uns das z. B. die Überwärmungsbäder zeigen, die erstaunlichsten Erfolge bei rheumatischen und anderen Leiden zu erzielen. Die Heilerfolge der meisten Schlammkurorte sind im wesentlichen thermischer Natur.

Die zweite Wirkungskomponente ist die chemische. Die im Wasser gelösten chemischen Stoffe können in zweierlei Weise wirksam werden. Einerseits dadurch, daß sie sich der Haut anlagern und teilweise in sie eindringen, was man als *Adsorption* und *Absorption* bezeichnet. Dadurch kommt es zu einer unmittelbaren Erregung der bis in die Epidermis vordringenden Endigungen der vegetativen Nerven. Wenn dieser Reiz auch nicht sehr stark ist, so ist er doch sehr wirksam, da er gleichzeitig fast die gesamte Körperoberfläche trifft. Dadurch kommen auf neuralem Weg Fernwirkungen zustande, welche die Funktionen aller Organe zu beeinflussen vermögen, welche dem vegetativen Nervensystem unterstehen.

Der zweite Weg, auf dem die im Wasser gelösten Stoffe wirksam werden, ist die *Resorption*, die Aufnahme durch die Haut hindurch in die Blutbahn. Nach OVERTON und H. H. MEYER ist die menschliche Haut für Stoffe durchlässig, die sowohl im Wasser als auch in Lipoiden löslich sind. Dazu gehören die Kohlensäure, Schwefelwasserstoff, Radon, die Metalle Kalium, Natrium, Radium, Eisen (zweiwertig), Kupfer, Mangan, die Halogene Jod, Brom, Chlor, von den Salzen die Bikarbonate, Bromate, teilweise auch die Chloride. Ad- und Absorption einerseits und Resorption andererseits sind nicht grundsätzlich voneinander verschieden, sondern gehen ineinander über, indem die Ad- und Absorption die Vorstufe der Resorption bilden. Die von der Haut absorbierten Stoffe bilden eine Art Hautdepot, von dem aus sie in Mikrodosen auch in der Zeit zwischen den einzelnen Bädern zur Resorption gelangen. Die in dieser Zeit resorbierten Mengen übersteigen sogar die während der Badezeit aufgenommenen Mengen, wie DIRNAGL und seine Mitarbeiter an Sulfatbädern nachweisen konnten, um ein Vielfaches. Die im Badewasser gelösten Stoffe können also teils auf neuralem Weg, teils auf humoralem Weg über die Blutbahn wirksam werden.

Jede Badekur ist ihrem Wesen nach eine *unspezifische Reiztherapie* deren Ziel es ist, die in dem Körper noch vorhandenen Abwehrkräfte zum Kampf gegen die Krankheit aufzurufen. Sie zeigt in ihrem Verlauf zwei Phasen, eine Kampfphase, die durch den ärztlichen Angriff ausgelöst wurde, und eine Ausgleichsphase, die ein entgegengesetztes Vorzeichen aufweist. In der ersten Phase beobachten wir nicht selten eine Vermehrung der allgemeinen und örtlichen Beschwerden, was man als *Badereaktion* bezeichnet, in der zweiten Phase ein zunehmendes Wohlbefinden. Aber selbst dort, wo eine Badereaktion klinisch nicht in Erscheinung tritt, lassen sich Veränderungen des serologischen und morphologischen Blutbildes, Veränderungen des vegetativen Tonus durch das Elektrodermatogramm nachweisen. Die erste Phase ist nach F. HOFF gekennzeichnet durch eine Erregbarkeitssteigerung des Sympathikus, die zweite durch eine Erregbarkeitssteigerung des Parasympathikus. Diese Umstimmung aus der sympathikotonen in die vagotone Reaktionslage ist das Endziel jeder Reiztherapie und somit auch jeder Badekur.

Wie bei jeder Reiztherapie kommt es auch bei der Heilbäderbehandlung nicht so sehr auf die Art als vielmehr auf die *Stärke des Reizes* an, denn von dieser wird die Stärke der Reaktion bestimmt, mit welcher der Kranke den Reiz beantwortet. Nach einer Statistik des Verfassers an 10 000 Patienten zeigte sich, daß die Schwefel- und Radonquellen in 50 bis 70% der behandelten Fälle eine klinisch erkennbare, also überschwellige Badereaktion zeigen, während die Sole-, Jodsole-, Kohlensäure- und andere Bäder nicht mehr als 4 bis 5% Reaktionen aufweisen. Natürlich spielt auch die Temperatur des Bades eine Rolle; seine Reizwirkung steigt mit der Temperatur. Darum stellen die Moor- und Schlammbäder, die meist in Höchsttemperaturen verabfolgt werden, zusammen mit den Schwefel- und Radonbädern die stärksten balneologischen Reize dar. Die Stärke der Reaktion wird aber nicht nur durch die Reizstärke des Bades, sondern auch durch die *Reizbarkeit des Patienten* bestimmt. Diese hängt vor allem von dessen augenblicklicher vegetativer Reaktionslage ab, die vornehmlich durch seine Krankheit und die Phase, in welcher sich diese befindet, gegeben ist. Als Grundsatz muß gelten, daß der balneologische Reiz um so schwächer sein muß, je größer die Reizbarkeit des Patienten ist und umgekehrt. Reizstärke und Reizbarkeit müssen zueinander in einem reziproken Verhältnis stehen.

Gegenanzeigen der Badekuren. *Akute Erkrankungen* jeder Art oder akute Nachschübe chronischer Krankheiten.

Chronische Krankheiten, die bereits in das Stadium der Erschöpfung (SELYE) eingetreten sind, bei denen also keine Heilreserven mehr vorhanden sind. Marasmus senilis.

Tuberkulose der Lungen.

Krankheiten des Herzens und des Kreislaufs, die an der Grenze der Dekompensation stehen und dadurch eine stärkere Belastung, wie sie eine Badekur darstellt, nicht mehr vertragen.

Nephrosklerose, chronische Nephritis.

Schwere Stoffwechselstörungen (Diabetes) und Anämien.

Die Kochsalz- und Solebäder

Natürliche und künstliche Kochsalzbäder

Die natürlichen Kochsalzbäder werden mit dem Wasser kochsalzhaltiger Quellen erzeugt. Kochsalzquellen oder, wie man früher sagte, muriatische Quellen nennen wir solche, welche überwiegend Natrium- und Chlorionen enthalten. Als Heilquellen werden nur diejenigen Kochsalzquellen anerkannt, die wenigstens 1 g NaCl im Liter Wasser aufweisen. Von diesem Mindestgehalt aufwärts kann der Kochsalzgehalt bis zur Sättigungsgrenze steigen, die für reines Natriumchlorid bei einer Temperatur von 20° C mit 360 g im Liter erreicht ist. Der Unterschied einer Lösung von 1 g und 360 g im Liter ist so groß, daß man es für zweckmäßig hielt, eine Unterteilung vorzunehmen. Man bezeichnet Quellen, die weniger als 15 g im Liter enthalten, als Kochsalzquellen, solche, die 15 g und mehr enthalten, als Solequellen.

Viele Quellen enthalten neben Kochsalz noch andere Mineralsalze, wie Kalzium- oder Magnesiumchlorid oder Natriumhydrokarbonat. Manche sind sehr reich an Kohlensäure.

Österreich hat nur wenige, Deutschland dagegen mehr als hundert Kochsalzquellen. Das rührt daher, daß Deutschland früher von einem Meer bedeckt war, auf dessen Grund sich Kochsalz und andere im Meerwasser gelöste Stoffe stellenweise bis zu einer Höhe von 1000 m ablagerten.

Bekannte Kochsalz- und Solequellen Deutschlands und Österreichs

	Ges. Konz. g
Aussee in der Steiermark	270
Baden-Baden im Schwarzwald (11 Thermen von 44 bis 68° C), Ursprung	2,90
Berchtesgaden in Oberbayern	260
Hall in Tirol	325
Homburg v. d. H. bei Frankfurt a. M., Salzsprudel (1% CO_2)	26,53
Ischl in Oberösterreich, Sole zur Bäderbereitung	340
Kissingen in Bayern, Solsprudel	14,97
Kreuznach in der Rheinprovinz bei Koblenz, Solsprudel	13,63
Nauheim in Oberhessen, Großer Sprudel (3,9% CO_2)	24,96
Oeynhausen in Westfalen (Therme), Oeynhausensprudel	42
Pyrmont in Niedersachsen, Bohrlochsole	41
Reichenhall in Oberbayern, Edelquelle	234
Salzgitter in Hannover	264
Salzschlirf bei Fulda, Sprudel	46
Salzuflen in Lippe, Sophienbrunnen	23,97
Schwäbisch Hall, Hallquelle	53
Soden am Taunus, Großer Solsprudel	34
Wiesbaden (27 Thermen von 50 bis 65,7° C), Kochbrunnen	8,59

Die künstlichen Kochsalzbäder werden durch Zusatz von Kochsalz oder kochsalzhaltigen Lösungen, wie Sole und Mutterlauge, zum Wannenbad hergestellt. Zu ihnen zählen auch jene Bäder, die in Kurorten mit der Sole von Salinen erzeugt werden. Sie sind in der obenstehenden Tabelle dadurch erkenntlich, daß sie eine Kochsalzkonzentration von mehr als 200 g im Liter aufweisen. Zur Herstellung der künstlichen Kochsalzbäder benützt man:

1. *Kochsalz* in Form von Sudsalz, welches durch Sieden gewonnen wird, oder Steinsalz, welches in den Bergwerken gebrochen wird. Man setzt sie in einer Menge von 2 bis 5 kg einem Vollbad zu.

2. *Sole*, das ist eine mehr oder weniger konzentrierte Lösung von Kochsalz, wie sie in Salinen durch Auslaugen kochsalzhaltigen Gesteins durch Süßwasser hergestellt wird. Für ein Vollbad werden 15 bis 30 Liter gebraucht.

3. *Mutterlauge.* Wenn bei der Salzgewinnung durch Sieden die Sole in großen flachen Pfannen verdampft wird, fällt zuerst das Natriumchlorid aus, während die leichter löslichen Chloride des Kaliums, Kalziums, Magnesiums, Lithiums, Strontiums, sowie auch ihre Jodide und Bromide, in Lösung bleiben. Die Restlösung, eine dicke gelbliche Flüssigkeit, welche diese Salze enthält, bezeichnet man als Mutterlauge. Sie wird in einer Menge von 3 bis 5 Liter für ein Bad verwendet.

Die Wirkung der Kochsalzbäder

Die Frage, ob Kochsalz durch die Haut aufgenommen werden kann, wird von BÜRGI bejaht, von BENECKE und v. NEERGARD verneint. Doch selbst angenommen, Kochsalz könnte durch die Haut in die Blutbahn gelangen, so wären die auf diese Weise aufgenommenen Mengen so gering, daß sie bei dem durchschnittlichen Bedarf des menschlichen Körpers von 15 g Kochsalz im Tag therapeutisch keine Rolle spielen könnten.

Die Wirkung der Solebäder kommt vielmehr dadurch zustande, daß sich Kochsalzteilchen der Haut anlagern, in sie eindringen und als körperfremder Reiz auf reflektorischem Weg über das vegetative Nervensystem eine funktionelle Umstimmung zur Folge haben. H. H. MEYER und FRÖHLICH wie auch LEHMANN konnten noch wochenlang nach dem Gebrauch von Solebädern Kochsalzteilchen in der Haut trotz wiederholten Waschens nachweisen. Als Folge dieser Salzimprägnierung der Haut stellte LENDEL kapillarmikroskopisch eine vermehrte Durchblutung fest. Infolge dieser ist auch eine erhöhte Hauttemperatur nachweisbar (KRAUS). STAHL und SCHMEGG zeigten, daß eine Adrenalinquaddel durch Bäder mit einem Salzgehalt von nur 300 g eine Vergrößerung erfährt. R. MOSER konnte durch eine Pilokarpin-Adrenaliniontophorese nachweisen, daß Kochsalzbäder eine Verschiebung des vegetativen Tonus nach der vagotonischen Seite hin bewirken.

Die therapeutischen Anzeigen der Kochsalzbäder

Rheumatische Krankheiten der Gelenke, Muskeln und Nerven. Hier können die Solebäder bereits im subakuten Stadium und überall dort zur Anwendung kommen, wo Schwefel- und Radonbäder wegen ihrer starken Reaktion, Moor- und Schlammbäder wegen ihrer hohen Temperatur noch nicht angezeigt erscheinen. Auch tuberkulöse und tuberkuloseverdächtige Gelenkerkrankungen können in Sole- und Jodsolebäder geschickt werden.

Frauenkrankheiten, sowohl solche, die durch hormonale Unterfunktion als auch solche, die durch chronische Entzündungen verursacht sind. Die resorbierende Wirkung der Solebäder ist wohl geringer als die der Moor- und Schlammbäder, die meist in höherer Temperatur verabfolgt werden, dafür aber können sie bereits in einem früheren Zeitpunkt zur Anwendung kommen, ohne daß eine reaktive Verschlechterung zu befürchten wäre.

Kinderkrankheiten, vor allem exsudative, lymphatische oder skrofulöse Diathesen. Solebäder erweisen sich aber auch als allgemeines Kräftigungsmittel bei schwächlichen und nervösen Kindern sehr wirksam.

Wiederherstellung nach schweren Erkrankungen, Operationen, Blutverlusten, Lähmungen, Verletzungen der Gelenke und Knochen, in den letztgenannten Fällen in Verbindung mit Heilgymnastik.

Stoffwechselstörungen, wie Gicht und Fettsucht. Hier bilden Solebäder ein wertvolles Unterstützungsmittel der diätetischen Therapie.

Anhang

Die Meerbäder

Die chemische Zusammensetzung des Meerwassers. Dieses steht in seiner chemischen Zusammensetzung dem Wasser der Solequellen sehr nahe. Sind ja doch die Solebäder nichts anderes als in trockenem Zustand konservierte Meersalze, die durch das Quellwasser wieder zur Lösung kamen. Im Meerwasser ist daher der vorherrschende Bestandteil das Natriumchlorid. Daneben kommen andere Chloride, wie die des Kaliums, Kalziums, Magnesiums, Jodide, Bromide, Sulfate, Hydrokarbonate und eine Reihe seltener Metalle, wie Lithium, Rubidium, Caesium, Gold, Quecksilber und andere vor.

Der Gehalt des Meerwassers an mineralischen Bestandteilen ist in allen Weltmeeren der gleiche. Nach 77 Messungen, die DITTMAR an verschiedenen Orten vorgenommen hat, beträgt der Kochsalzgehalt durchschnittlich 3%.

Die Wirkung der Meerbäder. Trotzdem das Wasser des Meeres dem der Solequellen in seiner Zusammensetzung weitgehend ähnlich ist, sind die Indikationen ihrer Anwendung sehr verschieden. Das wird erstens dadurch bedingt, daß das Meerbad kalt ist, das Solebad dagegen warm gebraucht wird, zweitens aber, daß das Baden im Meer mit klimatischen Faktoren verbunden ist, welche die Wirkung des Bades wesentlich beeinflussen.

Zu 1. Die Temperatur des Meerwassers, das dem Bade dient, liegt zwischen 15 bis 25° C. Es ist klar, daß ein solches Bad grundsätzlich anders wirkt als eines mit einer Temperatur von 36 bis 38° C, in der die Solebäder meist verabfolgt werden. Aus diesem Grunde scheiden sowohl die rheumatischen wie die gynäkologischen Krankheiten aus dem Indikationsbereich der Meerbäder aus.

Zu 2. Mit einem Meerbad unzertrennlich verbunden ist das *Luftbad*, das um so mehr die Kältewirkung des Wassers unterstützt, je kälter die Luft ist. Der durch Luft und Wasser bedingte Kältereiz regt unwillkürlich zu aktiven Muskelbewegungen (Schwimmen) an, die ihrerseits wieder die Badewirkung beeinflussen. Im Verein mit dem Kältereiz steigern sie vor allem den Stoffwechsel und führen zu vermehrtem Hungergefühl (Seehunger).

An den südlichen Meeresküsten tritt an die Stelle des Luftbades das *Sonnenbad*, das im Gegensatz zu dem Luftbad eine Wärmetherapie darstellt. Das abwechselnde Verweilen in der warmen Sonne und im kalten Wasser hat eine thermische Kontrastwirkung zur Folge, die ein Gefäßtraining darstellt. Im Sonnenbad kommt zur Wärme- noch die Lichtwirkung der Ultraviolettstrahlen, die gerade am Meer infolge der Staubfreiheit der Luft und der Reflexion durch das Wasser eine besonders große ist, was in der intensiven rotbraunen Pigmentierung der Haut zum Ausdruck kommt.

Wir haben es also bei den Meerbädern mit einer Vereinigung von balneo-, hydro-, thermo- und phototherapeutischen Wirkungen zu tun, die in ihrer Gesamtheit einen gewaltigen vitalen Reiz darstellen, der in vielen Fällen als ein Umstimmungs- und Kräftigungsmittel sehr wirksam sein kann, in anderen Fällen aber besonders von erethischen und nervösen Menschen als zu stark empfunden und nicht vertragen wird.

Die therapeutischen Anzeigen der Meerbäder sind die folgenden:

Abhärtung bei Überempfindlichkeit (Heufieber, Asthma bronchiale, Migräne), Wetterempfindlichkeit und Neigung zu Katarrhen der Atemwege.

Einfache Anämien, Rekonvaleszenz nach Krankheiten.

Mangelhafte Schilddrüsentätigkeit, Fettsucht, leichte Formen von Diabetes.

Funktionelle Störungen verschiedener Organe, Hypotonie.

Knochen-, Gelenks- und Drüsentuberkulose (in geeigneten Anstalten).

Gegenanzeigen

Rheumatische Krankheiten und entzündliche Erkrankungen des weiblichen Genitales.

Morbus Basedow, schwere Formen von Diabetes und Gicht.

Hypertonie und schwere Kreislaufstörungen, Emphysem und vorgeschrittene Lungentuberkulose.

Manche Formen nervöser Übererregbarkeit und organische Nervenkrankheiten.

Einige Meerbäder Deutschlands.

Nordsee: Norderney, Borkum, Sylt mit Westerland, Föhr mit Wyk, Wilhelmshaven, Cuxhaven, Büsum, Helgoland.

Ostsee: Heringsdorf, Swinemünde, Warnemünde, Travemünde bei Lübeck, Rügen mit Saßnitz, Binz und andere.

PFLEIDERER charakterisiert die klimatischen Unterschiede zwischen Nord- und Ostsee in folgender Weise: Die Nordsee ist im Sommer kühler, im Winter wärmer als die Ostsee. Letztere hat zumal im östlichen Teil eine größere Sonnenscheindauer als die Nordsee. Die Häufigkeit der Seewinde ist an der Nordsee größer, ebenso ist der Seeluftcharakter der Seewinde an der Nordsee stärker ausgeprägt. Natürlicher Windschutz ist im allgemeinen an der Ostsee in höherem Maß vorhanden.

Die Schwefelbäder

Die Schwefelbäder und ihre Anwendung

Die Chemie der Schwefelquellen. Als Schwefelquellen werden nach dem Deutschen Bäderbuch solche bezeichnet, die einen Mindestgehalt von 0,001 g titrierbaren Schwefels in 1 kg Wasser aufweisen und deren auffallendste Wirkungen auf diesen Schwefelgehalt zurückzuführen sind. Die Schwefelwässer sind durch den zweiwertigen Schwefel charakterisiert, der entweder an Wasserstoff gebunden als Schwefelwasserstoff (H_2S)

oder als Hydrosulfidion (HS), meist als Natriumhydrosulfid (NaHS) auftritt. Darnach unterscheidet man die Schwefelwasserstoffquellen von den eigentlichen oder reinen Schwefelquellen. Dagegen rechnet man nicht zu den Schwefelquellen jene, deren Wasser als wesentlichen Bestandteil schwefelsaure Salze oder Sulfate enthält. Die beiden wichtigsten dieser Sulfate sind das Natriumsulfat oder Glaubersalz (Na_2SO_4) und das Magnesiumsulfat oder Bittersalz ($MgSO_4$). Nach diesem bezeichnet man derartige Quellen als Bitterquellen.

Alle Schwefelverbindungen sind gegen Sauerstoff sehr empfindlich und oxydieren leicht, wobei sie Wasserstoff abgeben. Dadurch entsteht aus dem Schwefelwasserstoff (H_2S) zunächst das Hydrosulfid (HS) und weiterhin elementarer Schwefel. Dieser bleibt zunächst in kolloidaler Form gelöst, fällt dann aber unter Trübung des Wassers aus. Darum nehmen die heißen Schwefelquellen, die bei ihrem Austritt aus dem Boden völlig klar grünlich oder bläulich gefärbt sind, wenn sie mit der atmosphärischen Luft in Berührung kommen, sehr bald eine milchige Trübung an.

Die natürlichen Schwefelbäder. Schwefel führende Quellen sind meist schon durch ihr Aussehen, ihren Geruch oder auch durch ihre Temperatur so auffallend, daß sie schon vor Jahrtausenden die Aufmerksamkeit der Menschen auf sich gelenkt und für Heilzwecke Verwendung gefunden haben. Viele der uns bekannten Schwefelquellen wurden bereits von den Römern gefaßt und benützt, so Aachen, Baden in der Schweiz, Baden bei Wien und in Deutschland, Deutsch-Altenburg, Aix-les-Bains und andere.

Die Schwefelquellen treten entweder kalt oder warm zu Tage. Zu den *Schwefelthermen* gehören: Aachen (33 Quellen von 32,8 bis 73,2° C), die heißeste Quelle Deutschlands, Baden bei Wien (27 bis 35,7° C), Deutsch-Altenburg (23,9° C), Landeck (6 Quellen von 20 bis 29° C), Schallerbach (37° C), Wiessee.

Bekannte Schwefelquellen Deutschlands und Österreichs

	Ges. Schwefel mg
Aachen im Rheinland, Kaiserquelle	3,8
Rosenquelle	6,1
Pockenbrunnen	23,4
Baden bei Wien, Ursprung	21,5
Josefsbadquelle	15,9
Bentheim in Hannover, Alte Quelle	24,1
Boll in Württemberg, Schwefelquelle	16,1
Deutsch-Altenburg in Niederösterreich, Fieberbrunnen	61,0
Eilsen im Wesergebirge, Julianenquelle	56,8
Goisern in Oberösterreich, Jodschwefelquelle	3,2
Landeck in Schlesien, Marienquelle	1,9
Georgenquelle	2,4
Nenndorf in Hannover, Trinkquelle	62,3
Gewölbequelle	56,2
Schallerbach in Oberösterreich	6,4
Wien-Meidling	4,9
Wiessee in Bayern, König-Ludwig-III.-Quelle	121,4
Wilhelminenquelle	104,2

Die Anwendungsformen der Schwefelwässer. Das Wasser der Schwefelquellen wird vorwiegend zum Baden benutzt, wobei Temperaturen von 35 bis 38° C zur Anwendung kommen. In Kurorten, deren Quellen eine Tagesergiebigkeit von 6 und mehr Millionen Liter aufweisen (Baden bei Wien, Schallerbach in Oberösterreich), wird auch in Bassins mit fließendem Wasser gebadet, was die Möglichkeit gibt, bei Gelenkkrankheiten und Lähmungen Bewegungsübungen im Wasser (Unterwassergymnastik) auszuführen. In manchen Orten wird das Wasser auch zu Duschen, Unterwasserduschen (Aachen), Duschmassagen (Aix-les-Bains), vaginalen und rektalen Spülungen verwendet. Die aus heißen Quellen aufsteigenden Dämpfe dienen bisweilen zu Dampfkastenbädern.

Die äußere Anwendung der Schwefelwässer wird vielfach durch Trinken oder Inhalieren des zerstäubten Wassers ergänzt, besonders wenn es sich um Stoffwechselkrankheiten (Diabetes, Gicht), Krankheiten des Magen-Darmkanals oder der Luftwege handelt.

Die künstlichen Schwefelbäder. Zu ihrer Herstellung dienen die folgenden Präparate:

Dr. Klöpfers kolloidales Schwefelbad — Thiopinol Matzka, Schwefelbadeextrakt — Sandows kolloides Schwefelbad (Dr. E. Sandow, Hamburg 30) — *Sulfmutat Bad „Bastian"*, Chemische Fabrik München-Pasing.

Es sei hier daran erinnert, daß es in vielen Gegenden ein Volksbrauch ist, bei rheumatischen Erkrankungen Schwefelblumen in die Strümpfe zu streuen. Vermutlich bilden sich unter dem Einfluß der Hautsekretion aus dem elementaren Schwefel Schwefelwasserstoff und andere Verbindungen, die von der Haut resorbiert werden.

Die Wirkung der Schwefelbäder

Die Aufnahme des Schwefels in den Körper. Der Schwefel ist neben Sauerstoff und Wasserstoff, Kohlenstoff und Stickstoff Bestandteil jedes Eiweißmoleküls, er ist daher in allen Geweben vorhanden. In besonders großer Menge findet er sich im Knorpel, der Synovia, der Hornschicht der Epidermis und den Nägeln.

Daß der Schwefel im Bad durch die Haut in den Körper aufgenommen wird, hat man schon lange vermutet, es wurde jedoch erst von MALIWA in Baden bei Wien erwiesen. Er legte bei weißen Mäusen Wismutdepots unter der Haut an, die, wenn die betreffenden Hautstellen gebadet wurden, sich schwärzten. Die Aufnahme des Schwefels erfolgt in Form von Schwefelwasserstoff, eines Gases, das wasser- und lipoidlöslich ist und daher leicht resorbiert wird. Die keratolytische Wirkung des Schwefels auf die Haut begünstigt die Resorption. Daß nach einem Schwefelbad längere Zeit Schwefelteilchen der Haut angelagert bleiben, konnte der Verfasser daraus erkennen, daß bei einer am nächsten oder übernächsten Tag nach einem solchen Bad vorgenommenen Diathermie sich an der Auflagestelle der Bleielektroden die Haut durch Bildung von Schwefelblei schwarz färbte. Ein Teil des Schwefelwasserstoffes gelangt im Bad auch auf dem Weg der Einatmung in das Blut. Die im Wasser enthaltenen Hydrosulfide sowie der kolloide Schwefel werden erst nach ihrer Umsetzung in Schwefelwasserstoff vom Körper resorbiert.

Die Wirkung auf den Stoffwechsel und die innere Sekretion. Nach den Untersuchungen von HAMETT an Pflanzen wissen wir, daß die Hydrosulfidgruppe (HS) das Wachstum jeder Zelle anregt, ja für dieses Wachstum geradezu unentbehrlich ist. KOSMATH und HARTMAIER konnten anschließend daran zeigen, daß das Schwefelwasser die Keimung der Pflanzensamen und das Längenwachstum der Keimlinge fördert. Diese Versuche fanden eine vielseitige Bestätigung durch den Nachweis, daß der Schwefel und seine Verbindungen fermentative, oxydative und katalytische Lebensvorgänge in ihrem Ablauf beschleunigen.

Der respiratorische Stoffwechsel wird zwar durch die Schwefelbäder nicht vergrößert, dagegen kommt es unter ihrem Einfluß zu einer Vermehrung des *Stickstoffumsatzes*, einem vermehrten Eiweißzerfall und einer dementsprechenden gesteigerten Ausfuhr von Harnstoff. Auch der *Purinstoffwechsel* wird beeinflußt, indem ein erhöhter Harnsäurespiegel im Blut gesenkt und die Ausscheidung der endogenen Harnsäure gefördert wird.

Dem Schwefel kommt ferner eine ausgesprochene Wirkung auf die endokrinen Drüsen zu. So ist es seit langem bekannt, daß der Schwefel die *Insulinbildung* anregt und dadurch den Zuckergehalt des Blutes herabsetzt. In dem französischen Schwefelbad *Luchon* machte man sogar die Beobachtung, daß das Inhalieren der Quellendämpfe den Blutzucker so stark zu senken vermag, daß es zu hypoglykämischen Zuständen kam. Auch die Tätigkeit der *Nebennierenrinde* wird durch Schwefelbäder angeregt, was eine vermehrte Ausscheidung von Glukosteroiden (Cortison) zur Folge hat (J. SCHMID). Auch eine Vermehrung der *Gallensekretion* ist als Folge der Schwefelwirkung seit langem bekannt.

Die Wirkung auf die Gelenke. Schon GOLDTHWAITE hat vor Jahrzehnten nachgewiesen, daß bei chronischen Gelenkkrankheiten der Schwefel in vermehrter Menge durch den Harn ausgeschieden wird. Untersuchungen von LOEPER, LESURE und TONNET ergaben, daß bei Arthrosen und chronischen Arthritiden der Schwefelgehalt des Knorpels und der Synovia bis auf die Hälfte seines Normalwertes absinken kann. Diese Beobachtungen lassen darauf schließen, daß der gelenkkranke Organismus die Fähigkeit, den Schwefel festzuhalten und in den Geweben zu binden, verloren hat. In diesem Sinn können wir den chronischen Gelenkrheumatismus als eine Art Mangelkrankheit ansehen, was durch die Erfahrung bestätigt wird, daß die Zufuhr von Schwefel günstig wirkt.

Die Wirkung auf die Haut. Die Behandlung der Hautkrankheiten mit Schwefel ist uralt und war schon DIOSKURIDES (1. Jahrhundert n. Chr.) bekannt. Sie steht in engster Beziehung zu dem Schwefelreichtum der Hornschicht der Epidermis. Infolge der andauernden Abschilferung dieser Schicht durch das Waschen mit alkalischen Reinigungsmitteln kommt es zu steten Schwefelverlusten, die unter Umständen zu einer Verarmung der Haut an diesem notwendigen Element führen können. Aber nicht allein die Substitution des verlorengegangenen Schwefels erklärt die Erfolge der Schwefeltherapie der Hautkrankheiten, auch die Besserung der Durchblutung, die antiparasitäre und keratolytische Wirkung des Schwefels und nicht zuletzt die allgemein kräftigende, konstitutionelle Beeinflussung des Körpers werden an dem Erfolg beteiligt sein.

Die therapeutischen Anzeigen der Schwefelbäder

Arthrosen (Spondylosen), chronische Arthritiden jeder Art mit Ausnahme solcher tuberkulöser Genese, M. Bechterew, rheumatische Neuritiden, Neuralgien und Myalgien.

Stoffwechselkrankheiten, vor allem Gicht und Diabetes.

Frauenkrankheiten hormonaler und chronisch entzündlicher Natur; doch ist bei Neigung zu Blutungen Vorsicht geboten. Im Mittelalter standen die Schwefelbäder als ein Mittel gegen Sterilität in hohem Ansehen.

Hautkrankheiten, und zwar besonders chronisches Ekzem, Furunkulose, Akne vulgaris, Akne rosacea, Psoriasis, Ichthyosis, Ulcus cruris, Pruritus, Neurodermitis und allergische Hautkrankheiten.

Nachbehandlung von Knochen- und Gelenkverletzungen, schlecht heilenden Wunden.

Lähmungen peripheren und zentralen Ursprungs. Hier wird vor allem die Verbindung des Schwefelbades mit Unterwassergymnastik von Vorteil sein.

In früheren Zeiten waren die Schwefelbäder wegen ihrer antiluetischen Wirkung sehr beliebt. Man pflegte darum die Quecksilber-Schmierkur in Aachen durchzuführen, wo man sie mit einer Badekur verband.

Die Kohlensäurebäder
Die Kohlensäurebäder und ihre Anwendung

Die Chemie der Kohlensäurequellen. Als Kohlensäurequellen bezeichnen wir jene, deren Gehalt an Kohlendioxyd mindestens 1 g je Kilogramm Wasser beträgt. Das erscheint gewichtsmäßig sehr wenig, denn es ist nicht mehr als 1 : 1000 Teilen Wasser. Volumsmäßig ist es aber recht viel. Da 1 g Kohlendioxyd einem Volumen von 500 ccm entspricht, so würde das Volumsverhältnis des Gases zum Wasser 1 : 2 betragen.

An manchen Orten entströmt die Kohlensäure in reiner Gasform dem Boden, wie in der Dunsthöhle von Pyrmont, in den Kraterbecken der Eifel oder dem Polterbrunnen in Franzensbad.

Kohlensäuredioxyd oder Kohlensäureanhydrid (CO_2) ist ein Gas, das meist kurzweg als Kohlensäure bezeichnet wird. Das ist wissenschaftlich ungenau, denn die Kohlensäure (H_2CO_3) entsteht erst durch Verbindung des Kohlensäureanhydrids mit Wasser nach der Formel: $CO_2 + H_2O = H_2CO_3$. Diese Säure ist in freiem Zustand nicht bekannt, doch kann man die wässerige Lösung des Kohlendioxyds (CO_2) als eine Lösung der wirklichen Kohlensäure betrachten. Als freie Kohlensäure bezeichnet man teils das frei gasförmige Kohlendioxyd, teils die reine, in Wasser gelöste Kohlensäure.

Die Löslichkeit der Kohlensäure in Wasser ist sehr groß. Sie ist einerseits von dem Druck, anderseits von der Temperatur abhängig. Bei dem hohen intraterrestrischen Druck kann das Wasser eine mehrfache Menge seines eigenen Volumens an Kohlendioxyd aufnehmen. Doch wird das im Quellwasser absorbierte Gas sofort in Bläschenform frei, wenn die Quelle, vom Druck befreit, an das Tageslicht tritt, in ähnlicher Weise wie das beim Öffnen einer Sektflasche der Fall ist. Durch das freiwerdende Gas kann das Wasser hochgeschleudert werden, wie das zum Beispiel bei dem Jordansprudel in Oeynhausen bis zu einer Höhe von 42 m geschieht.

Ist die Quelle kalt, dann verbleibt auch bei atmosphärischem Druck ein beträchtlicher Anteil des Gases im Wasser gelöst. Es wird erst ganz allmählich frei, so daß das Wasser selbst nach dem Bad noch mit Kohlensäuredioxyd übersättigt ist. Anders ist es, wenn es sich um eine heiße Quelle handelt, wie z. B. beim Mühlbrunnen in Karlsbad, der mit einer Temperatur von 71° C aus der Erde kommt und schon bei seinem Austritt den größten Teil seiner Kohlensäure verliert.

Die natürlichen Kohlensäurebäder. Ihre Zahl ist in Deutschland sehr groß. Es sind teils kalte, teils warme Quellen. Zu den warmen Quellen oder Thermen gehören Ems (21 bis 40° C), Nauheim (30 bis 34° C), Oeynhausen (24 bis 33° C), Salzuflen (20 bis 37° C), Soden am Taunus (21 bis 24° C).

Bekannte Kohlensäurebäder Deutschlands, Österreichs und der Tschechoslowakei

	g CO_2
Elster in Sachsen	1,4—3,5
Ems in Hessen-Nassau	1,0—1,3
Franzensbad in Böhmen	1,8—3,2
Gleichenberg in Steiermark	1,8—2,3
Homburg im Taunus	2,7—2,8
Kissingen in Bayern	1,6—2,3
Königswart in Böhmen	2,7—3,0
Konstantinsbad in Böhmen	2,5—2,7
Kudowa in Schlesien	1,1—2,2
Marienbad in Böhmen	1,9—2,7
Nauheim in Oberhessen	2,9—3,9
Neuenahr im Rheinland	1,1—1,4
Oeynhausen in Westfalen	1,3
Orb im Spessart, Kurhessen	1,9—2,6
Pyrmont in Niedersachsen	1,3—2,5
Salzuflen in Lippe	1,1
Schwalbach im Taunus	2,2—2,7
Selters in Oberhessen	2,3—2,6
Soden im Taunus	1,1—1,4
Wildungen in Kurhessen	2,2—2,5

Die künstlichen Kohlensäurebäder können teils durch Chemikalien erzeugt werden, die, dem Badewasser zugesetzt, Kohlensäure entwickeln, teils dadurch, daß man das zum Bad bestimmte kalte Wasser vorerst durch Druck, also mechanisch, mit gasförmiger Kohlensäure imprägniert und dann mit warmem Wasser auf die vorgeschriebene Temperatur bringt.

Die chemische Herstellung. Als Kohlensäure lieferndes Präparat wird ausschließlich Natriumhydrokarbonat (doppeltkohlensaures Natrium) verwendet, aus dem die Kohlensäure durch schwache Säuren oder saure Salze freigemacht wird. Einige bekannte Marken sind die folgenden:

Kohlsalbad, Marke „Bastian" (Chem. techn. Gesellschaft München-Pasing) *Sandows Kohlensäurebad in fester Form* (Hamburg) — *Dr. Sedlitzkys Kohlensäurebad* (Feldkirch, Vorarlberg) — *Novopin Kohlensäurebad* (Novopin-Fabrik, Berlin, Johannistal).

Die mechanische Herstellung der Kohlensäurebäder erfolgt in der Weise, daß das kalte Wasser, bevor es in die Wanne eingeleitet wird, durch besondere Apparate unter einem Überdruck von 2 bis 3 Atmosphären mit gasförmiger Kohlensäure gesättigt wird. Zu diesem Zweck wird die im Handel in Stahlzylindern käufliche komprimierte Kohlensäure mittels eines sogenannten

Reduzierventils an den Imprägnierapparat angeschlossen. Solche Apparate werden von Schaffstaedt in Gießen und Fischer in Jena erzeugt (Abb. 48).

Diese Art der Herstellung kommt der Entstehung der Kohlensäurewässer im Erdinnern am nächsten und ist der Herstellung mit chemischen Zusätzen unbedingt überlegen. Ganz minderwertig sind jene Kohlensäurebäder, welche in der Weise erzeugt werden, daß die gasförmige Kohlensäure direkt aus den Stahlzylindern über einen am Boden der Wanne liegenden Verteilerrost in das Badewasser eingeleitet wird. Meist sind es die gleichen Roste, die zur Erzeugung von Luftsprudelbädern dienen (S. 68). Hier perlt die Kohlensäure einfach durch das Wasser hindurch, ohne sich zu lösen. Sie sammelt sich in beträchtlicher Menge über dem Wasserspiegel an, von wo sie durch den Kranken unmittelbar eingeatmet wird. Dadurch werden die Atmung und der Kreislauf belastet, es kommt zu einer Blutdrucksteigerung und der beabsichtigte Nutzen des Bades wird häufig in einen Schaden verkehrt.

Abb. 48. Apparat zur Herstellung künstlicher Kohlensäurebäder (Schaffstaedt-Gießen)

Die Anwendung der Kohlensäurebäder. Diese werden meist in einer Temperatur von 33 bis 35° C verabfolgt, wobei man mit der höheren Temperatur beginnt und diese im Verlauf der Kur herabsetzt. Kohlensäurebäder werden wärmer empfunden als Wasserbäder der gleichen Temperatur. Das wird dadurch bedingt, daß sich bei Kohlensäurebädern zahlreiche Gasbläschen der Haut anlagern, so daß diese nur zum Teil von Wasser, zum anderen Teil von einem gasförmigen Medium bedeckt ist. Da aber Gase ein schlechteres Wärmeleitvermögen besitzen als Wasser, so werden sie nach unseren Auseinandersetzungen auf S. 2 auch weniger kalt empfunden als diese, vorausgesetzt, daß die Temperatur des Wassers unter dem Indifferenzpunkt (35° C) liegt. Dazu kommt noch die Erweiterung der Hautgefäße durch die Kohlensäure, wodurch ein Wärmegefühl erzeugt wird.

Es wird aber fast immer übersehen, daß die Verhältnisse grundsätzlich andere sind, wenn der Indifferenzpunkt des Wassers überschritten wird. Kohlensäurebäder von 36 bis 37° C erscheinen weniger warm als Wasserbäder gleicher Temperatur, da die sich der Haut anlagernden Kohlensäurebläschen dieser Temperatur weniger warm empfunden werden.

Da höhere Temperaturen gleichzeitig die peripheren Gefäße erweitern, den Widerstand für das Herz und den Blutdruck herabsetzen, ist es schwer verständlich, warum man die Kohlensäurebäder in einer Temperatur von 33 bis 35° C verabfolgt. Der Verfasser hat bei Hochdruck- und Gefäßkranken Kohlensäurebäder von 36 bis 37° C und selbst darüber mit bestem Erfolg gegeben. Ihre Wirkung übertrifft vielfach die der kühleren Bäder.

Die Dauer des Bades beträgt 10 bis 20 Minuten. Im Bad soll sich der Kranke möglichst ruhig verhalten, um das Wasser nicht zu rasch zu entgasen und den sensiblen Hautreiz der sich ansetzenden und wieder lösenden Kohlensäurebläschen voll zur Auswirkung kommen zu lassen. Eine einstündige Ruhe nach dem Bad ist für dessen Erfolg sehr wichtig. Meist werden drei Bäder in der Woche verabfolgt und an den dazwischenliegenden Tagen, wenn das angezeigt erscheint, eine hydro- oder elektrotherapeutische Behandlung eingeschoben. Auch *Teilbäder mit Kohlensäurewasser* werden nicht selten besonders in Form von Fußbädern zur Behandlung von Gefäßerkrankungen der unteren Extremitäten gegeben. Dabei ist es zweckmäßig, die Anfangstemperatur von etwa 36° C durch Zufließenlassen von heißem Wasser nach Art der HAUFFESCHEN Teilbäder langsam bis auf 40° C und darüber aufzuheizen.

In Pyrmont, Franzensbad, Karlsbad, Homburg, Kissingen und anderen Orten werden auch reine *Kohlensäure-Gasbäder* gebraucht. Der Kranke sitzt dabei in einem Kasten, der, allseits gasdicht abgeschlossen, nur den Kopf frei läßt (Abb. 49), oder liegt in einer mit Gas gefüllten Badewanne die oben mit einer Abdichtung versehen ist, welche den Hals des Kranken umschließt. Bei Gangräne und schlecht heilenden putriden Wunden haben sich *Teilbäder mit gasförmiger Kohlensäure* bewährt, die nach KOWARSCHIK in der Weise hergestellt werden können, daß man in einen elektrisch geheizten Heißluftkasten, der auf 50 bis 60° C vorgewärmt wurde, mit Hilfe eines Schlauches Kohlensäure aus einem

Abb. 49. Kohlensäuregasbad (Karlsbad)

Stahlzylinder einleitet, wobei die Temperatur im Kasteninnern um etwa 10° C absinkt. Nach Einbringung des kranken Körperteiles soll der Kasten möglichst luftdicht verschlossen werden. Zeitweilig läßt man etwas Kohlensäure nachströmen, um die verlorengegangene zu ersetzen.

Die Wirkung der Kohlensäurebäder

Die Kohlensäure kann auf zweifache Weise therapeutisch zur Wirkung kommen: erstens dadurch, daß sie aus dem Badewasser unmittelbar von der Haut aufgenommen wird, und zweitens dadurch, daß sie, aus dem Badewasser entweichend, inhaliert wird und über die Lungen in den Kreislauf gelangt.

Die Resorption der Kohlensäure durch die Haut. HEDINGER in St. Moritz gelang als erstem der einwandfreie Beweis für die Aufnahme der Kohlensäure durch die Haut. Er kittete mit kohlensäurehaltigem Wasser gefüllte Glasglocken auf die Haut und stellte fest, daß nach einiger Zeit der Kohlensäuregehalt des Wassers geringer geworden war. Da die Kohlensäure auf anderem Weg nicht entweichen konnte, so mußte dies durch die Haut geschehen sein.

Die Wirkung der Kohlensäure macht sich zunächst in der Haut selbst bemerkbar. Es kommt zu einer *Erweiterung der kleinen und kleinsten Gefäße*, die mit einer Beschleunigung des Blutstromes einhergeht, wie sich kapillar-mikroskopisch nachweisen läßt. Die Wirkung auf die Blutgefäße ist eine chemische und direkte, denn sie kommt nur an jener Hautfläche zustande, die von dem Badewasser berührt wird. Die Hautrötung schneidet scharf mit der Wasseroberfläche ab.

Die Erweiterung der Hautgefäße setzt den peripheren Widerstand für das linke Herz herab, wodurch es trotz des vermehrten Schlagvolumens in der Regel zu einem Sinken des Blutdrucks kommt. Doch darf nicht übersehen werden, daß auch die Temperatur des Bades für das Verhalten des Blutdrucks von Bedeutung ist. Warme Bäder setzen den Blutdruck herab, kühle pflegen ihn zu steigern. Ferner ist es nicht belanglos, ob der Kranke nach dem Bad ruht oder nicht (FAHRENKAMP). Schließlich darf man nicht vergessen, daß es ja nicht nur auf das Bad ankommt, sondern auch auf den, der darin sitzt, ob sein Blutdruck normal, erhöht oder erniedrigt ist.

Die Frage, ob die Kohlensäure in gasförmigem Zustand oder in gelöster Form von der Haut aufgenommen werde, ist heute dahin entschieden, daß dies zum weitaus überwiegenden Teil in gelöster Form geschieht. Daher ist die Resorption im Kohlensäure-Gasbad auch geringer und wird stärker, wenn die Haut oder das Gas feucht ist. Allerdings spielen für die Resorption im Bad eine Reihe von Faktoren, wie der Gehalt des Wassers an Kohlensäure, sowie sein Gehalt an Kochsalz und anderen mineralischen Bestandteilen, vor allem aber die Durchblutung der Haut eine entscheidende Rolle.

Die sich im Bad der Haut anlagernden Kohlensäureteilchen sind also für die Resorption der Kohlensäure nicht das Ausschlaggebende, sie sind jedoch insofern wirksam, als sie durch ihren Ansatz, ihre zunehmende Vergrößerung und ihre Loslösung einen sensiblen Hautreiz darstellen, der reflektorisch den Tonus des vegetativen Nervensystems zu beeinflussen vermag.

Die Inhalation der Kohlensäure durch die Lungen. Die Menge der inhalierten Kohlensäure ist je nach der Art des Bades verschieden groß. Sie ist am größten bei den mit Hilfe chemischer Zusätze bereiteten Bädern, wesentlich geringer bei jenen, bei denen die Kohlensäure, sei es unter natürlichem, sei es unter künstlichem Druck, im Wasser gelöst wird.

Da die Kohlensäure schwerer ist als Luft, bleibt sie nach ihrem Entweichen auf der Wasseroberfläche lagern, wodurch sie unmittelbar eingeatmet werden kann. Ihre Menge ist jedoch bei guten Kohlensäurebädern nicht so groß, daß es notwendig wäre, sie durch Fächeln zu beseitigen oder ihre Einatmung durch Überdecken der Wanne mit einem Leintuch hintanzuhalten.

Die durch die Lunge aufgenommene Kohlensäure gelangt direkt in die Blutbahn und beeinflußt über diese die Gefäße und das Atmungszentrum. Auch die durch die Haut in den Körper gelangte Kohlensäure wirkt in gleicher Weise. Trotzdem ist der Resorptionsweg keineswegs gleichgültig. Die durch die Haut einwandernde Kohlensäure wirkt, bevor sie in die Blutbahn gelangt, erst auf die Hautgefäße erweiternd, was eine Verminderung der peripheren Widerstände und damit eine Verminderung des Blutdruckes zur Folge hat. Ihre Menge ist an sich nicht sehr groß. Anders die Kohlensäure, die durch die Lungen aufgenommen wird. Sie ist mengenmäßig größer und ihr unmittelbarer Angriff auf das Gefäßzentrum erzeugt eine Blutdrucksteigerung.

Die therapeutischen Anzeigen der Kohlensäurebäder

Die Domäne der Kohlensäurebäder bilden die Krankheiten des Herzens und des Kreislaufes. Ihre wichtigsten Indikationen sind:

Schwäche des Herzmuskels, so weit sie nicht schon zur Dekompensation geführt hat, die entweder primär oder im Gefolge von Infektionskrankheiten (Angina, Grippe, Diphtherie) oder sonstiger Schäden (Emphysem, Fett- oder Sportherz) aufgetreten ist.

Herzklappenfehler bei kompensiertem Kreislauf, vor allem Mitralinsuffizienz. Bei Mitralstenose und Aorteninsuffizienz ist Vorsicht geboten.

Koronarinsuffizienz, deren häufigste Ursache die Koronarsklerose ist. Die durch sie ausgelösten Beschwerden werden in den meisten Fällen gebessert.

Essentielle Hypertonie verlangt vor allem wärmere Bäder, ebenso

Gefäßkrankheiten, wie Arteriosklerose, Endangiitis, Morbus Raynaud und funktionelle Gefäßspasmen.

Krankheiten des Nervensystems, wie Encephalitis, Morbus Parkinson, Parkinsonismus, Tabes dorsalis, vegetative Dystonie. Die Erfolge bei diesen Krankheiten sind jedoch keineswegs konstant.

Gegenanzeigen sind Dekompensation des Kreislaufes, frische Fälle von Myokardinfarkt, akute und subakute Endo- und Perikarditis, renaler Hochdruck, vorgeschrittene Arteriosklerose, Neurosen mit Erregungszuständen.

Die Luftsprudelbäder

Von SENATOR und SCHNÜTGEN wurde auch atmosphärische Luft zur Herstellung von Gasbädern empfohlen. Man benützt hierzu einen Rost aus hohlen Metallschienen, die mit einem porösen Stoff erfüllt sind und an ihrer Oberseite Schlitze tragen (Abb. 50). Dieser Rost wird auf den Boden der Wanne gelegt und durch einen Gummischlauch mit einem Apparat in Verbindung gesetzt, der die Luft komprimiert

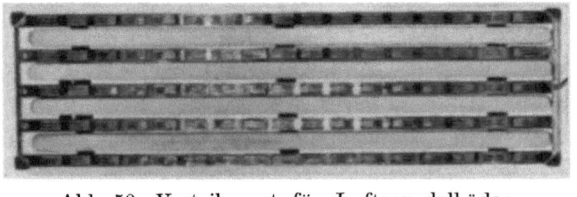

Abb. 50. Verteilerrost für Luftsprudelbäder

und sie durch die Poren des Filters hindurchtreibt, so daß sie in Bläschenform durch das Wasser perlt. Die Kompression wird durch eine elektrisch angetriebene Druckpumpe besorgt oder durch ein sogenanntes Wasserstrahlgebläse, bei dem das aus der Wasserleitung durch ein Rohr abfließende Wasser die Luft ansaugt und unter Druck setzt.

Die Luftsprudel- oder Luftperlbäder sollten nach SENATOR einen Ersatz der Kohlensäurebäder darstellen. Das sind sie jedoch nicht, denn es fehlt ihnen ebenso wie den Sauerstoffbädern die spezifisch chemische Wirkung, die die Kohlensäure auf die Hautgefäße ausübt. Dagegen ist der von ihnen gesetzte sensible Hautreiz sehr kräftig. Auf ihm beruht auch ihre therapeutische Wirkung, die sich im wesentlichen mit der der Sauerstoffbäder deckt. Die Luftsprudelbäder stellen ein vegetatives Tonikum dar, das bei funktionellen Störungen des Herzens und der Blutgefäße, vasomotorischen und klimakterischen Neurosen, nervöser Übererregbarkeit, Schlaflosigkeit und verschiedenen Störungen des vegetativen Systems mit Vorteil zur Anwendung kommt.

Die Radium- und Radontherapie

Die Physik der radioaktiven Körper

Das Radium ist ein Metall, das seinem chemischen Verhalten nach zu den Erdalkalimetallen (Kalium, Strontium, Barium) gehört. Sein Atomgewicht ist sehr hoch (226).

Das Radium gehört zu jenen Elementen, die unter den derzeit auf der Erde herrschenden Verhältnissen nicht mehr bestehen können und daher wie alle Elemente mit einem Atomgewicht über 210 (Polonium) spontan zerfallen. Dieser Zerfall erfolgt unter Auflösung des Atomkernes explosionsartig, wobei Teile der Materie mit großer Kraft abgeschleudert werden. Diesen Vorgang bezeichnet man als Strahlung. Es sind drei Arten von Strahlen, die hierbei in Erscheinung treten und die wir nach den Anfangsbuchstaben des griechischen Alphabetes als Alpha-, Beta- und Gammastrahlen bezeichnen.

Die Alphastrahlen sind positiv geladene Teilchen mit einem Atomgewicht von 4, also dem des Heliums. RUTHERFORD zeigte, daß die Alphateilchen sich nach einiger Zeit in Heliumatome umwandeln. *Die Betastrahlen* bestehen aus negativ geladenen Elektronen. *Die Gammastrahlen* sind im Gegensatz zu den Alpha- und Betastrahlen an keine Materie gebunden, sondern stellen gleich den Licht- und Röntgenstrahlen elektromagnetische Schwingungen dar, jedoch von sehr kurzer Wellenlänge und sehr großer Durchdringungsfähigkeit. Selbst eine 13 cm dicke Bleischicht läßt noch immer 1% der Strahlen durch.

Gleich dem Radium zeigen auch andere Elemente, vor allem Thorium und Aktinium, einen solchen Atomzerfall. Wir zählen sie daher zu den radioaktiven Körpern. Die radioaktiven Elemente müßten durch diesen Auflösungsprozeß immer weniger werden und schließlich ganz verschwinden, wenn sie sich nicht wieder von neuem bildeten. Das ist in der Tat der Fall. Ihre gemeinsame Muttersubstanz ist das *Uran*. Uran ist ein Metall mit dem höchsten Atomgewicht, das wir kennen, nämlich 238. Es ist daher unbeständig und zerfällt unter Strahlung nach der in Tab. 1 dargestellten Weise. Die wichtigsten Produkte dieser Zerfallsreihe sind das *Radium* und das sich aus diesem bildende *Radon*, auch *Radiumemanation* genannt. Das Endprodukt dieser Umwandlungserfolge ist das *Blei*, das sich als stabil erweist und nicht weiter verändert.

Tabelle 1. Nach F. KOHLRAUSCH

	Halbwertzeit	Strahlenart		Halbwertzeit	Strahlenart
Uran I	$4{,}56 \cdot 10^9$ Jahre	α	Radium B	26,8 Minuten	β
Uran X_1	24,5 Tage	β, γ	Radium C	19,7 Minuten	α, β, γ
Uran X_2	1,14 Minuten	β, γ	Radium C'	10^{-10} Sekunden	α
Uran II	270 000 Jahre	α	Radium C''	1,32 Minuten	β
Jonium	83 000 Jahre	α	Radium D	22,3 Jahre	β, γ
Radium	1 580 Jahre	α	Radium E	5 Tage	β
Radon	3,825 Tage	α	Radium F	140 Tage	α
Radium A	3,05 Minuten	α	Blei		

Die Lebensdauer der einzelnen Zerfallsprodukte ist sehr verschieden lang. Wir messen sie durch die sogenannte *Halbwertzeit*, das ist jene Zeit, in der eine bestimmte Menge, ganz abgesehen davon, wie groß sie ist, auf die Hälfte abnimmt. Diese Zeit ist charakteristisch für jedes radioaktive Umwandlungsprodukt, sie ist eine Konstante, deren Größe allerdings verschieden ist und zwischen Milliardstel von Sekunden bis zu Milliarden von Jahren schwankt. Das Radium selbst hat eine Halbwertzeit von 1580 Jahren. Der durch seinen Zerfall mit der Zeit eintretende Verlust ist demnach praktisch bedeutungslos. Dagegen hat das Radon eine Halbwertzeit von nur 3,8 Tagen, so daß der Radongehalt eines bestimmten Wassers in nicht ganz 4 Tagen auf die Hälfte seines Wertes absinkt, was in der therapeutischen Praxis natürlich berücksichtigt werden muß.

Die physikalischen Eigenschaften des Radons. Das Radon ist ein Gas und gleich anderen Gasen im Wasser löslich, doch ist sein Lösungsvermögen wesentlich geringer als das der Kohlensäure. Bei einer Temperatur von 20° C vermag das Wasser nur den dritten Teil der Gasmenge aufzunehmen, der in der Luft enthalten ist, so daß sich das Radon auf gleiche Mengen Wasser und Luft im Verhältnis 1:3 verteilt. Durch Erhitzung oder Durchleitung von Luft kann die Emanation fast vollkommen aus dem Wasser ausgetrieben werden. Aus diesem Grund müssen Radonlösungen stets gut verschlossen und kühl aufbewahrt werden. Beim Trinken sowie beim Zusetzen der Lösungen zum Bad ist besondere Vorsicht geboten.

Die Messung des Radons. Stoßen Alpha- oder Betastrahlen bei ihrem Durchgang durch Gase auf Gasmoleküle, so dissoziieren sie diese in ein Elektron und ein positives Ion. Man bezeichnet diesen Vorgang als Stoßionisation. Aus der Zahl der in einer bestimmten Zeit dissoziierten Teilchen kann man einen Rückschluß auf die Intensität der Strahlung ziehen.

Zu diesem Zweck benützt man einen sogenannten Geigerzähler. Das Zählrohr des Apparates besteht aus einem Metallzylinder, der an beiden Enden durch zwei Scheiben aus isolierendem Stoff abgeschlossen ist (Abb. 51). Diese vakuumdichte Kammer ist mit Argon oder einem anderen Edelgas gefüllt. In der Längsachse des Zylinders ist ein Metalldraht gespannt. Der Draht ist positiv, der Zylinder negativ geladen. Zwischen beiden herrscht eine Spannung von 1000 Volt. Alpha- oder Betastrahlen, welche dieses Zählrohr durchsetzen, ionisieren die in diesem enthaltenen Gasmoleküle. Schon ein einzelnes ionisiertes Teilchen löst eine sogenannte Elektronenlawine aus, wodurch es zu einer Entladung kommt. Auf diese Weise können schon einzelne ionisierte Teilchen registriert und in zählbare elektrische Impulse umgewandelt werden. Ein besonderes Zählwerk zählt automatisch die in einem bestimmten Zeitabschnitt erfolgten Entladungen (Abb. 52).

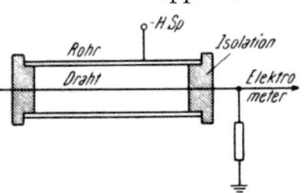

Abb. 51. Geiger-Müller-Zählrohr (Philips)

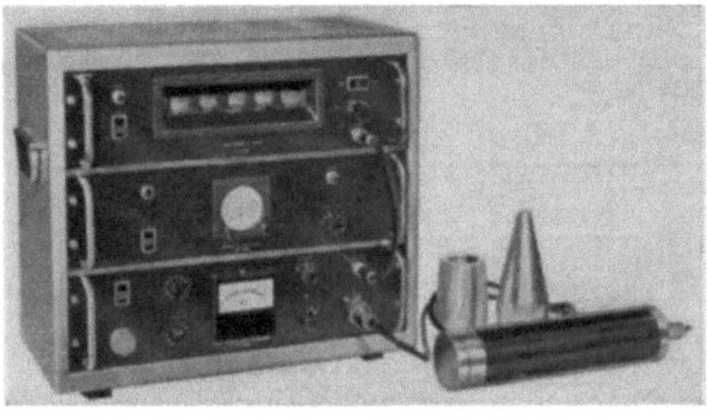

Abb. 52. Dekadenzählgerät (Philips)

Die Intensität der Strahlung eines radioaktiven Körpers mißt man in *Curie*. Hält man das Radium derart abgeschlossen, daß die gasförmigen Umwandlungsprodukte nicht entweichen können, so tritt nach einiger Zeit zwischen den andauernd zerfallenden und andauernd sich neu bildenden Körpern ein Gleichgewichtszustand ein, so daß z. B. die vorhandene Radonmenge unverändert die gleiche bleibt. Die mit 1 g Radium im Gleichgewicht befindliche Radonmenge bezeichnet man als 1 *Curie* (C). Das ist volumsmäßig sehr wenig, denn es ist nicht mehr als 0,36 cmm. Im Vergleich zu den therapeutisch verwendeten Dosen ist diese Menge jedoch enorm groß, so daß man für die Praxis kleinere Maße vorsehen mußte. Der millionste Teil eines Curie heißt *Mikro-Curie* (μC), der tausendste Teil davon, also der milliardste Teil eines Curie, ist das *Millimikro-Curie* (mμC) oder *Nano-Curie* (nC), abgeleitet von $\bar{\nu}\alpha\nu o\varsigma$ (lat. nanus), Zwerg. Vielfach wird in der therapeutischen Praxis noch in *Mache-Einheiten* gerechnet. Eine MACHE-Einheit sind 1000 elektrostatische Einheiten oder 0,364 nC je Liter.

Das Vorkommen des Radons. Entsprechend der weiten Verbreitung des radioaktiven Gesteins findet sich auch Radon überall in der Bodenluft, aus der es von dem Quellwasser aufgenommen wird. Daher kommt es, daß fast jedes dem Boden entströmende Wasser radonhaltig ist, allerdings nur in Spuren, die für therapeutische Zwecke unzureichend sind. Nach dem im Bad Salzuflen 1932 gefaßten Beschluß wird für das therapeutisch gebrauchte Wasser ein Mindestgehalt an Radon gefordert, der, je nach der Art seiner Verwendung, verschieden groß ist. Er beträgt für

Trinkquellen 290 nC oder 800 ME je Liter Wasser,
Badequellen 29 nC ,, 80 ME ,, ,, ,, ,
Inhalation 2,9 nC ,, 8 ME ,, ,, ,, .

Die Anwendung des Radons

kann in dreifacher Art geschehen: 1. durch Inhalation radonführender Luft, 2. durch Trinken radonhaltiger Flüssigkeiten, 3. durch Baden in Radonwässern.

1. Die Inhalation

Die Wirkung der Inhalation. Da das Radon ein Gas ist, war es naheliegend, es für therapeutische Zwecke einatmen zu lassen. Es ließ sich leicht feststellen, daß das eingeatmete Gas in gleicher Weise wie der Sauerstoff der Luft durch die Lunge in das Blut aufgenommen wird. Spätere Untersuchungen zeigten, daß die Ausnützung des Radongehaltes der Luft sogar eine sehr gute ist. Nach MARKL werden nicht weniger als 29% des eingeatmeten Radons vom Blut resorbiert. Die Ausnützung ist 10mal besser als bei der Trinkkur und 100mal besser als bei der Badekur. Deshalb wird nach den Salzuflener Beschlüssen ein Radongehalt der Luft von nur 2,9 nC oder 8 ME je Liter Luft als therapeutisch wirksam angesehen. Aus dem gleichen Grund sind schon ganz schwache radioaktive Wässer, die für Trink- und Badekuren unbrauchbar sind, für Inhalationszwecke geeignet.

Die Aufnahme des Radons durch die Lungen erfolgt außerordentlich rasch, ganz ebenso aber auch die Ausscheidung, wenn der Kranke sich nicht mehr in einer emanationshaltigen Luft befindet, wenn also kein Gegendruck besteht. Darum muß die Inhalationszeit, um eine therapeutische Wirkung zu erzielen, hinreichend lang sein. Meist bemißt man sie mit zwei Stunden.

Die Ausführung der Inhalation. Die Inhalation erfolgt entweder in einem geschlossenen, mit radonhaltiger Luft erfüllten Raum (Emanatorium), in dem sich gleichzeitig mehrere Personen aufhalten, oder sie geschieht mit Maske als Einzelinhalation. Von diesen beiden Methoden wird die zweite als die rationellere heute immer mehr bevorzugt.

Die Rauminhalation wird vor allem in Kurorten am Platz sein, wo man über Wasser oder Bodenluft von hinreichender Radioaktivität verfügt. Das Wasser wird zerstäubt, wobei die Emanation in die Luft entweicht, wie das in Landeck, Teplitz-Schönau, Joachimsthal, Brambach und Oberschlema geschieht. An anderen Orten wird das den Quellen entsteigende Gas (Münster a. St.) oder dieses gemeinsam mit den Quellwasserdämpfen (Dunstbäder in Gastein) inhaliert.

Wesentlich ökonomischer als die Rauminhalation, bei der immer nur ein kleiner Bruchteil der im Raum vorhandenen Emanation praktisch ausgenützt wird, ist

die Einzelinhalation mit Maske, wie sie zuerst von WOLLMANN vorgeschlagen wurde (Abb. 53). Die zu inhalierende Luft wird so wie in den

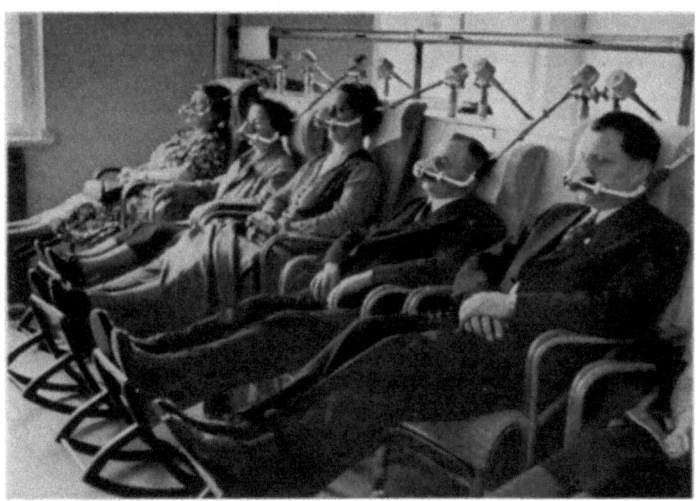

Abb. 53. Inhalation von Radon mittels Maske
(Radiumbad Oberschlema)

Emanatorien durch Zerstäuben von Quellwasser aktiviert. Weil aber zur Maskeninhalation wesentlich kleinere Luftmengen benötigt werden, so lassen sich selbst mit verhältnismäßig schwachen Quellen Konzentrationen bis zu 40 nC/Liter oder 111 ME herstellen. Es werden aber auch Quellgase (Münster a. St.) oder Bodenluft direkt eingeatmet. Da man radioaktive Bodenluft auch in Orten antrifft, die über keine Radonquellen verfügen, wie z. B. in Nauheim, so besteht auch an solchen Stellen die Möglichkeit, Inhalationskuren mit Maske durchzuführen.

2. Die Trinkkur

Die Wirkung der Trinkkur. Man machte ursprünglich die Annahme, daß das vom Magen und Darm resorbierte und in die Blutbahn aufgenommene Radon, nachdem es durch die Vena cava und das rechte Herz in die Lunge gelangt ist, daselbst mangels eines Gegendruckes zum größten

Teil wieder ausgeatmet würde, ehe es noch in den großen Kreislauf kommt. Man hielt deshalb die Trinkkur für wertlos.

EICHHOLZ, STRASBURGER und VATERNAHM konnten jedoch zeigen, daß das Radon auch in den großen Kreislauf übergeht. Daß nicht alles Radon in den Lungen ausgeatmet wird, ist so zu erklären, daß in den Alveolen stets eine radonhaltige Restluft zurückbleibt, die eine Gegenspannung schafft.

Verfolgt man den Radongehalt der ausgeatmeten Luft nach dem Trinken, so läßt sich feststellen, daß dieser in 10 bis 20 Minuten nach der Einnahme sein Maximum erreicht, um in 3 bis 4 Stunden auf Null abzusinken. Die Aufnahme und die Ausscheidung des durch den Magen-Darmkanal aufgenommenen Radon erfolgt also sehr rasch. Allerdings ist sie in hohem Maß von dem Füllungszustand des Magens abhängig. Bei vollem Magen ist die Ausscheidungszeit 4- bis 5mal so lang als bei nüchternem Magen (STRASBURGER). Das ist für die Ausführung der Trinkkur von Bedeutung.

Was die Ausnützung der dem Körper einverleibten Emanation betrifft, so ist diese, wenn die Zuführung nicht in Teildosen (siehe unten) erfolgt, keine sehr gute. Es kommen nach MARKL nur etwa 2,3% des mit dem Trinkwasser aufgenommenen Radons zur therapeutischen Verwertung. Das ist ungefähr der zehnte Teil des Wirkungsgrades bei der Inhalation (29%). Darum wird für die Trinkkur auch ein 10mal so hoher Mindestgehalt an Radon gefordert als bei der Inhalation, das sind 290 nC/Liter oder 800 ME.

Die Ausführung der Trinkkur.
Natürliche Quellwässer kommen nur dann für Trinkkuren in Betracht, wenn ihr Radongehalt ein sehr großer ist, wie das in Joachimsthal, Brambach, Oberschlema und einigen anderen Orten der Fall ist (s. die Tabelle S. 74). Ansonsten pflegt man das Wasser für Trinkkuren künstlich zu aktivieren. Das geschieht durch sogenannte Aktivatoren oder Emanatoren, Apparate, die in einem Kieselgurfilter eine bestimmte Menge eines unlöslichen Radiumsalzes enthalten (Abb. 54)[1]. Dadurch, daß man diese Apparate mit reinem Wasser füllt und 24 Stunden stehenläßt, nimmt das Wasser das sich in dieser Zeit bildende Radon auf, so daß täglich eine Wassermenge von bestimmter Radioaktivität zur Verfügung steht. Solche Aktivatoren werden für verschieden starke Leistungen erzeugt.

Abb. 54. Aktivatoren zur Erzeugung von radioaktivem Wasser. Links für Badekuren, rechts für Trinkkuren

Die Dosierung der Emanation für Trinkkuren schwankt in weiten Grenzen. Während man sich ursprünglich mit einer Tagesmenge von 3640 nC, das ist soviel Emanation, als 1 Liter Wasser mit einer Aktivität von 10 000 ME ent-

[1] Erzeugt von der Allgemeinen Radium-A. G., der Deutschen Radium A. G., beide in Berlin, der Radium hemie A. G. in Frankfurt a. M. und anderen.

spricht, begnügte, stieg man später auf das 10fache und darüber. Es ist wichtig, daß man die Tagesration in mindestens drei Teile aufteilt und diese nach den Hauptmahlzeiten, also auf vollen Magen einnehmen läßt, um so die Resorption wie die Ausscheidung zu verzögern und dadurch die Ausnützung zu verbessern. Um eine stärkere Reaktion, wie sie im Verlauf einer Radiumkur leicht vorkommt, zu vermeiden, pflegt man mit kleineren Dosen zu beginnen, die man langsam erhöht. Als Vorschlag diene folgende Verschreibung: 3mal täglich nach dem Essen

1. Woche   3 640 nC = Radongehalt von 10 000 ME/Liter,
2. Woche   7 280 nC =   „   „   20 000 ME/Liter,
3. Woche   10 920 nC =   „   „   30 000 ME/Liter,
4. Woche   10 920 nC =   „   „   30 000 ME/Liter.

In allen größeren Städten finden sich Radiumstationen, welche derartige Lösungen nach ärztlicher Vorschrift herstellen. Dabei vergesse man nicht, den Gebrauchstag anzugeben. Da das Radon in der Lösung sich nach einer exponentialen Kurve vermindert, so kann man die Lösungen bei einer früheren Herstellung so überdosieren, daß sie am Verbrauchstag genau die vorgeschriebene Radonmenge enthalten. Weil die Emanation leicht in die Luft entweicht, so muß Radonwasser immer gut verschlossen sein und darf vor dem Gebrauch nicht umgeleert werden. Es wird mit Hilfe eines Trinkrohrs direkt dem Fläschchen entnommen.

3. Die Badekur

Die Wirkungsweise des Bades. Die Emanation wird als ein in Wasser und Öl lösliches Gas leicht von der Haut in die Blutbahn aufgenommen. Trotz des guten Resorptionsvermögens der Haut bleibt die Ausnützung der in einem Bad vorhandenen Emanation eine ganz ungenügende. Nur etwa 3,3% davon werden aufgenommen, das übrige geht praktisch verloren.

Das durch die Haut aufgenommene Radon wird vor allem durch die Lungen wieder ausgeschieden. Etwa 40 Minuten nach dem Beginn des Bades erreicht die Ausscheidung ihren Höchstwert und ist kurze Zeit danach beendet. Es ist das eine Mahnung, die Dauer des Bades nicht zu kurz zu bemessen. In Gastein pflegte man in vergangenen Jahrhunderten stundenlang zu baden, ja selbst nachts über im Bad zu verweilen, so daß Todesfälle durch Ertrinken nicht selten waren.

Die radioaktiven Heilquellen unterscheidet man in *Radonquellen*, die nur das flüchtige gasförmige Radon enthalten, und *Radiumquellen*, die daneben kleinste Mengen von Radiumsalzen in Lösung führen. Es gibt kalte und warme radioaktive Quellen. Zu den letzten gehören Bad Gastein (49° C), Hofgastein (45° C), Heidelberg (27° C), Landeck (20 bis 29° C), Teplitz-Schönau (46° C).

Bekannte Radiumbäder Deutschlands, Österreichs und der Tschechoslowakei

	nC/l	ME
Bad Gastein in Salzburg, Hauptquelle	60	166
Brambach in Sachsen, Wettinquelle	826	2 270
Heidelberg in Baden	3	8
Joachimsthal in Böhmen, Danielstollen II	437	1 200
Kreuznach im Rheinland	62	170
Landeck in Schlesien, Georgenquelle	75	206
Oberschlema in Sachsen, Hindenburgquelle	4 910	13 500
Teplitz-Schönau in Böhmen	33	92

Man benützt zur Herstellung künstlicher Radiumbäder, ähnlich wie für Trinkkuren, Aktivatoren (Emanatoren), welche täglich eine kleine Wassermenge von bestimmtem Radongehalt liefern, die dem Bad zugesetzt wird (S. 73). Das Eingießen muß mit Vorsicht geschehen, damit dabei möglichst wenig Radon verlorengeht.

Gleich wie die Trinkkur pflegt man auch die Bäder ansteigend zu dosieren, etwa in folgender Weise:

1. Woche   9 100 nC = Radongehalt von 25 000 ME/Liter,
2. Woche 18 200 nC =   ,,   ,,   50 000 ME/Liter,
3. Woche 27 300 nC =   ,,   ,,   75 000 ME/Liter.

Die Wirkung des Radiums und Radons

Das Verhalten im menschlichen Körper. Auch hier müssen wir zwischen den festen Radiumsalzen und dem gasförmigen Radon unterscheiden. *Die Radiumsalze* werden in gelöster Form sowohl durch die Verdauungswege wie durch die Haut aufgenommen. Die Ausscheidung erfolgt zum größten Teil durch den Darm (Galle), zum kleineren Teil durch die Nieren. Während aber das Radon nach 3 bis 4 Stunden den Körper wieder verlassen hat, bleiben kleine Mengen der Radiumsalze im Körper zurück, und zwar bei der Einnahme durch den Mund etwa 1%, bei der Einatmung durch die Lungen etwa 5%. Entsprechend der Verwandtschaft des Radiums mit dem Kalzium wird es vorzugsweise im Knochen abgelagert, wo es das Kalzium verdrängt und als lebenslängliche Strahlenquelle wirkt. In größerer Menge zerstört es den Knochen und kann selbst zu tödlichen Vergiftungen führen, wie man das bei Arbeiterinnen in Leuchtuhr-Fabriken und bei Radiumchemikern beobachtet hat.

Das *Radon* wird als Gas, wie bereits erwähnt, durch die Lungen, den Darm und die Haut in den Körper aufgenommen. Seine Ausscheidung erfolgt vorwiegend durch die Lungen, zum kleineren Teil durch die Galle und die Fäzes, aber auch durch den Harn und die Haut.

Die therapeutische Wirkung. Da Radium und seine Spaltprodukte normalerweise im menschlichen Körper nicht vorkommen, so wirken sie als körperfremder Reiz im Sinn einer unspezifischen Reiztherapie.

Radium und Radon haben eine anregende Wirkung auf die *endokrinen Drüsen*. KOMMA konnte im Sinn SELYES eine vermehrte Ausscheidung von Nebennierenhormonen nachweisen. Radonwasser fördert bei Ratten die Geschlechtsreife und das Wachstum des Uterus. Der Wirkung auf die Geschlechtsfunktion, die seit langem bekannt ist, ist es zuzuschreiben, daß man die Radonquellen im Mittelalter vielfach als Jungbrunnen bezeichnete. Sie haben daher eine führende Stellung in der Behandlung klimakterischer und vorzeitiger Altersbeschwerden. Dazu kommt noch die günstige Wirkung, die sie auf den *Kreislauf* und die *Blutgefäße* ausüben.

Während der Umsatz des *Gesamtstickstoffes* nur wenig beeinflußt wird, zeigt der *Purinstoffwechsel* eine deutliche Steigerung. Es kommt sowohl bei Gesunden, vor allem aber bei Gichtkranken, zu einer vermehrten Ausschwemmung der Harnsäure. Die Radiumquellen stehen daher als Gichtbäder seit langem in großem Ansehen.

Die *Diurese* wird stark vermehrt, eine Erfahrung, die schon die Bergleute in Joachimsthal und die Gasteiner Ärzte seit langem gemacht haben und die neuerdings von NEUSSER, V. NOORDEN, GUDZENT und anderen bestätigt wurde.

Die therapeutischen Anzeigen der Radiumkuren

Rheumatische Krankheiten der Gelenke (Arthrosen, chronische Arthritiden), der Nerven und Muskeln.

Krankheiten der endokrinen Drüsen, sexuelle Schwächezustände, Störungen der Menstruation, klimakterische Beschwerden, beginnende Alterserscheinungen.

Krankheiten der Gefäße, wie beginnende Arteriosklerose, Endangiitis, Restzustände nach Thrombophlebitis, essentieller Hochdruck, aber auch Unterdruck.

Wiederherstellung nach Frakturen und Luxationen sowie Lähmungen.

Hautkrankheiten, Ekzem, Psoriasis, Pruritus allgemein und lokal, Sklerodermie, Röntgen- und Radiumgeschwüre, schlecht heilende Wunden.

Gegenanzeigen: Alle Gelenkkrankheiten, die sich in einem starken Reizzustand befinden oder sonst hyperergisch reagieren. Bei Krankheiten des Zentralnervensystems, wie Encephalitis, multiple Sklerose, M. Parkinson und Parkinsonismus, Tabes dorsalis, ist größte Vorsicht geboten, da sie vielfach eine Verschlechterung erfahren.

Die Moorbäder

Allgemeines

Die Peloide. Moor, Schlamm und Sand werden in der Balneologie unter dem Namen Peloide zusammengefaßt. Diese Bezeichnung stammt von dem griechischen Wort πηλὅς (lat. palus), das Ton, Lehm, Schlamm bedeutet. Man versteht darunter schlamm- oder breiähnliche Massen, die aus einem Gemenge feinster Teilchen eines festen Stoffes und Wasser bestehen.

Man kann die Peloide nach BENADE einteilen: 1. In Stoffe, die sich in Quellen, Flüssen, Seen oder an der Meeresküste ablagern. Sie heißen Heilsedimente oder Unterwasserablagerungen und sind teils organischen, teils anorganischen Ursprungs. 2. In Stoffe, die durch Verwitterung von Mineralien entstehen, die Heilerden. Die nachfolgende Zusammenstellung gibt eine Übersicht über die wichtigsten Peloide und ihre Herkunft.

I. Heilsedimente (Unterwasserablagerungen):

1. Vorwiegend organischen Ursprungs: Torf, Moorerde.

2. Vorwiegend anorganischen Ursprungs: Schlamm (Fango) aus heißen und kalten Quellen. Schlick, das ist Schlamm aus Flüssen, von

den Küsten großer Binnenseen oder des Meeres. Kreide und Kalk, wie sie sich als Meeresablagerungen, z. B. auf Rügen, finden.

3. Rein anorganischen Ursprungs: Sand.

II. Heilerden (Verwitterungsprodukte von Mineralien):
Verwitterungstone: Lehm, Mergel, Löß.

Die Entstehung des Moores. Das Moor entsteht durch Umwandlung von Pflanzenleichen, die im Wasser versinken. Infolge des hier herrschenden Sauerstoffmangels wird die Bildung höherer Oxydationsstufen, wie Kohlensäure, die in die Luft entweicht, unmöglich gemacht. So kommt es zu einer Anreicherung von Kohlenstoff, dem ja der Torf, die erste Umwandlungsstufe, seinen Heizwert verdankt. Aus dem Torf entwickelt sich das Moor, aus dem Moor die Braunkohle, aus dieser Steinkohle und schließlich Anthrazit, ein Umwandlungsprozeß, den wir nach POTONIÉ als „Inkohlung" bezeichnen.

Die chemische Zusammensetzung des Moores. Nach SOUCI kann man im Moor folgende chemische Gruppen unterscheiden:

1. Mikroskopisch noch erkennbare Pflanzenteile und organische Stoffe, die aus den Pflanzen stammen und sich unverändert erhalten haben, wie Zellulose, Hemizellulose, Eiweiß-, Pektin-, Gerbstoffe u. a.

2. Organische Stoffe, die bereits eine Umwandlung erfahren haben. Dazu gehören die Huminstoffe, Huminsäuren, Fulvosäure, Bitumina usw. Sie bilden die Hauptmasse des Moores, sie verleihen ihm seine schwarze Farbe und saure Reaktion.

3. Anorganische Bestandteile, wie Mineralstoffe, die schon ursprünglich in den Pflanzen vorhanden waren oder später hinzugekommen sind. Manche Moore werden von Mineralquellen durchströmt, die dem Moor Kochsalz, Schwefel- und Eisenverbindungen zuführen (Mineralmoore).

4. Wasser.

Die Moorbäder und ihre Anwendung

Die Zubereitung des Moorbades. Man verwendet für Moorbäder möglichst frisches, natives Moor, nicht solches, das durch Haldenlagerung bereits eingetrocknet ist. Trockener Torf kann später nie mehr die gleiche Wassermenge wieder aufnehmen und ist daher therapeutisch minderwertig.

Das von Steinen und größeren Pflanzenteilen befreite und zerkleinerte

Abb. 55. Rührbottiche für Moor in Bad Elster

Moor wird in große Holzbottiche (Abb. 55) gefüllt und hier mit einer entsprechenden Menge von Wasser versetzt. Dann tritt ein Rührwerk in Tätigkeit, während gleichzeitig an verschiedenen Stellen Dampf einströmen gelassen wird, um die Masse auf 39 bis 40° C zu erwärmen. Nach etwa zwei Stunden ist der Moorbrei badebereit. Er wird nunmehr in die Wannen gefüllt, was in dreierlei Weise geschehen kann: Durch fahrbare Wannen, die an die Bottiche herangebracht und nach ihrer Füllung auf Asphaltbahnen in die Badezellen geschoben werden. Zur Füllung einer Wanne sind ungefähr 200 kg frischen Moors erforderlich. 2. Durch fahrbare Gefäße, die den Moorbrei zu den feststehenden Wannen bringen. 3. Mittels Rohrleitungen, durch welche mit Pumpen oder Druckluft das Moor in die Wannen geleitet wird.

Die Ausführung des Moorbades. Der *Moorbrei* wird entweder zu Voll- oder Teilbädern (Sitzbädern) verwendet. Seine Temperatur kann 38 bis 40° C betragen. Diese verhältnismäßig hohen Temperaturen sind dadurch möglich, daß das Moor ein schlechteres Wärmeleitvermögen besitzt als Wasser und darum bei gleicher Temperatur weniger warm empfunden wird als dieses (S. 2). Nach dem Bad wird der Patient abgebraust und nimmt in einer zweiten Wanne ein Reinigungsbad.

An Stelle der Moorbreibäder werden an manchen Orten *Moorwasserbäder*, auch Schwarzwasserbäder genannt, verabfolgt. Dieses Wasser sammelt sich in den durch das Moor gezogenen Entwässerungsgräben und enthält alle wasserlöslichen Stoffe des Moors.

Eine dritte Anwendungsart des Moors ist das *Moorschwebstoffbad*, wie es in Neydharting in Oberösterreich und anderen Orten gegeben wird. Moorschwebstoff ist eine Emulsion von Moorteilchen, die so klein sind, daß sie im Wasser schweben bleiben und nicht sedimentieren. Diese Badeform hat den Vorzug, daß alle wasserlöslichen Stoffe des Moors therapeutisch wirksam werden, die sonst der Moorbrei infolge seines hohen Adsorptionsvermögens festhält und nicht zur Lösung kommen läßt. Schließlich wird das Moor auch zu *Packungen* einzelner Körperteile verwendet. Die Technik ist die gleiche, wie sie für die Schlammpackungen auf S. 81 geschildert wird.

Es gibt eine große Zahl von fabriksmäßig hergestellten *Moorersatzpräparaten*, wie das Salhumin, Salimor und andere, die meist eine Mischung von Huminsäure mit Salizylsäure und anderen Stoffen darstellen, die ein natürliches Moorbad begreiflicherweise nicht zu ersetzen vermögen.

Die Wirkungen und therapeutischen Anzeigen der Moorbäder

Die Wirkungen der Moorbäder können in thermische, mechanische und chemische unterschieden werden.

Die thermische Wirkung. Da die Moorbäder meist in Temperaturen von 38 bis 40° C verabfolgt werden, ist ihre thermische Wirkung eine sehr beträchtliche. Es kommt im Bad zu einem Anstieg der allgemeinen Körperwärme um 1 bis 2° C, also zu einer Hyperthermie. Man hat deshalb seit jeher in der thermischen Wirkungskomponente einen der wichtigsten Heilfaktoren des Moorbades gesehen.

Die mechanische Wirkung. Da das spezifische Gewicht des Moors im badefertigen Zustand nach BENADE nur wenig über 1,0, dem spezifischen Gewicht des Wassers, liegt, so ist der hydrostatische Druck im Moorbreibad nicht wesentlich höher als im Wasserbad. Sehr bedeutsam wirkt sich dagegen die hohe Viskosität des Moorbreies aus. Sie macht sich schon beim Einsteigen in das Bad bemerkbar und bewirkt, daß der Körper nur allmählich den Boden der Wanne erreicht. Sie erschwert aber ebenso das Aussteigen aus dem Bad und jede Bewegung im Bad selbst. Daher sind auch die Atmungsbewegungen, vor allem die Inspiration, behindert, was in einer verminderten Lungenkapazität zum Ausdruck kommt (LINDEMANN).

Die chemische Wirkung. Die im Badewasser gelösten chemischen Stoffe des Moors haben zunächst eine adstringierende Wirkung auf die Haut. Der chemische Hautreiz wirkt aber auch auf neuralem Weg auf alle dem vegetativen Nervensystem unterstellten Organe, vor allem auf die Drüsen mit innerer Sekretion. Es kommt nach HILLER zu einer vermehrten Ausschüttung von Prolan, eines Hormons des Hypophysenvorderlappens, das die Funktion des Eierstocks anregt, und zu einer gesteigerten Ausscheidung von östrogenen Stoffen, die der Nebennierenrinde entstammen dürften. Auch die Inkretion der Glukosteriode, deren wichtigster Vertreter das Cortison ist, wird gefördert (J. SCHMID). Die Aktivität der Hyaluronidase, die bei rheumatischen Erkrankungen vermehrt zu sein pflegt, wird herabgesetzt (HILLER).

Die therapeutischen Anzeigen. *Chronisch rheumatische Krankheiten* der Gelenke degenerativer wie entzündlicher Art, der Muskeln und Nerven. Folgezustände nach Verletzungen der Knochen, Gelenke und Weichteile.

Frauenkrankheiten chronisch entzündlicher Natur und hormonale Insuffizienz.

Da die Moorbäder thermisch und mechanisch den Kreislauf stark belasten, dürfen sie nur bei Herz- und Gefäßgesunden verordnet werden. Im übrigen gelten die gleichen *Gegenanzeigen* wie für andere Formen der Hyperthermie.

Die wichtigsten Moorbäder Deutschlands, Österreichs und der Tschechoslowakei. Deutschland hat mehr als hundert Moorbäder. Besonders im Norden, und zwar mehr im Gebiet der Ostsee als der Nordsee, bieten die flachen Niederungen, die keinen genügenden Wasserabfluß zum Meer haben, geeignete Stätten zur Moorbildung. Die meisten Orte, in denen Moorbäder verabfolgt werden, sind auch sonst durch den Besitz von Mineralquellen als Kurorte ausgezeichnet. Die bekanntesten Moorbäder sind: Aibling in Oberbayern. — Driburg (Eisenquelle) in Westfalen. — Elster (Eisenquelle) in Sachsen (1937 wurden hier gegen 90 000 Moorbäder verabfolgt). — Franzensbad (Glaubersalzquelle) in Böhmen. — Homburg v. d. H. (Kochsalzquelle) bei Frankfurt a. M. — Karlsbad (Glaubersalzquelle) in Böhmen. — Kissingen (Kochsalzquelle) in Unterfranken, Bayern. — Kudowa (Eisenquelle) in Schlesien. — Landeck (warme Schwefelquellen) in Schlesien. — Liebenwerda in Sachsen. — Marienbad (Eisensulfatmoor) in Böhmen. — Nenndorf (Schwefelquelle) bei Hannover. — Neydharting, Oberösterreich. — Pyrmont (Eisenquelle) in Niedersachsen. — Teplitz-Schönau (alkalische Quelle) in Böhmen. — Tölz (Jodquelle) in Oberbayern.

Die Schlammbäder und Schlammpackungen

Allgemeines

Die Herkunft des Schlammes ist verschiedener Art. Wir können nach ihr unterscheiden:

1. *Quellenschlamm.* Häufig sind es Thermalquellen, die Schlamm vulkanischer Natur aus dem Erdinnern mit sich führen. Diesen Ursprung hat z. B. der Schlamm von Battaglia bei Padua in Oberitalien und der Schlamm von Pistyan in der Tschechoslowakei.

2. *Fluß-, See- und Meerschlamm.* An den flachen Mündungen großer Flüsse in das Meer lagert sich häufig Schlamm ab. So entstand der Limanschlamm an der Küste des Schwarzen Meeres bei Odessa. Auch in Binnenseen und geschützten Meeresbuchten kommt es zur Ablagerung von Schlamm, den man als Schlick bezeichnet. Ein solcher Schlamm findet sich z. B. am Neusiedler- und Zicksee im Burgenland (Österreich) oder den Seen der Mark Brandenburg (Schollener Heilschlamm oder Pelose) und in Balaton Füred am Plattensee (Ungarn). Meerschlamm kommt in Cuxhaven und Wilhelmshaven therapeutisch zur Verwendung.

3. *Künstliche Heilsedimente.* Auch feste Gesteinsarten vulkanischen Ursprungs werden für Heilzwecke gebraucht. Sie werden pulverisiert und mit Wasser zu einem Brei verrührt. So wird der Eifelfango aus den bei Neuenahr gefundenen vulkanischen Lockerprodukten gemahlen und in den Handel gebracht.

4. *Kreide und Kalk.* Kreidebäder werden auf der Insel Rügen in Saßnitz und Binz verabfolgt.

5. *Verwitterungstone,* wozu Lehm, Mergel, Löß, Lößlehm gehören.

Wenn wir von dem Sapropel, dem organischen Schlamm, absehen, der bis zu 40% organische Substanz enthalten kann, ist der Schlamm im Gegensatz zum Moor überwiegend anorganischen Ursprungs.

Die Anwendung des Schlammes

Der Schlamm wird teils zu Bädern, teils zu Packungen verwendet.

Bäder werden nur in Orten verabfolgt, wo große Schlammengen und Einrichtungen zu deren maschineller Aufarbeitung zur Verfügung stehen. Der Schlamm wird hier in ähnlicher Weise wie das Moor durch Rührwerke mit Wasser gemengt und erwärmt. An manchen Orten, wie in den Limanen des Schwarzen Meeres oder in Kusatzu (Japan), sind auch Bäder im Freien üblich, wobei sich die Kranken in den von der Sonne erwärmten oder vulkanisch heißen Schlamm einfach eingraben. *Kreidebäder* bereitet man in der Weise, daß man 2 bis 4 kg pulverisierter Kreide für ein Vollbad nimmt (SEIFERT).

Abb. 56. Mischmaschine für Schlamm (Baden-Baden). Nach SAEBENS-WORPSWEDE

Die Anwendung des Schlammes 81

Packungen werden als Ganzpackungen für den ganzen Körper oder als Teilpackungen für einzelne Körperteile ausgeführt. Das Schlammpulver wird mit einer entsprechenden Menge heißen Wassers versetzt und durch ein Rührwerk (Abb. 56) so lange gemengt, bis eine homogene Masse von mittlerer Salbenkonsistenz entsteht. Ihre Temperatur soll 45° C betragen.

Nun legt sich der Kranke vollkommen entkleidet auf ein Behandlungsbett, über das vorher eine Wolldecke, ein Gummistoff und ein Leintuch

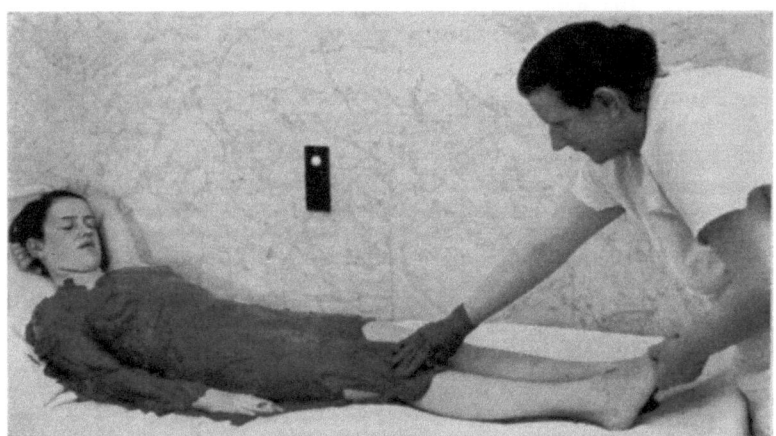

Abb. 57. Schlammpackung des ganzen Körpers (Baden-Baden) nach Saebens-Worpswede

gebreitet worden sind. Bei der Ganzpackung wird der Körper mit der Schlammasse in der in Abb. 57 dargestellten Weise bestrichen. Bei der

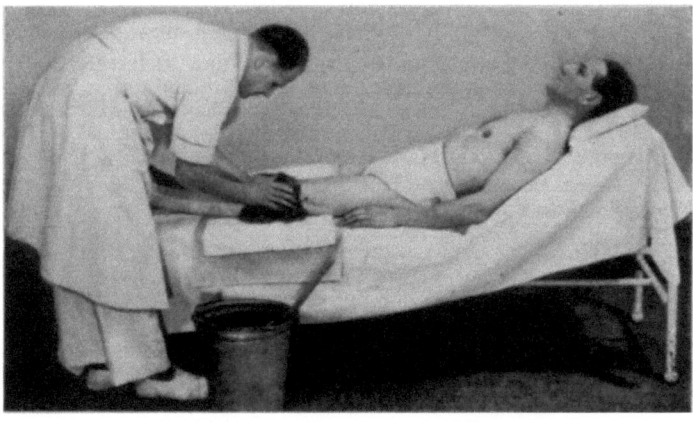

Abb. 58. Schlammpackung eines Knies

Teilpackung genügen eine Wolldecke und ein Leintuch. Darauf kommt noch ein der Teilpackung entsprechend großes Stück Gummistoff und ein

Stück altes Leinen. Auf dieses wird nun eine etwa 3 Finger dicke Schlammschicht aufgetragen, auf welche der Patient den kranken Körperteil legt. Man kann diesen auch vorher schon mit Schlamm einreiben, um ihm die Anpassung an die heiße Masse zu erleichtern. Nun wird der zu behandelnde Teil in eine mehrere Zentimeter dicke Schicht von Schlamm eingemauert und dann zuerst mit dem Leinen und hierauf mit dem Gummistoff umhüllt (Abb. 58). Schließlich wird der Kranke in das Leintuch und die Wolldecke eingeschlagen. Bei größeren Packungen gerät er nach einiger Zeit meist etwas in Schweiß, was aber mit Rücksicht auf die Wirkung nicht unerwünscht ist.

Die Dauer der Packung beträgt 40 bis 60 Minuten. Nach dieser Zeit wird der behandelte Körperteil mit einer warmen Dusche gereinigt. Dann soll der Kranke noch eine halbe Stunde ruhen.

Schlammpackungen im Hause des Kranken sind aus technischen Gründen schwer durchführbar und daher nicht empfehlenswert. Als Ersatz der Packungen hat man für den häuslichen Gebrauch **Schlammkompressen** empfohlen. Es sind das matratzenartig abgesteppte Leinensäckchen, die mit Schlammpulver gefüllt sind. Sie werden in heißes Wasser getaucht, bis sie vollkommen durchnäßt sind, und dann aufgelegt. Solche Anwendungen haben mit einer richtigen Packung kaum irgend etwas gemeinsam. Während der Schlamm sich der Haut innig anschmiegt, liegen diese Kompressen ihr nur streifenförmig an. Sie kühlen sich daher rasch ab, weshalb der Kranke in einer solchen Packung leicht zu frösteln beginnen und sich unbehaglich fühlen wird. Es kann kein Zweifel sein, daß ein genügend dicker Umschlag mit heißem Wasser, einer Salzlösung oder Kräuterabkochung, der von einem trockenen Tuch bedeckt und durch einen Thermophor warm gehalten wird, ungleich bessere Dienste tut als eine Schlammkompresse.

Die therapeutischen Anzeigen der Schlammbehandlung. Die therapeutische Wirkung der Schlammbehandlung ist eine rein thermische. Ihre therapeutischen Anzeigen fallen daher mit den bereits früher beschriebenen allgemeinen und örtlichen Wärmeanwendungen, wie heißen Bädern, Heißluft, Dampf, Glühlichtbestrahlungen usw., zusammen.

Die wichtigsten Schlammbäder Deutschlands und Österreichs. *Schlamme:* Bentheim (Schwefelschlamm) in Hannover. — Blankenburg i. Harz. — Burhave in Oldenburg. — Eilsen (Schwefelschlamm) in Lippe. — Fiestel (Schwefelschlamm) in Westfalen. — Ischl in Oberösterreich. — Krumbad in Bayern. — Nenndorf (Schwefelquelle) bei Hannover.

Schlicke: Büsum in Schleswig-Holstein a. d. Nordsee. — Cuxhaven a. d. Nordsee. — Warnemünde in Mecklenburg a. d. Ostsee. — Wilhelmshaven a. d. Nordsee.

Kreidebäder: Binz und Saßnitz auf Rügen.

Die Sandbäder

Die Herkunft des Sandes. Am geeignetsten für Bäder ist der Quarzsand. Er ist das Endprodukt der Zertrümmerung von Granit, Gneis, Glimmerschiefer und anderen Gesteinen, die durch physikalische und chemische Kräfte zustande kommt. Wegen seiner Beweglichkeit wird er leicht vom Wasser fortgeführt und an den Ufern der Flüsse, Seen und Meere angehäuft. Der für Bäder bestimmte Sand wird gesiebt, um ihm die geeignete Körnung zu geben, und dann gewaschen, um ihn vom Staub zu befreien.

Die Zubereitung und Ausführung des Bades erfordern besondere technische Einrichtungen. In Köstritz bei Gera in Thüringen, dem klassischen Sandbad Deutschlands, werden die Bäder in folgender Weise hergestellt: Der Sand, welcher der weißen Elster entstammt, wird in großen rotierenden Trommeln durch Dampfschlangen auf 52° C erhitzt und dann durch Rohrleitungen in einen Raum geführt, wo die Füllung der Wannen erfolgt. Es sind kistenförmige Holzwannen, die fahrbar sind, einerseits, damit sie zur Füllung leicht an die Sandbehälter herangebracht und andererseits, damit sie mit den Kranken auch ins Freie geführt werden können. Dadurch, daß die Behandlung in frischer Luft stattfindet, wird sie weniger anstrengend empfunden.

Die Wannen werden zuerst mit einer 10 bis 30 cm hohen Schicht von Sand gefüllt, auf die sich der Kranke legt. Dann wird er, während der Kopf auf einem Kissen ruht, bis zum Hals mit dem warmen Sand überschüttet. Meist läßt man die Vorderseite des Brustkorbes frei, um das Atmen nicht zu erschweren und unter Umständen eine Herzkühlung anwenden zu können. Um die Abkühlung des Sandes möglichst zu verzögern, werden über die Wanne ein oder zwei Wolldecken gebreitet.

Damit der gebrauchte Sand für weitere Bäder benützt werden kann, wird er in besonderen Behältern mit fließendem Wasser gewaschen und durch Erhitzung über 100° C sterilisiert. Es gibt auch Einrichtungen, die es gestatten, Sandbäder in Krankenhäusern oder Kuranstalten herzustellen (Abb. 59).

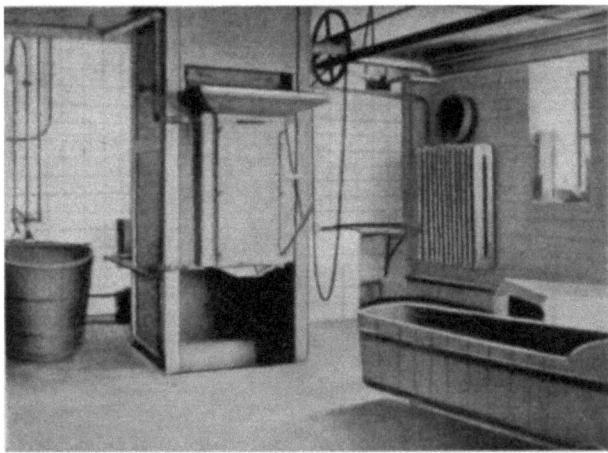

Abb. 59. Sandbad (Universitäts-Frauenklinik in Gießen)

Wegen des schlechten Wärmeleitvermögens des Sandes werden Sandbäder in einer höheren Temperatur als Wasserbäder vertragen. Diese beträgt anfangs 45 bis 50° C und kann später bis auf 52° C gesteigert werden. Die Dauer des Bades schwankt zwischen 20 und 60 Minuten. In dieser Zeit steigt die allgemeine Körperwärme, oral gemessen, um 1 bis 2° C an. Der Schweißverlust ist meist ein recht beträchtlicher und liegt zwischen 1 und 3 kg. Nach dem Bad reinigt sich der Kranke unter einer Dusche oder in einem warmen Vollbad und ruht $\frac{1}{2}$ bis 1 Stunde aus, wenn nicht zur Verstärkung der thermischen Wirkung an das Reinigungsbad noch eine halb- bis einstündige Trockenpackung angeschlossen wird.

An dieser Stelle sei auch der *Freibäder* gedacht, die an den Küsten der südlichen Meere von Gesunden wie Kranken in der Weise genommen werden, daß sie sich in den von der Sonne erhitzten Sand ganz oder teilweise eingraben und nachher ein Abkühlungsbad im Meer nehmen. Diese Art des Sandbadens war auch bei den alten Griechen sehr beliebt, wie uns HERODOT berichtet.

Örtliche Sandbäder für Hände und Füße werden in geeigneten Holzwannen gegeben, wobei die Temperatur des Sandes 55° C und darüber betragen kann. Solche Behandlungen lassen sich auch im Haus des Kranken ausführen. Soll der Sand an anderen Körperstellen zur Anwendung kommen, so benützt man hierzu locker mit Sand gefüllte Säcke, die den kranken Teilen aufgelegt werden. Die Dauer der Anwendung erstreckt sich auf 1 bis 1½ Stunden.

Die therapeutischen Anzeigen der Sandbehandlung decken sich mit denen der allgemeinen und örtlichen Wärmeanwendung.

Die Paraffinpackungen

Für therapeutische Zwecke verwendet man festes Paraffin, dessen Schmelzpunkt etwas unter 50° C liegt. Es darf nicht an der Haut kleben und keine die Haut reizenden Stoffe enthalten[1]. Wird festes Paraffin geschmolzen, so braucht es, um aus dem festen in den flüssigen Aggregatzustand überzugehen, eine beträchtliche Wärmemenge (Schmelzwärme), die beim Erstarren wieder frei wird.

Die Ausführung der Paraffinpackung. Das Paraffin wird in einem Metalleimer im Wasserbad geschmolzen und auf die für die jeweilige Verwendungsart notwendige Temperatur gebracht. Bei der Erwärmung achte man darauf, daß auch nicht Spuren von Wasser in das Paraffin geraten, weil das Wasser bei der Temperatur, mit welcher das Paraffin verwendet wird, zu Verbrennungen führen würde. Die Anwendungsarten des Paraffins sind die folgenden:

1. *Das Aufpinseln.* Das verflüssigte und auf 67 bis 70° C erhitzte Paraffin wird mittels eines Pinsels, der keine Metallteile besitzen darf, in raschen Zügen fünf- bis sechsmal hintereinander auf die zu behandelnde Stelle aufgebracht. Dann bedeckt man diese mit einem Gummistoff und einem Wolltuch, die man, wenn nötig, mittels einer Binde festhalten kann. Der Verband bleibt 1 bis 2 Stunden liegen, kann aber bei ambulanten Kranken auch 24 Stunden belassen werden.

2. *Das Aufgießen* ist besonders zur Behandlung der Arme und Beine geeignet. Um das Abfließen des Paraffins zu verhindern, braucht man hierzu eigene Formen (Abb. 60). In diese wird zuerst eine Wolldecke und darüber ein Gummistoff eingelegt, auf welchem die Extremität gelagert wird. Um die Packung an ihrem proximalen Ende abzudichten, legt man rings um die Extremität einen Zellstoff- oder Gummistreifen. Dann gießt man das Paraffin, das eine Temperatur von 50° C hat, unmittelbar aus dem Gefäß oder mit Hilfe eines Schöpfers in die Form, bis diese etwa zur Hälfte gefüllt ist. Hierauf legt man den überhängenden Gummistoff von

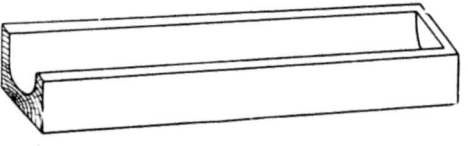

Abb. 60. Holzform zur Paraffinbehandlung der Extremitäten

---

[1] Paraffin für Packungen wird erzeugt von O. Brockert, früher Helipharm, Hannover N, Liebigstraße 7.

beiden Seiten um die Extremität, so daß das flüssige Paraffin nach oben gedrückt wird und den Arm oder das Bein von allen Seiten umgibt. Dann umhüllt man das ganze noch mit der Wolldecke, um die Wärme möglichst lange zu erhalten.

3. *Das Eingießen in Gummibeutel* ist die beste Methode zur Behandlung einzelner Gelenke oder Abschnitte von Extremitäten. Hierbei wird über den zu behandelnden Teil ein Beutel oder eine Hülse aus Gummistoff gezogen, in den das flüssige Paraffin eingegossen wird (Abb. 61). Solche Beutel oder Hülsen sind im Handel fertig käuflich, können aber auch behelfsmäßig leicht hergestellt werden. Soll z. B. ein Kniegelenk behandelt werden, so legt man zunächst oberhalb und unterhalb des Gelenkes rings um das Bein je einen Gummistreifen an, zieht die Hülse über das Knie und schnürt sie an beiden Enden mittels Schnallengurte fest, die beiden Gummistreifen als Dichtung benützend. Dann wird durch die obere Öffnung das Paraffin, das eine Temperatur von 52 bis 54° C haben soll, mittels eines Trichters langsam eingegossen, bis der Beutel etwa zur Hälfte gefüllt ist. Zum Schluß wird die Öffnung geschlossen und der Beutel mit einer Wolldecke

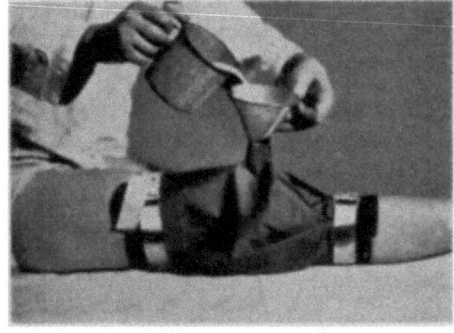

Abb. 61. Eingießen von Paraffin in einen Gummibeutel

umhüllt, wobei das Paraffin nach oben gedrängt wird, so daß es das Gelenk allseitig umgibt. Die Packung bleibt ein bis zwei Stunden liegen.

4. *Das Paraffinbad* ist nur zur Behandlung der Hände oder Füße geeignet. Es wird in einer Porzellan- oder Steingutwanne verabfolgt, die mit geschmolzenem Paraffin von 50 bis 52° C gefüllt wird. Um die Abkühlung des Bades möglichst zu verzögern, wird die Wanne noch mit einer Decke umhüllt, bzw. überdeckt. Es gibt auch Wannen, in deren Boden ein elektrischer Heizkörper eingebaut ist, der den Zweck hat, zunächst das Paraffin in der Wanne zu verflüssigen, dann aber, es bei vermindertem Heizung warm zu erhalten.

Die Dauer der Wärmeeinwirkung ist bei dem Aufpinseln und Aufspritzen keine sehr lange, da die aufgetragene Schicht nur wenige Millimeter dick ist und daher rasch abkühlt. Anders beim Eingießen in Formen, Gummibeutel und bei Bädern. Hier kommen wesentlich größere Paraffinmengen zur Anwendung, deren Abkühlung auf Körpertemperatur 1 bis 2 Stunden erfordert und deren thermische Wirkung daher eine viel stärkere ist.

Die Entfernung des Paraffins, das an der Haut erstarrt ist, geht leichter vonstatten, als man es vermuten würde. Infolge des luftdichten Abschlusses, den die Paraffinumhüllung bildet, ist die Schweißverdunstung unmöglich. Der sich zwischen Haut und Paraffin ansammelnde Schweiß hebt die Packung von der Haut immer mehr ab und macht deren Entfernung leicht. Das einmal benützte Paraffin kann immer wieder Verwendung finden, wenn man es durch Erhitzen auf 100° C sterilisiert.

Die Wirkung der Paraffinpackung ist eine rein thermische. Das schlechte Wärmeleitvermögen des Paraffins bewirkt es, daß es in einer höheren Temperatur zur Anwendung kommt als Moor, Schlamm oder Sand. Dazu kommt, daß die mit dem Körper in Berührung tretende Schicht sich alsbald abkühlt und erstarrt, wodurch sich ein Isoliermantel bildet, der den Körper gegen das noch höher temperierte flüssige Paraffin schützt.

Infolge der schlechten Wärmeleitung bleibt die Paraffinpackung lange Zeit warm. Das wird noch durch den Umstand unterstützt, daß beim Festwerden des Paraffins die beim Schmelzen aufgenommene Wärme wieder frei wird und so die durch Leitung verlorengegangene ersetzt.

Die therapeutischen Anzeigen der Paraffinpackungen decken sich mit denen der Schlammpackungen, Sandbäder und anderer rein thermisch wirkender Methoden. Die Annahme, daß man durch Paraffinpackungen örtliche Fettansammlungen beseitigen kann, ist eine Illusion.

Kataplasmen und Tonerdeumschläge

Kataplasmen oder Breiumschläge, die sich früher einer großen Beliebtheit erfreuten, werden heute nur mehr selten angewendet. Man benützt hierzu Semen lini pulverisatum (Leinsamenmehl) oder Foenum graecum pulverisatum (Samen des Bockshornklees) oder Species emollientes, eine Mischung verschiedener Kräuter. Eines dieser Mittel verschreibt man in einer Menge von 200 bis 300 g aus der Apotheke. Davon nimmt man einen dem jeweiligen Zweck entsprechend großen Teil, schlägt ihn in einen Leinwandlappen ein oder füllt ihn in ein Leinwandsäckchen. Dieses legt man in siedendes Wasser und läßt es 1 bis 2 Minuten kochen, wobei das Pflanzenpulver zu einer breiartigen Masse aufquillt. Nun nimmt man den Umschlag heraus, drückt ihn leicht aus und prüft seine Temperatur, ehe man ihn anwendet, indem man ihn auf die eigene Wange oder den Handrücken legt.

Um das Abkühlen des Breiumschlages zu verzögern, bedeckt man ihn mit einem Wollstoff. Trotzdem muß man ihn nach 20 bis 30 Minuten durch einen neuen ersetzen. Es ist darum zweckmäßig, ein zweites Säckchen vorbereitet zu halten, das man gegen das gebrauchte austauschen kann. Das Wechseln kann man sich ersparen, wenn man den Breiumschlag mit einem Thermophor kombiniert.

Tonerdeumschläge. Ein zweckmäßiger Ersatz der pflanzlichen Kataplasmen sind Umschläge mit Tonerde (Bolus alba oder Argilla), die zuerst durch das amerikanische Präparat Antiphlogistine bei uns bekannt geworden sind. Dieses war das Vorbild für verschiedene andere Markenpräparate (Antiphlogisticum Dr. KLOEPFER, Diphlogen usw.). Sie bestehen im wesentlichen aus Tonerde, die mit Glyzerin unter Zusatz kleinster Mengen von Bor-, Salizylsäure u. dgl. zu einer pastenartigen Masse verrührt sind. Diese wird in warmen Wasser erwärmt und mit einem Spatel in einer 5 bis 10 mm dicken Schicht direkt auf die Haut aufgetragen. Man kann aber die Paste auch zuerst auf ein Stück Leinen aufstreichen, das man der kranken Körperstelle auflegt und mit einem Gummistoff bedeckt. Der Umschlag wird, wenn nötig, festgebunden und kann bis zu 24 Stunden liegenbleiben.

Den gleichen Zweck, doch viel billiger, kann man nach KOWARSCHIK dadurch erreichen, daß man dem Kranken 500 g Bolus alba aus der Apotheke verschreibt und ihn anweist, dieses Pulver mit heißem Wasser zu einer Masse von pastenartiger Konsistenz anzurühren. Will man einen leichten Hautreiz setzen, so kann man statt Wasser Essig oder eine Kochsalzlösung verwenden.

Bäder mit pflanzlichen Zusätzen

Allgemeines. Bäder mit pflanzlichen Zusätzen, auch Kräuterbäder genannt, sind seit Jahrhunderten in Gebrauch und erfreuen sich bei den Kranken großer Beliebtheit. Ihre Wirkung beruht entweder auf ätherischen Ölen oder Harzen (Senfsamen, Kamillenblüten, Kiefernadeln), die einen stärkeren oder schwächeren Hautreiz setzen, oder auf Gerbsäure (Eichenrinde), die ein adstringierendes Mittel darstellt, oder auf Pflanzenschleimen (Kleie, Malz), die reizmildernd wirken. Die Herstellung der Kräuterbäder erfolgt in der Weise, daß eine bestimmte Menge der betreffenden Pflanzenteile 3 bis 30 Minuten in einem zugedeckten Gefäß mit Wasser abgekocht wird. Dann gießt man die Abkochung durch ein Sieb und setzt sie dem Badewasser zu. Das Filtrieren kann man sich ersparen, wenn man die Blätter, Blüten oder sonstigen Teile in einen Beutel aus ganz lockerem Gewebe gibt, diesen in das kochende Wasser einhängt und zum Schluß ausdrückt. Für ein Vollbad werden 500 bis 1000 g, für ein Teilbad 100 bis 200 g des pflanzlichen Zusatzes benötigt. Für Umschläge genügt ein gehäufter Eßlöffel, den man mit einem halben Liter Wasser abkocht.

Fichten- oder Kiefernadelbäder werden meist mit einem bereits fertigen, fabriksmäßig erzeugten Extrakt hergestellt. Es ist dies eine braune, angenehm riechende Flüssigkeit, die durch Abkochen von Nadeln, Zweigen und den harzreichen Zapfen der Fichten oder Kiefern (Föhren) gewonnen wird und von der $\frac{1}{2}$ bis 1 Tasse (150 g) einem Vollbad zugesetzt wird.

An Stelle des Pflanzenextraktes werden auch Ersatzmittel in Form von Pulvern oder Tabletten in den Handel gebracht, die sich damit begnügen, dem Wasser eine grün fluoreszierende Farbe und den Geruch nach Fichtennadeln zu verleihen. Verfasser benützt seit Jahren eine Mischung eigener Zusammensetzung, die er als Pinol bezeichnet hat: Fluorescin 0,5, Ol. pini pumil. 10,0, Natr. hydrocarbon. 200,0 S. 1 Kaffeelöffel auf ein Vollbad.

Je nach dem therapeutischen Zweck sind die Temperatur und die Dauer des Bades verschieden. Laue Bäder von 35 bis 37° C gibt man bei nervöser Übererregbarkeit, Schlaflosigkeit, Organneurosen verschiedener Art und überall dort, wo man beruhigend und entspannend wirken will, also bei multipler Sklerose, Paralysis agitans, spastischen Lähmungen, Hemiplegie. Warme Bäder von 37 bis 39° C sind dagegen am Platz, wo die thermische Komponente von besonderer Wichtigkeit ist, wie bei den rheumatischen Erkrankungen.

Heublumenbäder. Heublumen (Flores graminis) nennt man die Blüten, Blätter und Samen verschiedener Gräser und Blumen, wie sie besonders auf Alpenwiesen vorkommen. 500 bis 1000 g davon werden in einem porösen Leinensack mit etwa 5 Liter Wasser über Nacht angesetzt und dann noch $\frac{1}{2}$ Stunde lang gekocht. Die Verwendung und die Wirkung der blühenden Gräser ist die gleiche wie die der Fichtennadeln.

Kamillenbäder. Die Blüten der Kamillen (Matricaria chamomillae vulgaris) sind ein außerordentlich beliebtes, innerlich wie äußerlich angewendetes Volksmittel. Ihre Wirkung verdanken sie einem Gemenge von Terpenen und kampferartigen ätherischen Ölen, denen eine beruhigende, krampflösende Wirkung zukommt. Für ein Vollbad werden 500 g, für ein Teilbad 100 g in einem gedeckten Gefäß 3 Minuten lang gekocht. Auch zu schmerzstillenden und die Wundheilung anregenden Umschlägen (1 Eßlöffel auf ½ Liter Wasser) finden die Kamillen Verwendung.

Senfmehlbäder. Das Senfmehl, Semen sinapis pulverisatum oder Farina seminum sinapis, ist ein gelblichgrünes Pulver, von dem für ein Vollbad 100 bis 200 g, für ein Teilbad 50 g (etwa 1 gehäufter Eßlöffel) benötigt werden. Die Verwendung geschieht in der Weise, daß man das Pulver in ein Leinensäckchen gibt, dieses in das Badewasser eintaucht und mehrmals ausdrückt. Dabei färbt sich das Wasser grün und es entwickelt sich gleichzeitig ein stechender Geruch nach Allylsenföl, das in den Samen nicht präformiert ist, sondern erst bei der Berührung dieser mit dem Wasser entsteht. Dieses ätherische Öl wirkt stark reizend auf die Haut und die Schleimhäute und führt in kürzester Zeit zu einer intensiven Gefäßerweiterung. Dieser Hautreiz ist es, der die Wirkung der Bäder begründet.

Senfbäder dienen als Voll- oder Teilbäder dazu, die Durchblutung zu verbessern, wie das bei Endangiitis, Arteriosklerose, Gefäßlähmungen und -spasmen, Erfrierungen u. dgl. Zweck der Behandlung ist. Bei Angina pectoris kann man Teilbäder für den linken Arm anwenden, da bekanntlich die Koronargefäße in dem gleichen Sinn reagieren wie die Hautgefäße. Senfbäder und Senfwickel sind auch ein wirksames Mittel, um die Atmung reflektorisch anzuregen und so bei Bronchitis und Bronchopneumonien, besonders solchen der Kinder, die Durchlüftung der Lungen zu fördern. Schließlich werden Senfumschläge in gleicher Weise wie Senfteige und Senfpapier als schmerzstillende Mittel bei Lumbago, Pleuritis, Adhäsionsschmerzen u. dgl. viel verwendet.

Schrifttum über Heilbäderbehandlung

Bäderbuch, Deutsches. Leipzig: J. J. Weber. 1907.
Bäderbuch, Österreichisches. 1. Ausgabe: Berlin u. Wien: Urban u. Schwarzenberg. 1914. — 2. Ausgabe: Wien: Österreichische Staatsdruckerei. 1928.
Bäderkalender, Deutscher. Gütersloh: Flöttmann.
BENADE, W.: Moore, Schlamme, Erden (Peloide). Dresden u. Leipzig: Th. Steinkopff. 1938.
HIEBERLAN, M. u. W. GOETTERS: Grundlagen der Meeresheilkunde. Stuttgart: G. Thieme. 1954.
LAMPERT, H.: Heilquellen und Heilklima. Dresden u. Leipzig: Th. Steinkopff. 1934.
MALLER, A.: Leitfaden der Bäder- und Klimaheilkunde. Wien: Urban und Schwarzenberg. 1949.
SCHOBER, F.: Heilquellenkunde für den praktischen Arzt. Stuttgart u. Leipzig: Hippokrates. 1938.
STREIBL, FR.: Klimakammer-Therapie. Stuttgart: Fritz Dopfer. 1954.
VOGT, H.: Lehrbuch der Bäder- und Klimaheilkunde. Berlin: Julius Springer. 1940.
VOGT u. AMELUNG: Einführung in die Balneologie und medizinische Klimatologie. Berlin-Göttingen-Heidelberg: Springer-Verlag. 1952.
WEBER u. MAYER: Klimatotherapie und Balneotherapie. Berlin: S. Karger. 1907.

III. Die Ultraviolettlicht-Behandlung
Allgemeines

Was ist Licht? Die erste wissenschaftliche Lichttheorie stammt von I. NEWTON (1669). Dieser nahm an, daß von allen selbstleuchtenden Körpern ein äußerst feiner Stoff ausgesendet oder emittiert wird, der uns das Sehen ermöglicht. Seine Theorie wurde daher Stoff- oder Emissionstheorie genannt. Wenige Jahre nach NEWTON wurde von dem Niederländer CHR. HUYGHENS (1678) die Hypothese aufgestellt, daß das Licht durch eine Wellenbewegung des Äthers zustande komme. Diese Undulations- oder Schwingungstheorie stand der NEWTONschen Emissionstheorie bis in das 19. Jahrhundert hinein unvermittelt gegenüber und konnte erst nach langem Kampf den endgültigen Sieg erringen. Heute allerdings ist man der Ansicht, daß die Wellentheorie HUYGHENS' nicht alle optischen Erscheinungen zu erklären vermag und ist mit der Quantentheorie M. PLANCKS zum Teil wieder zu der Emissionstheorie NEWTONS zurückgekehrt. Nach M. PLANCK besteht das Licht nicht aus einem kontinuierlichen Wellenzug, sondern aus einer explosionsartigen Ausstoßung von Lichtkorpuskeln oder Photonen. Die kinetische Energie dieser hängt einzig und allein von der Wellenlänge des Lichtes ab und ist um so größer, je kürzer diese ist.

Das elektromagnetische Spektrum. NEWTON verdanken wir auch die wichtige Entdeckung, daß das Sonnenlicht durch ein Glasprisma in eine Reihe von Farben, sogenannte Spektralfarben, aufgelöst werden kann. NEWTON zog daraus den für seine Zeit gewiß sehr kühnen Schluß, daß das anscheinend einfache weiße Licht einen Farbenkomplex darstelle, eine Anschauung, die noch hundert Jahre später von GOETHE auf das heftigste bekämpft wurde.

Das sichtbare Spektrum des Sonnenlichtes wurde 1800 durch den Astronomen F. W. HERSCHEL erweitert, der die infraroten oder Wärmestrahlen entdeckte. 1802 konnte J. W. RITTER das Sonnenspektrum durch die Entdeckung der ultravioletten Strahlen nach der anderen Seite hin verlängern. 1888 legte der Bonner Physiker H. HERTZ der Berliner Akademie der Wissenschaften seine Schrift „Über Strahlen elektrischer Kraft" vor, in welcher er nachwies, daß es Strahlen elektromagnetischer Natur gäbe, deren Wellenlänge größer sei als die der Licht- und Wärmestrahlen, die sich aber im übrigen genau so verhielten wie diese. Es sind das die im Rundfunk verwendeten Wellen. Wenige Jahre später (1895) entdeckte RÖNTGEN die X-Strahlen. Diese Entdeckung war die unmittelbare Veranlassung zur Auffindung der Uranstrahlen durch BEQUEREL (1896) und anschließend daran zur Auffindung der Radiumstrahlen durch das Ehepaar CURIE (1898). Dadurch war ein Spektrum von ungeheurer Breite aufgedeckt worden, das seine letzte Ergänzung, und zwar an seinem kurzwelligen Ende, durch den Grazer Physiker V. F. HESS erfuhr, der 1912 die kosmischen Strahlen entdeckte.

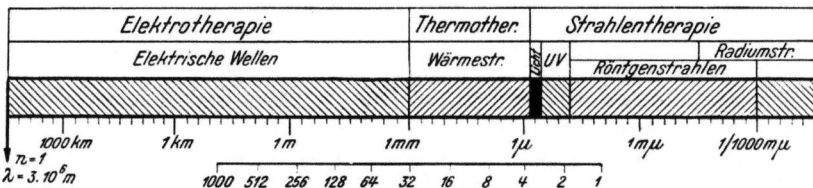

Abb. 62. Elektromagnetisches Spektrum

Das elektromagnetische Spektrum ist heute ein in sich geschlossenes Ganzes (Abb. 62). Es umfaßt Strahlen mit einer Länge von Kilometern bis herab zur Länge von Billionstel Millimetern. Alle diese Strahlen verhalten sich aber im übrigen ganz gleich. Sie breiten sich alle mit einer Geschwindigkeit von

300000000 m/sek im leeren Raum aus. Verschieden ist nur ihre Frequenz, das ist die Zahl ihrer Schwingungen in der Sekunde, und damit ihre Wellenlänge, das ist die Wegstrecke, die eine Welle, bestehend aus Wellenberg und Wellental, während ihres Ablaufes zurücklegt. Da die Ausbreitungsgeschwindigkeit (c) für alle Strahlen die gleiche ist, besteht zwischen der Wellenlänge (λ) und der Frequenz (n) eine feste Beziehung: $c = \lambda \cdot n$. Wellenlänge und Frequenz sind reziproke Werte, je größer die Wellenlänge, desto kleiner die Frequenz, und umgekehrt. Tab. 2 gibt einen Überblick über die verschiedenen Wellenlängen und Frequenzen.

Tabelle 2. *Wellenlänge und Frequenz der elektromagnetischen Schwingungen*

Wellenart	Wellenlänge		Frequenz	
	von	bis	von	bis
Elektrische Wellen	∞	1 mm	0	$3,0 \cdot 10^{11}$
Infrarote oder Wärmestrahlen	1 mm	780 mμ	$3,0 \cdot 10^{11}$	$3,8 \cdot 10^{14}$
Sichtbare Lichtstrahlen	780 mμ	360 mμ	$3,8 \cdot 10^{14}$	$8,3 \cdot 10^{14}$
Ultraviolette Strahlen ..	360 mμ	100–10 mμ	$8,3 \cdot 10^{14}$	$3 \cdot 10^{15} - 3 \cdot 10^{16}$
Röntgenstrahlen	100–10 mμ	0,001 mμ	$3,0 \cdot 10^{15} - 3,0 \cdot 10^{16}$	$3,0 \cdot 10^{20}$
Radiumstrahlen	0,001 mμ	0,00047 mμ	$3,0 \cdot 10^{20}$	$6,4 \cdot 10^{20}$
Kosmische Strahlen....	—	0,00001 mμ	—	$3,0 \cdot 10^{22}$

1 Mikron (μ) = 1 Millionstel Meter = 1 Tausendstel Millimeter.
1 Millimikron (mμ) = 1 Tausendstel Mikron = 1 Milliardstel Millimeter.

Das Sonnenlicht

Physikalische Grundlagen

Die Zusammensetzung des Sonnenlichtes. Das Spektrum des Sonnenlichtes ist ein kontinuierliches, d. h. es besteht innerhalb seiner gegebenen Grenzen aus Wellen jeder Länge. Vom biologischen Standpunkt aus können wir es in drei Teile zerlegen:

1. *In einen sichtbaren Anteil,* dessen Strahlen von unserem Auge wahrgenommen werden. Er umfaßt das Bereich der Wellenlängen von 780 bis 360 mμ.

2. *Die infraroten oder Wärmestrahlen,* die nicht mehr von unserem Auge, wohl aber von unserer Haut als Wärme empfunden werden. Es sind die Wellen, die, an das sichtbare Rot anschließend, von 780 bis etwa 1500 mμ reichen. Längere Wärmestrahlen kommen im Sonnenspektrum nicht vor, denn sie werden von den in der Atmosphäre enthaltenen Wasserdämpfen absorbiert und gelangen daher nicht bis zur Erdoberfläche.

3. *Die ultravioletten Strahlen,* anschließend an das sichtbare Violett, mit einem Wellenbereich von 360 bis 280 mμ. Die Abgrenzung dieser drei Teile ist eine rein subjektive und wird durch unsere Sinnesorgane bestimmt.

Vom therapeutischen Standpunkt erscheint es zweckmäßiger, das Sonnenspektrum nicht in drei, sondern in zwei Teile zu zerlegen, in einen, der vorwiegend thermisch-physikalisch, und einen, der vorwiegend chemisch wirksam ist. Die Grenze zwischen beiden würde durch das Grün verlaufen, sie ist, wie alle biologischen Grenzen, keine scharfe, sondern eine fließende. Unter Lichttherapie im engeren Sinn verstehen wir die Behandlung mit den chemisch wirksamen, vor allem ultravioletten Strahlen.

Die UV-Strahlen unterteilen wir in solche langer, mittlerer und kurzer Wellenlänge, die wir der rascheren Verständigung wegen als UV-A, UV-B und UV-C bezeichnen wollen. Sie entsprechen folgenden Wellenbereichen:

UV-A   400–315 mμ
UV-B   315–280 mμ,
UV-C   kürzer als 280 mμ.

UV-A hat eine besondere Tiefenwirkung, wie wir sie z. B. zur Behandlung des Lupus benötigen, UV-B, auch Dorno-Strahlung genannt, wirkt vorwiegend erythem- und pigmentbildend, UV-C keimtötend.

Therapeutisch stehen uns im Sonnenlicht nur die langen und mittellangen Wellen des UV zur Verfügung, da das kurzwellige UV bereits in einer Höhe von 100 km von dem Sauerstoff der Atmosphäre aufgesaugt worden ist. Die Intensität der UV-Strahlung ist sehr wechselnd und hängt vor allem von der Dicke der Luftschicht ab, welche die Sonnenstrahlen zu durchdringen haben. Je größer diese, um so größer ist ihr Verlust an UV. Folgende Faktoren sind hierbei von Einfluß: 1. *Die Tageszeit*. Mittags, wo die Sonne am höchsten steht, ist der Luftweg der Strahlen kleiner, ihr UV-Reichtum daher größer als morgens und abends, wo die Atmosphäre von ihnen schräg durchsetzt wird. 2. *Die Jahreszeit*, weil mit dieser so wie mit der Tageszeit der Einfallswinkel der Sonnenstrahlen gegen die Erdoberfläche sich ändert. Die UV-Strahlung ist daher im Sommer stärker als im Winter. 3. *Die geographische Lage*, da auch durch diese die Höhe des Sonnenstandes über dem Horizont bestimmt wird. Sie nimmt vom Äquator gegen die Pole hin ab. 4. *Die Höhe des Ortes über dem Meeresspiegel*. Mit zunehmender Höhe wird die von den Sonnenstrahlen durchsetzte Luftschicht kleiner und damit auch der Verlust an UV-Strahlen. 5. *Die Bewölkung*. Dabei ist zu bemerken, daß die Menge des UV selbst bei vollkommen bedecktem Himmel nur etwa auf die Hälfte absinkt. 6. *Die Verschmutzung der Luft durch Ruß und Staub*, wie sie sich besonders über Großstädten bemerkbar macht. Die UV-Armut der Städte wird aber weniger durch die Verunreinigung der Luft als durch die Häuserschluchten bedingt, welche Straßen und Wohnungen gegen das UV abschirmen.

Zur Behandlung mit UV-Strahlen haben wir drei Möglichkeiten: 1. Das Sonnenlicht. 2. Das Bogenlicht. 3. Das Quecksilber-Quarzlicht.

Das Sonnenbad

Das Sonnenbad ist eine Kombination von Wärme- und Lichttherapie. Im Tiefland überwiegt die thermische Komponente, im Hochgebirge die chemische. Darum sind auch die Technik und die Indikationen des Sonnenbades in der Ebene und im Hochgebirge verschieden.

Das Sonnenbad im Tiefland. Zur Anlage eines solchen ist am besten das flache Dach eines Hauses oder die sonnige Wiese eines Parkes geeignet. Der Platz soll nach Süden offen und nach den drei anderen Himmelsrichtungen möglichst umschlossen sein, damit er einerseits gegen Wind, andererseits gegen Einblick gesichert ist. Die Einrichtung besteht aus einer Reihe von Liegebetten, die es den Kranken ermöglichen, auch auf dem Bauch zu liegen, und die nebeneinander mit dem Fußende gegen Süden gerichtet aufgestellt werden (Abb. 63). In Ermanglung von Betten kann man sich auch mit Matratzen begnügen, die auf dem Boden aufgelegt werden. Eine Dusche, am besten eine Staubdusche, ist zur Abkühlung der Badenden wünschenswert. Zum Aus- und Ankleiden ist ein abgeschlossener Raum mit Kleiderablage vorzusehen.

Um den Kranken allmählich an das Sonnenlicht zu gewöhnen, werden bei dem ersten Bad die Vorder- und Rückseite des Körpers nur je 10 Minuten bestrahlt. Mit jedem folgenden Bad wird die Bestrahlung um je 5 Minuten verlängert, so daß bei der fünften Behandlung für jede Halbseite des Körpers 30 Minuten, also insgesamt 60 Minuten erreicht werden. Darüber hinauszugehen, ist nicht notwendig.

Sonnenbäder im Tiefland sind angezeigt bei chronischer Polyarthritis, Polyneuritis, Neuralgien und Myalgien, Rachitis, Adipositas und Gicht, bei inaktiver Tuberkulose der Lunge und der Lymphdrüsen, Skrofulose, exsudativer Diathese und Hauterkrankungen (Ekzem, Furunkulose, Akne vulgaris, Sklerodermie).

Sonnenbäder im Hochgebirge. Wegen der ungleich intensiveren UV-Strahlung erfordert hier die Ausführung des Sonnenbades besondere Vorsicht. Nach der von BERNHARD und ROLLIER ausgebildeten Behand-

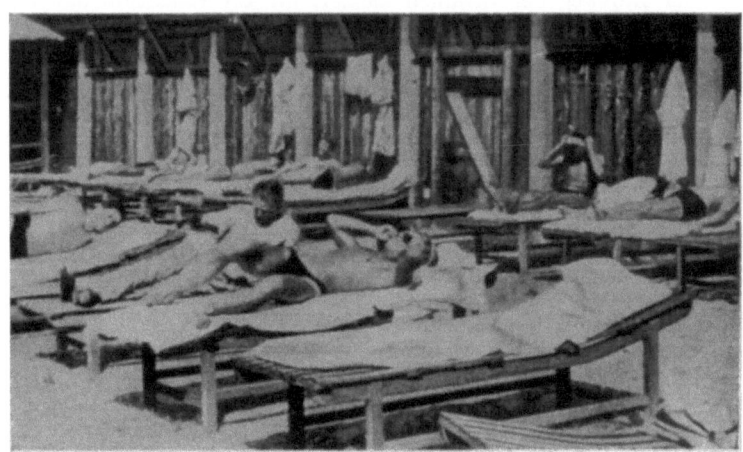

Abb. 63. Sonnenbad

lungstechnik soll der Kranke, ehe er mit der Sonnenkur beginnt, sich erst 7 bis 12 Tage lang an das Höhenklima gewöhnen. Man läßt ihn zunächst im Zimmer bei offenem Fenster, dann auf einer gedeckten Veranda und schließlich im Freien im Schatten in leichter Kleidung liegen, um ihn zu akklimatisieren. Dann werden nach ROLLIER nur die Füße drei- bis viermal des Tages je 5 Minuten dem Sonnenlicht ausgesetzt. Am nächsten Tag wird die Bestrahlung in gleicher Weise, also mehrmals 5 Minuten lang auf die Unterschenkel ausgedehnt, während die Füße doppelt so lange als am ersten Tag gesonnt werden. Am dritten Tag werden auch die Oberschenkel nach dem gleichen Schema in die Behandlung einbezogen. In den folgenden Tagen reihen sich die Leistenbeuge, Brust und Bauch an, bis nach etwa einer Woche der ganze Körper bis zum Hals der Sonnenstrahlung ausgesetzt wird. Nun wird die Bestrahlungszeit fortlaufend verlängert, bis man zu einer täglichen Besonnung von 5 bis 6 Stunden gelangt.

Sonnenbäder im Hochgebirge finden ihre wichtigsten Anzeigen bei Tuberkulose der Lunge, Knochen und Gelenke, wobei auch akute Formen, soweit sie nicht hoch fiebern oder zu weit vorgeschritten sind, in Frage kommen. Weitere Indikationen sind Erschöpfungszustände, Anämie, vegetative Dystonie und Neurosen.

Anhang
Das Luftbad

Der Begriff des Luftbades. Während im Sonnenbad, wenigstens im Tiefland, die Lufttemperatur ziemlich hoch zu sein pflegt, verstehen wir unter Luftbad die therapeutische Anwendung kühler und kalter Luft mit einer Temperatur, die in der Regel unter 25° C liegt. Das Luftbad steht zu dem Sonnenbad in dem gleichen Verhältnis wie ein kaltes zu einem warmen Bad. Natürlich gibt es so wie zwischen diesen beiden auch zwischen Luft- und Sonnenbad eine Indifferenzzone, die den Übergang vermittelt. Während aber der Indifferenzpunkt des Wassers sich bei etwa 35° C befindet, liegt der der Luft, unter der Annahme, daß sie nicht bewegt ist, um mehr als 10° C tiefer. Ist die Luft bewegt, dann erscheint sie uns allerdings wesentlich kühler, da die dem Körper anliegende und sich erwärmende Luftschicht immer wieder rasch durch eine neue kühlere ersetzt wird und gleichzeitig die Abdunstung der Haut kühlend wirkt. In umgekehrtem Sinn wie Wind wirkt Sonnenschein, der trotz niederer Lufttemperatur den Körper durch direkte Strahlung erwärmt (S. 3).

Die Ausführung des Luftbades. Die gleichen Anlagen, die im Sommer für das Sonnenbad dienen, können in den kühleren Jahreszeiten oder im Sommer an kühleren Tagen für Luftbäder benutzt werden. In Ermanglung solcher Anlagen können Luftbäder auch im Zimmer bei offenem Fenster

Abb. 64. Luftbad in Bad Wörishofen

genommen werden. Während aber die Kranken im Sonnenbad ruhig liegen, sollen sie im Luftbad Bewegung machen. Das wird am besten dadurch erreicht, daß man sie turnen, Ball- oder andere Bewegungsspiele ausführen läßt. Die Bekleidung sei dabei auf das notwendigste reduziert (Abb. 64).

Die Dauer des Bades ist in hohem Grad von der Lufttemperatur und der Luftbewegung abhängig, wird aber auch durch die Abhärtung des

Badenden bestimmt. So wie im Sonnenbad muß auch im Luftbad eine allmähliche Gewöhnung stattfinden. Die Behandlung, die anfangs nur Minuten dauert, kann später bis auf mehrere Stunden ausgedehnt werden. Man hüte sich jedoch vor Übertreibungen. Auf keinen Fall darf der Kranke frieren. Bei eintretendem Kältegefühl ist das Bad sofort abzubrechen.

Die Wirkung und die therapeutischen Anzeigen des Luftbades fallen mit denen der kühlen und kalten Wasserbäder zusammen, doch tritt infolge des schlechteren Wärmeleitungsvermögens der Luft die Reaktion langsamer ein. Dadurch ist der Eingriff im allgemeinen milder. Man hat betont, daß das Luftbad, da der Mensch ein Luft- und kein Wassertier ist, die adäquatere Behandlungsform darstellt. Gegenüber dem Wasserbad hat das Luftbad jedoch zweifellos den Nachteil, daß es sich nicht nach Wunsch temperieren läßt.

Luftbäder sind ein ausgezeichnetes Mittel zur Abhärtung besonders bei Kindern, die man durch die Gewöhnung an Luft jeder Temperatur am besten gegen Erkältungs- und andere Krankheiten schützt. Als Heilmittel kommen sie bei Kindern neben Sonnenbädern zur Behandlung von Anämie, Skrofulose und Rachitis in Betracht. Bei Erwachsenen werden Luftbäder in dem gleichen Sinn wie hydrotherapeutische Anwendungen bei Neurosen jeder Art, psychischer Übererregbarkeit, vegetative Dystonie, Schlaflosigkeit, Kopfschmerzen u. dgl. verordnet.

Das Kohlenbogenlicht
Physikalisch-technische Grundlagen

Der Lichtbogen. Bringt man die Enden zweier Kohlenstäbe, die mit den Polen einer Batterie von mindestens 50 Volt Spannung verbunden sind, zur Berührung und entfernt sie dann auf einige Millimeter voneinander, so kommt es nicht zu einer Stromunterbrechung, sondern zu einer glänzenden Lichterscheinung (DAVY, 1821). Die positive Kohle gerät in Weißglut (bei etwa 4000° C), an ihrem Ende bildet sich eine kraterförmige Vertiefung aus, welche das Hauptlicht aussendet. Die negative Kohle weist eine niedrigere Temperatur auf (etwa 2500° C). Zwischen den beiden Kohlenelektroden entsteht ein bläuliches, nur wenig strahlendes Licht, das Sichelform hat und daher als Bogenlicht bezeichnet wird. Verwendet man an Stelle von Gleichstrom Wechselstrom, dann nehmen beide Elektroden die gleiche Temperatur an, die aber niedriger ist als die der positiven Kraterkohle. Der Strahlungsfluß der Wechselstromlampe ist daher ein geringerer.

Die Zusammensetzung des Kohlenbogenlichtes. Da die Hauptstrahlung von der Anodenkohle, also einem glühenden festen Körper, ausgeht, ist das Spektrum des Kohlenbogenlichtes ein kontinuierliches im Gegensatz zu dem diskontinuierlichen oder Linienspektrum des Quarzlichtes, das von leuchtenden Quecksilberdämpfen, also einem Gas, ausgesendet wird (Abb. 65). Das Licht der Kohlenbogenlampe steht in seiner Zusammensetzung dem Sonnenlicht näher als das irgendeiner anderen künstlichen Lichtquelle. Das Licht der Gleichstromlampen, viel weniger das der Wechselstromlampen, ist sehr reich an ultravioletten Strahlen.

Verwendet man an Stelle der gewöhnlichen Kohleelektroden solche aus Metall oder sogenannte Effektkohlen, das sind Kohlen, deren „Docht" mit Metallsalzen imprägniert ist, dann ändert sich die Zusammensetzung des Lichtes. Eisen, Nickel, und Wolfram vermehren vor allem die UV-Strahlung, Kalzium und Cer verstärken den sichtbaren Anteil des Spektrums.

Der hohe Gehalt an UV sowie die Ähnlichkeit seines Spektrums mit dem des Sonnenlichtes lassen das Kohlenbogenlicht als Ersatz des Sonnenlichtes sehr geeignet erscheinen. In diesem Sinn wurde es auch von N. FINSEN in

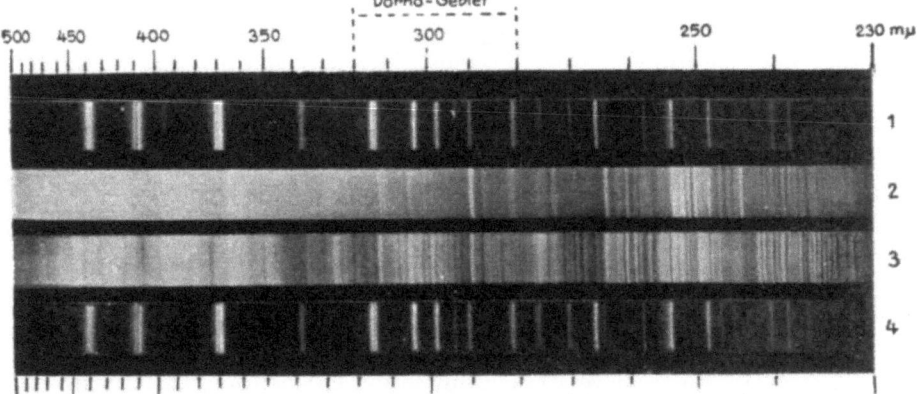

Abb. 65. Spektren: *1* Quecksilber-Quarzlampe, *2* Kandem-Finsenlampe mit Reinkohlen, *3* Kandem-Bogenlichtsonne mit Eisenkohlen, *4* Quecksilber-Quarzlampe

die Therapie eingeführt. Die Behandlung mit Bogenlicht ist in England und allen nordischen Ländern viel verbreiteter als in Deutschland und in Österreich. Ihrer allgemeinen Verbreitung stehen eine Reihe von Nachteilen im Weg, welche alle Bogenlampen aufweisen. Es sind diese der hohe Stromverbrauch großer Lampen, der Verschleiß an Kohlen und das wiederholte Auswechseln dieser, die Entwicklung von giftigen Verbrennungsgasen, die nicht seltenen Betriebsstörungen.

Kohlenbogenlampen für therapeutische Zwecke

Die Finsenlampe. Es ist dies eine offen brennende Gleichstromlampe, die in drei Lichtstärken für 20, 50 und 75 Ampere gebaut wird.

Die Kandem - Sonnenlampe ist eine Wechselstromlampe mit stumpfwinkliger Kohlenanordnung, die mit einer Stromstärke von 60 Ampere brennt. Sie wird an der Decke befestigt. Infolge ihres breiten Strahlenkegels ist sie zur gleichzeitigen Bestrahlung mehrerer Kranker geeignet.

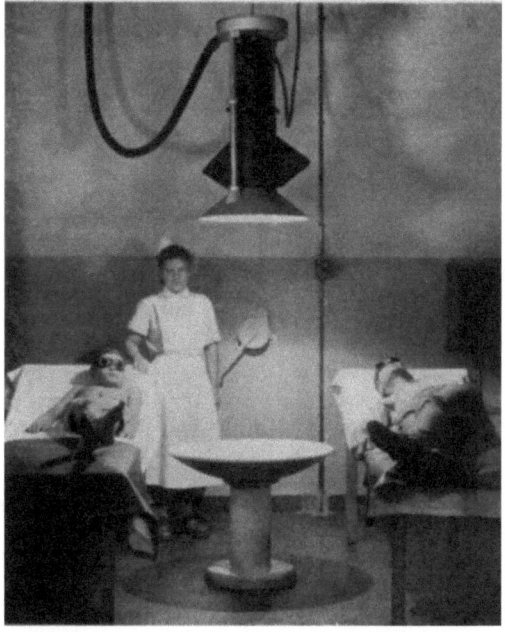

Abb. 66. Allgemeinbestrahlung mit Bogenlampe (VEB Leuchtenbau, Leipzig)

Die Jupiterlampe, aus der Filmindustrie her bekannt, stellt eine Bogenlampe dar, deren Kohlenstifte parallel nebeneinander gestellt sind (Jupiterlicht A. G.,

Berlin W 97). Sie kann mit Gleichstrom wie mit Wechselstrom betrieben werden.

Die therapeutische Anwendung des Kohlenbogenlichtes

Die allgemeine Bestrahlung. Die Kranken sitzen oder liegen entkleidet rings um eine große Bogenlampe im Abstand von 1 bis 2 m von dieser (Abb. 66). Gleich wie im Sonnenbad wird zuerst die Vorder-, dann die Rückseite des Körpers dem Licht ausgesetzt.

Die örtliche Bestrahlung wird in ähnlicher Weise ausgeführt wie die mit Wärmelampen (S. 51), nur kommt beim Bogenlicht neben der thermischen noch eine UV-Komponente zur Wirkung, die unter Umständen bis zur Erythembildung ansteigen kann.

Eine besondere Anwendungsform des Kohlenbogenlichtes, die zur Behandlung des Lupus und anderer Hautkrankheiten dient, wird von N. FINSEN angegeben. Sie wurde darum kurzweg als FINSEN-Methode bezeichnet. Hierbei wird das Licht einer großen Gleichstrombogenlampe, um seine Wirkung zu verstärken, durch ein System von Quarzlinsen, die in einem fernrohrartigen Tubus eingebaut sind, konzentriert (Abb. 67). Da aber dadurch nicht nur die UV-, sondern auch die Wärmestrahlen gesammelt werden, die eine Verbrennung erzeugen würden, ist es notwendig, diese auszuschalten. Das geschieht einerseits dadurch, daß das Licht durch eine ammoniakalische Kupfersulfatlösung geleitet wird, welche die Wärmestrahlen zum Teil absorbiert, andererseits dadurch, daß am unteren Ende des Tubus eine sogenannte Druckkammer aus Quarzglas angesetzt ist, durch die andauernd kaltes Wasser fließt. Meist werden vier derartige Bestrahlungsgeräte rings um eine Bogenlampe angeordnet, so daß die gleichzeitige Behandlung von vier Kranken möglich wird (s. auch Kromayerlampe, S. 99).

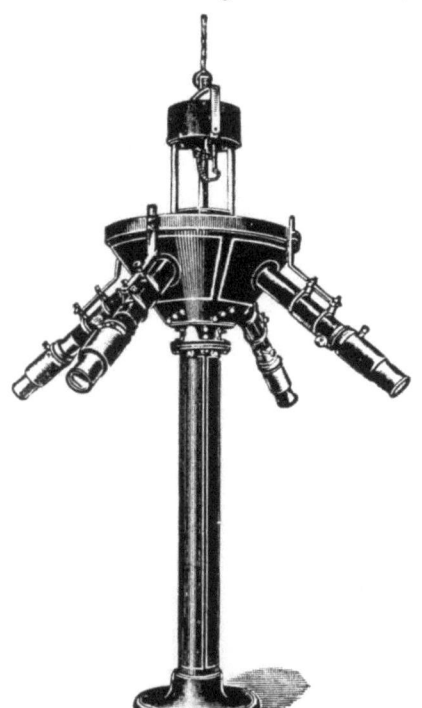

Abb. 67. Gleichstrombogenlampe zur Behandlung von Lupus. (Nach FINSEN.)

Das Quecksilber-Quarzlicht
Physikalisch-technische Grundlagen

Das Spektrum des Quecksilberlichtes. Dieses Licht wird dadurch erzeugt, daß in einem geschlossenen luftleeren Rohr aus Quarz (Bergkristall) Quecksilberdämpfe durch einen elektrischen Strom zum Leuchten gebracht werden. Das Quecksilber-Quarzlicht ist ein

Bogenlicht, bei dem aber nicht die Elektroden, sondern der Lichtbogen selbst die Strahlung aussendet. Da dieser aus· Quecksilberdämpfen besteht, ist sein Spektrum im Vergleich zu dem des Kohlenbogenlichtes ein diskontinuierliches, d. h. es besteht aus einzelnen Linien (Abb. 65, S. 95). Diese reichen weit in das kurzwellige UV hinein, bis zu einer Wellenlänge von 250 mμ. Durch diesen Reichtum an kurzwelligen UV unterscheidet sich das Quarzlicht von dem Sonnenlicht, dessen UV schon bei 280 mμ abschneidet.

Der Brenner der Quarzlampe besteht aus einem stabförmigen Rohr, das aus geschmolzenem Quarz hergestellt ist. Er ist mit Argon, einem Edelgas, unter geringem Druck gefüllt und enthält außerdem eine kleine Menge von Quecksilber, das während des Betriebes vollkommen verdampft. An den beiden Enden des Rohres sind die aus Metall bestehenden Elektroden eingeschmolzen (Abb. 68).

Abb. 68. Brenner mit Gehäuse der künstlichen Höhensonne (Quarzlampengesellschaft, Hanau)

Die UV-Strahlung des Brenners nimmt mit der Zeit ab, da sich bei längerem Betrieb an seiner Innenseite zerstäubtes Elektrodenmaterial niederschlägt, das den Durchtritt der kurzwelligen Strahlen behindert. Nach 800 bis 1000 Brennstunden ist die Verminderung der Strahlung so groß, daß es sich empfiehlt, den Brenner auszutauschen, bzw. ,,regenerieren" zu lassen.

Der Brenner hat unmittelbar nach dem Zünden nicht seine volle Leuchtkraft. Er erreicht diese erst nach etwa 3 Minuten. Man bezeichnet diesen Vorgang als ,,Einbrennen".

Quarzlampen für therapeutische Zwecke

Die künstliche Höhensonne (Normal- oder Standardmodell) ist in Abb. 69 dargestellt. Der Brenner ist von einem halbkugelförmigen Gehäuse umschlossen, das auf einem fahrbaren Stativ befestigt, in jeder Höhe eingestellt und um eine horizontale Achse gedreht werden kann (Abb. 68). Der Quarzbrenner ist von einem ringförmigen Rotosilrohr umschlossen, in dem sich eine elektrisch erhitzte Drahtwendel befindet. Dieses Rohr erreicht eine Temperatur von 800° C und sendet infrarote oder Wärmestrahlen aus, so daß die Lampe auch in mäßig temperierten Räumen benützt werden kann.

Das kleine Modell der künstlichen Höhensonne, das Abb. 70 zeigt, ist tragbar und kann auf einem Tisch zur Aufstellung kommen. Ganzbestrahlungen können mit dieser Lampe nur bei Säuglingen und Kleinkindern ausgeführt werden, bei Erwachsenen reicht sie nur für Halb- oder Teilbestrahlungen aus.

Die Ultravitaluxlampe der Osramgesellschaft (nicht zu verwechseln mit der Vitaluxlampe) ist eine Kombination einer Quecksilberdampflampe und einer Glühlampe. Ein kleiner Quarzlichtbrenner ist mit einer Wolframwendel in

Reihe geschaltet, so daß eine Mischstrahlung von ultravioletten und infraroten Strahlen entsteht (Abb. 71). Beide Brenner sind in einem Kolben aus Spezialglas eingebaut, das alle Strahlen, die kürzer sind als $280\,m\mu$, die im Sonnenlicht nicht enthalten sind, absorbiert. Dadurch, daß der hintere Teil der Lampe an seiner Innenseite verspiegelt ist, bedarf sie keines Reflektors. Sie kann in jede gewöhnliche Lampenfassung eingeschraubt werden (Abb. 72).

Abb. 69. Großes Modell der künstlichen Höhensonne (Quarzlampengesellschaft, Hanau)

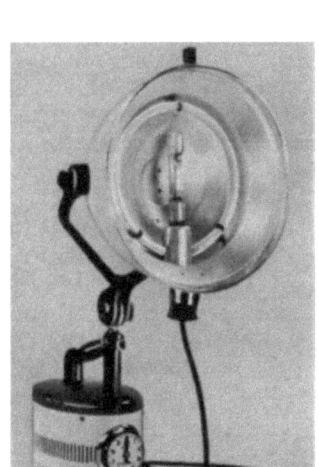

Abb. 70. Kleines Modell der künstlichen Höhensonne (Quarzlampengesellschaft, Hanau)

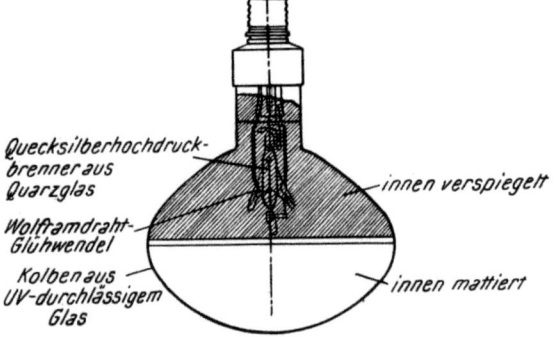

Abb. 71. Ultravitaluxlampe (Osramgesellschaft, Berlin)

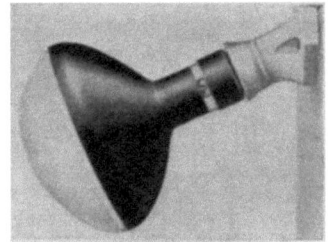

Abb. 72. Ultravitaluxlampe mit Innenreflektor

Die Ultraphillampe der Philipsgesellschaft ist nach den gleichen Grundsätzen gebaut (Abb. 73).

Die Kromayerlampe wird von der Hanauer Quarzlampengesellschaft erzeugt (Abb. 74). Sie wird von einem Stativ getragen. Ihr Brenner ist von einem Quarzmantel umgeben. Dieser wieder ist in ein Metallgehäuse eingebaut, das an seiner Vorderseite ein Quarzfenster trägt, durch welches die Strahlen austreten. In dem Raum zwischen Quarzmantel und Metallgehäuse fließt während des Betriebes andauernd kaltes Wasser, durch welches die Lampe gekühlt wird. Dadurch ist es möglich, sie direkt der Haut aufzusetzen.

Die Lampe dient ausschließlich zur örtlichen Bestrahlung. Ihr Indikations-

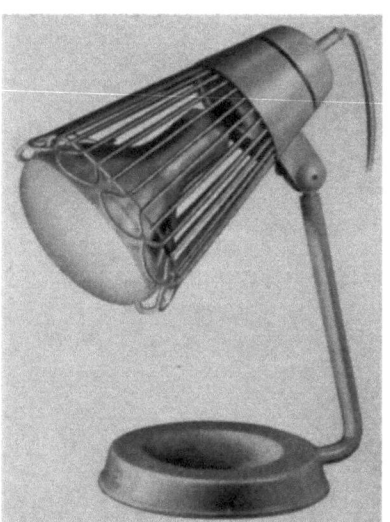

Abb. 73. Ultraphillampe (Philips)

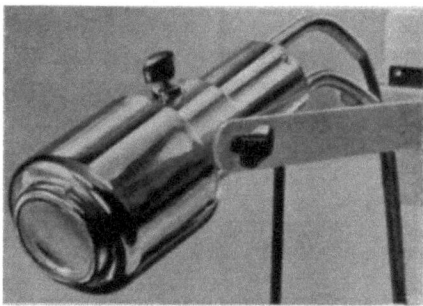

Abb. 74. Kromayerlampe (Quarzlampengesellschaft, Hanau)

gebiet ist das gleiche wie das der Finsenlampe. Sie kommt vornehmlich bei Lupus vulgaris und einigen anderen Hautkrankheiten wie Lupus erythematodes, Akne rosacea, Naevus vasculosus, Teleangiektasien, Alopecia areata zur Verwendung. Meist wird die Lampe unter Druck auf die kranke Hautstelle aufgesetzt, um diese zu anämisieren und dadurch die Tiefenwirkung der Strahlen zu vergrößern. Seltener werden mit der Lampe Distanzbestrahlungen zur Erzeugung eines Erythems vorgenommen.

Die kalte Quarzlampe (erzeugt von Ing. LINDER, Quarzwerkstätte, Wien II) ist im Gegensatz zu den bisher besprochenen Quarzlampen eine Niederdrucklampe, bei der die Strahlung nicht durch eine Bogenlicht-, sondern durch eine Glimmlichtentladung zustande kommt. Bei einer Leistungsaufnahme von 5 bis 10 Watt erwärmt sie sich nur sehr wenig — daher kalte Quarzlampe genannt —, so daß sie unmittelbar mit der Haut oder Schleimhaut in Berührung gebracht werden kann. Entsprechend geformte Brenner können in Körperhöhlen (Mundhöhle, Vagina) eingebracht werden.

Die therapeutische Anwendung des Quecksilber-Quarzlichtes

Man unterscheidet eine allgemeine Bestrahlung, bei welcher der ganze Körper, und eine örtliche, bei welcher nur einzelne Teile desselben dem Licht ausgesetzt werden. Da das ultraviolette Licht nicht tiefer als etwa einen halben Millimeter in die Haut eindringt, so ist eine Wirkung auf die unter der Haut liegenden Organe nicht unmittelbar, sondern nur durch Vermittlung der Haut möglich. Die biologische und therapeutische Wirkung ist daher um so größer, je größer die dem Licht ausgesetzte Körperoberfläche ist.

Die allgemeine Anwendung

Der Bestrahlungsraum. Da sich die Kranken völlig entkleiden, muß der Bestrahlungsraum genügend warm sein. In der kalten Jahreszeit wird man dies durch eine entsprechende Heizung erreichen, in den anderen Jahreszeiten kann man an einzelnen kühlen Tagen die Raumheizung durch die gleichzeitige Anwendung von ein oder zwei Solluxlampen ersetzen.

Der Behandlungsraum muß gut durchlüftet sein, weil sich bei dem Durchtritt der ultravioletten Strahlen durch die Luft Ozon bildet, das den Stickstoff der Luft zu nitrosen Gasen (Stickstoffoxyd, NO, Stickstoffdioxyd, NO_2) oxydiert, die nicht nur übel riechen, sondern auch giftig sind und bei empfindlichen Personen Kopfschmerz, ja selbst Übelkeit auslösen können.

Der Kranke kleidet sich vollkommen aus und erhält als Augenschutz eine Brille aus dunkelgefärbtem oder UV-undurchlässigem Spezialglas, die

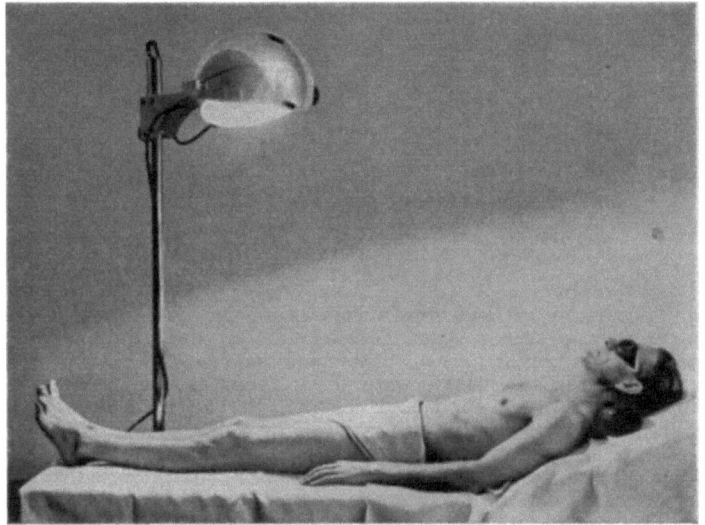

Abb. 75. Allgemeinbestrahlung mit der künstlichen Höhensonne

auch das seitlich einfallende Licht abschirmt. Solche Gläser haben allerdings den Nachteil, daß sie die Pigmentierung der von ihnen bedeckten Teile verhindern, wodurch ein kosmetisch unschöner Gegensatz zwischen bestrahlter und nicht bestrahlter Haut geschaffen wird. Man wird sich daher vielfach damit begnügen, daß der Kranke die Augen schließt, wodurch diese hinreichend geschützt sind. Bei Kindern wird man der Sicherheit wegen die Brillen allerdings nicht entbehren können. Es ist zu bemerken, daß nicht nur das direkte, sondern auch das indirekte, d. h. das von hellen Flächen reflektierte Licht, eine starke Reizung auf die Bindehaut des Auges ausübt (Abb. 75).

Bevor die Lampe gezündet wird, muß sie richtig eingestellt werden. Man stellt sie an der Seite des Behandlungsbettes so auf, daß sich der Brenner etwas unterhalb der Leibesmitte befindet, da die untere Körperhälfte weniger lichtempfindlich ist. Der Abstand des Brenners von der Haut soll möglichst einen Meter betragen. Ist die Lampe richtig eingestellt, so zündet man sie und läßt sie bei geschlossenem Gehäuse 3 Minuten einbrennen, damit sie ihre volle Lichtstärke erreicht. Da die Haut mit jeder Bestrahlung lichtunempfindlicher wird, muß die Bestrahlungszeit fortlaufend verlängert werden. Für das Standardmodell der künstlichen Höhensonne gilt folgendes Bestrahlungsschema:

Tabelle 3. *Schema der Dosierung bei der allgemeinen Quarzlichtbestrahlung*, Zeit in Minuten bei einem Lampenabstand von 1 Meter. Neuer Brenner

Bestrahlung	Vorne Min.	Hinten Min.	Summe Min.	Bestrahlung	Vorne Min.	Hinten Min.	Summe Min.
1.	2	2	4	11.	12	12	24
2.	3	3	6	12.	14	14	28
3.	4	4	8	13.	16	16	32
4.	5	5	10	14.	18	18	36
5.	6	6	12	15.	20	20	40
6.	7	7	14	16.	22	22	44
7.	8	8	16	17.	24	24	48
8.	9	9	18	18.	26	26	52
9.	10	10	20	19.	28	28	56
10.	11	11	22	20.	30	30	60

Die Bestrahlungen werden jeden zweiten Tag wiederholt. Mehr als zwanzig Bestrahlungen in einer Folge sollen nicht gegeben werden, weil

Abb. 76. Raumbestrahlung mit Quarzlampe (Quarzlampengesellschaft, Hanau)

die Haut darnach bereits vollkommen lichtimmun geworden ist. Eine Wiederholung der Kur kommt erst nach 8 Wochen in Frage.

Gruppenbestrahlungen im Lichtbaderaum. Für diese wird ein Raum, der wenigstens eine Größe von vier zu vier Metern haben muß, mit zwei oder mehr Hallenlampen und einer entsprechenden Anzahl von Solluxlampen ausgestattet, so daß er gleichmäßig von Licht durchflutet wird. In diesem Raum bewegen sich die Kranken entweder frei, indem sie im Kreise herumgehen, oder sie liegen, was weniger ermüdend ist, auf Betten und lassen das Licht abwechselnd auf die Vorder- und Rückseite des Körpers einwirken. Abb. 76 zeigt eine solche Lichtbadehalle. An Stelle der Quarzlampen kann auch eine größere Zahl von Ultravitaluxlampen treten.

Die örtliche Anwendung (Erythembehandlung)

Die Ausführung der Bestrahlung. Um ein Erythem zu erzeugen, wird zunächst die zu bestrahlende Hautstelle mit einem lichtdichten Stoff umgrenzt. Man benützt hierzu am besten ein Stück gummierten Stoffes, das in seiner Mitte einen Ausschnitt in der Größe von 13 × 13 cm besitzt. Diese Lichtblende wird einfach aufgelegt oder mit Binden befestigt.

Um die richtige Dosierung mit einiger Sicherheit zu treffen, gewöhne man sich daran, bei jeder Erythembehandlung stets den gleichen Lampenabstand, z. B. 60 cm, zu verwenden. Man wird dann mit einem Normalmodell der künstlichen Höhensonne und neuem Brenner in durchschnittlich 6 Minuten eine hinreichende Hautrötung erzielen (Abb. 77). Voraussetzung ist jedoch, daß die Lampe gut eingebrannt ist und ihre Strahlen die Haut senkrecht treffen. Bei älteren Brennern muß die Bestrahlungszeit entsprechend verlängert werden.

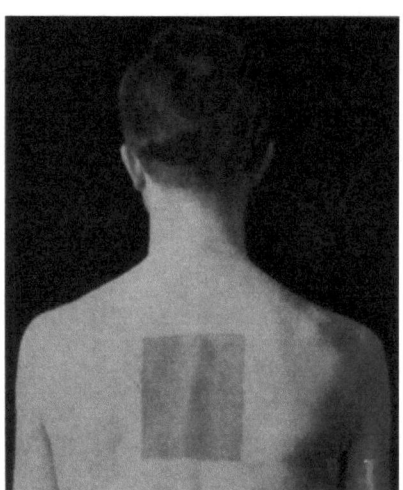

Abb. 77. Ultraviolettlicht-Erythem

Es ist notwendig, den Kranken darauf aufmerksam zu machen, daß die Haut einige Stunden nach der Bestrahlung rot und empfindlich werden wird, damit er nicht glaubt, er sei unabsichtlich verbrannt worden. 24 Stunden nach der Bestrahlung ist das Erythem voll ausgebildet. Empfindet der Patient die Hautreizung sehr unangenehm, so kann man sie mit Zinkpaste bestreichen und einpudern.

Erythemdosimeter. Es gibt eine Anzahl von Meßgeräten, die dazu dienen, die Lichtstärke einer Lampe zu ermitteln, bzw. die Zeit zu bestimmen, die zur Erzielung eines Erythems mit dieser Lampe nötig ist. Die Erfahrung lehrt, daß keines dieser Instrumente in der therapeutischen Praxis Verwendung findet. Sie sind im Grund genommen auch für die Krankenbehandlung entbehrlich.

Hat man einmal eine neue Lampe, über deren Lichtstärke man vollkommen im unklaren ist, so kann man sich leicht in folgender Weise von ihrer Erythemwirkung unterrichten. Man nimmt eine Schablone aus lichtundurchlässigem Stoff oder Papier, eine sogenannte *Bestrahlungstreppe*, die eine Reihe kreisrunder Löcher hat (Abb. 78). Diese Maske legt man auf die zu bestrahlende Hautstelle auf und belichtet nun durch alle Öffnungen so lange, als man es zur Erreichung der Erythemschwelle für notwendig hält. Dann deckt man eine der Öffnungen zu und bestrahlt die übrigen um eine Minute länger, dann wird auch die zweite Öffnung zugedeckt, wiederum eine Minute bestrahlt usw., so daß man fünf Hautstellen erhält, deren Belichtungszeiten um je eine Minute voneinander verschieden sind. Man kann so, allerdings erst nach 24 Stunden, die gewünschte Erythemstärke und die zu ihrer Erzielung nötige Zeit feststellen.

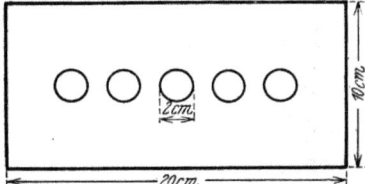

Abb. 78. Bestrahlungstreppe

Die physiologischen Wirkungen der UV-Strahlen
Die örtlichen Wirkungen

Das UV-Erythem (Sonnenbrand, Gletscherbrand) ist eine durch die ultravioletten Strahlen bedingte Lichtentzündung, die im Gegensatz zu dem durch Wärmestrahlung erzeugten Infraroterythem, das schon während der Bestrahlung in Erscheinung tritt, erst nach einer Latenzzeit von 2 bis 6 Stunden sichtbar wird. Es ist durch eine Rötung der Haut, die vom Rosaroten bis zum Violettroten schwankt, durch Schmerzhaftigkeit, in hohen Graden durch Ödem, ja selbst durch Blasenbildung gekennzeichnet. Zur Entstehung eines Erythems ist eine Mindest- oder Schwellendosis von UV nötig. Die Rötung tritt um so rascher auf, je stärker die Strahleneinwirkung, je kürzer die Wellenlänge und je größer die Lichtempfindlichkeit des Behandelten ist. Sie nimmt ansteigend bis zu einem Maximum, das meist in 24 Stunden erreicht ist, zu, um dann allmählich in eine Braunfärbung, eine Pigmentierung, überzugehen.

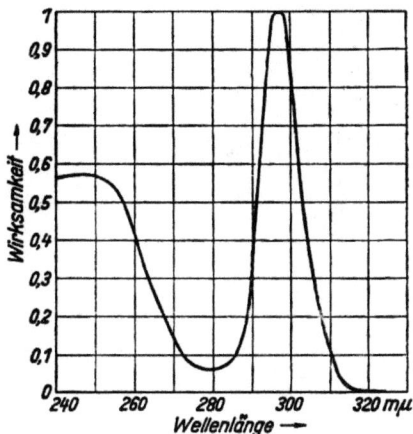

Abb. 79. Erythem und Wellenlänge

Die durch ultraviolettes Licht bedingte Konjunktivitis ist eine dem Erythem adäquate Entzündung. Da die Konjunktiva kein der Hornschicht der Haut analoges Schutzfilter besitzt, so ist sie noch empfindlicher als diese und muß bei der Behandlung in besonderer Weise geschützt werden.

HAUSER und VAHLE haben die *Abhängigkeit des Erythems von der Wellenlänge* untersucht, indem sie als erste monochromatisches Licht, das ist Licht von bestimmter Wellenlänge, auf die Haut einwirken ließen. Dabei stellten sie fest, daß der Wellenlänge von 297 mµ eine besonders hohe erythembildende Wirkung zukommt. Ein zweiter Gipfel liegt bei 250 mµ. Dazwischen ist eine tiefe Einsenkung (Abb. 79).

Die individuelle Lichtempfindlichkeit schwankt in weiten Grenzen. In erster Linie ist sie von der Beschaffenheit der Haut abhängig. Eine gut durchblutete, rosig feuchte Haut ist wesentlich lichtempfindlicher als eine anämische, trockene Haut. Hyperämisiert man die Haut durch eine gleichzeitige Bestrahlung mit einer Wärmelampe oder durch eine vorausgehende Heißluftbehandlung, so steigt die Erythemempfindlichkeit beträchtlich an. Von geringerem Einfluß ist die Haarfarbe, wenn auch zwischen ihr und der Hautbeschaffenheit gewisse Beziehungen bestehen. Blonde, besonders hell- oder rotblonde Menschen sind empfindlicher als braune oder schwarzhaarige. Weiterhin spielt das Alter eine Rolle. Zwischen dem 20. und 50. Lebensjahr ist die Lichtempfindlichkeit am größten. Vor dem 20. wie nach dem 50. ist sie geringer.

Die regionäre Lichtempfindlichkeit. Nicht alle Hautstellen des Körpers sind gleich empfindlich gegen das Licht. Besonders empfindlich erweist sich die Haut des Bauches, der Lendengegend und der seitlichen Teile des Rumpfes bis zu den Achselhöhlen. Weniger empfindlich ist die Haut der Brust, des oberen Rückens sowie des Gesichtes. Absteigend folgen die Extremitäten, die an ihren Beugeseiten sensibler sind als an ihren Streckseiten. Auffallend unempfindlich sind die Hände und Füße. MIESCHER hat diese Verschiedenheiten

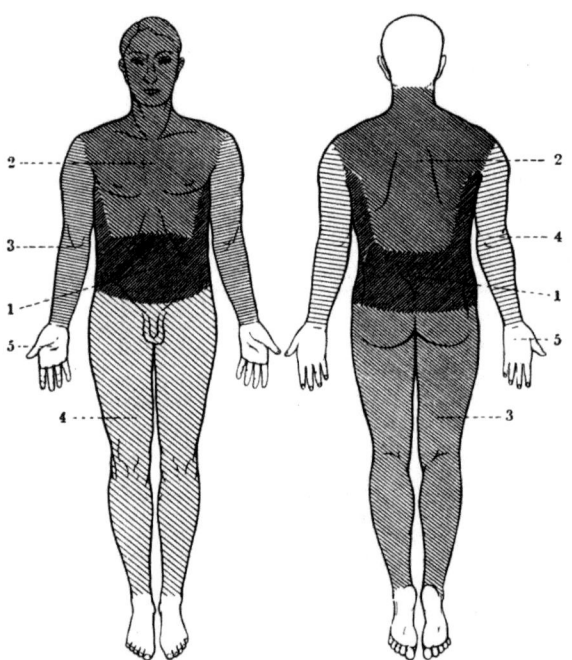

Abb. 80. Regionäre Lichtempfindlichkeit. Fünf Empfindlichkeitsstufen. Die mit *1* bezeichneten, am dunkelsten schraffierten Felder zeigen die größte Lichtempfindlichkeit. (Nach WELLISCH)

durch die wechselnde Dicke der Hornschicht der Epidermis erklärt (Abb. 80).

Die Pigmentbildung und Lichtgewöhnung. Die Pigmentbildung ist je nach der Wellenlänge der ultravioletten Strahlen verschieden. Die langwelligen Strahlen des Sonnenlichtes, die bis zur Papillarschicht vordringen, erzeugen ein dunkel- bis rotbraunes Pigment, das lange Zeit bestehen bleibt. Die kurzwelligen Strahlen des Quarzlichtes dagegen, die bereits in der Epidermis absorbiert werden, bewirken eine fahlbraune Verfärbung der Haut, die in kurzer Zeit wieder verschwindet. Nur dann, wenn es zu einer intensiven Erythembildung gekommen ist, wie wir sie als umschriebenen Hautreiz verwenden, läßt sich die Verfärbung oft noch nach Wochen nachweisen.

Es ist bekannt, daß die Haut sich sehr rasch an das ultraviolette Licht gewöhnt, mit anderen Worten, daß sie mit jeder Bestrahlung weniger auf das Licht reagiert und schließlich lichtunempfindlich wird. Nach einer örtlichen Erythembestrahlung mit nachfolgender Pigmentierung ist das bereits nach einer einzigen Sitzung der Fall. Man war früher der Ansicht, daß die Lichtunempfindlichkeit vor allem durch die Pigmentierung der Haut, die als Lichtfilter wirken sollte, bedingt wäre. Die Erfahrung lehrt jedoch, daß die Haut nach wiederholter Quarzlichtbestrahlung einen hohen Grad von Lichtunempfindlichkeit erwerben kann, auch wenn es zu keiner nennenswerten Braunfärbung kommt. G. MIESCHER konnte durch histologische Untersuchungen nachweisen, daß in solchen Fällen die Hornschicht der Haut eine bedeutende Verdickung erfährt, die er als „Lichtschwiele" bezeichnete. Diese wirkt als Lichtschutz, indem sie den größten Teil des kurzwelligen UV abfängt.

Die allgemeinen Wirkungen

Die Wirkung auf die Lipoide. 1919 machte HULDSCHINSKY die bedeutsame Entdeckung, daß die Rachitis der Kinder, die bekanntlich durch den Mangel des Vitamins D_3 erzeugt wird, durch die Behandlung mit Quarzlicht in gleich günstiger Weise beeinflußt werden kann wie durch Lebertran. HESS konnte dann 1924 zeigen, daß Öle und andere Fettstoffe, die an sich keine Wirkung bei Rachitis haben, diese durch Bestrahlung mit ultraviolettem Licht erhalten. WINDAUS und POHL stellten später fest, daß es das Ergosterin der Haut ist, das sich unter der Einwirkung der UV-Strahlung in Vitamin D_3 verwandelt. Dieses wird durch die Lymphspalten der Haut in den allgemeinen Kreislauf aufgenommen. Mit UV-Licht bestrahltes Ergosterin ist unter dem Namen Vigantol bekannt.

Die Wirkung auf die Eiweißkörper. Alle Proteinkörper zeigen eine hohe Empfindlichkeit gegen das ultraviolette Licht. Setzt man eine Eiweißlösung einer UV-Strahlung aus, so tritt nach einiger Zeit eine Trübung und schließlich eine Ausflockung ein. In ähnlicher Weise wirkt das UV auch auf das Eiweiß lebender Zellen ein. Eingehende Untersuchungen haben gelehrt, daß es sich dabei nicht um eine diffuse Zellschädigung handelt, sondern daß das Licht vor allem den Zellkern und die in seinen Chromosomen vorhandene Nukleinsäure angreift.

KELLER konnte durch histologische Untersuchungen zeigen, daß es bei dem Lichterythem zu einem Zerfall zahlreicher Epidermiszellen kommt und daß es vor allem die Stachelzellen sind, welche von der Zerstörung betroffen werden. KELLER schätzt die Zahl der Zellen, die bei einer allgemeinen bis zu einer leichten Hautrötung führenden Bestrahlung in dieser Weise geschädigt werden, auf etwa 12 Millionen. Die Abbauprodukte dieser Zellen werden in den Kreislauf aufgenommen und wirken im Sinn einer Proteinkörpertherapie.

Die Wirkung auf Bakterien. Die bakterientötende Wirkung des Sonnenlichtes wurde zuerst von DOWNES und BLUNT 1877 festgestellt. FINSEN erkannte später, daß es die ultravioletten Strahlen des Lichtes sind, denen diese Wirkung zukommt.

Am lebenden Menschen wird der bakterizide Einfluß des Lichtes wohl nur selten durch die direkte Einwirkung des Lichtes zustande kommen, in den meisten Fällen ist die Wirkung eine indirekte, bedingt durch die Steigerung der Abwehrkräfte des gesamten Organismus.

Die therapeutischen Anzeigen der UV-Lichtbehandlung

Die allgemeine Bestrahlung ist angezeigt bei einer *Tuberkulose* der verschiedensten Organe, vor allem der Lunge, der serösen Häute, Lymphdrüsen, Knochen, Gelenke und Sehnenscheiden, der Harn- und Geschlechtsorgane. Besonders günstig spricht die Tuberkulose und Skrofulose der Kinder auf das Quarzlicht an.

Rachitis und die ihr nahestehende Spasmophilie und Tetanie.

Erschöpfungszustände nach schweren Erkrankungen oder Operationen, primäre und sekundäre Anämie nach Blutverlusten.

Hautkrankheiten, wie chronisches Ekzem, pyogene Dermatosen, Furunkulose, Akne vulgaris, Neurodermitis (Lichen chron. Vidal), juckende Dermatosen, Lichen ruber planus und accuminatus, Pityriasis rosea und versicolor, Psoriasis.

Die örtliche Bestrahlung kommt bei den folgenden *Hautkrankheiten* zur Anwendung: Lupus vulgaris, Erysipel, umschriebenes chronisches Ekzem, Furunkel, Alopecia areata und seborrhoica, Erfrierungen der Haut, schlecht heilende Wunden, Ulcus cruris.

Krankheiten der Mundhöhle, wie Stomatitis, Gingivitis, Paradentose (Kromayerlampe oder Dentalmodell mit Spekula oder Quarzstäben).

Krankheiten des Kehlkopfes, vor allem Tuberkulose (endolaryngeal mit Wesselylampe).

Krankheiten der Scheide, wie Kolpitis, Scheidengeschwüre und Portioerosionen (endovaginal mit Spekula oder Kaltquarzlampe).

Die örtliche Erythembestrahlung findet als saubere und immer unschädliche Hautreiztherapie eine ausgedehnte Verwendung bei Neuritis und Neuralgie des N. ischiadicus, des Plexus brachialis, der Nn. intercostales, bei Coccygodynie, Myalgien (Lumbago), Arthrosen und chronischen Arthritiden der großen Gelenke und der Wirbelsäule, Asthma bronchiale, Angina pectoris, Hypogalaktie und Amenorrhöe.

Schrifttum über Ultraviolettlicht-Behandlung

BACH, H.: Künstliche Höhensonne, 24. u. 25. Aufl. Leipzig: J. A. Barth. 1941.
GUTHMANN, H.: Physikalische Grundlagen der Lichttherapie (aus Strahlentherapie Bd. 10). Berlin u. Wien: Urban u. Schwarzenberg. 1927. — Die Lichttherapie in der Frauenheilkunde (aus Strahlentherapie Bd. 4). Derselbe Verlag.
HAUSMANN, W. u. R. VOLK: Handbuch der Lichttherapie. Wien: Julius Springer. 1927.
KLEIN, E., O. SEITZ u. H. MEYER: Ergebnisse und Fortschritte auf dem Gebiet der Anwendung der ultravioletten und infraroten Strahlung in der Medizin. Dresden u. Leipzig: Th. Steinkopff. 1955.
MEYER, A. E. u. E. O. SEITZ: Ultraviolette Strahlen, 2. Aufl. Berlin: W. de Gruyter u. Co. 1949.
ROLLIER, A.: Die Heliotherapie. München, Berlin u. Wien: Urban u. Schwarzenberg. 1951.
ROSTHORN, G. A. u. PH. KELLER: Die Wirkungen des Lichtes auf die gesunde und kranke Haut (aus J. JADASSOHN, Handbuch der Haut- und Geschlechtskrankheiten). Berlin: Julius Springer. 1929.
SAIDMAN, J.: Les rayons ultraviolets en thérapeutique. Paris: G. Doin et Co. 1928.
STÜMPKE, G.: Die medizinische Quarzlampe und Höhensonne. Berlin: H. Meusser. 1922.
THEDERING, F.: Das Quarzlicht und seine Anwendung in der Medizin. Oldenburg: C. Stalling. 1930.
WELLISCH, E.: Die Quarzlampe. Berlin u. Wien: Julius Springer. 1932.

IV. Die Elektrotherapie

Allgemeines

Man hat bisher die Elektrotherapie in eine Behandlung mit Gleichstrom (Galvanisation) und in eine solche mit Wechselstrom eingeteilt. Die letzte unterteilte man wieder in eine Behandlung mit niederfrequentem Wechselstrom (Faradisation) und in eine mit hochfrequentem Wechselstrom (Arsonvalisation, Lang- und Kurzwellendiathermie). Diese der Elektrotechnik entlehnte Einteilung entspricht heute weder den Bedürfnissen der Elektrotherapie noch denen der Elektrodiagnostik. Man unterscheidet daher jetzt die elektrotherapeutischen Methoden nicht nach technischen, sondern nach physiologischen Gesichtspunkten. Nach diesen zerfällt die Elektrotherapie in zwei Hauptgruppen, die Niederfrequenz- und die Hochfrequenztherapie.

Zur Niederfrequenztherapie, das ist die Elektrotherapie in engerem Sinn, gehört zunächst die Behandlung mit konstantem Gleichstrom, die konstante *Galvanisation*. Sie löst wenigstens in Stromstärken, wie wir sie therapeutisch verwenden, keine Muskelkontraktionen aus. Ihr gegenüber steht als zweite Methode die Behandlung mit solchen Stromformen, die als Reiz auf den Muskel wirken. Wir bezeichnen sie darum als *Reizstromtherapie*. Reizströme sind der unterbrochene oder zerhackte Gleichstrom, der Thyratronstrom, der faradische und sinusförmige Wechselstrom.

Nach diesen Gesichtspunkten zerfällt die Elektrotherapie in folgende Methoden:

I. Niederfrequenztherapie
1. Konstante Galvanisation
2. Reizstromtherapie

II. Hochfrequenztherapie
1. Hochfrequenztherapie alter Form (Arsonvalisation)
2. Langwellendiathermie
3. Kurzwellendiathermie
4. Mikrowellentherapie

Geschichtliches. Die älteste uns bekannte Stromform ist der Gleichstrom. Seine Anwendung in der Medizin wird in Erinnerung an GALVANI, dessen bekanntes Experiment (1789) zu seiner Entdeckung führte, *Galvanisation* genannt. Die Darstellung von Wechselströmen wurde erst mit der Entdeckung der Induktion durch den englischen Physiker FARADAY (1831) möglich. Die von ihm erzeugten Wechselströme waren niederfrequente, weshalb ihre therapeutische Verwendung als *Faradisation* bezeichnet wird. Wesentlich später (1892) wurden von dem französischen Biologen D'ARSONVAL die Hochfrequenzströme in die Therapie eingeführt, die Behandlung mit ihnen heißt darum in ihrer ältesten Form *Arsonvalisation* oder *Hochfrequenztherapie* kurzweg. ARSONVAL und seine Schüler verwendeten Ströme mit einer Periodenzahl von $\frac{1}{2}$ bis 1 Million. Die Stärke dieser Ströme (gemessen in Ampere) war gering, ihre Spannung (gemessen in Volt) dagegen sehr hoch. Später gelang es dem Österreicher ZEYNEK und seinem Mitarbeiter BERND (1908), die Spannung dieser Ströme wesentlich herabzusetzen, dafür aber ihre Stromstärke zu erhöhen. Sie schufen so eine neue Anwendungsmöglichkeit der Hochfrequenzströme, die Tiefendurchwärmung oder *Diathermie*. Aus der alten Form der Diathermie, der *Langwellendiathermie*, die mit einer Frequenz von $\frac{1}{2}$ bis 1 Million arbeitete, entwickelte sich später mit der fortschreitenden Technik des Rundfunks die *Kurzwellendiathermie*, die Ströme mit einer Frequenz von 10 bis 100 Millionen benützt. Solche Ströme wurden zuerst von dem Amerikaner SCHERESCHEWSKY 1926 auf ihre biologischen Wirkungen untersucht und auf Anregung des Jenenser Physikers ESAU erstmalig von SCHLIEPHAKE für therapeutische Zwecke verwendet. Während des zweiten Weltkrieges gelang es, die Frequenz der Hochfrequenzströme auf 100 bis 1000 Millionen, also bis auf 1 Milliarde, zu steigern und so die *Mikrowellentherapie* zu schaffen.

Die konstante Galvanisation

Das Instrumentarium der konstanten Galvanisation

Die Apparate. Der galvanische Strom, das ist ein Strom, der andauernd die gleiche Richtung und Spannung und daher auch die gleiche Stromstärke aufweist, wurde ein Jahrhundert lang durch *galvanische Batterien* erzeugt. Sie werden heute wohl nur mehr ganz ausnahmsweise gebraucht. Zu Beginn dieses Jahrhunderts wurden die Batterieapparate durch sogenannte *Anschlußapparate* ersetzt, so genannt, weil sie an das elektrische Straßennetz angeschlossen wurden. Sie hatten die Aufgabe, den Strom der Zentrale in konstanten Gleichstrom umzuformen. Das geschah anfangs mit Hilfe einer rotierenden Maschine, eines *Motorumformers*, der aber heute durch den *Röhrenumformer* vollkommen verdrängt ist.

Dieser wandelt den Wechselstrom des Netzes mit Hilfe einer *Elektronen-* oder *Glühkathodenröhre* in Gleichstrom um. Eine solche Röhre hat die Eigenschaft, den elektrischen Strom nur in einer bestimmten Richtung durchzulassen, weshalb sie auch Ventilröhre heißt. Wird ein Wechselstrom durch eine solche

Röhre geschickt, dann werden von dieser nur jene Halbwellen durchgelassen, die in der Richtung von der Kathode zur Anode verlaufen. Den entgegenlaufenden ist der Weg versperrt. Durch Verwendung einer Röhre mit zwei Anoden (Doppelanodenröhre) ist es möglich, auch die zweite Halbwelle nutzbar zu machen. Der so entstehende pausenlos pulsierende Gleichstrom wird durch geeignete Einrichtungen (Kondensatoren, Drosselspulen) in einen konstanten Gleichstrom verwandelt. Die Abb. 81 und 82 zeigen zwei Niederfrequenzgeräte, die nicht nur konstanten Gleichstrom, sondern auch jede für die Reizstromtherapie geeignete Stromform liefern.

Die Dosierung des therapeutisch verwendeten Stromes geschieht durch einen *Spannungsregler*, seine Messung durch ein *Milliamperemeter*. Von den beiden Abnehmeklemmen ist die eine mit einem + Zeichen als positiver Pol oder Anode, die andere mit einem — Zeichen als negativer Pol oder Kathode gekennzeichnet. Um die Polarität der beiden Klemmen rasch miteinander vertauschen zu können, ist ein *Polwender* vorhanden. Bei seiner Stellung auf Normal (N) gelten die an den Klemmen angebrachten + und — Zeichen, bei seiner Stellung auf Wenden (W) gelten die entgegengesetzten Bezeichnungen.

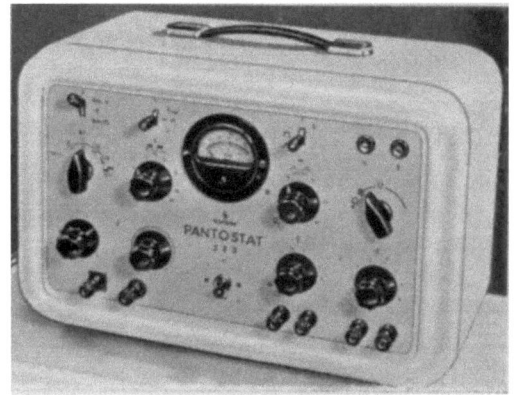

Abb. 81. Niederfrequenzgerät (Pantostat der Siemens-Reiniger-Werke)

Jeder Apparat muß *erdschlußfrei* sein. Das ist dann der Fall, wenn der Therapiekreis, in den der Patient mit Hilfe von Elektroden eingeschlossen ist, mit dem den Apparat speisenden Straßenstrom keinerlei lei-

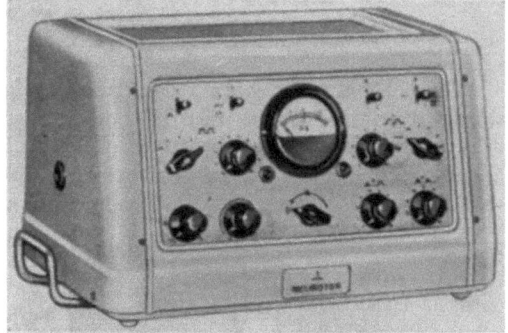

Abb. 82. Niederfrequenzgerät (Neuroton der Siemens-Reiniger-Werke)

tende Verbindung hat. Außerdem muß das Metallgehäuse des Apparates geerdet sein, d. h. durch eine besondere Leitung an die Wasserleitung angeschlossen sein, damit es spannungsfrei wird, falls ein unvorhergesehener Zufall es in leitende Verbindung mit Spannung führenden Teilen bringen sollte.

Die Elektroden. Zur diffusen Durchströmung mit konstantem galvanischem Strom werden meist die Elektroden nach KOWARSCHIK benützt, die aus zwei Teilen bestehen, einer Metallplatte und einer feuchten Unterlage aus Frottierstoff. Die Metallplatte ist aus Zinn-, Bleiblech oder einem anderen biegsamen Metall und hat eine Dicke von 0,5 Millimeter. Sie kann mit jedem Diathermiekabel, das eine zangenförmige Klemme besitzt, verbunden werden. Damit die Kabelklemme nicht seitlich absteht und über die Stoffunterlage hinausragt, wodurch es zu einer Berührung mit der Haut und zu einer Verätzung kommen könnte, kann man auch eine Ecke der Metallplatte umbiegen und an ihr die Klemme in der in Abb. 83 gezeigten Weise befestigen.

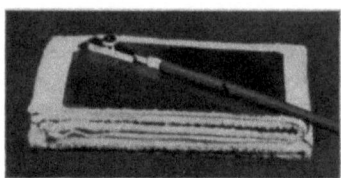

Abb. 83. Elektrode zur Galvanisation nach KOWARSCHIK

Als Unterlage dient ein dicker Frottierstoff, der achtfach zusammengelegt und mit warmem Wasser durchfeuchtet wird. Er muß so groß sein, daß er gefaltet die Metallplatte allseits um wenigstens 1 bis 2 cm überragt, so daß es zwischen dieser und der Haut zu keiner Berührung kommen kann.

Die gebräuchlichsten Größen der Metallplatten und ihrer Stoffunterlagen sind die folgenden:

Metallplatte		Stoffunterlage
Flächeninhalt in qcm annähernd	Breite und Länge in cm	Breite und Länge in cm
50	6 × 8	26 × 42
100	8 × 12	34 × 50
200	12 × 17	44 × 66
300	14 × 22	54 × 74

Diese Elektroden haben den Vorteil, daß sie leicht zerlegt und gut gereinigt werden können und daß sie infolge ihrer Größe sehr hohe Stromstärken anzuwenden gestatten, ohne daß die Stromdichte, welche das Stromgefühl bestimmt, zu groß wird.

Eine sehr zweckmäßige Elektrodenform zur Behandlung der Extremitäten sind die sogenannten *Zellenbäder*. Es sind das mit warmem Wasser gefüllte Wannen für den Unterarm oder den Unterschenkel, die aus einem isolierenden Stoff, wie Steingut, Glas oder Plexiglas, bestehen (Abb. 87 und 88, S. 112, Abb. 90, S. 113). Das Wasser, dem der Strom durch eine am Wannenrand eingetauchte Kohle- oder Metallplatte zugeführt wird, vertritt hier die Stelle des feuchten Frottierstoffes und leitet den Strom auf den Körper über. Die Wasserelektroden haben gegenüber den Plattenelektroden den Vorzug, daß sie nicht sorgfältig angepaßt werden müssen, sondern daß das Eintauchen einer Extremität in das Wasser ge-

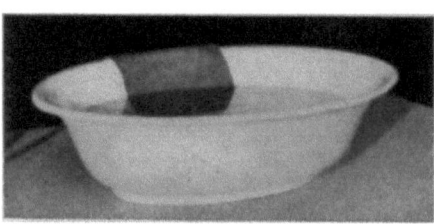

Abb. 84. Behelfsmäßiges Zellenbad

nügt, um einen idealen Kontakt zwischen Körper und Elektrode zu schaffen. Die große Berührungsfläche gestattet die Verwendung großer Stromstärken. Schließlich fällt auch jede Verätzungsgefahr weg. Man kann ein Zellenbad behelfsmäßig herstellen, wenn man über den Rand eines Lavoirs, das aus einem nichtleitenden Stoff besteht, eine Metallplatte einhängt (Abb. 84).

Die Ausführung der konstanten Galvanisation
Allgemeine Behandlungsregeln

Massen- und nicht Punktbehandlung. Soll der galvanische Strom schmerzstillend, tonussteigernd oder gefäßerweiternd wirken, dann muß der ganze kranke Körperteil mit Hilfe großer Elektroden gleichmäßig durchströmt werden. So wird man bei einer Ischias das Bein in seinem vollen Querschnitt entweder der Länge nach oder der Quere nach durchfluten, wie das in Abb. 88, S. 112, und Abb. 89, S. 113, dargestellt ist. Die Behandlung mit knopfförmigen Elektroden, die an irgendwelchen „Nervenpunkten" angelegt werden, ist völlig wertlos.

Das Anlegen der Elektroden und anderes. Zur Ausführung der Behandlung werden zunächst die Stoffunterlagen achtfach zusammengelegt und in möglichst warmes Wasser getaucht. Dann werden sie mäßig stark ausgedrückt, auf den kranken Körperteil gelegt und mit einer dazu passenden Metallelektrode bedeckt, an die bereits ein Kabel angeschlossen ist. Dabei ist sorgsam darauf zu achten, daß die Metallplatte die Ränder der Stoffunterlage nicht überragt und nicht mit der Haut in Berührung kommt, weil das zu einer Verätzung Veranlassung geben würde. Die Elektrode samt Unterlage wird mit einem Gummistoff bedeckt, damit die Wäsche und die Kleider des Kranken nicht durchnäßt werden. Dann wird das Ganze mittels einer elastischen Binde am Körper befestigt. In vielen Fällen genügt es, daß sich der Kranke auf die Elektrode legt oder daß man diese einfach dem Körper auflegt und mit einem Sandsack beschwert.

Ist die Behandlung beendet, so tut man gut, die vom Strom gerötete Haut, nachdem sie gut abgetrocknet worden ist, einzupudern, um einer stärkeren Hautreizung vorzubeugen. Trotzdem kommt es vor, daß der eine oder andere Kranke eine leichte Dermatitis bekommt, die zum Aussetzen der Behandlung zwingt. Die Elektrodentücher müssen nach jeder Behandlung mit warmem Wasser und Seife gut gereinigt und zeitweilig ausgekocht werden, um sie von den elektrolytischen Zersetzungsprodukten zu befreien.

Die Polung der Elektroden und damit die Richtung des Stromes ist bei der Massendurchströmung gleichgültig, wenn man schmerzstillend, gefäßerweiternd und trophisch anregend wirken will (s. S. 115 und 119). Will man bei schlaffen Lähmungen den Muskeltonus erhöhen oder ihn bei spastischen Lähmungen herabsetzen, dann beachte man die Ausführungen auf S. 119.

Die Stromstärke. Das Ein- und Ausschalten des Stromes darf nur ganz langsam geschehen, da jede plötzliche Änderung der Stromstärke von dem Kranken sehr unangenehm empfunden wird. Man spricht von einem „*Ein- und Ausschleichen*" mit dem Strom.

Die therapeutisch anwendbare Stromstärke hängt in erster Linie von der Elektrodengröße ab. Sie steigt mit dieser, wenn auch nicht linear, an. Sie ist aber auch von der individuellen Stromempfindlichkeit des Kranken weitgehend abhängig. Man wird sich daher bei der Dosierung dem Gefühl des Kranken anpassen müssen. Nie soll der Strom unangenehm empfunden werden.

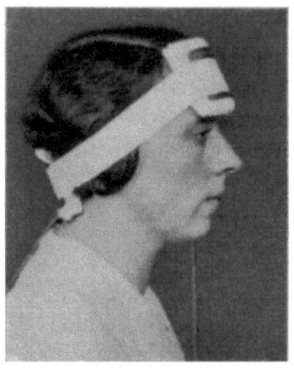

Abb. 85. Galvanisation des Gehirnschädels

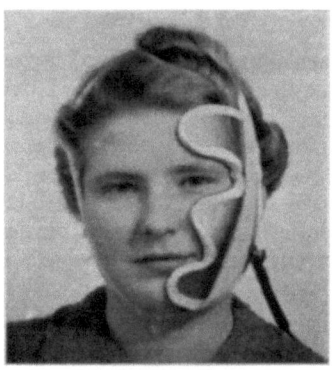

Abb. 86. Galvanisation einer Gesichtshälfte

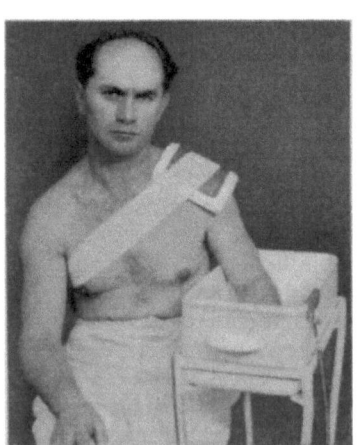

Abb. 87. Galvanisation eines Armes

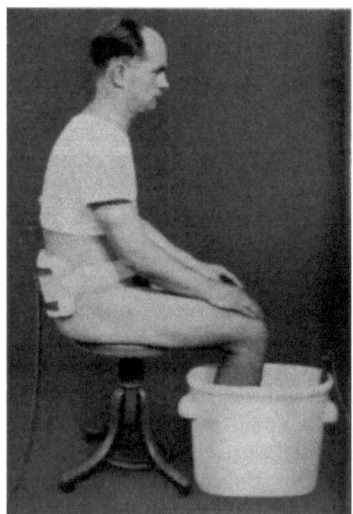

Abb. 88. Längsgalvanisation eines Beines

Die Behandlung einzelner Körperteile

Gehirnschädel. Je eine Elektrode von 100 qcm auf die Stirn und den Nacken (Abb. 85). Indikationen: Cephalea, Migräne, zerebrale Durchblutungsstörungen, Supraorbital- und Okzipitalneuralgie.

Gesichtsschädel. Halbmaskenartige Elektrode auf die kranke Gesichtshälfte (Abb. 86). Elektrode von 200 qcm auf den Rücken oder den Vorderarm. Indikationen: Trigeminusneuralgie, Facialislähmung.

Arm. Elektrode von 200 qcm auf die Schulter, kombiniert mit einem Zellenbad (Abb. 87). Ist ein solches nicht vorhanden, eine zweite Elektrode von 200 qcm auf die Streckseite des Unterarms. Indikationen: Neuritis des Plexus brachialis, Akroparästhesien, Lähmung des Armes.

Bein. Längsgalvanisation: Elektrode von 200 qcm auf Lendengegend oder Gesäß, kombiniert mit einer gleichgroßen Elektrode an der Wade oder noch besser einem Zellenbad (Abb. 88).

Quergalvanisation nach Kowarschik. Dazu benötigt man zwei lange, schienenförmige Elektroden aus Zinn oder Blei in einem Ausmaß von 90×8 cm und als Unterlage für diese einen Frottierstoff in der Größe von 100×84 cm. Dieser wird der Länge nach siebenmal umgeschlagen, wobei die Breite eines Umschlages 12 cm beträgt ($7 \times 12 = 84$). Die so gefaltete Unterlage wird in möglichst warmes Wasser getaucht und leicht ausgewunden, worauf man zwischen ihre letzte und vorletzte Lage die Metallschiene, an die ein Kabel angeschlossen ist, so einlegt, daß sie allseits von dem Stoff bedeckt wird. Dann wird die eine dieser Elektroden mit der 6fachen Stofflage gegen die Haut so unter das Bein gelegt, daß sie von der Ferse bis zum Darmbeinkamm reicht (Abb. 89). Durch Unterschieben eines kleinen Sandsackes oder eines Polsters sorgt man dafür, daß sie sich der Kniekehle gut anpaßt. Nun wird die zweite Elektrode auf die Streckseite des Beines gebracht. Durch Druck mit der flachen Hand wird die biegsame Metalleinlage der Wölbung des Beines anmodelliert, um so einen möglichst gleichmäßigen Stromübergang zu sichern. Mit Rücksicht auf die große Oberfläche der Elektroden (1200 qcm) lassen sich leicht Stromstärken von 50 bis 60 mA zur Anwendung bringen, ohne daß diese unangenehm empfunden werden. Die Quergalvanisation ist eine außerordentlich wirksame, besonders bei der Ischias erfolgreiche Art der galvanischen Behandlung.

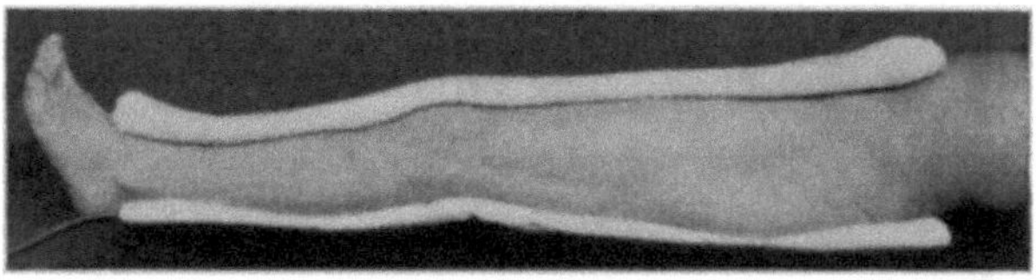

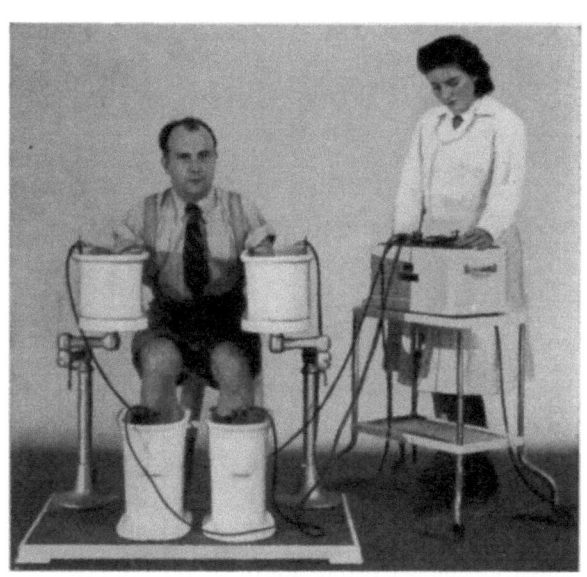

Abb. 89. Quergalvanisation des Beines

Abb. 90. Vierzellenbad

Das Vierzellenbad besteht aus vier Wannen, zwei Arm- und zwei Fußwannen sowie einem Behandlungsstuhl (Abb. 90). Bei Verwendung aller vier Wannen werden meist die beiden Armwannen an den einen und die beiden Fußwannen an den anderen Pol angeschlossen. Will man tonusvermindernd wirken, dann soll die Stromrichtung eine absteigende, will man tonussteigernd wirken, eine aufsteigende sein (S. 119). Sind nur die beiden Arme oder nur die beiden Beine erkrankt, dann schaltet man die entsprechenden Wannen entweder gegeneinander oder man schaltet sie an den gleichen Pol und verwendet als Gegenpol eine Elektrode von 200 qcm, die auf den Nacken, den oberen Rücken, bzw. auf die Lendengegend zu liegen kommt.

Das elektrische Vollbad. Dabei befindet sich der Kranke in einer mit warmem Wasser gefüllten Wanne aus Fayence (Steingut) oder einem anderen isolierenden Stoff (Abb. 91). Am Kopf- und Fußende der Wanne wird je eine

Abb. 91. Elektrisches Vollbad

Abb. 92. Elektrode für das elektrische Vollbad

große Metallplatte eingehängt, der eine Reihe von Holzrippen aufgeschraubt ist, die eine unmittelbare Berührung des Körpers mit dem Metall verhindern (Abb. 92). Der von einer Elektrode zur anderen fließende Strom, den das Galvanometer anzeigt, geht dabei nur zum Teil durch den Körper, zum anderen Teil fließt er in einem parallelen Kreis durch das Wasser.

Das Stangerbad (erzeugt von der Gesellschaft für Elektrotherapie in Stuttgart-Untertürkheim) ist eine derzeit beliebte Form des elektrischen Vollbades (Abb. 93). Es besteht aus einer Holzwanne, deren Seitenwände mit großen Kohleelektroden ausgestattet sind. Daneben können noch bewegliche Elektroden für den Rücken, den Bauch oder die Beine in das Wasser eingesenkt werden, durch welche der Strom auf diese Teile in besonderer Weise konzentriert wird. Der den galvanischen Strom liefernde Apparat befindet sich in einem Kasten am Fußende der Wanne. Zu einem richtigen Stangerbad gehört aber noch der Zusatz eines besonderen pflanzlichen Extraktes, der aus der Rinde verschiedener Bäume hergestellt wird. Damit vereinigt das Stangerbad drei Wirkungskomponenten: Die thermische des Wassers, die elektrische des galvanischen Stromes und die chemische des Badezusatzes.

Die therapeutischen Anzeigen des elektrischen Vollbades umfassen zwei Krankheitsgruppen:

Krankheiten des Nervensystems, wie Polyneuritis, bzw. Polyneuralgien, Tabes dorsalis, Encephalitis disseminata, polyneuritische und poliomyelitische Lähmungen.

Rheumatische Krankheiten, wie Polyarthrosis, Spondylosis, Spondylarthritis ankylopoetica (M. Bechterew), Polyarthritis chronica, Myalgien, Ischias.

Die Wirkungen der konstanten Galvanisation

Die physikalisch-chemischen Wirkungen

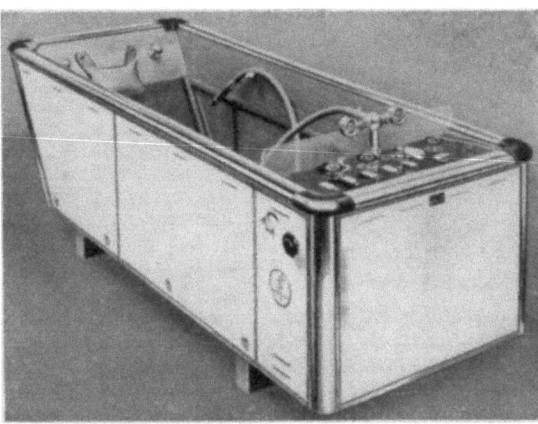

Abb. 93. Stangerbad mit Einrichtung zur Unterwasserdusche (Gesellschaft für Elektrotherapie, Stuttgart)

Dissoziation und Ionenwanderung. Der menschliche Körper verdankt seine elektrische Leitfähigkeit dem Gehalt an wässerigen Lösungen von Salzen, Säuren und Basen, die in allen Gewebsflüssigkeiten vorhanden sind. Die Moleküle dieser Substanzen gehen bekanntlich nicht als Ganzes in Lösung, sondern spalten sich bei der Lösung, wobei sich die Spaltprodukte gleichzeitig elektrisch aufladen. So zerfällt z. B. ein Chlornatriummolekül in ein positiv geladenes Natrium- und in ein negativ geladenes Chlorteilchen. Diese Ladung kommt nach unserer Vorstellung dadurch zustande, daß sich aus dem Elektronenverband des Natriumatoms ein negativ geladenes Elektron loslöst und sich dem Chloratom anlagert. Dadurch erhält dieses einen Überschuß an negativer Ladung, während das Natriumatom ein Defizit an negativer Ladung aufweist, wodurch seine positive Ladung überwiegt. Man nennt diesen bei der Lösung eines Moleküls eintretenden Vorgang elektrische Dissoziation.

Wirkt nun eine elektromotorische Kraft auf eine solche Lösung ein, so werden nach elektrostatischen Gesetzen die positiv geladenen Natriumteilchen vom positiven Pol abgestoßen, vom negativen dagegen angezogen. Sie wandern zur Kathode und heißen daher Kationen. Umgekehrt werden die negativ geladenen Chlorteilchen vom negativen Pol abgestoßen und vom positiven angezogen; sie wandern zur Anode und heißen darum Anionen. In dieser Verschiebung von Anionen und Kationen in entgegengesetzter Richtung zwischen den ruhenden Wassermolekülen sehen wir das Wesen des elektrischen Stromes in einem flüssigen oder elektrolytischen Leiter. *Diese Ionenbewegung ist nicht etwa eine Folge des elektrischen Stromes, sie ist vielmehr der elektrische Strom selbst.*

Die Elektrophorese. Es wandern aber nicht nur Ionen im Stromgefälle, sondern auch andere elektrisch neutrale Teilchen, wie Kolloide, und zwar dadurch, daß sich ihnen positiv oder negativ geladene Ionen anlagern. Diese nehmen sie auf ihrer Wanderung gleichsam im Schlepptau mit. Auch Blutkörperchen, Bakterien und andere Einzeller können so durch Adsorption von Ionen gegen die Anode oder Kathode verschleppt werden. Man hat diesen Vorgang als *Elektrophorese* bezeichnet.

Die Elektroosmose. Gießt man in ein Gefäß, das durch ein poröses Tondiaphragma in zwei gleiche Teile geteilt ist, in gleicher Höhe gewöhnliches

Leitungswasser oder eine ganz schwache Kochsalzlösung, taucht beiderseits Elektroden ein und schickt einen Gleichstrom von genügend hoher Spannung hindurch, so wird man nach einiger Zeit bemerken, daß die Flüssigkeit in dem Kathodenraum gestiegen ist (Abb. 94). Das wird dadurch verursacht, daß sich Wassermolekülen Kationen anlagern, welche sie durch die engen Spalten der Tonwand hindurchziehen. Man nannte diese Erscheinung früher *Kataphorese*. Weil aber durch Zusatz von Säuren zum Wasser die Bewegungsrichtung geändert werden kann, ist es besser, diesen Vorgang als *Elektroosmose* zu bezeichnen. Er spielt bei der Einführung von Medikamenten durch die Haut mit Hilfe des galvanischen Stromes (Iontophorese) eine wichtige Rolle.

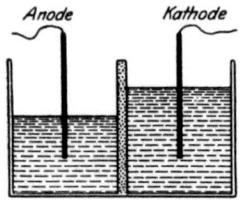

Abb. 94. Elektroosmose (Kataphorese)

Die Konzentrationsänderungen an Grenzschichten. Es gibt schwerfällige und leichtbewegliche Ionen. So wandert z. B. das H-Ion viermal so rasch als das Cl-Ion und siebenmal so rasch als das Na-Ion. Für die Wanderungsgeschwindigkeit ist aber noch ein zweiter Faktor maßgebend, und das ist der Reibungswiderstand, den die Ionen in verschiedenen Lösungsmitteln zu überwinden haben. Dieser bewirkt, daß sie in dem einen Lösungsmittel langsamer, in einem anderen rascher vorwärtskommen. Schließlich kommt noch dazu, daß die Zellmembranen nicht für alle Ionen in gleicher Weise durchlässig sind. Diese Tatsachen bewirken es, daß der Gleichgewichtszustand, in dem sich die Ionen befinden, durch den galvanischen Strom gestört wird. Sie haben zur Folge, daß die Ionenkonzentration an der einen Grenzschicht zu- und an einer anderen wieder abnimmt. *Diese Veränderung der Ionenkonzentration an den Grenzschichten ist nach W. Nernst das reizauslösende Moment des elektrischen Stromes.*

Die elektrische Theorie. Nach dieser ist eine Nerven- oder Muskelzelle einem Kondensator vergleichbar, bei dem die Zellmembran das Dielektrikum darstellt, das außen eine positive und innen eine negative Ladung aufweist. Wird durch einen geeigneten elektrischen Reiz das Membranpotential um etwa 15 Millivolt herabgesetzt, so kommt es zu einer Erregung der Zelle, die von tiefgreifenden Strukturveränderungen der Zellmembran begleitet ist (H. Schäfer, Hodkin).

Die chemischen Veränderungen an den Elektroden (Elektrolyse). Grundsätzlich verschieden von diesen Vorgängen, die sich bei der Wanderung der Ionen auf dem Stromweg, also *interpolar* abspielen, sind jene Vorgänge, die an den Elektroden selbst auftreten und die wir darum als *polare* bezeichnen. Die Ionen verlieren, sobald sie an den Elektroden ankommen, ihre elektrische Ladung und werden als chemisch neutrale Atome in Freiheit gesetzt. Diese Ausscheidung freier Atome aus der Lösung, die gleichbedeutend ist mit einer chemischen Zersetzung dieser, bezeichnen wir als Elektrolyse. Es sei nochmals betont, daß sich diese elektrolytische Zersetzung ausschließlich an der Grenzfläche zwischen Flüssigkeit und metallischem Leiter, das sind eben die Elektroden, abspielt. Am positiven Pol oder der Anode kommt es dabei zu einer Ausscheidung von *Sauerstoff und Säuren*, am negativen Pol oder der Kathode werden *Wasserstoff und Alkalien* abgespalten. Diese Substanzen würden die Haut verätzen, wenn die metallische Elektrode dieser direkt aufläge. Um das zu verhindern, muß zwischen Metallplatte und Haut eine feuchte Unterlage eingeschoben werden, welche die Aufgabe hat, die elektrolytischen Zersetzungsprodukte aufzunehmen.

Die Elektrolyse, die man früher zur Entfernung von Haaren, kleinen Warzen und ähnlichen unerwünschten Gebilden der Haut verwendet hat, ist heute durch die Elektrokoagulation mittels Hochfrequenzströmen so gut wie vollkommen verdrängt worden, da diese den gleichen Erfolg viel rascher und schmerzloser erzielt.

Die physiologischen Wirkungen

Allgemeines. Die durch den galvanischen Strom bedingten Veränderungen des Ionenmilieus (S. 116) werden von dem Organismus als körperfremder Reiz empfunden. Es ist darum die Galvanisation als eine Reiztherapie anzusehen, die sich jedoch von anderen Formen der Reiztherapie wesentlich unterscheidet. Es werden weder körperfremde Substanzen in den Körper eingeführt, wie das bei der Behandlung mit chemischen Reizstoffen der Fall ist, noch werden körpereigene Zellen zerstört, deren Zerfallsprodukte als Reiz wirken, wie das durch ionisierende Strahlen, Ultraviolett- oder Röntgenstrahlen, geschieht. Es kommt nur zu einer Perturbation körpereigener Ionen. Ein Unterschied gegenüber anderen Formen der unspezifischen Reiztherapie besteht auch darin, daß die Reizwirkung keine allgemeine, sondern eine örtliche, gleichzeitig aber tiefgehende ist, indem sie sich auf den ganzen Stromweg von einer Elektrode zur anderen erstreckt. Man könnte diese Reizwirkung darum eine gezielte nennen. Die Galvanisation ist somit eine Form der Reizbehandlung, wie sie durch kein anderes Mittel nachgeahmt werden kann.

Als Folge der Reizwirkung können wir auch gewisse mikroskopische Veränderungen in dem durchströmten Gewebe nachweisen. So sehen wir z. B. Veränderungen der Färbbarkeit, Erweiterung des Keratinnetzes, Veränderungen in der Dicke der Nervenfasern, der Durchlässigkeit der Zellmembranen, Quellungen und Schrumpfungen.

Die Wirkung auf die motorischen Nerven. Der in konstanter Stärke fließende Strom löst in therapeutischer Dosis keine Muskelkontraktionen aus. Nichtsdestoweniger erhöht er die Erregbarkeit der motorischen Nerven gegen Reize anderer Art, mit anderen Worten, er setzt deren Reizschwelle herab. Es kommt dies einer Erhöhung des Muskeltonus gleich. Galvanisiert man einen Muskel, sagen wir den M. quadriceps femoris, einige Zeit, so zeigt sich, daß der Patellarsehnenreflex dieses Muskels gegenüber dem der nicht durchströmten Seite gesteigert ist.

Der konstante galvanische Strom steigert aber die Erregbarkeit nicht nur gegen exogene Reize, sondern auch gegen den Willensimpuls. So macht man immer wieder die Beobachtung, daß ein gelähmter Kranker während der Durchströmung gewisse Muskelbewegungen willkürlich ausführen kann, die ohne Mithilfe des Stromes nicht möglich sind. Diese Bewegungsfähigkeit hält nicht selten noch einige Zeit nach der Behandlung an. E. REMAK hat diese Wirkung in 64 Fällen von Drucklähmung des N. radialis nur neunmal vermißt. Die tonussteigernde Wirkung des galvanischen Stromes machen wir uns vor allem bei schlaffen Lähmungen zunutze.

Zahlreiche Versuche an Meerschweinchen, Kaninchen, Hunden und anderen Tieren, denen man die beiden hinteren Extremitäten künstlich lähmte, haben immer wieder übereinstimmend gezeigt, daß die Lähmung an der mit galvanischem Strom behandelten Seite rascher zurückging als an der nicht behandelten. Auch trophische Störungen wie Geschwüre heilten rascher ab.

Diese schon 1848 von REID gemachte Beobachtung wurde dann von vielen anderen Autoren immer wieder aufs neue bestätigt. PIONTKOWSKY (1930) konnte auch durch histologische Untersuchungen zeigen, daß die Regeneration der Nervenfasern an der behandelten Extremität rascher erfolgte als an der unbehandelten. Auch Untersuchungen von KOSAKA und IZAWA (1932) an durchschnittenen Froschnerven lassen deutlich das beschleunigte Auswachsen der Nervenfasern unter der Einwirkung des Stromes erkennen.

Die Wirkung auf die schmerzleitenden Nerven. Es ist eine uralte klinische Erfahrung, daß dem konstanten galvanischen Strom eine ausgesprochen schmerzstillende Wirkung zukommt. Das wurde selbst von MÖBIUS nicht geleugnet, der die Elektrotherapie im übrigen als reine Suggestivbehandlung ansah. Die Schmerzstillung beruht auf einer unmittelbaren Herabsetzung des Tonus der sympathischen Nervenfasern, denen wir ja heute die Schmerzleitung zuschreiben.

Man hat die analgetische Wirkung des Stromes früher auf den Anelektrotonus im Sinne PFLÜGERs zurückgeführt und die Anode als die schmerzstillende Elektrode angesehen. Schon vor 80 Jahren hat W. ERB, der Altmeister der Elektrotherapie, diese Erklärung abgelehnt mit der einfachen Begründung, daß ja der Verminderung der Erregbarkeit an der Anode während der Durchströmung eine gesteigerte Erregbarkeit nach der Behandlung folge. Zahlreiche Autoren, wie VERNAY, DIGNAT, BERGONIÉ, LEDUC, MANN u. a., sind der Ansicht, daß der Kathode die gleiche schmerzstillende Wirkung zukommt wie der Anode. KOWARSCHIK schließt sich dieser Ansicht auf Grund einer mehr als vierzigjährigen Erfahrung an. Da es durchschnittlich ein Jahrhundert dauert, bis ein so tief eingewurzelter Irrtum überwunden ist, so wird der Glaube an die Anodengalvanisation in den Köpfen mancher Ärzte vorderhand noch weiterleben.

Die Wirkung auf die vasomotorischen Nerven. Der galvanische Strom bewirkt nach einer rasch vorübergehenden Kontraktion eine Erweiterung der Blutgefäße im Sinn einer aktiven Hyperämie. Das ist auch der Grund, weshalb viele Kranke angeben, während der Behandlung ein Wärmegefühl zu empfinden. Die Haut ist nach der Behandlung entsprechend den Auflagestellen der Elektroden hellrot verfärbt, ihre Temperatur um einen oder mehrere Grade Celsius erhöht. Diese Hyperämie, die häufig an der Kathode etwas stärker ist, bleibt in der Regel einige Stunden bestehen, um dann langsam zu verschwinden. Doch zeigen die Gefäße auch weiterhin eine erhöhte vasomotorische Erregbarkeit, die darin zum Ausdruck kommt, daß selbst noch nach Tagen mechanische Reize, wie das Reiben der Haut, oder thermische Einflüsse (Heißluft, Dampf), ja auch psychische Erregungen, die während der Behandlung aufgetretene umschriebene Hautröte wieder in Erscheinung bringen können (KOWARSCHIK).

Die durch den galvanischen Strom verursachte Gefäßerweiterung betrifft aber nicht nur die oberflächlichen, sondern auch die tiefer liegenden Gefäße, wie sich durch plethysmographische Untersuchungen nachweisen läßt. Die so zustande kommende Oberflächen- und Tiefenhyperämie sind wesentlich stärker als die durch Diathermie bedingten. Mit der hyperämisierenden Wirkung des galvanischen Stromes sind auf das engste verknüpft seine trophischen, resorbierenden, bakteriziden und entzündungshemmenden Eigenschaften.

Die Wirkung auf das Zentralnervensystem. Bringt man Fische in eine mit Wasser gefüllte Glaswanne, durch das man mit Hilfe eingesenkter

Elektroden einen konstanten Gleichstrom leitet, dann stellen sie sich mit ihrer Längsachse in die Richtung des Stromes ein, und zwar so, daß der Kopf gegen die Anode, der Schwanz gegen die Kathode gerichtet ist, was BLASIUS und SCHWEIZER (1883) als *Galvanotaxis* bezeichnet haben. Ist bei dieser Einstellung die Stromstärke genügend groß, so kommt es zu einer Art Betäubung (*Galvanonarkose*). Bei umgekehrter Stromrichtung beobachtet man einen Erregungszustand, wie HERMANN (1886) zuerst nachwies. Auf Grund dieser Beobachtungen prüften HOLZER und SCHEMINSKY (1943) die Wirkung des konstanten Stromes auf das Rückenmark des Menschen und stellten fest, daß es bei absteigender Stromrichtung zu einer Abschwächung oder einem Erlöschen der Patellarsehnenreflexe kommt, daß dagegen ein aufsteigender Strom umgekehrt eine Erregbarkeitssteigerung zur Folge hat. Diese Beobachtung werden wir uns therapeutisch zunutze machen, indem wir bei spastischen Lähmungen (Hemiplegie, M. Little, spastischer Spinalparalyse) die absteigende, bei schlaffen Lähmungen die aufsteigende Stromrichtung wählen.

Die therapeutischen Anzeigen der konstanten Galvanisation

Neuralgien und Neuritiden der verschiedensten Art, insbesondere Neuritis des N. ischiadicus, des Plexus brachialis, des N. trigeminus, des N. occipitalis, der Nn. intercostales, Herpes zoster, Meralgie, tabische Schmerzen usw. Auch bei *Myalgien* (Lumbago), *Arthralgien* zeigt sich die schmerzstillende Wirkung der Galvanisation oft in überzeugender Weise.

Schlaffe Lähmungen, wie sie durch eine Schädigung des peripheren motorischen Neurons zustande kommen: Poliomyelitis, neuritische, toxische, rheumatische, traumatische Lähmungen.

Die *gefäßerweiternde Wirkung* des galvanischen Stromes kommt uns zugute bei Arteriosklerose, Endangiitis, Angiospasmen, M. Raynaud, vasomotorische Cephalea, Erfrierungen.

Auch bei *Arthritiden und Arthrosen* der großen Gelenke und der Wirbelsäule, M. Bechterew, Tendovaginitis, Bursitis, Epicondylitis, Tarsalgie u. dgl. hat sich der elektrische Strom sehr wirksam erwiesen, und das selbst in Fällen, bei denen die übliche Thermotherapie einschließlich der Lang- und Kurzwellendiathermie bereits versagt haben.

Anhang

Die Iontophorese

Die Grundlagen der Iontophorese

Die Ionenwanderung. Man kann den galvanischen Strom auch dazu benützen, körperfremde Ionen in Form von Medikamenten durch die Haut hindurch in den Körper einzuführen. Man bezeichnet dieses Verfahren als Iontophorese, Ionentherapie (DELHERM und LAQUERRIERE) oder Dielektrolyse (BRONDEL).

Schon bei jeder gewöhnlichen Galvanisation findet eine solche Einwanderung körperfremder Ionen durch die Haut hindurch statt. Nehmen wir an, wir hätten zwei mit Chlornatriumlösung getränkte feuchte Zwischenlagen, so stellen diese Elektrolytlösungen dar, die teils positive Na-Ionen, teils negative Cl-Ionen enthalten (Abb. 95). Schalten wir nun den Strom ein, so werden die an der Anode befindlichen Na-Ionen sich gegen den Körper hin in Bewegung setzen und in die Haut eindringen. Die daselbst befindlichen Cl-Ionen dagegen wenden sich vom Körper ab. An der Kathode werden umgekehrt die Cl-Ionen in den Körper eintreten, die Na-Ionen von ihm wegwandern.

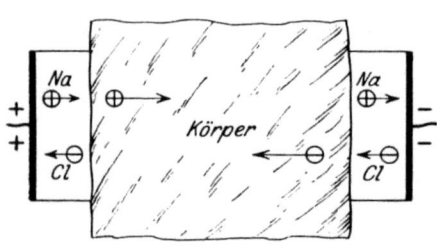

Abb. 95. Die Iontophorese von Natrium- und Chlorionen

Die Anionen dringen also von der Kathode, die Kationen von der Anode in den Organismus ein. Das gleiche mit anderen Worten ausgedrückt: *Die positiven Ionen gelangen vom positiven Pol, die negativen Ionen vom negativen Pol in den Körper.*

Positive Ionen (Kationen) sind: der Wasserstoff, die Metalle, metallartige Radikale, wie z. B. NH_4 und die Alkaloide.

Negative Ionen (Anionen) sind: die Hydroxylgruppe OH, die Halogene Chlor, Brom, Jod und die Säurereste (NO_3, SO_4 usw.).

Neben der Iontophorese, der Ionenwanderung, spielt bei dem Durchtritt medikamentöser Stoffe durch die Haut auch die Elektrophorese und die Elektroosmose eine Rolle, denn nur dadurch ist es zu erklären, daß manche Stoffe sowohl von der Anode wie von der Kathode aus in den Körper eindringen (J. BAUM und BETTMANN) und daß eine schwache Kokainlösung stärker anästhesierend wirkt als eine starke (H. REIN).

Die Ausführung der Iontophorese

Die Elektroden, Stromstärke und Stromdauer. Zur Iontophorese wird meist eine 1- bis 3%ige Lösung des einzuführenden Stoffes benützt. Als Lösungsmittel verwendet man ausschließlich destilliertes Wasser. Das gewöhnliche Leitungswasser enthält bereits eine mehr oder minder große Zahl natürlicher Ionen, denen es ja seine Leitfähigkeit verdankt. Bei der Verwendung eines solchen Wassers nehmen auch diese Ionen an der Stromleitung teil und dringen mit in den Körper ein. Da sie aber vielfach kleiner und beweglicher sind als die therapeutisch einzuführenden Ionen, so gelangen sie rascher und früher in den Körper. Man hat sie daher als *parasitäre Ionen* bezeichnet. Verdankt das Wasser seine Leitfähigkeit jedoch ausschließlich den medikamentösen Ionen, so werden diese bei gleicher Stromstärke in größerer Anzahl in den Körper eindringen.

Die rationellste Form der Iontophorese besteht darin, daß man reines, vierfach oder, noch sicherer, achtfach zusammengelegtes Filtrierpapier von entsprechendem Ausmaß in die therapeutische Lösung taucht und auf die zu behandelnde Körperstelle auflegt, nachdem man diese vorher durch Benzin von dem anhaftenden Fett befreit hat. Darüber bringt man eine Zinn- oder Bleifolie, an die ein Kabel angeschlossen ist. Als zweite, indifferente Elektrode wird eine gleich große oder etwas größere Platte benützt, wie sie auch sonst zur Galvanisation üblich ist. Ihre Unterlage wird mit gewöhnlichem Wasser angefeuchtet. Bezüglich der Polung der Elektroden s. S. 111.

Die eingeführte Menge der Ionen hängt einerseits von der zur Anwendung kommenden Stromstärke, andererseits von der Stromdauer ab. Diese soll mit Rücksicht darauf, daß die Wanderungsgeschwindigkeit der Ionen eine sehr langsame ist, nicht unter 20 Minuten betragen.

Die Wirkungen der Iontophorese

Örtliche und allgemeine Wirkungen. Die in den Körper eindringenden Ionen können teils örtliche, teils allgemeine Wirkungen entfalten. Manche Ionen gehen bereits bei ihrem Durchtritt durch die Epidermis mit den Eiweißkörpern derselben Verbindungen ein und erzeugen so Hautveränderungen, meist Verschorfungen. Dazu gehören die Ionen der Metalle Blei, Zinn, Zink, Magnesium oder die der Erdalkalien Kalzium, Strontium, Barium.

Andere Ionen wieder gelangen, nachdem sie die Epidermis ohne Schädigung der Haut durchsetzt haben, zu den Kapillarschlingen. Sie durchsetzen deren Endothel und kommen so in die Blutbahn und damit in den allgemeinen Kreislauf. Dazu zählen die Alkalimetalle Kalium und Natrium, die Halogene Chlor, Brom, Jod. Auch die Alkaloide, viele Säureradikale und andere Stoffe durchdringen die Haut ohne Schwierigkeit. Sind sie in die Blutbahn eingetreten, so können sie Allgemeinwirkungen entfalten.

LEDUC hat das in einem klassischen Versuch gezeigt. Man schaltet zwei Kaninchen hintereinander in den Stromkreis eines galvanischen Apparates, indem man auf die rasierten Flanken je eine mit Strychnin- und eine mit Kochsalzlösung getränkte Elektrode in der Anordnung auflegt, wie das in Abb. 96 dargestellt ist. Schließt man nun den Stromkreis, so wandern die positiven Strychninionen von der Anode zur Kathode. Sie dringen also in den Körper des linken

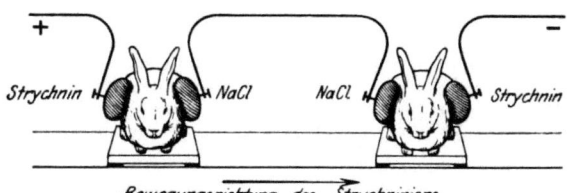

Abb. 96. Der Versuch nach LEDUC. Das Kaninchen links geht zugrunde, das rechts bleibt am Leben

Tieres ein, während sie sich von dem Körper des rechten Tieres wegwenden. Jenes geht zugrunde, dieses bleibt am Leben.

Mit dem Eintritt in die Blutbahn ist die Wanderung der Ionen beendet, sie werden von dem Blutstrom fortgetragen. Das läßt sich in anschaulicher Weise durch die Iontophorese von radioaktivem Jod zeigen, das in kürzester Zeit in der Schilddrüse aufscheint, wie sich mit einem Geigerzähler nachweisen läßt. Die Annahme, daß die Ionen ein Gefäß nach dem anderen quer durchwandern, um so in gerader Richtung von dem einen Pol zum anderen zu gelangen, ist ein Irrtum. Auf diesem Irrtum beruht auch die transzerebrale Dielektrolyse BOURGUIGNONS.

Die therapeutische Wertung der Iontophorese

Die Iontophorese mit Allgemeinwirkung. Die Einführung von Arzneistoffen in die Blutbahn mit Hilfe des elektrischen Stromes hat den schweren Nachteil, daß wir auch nicht annähernd wissen, welche Menge der Körper von dem verabfolgten Stoff erhalten hat. Es fehlt die Möglichkeit jeder Dosierung. Das einzige, das wir wissen, ist, daß wegen der Langsamkeit der Ionenwanderung nur sehr kleine Mengen des Heilmittels von dem Körper aufgenommen werden. Handelt es sich um hochwirksame Stoffe, wie Strychnin, Morphium, Akonitin, deren Dosierung in Milli- und Zentigrammen erfolgt, dann können immerhin die in den Körper eingebrachten Mengen so groß sein, daß es zu einer Intoxikation kommt. Die Iontophorese solcher Mittel ist daher als zu gefährlich abzulehnen.

Umgekehrt wird die Iontophorese nicht ausreichen, um eine therapeutisch hinreichende Menge von Salizylsäure oder solcher Stoffe in den Organismus einzubringen, die erst in Dosen von Grammen wirksam werden. Wenn man nicht gerade Homöopath ist, wird man sich wohl von einigen Milli- oder Zentigrammen von Natrium salicylicum keine Wirkung bei rheumatischen Erkrankungen erhoffen. Man kann also wohl sagen: Bei pharmakodynamisch hochwertigen

Stoffen ist die Iontophorese gefährlich, um Medikamente in einer Dosis von 0,5 bis 1 g einzuführen, ist sie unzureichend.

Warum man zur Verabfolgung von Heilmitteln eine Methode wählt, die einerseits keine Dosierung ermöglicht, die in dem einen Fall zu gefährlich, in dem anderen ganz unzulänglich ist und die anderseits die umständlichste und komplizierteste Art darstellt, einen Kranken medikamentös zu behandeln, ist schwer verständlich. Dazu kommt, daß nur kleine Bruchteile der unter der Elektrode befindlichen Lösung in den Körper gelangen, alles übrige aber verlorengeht, was einer Verschwendung von Arzneistoffen gleichkommt. Wäre es nicht viel ökonomischer, wissenschaftlich exakter und ungleich einfacher, das zu verabfolgende Medikament dem Kranken in genau bekannter Dosierung per os oder durch Injektion zu verabfolgen? Will man die dem galvanischen Strom zukommende Wirkung nicht missen, dann kann man ihn ja gleichzeitig als zweiten Heilfaktor anwenden. Man kann sich dabei vorstellen, daß der galvanische Strom durch Hyperämisierung oder in anderer Weise das durchströmte Gewebe für die im Blut kreisenden Ionen sensibilisiert.

Die Iontophorese mit örtlicher Wirkung. Anders liegt die Sache, wenn man mit der Iontophorese nicht allgemeine, sondern örtliche, d. h. Hautwirkungen erzielen will. Es ist klar, daß man mit Hilfe des galvanischen Stromes gewisse Ionen in tiefere Schichten der Haut einbringen kann, als dies etwa durch Einreiben möglich ist. So konnten wir in der Haut ein Depot von radioaktivem Jod setzen, das selbst durch Waschen mit Wasser und Seife nicht zu entfernen war und das erst nach Tagen zur Aufsaugung kam. Man hat daher die Iontophorese bei verschiedenen Hautkrankheiten zur Anwendung gebracht. So wurde bei torpiden Geschwüren, atonischen Wunden, Fisteln eine 1%ige Zinkchloridlösung empfohlen. Bei Pyodermien, Impetigo, Ekthyma wurde von französischen Autoren eine 2%ige Zinksulfatlösung zur Anwendung gebracht. In der Augenheilkunde benützt man eine 0,25 bis 0,50%ige Lösung von Zinksulfat zur Iontophorese bei Keratitis, Ulcus serpens, Herpes corneae. Eine Zeitlang wurde Histamin in einer Konzentration von 3 : 100 000 zur Erzeugung eines Hautreizes viel verwendet, neuerdings wurde Ursica für diesen Zweck vorgeschlagen.

Die Iontophorese ist mehr als 200 Jahre alt. Als ihr Geburtsjahr gilt 1745, in dem PIVATI den Versuch machte, mit Hilfe der Elektrisiermaschine Medikamente in den Körper einzubringen. Sie ist seit diesem Jahr zu einer unerschöpflichen Quelle therapeutischer Spielereien geworden.

Die Reizstromtherapie

Unter Reizstromtherapie verstehen wir die Anwendung solcher Stromformen, die Muskelkontraktionen auszulösen vermögen. Diese Wirkung ist von den Physiologen seit 150 Jahren eingehend studiert worden und daher ganz genau bekannt. Leider haben sich die Elektrotherapeuten bisher wenig um die Forschungsergebnisse der Physiologen gekümmert, sondern rein empirisch behandelt. Da die Elektrophysiologie die Grundlage der Elektrotherapie bilden muß, ist es notwendig, sich mit den physiologischen Wirkungen des elektrischen Stromes auf den Menschen vertraut zu machen, denn nur so wird man eine wissenschaftliche und erfolgreiche Therapie betreiben können.

Die physiologischen Grundlagen der Reizstromtherapie

Schon GALVANI war es bekannt, daß der nach ihm benannte Strom nur in dem Augenblick seiner Schließung eine Muskelzuckung auslöst, also in jener Zeit, in der er von Null auf seinen Endwert ansteigt. Das heißt allgemein ausgedrückt: Muskelkontraktionen werden nur durch Änderungen der Stromstärke, also Stromstöße ausgelöst. Damit ein Stromstoß jedoch zu einer Muskelerregung führt, muß er gewisse Bedingungen erfüllen. Wir wollen diese der Reihe nach besprechen.

Stromstärke und Reizdauer. Soll es zu einer Muskelkontraktion kommen, dann muß der Stromstoß eine gewisse Mindeststärke aufweisen. Jene Stromstärke, die eine gerade noch erkennbare Kontraktion (Minimalzuckung) bei Schließung eines Gleichstroms erzeugt, bezeichnet man nach LAPIQUE als *Rheobase*. Ebenso wie eine Mindeststromstärke ist auch eine Mindestzeit nötig, die der Strom durch den Muskel fließen muß, um ihn zu erregen. Diese Zeit wurde von GILDEMEISTER *Nutzzeit* genannt, weil von einem längerfließenden Strom ausschließlich dieser Zeitteil zum Zustandekommen einer Kontraktion ausgenützt wird. Jeder weitere Stromfluß ändert an dem motorischen Effekt nichts, sondern setzt nur einen überflüssigen sensiblen Reiz.

Die Nutzzeit ist für jede elektrisch erregbare Substanz eine charakteristische Größe. Sie beträgt für die quergestreiften Muskeln des Menschen nur wenige Millisekunden (ms), für die glatten Muskelfasern dagegen ein Vielfaches mehr. Der M. gastrocnemius des Menschen hat eine Nutzzeit von 1 bis 2 ms, der M. gastrocnemius der Kröte dagegen 3 bis 15 ms.

Die Reizdauer ist aber keine absolute Größe, sondern ist abhängig von der zur Anwendung kommenden Stromstärke. Je größer diese, um so kürzer ist die Nutzzeit. Unter Nutzzeit kurzweg oder Hauptnutzzeit, wie sie GILDEMEISTER nennt, versteht man jene Reizdauer, die der Rheobase entspricht. Unterschreitet man diese Zeit, dann muß man mit der Stromstärke ansteigen, um eine Kontraktion zu erhalten.

Man kann die Relation zwischen Stromstärke (i) und Nutzzeit (t) in Form einer Kurve darstellen, wenn man in einem Koordinatensystem auf der Abszisse die Zeit in Millisekunden, auf der Ordinate die dazu gehörige Stromstärke in Milliampere aufträgt. Solche Kurven nennt man Intensitäts/Zeitkurven oder i/t-Kurven (Abb. 97). Die der doppelten Rheobase entsprechende Nutzzeit hat man als *Kennzeit* oder *Chronaxie* bezeichnet.

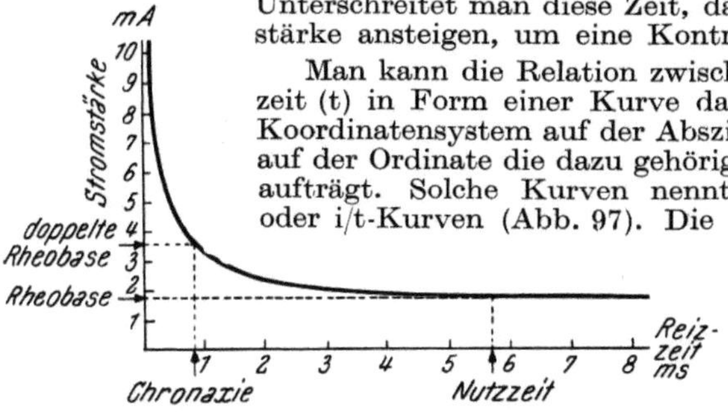

Abb. 97. Intensitäts/Zeitkurve (i/t Kurve)

Die Impulsform. Die bisherigen Ausführungen über Stromstärke und Reizdauer beziehen sich auf Reizimpulse, die durch plötzliche Schließung und Öffnung eines galvanischen Stromkreises zustande kommen. Graphisch dargestellt würden sie eine Rechteckform aufweisen (Abb. 98a). Wird der Stromschluß etwas verzögert, dann erfolgt der Anstieg nicht senk-

Abb. 98. *a* Rechteckimpulse, *b* Dreieck- oder Exponentialimpulse

recht, sondern schräg und dies um so mehr, je länger der Strom braucht, um seinen Endwert zu erreichen (Abb. 98b). Auch hier bestehen zwischen dem Zeitfaktor, der Stromschlußdauer und der Stromstärke enge Beziehungen.

DUBOIS REYMOND stellte fest, daß mit der Verlängerung der Dauer des Stromschlusses, also mit der Schrägheit des Anstieges, die zur Auslösung einer Kontraktion nötige Stromstärke ansteigt. Diese hat aber eine Grenze. Soll es überhaupt zu einer Muskelzuckung kommen, dann ist eine gewisse Mindeststeilheit (pente limite) nötig. Ist diese zu gering, verzögert sich der Stromschluß allzusehr, erstreckt er sich auf einige Sekunden, dann ist keine noch so große Stromstärke imstande, den Muskel zur Kontraktion zu bringen. Man spricht in diesem Fall von einem ,,Einschleichen" mit dem Strom und verwendet dieses Verfahren bewußt bei der Behandlung mit konstantem galvanischem Strom, um jede Reizwirkung zu vermeiden. Die Muskeln haben offenbar die Fähigkeit, sich einem solchen langsam ansteigenden Strom anzupassen, ohne in Erregung zu geraten. Man hat das als *Anpassungs- oder Akkommodationsvermögen* bezeichnet (NERNST). Stromstöße mit schrägem Anstieg bezeichnet man nach KOWARSCHIK als *Exponentialimpulse*, da ihr Anstieg meist in Form einer Exponentialkurve erfolgt.

Viel weniger wichtig als die Art des Stromschlusses ist die der Stromöffnung. Normalerweise kommt eine Muskelzuckung nur bei Stromschluß zustande. Unter pathologischen Verhältnissen beobachten wir eine solche ausnahmsweise auch bei der Stromöffnung. Darum ist die Art der Stromöffnung für die motorischen Nerven gleichgültig.

Die Stromrichtung. Schließlich ist für den motorischen Effekt, wie uns PFLÜGER gezeigt hat, auch die Richtung des Stromes maßgebend, die durch die Polarität der Elektroden bestimmt wird. Die erregende Wirkung geht immer von der Kathode aus und es ist darum nicht gleichgültig, ob diese distal oder proximal von der Anode liegt, mit anderen Worten, ob die Stromrichtung eine absteigende oder aufsteigende ist. Man kann sich am lebenden Menschen leicht davon überzeugen, daß mit dem Wechsel der Stromrichtung die Stärke der Kontraktion sich ändert.

Die Reizpause. Das stromfreie Intervall zwischen zwei Reizimpulsen muß bei der Behandlung gleichfalls berücksichtigt werden. Hat ein Reiz einen motorischen Nerv durchlaufen, dann erweist sich dieser für einige Millisekunden einer neuerlichen Erregung unzugänglich oder refraktär. Die Dauer der Refraktärzeit hängt mit der Reizleitungsgeschwindigkeit in dem betreffenden Nerv zusammen und ist um so kürzer, je rascher der Reiz in dem Nerv abläuft. Die rascheste Reizleitung haben die motorischen Nervenfasern, die aus dem Vorderhorn kommen. Sie beträgt 50 bis 80 msec, die längste die vegetativen Nervenfasern mit 1 bis 2 msec.

Die Ruhepause wird aber weniger von der Refraktärzeit bestimmt als von der Zeit, die der Muskel zu seiner Erholung braucht, das ist jene Zeit, die zur Wegschaffung der bei seiner Tätigkeit sich bildenden Stoffwechselprodukte, Milchsäure usw., notwendig ist. Ist die Strompause zu kurz, so kommt es zu einer zunehmenden Anhäufung dieser Produkte und damit zu einer Ermüdung und schließlich Erschöpfung des Muskels.

Die motorische Wirkung eines einzelnen Stromimpulses ist also von fünf Reizparametern abhängig: 1. Stromstärke (Impulshöhe). 2. Stromdauer (Impulsbreite). 3. Impulsform (Anstieg und Abstieg). 4. Stromrichtung. 5. Impulspause.

Steil ansteigende und kurz dauernde Stromimpulse sind der adäquate Reiz für leicht erregbare Objekte. Diese sind gekennzeichnet durch kurze Nutzzeit, rasche Reizleitung und kurze Refraktärzeit. Schräg ansteigende und länger dauernde Stromimpulse sind der adäquate Reiz für wenig erregbare Objekte. Sie sind gekennzeichnet durch eine lange Nutzzeit, eine langsame Reizleitung und eine lange Refraktärzeit.

Die Reizsummation. Einzelne Impulse rufen eine rasch ablaufende Muskelzuckung hervor, die wir wegen ihrer außerordentlich kurzen Dauer als ,,blitzartig" bezeichnen. Folgen bei der Reizung eines quergestreiften Muskels die Stromimpulse so rasch aufeinander, daß jeder folgende Impuls den Muskel noch im Zustand der Kontraktion trifft, dann kommt es zu einer *Dauerkontraktion*, einem physiologischen *Tetanus*. Dazu sind wenigstens 30 Impulse in der Sekunde erforderlich. Versuche am N. ischiadicus des Hundes haben gezeigt, daß die Kontraktionen bei einer sekundlichen Frequenz von 100 am kräftigsten sind, um mit steigender Frequenz zuerst langsam, dann immer rascher abzunehmen. Bei Frequenzen in der Größenordnung von 100 000 und darüber, also bei der Frequenz der Hochfrequenzströme, ist eine Muskelkontraktion auch bei größter Stromstärke nicht mehr zu erhalten, da die Dauer einer Periode kürzer ist als die Nutzzeit des Muskels.

Ganz anders verhalten sich die glatten Muskelfasern. Sie werden durch einen einzelnen Reiz, wenn er nicht von ganz besonderer Stärke ist, nicht erregt, wohl aber durch eine rhythmische Folge solcher Reize. Diese werden von der Zelle summiert, bis sie die Reizschwelle erreichen. Solche Organsysteme hat LAPIQUE als *iterativ* bezeichnet.

Gleichstrom- und Wechselstromimpulse. Es ist für den motorischen Erfolg grundsätzlich gleich, ob die Serienimpulse, die auf den Muskel einwirken, alle die gleiche oder abwechselnd entgegengesetzte Richtung aufweisen. Ein Unterschied besteht nur insofern, daß gleichgerichtete Impulse größerer Zahl einen elektrolytischen Effekt zur Folge haben, der bei Wechselstromimpulsen fehlt.

Gleichgerichtete Stromstöße erhält man durch die rhythmische Unterbrechung eines konstanten Gleichstroms. Dadurch entsteht ein unterbrochener oder zerhackter Gleichstrom (Abb. 99a). HELMHOLTZ benützte für diesen Zweck das Metronom, LEDUC einen rotierenden, mechanischen Unterbrecher. LAPIQUE

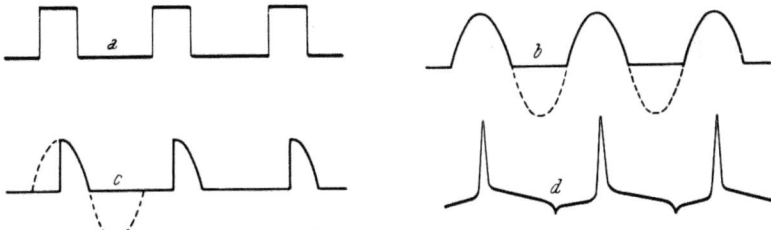

Abb. 99. *a* Unterbrochener oder zerhackter Gleichstrom, *b* Sinusimpulse in Halbwellenform, *c* Thyratronstrom, *d* faradischer Strom

erhält gleichgerichtete Impulse durch *periodische Kondensatorentladungen*. Auch der durch eine Glühkathoden- oder Ventilröhre geleitete Sinusstrom stellt Serienimpulse gleicher Richtung dar (Abb. 99b), ebenso der *Thyratronstrom*, der aus einem derart halbierten Sinusstrom abgeleitet wird (Abb. 99c). Der *faradische Strom* ist wohl physikalisch ein Wechselstrom, da aber nur seine steilen Öffnungszacken auf den Muskel erregend wirken, kommt er physiologisch einem unterbrochenen Gleichstrom gleich (Abb. 99d). Im übrigen wird der mit einem Hammerunterbrecher erzeugte faradische Strom heute kaum mehr gebraucht, was nicht zu bedauern ist, da jeder faradische Apparat eine andere Stromform liefert, so daß die Reizimpulse überhaupt nicht definiert werden konnten. Ein richtiger Wechselstrom ist der von Dynamomaschinen gelieferte *Sinusstrom*, der aber bei uns selten verwendet wird.

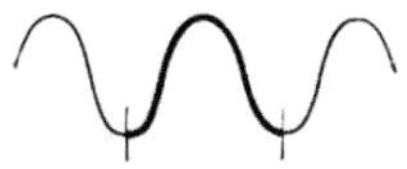

Bei einem Wechselstrom, wie dem Sinusstrom, ist als Reizimpuls nicht eine einzelne Halbwelle anzusehen, sondern eine ganze Periode, wobei der in einer Richtung verlaufende Anteil dem Stromschluß, der in entgegengesetzter Richtung verlaufende der Stromöffnung entspricht (Abb. 100). Die Impulsform des Sinusstromes kommt der eines Exponentialimpulses gleich, wobei der An- und Abstieg um so mehr abgeschrägt sind, je kleiner die Periodenzahl oder Frequenz des Wechselstromes ist. Mit der Frequenz ist auch die Impulsdauer automatisch gekoppelt, die mit zunehmender Frequenz immer kleiner wird.

Abb. 100. Bei dem Wechselstrom wird ein Impuls nicht durch eine Halbwelle, sondern durch eine ganze Periode dargestellt

Die Entartungsreaktion. Die elektrische Erregbarkeit der motorischen Nerven und Muskeln ändert sich grundlegend unter pathologischen Verhältnissen. Der klinisch wichtigste Fall ist wohl der, daß es infolge einer schweren Schädigung zu einer Zerstörung des ganzen peripheren Neurons einschließlich der Ganglienzelle (Poliomyelitis) oder auch nur der motorischen Nervenfaser mit den Muskelendplatten gekommen ist. Die Muskelfaser wird dadurch entnervt. Da sie ein eigenes Kontraktionsvermögen besitzt, reagiert sie wohl noch auf den elektrischen Strom, aber in völlig veränderter Weise. Es kommt zu jenem Syndrom, das W. ERB (1868) als *Entartungsreaktion* beschrieben hat. Es ist durch folgende Merkmale gekennzeichnet: 1. Die Muskelzuckung ist nicht mehr blitzartig, sondern langsam, träge bis „wurmförmig". 2. Die zur Auslösung einer Kontraktion nötige Reizdauer ist um ein Vielfaches verlängert. Deshalb spricht der entnervte Muskel auch nicht mehr auf die kurzdauernden Öffnungszacken des faradischen Stromes an. 3. Auch die zur Erregung erforderliche Stromstärke ist angestiegen und dies um so mehr, je länger die Lähmung bereits besteht. Diese Veränderungen kommen in der i/t-Kurve deutlich zum Ausdruck (Abb. 101). 4. Der Muskel ist nicht mehr indirekt, d. h. von seinem motorischen Nerven aus erregbar, da dieser ja zugrunde gegangen ist. Der seiner Nerven beraubte quergestreifte Muskel verhält sich also genau so wie die glatte Muskulatur oder der fetale Muskel, der seinen Anschluß an den motorischen Nerv noch nicht gefunden hat.

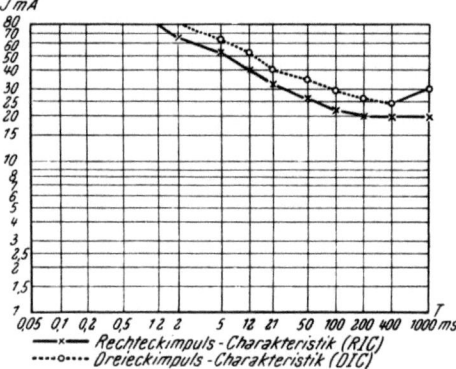

Abb. 101. Intensitäts/Zeitkurve bei schwerer Lähmung. Vergleiche damit die Normalkurve Abb. 97. Die Kurve ist nach rechts oben gewandert. (Nach DOBNER)

Der Akkommodationsverlust. Zu diesen seit langem bekannten Symptomen der Entartungsreaktion kommt nun noch ein viertes, das von E. REISS (1911) gefunden wurde, aber bisher kaum beachtet worden ist. E. REISS zeigte, daß der denervierte Muskel sein Akkommodationsvermögen verloren hat, das will sagen, daß er auch auf einen ganz langsamen Stromschluß mit einer Kontraktion anspricht, daß also ein Einschleichen mit dem Strom bei ihm nicht möglich ist.

Die klare Erkenntnis dieser Tatsache ermöglicht uns nun zwei elektrodiagnostisch und elektrotherapeutisch sehr wichtige Anwendungen von Exponentialimpulsen. Die eine ergibt sich aus folgendem. Ist die Erregbarkeit der gelähmten Muskeln bereits stark abgesunken, dann kann es vorkommen, daß benachbarte gesunde Muskeln unter dem Einfluß abirrender Stromschleifen früher in Zuckung geraten als die gelähmten. Erhöht man die Stromstärke, dann treten in den gesunden Muskeln bereits so kräftige Kontraktionen auf, daß sie eine eventuelle schwache Zuckung der gelähmten Muskeln vollkommen überdecken und unkenntlich machen. Verwendet man jedoch statt der bisher gebräuchlichen rechteckigen Stromstöße genügend schräg ansteigende Exponentialimpulse, dann werden die gelähmten Muskeln auch auf diese noch ansprechen, da sie ja ihr Akkommodationsvermögen verloren haben, nicht aber die gesunden Muskeln, die dieses noch besitzen.

Eine zweite Schwierigkeit bestand bisher darin, daß mit der Dauer einer Lähmung, falls keine Regeneration eintritt, die elektrische Erregbarkeit der Muskeln immer mehr absank, daß also immer größere Stromstärken erforderlich werden, um sie zur Kontraktion zu bringen. Schließlich waren diese so groß und damit so schmerzhaft, daß sich der Patient gegen ihre Anwendung wehrte. Wir waren in solchen Fällen gezwungen, die Untersuchung oder Behandlung wegen „elektrischer Unerregbarkeit" aufzugeben. Dabei waren wir uns natürlich bewußt, daß diese Unerregbarkeit eine bedingte war, bedingt durch die zu große Schmerzhaftigkeit des Reizstromes.

Wenden wir jedoch statt der rechteckigen Impulse Exponentialimpulse an, dann können wir feststellen, daß ungleich größere Stromstärken vertragen werden, ohne allzu schmerzhaft empfunden zu werden. Auf diese Weise war es uns möglich, mit 40 bis 50 mA noch Muskeln zur Kontraktion zu bringen, die seit 30 und mehr Jahren gelähmt waren. Es ist das gleichzeitig ein Beweis dafür, daß nach so vielen Jahren immer noch kontraktile Muskelsubstanz erhalten geblieben ist und sich nicht, wie man vielfach annimmt, in Binde- oder Fettgewebe umgewandelt hat. Es ist uns bisher noch kein Fall vorgekommen, der sich, eine geeignete Technik vorausgesetzt, als elektrisch unerregbar erwiesen hätte, so daß wir praktisch von einer elektrischen Unerregbarkeit heute nicht mehr sprechen können.

Das Instrumentarium der Reizstromtherapie

Alle medizinischen *Niederfrequenzgeräte* (Abb. 81 und 82, S. 109) liefern sowohl konstanten Gleichstrom als auch alle Stromformen, welche für die Reizstromtherapie benötigt werden. Das sind teils Einzel-, teils Serienimpulse. Die Stärke, die Dauer und die Form der Einzelreize müssen unabhängig voneinander reguliert werden können. Die Impulsstärke soll bis 70 mA reichen, die Impulsdauer zwischen 0,05 und 500 ms veränderbar sein (JANTSCH und NÜCKEL). Die Impulsform wird dadurch bestimmt, daß man den Anstieg mehr oder weniger abschrägt. Aus praktischen Gründen ist es zweckmäßig, den Stromabstieg mit dem Anstieg zu koppeln, so daß die Stromimpulse eine symmetrische Form aufweisen. Diese Form kann rechteckig, trapezförmig oder dreieckig sein.

Als Einzelimpulse kommen nur gleichgerichtete Stromstöße in Betracht. Die Serienimpulse sollen sowohl in konstanter Intensität als auch in Form eines Schwellstroms geliefert werden. Zweckmäßig ist eine Handtaste, durch die der Kranke selbst sowohl Einzelreize wie Schwellstromwellen auslösen kann. Es ist selbstverständlich, daß jedes Niederfrequenzgerät erdschlußfrei und sein Gehäuse geerdet sein muß. Für den Fall, daß im Apparat ein Röhrendefekt auftritt, soll ein Schutzrelais vorhanden sein, das den Kranken sofort abschaltet, sobald die Stromstärke eine bestimmte Höhe erreicht.

Die Ausführung der Reizstromtherapie

Die Wahl der Stromform. Handelt es sich um eine Muskellähmung, dann muß der Behandlung eine Elektrodiagnostik vorausgehen. Diese hat festzustellen, auf welche Stromform die gelähmten Muskeln noch ansprechen. Man kann vom elektrodiagnostischen Standpunkt drei Lähmungsgrade unterscheiden: 1. Die Erregbarkeit der gelähmten Muskeln ist vollkommen normal. In diesem Fall ist die Aussicht auf eine vollkommene Wiederherstellung der aktiven Bewegungsfähigkeit sehr günstig. 2. Die Erregbarkeit ist qualitativ normal, aber quantitativ vermindert, d. h. die Zuckung ist blitzförmig, jedoch nur mit größeren Stromstärken zu erreichen. 3. Die Erregbarkeit ist nicht nur quantitativ, sondern auch qualitativ verändert. Es besteht eine teilweise oder totale Entartungsreaktion. Das ist gleichbedeutend mit der Feststellung, daß der motorische Nerv teilweise oder ganz zugrunde gegangen ist. Die Prognose ist in diesem Fall wesentlich ungünstiger, wenn auch selbst bei Bestehen einer totalen Entartungsreaktion eine Wiederherstellung der Willkürbewegungen nicht ausgeschlossen ist.

Ist die Erregbarkeit normal oder nur quantitativ vermindert, dann werden wir in erster Linie nach **Serienimpulsen** greifen, welche uns die Möglichkeit geben, kräftige Muskelkontraktionen auszulösen. Die tetanisierenden Ströme müssen aber in geeigneter Form zur Anwendung kommen. Die Faradisation mit der Rolle, wie sie selbst heute noch geübt wird, ist eine sinnlose Spielerei. Serienreize von unverändert gleicher Stärke (Abb. 102a), die den Muskel in eine tetanische Dauerkontraktion versetzen, würden diesen in kurzer Zeit erschöpfen, wie das am Nerv-Muskelpräparat des Frosches leicht gezeigt werden kann. Intensives Tetanisieren führt am lebenden Tier nicht zu einer Kräftigung, sondern zu einer Atrophie der

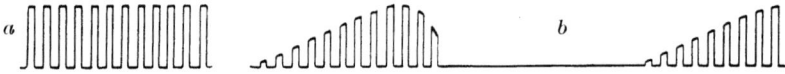

Abb. 102. *a* Serienreize von unverändert gleicher Stärke, *b* Schwellstrom

Muskulatur (DEBEDAT). Um die Muskeln nicht zu schädigen, darf die Kontraktion nur von kurzer Dauer sein und muß von einer genügend langen Strompause gefolgt sein. Diese Bedingungen erfüllt am besten ein guter *Schwellstrom*. Es ist dies ein tetanisierender Strom, dessen Intensität periodisch zu- und abnimmt (Abb. 102b). Durch ihn werden Muskelkontraktionen erzielt, die den gewollten oder willkürlichen vollkommen gleichen und selbst myographisch nicht von ihnen zu unterscheiden sind. Zwischen den einzelnen Kontraktionen liegen hinreichend lange Strompausen, die der Erholung der Muskeln dienen. Diese Art der Behandlung, die von BERGONIÉ (1895) in die Therapie eingeführt wurde, bezeichnet man als Schwellstromtherapie oder *Elektrogymnastik*.

Die therapeutische Wirkung der Elektrogymnastik kann man in zweifacher Weise verbessern. Zunächst einmal dadurch, daß man dem Kranken aufträgt, die elektrisch ausgelöste Bewegung durch den eigenen Willen zu unterstützen, was FOERSTER *Intentionsübung* genannt hat. Dann aber kann man die Schwellstromtherapie zu einer Widerstandsübung machen, indem man die Bewegung durch irgendeinen Widerstand erschwert. Läßt man z. B. bei einer Radialislähmung den Unterarm so auf eine Tischplatte legen, daß die Hand über den Tischrand nach abwärts hängt, dann werden die sich kontrahierenden Strecker das ganze Gewicht der Hand zu heben haben. Desgleichen wird bei einem Kranken mit einer Quadrizepslähmung, der auf einem Tisch sitzt, das Gewicht des Unterschenkels die Bewegung belasten. Man spricht in solchen Fällen von einer *Elektromechanotherapie*. Natürlich kann man auch hier durch Einschaltung des Willens die Bewegung unterstützen.

Ist der motorische Nerv zugrunde gegangen und besteht eine Entartungsreaktion, dann spricht der Muskel auf Serienreize nicht mehr an. Es verbleiben als einzige Möglichkeit, ihn zur Kontraktion zu bringen, **Einzelreize.** Anfangs wird er noch auf rechteckige Impulse reagieren, später nur mehr auf Exponentialimpulse. Die dadurch ausgelösten Zuckungen sind in ihrer therapeutischen Wirkung in keiner Weise mit den kräftigen Muskelkontraktionen zu vergleichen, wie sie durch einen Schwellstrom zustande kommen. Sie vermögen sozusagen den Muskel nur mehr an seine physiologische Funktion zu erinnern, diese aber nicht mehr zu ersetzen. Es wird daher zweckmäßig sein, diese prekäre Art der Elektrotherapie noch durch die Anwendung eines konstanten galvanischen Stroms zu unterstützen, um durch seinen vasomotorischen und trophischen Einfluß das Auswachsen der Achsenzylinder zu fördern. Natürlich hat die Auslösung einzelner Muskelzuckungen bei bestehender Entartungsreaktion nur so lange einen Sinn, als die berechtigte Hoffnung besteht, daß es noch zu einer Wiederherstellung der motorischen Leitungsbahn kommt, denn ohne diese ist eine Wiederkehr der aktiven Bewegungsfähigkeit nicht zu erwarten.

Die indirekte und direkte Reizung. Unter indirekter Reizung versteht man die Auslösung von Muskelkontraktionen vom motorischen Nerv aus. In diesem Fall werden alle Muskeln, welche von diesem Nerv versorgt werden, zur Zusammenziehung kommen. Direkt dagegen heißt die Reizung dann, wenn nicht der motorische Nerv, sondern der Muskel das Reizobjekt darstellt. In beiden Fällen ist die Kenntnis jener Hautstellen nötig, von denen aus die Reizung der Nerven und Muskeln am leichtesten gelingt. Man nennt sie *motorische Punkte* (Abb. 103 bis 109).

Einpolige Reizung. Einpolig ist die Reizung dann, wenn man sich zweier verschiedener Elektroden bedient, von denen die kleinere, die aktive oder Reizelektrode, auf den zu reizenden Nerv oder Muskel aufgesetzt wird, während die größere oder inaktive Elektrode in Form einer 100 bis 200 qcm großen Platte einer entfernten Körperstelle, meist Brust oder Rücken, anliegt. Die Reizelektrode besitzt in der Regel einen Kontakt, der das Schließen und Öffnen des Stromes mit der die Elektrode haltenden Hand gestattet. Entsprechend dem PFLÜGERschen Gesetz wird die aktive Elektrode meist zur Kathode, die inaktive zur Anode gemacht.

Ist der motorische Nerv zugrunde gegangen, der Muskel also entnervt, dann hat es den Anschein, als ob der motorische Punkt in distaler Richtung verschoben wäre. KOWARSCHIK hat gezeigt, daß dies nur dann der Fall ist, wenn die inaktive Elektrode, wie das die Regel ist, proximal von der aktiven liegt. Dann werden nämlich bei distaler Verschiebung der Reizelektrode ungleich mehr Muskelfasern vom Strom durchsetzt als bei proximaler Lage. Das umgekehrte ist der Fall, wenn die inaktive Elektrode distal von der aktiven liegt. Es handelt sich also nicht um eine Verschiebung des motorischen Punktes, sondern um einen Verlust desselben, wobei je nach der Lage der inaktiven Elektrode der günstigste Reizpunkt einmal am distalen, einmal am proximalen Muskelende liegt (Münch. med. Wschr. 1951, Nr. 42).

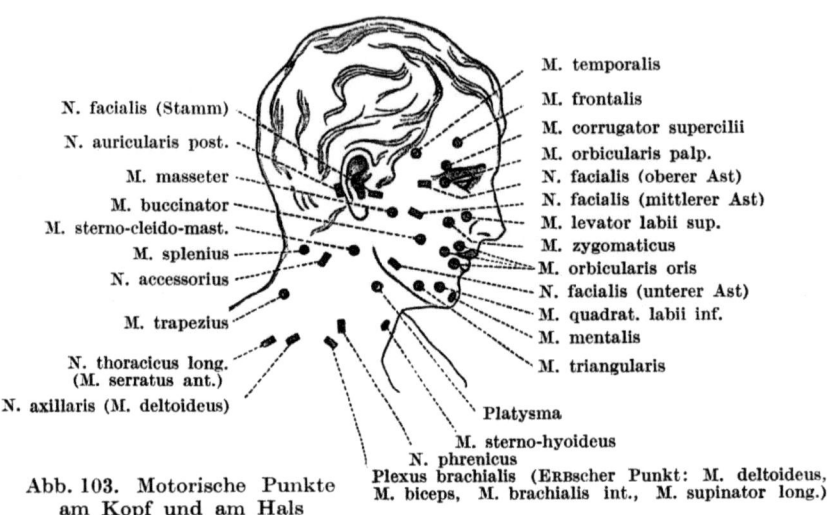

Abb. 103. Motorische Punkte am Kopf und am Hals

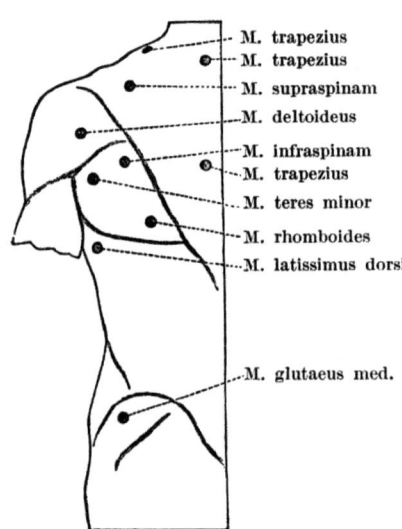

Abb. 104. Motorische Punkte an der Rückseite des Rumpfes

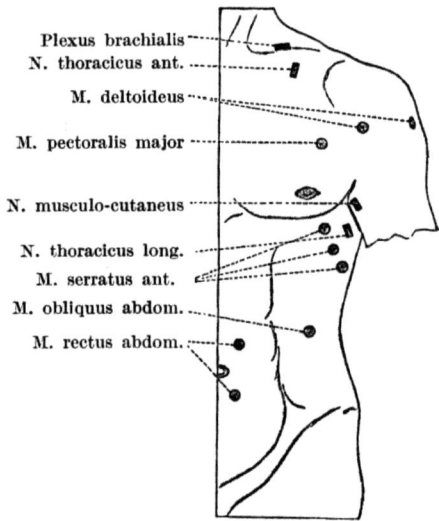

Abb. 105. Motorische Punkte an der Vorderseite des Rumpfes

Die Ausführung der Reizstromtherapie 131

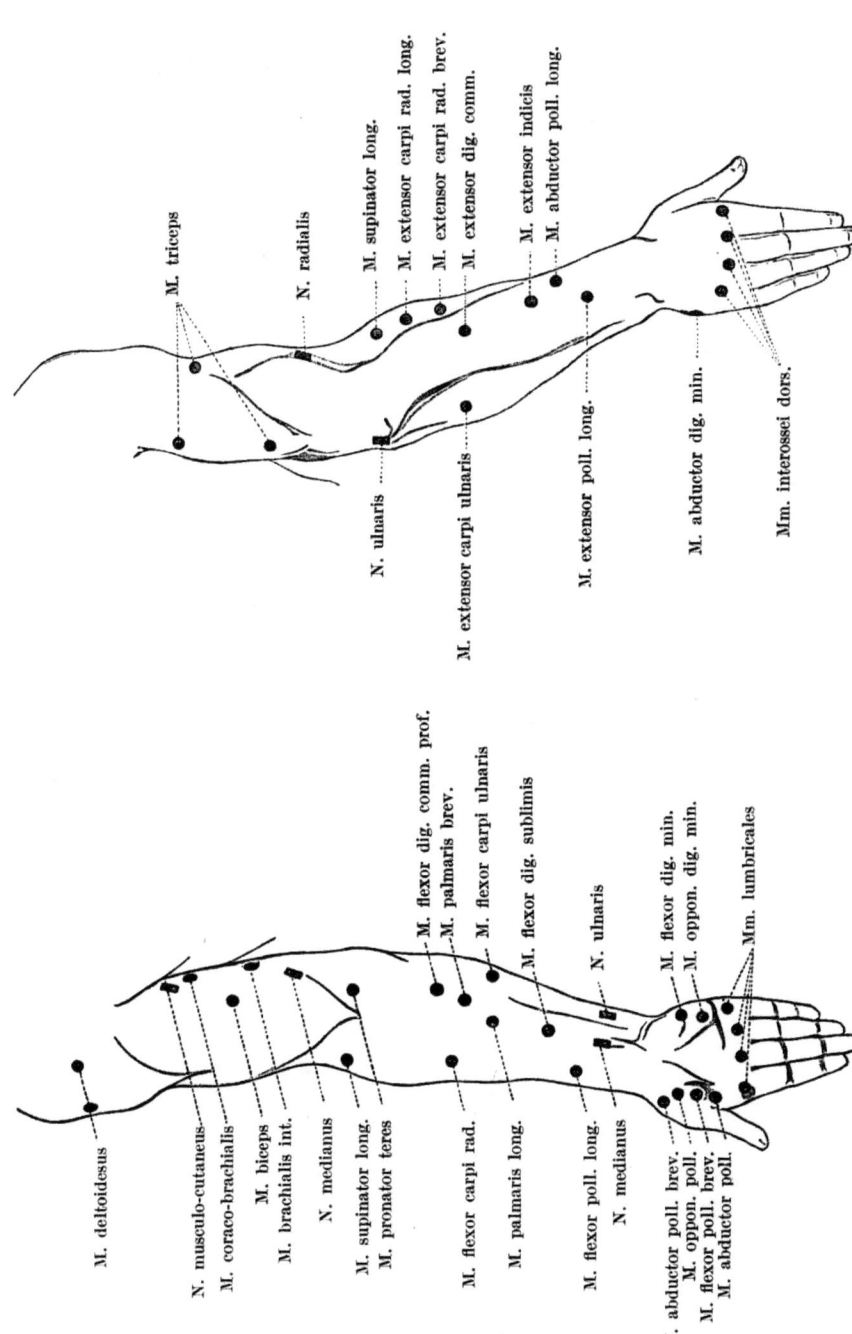

Abb. 107. Motorische Punkte an der Streckseite des Armes

Abb. 106. Motorische Punkte an der Beugeseite des Armes

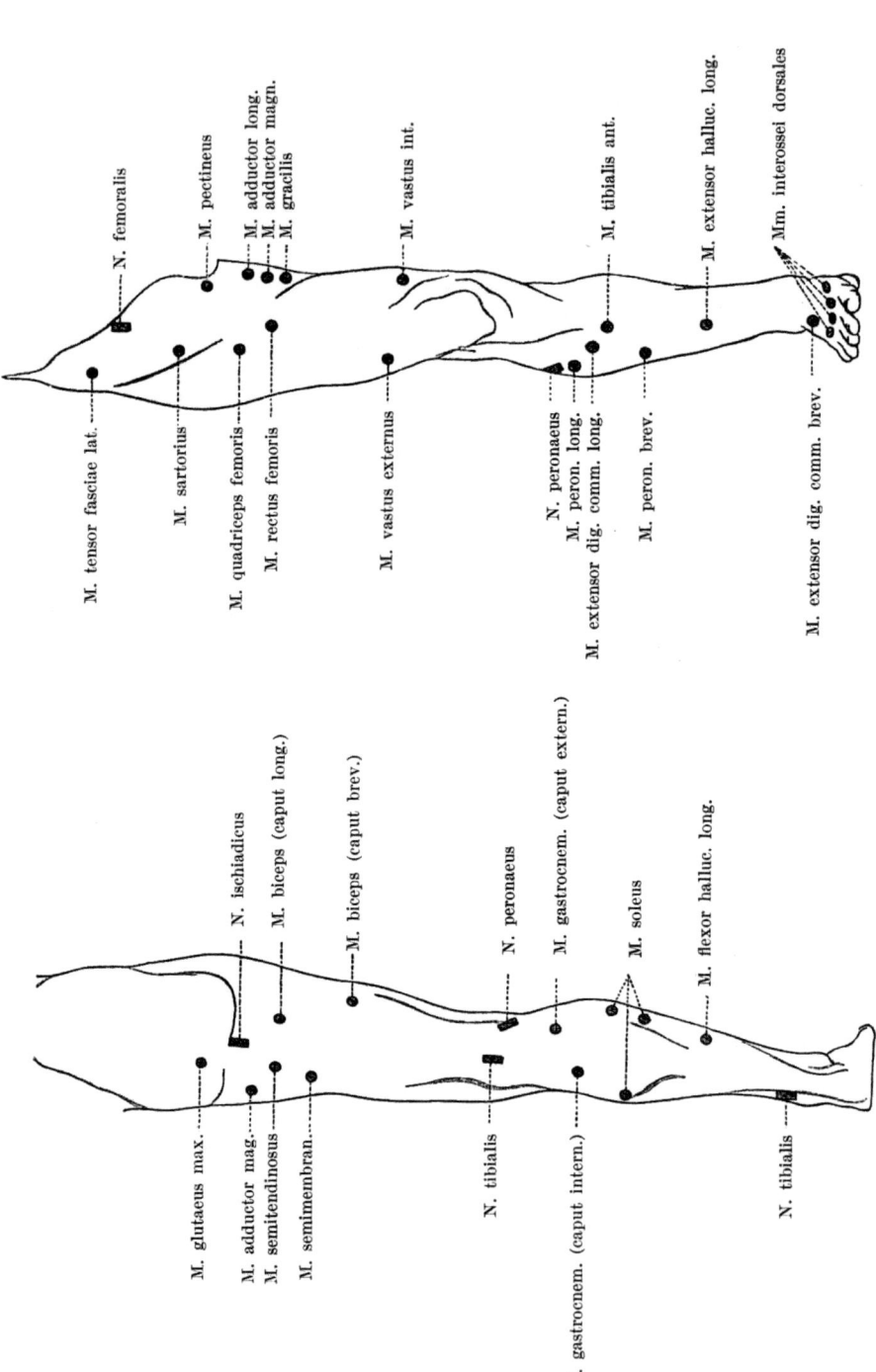

Abb. 109. Motorische Punkte an der Streckseite des Beines

Abb. 108. Motorische Punkte an der Beugeseite des Beines

Die zweipolige Reizung. Diese geschieht mit Hilfe von zwei gleich großen Elektroden, von denen eine an dem Ursprung des Muskels, die andere an dem Übergang seines Muskelbauches in die Sehne angelegt wird. Diese Behandlungstechnik kommt vor allem dann in Frage, wenn eine Entartungsreaktion besteht, mit anderen Worten, wenn der Muskel seines motorischen Nerven beraubt ist. In diesem Fall ist eine kollektive Reizung über den motorischen Nerv und seine intramuskulären Verzweigungen nicht mehr möglich. Die Muskelfasern sind autonom geworden. Es muß daher jede einzelne von ihnen vom Strom durchsetzt werden, denn je mehr Muskelfasern von ihm erfaßt werden, um so kräftiger wird die Kontraktion des Muskels sein. Für kleinere Muskelgruppen, wie die Beuger oder Strecker des Unterarms, die Fibularisgruppe, genügen Metallplättchen in einem Ausmaß von 2,5 × 2,5 cm, die feucht unterlegt werden (Abb. 110). Bei größeren Muskeln, wie dem M. quadriceps femoris, sind Metallelektroden

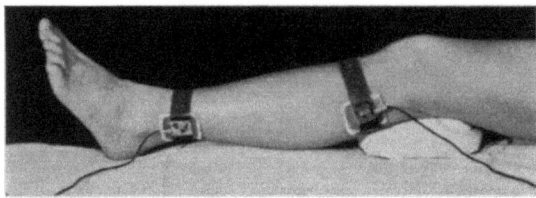
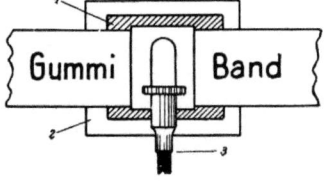

Abb. 110. Schwellstrombehandlung der Mm. fibulares

Abb. 111. Elektrodenreiter
1 Metallplättchen, *2* feuchte Stoffzwischenlage, *3* Kabelanschluß

in der Größe von 7 × 7 cm notwendig. Auf diese wird eine Hilfselektrode, ein sogenannter Elektrodenreiter (Abb. 111), der eine Verschraubung zum Anschluß eines Kabels trägt, aufgesetzt. Ein Gummiband, das durch die Führung der Hilfselektrode läuft, hält die Elektrode mit ihrer feuchten Unterlage am Körper fest.

Auch bei der zweipoligen Behandlung ist auf die *Polung der Elektroden*, mit anderen Worten, auf die Richtung des Stromes zu achten. Es ist daher notwendig, zu Beginn der Behandlung durch mehrmaliges Wenden des Stromes festzustellen, welche Stromrichtung die kräftigeren Kontraktionen ergibt.

Die Dauer der Behandlung richtet sich nach dem Schädigungsgrad des Muskels. Ist der Muskel nur atrophisch, sonst aber gesund, dann wird für die Behandlung mit Schwellstrom unter der Voraussetzung, daß die stromfreien Intervalle genügend lang sind, eine Zeit von 20 Minuten nicht zu viel sein. Ist der Muskel aber nicht nur atrophisch, sondern gleichzeitig denerviert, dann wird man sich mit 10, vielleicht sogar noch weniger Minuten begnügen, um ihn nicht zu übermüden.

Die Wirkungen der Reizstromtherapie

Die Reizstromtherapie hat die Aufgabe, einzelne Muskeln oder Muskelgruppen zur Kontraktion zu bringen. Der Zweck dieser Kontraktion kann ein doppelter sein, einerseits ein vorbeugender oder prophylaktischer, anderseits ein therapeutischer.

Liegt eine Lähmung vor, so bietet uns der Reizstrom die einzige Möglichkeit, den Muskel zu aktiver Zusammenziehung zu bringen. Wir benützen diese Möglichkeit, um den gelähmten Muskel bis zur Wiederherstellung seiner aktiven Beweglichkeit so weit als möglich vor der Atrophie zu bewahren. Daß die Reizstrombehandlung die Atrophie, wenn auch nicht aufzuhalten, so doch zu verzögern vermag, haben Untersuchungen von KRUSEN und Mitarbeitern an der Mayo-Klinik an Ratten gezeigt, die sie durch Ausschneiden eines Stücks des N. ischiadicus an beiden hinteren Extremitäten lähmten. Wurde dann die eine Extremität zwei bis drei Wochen lang mit Reizstrom behandelt, dann war der Gewichtsverlust des M. gastrocnemius und M. tibialis ant. auf der behandelten Seite deutlich geringer als auf der nicht behandelten. Die Verzögerung der Atrophie war besonders auffallend, wenn der Muskel während der Reizung gespannt war oder gegen einen Widerstand arbeitete. Weitere Versuche zeigten dann, daß nicht so sehr die Dauer der einzelnen Behandlung als vielmehr deren häufige Wiederholung für den Erfolg von Bedeutung ist (Arch. phys. Med. [Am.] 1954, 491; 1955, 370).

Das zweite Ziel der Reiztherapie ist es, geschwächte, atrophische, nicht voll leistungsfähige Muskeln zu kräftigen. BORDIER konnte durch eine achtwöchige Behandlung mit rhythmisch unterbrochenem Strom den Umfang des Oberarms um 10%, den des Unterarms um 5% vergrößern. Ähnliche Erfolge erzielten ZIMMERN und COTTENOT. Im Gegensatz zur aktiven Heilgymnastik, die ja das gleiche Ziel anstrebt, hat die Elektrogymnastik den Vorzug, daß sie den Kranken in keiner Weise ermüdet, da ja der zentrale Willensimpuls wegfällt.

Die therapeutischen Anzeigen der Reizstromtherapie

Schlaffe poliomyelitische, neuritische, traumatische *Lähmungen* oder *Paresen*. Spastische Lähmungen (Schwellstrombehandlung der schwächeren Antagonisten). Periphere Atmungslähmung. Parese des Sphincter ani oder vesicae urinariae.

Einfache *Muskelatrophie* infolge Erkrankung oder längerer Ruhigstellung der Gelenke in einem Verband wegen Knochen-, Gelenk- oder Weichteilverletzungen.

Muskelschwäche im Sinn der *statischen Insuffizienz* bei Rundrücken, Skoliose, Kyphoskoliose, Pes planus und transverso-planus.

Unvollkommene Exspiration bei Asthma bronchiale und Emphysem.

Chronische Obstipation (Behandlung der Bauchdeckenmuskeln mit Schwellstrom oder der Darmmuskulatur mit Exponentialimpulsen).

Die Hochfrequenztherapie (Arsonvalisation)
Die Physik der Hochfrequenzströme

Unter Hochfrequenztherapie versteht man die therapeutische Anwendung von Wechselströmen mit einer Frequenz von einer halben Million aufwärts. Die Hochfrequenztherapie umfaßt vier Methoden: 1. Die Arsonvalisation, die als die älteste Methode häufig kurzweg als Hochfrequenztherapie bezeichnet wird. 2. Die Langwellendiathermie. 3. Die Kurzwellendiathermie. 4. Die Mikrowellentherapie.

Grundbegriffe der Schwingungslehre. Die Hochfrequenzströme werden auch als *elektrische Schwingungen* bezeichnet. Dieser Begriff ist aus der Mechanik übernommen. Das geläufigste Beispiel sind die Schwingungen, wie sie ein Pendel vollzieht. Wir können sie auch graphisch darstellen. Denken wir uns ein Uhrpendel, das an seinem freien Ende einen Schreibstift trägt (Abb. 112) und lassen wir nun senkrecht zu der Schwingungsebene des Pendels einen Papierstreifen ablaufen, der von der Spitze des Schreibstiftes berührt wird, so wird dieser auf dem Papier eine Linie zeichnen, welche die Richtung und die Größe des Pendelausschlages in jedem Zeitpunkt wiedergibt. Wir erhalten eine Kurve, wie sie in Abb. 113 dargestellt ist. Die Schwingungen eines Uhrpendels, deren Amplitude andauernd gleich groß bleibt, bezeichnen wir als ungedämpft. Im Gegensatz hierzu nennen wir die Schwingungen, wie sie ein frei schwingender Pendel vollzieht, deren Amplitude fortschreitend abnimmt, gedämpft (Abb. 114).

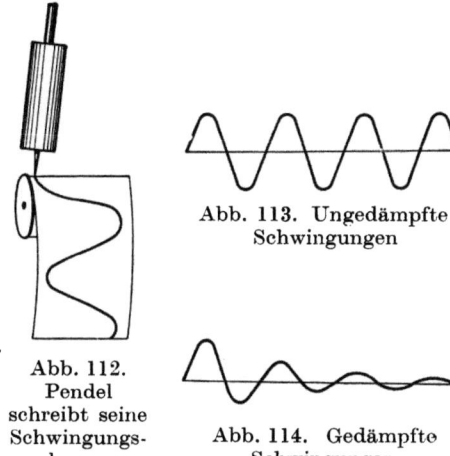

Abb. 112. Pendel schreibt seine Schwingungskurve

Abb. 113. Ungedämpfte Schwingungen

Abb. 114. Gedämpfte Schwingungen

Wir sehen, wie der Pendel zuerst nach der einen Seite einen Ausschlag macht, zur Ruhelage zurückkehrt, sich dann nach der anderen Seite bewegt, um wieder zum Ausgangspunkt zurückzukehren. Diesen Vorgang, bestehend aus zwei Halbwellen, einem Wellenberg und einem Wellental, nennen wir eine *Schwingung* oder eine *Periode*. Die Zeit, die zum Ablauf einer solchen Schwingung erforderlich ist, heißt *Schwingungszeit* oder *Periodenzeit*. Die Zahl der Schwingungen, die ein Pendel oder ein Wechselstrom in einer Sekunde ausführen, bezeichnen wir als seine *Schwingungszahl* oder *Frequenz*. Dieser Zahl wird meist noch der Name des Bonner Physikers HERTZ (Hz) beigefügt (S. 89). 1000 Hertz sind ein Kilohertz (kHz), 1 000 000 Hertz ein Megahertz (MHz). Je mehr Schwingungen in einer Sekunde stattfinden, desto kürzer ist die Zeit einer einzelnen Schwingung (T). Diese Zeit erhält man, wenn man 1, das ist eine Sekunde durch die Schwingungszahl oder Frequenz (n) dividiert. $T = \frac{1}{n}$.

Alle elektrischen Schwingungen pflanzen sich mit einer Geschwindigkeit von 300 Millionen Meter in der Sekunde, das ist die Geschwindigkeit des Lichtes, fort. Will man die Wellenlänge einer solchen Schwingung, d. h. die Wegstrecke, die sie während ihres Ablaufs zurücklegt, erfahren, dann muß man 300 Millionen

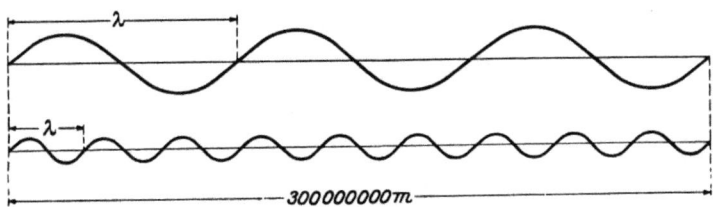

Abb. 115. Begriff der Wellenlänge

durch die Zahl der Schwingungen in der Sekunde, das ist die Frequenz (n), teilen. Wellenlänge $\lambda = 3 \cdot 10^8 : n$. Demnach ist das Produkt $\lambda n = 3 \cdot 10^8$ (Abb. 115). Wellenlänge und Frequenz sind daher reziproke Werte. Je größer

die Frequenz, um so kleiner die Wellenlänge und umgekehrt. Es ergeben sich daher für die folgenden Frequenzen die beigefügten Wellenlängen:
1 MHz = 300 m — 10 MHz = 30 m — 100 MHz = 3 m — 1000 MHz = 0,3 m

1947 wurde in Atlantic City der ganze Bereich der elektromagnetischen Wellen, um gegenseitige Störungen zu vermeiden, für verschiedene Zwecke aufgeteilt. Diesen Abmachungen schließt sich auch das deutsche „Gesetz über den Betrieb von Hochfrequenzgeräten" vom 9. August 1949 an, nach welchem in der Deutschen Bundesrepublik für Diathermie nur mehr die Wellenlängen von 22,12, 11,06 und 7,37 m verwendet werden dürfen.

Während man Gleichströme und niederfrequente Wechselströme durch Dynamomaschinen erzeugt, stellt man Hochfrequenzströme durch Entladung von Kondensatoren über eine Funkenstrecke oder Elektronenröhre dar.

Kondensatorentladungen über eine Funkenstrecke. Die Funkenstrecke, welche die Apparate für Langwellendiathermie benützen, besteht aus zwei kleinen, mit einem Wolframbelag versehenen Scheiben, die einander in einem Abstand von Bruchteilen eines Millimeters gegenüberstehen (Abb. 116). Über diese kurze Luftstrecke entladen sich die Kondensatoren in zahlreichen kleinen Funken. Jeder dieser Funken erzeugt ein paar rasch abklingende Schwingungen, die einander in relativ großen Abständen folgen (Abb. 117). Die Funkenstrecken erzeugen Wellen

Abb. 116. Löschfunkenstrecke

Abb. 117. Gedämpfte Schwingungen, erzeugt durch eine Funkenstrecke

der verschiedensten Längen, ein Wellengemisch, das die Rundfunksendungen schwer stört. Da nach den Vereinbarungen von Atlantic City bzw. dem deutschen Gesetz vom Jahre 1949 in der Medizin nur mehr drei definierte Wellenlängen zulässig sind, so werden in nicht allzu langer Zeit Funkenstreckenapparate nicht mehr benützt werden dürfen.

 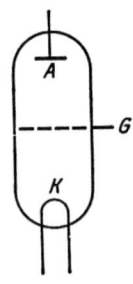 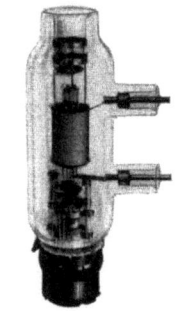

Abb. 118. Elektronen- oder Glühkathodenröhre

Abb. 119. Dreielektrodenröhre oder Triode

Abb. 120. Ansicht einer Dreielektrodenröhre oder Triode

Kondensatorentladungen über eine Elektronenröhre. Diese besteht aus einem hochevakuierten Glasrohr, in das zwei Elektroden eingeschmolzen sind (Abb. 118). Eine von ihnen hat die Gestalt eines Metallfadens, der durch eine besondere Stromquelle zum Glühen gebracht wird. Dadurch treten aus dem Metall Elektronen aus, die den Glühfaden wie eine Wolke umhüllen. Legt man nun eine Spannung von einigen tausend Volt an die Röhre derart an, daß der negative Pol an den Glühfaden zu liegen kommt, dieser also Kathode wird, so werden die Elektronen, die ja alle eine negative Ladung besitzen, von der positiv geladenen Anode angezogen. Es fließt ein Strom von Elektronen durch die Röhre, den man als *Anodenstrom* bezeichnet.

Ein solcher Strom kommt nicht zustande, wenn die glühende Elektrode mit dem positiven Pol der Stromquelle verbunden wird, denn in diesem Falle werden die aus dem Metall austretenden negativen Elektronen von der gegenüberliegenden gleichfalls negativen Kathode abgestoßen.

Schaltet man zwischen Anode und Kathode eine dritte Elektrode in Form eines Metallgitters (Abb. 119) ein, so hindert dieses die Elektronenbewegung von der Kathode zur Anode in keiner Weise, solange das Gitter nicht elektrisch geladen ist. Die Elektronen fliegen ungehindert durch die Maschen des Gitters hindurch. Die Elektronenbewegung wird jedoch beeinflußt, wenn das Gitter elektrisch geladen wird. Ist es positiv geladen, so wird dadurch die Anziehung der Anode auf die Elektronen erhöht. Der Anodenstrom wird verstärkt. Umgekehrt bei einer negativen Ladung des Gitters. Diese wirkt der positiven Ladung der Anode entgegen und schwächt den Strom. Ist die Ladung des Gitters genügend stark, so kann sie den Strom auch völlig unterdrücken. Ermöglichen wir es, daß die Ladung des Gitters zwischen einem positiven und einem hinreichend hohen negativen Wert in rascher Folge wechselt, so ist die Röhre für den Stromdurchgang einmal offen und dann wieder gesperrt. Sie wirkt also wie ein Schalter.

Die Abb. 120 zeigt die Ansicht einer Dreielektrodenröhre oder Triode, wie sie für Kurzwellenapparate Verwendung findet. Abb. 121 gibt in schematischer Darstellung den Aufbau einer solchen Röhre wieder. Die Glühkathode wird durch einen Wolframfaden gebildet, der in der Längsachse der Röhre schlingenförmig gespannt ist. Er wird von einem Metallzylinder, der Anode, umgeben. Zwischen beiden befindet sich das Gitter in Form einer Spirale, die den Glühfaden konzentrisch umschließt.

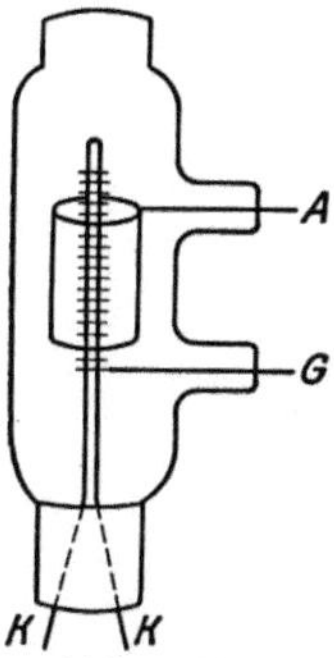

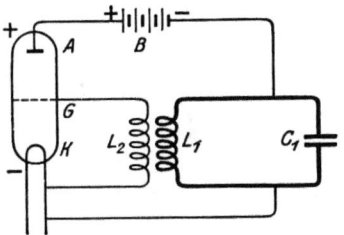

Abb. 122. Dreielektrodenröhre als Schwingungserreger.

B Hochspannungsbatterie, *A* Anode, *K* Kathode, *G* Gitter, L_1, L_2 Induktionsspulen, C_1 Kondensator

Abb. 121. Schematische Darstellung einer Dreielektrodenröhre (Triode). *A* Anode, *K* Kathode, *G* Gitter

Soll die Triode als automatischer Unterbrecher dienen, dann verwendet man die in Abb. 122 wiedergegebene Schaltung. In dem dick gezeichneten Kreis entstehen die Schwingungen dadurch, daß sich der Kondensator C_1 über die Induktionsspule L_1 entladet (S. 136). Diese Schwingungen würden aber sehr bald abklingen und erlöschen. Um sie in gleicher Stärke aufrechtzuerhalten, muß die durch Wärmebildung und Strahlung verlorengegangene Energie immer wieder ersetzt werden. Das geschieht in ähnlicher Weise wie bei einer Schaukel, die wir dauernd in Schwingungen erhalten wollen. Wir versetzen der Schaukel im Rhythmus ihrer Eigenschwingungen in dem Moment, wo sie sich von uns fortbewegen will, immer wieder einen kleinen Stoß. Dieser Energieersatz für den Kondensator wird nun durch eine Hochspannungsbatterie (B) geliefert, wobei die Elektronenröhre dafür sorgt, daß der Energiezufluß auch im richtigen Moment synchron mit den Schwingungen erfolgt.

Der eine Pol der Batterie ist an die eine Belegung des Kondensators C_1 unmittelbar angeschlossen, die Verbindung mit der zweiten Belegung geht über die Elektronenröhre. Eine Nachladung des Kondensators kann daher nur dann erfolgen, wenn die Röhre für den Anodenstrom durchgängig ist; andernfalls ist die Verbindung unterbrochen.

Das Öffnen und das Schließen der Röhre geschieht nun durch den Schwingungskreis selbst. Die in diesem durch die Kondensatorentladung erregten Schwingungen wirken auf einen zweiten Kreis, der mit dem ersten induktiv oder in anderer Weise gekoppelt ist. Er verläuft innerhalb der Röhre von der Kathode zum Gitter und heißt darum Gitterkreis. Am Gitter kommt es dadurch zu wechselnden Spannungen, die dem Anodenstrom einmal den Durchtritt gewähren und ihn im nächsten Augenblick wieder sperren. Dadurch wird es ermöglicht, dem Schwingungskreis im richtigen Augenblick die verlorengegangene Energie nachzuliefern und so die Schwingungen konstant oder ungedämpft zu erhalten.

Das Instrumentarium der Hochfrequenztherapie (Arsonvalisation)

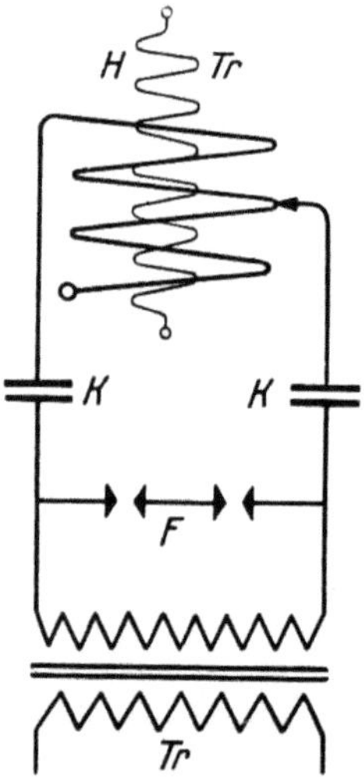

Abb. 124. Hochfrequenzapparat (L. Schulmeister, Wien)

Der Hochfrequenzapparat alter Form besitzt einen Niederfrequenztransformator, der die Aufgabe hat, den Straßenstrom auf einige tausend Volt zu bringen, die nötig sind, um die Kondensatoren aufzuladen. Diese entladen sich über eine Funkenstrecke, wodurch es zu hochfrequenten Schwingungen kommt. Da der Arsonvalstrom nicht nur eine hohe Frequenz, sondern auch eine hohe Spannung hat, ist ferner ein Hochspannungstransformator nötig. Abb. 123 zeigt in einem Schaltbild die Verbindung dieser Teile miteinander. Abb. 124 gibt die äußere Ansicht eines Hochfrequenzapparates wieder. Neben den großen sind im Handel noch kleine tragbare Apparate erhältlich, deren Leistungsfähigkeit natürlich eine sehr beschränkte ist. Sie dienen im wesentlichen kosmetischen Zwecken.

Abb. 123. Schaltbild eines Hochfrequenzapparates alter Art. *Tr* Niederfrequenztransformator, *H Tr* Hochfrequenztransformator, *K* Kondensatoren, *F* Funkenstrecke

Die Elektroden. Entsprechend den unten näher beschriebenen Anwendungsarten der Hochfrequenzströme unterscheiden wir:

1. *Die Bestrahlungs- oder Effluvienelektroden.* Sie tragen an einem Metallkörper eine Reihe von Spitzen. Wie alle anderen Hochfrequenzelektroden sind sie an einem langen Handgriff aus isolierendem Material befestigt, um den Arzt gegen einen etwaigen Funkenübergang (Gleitfunken) zu schützen (Abb. 125).

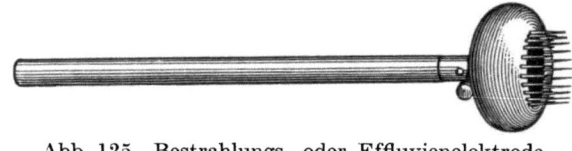

Abb. 125. Bestrahlungs- oder Effluvienelektrode

2. *Die Funkenelektroden.* Sie sind sehr verschiedener Art. Die stärksten, schmerzhaftesten Funkenentladungen bekommt man mit Pinselelektroden, die aus einem Bündel weicher Metallfäden bestehen, mit denen man über die Haut streicht (Abb. 126).

Abb. 126. Funkenelektrode

Gedämpfter sind die Funken, welche die sogenannten *Kondensatorelektroden* liefern. Sie bestehen aus einem Isolierstoff, Glas, Hartgummi oder dgl., der die eigentliche metallisch leitende Elektrode umschließt, so daß diese mit dem Körper nicht in leitende Berührung kommen kann. Bei dem Anlegen der Elektroden an die Haut ergibt sich eine Kondensatoranordnung, wobei der Isolierstoff das Dielektrikum, Körper und Elektrode die beiden Belegungen darstellen. Daher der Name Kondensatorelektrode. Abb. 127 zeigt eine Gruppe solcher Elektroden, die aus verschieden geformten Glashülsen bestehen, die mit einer leitenden Masse, Kohle-, Graphit- oder Aluminiumpulver, gefüllt sind.

Eine weitere Gruppe von Kondensatorelektroden besteht aus GEISSLER-Röhren verschiedener Größe und Form, in welche das Ende des Leitungsdrahtes eingeschmolzen ist (Abb. 128). Bekanntlich

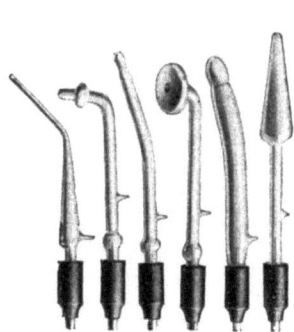

Abb. 127. Kondensatorelektroden

Abb. 128. Vakuumelektroden

ist verdünnte Luft ein Leiter für hochgespannte Elektrizität. Sie ersetzt also hier die eigentliche Elektrode. Solche Elektroden heißen *Vakuumelektroden.* Da die verdünnte Luft bei Stromdurchgang in bläulichviolettem Licht aufleuchtet, so gestaltet sich die Behandlung mit ihnen sehr effektvoll. Füllt man die Glasröhren statt mit verdünnter Luft mit Neongas, so leuchten sie orangerot.

Die Ausführung der Hochfrequenztherapie (Arsonvalisation)

Während man bei allen anderen elektrischen Behandlungen stets zwei Elektroden verwendet, wird die Hochfrequenztherapie fast immer nur mit einer einzigen Elektrode, also einpolig, ausgeführt. Da der Strom infolge seiner hohen Spannung schon kapazitiv auf den Körper übergeht, ist eine zweite Elektrode nicht nötig.

Die Bestrahlung oder Effluvienbehandlung. Schließt man eine Spitzenelektrode an den Hochspannungstransformator an und bringt diesen auf Resonanz, so kommt es unter leichtem Knistern an den Spitzen der Elektrode zu Glimmlichtentladungen, die besonders im Dunkeln als violette Ausstrahlungen erkennbar sind. Nähert man seine Hand langsam der Elektrode, so konzentrieren sich die Entladungen auf diese und man fühlt zunächst einen leichten Hauch, der bei weiterer Annäherung in ein Prickeln übergeht, wobei bisweilen leichte fibrilläre Muskelzuckungen sichtbar werden. Geht man noch näher an die Elektrode heran, so kommt es zu einem schmerzhaften Funkenüberschlag.

Die Bestrahlung wird in der Weise durchgeführt, daß man die Elektrode der zu behandelnden Körperstelle, die entkleidet ist, in einer Entfernung gegenüberstellt, bei der die Entladung wohl deutlich gefühlt wird, bei der es aber noch zu keinem Funkenübergang kommt. Um die Entfernung während der Dauer der Behandlung genau einhalten zu können, empfiehlt es sich, die Elektrode an einem Stativ zu befestigen, während der Kranke auf dem Behandlungsbett liegt oder auf einem Stuhl sitzt. Die Bestrahlung dauert durchschnittlich 10 Minuten.

Die Funkenbehandlung. Will man einen starken Hautreiz setzen, so nimmt man eine Pinselelektrode. Begnügt man sich mit einem schwächeren, so wählt man eine Kondensatorelektrode. Man tut gut, bei der Einstellung des Apparates die Funkenstärke zunächst an der eigenen Hand zu prüfen. Ist das geschehen, so setzt man die Elektrode auf die Hautstelle, die behandelt werden soll, auf und gleitet in leichten Zügen über sie hin und her. Um das Gleiten zu erleichtern, kann man die Haut mit Talkpulver einpudern. Noch zweckmäßiger ist es, die Haut mit einem enganliegenden Kleidungsstück (Trikot) oder einem straff gespannten Tuchstück zu bedecken. Die Dicke des Stoffes, durch den die Funken unbehindert hindurchschlagen, bestimmt ihre Größe und damit die Stärke des gesetzten Reizes.

Von der Stärke der Funken hängt auch die *Behandlungszeit* ab. Man wird mit einem Metallpinsel nur 2 bis 3 Minuten, mit einer Vakuumelektrode dagegen durchschnittlich 10 Minuten behandeln. Die Behandlung soll so intensiv sein, daß sie eine deutliche Hautrötung hinterläßt.

Die physiologischen Wirkungen der Hochfrequenztherapie (Arsonvalisation)

Lassen wir einen Hochfrequenzstrom durch eine fest aufgesetzte Elektrode in den Körper übergehen, so kann man einzig und allein das Gefühl einer leichten Wärme feststellen, die zuerst von ZEYNEK als Strom- oder

JOULEsche Wärme (S. 142) richtig gedeutet wurde. Jeder sensible oder motorische Reiz fehlt dabei. Diese Art der Behandlung mit einer stabil aufgesetzten Elektrode, die nichts anderes als eine primitive Form der Diathermie darstellt, wird heute nicht mehr geübt. Die Hochfrequenzströme alter Form kommen heute nur mehr als Ausstrahlungen oder Funken zur Anwendung. Ihre Aufgabe ist es, einen Hautreiz zu setzen.

Der Hautreiz. Unter der Einwirkung von Funken tritt nach einer rasch vorübergehenden Kontraktion eine Erweiterung der Hautgefäße, eine Hautrötung auf, die anfangs aus einzelnen Punkten, später aus Flecken besteht, die schließlich miteinander zusammenfließen. Die Hyperämie hat meist mit Abschluß der Behandlung ihren Höhepunkt erreicht, kann aber ausnahmsweise in den der Behandlung folgenden Stunden noch zunehmen. Ihre Dauer ist verschieden, bisweilen ist sie 24, ja selbst 48 Stunden nach der therapeutischen Anwendung noch vorhanden.

Hautreize der verschiedensten Art, wie Schröpfköpfe, Vesikantien, Pustulantien, Glüheisen, Akupunktur, werden seit Jahrtausenden mit bestem Erfolg therapeutisch verwendet. Sie erzeugen nicht nur eine Oberflächen-, sondern auch eine Tiefenhyperämie und sind imstande, auf neuralem Weg die Funktion innerer Organe im Sinn einer vegetativen Umstimmung zu beeinflussen.

Die allgemeine Aufladung. Bei jeder örtlichen Anwendung hochgespannter Hochfrequenzströme beobachtet man auch eine allgemeine Aufladung des Körpers. Man erkennt sie daran, daß man bei der Berührung des Kranken mit dem Finger oder einem metallischen Gegenstand auch an Körperstellen, die dem Behandlungsort fernliegen, Funken ziehen kann, oder daß an den Körper angelegtes Neonröhrchen aufleuchtet. Es ist durchaus möglich, daß neben dem lokalen Hautreiz auch diese allgemeine Aufladung des Körpers eine therapeutische Rolle spielt. Ein experimenteller Beweis hierfür ist jedoch bisher nicht erbracht worden.

Die therapeutischen Anzeigen der Hochfrequenztherapie (Arsonvalisation)

Neuralgien verschiedener Art, wie des N. supraorbitalis, N. occipitalis, Nn. intercostales, Narbenneuralgien, Meralgia paraesthetica. In nicht selten spezifischer Weise wirken die Hochfrequenzfunken bei der Adiposalgie (Fibrositis, Cellulitis).

Auch bei *Neuritis* des N. ischiadicus, des Plexus brachialis, den lanzinierenden Schmerzen der Tabiker erweist sich die Hochfrequenztherapie erfolgreich, desgleichen bei *Schmerzen periostalen Ursprungs*, wie Epicondylitis, Styloidalgie, Tarsalgie, Achillodynie u. dgl. Auch bei *Migräne* und anderen Formen von *Kopfschmerzen* werden gute Erfolge erzielt.

Einen recht günstigen Einfluß übt die Hochfrequenztherapie auch auf die Heilung von *torpiden Geschwüren und Fissuren* aus. Vermutlich wirken die zahlreichen von den kleinen Funken gesetzten mikroskopischen Koagulationen anregend auf die Wundheilung. Auch bei verschiedenen Hautkrankheiten, wie *Ekzemen* und *Hautjucken*, wurden die Hochfrequenzentladungen empfohlen.

KOWARSCHIK beobachtete, daß eine Funkenbehandlung der Unterbauch- und Kreuzbeingegend reflektorisch die Funktion der Eierstöcke anzuregen vermag und daher bei Amenorrhöe infolge hormonaler Unterfunktion der Drüsen mit Erfolg zur Anwendung kommen kann.

Die Langwellendiathermie

Allgemeines

Die fehlende Reizwirkung. Beim Wechselstrom stellt jede Periode, wie wir auf S. 125 ausgeführt haben, einen Reizimpuls dar. Damit dieser die motorische oder sensible Reizschwelle erreicht, muß er neben einer gewissen Mindeststromstärke auch eine gewisse Mindestdauer (Nutzzeit) aufweisen. Bei den Hochfrequenzströmen mit einer Periodenzahl von durchschnittlich ½ Million, wie wir sie zur Diathermie benützen, beträgt die Reizdauer ½ Millionstel Sekunden. Diese Zeit ist viel zu kurz, um zur Auslösung eines motorischen oder sensiblen Reizes hinreichend zu sein. Die Folge davon ist, daß Hochfrequenzströme dieser Periodenzahl weder Muskelkontraktionen noch irgend eine Empfindung zur Folge haben. Sie können daher in ungleich größerer Stromstärke verabfolgt werden als der gewöhnliche Gleichstrom und niederfrequente Wechselstrom. Erreicht die Stromstärke eine bestimmte Höhe, dann tritt ein deutliches Gefühl von Wärme auf. ZEYNEK war der erste, der schon 1898 nicht nur das Wesen dieser Wärme als elektrische Stromwärme richtig deutete, sondern auch die therapeutische Bedeutung derselben zum Zweck einer Tiefenerwärmung des Körpers klar erkannte. Er muß daher als der Begründer der Diathermie angesehen werden.

Die elektrische Stromwärme. Jeder elektrische Strom erzeugt auf seinem Leitungsweg Wärme. Sie entsteht durch Überwindung des Widerstandes, dem die Elektronen oder Ionen auf ihrem Durchtritt durch den Leiter beggenen. Sie ist einerseits diesem Widerstand (w), andererseits dem Quadrat der angewendeten Stromstärke (i) direkt proportional.

$$W = k \cdot w \cdot i^2 \text{ (JOULEsches Gesetz)}$$

k ist in diesem Ausdruck eine Konstante. Setzen wir diese gleich 0,24, drücken wir den Widerstand in Ohm, die Stromstärke in Ampere aus, so ergibt obiges Produkt die in einer Sekunde gebildete Wärmemenge in Grammkalorien.

Die Erwärmung lebenden Gewebes durch Hochfrequenzströme bezeichnet man als *Diathermie*. Beträgt die Frequenz dieser Ströme ½ bis 1 Million, so spricht man von *Langwellendiathermie*, beträgt sie 10 bis 100 Millionen, von *Kurzwellendiathermie*.

Das Instrumentarium der Langwellendiathermie

Die Langwellenapparate zeigen grundsätzlich den gleichen Aufbau wie die alten Hochfrequenzapparate, da ja das Verfahren zur Herstellung hochfrequenter Schwingungen in beiden Fällen das gleiche ist. Ein Unterschied ergibt sich insofern, daß der Hochspannungstransformator wegfällt und durch einen zweiten Kreis ersetzt wird, in dem der Patient eingeschlossen ist (Therapie- oder Patientenkreis). Abb. 129 gibt das Schaltbild eines Langwellenapparates wieder. Die Abb. 130 zeigt die äußere Ansicht eines solchen Apparates.

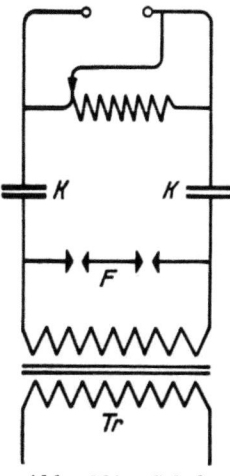

Abb. 129. Schaltbild eines Apparates für Langwellendiathermie.
Tr Transformator,
F Funkenstrecke,
K Kondensatoren

Die Elektroden. Da den Hochfrequenzströmen infolge ihres raschen Richtungswechsels eine elektrolytische Wirkung nicht mehr zukommt, verwendet man zur Diathermie ausschließlich blanke Metallelektroden. Meist werden Bleiplatten in der Dicke von 0,5 mm benützt, wie sie zuerst von KOWARSCHIK empfohlen

Abb. 130. Apparat für Langwellendiathermie (Siemens-Reiniger-Werke)

wurden. Sie sollen eine ganz bestimmte Größe haben, da mit der Größe gleichzeitig auch die bei ihrem Gebrauch zulässige Stromstärke gegeben ist (S. 146). Die gebräuchlichsten Formen sind:

Breite in cm	Länge in cm	Flächeninhalt in qcm
6	8	50 (genau 48)
8	12	100 (genau 96)
10	15	150
12	17	200 (genau 204)
14	22	300 (genau 308)
16	25	400
18	28	500 (genau 504)

Man kann die Elektroden auch selbst aus Bleiblech zurechtschneiden. Legt man Wert auf gutes Aussehen, so benützt man verzinntes Bleiblech. Die Ecken der Platten sollen gut abgerundet werden.

Zum Anschluß der Elektroden an den Apparat dienen Kabel, die an ihrem freien Ende eine Klemme tragen (Abb. 131). Diese muß die Platte sicher fassen, da es bei ihrem Abgleiten leicht zu einer Verbrennung kommen kann. Geht der Kontakt zwischen Elektrode und Klemme während der Behandlung verloren und bleibt die Klemme mit dem Körper in Berührung, so wirkt ihre Metallfläche gleichsam als Elektrode. Infolge ihrer Kleinheit wird aber die Stromdichte dann so groß, daß schon in Bruchteilen einer Sekunde eine Verbrennung entsteht.

Die Ausführung der Langwellendiathermie

Allgemeine Behandlungsregeln

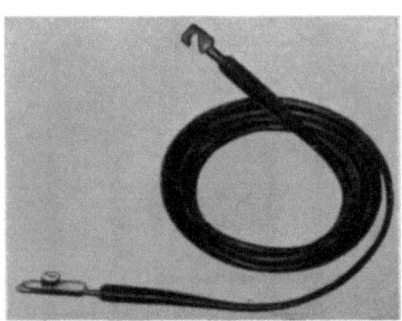

Abb. 131. Kabel mit Elektrodenklemme nach KOWARSCHIK

Das Anlegen der Elektroden. Die Elektroden müssen der Haut so gut wie möglich angepaßt werden. Der Kontakt kann dadurch verbessert werden, daß man die Haut (und nicht die Elektrode) mit Hilfe eines Gummischwammes mit warmem Wasser anfeuchtet. Größere Elektroden, die auf dem Rumpf angelegt werden, wärmt man zweckmäßigerweise an.

Man vermeide es, die Elektroden über einem unmittelbar unter der Haut liegenden Knochen, wie dem Schlüsselbein, dem Schienbein, dem Darmbeinkamm, aufzulegen. Da der Knochen dem Strom einen sehr hohen Widerstand bietet, kommt es an solchen Stellen leicht zu einer Überhitzung. Elektroden sollen an den Extremitäten an der Streckseite und nicht an der Beugeseite angelegt werden, da hier die großen Blutgefäße verlaufen, die dem Strom einen ausgezeichneten Leitungsweg bieten, wodurch die Beugeseite ungleich stärker erwärmt wird als die Streckseite.

Um während der Behandlung ein dauernd gutes Anliegen der Elektroden zu sichern, werden sie meist mittels einer elastischen Binde befestigt, wobei man nicht vergesse, auch die Elektrodenklemme mit in den Verband einzuschließen. Bei großen Platten, die auf den Rücken zu liegen kommen, genügt es jedoch, wenn sich der Kranke auf die Elektrode legt und sie durch sein Körpergewicht andrückt. Platten auf der Vorderseite des Rumpfes werden durch das Auflegen von ein oder zwei Sandsäcken in ihrer Lage erhalten. In diesen Fällen mache man den Kranken darauf aufmerksam, daß das Abheben der Elektroden vom Körper oder des Körpers von der Elektrode während der Behandlung mit einer Verbrennungsgefahr verbunden ist.

Es ist unbedingt nötig, den Kranken vor Beginn der Behandlung darüber aufzuklären, daß er während dieser nichts anderes als ein angenehmes, mäßig starkes Wärmegefühl empfinden dürfe. Es ist ihm aufzutragen, daß er das Auftreten eines Gefühls von Hitze, Brennen oder Stechen sofort melden müsse, widrigenfalls er sonst eine Verbrennung erleiden könnte.

Nach jeder Behandlung werden die Metallplatten gereinigt und mit einem Rundholz oder einer faradischen Rolle, die man ihres Stoffüberzuges entkleidet hat, geglättet. Zerknitterte und zerknüllte Platten geben nie einen guten Kontakt.

Die Lokalisierung der Wärme. Der Strom nimmt immer, wenn es irgend möglich ist, den kürzesten Weg von einer Elektrode zur anderen. Das Behandlungsobjekt muß daher auf der Verbindungslinie der beiden Elektroden liegen.

Die Behandlung mit zwei gleich großen Elektroden. Ist der Querschnitt des behandelten Körperteiles größer als die Oberfläche der Elektroden, wie das meist der Fall ist, dann kommt es stets zu einer Streuung, d. h. zu einem Auseinanderweichen der Stromlinien im Körper. Da die Stromdichte ein Maß für die Erwärmung darstellt, so ist infolgedessen auch die Erwärmung in der Mitte des Stromweges geringer als unmittelbar unter den Elektroden.

Die Stromlinien werden um so weniger auseinanderweichen, die Erwärmung wird also um so gleichmäßiger sein, je größer die Elektroden bei dem gleichen Abstand oder je kleiner der Abstand bei einer bestimmten Elektrodengröße ist (Abb. 132). Da der Abstand durch die Dicke des zu behandelnden Körperteiles in der Regel gegeben ist, so wähle man im Interesse einer homogenen Durchwärmung lieber etwas größere Elektroden.

Anders liegen die Verhältnisse, wenn der Querschnitt an irgend einer Stelle der Strombahn kleiner ist als die Oberfläche der Elektroden. Das trifft z. B. zu, wenn wir an der Handfläche und am Unterarm je eine

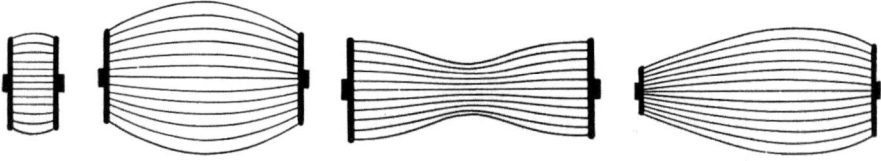

Abb. 132. Stromlinienverlauf bei kleinerem und größerem Elektroden-Abstand

Abb. 133. Stromlinienverlauf bei Verengung der Strombahn

Abb. 134. Stromlinienverlauf bei ungleich großen Elektroden

Elektrode in der Größe von 100 qcm anlegen. In diesem Fall muß der Strom das Handgelenk durchsetzen. Dieses stellt gleichsam eine Stromenge dar, deren Querschnitt kleiner ist als 100 qcm (Abb. 133). Die Stromlinien müssen sich daher im Handgelenk verdichten. Die Erwärmung wird infolgedessen hier am größten sein. Analoges gilt für das Sprunggelenk.

Die Behandlung mit zwei ungleich großen Elektroden. Sind beide Elektroden nicht gleich groß, so wird die Erwärmung unter der kleineren Elektrode größer sein (Abb. 134). Ist das Größenverhältnis der Elektroden etwa 1 : 2, so ist die Erwärmung unter der kleineren Elektrode bereits viermal so groß wie unter der größeren.

Die Behandlung mit zwei verschieden großen Elektroden wählt man dort, wo ein Organ durchwärmt werden soll, das exzentrisch der einen Körperseite besonders naheliegt und nicht für sich allein zwischen zwei

Elektroden gefaßt werden kann. Das trifft zu für das Auge, das Ohr, die Wirbelsäule, die Gallenblase, die Nieren usw.

Elektroden in Winkelstellung. Nicht immer ist es möglich, die Elektroden einander flächenparallel gegenüberzustellen. Nehmen die Elektroden eine Winkelstellung zueinander ein, so werden die Stromlinien in dem Bestreben, den kürzesten Weg zu nehmen, sich gegen die einander näherliegenden Elektrodenränder verschieben (Abb. 135). Die Erwärmung wird zwischen diesen größer sein als zwischen den voneinander weiter entfernten Rändern. Diese einseitige Verschiebung der Wärme, die wir als *Randwirkung* bezeichnen, wird um so mehr in Erscheinung treten, je größer der Neigungswinkel der Elektroden ist. Sie wird bei einem Winkel von 180° ihr Maximum erreichen (Abb. 136).

Sie wird aber auch bei gleicher Neigung um so ausgeprägter sein, je näher die Elektroden einander liegen.

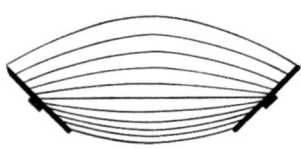

Abb. 135. Stromlinienverlauf bei Winkelstellung der Elektroden (Randwirkung)

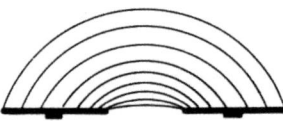

Abb. 136. Stromlinienverlauf bei einer Winkelstellung der Elektroden von 180° (Extreme Randwirkung)

Die Stromstärke, die wir anwenden, hängt in erster Linie von der Größe der Elektroden ab, denn für die Stärke der Erwärmung ist nicht die absolute Stromstärke, die uns das Amperemeter anzeigt, maßgebend, sondern die relative Stromstärke oder die Stromdichte, das ist das Verhältnis der Stromstärke zum Querschnitt der Strombahn, mit anderen Worten, die Stromdichte je Quadratzentimeter. So kommt es, daß jeder Elektrodengröße eine bestimmte Stromstärke zugeordnet ist. Die Praxis hat gelehrt, daß für die am häufigsten gebrauchten Elektrodengrößen die folgenden Stromstärken als Maximaldosis anzusehen sind.

50 qcm	0,5 A
100 qcm	1,0 A
200 qcm	1,5 A
300 qcm	2,0 A

Diese Zahlen gelten unter der Voraussetzung, daß zwei gleich große Elektroden sich einander flächenparallel gegenüberstehen. Bei zwei ungleich großen Elektroden ist die kleinere für die Dosierung maßgebend. Nehmen die Elektroden eine Winkelstellung ein, so daß es zu einer Verdichtung der Stromlinien an den einander näherliegenden Teilen der Platten kommt, so muß die Stromstärke entsprechend verkleinert werden. Eine Ausnahme von dem allgemeinen Dosierungsgesetz tritt auch dann ein, wenn bei der Längsdurchwärmung einer Extremität der Strom das Hand- oder Sprunggelenk passieren muß. Im ersten Fall beträgt die maximale Stromstärke 0,3 A, im zweiten Fall 0,5 A.

Die Behandlung einzelner Körperteile

Gehirnschädel. Die Durchwärmung kann in sagittaler oder frontaler Richtung erfolgen. Im ersten Fall kommen zwei Platten in der Größe von 4 × 12 cm auf Stirn und Nacken, wobei man durch Einseifen der Haare für

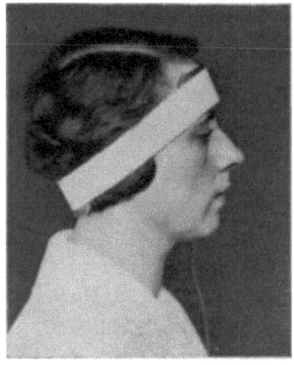 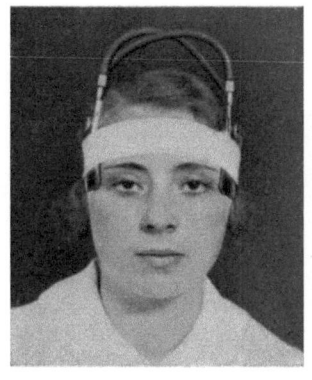 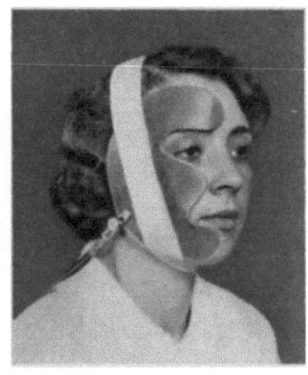

Abb. 137. LW-Diathermie des Schädels in sagittaler Richtung

Abb. 138. LW-Diathermie des Schädels in frontaler Richtung

Abb. 139. LW-Diathermie des Gesichtsschädels

einen guten Kontakt Sorge tragen muß (Abb. 137). Behandlung am besten im Liegen auf einer Kopfrolle, die das gute Anliegen der rückwärtigen Elektrode

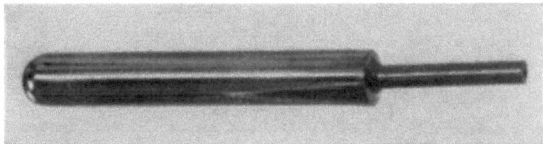

Abb. 141. Vaginalelektrode nach KOWARSCHIK

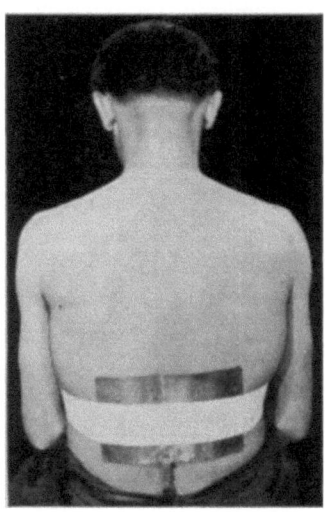

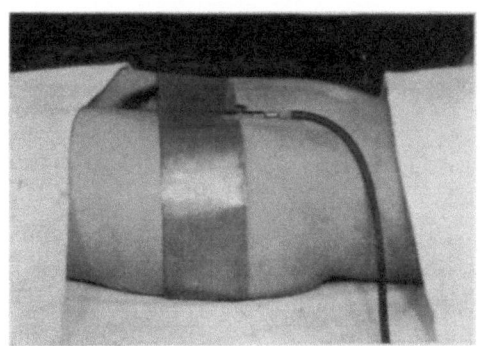

Abb. 140. LW-Diathermie beider Nieren

Abb. 142. Gürtelelektrode zur vaginalen LW-Diathermie nach KOWARSCHIK

sichert. Stromstärke 0,3 bis 0,5 A. Bei der frontalen Durchwärmung legt man zwei Elektroden im Ausmaß von 2,5 × 2,5 cm an die beiden Schläfen (Abb. 138).

Stromstärke 0,2 bis 0,3 A. Eine gezielte Durchwärmung der Hypophyse oder des Zwischenhirns, von der häufig gesprochen wird, ist praktisch unmöglich, da die Stromlinien in der Gehirnmasse in weitem Ausmaß streuen.

Gesichtsschädel. Eine halbmaskenartige Elektrode auf die kranke Gesichtshälfte, eine Platte von 200 qcm auf den Rücken (Abb. 139). Stromstärke 0,3 bis 0,5 A.

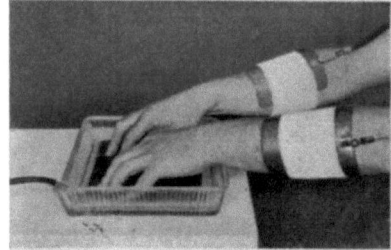

Abb. 144. LW-Diathermie der Finger- und Handgelenke

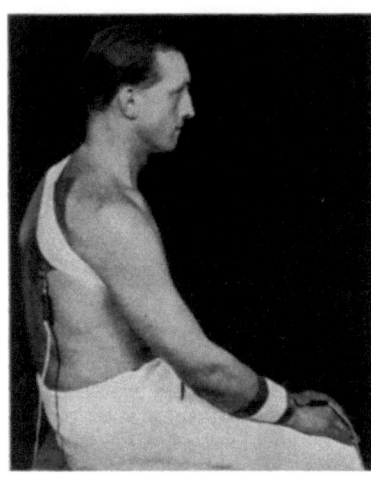

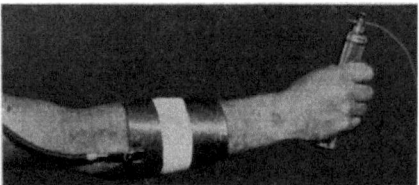

Abb. 143. LW-Diathermie des Armes

Abb. 145. LW-Diathermie eines Handgelenkes

Lunge. Patient legt sich auf eine Platte von 300 oder 400 qcm, eine gleich große Platte auf die Vorderseite des Brustkorbes, beschwert durch einen oder zwei Sandsäcke. Stromstärke 1,5 bis 2,0 A.

Herz. Zwei Elektroden von 200 qcm, entsprechend der Projektion des Herzens, auf den Rücken und die vordere Brustwand. Behandlung sitzend oder liegend. Stromstärke 0,6 bis 0,8 A.

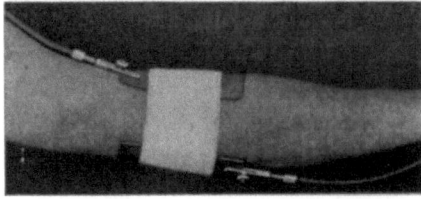 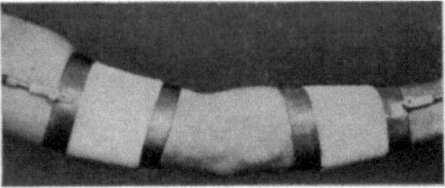

Abb. 146. LW-Diathermie eines Ellbogengelenkes (quer)

Abb. 147. LW-Diathermie eines Ellbogengelenkes (längs)

Darm. Patient liegt auf einer Elektrode von 300 qcm, die durch ein untergeschobenes Kissen der Lumbalwölbung angedrückt wird. Gegenüber auf die vordere Bauchwand eine gleich große Elektrode, beschwert durch einen oder zwei Sandsäcke. Stromstärke 1,5 bis 2,0 A.

Magen, Gallenblase und Appendix. Patient liegt auf einer Platte von 300 qcm, die auf einem Kissen ruht, ihr gegenüber, entsprechend dem erkrankten Organ, eine Platte von 200 qcm. Stromstärke 1,0 bis 1,5 A.

Nieren. Behandlung im Liegen. Elektrode von 300 qcm auf die Nierengegend, gegenüber, auf die Bauchwand, eine Platte von 400 qcm, durch einen oder zwei Sandsäcke festgehalten (Abb. 140). Stromstärke 1,5 A.

Harnblase. Patient liegt mit dem Kreuzbein auf einer Elektrode von 300 qcm, die bis zur Steißbeinspitze reichen soll. Knapp über der Symphyse eine Elektrode von 200 qcm, deren unterer Rand, entsprechend dem Schambeinbogen, abgerundet ist. Stromstärke 1,0 A.

Uterus und Adnexe. Die *äußere oder perkutane Diathermie* ist genau die gleiche wie die der Harnblase. Zur *vaginalen Diathermie*, die wirksamer ist, benützt man eine sterilisierbare Vaginalelektrode (Abb. 141). Diese wird in warmes Wasser getaucht und in die Scheide eingeführt. Um das Herausgleiten der Elektrode während der Behandlung zu vermeiden, wird zwischen die ausgestreckten Schenkel der Patientin ein Sandsack gelagert, gegen den sich der Stiel der Elektrode stützt. Die zweite Elektrode bildet ein Bleigürtel von 8 cm Breite und einer Länge von 100 bis 120 cm. Dieser wird, bevor sich die Patientin niederlegt, quer über das Behandlungsbett gebreitet. Die Patientin lagert sich so auf den Gürtel, daß dessen unterer Rand mit der Steißbeinspitze abschneidet. Nach Einführung der Vaginalelektrode wird der Bleigürtel vorn über der Symphyse geschlossen, indem man seine beiden sich überdeckenden Enden gemeinsam mit einer Elektrodenklammer faßt (Abb. 142). Stromstärke 1,0 bis 1,2 A.

Ganzer Arm. Elektrode von 200 qcm über dem Schulterblatt, mit der Längsseite gegen das Gelenk gerichtet. Eine zweite gleich große Platte über der Streckseite des Unterarms (Abb. 143). Stromstärke entsprechend dem Querschnitt des Armes 0,5 bis 0,6 A.

Hand- und Fingergelenke. Die Fingerspitzen ruhen auf einer 200 qcm großen Bleiplatte, die in einer Glas- oder Porzellantasse liegt und des besseren Kontaktes wegen etwa 1 cm hoch mit Wasser überschichtet wird (Abb. 144). Als zweiter Pol 200 qcm große Elektrode auf die Streckseite des Unterarms. Stromstärke 0,3 A. Werden beide Hände gleichzeitig behandelt, so kommt es zu einer Stromteilung. Stromstärke bis 0,6 A.

Will man das Handgelenk allein ohne Finger durchwärmen, dann ersetzt man die Fingertasse durch eine zylindrische Metallelektrode, die der Patient in der Hand hält (Abb. 145). Stromstärke bis 0,3 A.

Ellbogengelenk. Dieses kann in der Längsachse des Armes oder quer zu dieser durchwärmt werden. Die *Querdurchwärmung* ist nur dann möglich, wenn das Gelenk vollkommen gestreckt werden kann. Auf die Beuge- und Streckseite des Gelenkes je eine Elektrode von 100 qcm (Abb. 146). Stromstärke bis 1,0 A. Bei der *Längsdurchwärmung* je eine Bleiplatte von 200 qcm an die Streckseite des Ober- und Unterarmes, nicht zu nahe aneinander (Abb. 147). Stromstärke entsprechend dem Querschnitt des Gelenkes 0,5 bis 0,6 A.

Schultergelenk. Zwei oval geschnittene Elektroden von etwa 100 qcm werden an die Vorder- und Rückseite des Gelenkes gelegt. Darüber, um ein gutes Anliegen zu gewährleisten, eine Lage von Gummischwamm, Filz oder Watte. Stromstärke bis 1,0 A.

Ganzes Bein. Elektrode von 200 qcm an die Außenseite des Unterschenkels, Elektrode von 300 qcm unter dem Gesäß, die beide an den gleichen Pol geschaltet werden. Über die Streckseite des Oberschenkels eine Elektrode von 400 qcm, die mit dem anderen Pol verbunden wird (Abb. 148). Dadurch kommt es zu einer Stromteilung nach auf- und abwärts, welche eine gleichmäßige Durchwärmung des ganzen Beines ergibt. Stromstärke 1,3 bis 1,5 A.

Zehen- und Sprunggelenk. Eine Glas- oder Porzellantasse wird durch Unterlegen eines Sandsackes schief gestellt (Abb. 149). Um den unteren Rand der Tasse wird eine Bleiplatte so eingebogen, daß gerade noch die Zehen auf sie zu stehen kommen. Dann wird etwas Wasser eingegossen, um den Übergang des Stromes zu erleichtern. Eine zweite Elektrode von 200 qcm an die Außenseite des Unterschenkels. Stromstärke für ein Bein bis zu 0,5 A, für beide Beine bis zu 1,0 A.

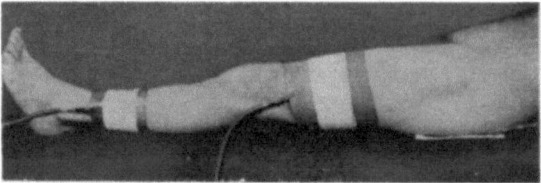

Abb. 148. LW-Diathermie eines Beines

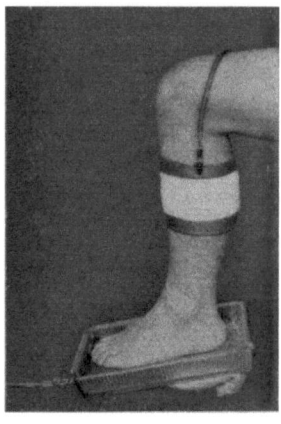

Abb. 149. LW-Diathermie der Zehen

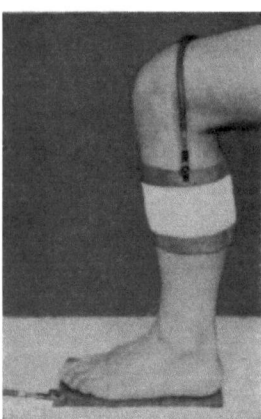 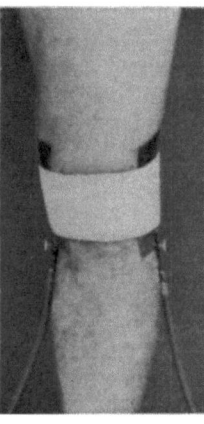 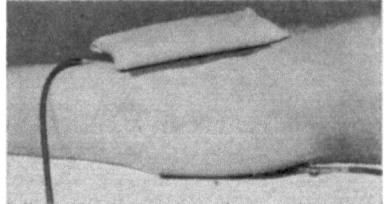

Abb. 150. LW-Diathermie eines Sprunggelenkes   Abb. 151. LW-Diathermie eines Knies   Abb. 152. LW-Diathermie eines Hüftgelenkes

Für die Diathermie des Sprunggelenkes ohne Zehen genügt es, den Fuß mit der Sohle auf eine Bleiplatte zu stellen (Abb. 150).

Kniegelenk. Je eine Elektrode von 100 qcm an die mediale und laterale Seite des Gelenks (Abb. 151). Stromstärke bis 1,0 A. Bei gleichzeitiger Behandlung beider Gelenke werden diese in gleicher Weise mit Elektroden ausgestattet und die beiden medialen zusammen an den einen, die beiden lateralen zusammen an den anderen Pol geschaltet. Stromstärke bis 1,5 A.

Hüftgelenk. Elektrode von 200 qcm unter die eine Gesäßhälfte, eine zweite gleichgroße Elektrode auf die Leistenbeuge (Abb. 152). Stromstärke 1,0 bis 1,5 A.

Die Behandlung des ganzen Körpers

Diese kommt dann in Frage, wenn mehrere oder zahlreiche Körperstellen gleichzeitig mit Diathermie behandelt werden sollen.

Fünfplattenmethode. An die Streckseite beider Unterarme und an die Außenseite beider Unterschenkel je eine Platte von 200 qcm, die gemeinsam an den einen Pol des Apparates angeschlossen werden. Den Gegenpol bildet eine Platte von 400 oder 500 qcm, die unter dem Rücken liegt (Abb. 153). Stromstärke 1,5 bis 2,0 A. Eine stärkere Durchwärmung der beiden Arme kann man dadurch verhindern, daß man in den Stromkreis der Arme einen regelbaren Widerstand einschaltet.

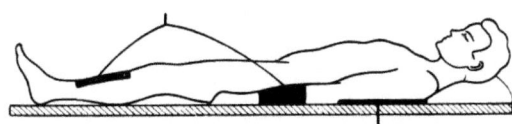

Abb. 153. Allgemeindiathermie mit Fünfplattenmethode

Dreiplattenmethode. Patient liegt auf drei in gleichen Abständen verteilten Platten von 30 × 40 cm. Die mittlere Platte bildet den einen, die zwei anderen zusammen den zweiten Pol. Stromstärke 2,0 bis 2,5 A (Abb. 154).

Die Kurzwellendiathermie

Allgemeines

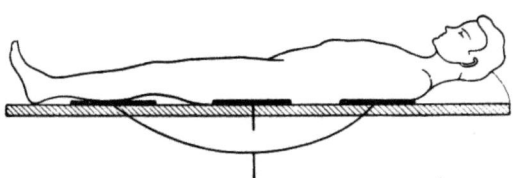

Abb. 154. Allgemeindiathermie mit Dreiplattenmethode nach KOWARSCHIK

Begriff. Unter Kurzwellendiathermie verstehen wir die Behandlung mit Hochfrequenzströmen, deren Periodenzahl oder Frequenz zwischen 10 und 100 Millionen Hz liegt, was einer Wellenlänge von 30 bis 3 m entspricht. Als Ultrakurzwellen bezeichnet man nach dem Beschluß der Weltnachrichtenkonferenz in Kairo (1938) Wellen mit einer Länge von 12 m abwärts. Nach den internationalen Vereinbarungen von Atlantic City 1947, die von der Deutschen Bundesrepublik mit dem „Gesetz für die Benützung von Hochfrequenzgeräten" vom 9. August 1949 bestätigt wurden, sind für die medizinische Verwendung von Hochfrequenzströmen nur mehr die folgenden Wellenlängen zulässig:

22,12 m   13,56 MHz
11,06 m   27,12 MHz
7,37 m   40,68 MHz

Kurz sind die Wellen von 3 bis 30 m einzig und allein im Vergleich mit den Wellen von 300 bis 600 m, wie wir sie für die Langwellendiathermie benützen, während sie gegenüber allen anderen elektromagnetischen Wellen, wie sie in der Wärme-, Licht-, Röntgen- und Radiumtherapie zur Anwendung kommen, als lang bezeichnet werden müssen. Um dem „Kurz" die ihm zukommende Beziehung zu geben, ist es nur logisch und konsequent, von einer Kurzwellendiathermie zu sprechen, wie das überall im Ausland (short wave diathermy, diathermie a ondes courtes, diatermia con onde corte) gang und gäbe ist. Die von einzelnen deutschen Autoren aufgestellte Behauptung, daß die Lang- und Kurzwellendiathermie zwei grundsätzlich verschiedene Verfahren seien, ist falsch. Sie hat auch, abgesehen von den deutschsprechenden Ländern, nirgends auf der Welt eine Anerkennung gefunden. Wenn man heute in den angelsächsischen Ländern kurzweg von Diathermie spricht, so versteht man darunter vor allem die Kurzwellendiathermie.

Zur Behandlung mit Kurzwellen benützen wir, wie gleich gezeigt werden soll, die Hochfrequenzströme selbst und nicht die von ihnen ausgestrahlten elektromagnetischen Wellen, wie das der Rundfunk oder die Mikrowellentherapie tut. *Die Kurzwellenbehandlung ist also keine ,,Bestrahlung", sondern eine Behandlung mit elektrischem Strom genau so wie die Galvanisation oder die Reizstromtherapie.*

Die dielektrische Leitfähigkeit. Die zur Kurzwellenbehandlung verwendeten Hochfrequenzströme verhalten sich in vieler Beziehung anders als die niederfrequenten oder die zur Langwellendiathermie dienenden Hochfrequenzströme. Das, was sie von diesen unterscheidet, ist ihre *dielektrische Leitfähigkeit*. Jedem Laien ist es zunächst ganz unverständlich, daß die Kurzwellenströme auch durch Nichtleiter, wie Glas, Gummi, Filz, ja selbst durch Luft hindurchgehen. Der Unterschied zwischen Leiter und Nichtleiter, eine unserer grundlegenden Vorstellungen aus der Elektrizitätslehre, scheint für sie nicht zu bestehen. Dieses sonderbare Verhalten muß daher näher erklärt werden, denn in seinem Verständnis wurzelt das physikalische Verständnis für die Kurzwellentherapie überhaupt.

Wir gehen von einem Grundversuch aus. Schalten wir in einen Gleichstromkreis einen Kondensator ein, so sperrt dieser dem Strom den Weg, weil das Dielektrikum des Kondensators für den Gleichstrom ein unüberwindliches Hindernis darstellt. Einzig und allein in der Zeit, die zur Aufladung des Kondensators notwendig ist, das sind nur Bruchteile einer Sekunde, ist eine Strombewegung wahrnehmbar. Ein in den Kreis eingeschlossener Stromanzeiger wird für einen Moment einen Ausschlag geben, dann hört der Stromfluß auf.

Anders sind die Verhältnisse, wenn man einen Kondensator in einen Wechselstromkreis legt (Abb. 155). Befindet sich in diesem Kreis ein Strommesser, so wird er andauernd einen Strom anzeigen, ein kleines Glühlämpchen wird andauernd leuchten. Das ist zunächst auffallend und überraschend, ist aber im Grunde genommen nicht schwer zu verstehen. Dadurch, daß der Wechselstrom fortwährend seine Richtung ändert, kommt es zu einem abwechselnden Laden und Entladen des Kondensators, was natürlich mit einer Elektrizitäts- oder Strombewegung im Kreis verbunden ist. Es fließt somit trotz Vorhandenseins des Kondensators im Kreis ein Wechselstrom. Allerdings ist der Strom kleiner, als wenn der Kondensator nicht vorhanden wäre. Der Kondensator wirkt also wie ein Widerstand. Einen derartigen Widerstand, wie ihn ein Kondensator einem Wechselstrom bietet, nennen wir einen kapazitiven Widerstand.

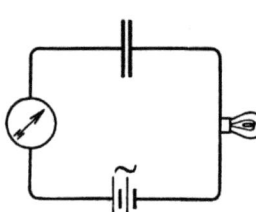

Abb. 155. Ein Kondensator in einem Wechselstromkreis bedeutet keine Unterbrechung, sondern nur einen Widerstand (kapazitiver Widerstand)

Dieser Widerstand macht sich um so weniger bemerkbar, je höher die Frequenz des Stromes ist, denn in demselben Maß wird die Zahl der Ladungen und Entladungen des Kondensators vergrößert. Dadurch wird die in einer Sekunde verschobene Elektrizitätsmenge — und das ist nichts anderes als die Stromstärke — größer. *Der kapazitive oder dielektrische Widerstand wird also umso kleiner, je größer die Frequenz des ihn durchsetzenden Stromes ist.*

Langwellenströme mit einer Frequenz von $\frac{1}{2}$ bis 1 Million Schwingungen vermögen nur verhältnismäßig kleine kapazitive Widerstände zu überwinden. Anders Kurzwellenströme, deren Frequenz 10- bis 100mal größer ist. Für sie bedeuten Kondensatoranordnungen viel kleinere Widerstände. Solche Ströme vermögen dielektrische Schichten von Luft, Glas, Gummi oder anderen Isolatoren ohne besondere Schwierigkeit zu überbrücken. Darum ist es z. B. bei der Kurzwellendiathermie nicht mehr nötig, die Metallelektroden unmittelbar an den Körper anzulegen; sie können vielmehr durch einen Luftabstand oder eine andere isolierende Schicht von ihm getrennt sein.

Das kapazitive Durchdringungsvermögen ist für die Kurzwellenströme charakteristisch und unterscheidet sie von den Langwellenströmen und allen anderen Stromformen, die wir in der Heilkunde verwenden.

Das elektrische Feld eines Kondensators (Kondensatorfeld). Schließen wir die Belegungen eines Kondensators, bestehend aus zwei Metallplatten, zwischen denen sich Luft befindet, an eine Gleichstromquelle an, so laden sie sich in entgegengesetztem Sinn elektrisch auf. Es tritt zwischen ihnen eine Kraft in Erscheinung, die vor der Ladung nicht vorhanden war. Wir nennen sie elektrische Kraft oder Spannung. Der Raum zwischen den beiden Platten, in dem diese Kraft zur Auswirkung kommt, heißt elektrisches Feld.

Ist die zwischen den Kondensatorbelegungen herrschende Spannung genügend hoch, wie das z. B. der Fall ist, wenn wir sie mit den Polen einer Influenzmaschine verbinden, dann läßt sich die elektrische Kraft auch in anschaulicher Weise vor Augen führen. Bringen wir zwischen die beiden Platten feinste Watteflöckchen, so werden diese sogleich von ihnen angezogen und festgehalten, wobei sich ihre Fäserchen sträuben. Gelegentlich fliegt eines dieser Flöckchen auch von einer Platte zur anderen.

Leiter im elektrischen Feld. Bringen wir nun einen Leiter, etwa einen Metallstab, in ein konstantes elektrisches Feld, so werden nach den bekannten Gesetzen der Influenz die in ihm vorhandenen Elektrizitäten voneinander getrennt, wobei die positive Elektrizität gegen die negative Platte, die negative gegen die positive Platte hin verschoben wird (Abb. 156). Die Verschiebung elektrischer Ladungen innerhalb eines Leiters ist aber nichts anderes als ein elektrischer Strom. Es entsteht also durch die Ladungstrennung ein ganz kurz andauernder elektrischer Strom in dem Leiter.

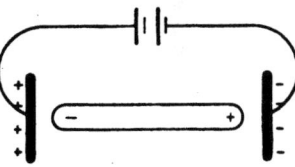

Abb. 156. Ein Metallstab wird in einem elektrischen Feld „influenziert"

Diesen Vorgang können wir beliebig oft wiederholen, wenn wir den Leiter in ein elektrisches Wechselfeld bringen, das dann vorhanden ist, wenn die Kondensatorplatten mit den Polen einer Wechselstromquelle verbunden sind. In einem solchen Feld wird es zu fortwährenden Umladungen kommen, bei jedem Polwechsel wird sich der Influenzvorgang wiederholen, bei jedem Polwechsel werden daher die elektrischen Ladungen in entgegengesetztem Sinn verschoben werden. Das heißt mit anderen Worten: In dem Körper fließt nunmehr ein Wechselstrom von der gleichen Periodenzahl oder Frequenz, wie sie der Ladestrom des Kondensators aufweist.

Die Stärke des influenzierten Stromes hängt wesentlich von der Frequenz des Ladestromes ab. Betrüge diese 50, so würden 50 Ladungen und ebensoviele Umladungen in der Sekunde stattfinden. Der Influenzvorgang wird sich also 100mal in der Sekunde (entsprechend der sogenannten Wechselzahl) wiederholen. Der daraus resultierende Strom wird daher 100mal so stark sein als bei einer einmaligen Verschiebung. Wir verstehen ja unter Stromstärke, wie bereits oben erwähnt, die Elektrizitätsmenge, die in einer Sekunde durch irgendeinen Querschnitt des Leiters verschoben wird.

Wir können die Stärke des Influenzstromes noch weiter erhöhen, wenn wir die Platten des Kondensators an einen Apparat für Langwellendiathermie anschließen. Dadurch wird die Frequenz etwa auf das 10 000fache gesteigert. Wir können schließlich noch weitergehen, indem wir die Platten an die Pole eines Kurzwellengenerators legen. Das ist eine Maschine, die Wechselströme mit einer Frequenz von 10 bis 100 Millionen Schwingungen in der Sekunde erzeugt. Jetzt wird auch in dem Leiter, der sich zwischen den Kondensatorplatten befindet, ein Hochfrequenzstrom der gleichen Periodenzahl pulsieren, wie ihn der Kurzwellengenerator erzeugt. Das will sagen, in dem im Feld befindlichen

Leiter fließt genau der gleiche Strom wie in dem zu den Kondensatorplatten führenden Leitungen. Das alles, ohne daß zwischen den Platten, die wir in der Therapie Elektroden nennen, und dem Körper eine unmittelbare Berührung besteht. Daß der im Feldobjekt influenzierte Strom, wie jeder andere Strom, in dem Leiter, den er durchfließt, Wärme erzeugt, ist selbstverständlich. Die dadurch entstandene Wärme heißt Stromwärme oder JOULEsche Wärme.

Wir können also gleich hier feststellen: *Das therapeutisch Wirksame bei der Kurzwellendiathermie ist wie bei der Langwellendiathermie ein elektrischer Strom, und zwar ein Hochfrequenzstrom. Der Unterschied zwischen beiden Methoden liegt also ausschließlich darin, daß die Frequenz des Kurzwellenstromes 10- bis 100mal höher ist als die des Langwellenstromes.* Daß bei der Diathermie die Elektroden anliegen, bei der Kurzwellenbehandlung dagegen nicht, ist ein technisches Detail, welches das Wesen der Sache in gar keiner Weise berührt. Wenn wir bei der Langwellendiathermie noch mit anliegenden Elektroden arbeiten, so geschieht es nur darum, weil die Frequenz der hier verwendeten Hochfrequenzströme noch zu gering ist, um einen hinreichend starken Influenzstrom und damit eine hinreichend starke Erwärmung des im Feld befindlichen Leiters zu erzeugen.

Nichtleiter im elektrischen Feld. Ein Nichtleiter unterscheidet sich von einem elektrolytischen Leiter dadurch, daß es in ihm nicht zu einer Aufspaltung (Dissoziation) der Moleküle in elektrisch geladene Ionen kommt, sondern daß die Ladungen in dem Molekül vereint bleiben. Nichtsdestoweniger wirkt

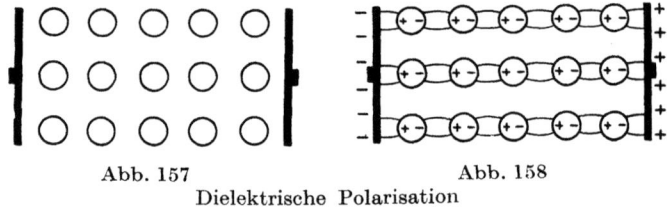

Abb. 157   Abb. 158
Dielektrische Polarisation

die elektrische Spannung auch auf diese Ladungen ein und verschiebt sie, soweit das möglich ist, innerhalb des Moleküls. Nach elektrostatischen Gesetzen wird die positive Ladung gegen die negative Belegung, die negative Ladung gegen die positive Belegung des Kondensators hin gedreht (Abb. 157 und 158). Es kommt also zu einer Influenzwirkung auf die Moleküle, die wir als dielektrische Polarisation bezeichnen.

Es spielen sich demnach in einem Nichtleiter unter dem Einfluß des elektrischen Feldes gewisse molekulare Vorgänge ab, die in einer Verzerrung, Verdrehung oder Verschiebung elektrischer Ladungen bestehen. Diesen Vorgang hat C. MAXWELL als Verschiebungsstrom bezeichnet. Dieser Ausdruck klingt vielleicht etwas fremdartig, denn wir haben uns unter Strom doch bisher etwas anderes vorgestellt, nämlich die Wanderung oder ganz allgemein die Bewegung elektrischer Ladungen im Leiter. Wenn wir uns jedoch über die sprachliche Härte dieser Bezeichnung hinwegsetzen, so vermittelt uns das Wort Verschiebungsstrom doch eine sehr wichtige und erkenntnistheoretisch ungemein fruchtbare Vorstellung. Es ist die: *Alle Ströme fließen in geschlossenen Kreisen, auch wenn diese anscheinend durch das Dielektrikum eines Kondensators unterbrochen sind, denn überall, wo der Leitungsstrom aufhört, setzt ihn der Verschiebungsstrom fort, und wo dieser endet, beginnt wieder der Leitungsstrom.*

Da die Verschiebung der elektrischen Ladungen in den Molekülen nicht ganz reibungslos erfolgt, so geht ein Teil der elektrischen Energie dabei verloren und verwandelt sich in Wärme. Wir sprechen in diesem Sinn von einem dielektrischen Verlust. Doch ist dieser in einem Nichtleiter zustande kommende Verlust und die dabei auftretende Wärme im Vergleich zu der in einem Leiter umgesetzten Strom- oder JOULEschen Wärme so gering, daß sie praktisch vernachlässigt werden kann.

Wir können daher die für unsere weiteren Ausführungen wichtige Tatsache festlegen: *In einem Leiter erzeugt das Kurzwellenfeld einen Leitungsstrom, der sich in Wärme umsetzt und dadurch den Leiter erwärmt. Ein Nichtleiter dagegen wird von dem Feld verlustlos, d. h. ohne Wärmebildung, durchsetzt.*

Das Instrumentarium der Kurzwellendiathermie

Die Apparate erzeugen durch Entladung von Kondensatoren über eine Triode (Dreielektrodenröhre) ungedämpfte Schwingungen, wie dies auf S. 137 beschrieben wurde. Abb. 159 zeigt das Schaltbild eines solchen Apparates, Abb. 160 gibt die äußere Ansicht desselben wieder.

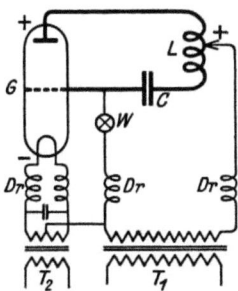

Abb. 159. Schaltbild eines Kurzwellenapparates. T_1 Hochspannungstransformator, T_2 Heiztransformator, Dr Drosselspule, L Selbstinduktion, G Gitter, W Gitterableitungswiderstand

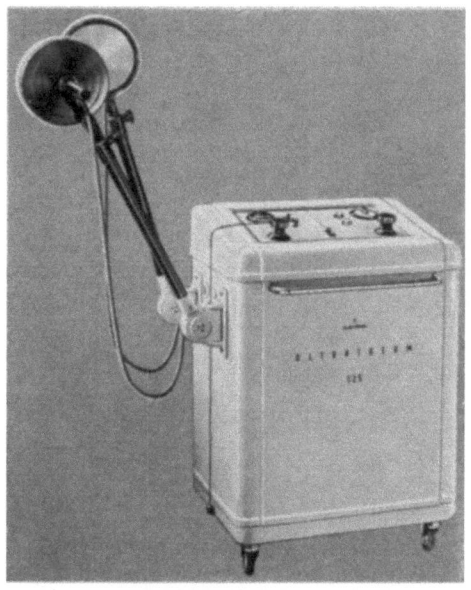

Abb. 160. Kurzwellenapparat (Ultratherm der Siemens-Reiniger-Werke)

Die Elektroden sind, je nachdem die Kurzwellendiathermie im Kondensator- oder Spulenfeld durchgeführt wird, verschieden und sollen gleichzeitig mit der Schilderung dieser beiden Methoden beschrieben werden.

Die Ausführung der Kurzwellendiathermie

Die Kurzwellen werden therapeutisch entweder im Kondensatorfeld (elektrischen Feld) oder im Spulenfeld (magnetischen Feld) angewendet.

Bei der *Behandlung im Kondensatorfeld* befindet sich der zu behandelnde Körperteil zwischen zwei Kondensatorplatten, in der Therapie Elektroden genannt, die jedoch nicht wie bei der Langwellendiathermie dem Körper unmittelbar anliegen, sondern von ihm durch eine nichtleitende Zwischenschicht aus Luft, Gummi, Filz u. dgl. getrennt sind (Abb. 161).

Bei der Behandlung im Spulenfeld befindet sich das Behandlungsobjekt im Innern einer Metallspule (Solenoid). Der in den Windungen dieser Spule fließende Hochfrequenzstrom induziert in der von ihm umkreisten Körpermasse Wirbelströme (Abb. 162), die sich im Körper in Wärme umsetzen.

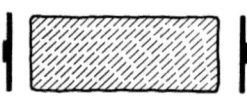

Abb. 161. Behandlung im Kondensatorfeld

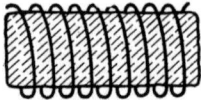

Abb. 162. Behandlung im Spulenfeld

Die Behandlung im Kondensatorfeld

Die Vorbereitung des Kranken. Obwohl das elektrische Feld auch durch die Kleider hindurch auf den Körper einwirkt, werden wir es doch in den meisten Fällen vorziehen, den Kranken, wenn auch nicht ganz, so doch teilweise sich entkleiden zu lassen, um einen Energieverlust durch die Miterwärmung der Kleider zu vermeiden.

Metallgegenstände, wie Uhren, Schlüssel, Ketten u. dgl. müssen, soweit sie sich im Feld befinden, gleichfalls abgelegt werden. Sie führen zu einer unerwünschten Konzentration des Feldes. Metallgegenstände, wie Haarspangen, Kragen- und Manschettenknöpfe, Halsketten, Sicherheitsnadeln an Drains, die der Haut unmittelbar anliegen, können zur Funkenbildung und zu kleinen Verbrennungen Anlaß geben. Auch eingeheilte Metalldrähte, Geschosse oder Granatsplitter können unter Umständen gefährlich werden. Dagegen sind Metallplomben in den Zähnen ungefährlich.

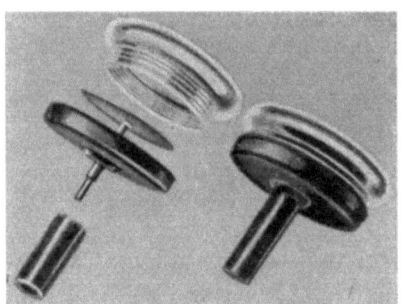

Abb. 163. Kurzwellenelektroden nach SCHLIEPHAKE

Der Kranke muß während der Behandlung unverändert die gleiche Stellung beibehalten, da eine Änderung derselben sofort die Resonanz zum Schwinden bringt, wodurch die Feldstärke und mit ihr die Erwärmung abfällt (S. 160). Darum ist bei der Behandlung in sitzender Stellung darauf zu achten, daß der Körper gut gestützt ist, so daß ein unwillkürliches Schwanken verhindert wird. Bei Behandlungen am Kopf ist eine Kopfstütze zweckmäßig.

Die Art der Elektroden. Zur Behandlung im Kondensatorfeld sind teils starre, teils biegsame Elektroden in Gebrauch. Die *starren Elektroden* von SCHLIEPHAKE bestehen aus runden Metallscheiben, welche innerhalb eines Gehäuses von Glas oder Plexiglas verschiebbar sind (Abb. 163). Bei den Elektroden von KOWARSCHIK sind die Metallscheiben durch eine ihnen beiderseits anliegende Schicht von Plexiglas isoliert (Abb. 164).

Die *biegsamen Elektroden* bestehen aus einem Metallnetz, das zwischen zwei Weichgummiplatten einvulkanisiert ist (Abb. 165). Um den Abstand der Elektroden vom Körper vergrößern zu können, unterlegt man sie mit siebartig durchlochten Filzplatten in ein- oder mehrfacher Lage. Aus hygienischen Gründen werden die Elektroden samt den Filzplatten in waschbare Leinensäckchen eingeschlossen.

Die starren Elektroden haben den Vorteil, daß sie dem Körper nicht anliegen, wodurch jeder Druck auf die kranken Teile vermieden wird. Sie werden also bei der Behandlung

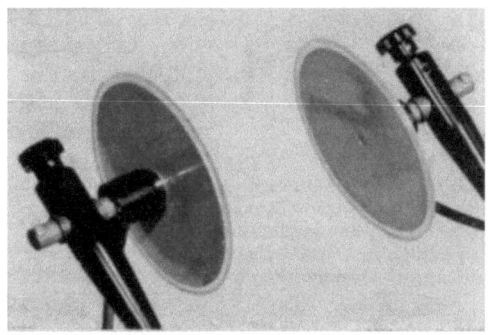

Abb. 164. Kurzwellenelektroden nach KOWARSCHIK

von Furunkeln, Karbunkeln und Geschwüren die Elektroden der Wahl sein. Man befestigt sie an mehrgelenkigen Haltearmen, welche es ermöglichen, sie in jeder beliebigen Lage festzustellen (Abb. 160, S. 155).

Biegsame Elektroden haben gegenüber starren den Vorzug, daß sie sich gewölbten Körperteilen anpassen lassen, wodurch ein gleichmäßiger Übergang des Feldes und damit eine gleichmäßige Durchwärmung erzielt wird (S. 159). Sie haben weiters den Vorteil, daß sich der Kranke auf sie legen kann, was die Behandlung von Schwerkranken, die nicht sitzen können, sehr erleichtert.

Man achte darauf, daß die Kabel dem Körper nicht unmittelbar anliegen, da es an

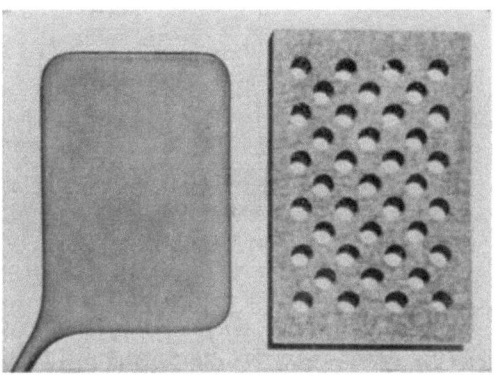

Abb. 165. Weichgummielektrode mit Filzunterlage (Siemens-Reiniger-Werke)

der Berührungsstelle zu einer Überhitzung kommen kann. Auch sollen die Kabel sich nicht kreuzen, um einen kapazitiven Kurzschluß und damit einen Energieverlust zu vermeiden.

Die Größe der Elektroden. Ist der Querschnitt des behandelten Körperteiles größer als die Elektrodenoberfläche, dann kommt es zu einer Divergenz oder Streuung der Feldlinien, und das um so mehr, je größer der Abstand der Elektroden voneinander ist oder je kleiner die Elektroden bei gleichem Abstand sind (Abb. 166). Infolgedessen ist die Erwärmung im Körperinnern geringer als an der Haut.

Ist der Querschnitt des zu behandelnden Körperteiles zufallsweise genau so groß wie die Oberfläche der Elektroden, dann ist die Durchwärmung eine völlig homogene (Abb. 167). Ist jedoch der Leitungsquerschnitt kleiner als die Elektrodenfläche, dann kommt es zu einer Konvergenz der Feldlinien, zu einer Verdichtung des Feldes im Körperinnern (Abb. 168). Das Feld benützt das Behandlungsobjekt gleichsam als Brücke von einer Elektrode zur anderen. Entsprechend der Verdichtung des Feldes im Körperinnern wird die Erwärmung hier größer sein als an der Haut. Das ist z. B. der Fall, wenn man ein Hand-, Ellbogen- oder Kniegelenk zwischen zwei große starre Elektroden bringt (Abb. 169).

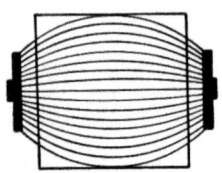

Abb. 166. Der Querschnitt des behandelten Körperteiles ist größer als die Elektrodenfläche. Die Tiefenwirkung ist kleiner als 100%

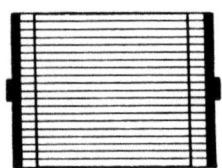

Abb. 167. Der Querschnitt des behandelten Körperteiles ist genau so groß wie die Elektrodenfläche. Die Tiefenwirkung ist 100%

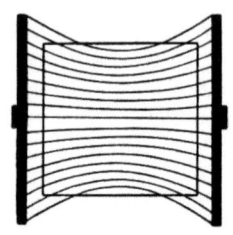

Abb. 168. Der Querschnitt des behandelten Körperteiles ist kleiner als die Elektrodenfläche. Die Tiefenwirkung ist größer als 100%

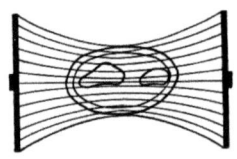

Abb. 169. Verdichtung des Feldes im Querschnitt eines Handgelenkes

Nehmen die Elektroden eine Winkelstellung ein, so kommt es genau so wie bei der Langwellendiathermie zu einer Verschiebung der Felddichte nach der Spitze des Winkels.

Der Abstand der Elektroden vom Körper ist sowohl für die relative Tiefenwirkung wie für die absolute Erwärmung von Bedeutung. *Elektrodenabstand und relative Tiefenwirkung.* Ist der Querschnitt des behandelten Körperteiles größer als die Fläche der Elektrode, dann kommt es, wie eben erwähnt, zu einer Streuung der Feldlinien. Liegen die Elektroden dem Körper nicht an, dann ist der Querschnitt des Feldes dort, wo es in den Körper eintritt, größer als dort, wo es aus der Elektrode austritt (Abb. 170). Für die Durchwärmung ist aber nur jenes Feld maßgebend, das in den Körper eintritt, bzw. in ihm selbst vorhanden ist, nicht aber das an der Elektrode. Die an der Haut vorhandene Streuzone kann man als *virtuelle Elektrode* bezeichnen, im Gegensatz zu der eigentlichen oder *reellen Elektrode* (KOWARSCHIK).

Die virtuelle, das ist die eigentlich wirksame Elektrode, ist aber um so größer, je größer der Abstand der Elektrode vom Körper ist. Mit der Größe der Elektrode wird jedoch bei gleicher Körperdicke, wie wir oben ausgeführt haben, die Durchwärmung homogener, mit anderen Worten ausgedrückt, mit zunehmendem Abstand der Elektrode vom Körper nimmt die relative Tiefenwirkung zu.

Elektrodenabstand und absolute Erwärmung. Je kleiner der Abstand der Elektrode vom Körper ist, desto kleiner ist der kapazitive Widerstand, den das Feld zu überwinden hat, um so stärker die Erwärmung. Steht eine geradflächige Elektrode einem gewölbten Körperteil gegenüber, dann werden sich an jener Stelle, wo der Abstand am kleinsten ist, die Feldlinien zusammendrängen und daselbst die stärkste Erwärmung erzeugen (Abb. 171). In besonderem Maß macht sich das an der Nase, den Ohren und solchen Körperteilen bemerkbar, die aus der Körpermasse gegen die Elektrode vorspringen (Abb. 172). Man bezeichnet diese Erscheinung als *Spitzenwirkung*. Diese kann dadurch abgeschwächt werden, daß man den Abstand der Elektrode vom Körper vergrößert. Zusammenfassend kann also gesagt werden: *Mit zunehmendem Elektrodenabstand wird die Erwärmung homogener, gleichzeitig aber schwächer.*

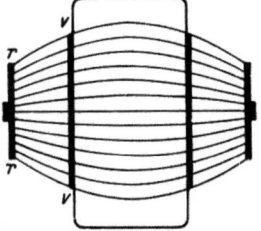
Abb. 170. Da sich die virtuelle Elektrode v mit dem Körperabstand der reellen Elektrode r vergrößert, wächst auch die Tiefenwirkung

Abb. 171. Geradflächige Elektrode gegenüber einem gewölbten Körperteil

Man kann von zwei gleich großen Elektroden die eine zur inaktiven machen, wenn man sie weiter vom Körper abrückt. Man kann sie auch in unendlich große Entfernung rücken, d. h. weglassen und einpolig behandeln (Abb. 173). Dabei ist jedoch

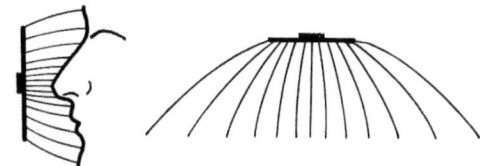
Abb. 172. Spitzenwirkung an vorspringenden Körperteilen

Abb. 173. Die einpolige Behandlung erzeugt eine starke Streuung

die Streuung des Feldes eine so bedeutende, daß die einpolige Behandlung nur selten zweckmäßig erscheint.

Von Einfluß auf die Stärke der Erwärmung ist auch die *Art des Dielektrikums*, das sich zwischen Elektrode und Körper befindet. Luft bietet dem elektrischen Feld den größten kapazitiven Widerstand, Gummi, Filz und andere feste Stoffe sind für das Feld durchlässiger. Darum ist auch die Erwärmung bei Verwendung biegsamer Elektroden stärker als bei starren, wenn beide den gleichen Körperabstand haben.

Die Regulierung der Feldstärke geschieht fast ausschließlich durch Änderung der Heizspannung der Röhre. Je stärker die Heizung der Kathode, um so größer die Elektronenemission, um so stärker der Anodenstrom und damit die Erwärmung.

Die Messung der Feldstärke. Wir besitzen derzeit keine praktisch brauchbare Methode, die jeweils von dem Apparat erzeugte Feldenergie oder, was noch wichtiger wäre, den vom Körper absorbierten und damit therapeutisch wirksamen Anteil derselben zu messen. Der Mangel einer objektiven Dosierungsmöglichkeit zwingt uns, die Feldstärke gefühlsmäßig, gestützt auf unsere Erfahrung und das Wärmegefühl des Kranken, einzustellen. In der Besorgnis, den Kranken durch eine Überdosierung zu schädigen, wird daher in sehr vielen Fällen von dem Hilfspersonal unterdosiert.

Da fast jeder Kranke der Ansicht ist, daß die Heilwirkung der Behandlung um so besser sei, je mehr Wärme er empfindet, so wird man ihn darüber aufklären müssen, daß er nur eine schwache Wärme fühlen dürfe und daß er jede stärkere Erhitzung sowie jedes wie immer geartete unangenehme Gefühl sofort zu melden habe.

Die Abstimmung auf Resonanz. Der Patientenkreis muß auf den Erregerkreis abgestimmt, d. h. auf die gleiche Wellenlänge gebracht werden. In diesem Fall herrscht zwischen beiden Resonanz. Die erzielte Resonanz wird durch das maximale Aufleuchten eines Glimmröhrchens oder den maximalen Ausschlag eines Hitzdrahtamperemeters angezeigt. Nur bei voller Resonanz kann im Therapiekreis die größte Feldstärke erzielt werden. Da schon bei geringen Lageveränderungen des Körpers zwischen den Elektroden die Resonanz verlorengeht und damit die Feldstärke absinkt, ist es notwendig, während der Behandlung öfters das Vorhandensein der Resonanz zu überprüfen. Diese Mühe kann man sparen, wenn man in den Kurzwellenapparat ein Zusatzgerät, den von den Siemens-Reiniger-Werken erzeugten ,,*Servomat*``, einbauen läßt, welcher die Resonanz automatisch wiederherstellt, wenn sie durch Bewegungen des Patienten verlorengegangen ist.

Die Behandlung im Spulenfeld

Die physikalischen Grundlagen. Im Inneren einer Drahtspule (Solenoid), durch deren Windungen ein elektrischer Strom fließt, entsteht ein magnetisches Feld. Bringt man einen metallischen oder elektrolytischen Leiter in dieses Feld, so werden in ihm Wirbelströme induziert, die sich in Wärme umsetzen. Der induzierte Strom und damit die Erwärmung werden um so stärker sein, je besser das Leitvermögen des eingebrachten Körpers und je größer die Frequenz des die Spule durchfließenden Stromes ist.

Schon ARSONVAL versuchte dadurch, daß er den ganzen Körper des Kranken in das Innere einer großen Metallspirale brachte, die von einem Hochfrequenzstrom durchflossen wurde, Induktionswirkungen zu erzeugen (Autokonduktion). Diese waren jedoch weder physikalisch noch therapeutisch überzeugend. Bei der Einführung der Kurzwellenströme, deren Frequenz das 10- bis 100fache der Arsonvalströme beträgt, lag es nahe, diese Versuche wieder aufzunehmen. Leider steigt aber mit der Frequenz des Stromes nicht nur seine Induktionswirkung, sondern infolge der Selbstinduktion auch der Widerstand, welchen das Solenoid dem Durchtritt des Stromes entgegensetzt. Dieser sogenannte induktive Widerstand kann so groß werden, daß er dem Strom den Durchtritt durch die Spule überhaupt unmöglich macht (Drosselspule). In dieser Überlegung hielt man die Verwendung des Spulenfeldes für die Kurzwellentherapie zunächst für aussichtslos.

MERRIMAN, HOLMQUEST und OSBORNE benützen, um den induktiven Widerstand möglichst klein zu halten, nur eine bis drei Spulenwindungen in Verbindung mit Wellen großer Länge (25 m). KOWARSCHIK zeigte, unbeschwert von theoretischen Überlegungen, daß man auch mit zahlreichen Windungen und kürzeren Wellen eine gute Durchwärmung erzielen kann. Dabei geht allerdings der Strom nicht durch alle Windungen, sondern zum Teil kapazitiv von einer Windung zur anderen, wobei er als guten Leiter den Körper benützt (Abb. 174).

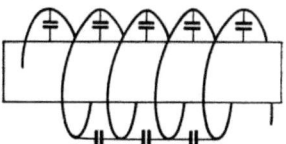

Abb. 174. Jede Spule besitzt auch eine Kapazität

Die Ausführung der Spulenfeldbehandlung. Zur Behandlung dienen Binden, die aus einem Metallband bestehen, das zwischen zwei Gummilagen eingebettet ist, oder einem runden, dick isolierten Metallkabel. Es kann in zweierlei Weise zur Anwendung kommen. Einmal so, daß man es in

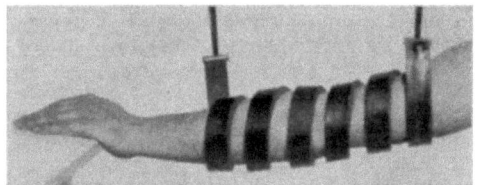

Abb. 175. KW-Diathermie eines Armes im Spulenfeld

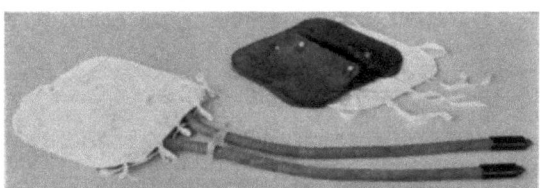

Abb. 176. Schlingenelektrode mit Filztasche und Leinenüberzug zur Behandlung im Spulenfeld (Siemens-Reiniger-Werke)

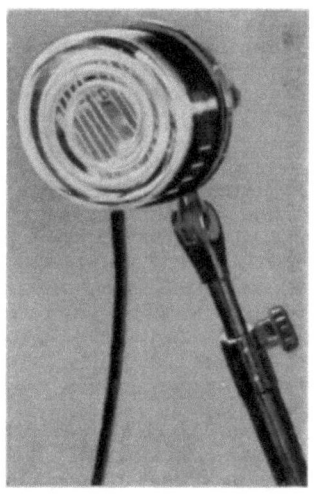

Abb. 177. Monode zur Behandlung im Spulenfeld (Siemens-Reiniger-Werke)

engeren oder weiteren Spiralen um den Körper windet (Abb. 175). Diese Art der Behandlung eignet sich besonders zur Durchwärmung der Extremitäten oder Teile derselben.

Eine andere Anwendungsform ist die, daß man aus dem Kabel eine flache Spirale oder Schlinge formt, die dem Körper aufgelegt werden.

Damit sie ihre Form behalten, müssen sie in eine isolierende Hülle eingebaut werden. Die Siemens-Reiniger-Werke erzeugen Filztaschen in zwei Größen, in die das Kabel in einer einzigen größeren oder kleineren Windung eingelegt wird (Abb. 176). Die letzte Ausführung einer Spulenfeldelektrode ist die *Monode*, ein Gehäuse aus Isolierstoff, in welchem das Kabel in mehreren Windungen festgehalten wird (Abb. 177), das gleich einer starren Elektrode von einem Haltearm getragen wird.

Die Behandlung einzelner Körperteile

Gehirnschädel. Zwei mittelgroße starre Elektroden in einem Abstand von 5 cm den beiden Schläfen gegenüber (Abb. 178).

Gesichtsschädel. Zwei mittelgroße starre Elektroden, die eine der kranken Gesichtshälfte anliegend, die andere als inaktive Elektrode in einem etwas größeren Abstand (Abb. 179). Bei doppelseitigen Erkrankungen beide Elektroden anliegend.

Auge und Ohr. Kleine starre Elektrode dem Auge oder Ohr anliegend, als inaktive Elektrode eine mittelgroße starre Elektrode etwas tiefer und abstehend (Abb. 180).

Lunge. Sitzend, zwei große starre Elektroden in einem Abstand von 5 cm oder liegend zwischen zwei großen Weichgummielektroden, distanziert durch eine oder zwei Filzlagen (Abb. 181).

Herz. Zwischen zwei mittelgroßen starren Elektroden in einem Abstand von 1 bis 2 cm.

Abdomen. In gleicher Weise wie die Lunge. **Gallenblase** und **Appendix.** Sitzend, eine mittelgroße starre Elektrode der vorderen Bauchwand entsprechend dem Krankheitsherd anliegend, eine gleich große gegenüber am Rücken abstehend. Monode.

Nieren. Liegend auf großer Weichgummielektrode, gegenüber eine mittelgroße starre Elektrode abstehend oder liegend auf Spulenfeldelektrode in Tasche.

Harnblase und Prostata. Patient sitzt mit abduzierten Oberschenkeln auf kleiner Weichgummielektrode, die der Dammgegend anliegt. Als Gegenpol eine starre oder biegsame Elektrode über der Symphyse. Sitzend auf kleiner Spulenfeldelektrode in Filztasche.

Hoden und Nebenhoden. Patient liegt mit dem Gesäß auf einer Weichgummielektrode. Das Skrotum wird mit Hilfe eines Durchzugs hochgelagert, darüber ganz nahe mittelgroße Elektrode.

Uterus und Adnexe. Behandlung im Liegen, das Becken zwischen zwei großen biegsamen Elektroden. Die Anwendung einer Vaginalelektrode ist überflüssig.

Arm. Mit Hilfe von zwei mittelgroßen starren Elektroden nach Abb. 182. An deren Stelle zwei Weichgummielektroden oder Spulenfeld.

Finger- und Handgelenk. Quere Durchwärmung zwischen zwei weichen oder starren Elektroden (Abb. 184). Längsdurchwärmung, wobei die Fingerspitzen auf einer starren Elektrode ruhen. Als Gegenpol eine biegsame oder starre Elektrode am Unterarm. Beide Hände gegenpolig geschaltet nach Abb. 185.

Ellbogengelenk. Querdurchwärmung zwischen zwei starren oder weichen Elektroden. Spulenfeld.

Schultergelenk. Zwischen zwei starren oder biegsamen Elektroden (Abb. 183), Erwärmung beider Schultergelenke gleichzeitig zwischen zwei einander gegenüberstehenden starren oder biegsamen Elektroden.

Bein. Patient liegt mit dem Gesäß auf einer weichen Elektrode, eine zweite Elektrode unter der Wade. Spulenfeld für ein oder beide Beine.

Die Ausführung der Kurzwellendiathermie 163

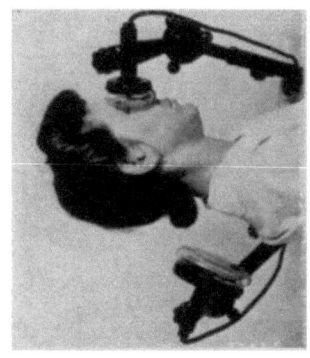

Abb. 180. KW-Diathermie eines Auges

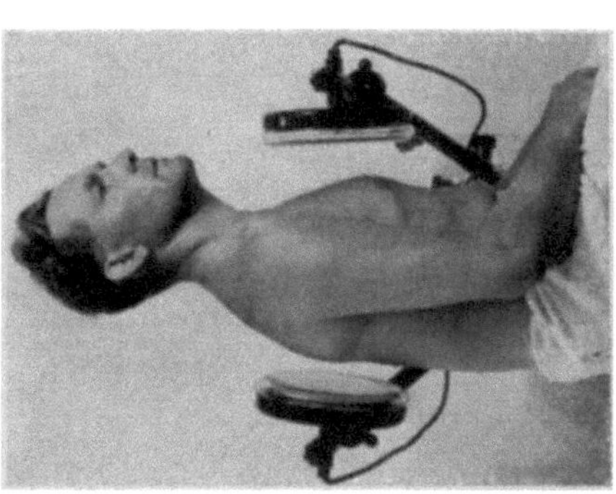

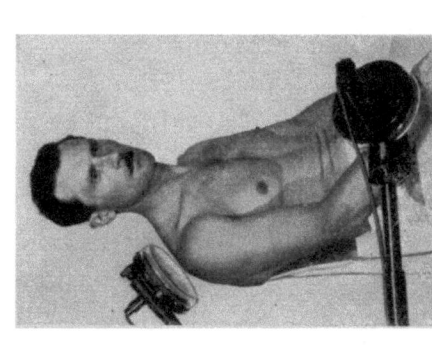

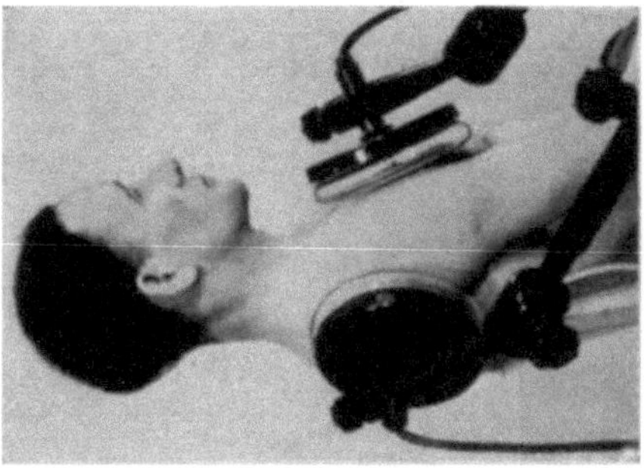

Abb. 183. KW-Diathermie eines Schultergelenkes

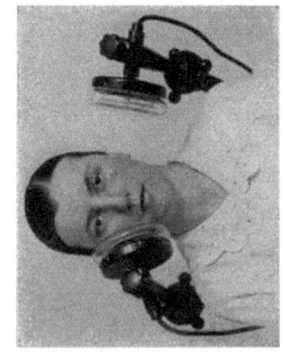

Abb. 179. KW-Diathermie einer Gesichtshälfte

Abb. 182. KW-Diathermie eines Armes

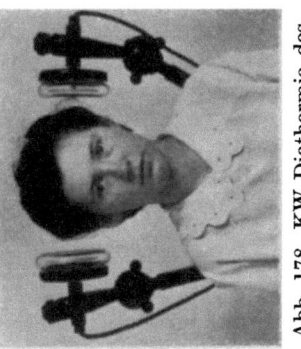

Abb. 178. KW-Diathermie des Gehirns

Abb. 181. KW-Diathermie der Lunge

11*

Zehen und Sprunggelenk. Der vordere Anteil des Fußes mit den Zehen auf einer Weichgummielektrode, eine zweite gleiche Elektrode an der Wade. In analoger Weise können beide Füße gleichzeitig behandelt werden.

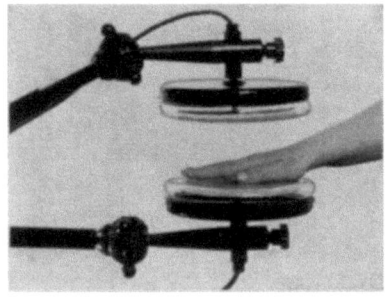
Abb. 184. KW-Diathermie einer Hand

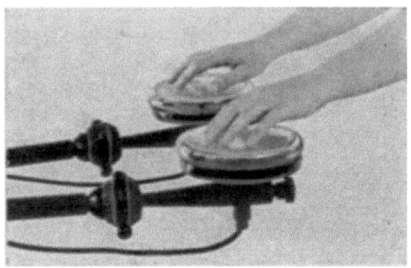
Abb. 185. KW-Diathermie beider Hände

Sprung- und Kniegelenke. Beide Füße auf einer Weichgummielektrode, eine gleiche Elektrode über beiden Knien. Legt man noch die Hände auf die Knieplatte, so können auch diese mit erwärmt werden.

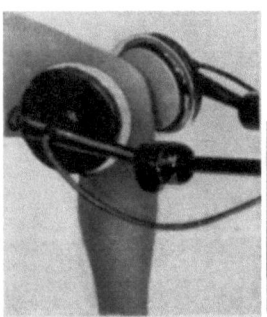

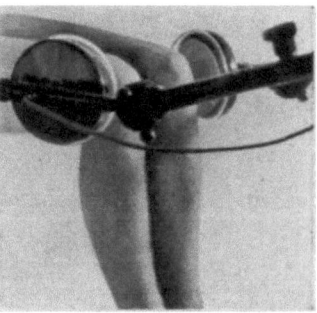

Abb. 186. KW-Diathermie eines Kniegelenkes im Kondensatorfeld

Abb. 187. KW-Diathermie eines Kniegelenkes im Spulenfeld

Abb. 188. KW-Diathermie beider Kniegelenke im Kondensatorfeld

Kniegelenk. Zwischen zwei biegsamen oder starren Elektroden (Abb. 186) oder im Spulenfeld (Abb. 187). In analoger Weise können beide Kniegelenke gleichzeitig behandelt werden (Abb. 188).

Hüftgelenk. Liegend zwischen zwei großen biegsamen Elektroden.

Die Kurzwellenhyperthermie

Es gibt zahlreiche Methoden, um mit Kurzwellen allein oder in Verbindung mit anderen thermischen Verfahren eine allgemeine Erhöhung der Körpertemperatur (Elektropyrexie) zu erzeugen. Es seien hier nur zwei Arten der Kurzwellenhyperthermie beschrieben, einerseits die von dem Verfasser durch Jahre geübte Behandlung im Spulenfeld mit Trockenpackung, andererseits die Behandlung im Pyrostat.

Die Behandlung im Spulenfeld nach Kowarschik. Diese kann auf jedem nicht aus Metall bestehenden Behandlungsbett durchgeführt werden (Abb. 189). Auf dieses wird eine 10 cm dicke Roßhaarmatratze gelegt, um dem Kranken ein längeres bequemes Liegen zu ermöglichen. Unter die Matratze wird eine in Abb. 190 dargestellte Elektrode in der Höhe der Lumbalgegend geschoben. Auf der Matratze wird eine Wolldecke ausgebreitet. Auf diese kommt ein Gummistoff in dem Ausmaß von 200 × 200 cm und darüber noch ein Leintuch. Sind diese Vorbereitungen getroffen, so legt sich der mit einem Bademantel bekleidete Kranke auf das Bett. Er wird in das Leintuch eingeschlagen, wobei darauf zu achten ist, daß dieses auch zwischen die Beine eingeschoben wird, damit sich diese an keiner Stelle unmittelbar berühren.

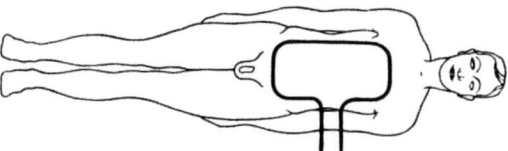

Abb. 189. Kurzwellenhyperthermie im Spulenfeld mit zwei parallel geschalteten Kreisen, der eine über, der andere unter dem Körper

Dann wird der Körper mit dem Gummistoff umhüllt und so wie bei einer richtigen Ganzpackung (S. 19) in die Wolldecke eingepackt. Um das Kratzen der Wolldecke am Hals zu vermeiden, werden der Gummistoff und das Leintuch kragenartig über die Decke gezogen. Der Kopf liegt auf einem Kissen, das mit einem wasserundurchlässigen Stoff überdeckt wurde, um es vor Durchnässung durch den Schweiß zu schützen. Nun legt man auf den Bauch ein Polster aus Zellstoff oder einem ähnlichen Material in der Dicke der Matratze und auf diesen die zweite Elektrode. So erreicht man, daß der Abstand beider Elektroden vom Körper der gleiche ist.

Vor Beginn der Behandlung mißt man die orale Temperatur. Dann schaltet man den Strom ein und kontrolliert in Abständen von 5 zu 5 Minuten den Anstieg der Körpertemperatur, desgleichen die Pulsfrequenz an der Arteria temporalis.

Die Temperatur pflegt schon wenige Minuten nach dem Einschalten des Stromes zu steigen und erreicht in 40 bis 60 Minuten — es ist das je nach der Stärke des Feldes verschieden — 39 bis 40° C. Nach 10 bis 15 Minuten der Durchwärmung beginnt der Kranke zu schwitzen. Man entfernt mit einem feuchten Tuch die im Gesicht auftretenden

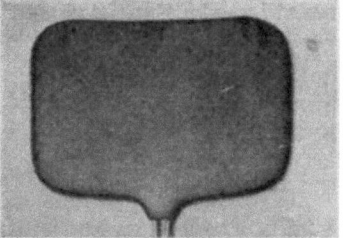

Abb. 190. Elektrode zur Hyperthermiebehandlung im Spulenfeld

Schweißperlen und kühlt den Kopf mit kalten Kompressen. Bekommt der Behandelte infolge des großen Schweißverlustes Durst, so gebe man ihm nicht zu kaltes Wasser zu trinken.

Hat sich die Temperatur der gewünschten Höhe bis auf ungefähr 0,5° C genähert, so schaltet man den Apparat ab, denn die Erfahrung lehrt, daß auch nach Aussetzen des Stromes die Temperatur noch um 0,3 bis 0,5° C ansteigt. Meist läßt man den Kranken noch etwa eine Stunde lang in der Packung liegen. In dieser Zeit sinkt die Körperwärme in der Regel nicht mehr als um 0,1 bis 0,3° C ab. Will man sie längere Zeit auf der erreichten Höhe erhalten, so wird man, falls sich ein Absinken bemerkbar macht, den Strom immer wieder auf kurze Zeit einschalten. Die Höhe der angestrebten Fiebertemperatur sowie die Dauer der Behandlung ist von Fall zu Fall verschieden und richtet sich nach der Art der Krankheit und dem Kräftezustand des Kranken.

Ist die Behandlung beendet, so wird der Patient aus der Packung genommen, in ein frisches, vorgewärmtes Leintuch eingeschlagen und mit einer Wolldecke zugedeckt, unter der er meist noch ausgiebig nachschwitzt. Nach einer ½ bis 1 Stunde bekommt er ein laues Reinigungs- und Abkühlungsbad und ruht 1 bis 2 Stunden aus. Die Behandlung wird zweimal, höchstens dreimal in der Woche wiederholt.

166   Die Kurzwellendiathermie

Die Behandlung im Pyrostat. Dieser besteht aus einem der eisernen Lunge ähnlichen Gerät, das mit Ausnahme der Öffnung für den Kopf allseits geschlossen ist (Abb. 191). Sein Inneres wird durch elektrische Widerstände auf 52° C geheizt. Ist diese Temperatur erreicht, so schaltet ein Temperaturregler die Heizung ab, was durch Erlöschen einer roten Signallampe angezeigt wird. Wird die eingestellte Temperatur unterschritten, so schaltet sich die Heizung selbsttätig wieder ein, wobei gleichzeitig die rote Lampe wieder aufleuchtet.

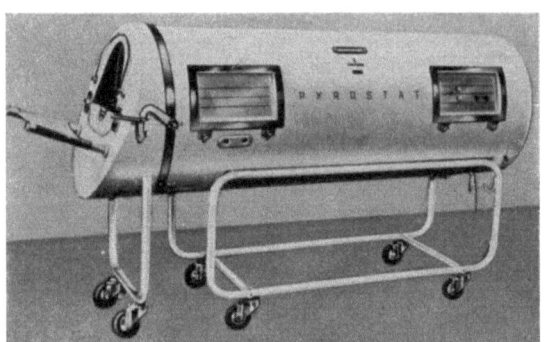

Abb. 191. Gerät zur KW-Hyperthermie (Pyrostat der Siemens-Reiniger-Werke)

Das Lager des Kranken ist ausfahrbar. Es besteht aus einem Holzrost, auf dem eine aufblasbare Gummimatratze liegt. Unter dieser befindet sich die Spulenfeldelektrode in einer Einbettung aus Filz, geschützt durch einen wasserdichten Überzug. Der auf der Matratze liegende Kranke ist ganz entkleidet und hat vollkommene Bewegungsfreiheit. Mit Hilfe eines Kurzwellengenerators mittlerer Leistung kann die allgemeine Körpertemperatur in einer Zeit von 45 bis 60 Minuten auf 40° C und darüber gebracht werden. Die Behandlung muß andauernd von einer erfahrenen und mit der Methode vertrauten Hilfskraft überwacht werden.

Bezüglich der Höhe der angestrebten Temperatur, der Dauer der Behandlung, ihrer therapeutischen Anzeigen und Gegenanzeigen gilt das gleiche, was wir bereits auf S. 31 von den Überwärmungsbädern gesagt haben.

Die physiologischen Wirkungen der Kurzwellendiathermie

Die Erwärmung im Kondensatorfeld. Erwärmen wir im Kondensatorfeld eine konzentrierte Kochsalzlösung und verdünnen sie dann allmählich durch Zusatz von Wasser, so steigt wohl infolge des wachsenden OHMschen Widerstandes die Erwärmung an, aber nur bis zu einem bestimmten Höchstwert. Von da an fällt sie bei weiterer Verdünnung rapid ab (Abb. 192). Das ist dadurch zu erklären, daß das Kurzwellenfeld nunmehr die Flüssigkeit nur zum kleineren Teil als Leitungsstrom, zum größeren Teil als Verschiebungsstrom, also verlustlos durchsetzt und daß der Anteil des Verschiebungsstromes um so größer wird, je höher der Widerstand der Lösung anwächst. Die Erwärmung eines Körpers im Kondensatorfeld wird also nicht nur durch die OHMsche, sondern auch durch die dielektrische Leitfähigkeit, gekennzeichnet durch die Dielektrizitätskonstante, bestimmt. Das Verhältnis beider zueinander ist für die Erwärmung maßgebend.

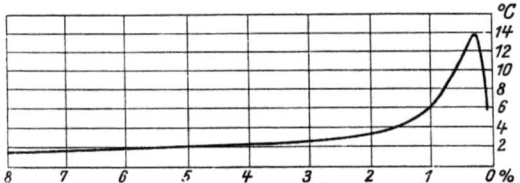

Abb. 192. Erwärmung verschieden konzentrierter Kochsalzlösungen im Kondensatorfeld

Dazu kommt noch ein dritter Faktor, welcher die Erwärmung beeinflußt, das ist die Wellenlänge.

Die Erwärmung im Spulenfeld. Grundsätzlich anders liegen die Verhältnisse im Spulenfeld. Hier wirkt die Erwärmung, wie wir bereits auf S. 160 ausgeführt haben, bestimmt durch die Stärke der Wirbelströme, die im Körper induziert werden. Diese sind um so stärker, je besser das Leitvermögen des Körpers ist. Dementsprechend erwärmt sich eine Kochsalzlösung im Spulenfeld um so mehr, je höher ihre Konzentration ist (Abb. 193, Kurve 1). Im Spulenfeld erwärmen sich somit jene Gewebe des Körpers am meisten, die das beste Leitvermögen besitzen. Das sind die Blutgefäße, bzw. das Blut und die stark bluthaltigen Gewebe wie die Muskeln, während die Haut und das Unterhautzellgewebe als schlechte Leiter eine geringere Erwärmung aufweisen. Im Kondensatorfeld sind die Verhältnisse gerade umgekehrt: Hier erwärmen sich die Haut und das Unterhautzellgewebe am stärksten.

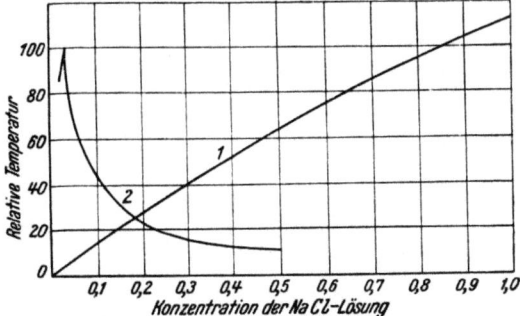

Abb. 193. Erwärmung verschieden konzentrierter Kochsalzlösungen im Spulenfeld (Kurve 1) und im Kondensatorfeld (Kurve 2)

Kurz- und Langwellendiathermie. Die Kurzwellen unterscheiden sich von den Langwellen vor allem durch ihr dielektrisches Leitvermögen, das sie befähigt, auch nicht- und schlecht leitende Schichten in Form eines Verschiebungsstromes verlustlos, d. h. ohne Wärmebildung zu durchsetzen (S. 154). Dieses Vermögen ist, wie ARSONVAL zeigte, bei den Langwellen wohl schon angedeutet, tritt aber erst bei den Kurzwellen klar und offenkundig in Erscheinung.

So vermögen die Kurzwellen die Haut, wenn auch nicht ganz, so doch zum Teil als Verschiebungsstrom ohne Wärmeverlust zu durchdringen, um ihre Energie erst in tieferen Schichten in Wärme umzusetzen. Daher kommt es, daß sich die Haut weniger, die Tiefe aber mehr erwärmt als bei der Langwellendiathermie. In gleicher Weise sind die Kurzwellen imstande, leichter durch das Schädeldach in das Gehirn, durch die Wirbelsäule in das Rückenmark und durch die kortikale Substanz in das Knochenmark einzudringen.

Das, was für makroskopische Dimensionen gilt, gilt ebenso für mikroskopische Verhältnisse. Die roten Blutkörperchen, aber auch die meisten Körperzellen sind von einer Membran umschlossen, die für den Diathermiestrom nicht ohne weiteres durchgängig ist. Dieser sucht sich daher seinen Weg im Serum, bzw. in den interzellularen Gewebsspalten und Lymphwegen. Für den Kurzwellenstrom dagegen sind die Zellmembranen und fibrösen Zwischenschichten kein Hindernis. Er greift durch sie hindurch unmittelbar das Protoplasma und den Zellkern an. *Es sind daher die Umsatzstellen der elektrischen in kalorische Energie, der Locus nascendi der Wärme und damit die Energieverteilung bei Lang- und Kurzwellen verschieden.*

Athermische oder spezifisch elektrische Wirkungen. Einzelne Autoren haben, statt diese physikalischen Tatsachen entsprechend zu würdigen und zur Erklärung der eigenartigen Wirkung der Kurzwellen heranzuziehen, es vorgezogen, für alle Dinge, die ihnen irgendwie unverständlich erschienen, spezifisch-elektrische oder athermische Wirkungen anzunehmen, d. h. Wirkungen, welche weder direkt noch indirekt mit der Wärme etwas zu tun hätten. Da niemand sagen konnte, welcher Art diese spezifischen Wirkungen eigentlich wären, so ist diese Hypothese gleichbedeutend mit einem Verzicht auf jede Erklärung. Sie begnügten sich damit, an Stelle eines Begriffes ein Wort zu setzen. Keiner der Versuche, welche die athermische Wirkung der Kurzwellen beweisen sollten, konnte einer Nachprüfung standhalten, sie wurden alle ausnahmslos widerlegt.

Die Kurzwellendiathermie und andere thermische Verfahren. Es ist vielfach die Ansicht verbreitet, daß die Kurzwellentherapie wegen ihrer Tiefenwirkung allen anderen thermischen Behandlungsmethoden, die nur auf die Haut wirken, therapeutisch überlegen sei. Diese Ansicht, die einem ganz primitiven Denken entspricht, ist bisher von niemandem bewiesen worden. Schon die tägliche Erfahrung lehrt immer wieder, daß in zahlreichen Fällen, die vergeblich mit Lang- oder Kurzwellendiathermie behandelt worden sind, häufig noch durch Heißluft, Dampf oder Schlamm ein Erfolg erzielt werden kann. Es ist aber ebenso zweifellos, daß, die Behandlung mit Diathermie in vielen Fällen eine Heilung oder Besserung herbeiführt, die durch keine andere thermische Methode erreicht werden konnte. Die Wirkung der Kurzwellendiathermie ist nicht besser und nicht schlechter als die anderer thermischer Methoden, sondern eben anders.

Die geleitete sowohl wie die gestrahlte Wärme, die in der Haut absorbiert werden, erzeugen Tief- und Fernwirkungen durch Vermittlung des vegetativen Nervensystems, also auf reflektorischem Weg. Die Kurzwellen dagegen werden nicht restlos in der Haut absorbiert, sondern durchsetzen diese zum Teil und haben so die Möglichkeit, tiefliegende vegetative Zentren wie das Zwischenhirn, die Hypophyse, die vegetativen Nervengeflechte in der Bauchhöhle, den Grenzstrang des Sympathikus unmittelbar thermisch zu beeinflussen. Es ist darum durchaus verständlich, daß, trotzdem in beiden Fällen das wirksame Agens die Wärme ist, die biologische und therapeutische Reaktion eine andere ist.

An dieser Stelle soll auch ein allgemein verbreiteter Irrtum richtiggestellt werden. Wenn von Diathermie gesprochen wird, so wird immer wieder die durch sie erzeugte Hyperämie als wesentlicher Wirkungsfaktor angeführt. Man kann sich leicht davon überzeugen, daß nach einer Kurzwellenbehandlung die Haut zwar warm, aber keineswegs hyperämisch ist, mindestens ungleich weniger, als dies nach einer Heißluft-, Dampf- oder Schlammbehandlung der Fall ist. Nach den laparoskopischen Untersuchungen von GESENIUS und den plethysmographischen von W. STRAUCH scheint auch die Tiefenhyperämie bei der Kurzwellentherapie geringer zu sein als die nach einer Schlamm- oder Moorbehandlung.

Die Schädigungen durch Kurzwellen. Daß mit Kurzwellen Hautverbrennungen ersten, zweiten und dritten Grades erzeugt werden können, ist wohl selbstverständlich. Auch die Möglichkeit von Schädigungen tiefer liegender Organe ohne nachweisbare Hautveränderungen ist wenigstens durch den Tierversuch sichergestellt. So sah P. J. REITER bei intensiven Durchwärmungen des Gehirns bei Tieren tetanische Erscheinungen auftreten. HELLER konnte bei Hühnern, deren Schädel er in ein Kondensatorfeld brachte, eine vollkommene Ausschaltung des Großhirns erzielen. Auch beim Menschen wurden besonders bei Durchwärmungen des Schädels kollapsähnliche oder Ohnmachtsanfälle beobachtet.

Die therapeutischen Anzeigen der Lang- und Kurzwellendiathermie

Es gibt nur wenige Krankheiten, bei denen eine milde Wärme nicht günstig wirken würde; darum ist der Indikationskreis der Lang- und Kurzwellendiathermie ein außerordentlich großer. Er fällt im wesentlichen mit dem der Thermotherapie zusammen. Es seien daher an dieser Stelle nur jene Krankheiten aufgezählt, bei denen die Hochfrequenzwärme eindeutig der geleiteten oder gestrahlten Wärme überlegen ist.

Störungen des vegetativen Systems. Schon 1925 machte SZENES darauf aufmerksam, daß eine Diathermie der Hypophyse hormonale Störungen wie Amenorrhöe oder Dysmenorrhöe zu bessern oder zu beseitigen vermag, eine Mitteilung, die später von verschiedenen Seiten bestätigt wurde. E. ZELLNER empfahl die Kurzwellenbehandlung des Zwischenhirn-Hypophysensystems bei Schlaflosigkeit. KOWARSCHIK sah in einem Fall von endokriner Fettsucht ohne irgendwelche diätetische Maßnahmen eine auffallende Gewichtsabnahme. H. J. WOLF heilte einen Fall von Diabetes insipidus. Diese und andere Fälle zeigen eindeutig, daß man durch Kurzwellen unmittelbar die vegetativen und hormonalen Zentren beeinflussen und Wirkungen erzielen kann, die durch keine andere Form der Thermotherapie erreichbar sind. Leider sind diese Wirkungen höchst inkonstant. Sie stellen Einzelbeobachtungen dar, die, so interessant sie sind, sich in der Mehrzahl der Fälle nicht reproduzieren lassen. Die Anschauung J. SAMUELs, daß die Krebskrankheit eine endokrine Störung darstelle und durch eine Kurzwellenbehandlung der Hypophyse geheilt werden kann, hat wohl nur sehr wenige Anhänger gefunden.

Krankheiten der Lunge. Sehr wirksam erweisen sich die Kurzwellen bei spastischer Bronchitis, Asthma bronchiale, Bronchopneumonie und postgrippösen Infiltraten, die sich nicht lösen wollen. Die Erfolge der Kurzwellenbehandlung bei Lungenabszeß und Pleuraempyem werden von vielen Autoren gerühmt.

Krankheiten der Verdauungsorgane. Es sind vor allem die spastischen Zustände der glatten Mukulatur wie Kardiospasmus, Pylorospasmus, Darmspasmen (spastische Obstipation), Krampfzustände der Gallenblase, die auf Kurzwellen sehr gut ansprechen.

Krankheiten der Nieren. Subakute und chronische Glomerulonephritis, Nephrosen und alle Fälle, bei denen es zu einem starken Absinken der Harnausscheidung kommt. Anurie und selbst präurämische Erscheinungen sind durch eine lang andauernde Durchwärmung der Niere mit Kurzwellen gut beeinflußbar.

Krankheiten der Geschlechtsorgane. Die Lang- und Kurzwellendiathermie sind bei der Behandlung chronisch entzündlicher und hormonaler Frauenleiden bereits eine Standardmethode geworden. Unter den Erkrankungen der männlichen Sexualorgane stellt die chronische Prostatitis die wichtigste Indikation dar.

Furunkel und Karbunkel. Während SCHLIEPHAKE, LIEBESNY, RUETE und andere bei diesen Erkrankungen eine spezifische Wirkung gesehen haben wollen, wirken nach KOWARSCHIK, KRUSEN, HAAS und LOB sowie SCHUBERT die Kurzwellen nicht anders als eine milde Bestrahlung mit einer Wärmelampe.

Die Mikrowellentherapie

Allgemeines

Unter Mikrowellentherapie verstehen wir die therapeutische Anwendung elektromagnetischer Wellen in der Länge von Dezimetern und Zentimetern. Ihr Bereich liegt zwischen 1 m und 1 cm. Das entspricht nach unseren Ausführungen auf S. 135 einer sekundlichen Frequenz von 300 bis 3000 Millionen Hertz (Hz). Die meist benützte Wellenlänge beträgt 12,25 cm, entsprechend einer Frequenz von 2450 MHz. Mit den Mikrowellen wird ein Teil der Lücke ausgefüllt, die bisher zwischen den Kurzwellen, die mit einer Wellenlänge von 1 m enden, und den Infrarot- oder Wärmestrahlen, die mit einer Wellenlänge von 1 mm beginnen, bestand.

Man hat die medizinische Anwendung der Mikrowellen als Mikrowellen- oder Radardiathermie bezeichnet. Diese Bezeichnung ist physikalisch unrichtig. Unter Diathermie, sei es nun Lang- oder Kurzwellendiathermie, versteht man bekanntlich eine Behandlung, bei der Hochfrequenzströme mit einer Frequenz von 300 kHz bis 300 MHz oder einer Wellenlänge von 1000 bis 1 m durch den Körper oder Teile desselben geleitet werden, wobei sich die elektrische in kalorische Energie umsetzt.

Grundsätzlich anders ist die Mikrowellentherapie. Bei ihr werden die Hochfrequenzströme nicht durch den Körper geleitet, sondern einer kleinen Sendeantenne zugeführt, die sie in Form elektromagnetischer Wellen in den Raum ausstrahlt. Es handelt sich also bei der Mikrowellentherapie im Gegensatz zur Diathermie um eine richtige Bestrahlung, um die gleiche Art der Anwendung elektromagnetischer Wellen, wie wir sie mit den infraroten, ultravioletten, Röntgen- und Radiumstrahlen ausführen. Die Mikrowellen sind gleich den optischen oder sichtbaren Strahlen reflektierbar, brechbar, fokussierbar und polarisierbar. Sie verhalten sich, wie man sagt, quasi optisch.

Das Instrumentarium der Mikrowellentherapie

Die Mikrowellen wurden im zweiten Weltkrieg als ein Mittel der Feindabwehr entwickelt. Die Mikrowellen, die in einer bestimmten Richtung gebündelt ausgesendet werden können und an Metallflächen reflektiert werden, dienten dazu, den Ort und die Entfernung von Unterseebooten und Flugzeugen, die dem Auge nicht sichtbar waren, festzustellen. Der erste Mikrowellenapparat für therapeutische Zwecke wurde 1940 in London gebaut.

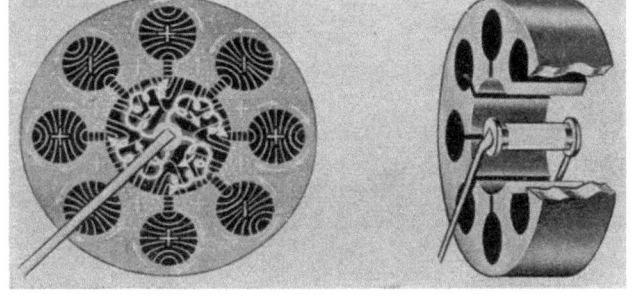

Abb. 194. Schematische Darstellung einer Magnetronröhre. (Nach KOVACS)

Mikrowellen werden mittels einer Magnetron- oder Magnetfeldröhre erzeugt. Es ist das eine zweipolige Röhre oder Diode (Abb. 194). Die Kathode besteht aus einem Nickelzylinder, der mit einem Belag von Barium- und Strontiumoxyd bekleidet ist. Die Kathode wird ringförmig von der Anode umschlossen. Sie besitzt eine Reihe von Hohlräumen, die gegen die Kathode hin einen Schlitz aufweisen. Wird die Kathode erhitzt, so werden aus ihr Elektronen frei, die infolge ihrer negativen Ladung von der Anode angezogen werden. Da aber gleichzeitig ein konstantes Magnetfeld in der Richtung der Kathodenachse besteht, so werden die Elektronen von ihrer geradlinigen Bahn zur Anode bogenförmig abgelenkt, wobei es durch einen komplizierten Vorgang, auf den hier nicht näher eingegangen werden kann, zu Schwingungen der angeführten Frequenz kommt. Das Ganze spielt sich natürlich im Vakuum ab.

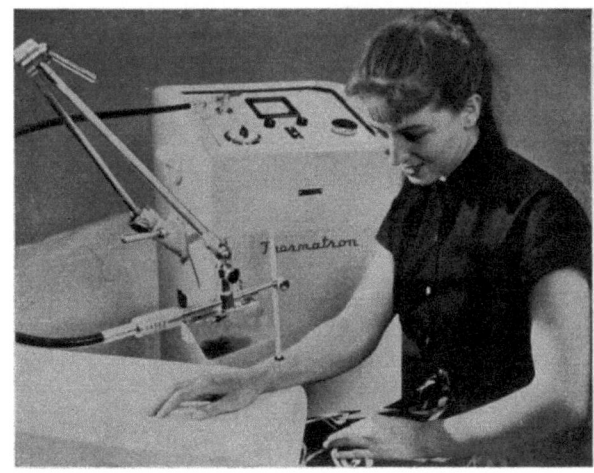

Abb. 195. Bestrahlung mit Mikrowellen (Raytheon)

Aus einem der Hohlräume werden die Schwingungen nach außen geleitet und durch ein sogenanntes koaxiales Kabel, wobei der eine Leiter zylindrisch den anderen umschließt, einer Sendeantenne, einem kleinen Dipol zugeleitet, der die Schwingungen ausstrahlt. Durch einen Metallreflektor werden diese gegen die zu behandelnde Körperstelle gerichtet (Abb. 195).

Die Ausführung der Mikrowellentherapie

Die Wahl des Reflektors. Man benützt teils halbkugelförmige, teils rechteckige Reflektoren (Abb. 196). Bei den ersten ist die Erwärmung an der Peripherie der bestrahlten Fläche am größten, um gegen das Zentrum abzunehmen. Bei den rechteckigen Reflektoren liegt das Maximum der Erwärmung im Zentrum. Außerdem werden vielfach zylindrische Reflektoren verwendet, durch die eine mehr gleichmäßige Erwärmung erzielt wird. Der Abstand der Reflektoren von der Haut beträgt durchschnittlich 5 bis 10 cm. Mit zunehmendem Abstand wird zwar die bestrahlte Fläche größer, die Intensität der Bestrahlung aber nach dem Quadratgesetz kleiner.

Abb. 196. Halbkugelige und rechteckige Reflektoren für Mikrowellen

Die Dosierung. Der Mikrowellengenerator arbeitet mit andauernd gleicher Leistung. Die Regulierung der Strahlenintensität kann dadurch erfolgen, daß in den Strahlengang ein mit physiologischer Kochsalzlösung gefüllter Absorptionskeil eingeschaltet wird, der die im gegebenen Fall nicht benötigte Strahlenmenge absorbiert. Die therapeutisch verabfolgte Dosis kann in Watt abgelesen werden.

Es muß jedoch bemerkt werden, daß nur ein Teil dieser Energie vom Körper aufgenommen und damit biologisch wirksam wird, da ein beträchtlicher, bis zu 50% betragender Anteil von der Hautoberfläche reflektiert wird. Um die Reflexion zu vermindern und die Absorption zu vergrößern, hat man vorgeschlagen, die zu behandelnde Hautstelle mit einer 10 mm dicken Platte von Mycalex zu bedecken. Das ist wohl in den meisten Fällen nicht nötig, da bei der relativ großen Leistung unserer Therapiegeräte selbst ein Verlust bis zu 50% noch tragbar erscheint. Die *Dauer der Bestrahlung* wird mit 15 bis 20 Minuten bemessen.

Die Verhütung von Schäden. Die Strahlung soll angenehm warm, aber nicht heiß empfunden werden. Die Haut soll trocken sein, ein sich bildender Schweiß muß entfernt werden, da er infolge seiner Erhitzung zu einer Verbrennung führen kann. Vorsicht ist dort geboten, wo unmittelbar unter der Haut ein Knochen liegt. Auch bei der Behandlung von Körperteilen, die infolge einer Gefäßerkrankung schlecht durchblutet sind, sei man vorsichtig, da hier infolge der unzureichenden Kühlung durch den Blutstrom die Temperatur rascher und höher ansteigt. Bei Bestrahlungen am Schädel, besonders solchen in der Nähe des Auges, wird man sich mit einer schwachen Dosierung begnügen (S. 174).

Die physiologischen Wirkungen der Mikrowellentherapie

Die Wärmewirkung. Die in den Körper eindringenden Mikrowellen werden von diesem restlos absorbiert und in Wärme umgesetzt. Sie gehen also die gleiche Energietransformation ein wie die Lang- und Kurzwellen. Jedoch sind die Gewebsschichten, in denen die Absorption und damit die Energieumwandlung erfolgt, bei diesen drei Arten therapeutischer Energien verschieden.

Die *Langwellenströme* folgen im wesentlichen dem JOULEschen Gesetz ($W = w \cdot i^2$), d. h. die Erwärmung ist direkt proportional dem elektrischen Widerstand (w) des Leiters. Sie werden daher jene Schichten am meisten erwärmen, die den größten OHMschen Widerstand aufweisen. Das sind die Haut und das unter der Haut liegende Fettgewebe. Weniger stark erwärmen sich die besser leitenden Muskeln.

Bei den *Kurzwellen im Kondensatorfeld* macht sich neben dem OHMschen Widerstand bereits deutlich eine dielektrische Leitfähigkeit bemerkbar (S. 166). Sie sind daher befähigt, schlecht leitende Schichten zum Teil dielektrisch, d. h. ohne merkbaren Wärmeverlust zu überbrücken. Die Haut und das subkutane Fettgewebe erwärmen sich daher im Vergleich zu den Muskeln relativ weniger als bei der Langwellenbehandlung.

Anders verhalten sich die *Kurzwellen im magnetischen Spulenfeld*, wie wir bereits auf S. 167 ausgeführt haben. Hier zeigen die gutleitenden Gewebe wie die Muskeln eine größere Erwärmung als die schlechtleitende Haut und Unterhaut. Ganz ähnlich liegen die Verhältnisse im *Strahlenfeld der Mikrowellen*. Diese werden von den Muskeln und allen blutreichen Geweben stärker absorbiert als von der Haut und dem Fett, weshalb die Erwärmung der Muskeln größer ist.

Wie wir sehen, ist also der Locus nascendi der Wärme und damit die Wärmeverteilung in den einzelnen Gewebsschichten bei den Langwellen der klassischen Diathermie, bei den Kurzwellen im Kondensatorfeld und den Mikrowellen verschieden. Dagegen besteht eine weitgehende Ähnlichkeit in der Wärmeverteilung zwischen den Kurzwellen im Spulenfeld und den Mikrowellen.

Aber auch die *Genese der Wärme*, die Art ihrer Entstehung, ist bei den Mikrowellen eine andere als bei den Lang- und Kurzwellen. Während bei diesen die Wärme im wesentlichen als JOULEsche Wärme anzusehen ist, die durch Reibung zwischen den Ionen und dem Lösungsmittel zustande kommt, ist sie bei den Mikrowellen zum großen Teil das Ergebnis der

Reibung, die bei dem periodischen Drehen der Dipole an den benachbarten Molekülen stattfindet, was man als dielektrischen Verlust bezeichnet. Es sind besonders die Wassermoleküle, die hier als Dipole wirksam sind. Je größer daher der Wassergehalt, bzw. der Blutgehalt eines Gewebes ist, um so größer wird seine Erwärmung sein.

Die Tiefenwirkung der Mikrowellen ist im Vergleich zu per der Lang- und Kurzwellen eine geringe. Sie werden im menschlichen Körper bereits in einer Tiefe von 3 bis 4 cm restlos absorbiert. Abb. 197 zeigt den Tiefgang der Strahlen längs der Reflektorachse in einem geschichteten Modell, bestehend aus Fett, Muskelgewebe und Wasser. Die Tiefenwirkung ist erkennbar an der Erwärmung. Wir sehen zwei Temperaturgipfel, einen niedrigeren im Fettgewebe, einen höheren im Muskel. Das Maximum der Erwärmung liegt in der Tiefe von 2,5 cm. Von hier aus ist der Abfall der Temperatur ein sehr steiler. Das Verhältnis der Erwärmung im Fett- und Muskelgewebe hängt von der Art des Reflektors und von der Wellenlänge ab. Für eine Wellenlänge von 2 cm beträgt die Halbwertschicht im Muskelgewebe nach PÄTZOLD nur ungefähr 1 cm.

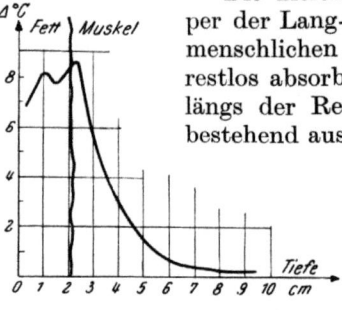

Abb. 197. Die Tiefenwirkung der Mikrowellen (Modellversuch nach PÄTZOLD)

Man ist heute allgemein der Ansicht, daß die primäre Wirkung der Mikrowellen ausschließlich thermischer Natur ist. Sogenannte spezifische oder athermische Wirkungen konnten bisher nicht nachgewiesen werden (BOYLE, HINES, IMIG, PÄTZOLD u. a.).

Was den *zeitlichen Verlauf der Erwärmung* betrifft, so erreicht diese im lebenden Objekt in 10, längstens 20 Minuten einen Höchstwert, um dann etwas abzusinken. Das wird dadurch bedingt, daß die durch die Wärme ausgelöste Hyperämie dem Temperaturanstieg nacheilt und erst einige Minuten später ihr Maximum erreicht, mit dessen Eintritt die Abfuhr der Wärme größer wird als ihre Bildung. Die Abkühlung bei der Behandlung mit Mikrowellen erfolgt rascher als bei der Behandlung mit Kurzwellen (RAE u. a.).

Schädigungen durch Mikrowellen. Daß durch die Mikrowellen Verbrennungen ersten, zweiten und dritten Grades erzeugt werden können, ist wie bei jeder Wärmebehandlung selbstverständlich. Bemerkenswert ist jedoch, daß bisher nie eine Tiefenschädigung beobachtet wurde, ohne daß gleichzeitig die Haut eine Schädigung aufwies. Durch bewußte Überdosierung konnte man an Tieren, die sich noch im Wachstum befanden, schwere Schädigungen der Epiphysen und damit des Knochenwachstums erzeugen (CASTLEMAN u. a.). Weiters konnten an Tieren durch Bestrahlung der Augen Linsentrübungen hervorgerufen werden, die 3 bis 4 Tage nach der Bestrahlung auftraten (RICHARDSON u. a.). Auch eine Degeneration der Hodenzellen nach einer einzigen Bestrahlung in der Dauer von 10 Minuten wurde an Tieren beobachtet (IMIG u. a.).

Die Wertung und die therapeutischen Anzeigen der Mikrowellen. Die Tiefenwirkung der Mikrowellen ist geringer als die der Kurzwellen, wenn auch größer als die der Infrarotstrahlen. Sie werden also die Kurzwellen in der Therapie nie ersetzen können. Sie haben diesen gegenüber noch den Mangel, daß sie nur eine örtliche, ziemlich beschränkte Wärmebehandlung gestatten. Dadurch ist ihr *Anzeigenbereich* gegeben. Er erstreckt sich auf Erkrankungen einzelner Gelenke, Schleimbeutel, Sehnenscheiden, umschriebene Myalgien, Periostalgien u. dgl., bei denen eine Wärmebehandlung angezeigt ist.

Wie bereits oben gezeigt wurde, kann man biophysikalisch die gleiche Wärmewirkung mit den Kurzwellen im Spulenfeld mit Hilfe einer Monode erzeugen, so daß man sich fragen muß, ob es sich für denjenigen, der einen Kurzwellenapparat besitzt, lohnt, sich außerdem eine so kostspielige Apparatur, wie sie die Mikrowellentherapie erfordert, anzuschaffen (BOYLE, COOK, PÄTZOLD, Verfasser).

Schrifttum über Elektrotherapie

ABRAMOWITSCH, D. and B. NEOUSSIKINE: Treatment by Ion Transfer. New York: Grune & Stratton. 1946.

BORUTTAU, H. u. L. MANN: Handbuch der gesamten medizinischen Anwendungen der Elektrizität. 3 Bände 1909, 1 Ergänzungsband 1928. Leipzig: W. Klinkhardt.

CLAYTON, E. B.: Actinotherapy and Diathermy for Student. London: Baillière, Tindall & Cox. 1945.

DELHERM, L.: Nouveau traité d'électro-radiothérapie, 3 Bände. Paris: Masson et Co. 1951.

DELHERM et LAQUERRIERE: L'Ionothérapie électrique. Paris: J. B. Baillière et Fils. 1935.

DUHEM et DUBOST: L'Ionisation. Paris: Gauthier-Villars. 1930.

ERB, W.: Handbuch der Elektrotherapie. Leipzig: F. C. W. Vogel. 1886.

HENSSGE, E.: Selektive niederfrequente Reizstromtherapie und Elektromyographie. Leipzig: G. Thieme. 1952.

KOVACS, R.: Electrotherapy and Light Therapy, 6. Aufl. Philadelphia: Lea & Febiger. 1949. — A Manual of Physical Therapy, 4. Aufl. Derselbe Verlag. 1947. — Physical Therapy for Nurses. Derselbe Verlag. 1936.

KOWARSCHIK, J.: Die Diathermie, 7. Aufl. Berlin: Julius Springer. 1930. — Elektrotherapie, 3. Aufl. Derselbe Verlag. 1929. — Kurzwellentherapie, 5. Aufl. Wien: Springer-Verlag. 1945.

LEDUC: Die Ionen- oder elektrolytische Therapie. Leipzig: J. A. Barth. 1905.

MANN, L. u. FR. KRAMER: Neuere Erfahrungen auf dem Gebiet der medizinischen Elektrizitätslehre. Leipzig: G. Thieme. 1928.

NEMEC, H.: Die Elektrogymnastik. Wien: Springer-Verlag. 1941.

NOGIER, TH.: Électrothérapie, 3. Aufl. Paris: J. B. Baillière et Fils. 1934.

POHL, R. W.: Einführung in die Elektrizitätslehre, 15. Aufl. Berlin-Göttingen-Heidelberg: Springer-Verlag. 1955.

ROUSSEAU et NYER: La practique de l'Ionisation. Paris: C. Doin et Co. 1931.

SCHAEFER, H.: Elektrophysiologie, 2 Bände. Berlin u. Wien: Fr. Deuticke. 1940—1942.

SCHLIEPHAKE, E.: Kurzwellentherapie, 5. Aufl. Stuttgart: Piscator-Verlag. 1952.

V. Die Mechanotherapie

Allgemeines

Die Methoden der Mechanotherapie. Unter Mechanotherapie verstehen wir die Anwendung mechanischer Kräfte zu Heilzwecken. Zu diesen Kräften gehört in erster Linie die Bewegung, dann aber auch Druck, Stoß, Reiben u. dgl. Die Bewegungen können von dem Kranken mit eigener Muskelkraft ausgeführt werden oder sie werden ohne Zutun des Kranken durch die Hand des Gymnasten oder einen Apparat bewirkt. Im ersten Fall sprechen wir von aktiver, im zweiten Fall von passiver *Bewegungstherapie* oder *Heilgymnastik*.

Eine zweite Form der Mechanotherapie ist die *Massage*, worunter wir die Ausführung verschiedener Handgriffe wie Streichen, Reiben, Kneten oder Erschüttern durch den Gymnasten verstehen. In den letzten Jahren ist eine besondere Art der Massage bekannt geworden, die *Ultraschalltherapie*. Sie ist ihrem Wesen nach eine Erschütterungs- oder Vibrationsmassage, bei der die Zahl der Erschütterungen in der Sekunde auf einige Hunderttausend bis eine Million gesteigert ist.

Geschichtliches. Die Anwendung der Gymnastik sowohl für hygienische wie für therapeutische Zwecke ist jahrtausendealt. Sie war in hohem Maß bei den alten Indern und Ägyptern entwickelt. Weiterhin in Griechenland, wo sie vor allem der Ausbildung eines athletischen Körperbaues diente. Sie wurde in eigenen Anstalten, Gymnasien genannt, gepflegt, ein Name, der sich davon ableitet, daß man dort nackt ($\gamma\nu\mu\nu\acute{o}\varsigma$) zu turnen pflegte. Die Lehrer hießen Gymnasten.

Der Begründer der modernen Heilgymnastik ist der Schwede P. H. LING (1776—1839), der Fechtlehrer an der Universität Lund war und 1813 das gymnastische Zentralinstitut in Stockholm begründete. LINGS Methode war eine systematisch ausgebaute Widerstandsgymnastik. Sie wurde später von dem Stockholmer Arzt Dr. G. ZANDER durch die Konstruktion zahlreicher Apparate maschinell ergänzt. G. ZANDER wurde so zum Schöpfer der Medikomechanik.

Auch die Massage wurde in Griechenland nicht nur in gesundheitlicher, sondern auch in heilender Absicht geübt. „Wer ein Arzt sein will, der muß auch massieren können", sagt HIPPOKRATES. Die neuzeitliche Massage wurde wesentlich später als die Heilgymnastik, erst gegen Ende des vorigen Jahrhunderts, populär, obwohl sie schon von LING geübt wurde. Ein entscheidender Anteil an ihrer Verbreitung gebührt dem in ganz Europa als Masseur berühmten Arzt Dr. MEZGER in Amsterdam. Seine therapeutischen Erfolge erregten die Aufmerksamkeit berühmter Chirurgen, wie LANGENBECKS, BILLROTHS und ESMARCHS, deren Interesse für die Methode diese wesentlich förderte.

Die Bewegungstherapie oder Heilgymnastik

Die therapeutischen Ziele der Bewegungstherapie oder Heilgymnastik sind dreierlei Art:

1. *Die Erhöhung der motorischen Kraft.* Sie kann nur durch eine aktive Bewegungstherapie, durch sogenannte Kraftübungen erreicht werden.

2. *Die Vergrößerung des Bewegungsumfanges eines Gelenkes.* Um einen solchen zu erreichen, kommen sowohl aktive wie passive Bewegungen,

daneben Massage und andere mechanische Maßnahmen in Frage. Wir sprechen dann von Dehnungs- oder Lockerungsübungen.

3. *Die Verbesserung der Koordination*, d. h. des richtigen Zusammenspiels der Muskeln, um die Bewegung zweckmäßig zu gestalten. Das ist das Ziel der Koordinationsübungen.

Die Erhöhung der motorischen Kraft
Allgemeines über Kraftübungen

Allgemeines. Will man die motorische Kraft eines Muskels erhöhen, so kann man das, wie schon W. ROUX und W. LANGE immer wieder betont haben, nur dadurch erreichen, daß man von ihm eine größere Arbeit, als er sie bisher gewohnt war, verlangt. Am raschesten wird man zu dem angestrebten Ziel kommen, wenn man ihm einen Widerstand zu überwinden gibt, durch den er zur größtmöglichen Arbeitsleistung gezwungen wird.

Belastet man einen Muskel immer wieder maximal, dann paßt er sich auch anatomisch diesem Mehranspruch an, sein Volumen vergrößert sich, er hypertrophiert (Arbeitshypertrophie). Gleichzeitig wächst auch seine absolute Muskelkraft, worunter wir die Kraft je Quadratzentimeter seines physiologischen Querschnitts verstehen.

Die Arbeit, die man dem Muskel zu leisten gibt, besteht in der Überwindung eines dosierten Widerstandes, den man der Bewegung entgegensetzt. Dieser Widerstand kann durch die Hand des Gymnasten gegeben werden; wir sprechen dann von einem manuellen Widerstand. Er kann aber auch durch ein Gewicht dargestellt werden, das gehoben wird, oder den elastischen Zug einer Spiralfeder oder Gummizuges, die gedehnt werden. Einen solchen Widerstand nennen wir einen mechanischen Widerstand.

Der manuelle Widerstand. Soll beispielsweise der M. biceps mit seinen Synergisten gekräftigt werden, so hat der Kranke Beugebewegungen des Ellbogengelenks auszuführen, denen der Gymnast mit seiner eigenen Kraft Widerstand entgegensetzt. Dieser Widerstand darf jedoch nur so groß sein, daß er von dem Kranken eben noch überwunden werden kann. Der Kranke bleibt, wenn man so sagen darf, der Sieger. Selten wird die Übung in der Weise ausgeführt, daß der Gymnast den Stärkeren spielt, indem er den Widerstand, den der Kranke einer Streckung des gebeugten Ellbogengelenks entgegensetzt, überwindet.

Der mechanische Widerstand. Als solcher dient für gewöhnlich die Schwerkraft, die beim Heben eines Gewichtes überwunden werden muß. Das Heben geschieht meistens mit der Hand (Hantel), seltener mit dem Fuß, wobei das Gewicht an diesem befestigt werden muß.

Um den Zug in einer anderen Richtung als der lotrechten zu ermöglichen, befestigt man an dem Gewicht eine Schnur, die man über eine Rolle laufen läßt. Dadurch kann das Heben eines Gewichtes in jeder beliebigen Richtung erfolgen, wie aus der Abb. 198 ohne weiteres verständlich sein dürfte. Durch eine solche Vorrichtung, die man als *Rollenzug* bezeichnet, wird ausschließlich die Richtung der Kraft, aber nicht ihre Größe verändert. Diese kann durch Änderung des Gewichtes abgestuft werden. Zweckmäßig ist es, bei einem Rollenzug Gewichtssätze wie bei einer Waage zu verwenden, z. B. 0,5, 1,0, 1,0, 2,5 und 5 kg, wodurch alle Gewichtsstufen von 0,5 bis 10 kg erzielbar sind. Zum Heben eines Gewichtes mit der Hand ist ein

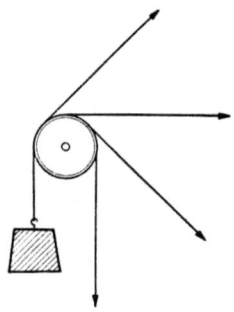

Abb. 198. Ein Rollenzug ändert die Richtung der Kraft, nicht aber ihre Größe

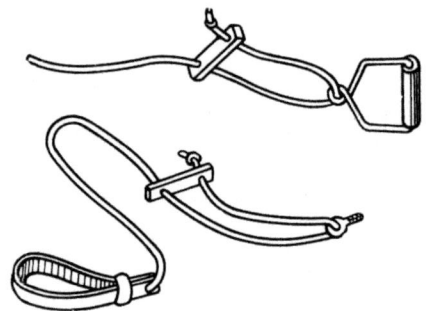

Abb. 199. Handgriff und Schlaufe zur Betätigung eines Rollenzuges mit der Hand oder dem Fuß

Handgriff, zum Heben mit dem Bein eine Schlaufe nötig. Der Seilzug kann mit Hilfe eines durchlochten Brettchens beliebig verkürzt oder verlängert werden (Abb. 199). Die Abb. 200 und 201 zeigen die behelfsmäßige Anwendung von Rollenzügen. Eine zweckmäßige Ausführung eines Rollenzuges, der nicht nur dosierbar, sondern auch in jeder Höhe einstellbar ist, gibt Abb. 202 wieder.

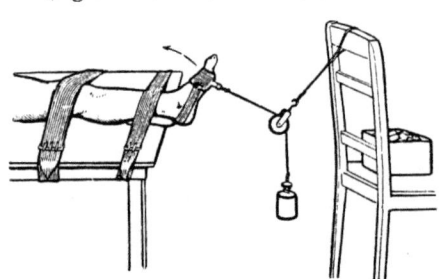

Abb. 200. Behelfsmäßiger Rollenzug. Aktive Dorsalflexion gegen Widerstand. (Nach Fr. Lange)

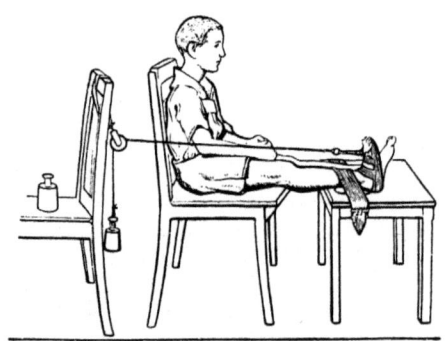

Abb. 201. Behelfsmäßiger Rollenzug. Aktive Plantarflexion gegen Widerstand. (Nach Fr. Lange)

Weitere Arten von mechanischen Widerständen sind Gummizüge und Spiralfedern, wie sie besonders in England beliebt sind. Zur Ausführung von Widerstands-, Dehnungs- und Lockerungsübungen jeder Art eignet sich ein Behandlungsbett, wie es in Abb. 203 dargestellt ist.

Manueller oder mechanischer Widerstand? Es besteht kein Zweifel, daß der durch den Gymnasten geübte Widerstand feinfühliger und an-

Die Erhöhung der motorischen Kraft

Abb. 202. Zwei Trommeln, auf welche in Handgriffen endigende Riemen aufgerollt sind, können in der Höhe verstellt werden, so daß der Zug von oben, unten oder in horizontaler Richtung ausgeführt werden kann. Der Widerstand wird durch eine Bandbremse gegeben, die, für jede Hand gesondert, auf einen Zug zwischen 0 und 10 kg eingestellt werden kann (Rossel, Schwarz u. Co., Wiesbaden)

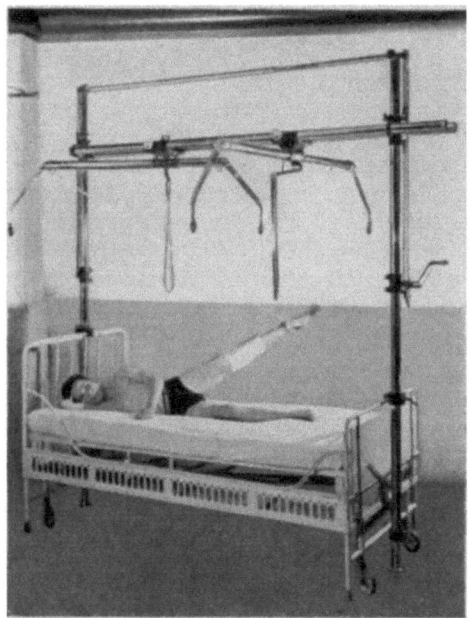

Abb. 203. Behandlungsbett nach ULRICH (Zürich)

passungsfähiger ist als der durch eine Maschine gegebene. Man wird ihm daher in allen Fällen, wo die motorische Kraft noch sehr gering ist, den Vorzug geben. Anders ist es, wenn der Kranke bereits über eine größere Kraft verfügt. In diesem Fall ist das Leisten des Widerstandes für den Gymnasten anstrengend und ermüdend. Hier ist die Maschine, auch wenn sie nur ein einfacher Rollenzug ist, der Hand des Gymnasten überlegen. Sie ist ein unermüdlicher Widerstandsgeber, der gleichzeitig den höchsten Kraftanstrengungen gewachsen ist.

Die Apparategymnastik hat den Vorteil, nicht nur menschliche Kraft, sondern auch Zeit zu sparen, indem sie es ermöglicht, gleichzeitig mehrere Kranke Widerstandsübungen ausführen zu lassen. Ein nicht zu unterschätzender Vorteil der Apparate ist auch der, daß sie die von einem Kranken aufgewendete Kraft objektiv zu messen gestatten. Der Umstand, daß auf diese Weise jede, wenn auch nur geringe Besserung der motorischen Kraft dem Kranken zahlenmäßig vor Augen geführt werden kann, spornt seinen Ehrgeiz und seinen Eifer immer wieder an, noch Besseres zu erreichen.

Schnellkraftübungen stellen eine besondere Art von Kraftübungen dar. Zu ihnen gehören die Schleuderbewegungen, die mit maximaler Kraft ausgeführt werden, wie das Schleudern eines Hand- oder Fußballs. Im ersten Fall sind es die Arm- und Schultergürtelmuskel, im zweiten Fall die Bein- und Beckenmuskel, die geübt werden. Auch der Hochsprung, bei dem das ganze Körpergewicht in kürzester Zeit gehoben wird, gehört zu den Schnellkraftübungen.

Unbelastete Übungen. Ist die Muskelkraft stark herabgesetzt, dann kann schon das Eigengewicht eines Körperteils einen Widerstand bilden, dessen Überwindung für den Kranken eine Kraftanstrengung bedeutet. Das ist beispielsweise der Fall, wenn jemand mit einer Lähmung des M. quadriceps in sitzender Stellung das Knie strecken und dabei den Unterschenkel heben soll oder wenn jemand mit einer Lähmung des M. deltoideus (N. axillaris) den Arm abduzieren oder wenn jemand mit einer Lähmung der Bauchmuskeln sich aus der Rückenlage freihändig aufsetzen soll. Derartige Übungen sind unter der Voraussetzung, daß sie dem Kranken Schwierigkeiten bereiten, als Kraftübungen zu werten.

Die Größe des Widerstandes, die durch die Schwerkraft gegeben ist, kann durch die Wahl der Bewegungsebene dosiert werden. Beugt man bei senkrecht herabhängendem Arm das Ellbogengelenk, dann muß man das Eigengewicht des Unterarmes entgegen dem Zug der Schwerkraft heben. Abduziert man aber den Oberarm bis zum rechten Winkel und unterstützt ihn in dieser Stellung, indem man ihn in einer Schlinge aufhängt, so ist die Beugung des Ellbogengelenks, die nunmehr in einer horizontalen Ebene erfolgt, wesentlich leichter. Die Schwerkraft wirkt sich jetzt nur mehr in einem Zug an den Gelenkbändern aus, setzt aber der Bewegung keinen Widerstand mehr entgegen. Diese erfolgt wie die einer Türe, die in den Angeln aufgehängt, von einem Kind spielend geöffnet und geschlossen werden kann. Die Beugung des Ellbogengelenks bei herabhängendem

Arm wäre dagegen der Bewegung einer Falltüre zu vergleichen, deren ganzes Gewicht beim Öffnen gehoben werden muß. Hebt man den Arm über die Horizontale hinaus bis zur Senkrechten, so wird die Beugung des Ellbogengelenks von der Schwere allein besorgt. Es lassen sich also wenigstens an den großen Extremitätengelenken Einstellungen finden, in denen der Widerstand der Schwere voll zur Auswirkung kommt, aufgehoben erscheint und schließlich in eine Unterstützung oder Förderung der Bewegung umgewandelt wird.

Entlastungs- oder Förderübungen. Darunter versteht der Verfasser alle jene Bewegungen, deren Ausführung erleichtert oder gefördert wird. Diese Maßnahmen bestehen im wesentlichen darin, den Widerstand, den die Schwere vielen Bewegungen entgegensetzt, zu vermindern oder aufzuheben. Das kommt in Frage, wenn der Kranke infolge starker Herabsetzung seiner motorischen Kraft nicht mehr imstande ist, dieses Bewegungshindernis zu überwinden. Wie wir gesehen haben, kann man das durch

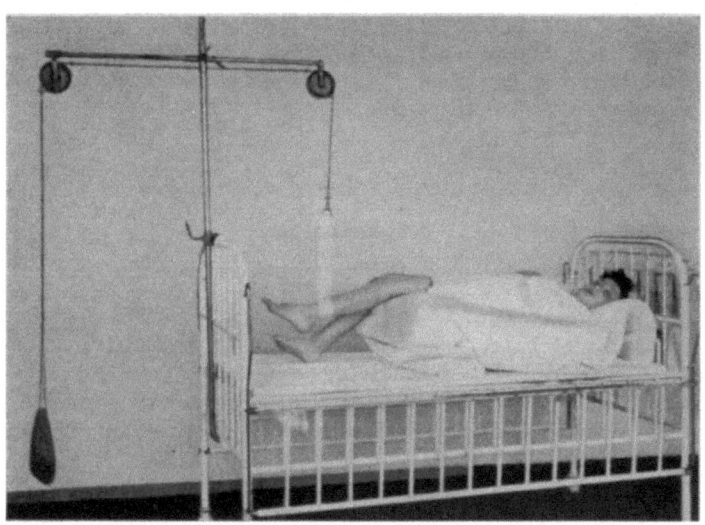

Abb. 204. Ausgleich der Schwere des Unterschenkels durch ein Gegengewicht, wodurch die Kontraktion des geschwächten M. quadriceps ermöglicht wird. (Nach SCHEDE)

Wahl einer bestimmten Bewegungsebene erreichen, in der die Schwerkraft ausgeschaltet ist oder die Bewegung durch sie sogar unterstützt wird. Das kann weiter dadurch geschehen, daß der Gymnast die Bewegung manuell unterstützt. Diese Unterstützung soll jedoch nur so weit gehen, als sie das, was der Kranke aus eigener Kraft nicht vermag, ergänzt. Die Kraftanstrengung darf dem Kranken nicht erspart bleiben, denn nur durch sie kann die motorische Leistung der Muskeln gehoben werden.

Die Schwerkraft kann auch dadurch teilweise oder vollkommen kompensiert werden, daß man das Eigengewicht eines Körperteils (Unterarm, Arm, Unterschenkel, Bein) durch ein über eine Rolle laufendes Gewicht (Sandsack) zum Teil oder ganz ausbalanciert (Abb. 204). Auf diese Weise vermag man die Bewegung in jedem gewünschten Grad zu erleichtern. In der englischen Literatur führen diese Übungen den Namen Suspensions- oder schwerelose Übungen (weightless exercises).

Eine Verminderung der Schwerkraft kann auch durch die Unterwassergymnastik, die Ausführung der Bewegungen im Wasser, erreicht werden, in welchem bekanntlich das Gewicht des Körpers und seiner Teile nach dem Archimedischen Prinzip vermindert wird.

Die Ausführungen der Kraftübungen. Mit Ausnahme der Schnellkraftübungen gelten folgende Regeln: Jeder Widerstand soll so bemessen sein, daß zu seiner Überwindung eine maximale Kraftanstrengung erforderlich ist. 2. Die Überwindung des Widerstandes soll langsam und stetig erfolgen. 3. Jede Bewegung soll in ihrem größtmöglichen Umfang durchgeführt werden. 4. Zwischen den einzelnen Übungen sollen genügend lange Ruhepausen eingeschaltet werden. Da bei jeder Widerstandsübung die Muskeln mit ihrem ganzen physiologischen Querschnitt arbeiten, darf eine bestimmte Übung nur wenige Male wiederholt werden, wenn sie nicht zu einer Übermüdung führen soll. Diese würde die Leistungsfähigkeit nicht steigern, sondern nur herabsetzen. Sie muß daher durch Einschaltung einer Ruhepause vermieden werden.

Beispiele für Kraftübungen

Schultergelenk

Abduktion und Adduktion. 1. Stand, seitlich Hochheben oder Senken des Armes gegen den Widerstand des Gymnasten, der hinter dem Kranken steht.

2. Stand, Gewicht (Hantel) seitlich hochheben.

3. Stand, Sandsäckchen, das auf dem Handrücken des horizontal ausgestreckten Armes ruht, hochschleudern.

4. Stand, Dehnen einer Spiralfeder durch Abduktion des Armes (Abb. 205).

5. Stand, Heben eines Gewichtes über einen Rollenzug durch Adduktion des Armes (Abb. 206).

Ellbogengelenk

Beugen. 1. Sitz, Arm mit dem Ellbogen auf eine Unterlage (Tischchen) gestützt. Der Kranke beugt das Gelenk gegen den Widerstand des Gymnasten, der den Vorderarm über dem Handgelenk gefaßt hat (Abb. 221, S. 187).

2. Sitz, Oberarm hoch gestützt, Heben eines Gewichtes über einen Rollenzug oder Dehnen einer Spiralfeder durch Beugen des Gelenkes.

Strecken. 1. Arm mit dem Ellbogen auf eine Unterlage (Tischchen) gestützt. Strecken des gebeugten Gelenkes gegen den Widerstand des Gymnasten, der den Vorderarm über dem Handgelenk gefaßt hat (Abb. 221, S. 187).

2. Sitz, Oberarm hoch gestützt, Heben eines Gewichtes über einen Rollenzug oder Dehnen einer Spiralfeder durch Strecken des Gelenkes (Abb. 207).

Pronation und Supination. 1. Sitz, mit dem Ellbogen auf ein Tischchen oder das Knie des Gymnasten gestützt, welcher der Pronation oder Supination Widerstand entgegensetzt.

2. Sitz, Oberarm horizontal abduziert gestützt, Heben eines Gewichtes, das über einen Rollenzug läuft und am Ende einer Keule oder Stabes befestigt ist, durch Pronation oder Supination (Abb. 208 und 209).

Beispiele für Kraftübungen

Abb. 205. Abduktion des Armes gegen Spiralfederzug

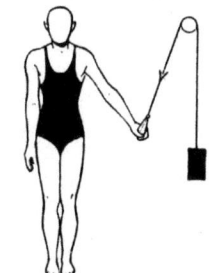
Abb. 206. Adduktion des Armes gegen Gewichtswiderstand

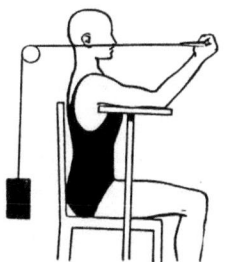
Abb. 207. Strecken des Ellbogengelenkes gegen Gewichtswiderstand

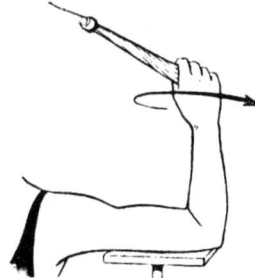
Abb. 208. Supination des Unterarmes in Ausgangsstellung. (Nach HOHMANN)

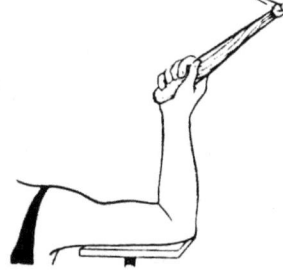
Abb. 209. Supination des Unterarmes in Endstellung. (Nach HOHMANN)

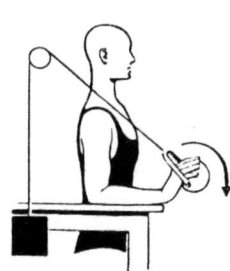
Abb. 210. Beugen des Handgelenkes gegen Gewichtswiderstand

Abb. 211. Beugen der Finger mit Hochziehen eines Gewichtes. (Nach HOHMANN)

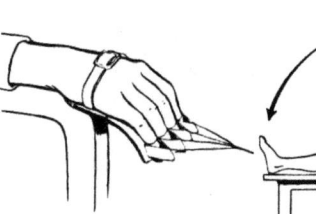
Abb. 212. Beugen der Finger gegen Gewichtswiderstand. (Nach HOHMANN)

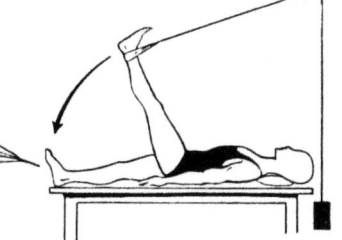
Abb. 213. Strecken des Hüftgelenkes gegen Gewichtswiderstand

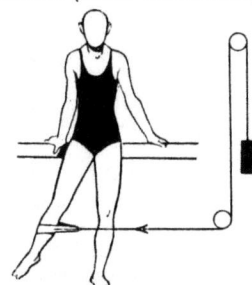
Abb. 214. Abduktion des Beines gegen Gewichtswiderstand

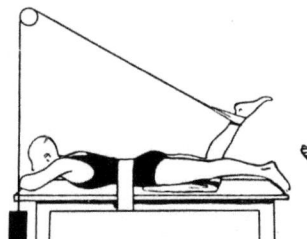
Abb. 215. Strecken des Kniegelenkes gegen Gewichtswiderstand

Abb. 216. Strecken des Kniegelenkes gegen Gewichtswiderstand

Handgelenk

Beugen. 1. Sitz, der Vorderarm liegt auf einer Tischplatte, die Hand ragt über diese hinaus. Beugen des Gelenkes gegen den Widerstand des Gymnasten.

2. Sitz wie bei 1, Heben eines Gewichtes über einen Rollenzug oder Dehnen einer Spiralfeder durch Beugen der Hand (Abb. 210).

Strecken. 1. Sitz, der Vorderarm liegt auf einer Tischplatte, die Hand ragt über diese hinaus. Strecken des Gelenkes gegen den Widerstand des Gymnasten.

2. Sitz wie bei 1, Heben eines Gewichtes über einen Rollenzug oder Dehnen einer Spiralfeder durch Strecken der Hand.

Fingergelenke

Beugen. 1. Federhantel, Gummiball oder Gummischwamm mit der Hand zusammendrücken.

2. Umspannen einer Holzkugel mit der Hand und Heben eines Gewichtes über einen Rollenzug (Abb. 211).

3. Sitz, Unterarm ruht auf einer Unterlage (Tischplatte), Beugen der Finger gegen den Widerstand des Gymnasten, der sich mit seinen Fingern in die des Kranken eingehakt hat.

4. Sitz, Unterarm liegt proniert auf einer Unterlage (Tischchen), die Hand ragt über diese hinaus. Heben eines Gewichtes über einen Rollenzug oder Dehnen einer Spiralfeder durch Beugen der Fingergelenke (Abb. 212).

Strecken. 1. Sitz, der Arm ruht auf einer Unterlage (Tischchen), die Hand ragt über diese hinaus. Strecken der Finger gegen den Widerstand des Gymnasten.

2. Sitz wie bei 1, Heben eines Gewichtes über einen Rollenzug oder Dehnen einer Spiralfeder durch Strecken des Hand- und der Fingergelenke analog der Übung 4.

Kombinierte Bewegungen der Armgelenke

Tragen einer Last (Koffer), Werfen und Fangen eines Medizinballes, Heben eines schweren Gewichtes über einen Rollenzug, Hang am Reck oder an Ringen, Schaukeln, Hochziehen, Klettern, Tauziehen, Hantelstoßen, Arme schwingen oder kreisen mit Hanteln.

Hüftgelenk

Beugen. 1. Rückenlage, Knie und Hüftgelenk beugen, Gymnast setzt der Bewegung Widerstand entgegen, indem er die beiden Hände mit verschränkten Fingern oberhalb des Kniegelenkes anlegt.

2. Rückenlage, Beugen des Hüftgelenkes bei gestrecktem Kniegelenk. Gymnast setzt der Bewegung Widerstand entgegen.

3. Seitenlage. Heben eines Gewichtes über einen Rollenzug, der an einer Kniekappe befestigt ist, durch Beugen des Hüft- und Kniegelenkes.

Strecken. 1. Rückenlage mit erhobenem gestreckten Bein. Gymnast setzt dem Senken des Beines Widerstand entgegen.

2. Rückenlage mit erhobenem gestrecktem Bein. Heben eines Gewichtes über einen Rollenzug durch Senken des Beines (Abb. 213).

Abduktion und Adduktion. 1. Seitenlage, Abduktion oder Adduktion des Beines gegen den Widerstand des Gymnasten.

2. Stand oder Rückenlage, Heben eines Gewichtes über einen Rollenzug durch Abduzieren oder Adduzieren des Beines (Abb. 214).

Kniegelenk

Beugen und Strecken. 1. Bauchlage, Beugen oder Strecken des Beines gegen den Widerstand des Gymnasten, der den Unterschenkel über dem Sprunggelenk gefaßt hat.

2. Bauchlage, Strecken des Kniegelenkes durch Heben eines Gewichtes über einen Rollenzug (Abb. 215).

3. Sitz am Tischrand, Heben eines Gewichtes oder Dehnen einer Spiralfeder durch Strecken des Unterschenkels (Abb. 216).

Sprunggelenk

Dorsal- und Plantarflexion. 1. Sitz, Fuß auf dem Schenkel des gleichfalls sitzenden Gymnasten, welcher der Dorsal- oder Plantarflexion Widerstand entgegensetzt.

2. Rückenlage, Dehnen einer Spiralfeder durch Dorsal- oder Plantarflexion des Fußes (Abb. 217 und 218).

Beispiele für Kraftübungen

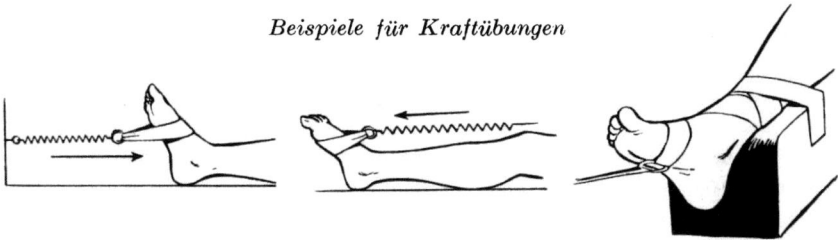

Abb. 217. Dorsalflexion des Fußes gegen Spiralfederzug

Abb. 218. Plantarflexion des Fußes gegen Spiralfederzug

Abb. 219. Pronation und Supination des Fußes gegen Gewichtswiderstand

Pronation und Supination. 1. Sitz, Fuß auf dem Schoß des gleichfalls sitzenden Gymnasten, welcher der Pronation oder Supination Widerstand entgegensetzt.

2. Sitz oder Rückenlage, Heben eines Gewichtes über einen Rollenzug durch Pronation oder Supination des Fußes (Abb. 219).

Kombinierte Bewegungen der Beingelenke

Laufen (auf den Zehen), Springen (Schnurspringen), Kniebeugen und -strecken im Stand, Treppensteigen, Bergsteigen, Radfahren, Fußballspielen, Schwimmen.

Bauchmuskeln

1. Aus dem Langsitz niederlegen ohne Hilfe der Arme.
2. Aus der Rückenlage aufsetzen mit Schwung der Arme.
3. Aus der Rückenlage aufsetzen mit im Nacken verschränkten Händen.
4. Rückenlage, die Beine wie beim Radfahren bewegen.
5. Rückenlage, Beine einzeln oder gleichzeitig heben.
6. Rückenlage, Beine gleichzeitig gestreckt heben und kreisen.
7. Im Hang am Reck, an Ringen oder der Sprossenwand Beine gestreckt heben, beide gleichzeitig oder abwechselnd.
8. Im Hang an der Sprossenwand rücklings die Kniee heben.

Rückenmuskeln

S. S. 240, Insuffizienz der Rückenmuskeln.

Die Vergrößerung des Bewegungsumfanges eines Gelenkes

Allgemeines über Dehnungs- und Lockerungsübungen

Ein zweites Ziel der Heilgymnastik oder Bewegungstherapie ist es, den Bewegungsumfang eines Gelenkes, falls er durch irgendwelche Ursachen eingeschränkt wurde, wieder auf das physiologische Ausmaß zurückzuführen.

Die Ursachen der Bewegungseinschränkung, die man auch als Kontraktur bezeichnet, können sehr verschiedener Art sein. Schon die längere Ruhigstellung eines Gelenkes durch einen fixierenden Verband, der wegen einer Verletzung oder Erkrankung angelegt wurde, führt zu einer Schrumpfung und damit zu einer Verkürzung aller Weichteile, der Gelenkkapsel, der Muskeln, der Sehnen, Faszien, der Nerven und Blutgefäße und damit zu einer Bewegungseinschränkung. Die gleiche Folge hat das Bewegungsunvermögen infolge von Lähmungen nach Poliomyelitis, Verletzungen, Entzündungen oder Degeneration peripherer Nerven. Bei den zerebralen Lähmungen wie der Hemiplegie kommt zu dem Bewegungsunvermögen noch eine spastische Komponente, die Kontrakturen von besonderer Hartnäckigkeit schafft. Auch Verletzungen oder Erkrankungen der Haut und der unter ihr liegenden Weichteile wie Verbrennungen oder Phlegmonen können Gelenkkontrakturen erzeugen. Schließlich können solche auch durch Erkrankungen oder Verletzungen der Gelenke selbst zustande kommen.

Abb. 220. Pendelapparat für Schulter-, Ellbogen- und Handgelenk

Die Technik der Dehnungs- und Lockerungsübungen. Eine Vergrößerung des Bewegungsumfanges eines Gelenks kann durch verschiedene Maßnahmen erreicht werden. So durch

aktive Bewegungen, welche der Kranke selbst ausführt. Unter diesen sind vor allem die Schwungbewegungen wirksam, deren lebendige Kraft noch durch eine zusätzliche Gewichtsbelastung wie Hantel oder Keulen vergrößert werden kann. Um Schwungbewegungen in allen Gelenken durchführen zu können, hat man *Pendelapparate* (Abb. 220) konstruiert, bei denen der zu bewegende Körperteil mit einem Schwergewichtspendel oder einem Schwungrad verbunden wird. Eine kleine Muskelaktion versetzt die Eisenmasse in schwingende Bewegungen, welche den mit ihr verbundenen Körperteil passiv mitnimmt. Ein weiteres Mittel sind

passive Bewegungen, die der Gymnast an dem Kranken vornimmt. Dabei wird der eine Gelenkhebel fixiert und der andere durch die Hand des Gymnasten bewegt (Abb. 221 und 222). Jede passive Bewegung muß langsam, stetig oder leicht federnd ausgeführt werden, nie darf sie brüsk oder ruckweise erfolgen. Von größter Wichtigkeit ist es dabei, daß der Kranke seine Muskeln möglichst entspannt und der Bewegung keinen Widerstand entgegensetzt. Unter Umständen ist auch der Kranke in der Lage, solche Bewegungen mit der eigenen Hand auszuführen. So wird man einen Kranken mit einer Halbseitenlähmung anweisen, die Fingergelenke, das Hand-, Ellbogen- ja selbst das Schultergelenk der gelähmten Seite mit der Hand der gesunden Seite passiv zu bewegen. Bisweilen kann ein Rollenzug die Bewegung mit der gesunden Hand erleichtern (Abb. 226 und 228, S. 190).

Abb. 221. Haltung bei passiven, sowie bei aktiven Widerstandsbewegungen des Ellbogengelenkes

Zu den passiven Bewegungen gehören auch die *Schüttelbewegungen*, bei denen ein Arm oder ein Bein von dem Gymnasten an seinem distalen Ende erfaßt und geschüttelt wird (Abb. 223). Das Schütteln wirkt lockernd und entspannend auf die Muskeln und wird daher besonders bei Muskelspasmen zu empfehlen sein.

Die Massage sucht durch bestimmte Handgriffe, wie Streichen, Reiben, Kneten, die Gewebe mechanisch zu lockern, zu erweichen und durch die gleichzeitige Hyperämisierung der Dehnung zugänglicher zu machen.

Der Dauerzug ist eines der wirksamsten Mittel, um verkürzte Weichteile zu verlängern. Man kann hierzu das *Eigengewicht* von

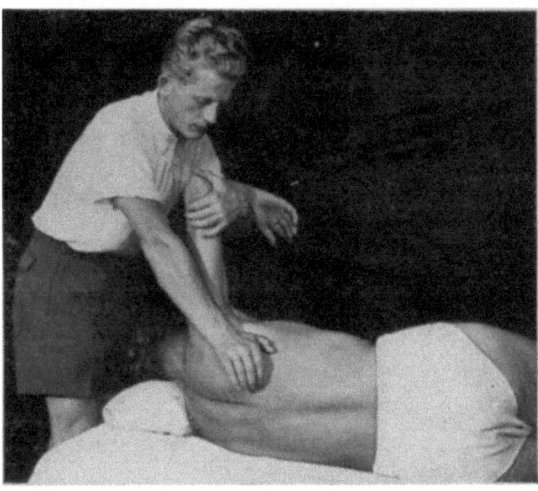

Abb. 222. Passive Abduktion des Armes mit gleichzeitiger Fixation des Schulterblattes

Körperteilen ausnützen. Läßt man z. B. einen Patienten mit einer Streckkontraktur des Kniegelenkes so auf einem Tisch Platz nehmen, daß der Unterschenkel über den Tischrand hinausragt, so wird sein Eigengewicht im Sinn einer Beugung wirken. Den Zug der Schwerkraft kann man verstärken, wenn man am Sprunggelenk ein *Gewicht* (*Sandsack*) befestigt (Abb. 235, S. 190).

Die Möglichkeit der Anwendung eines Gewichtszuges kann man vergrößern, wenn man das Gewicht über eine *Rolle* laufen läßt. An die Stelle des Gewichtszuges kann auch der Zug von Gummischnüren oder einer Spiralfeder treten. Auch die Schienung von Körperteilen, sagen wir des Hand- und der Fingergelenke in der gewünschten Stellung auf einer *Cramer- oder Holzschiene*, gehört zu den Methoden des Dauerzuges.

Ein sehr wertvolles Mittel zur Behandlung von Kontrakturen sind die *Schedeschienen*, deren Anwendung Abb. 224 zeigt.

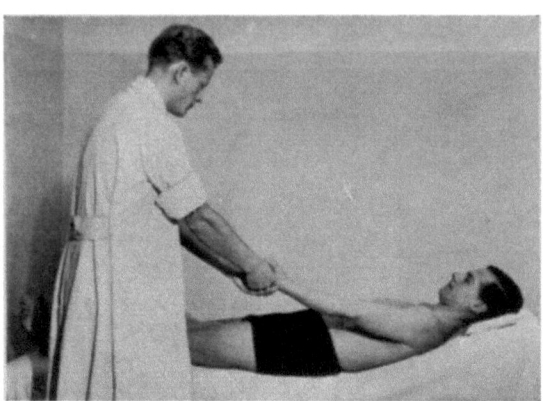

Abb. 223. Schütteln eines Armes zur Lockerung und Entspannung der Armmuskeln

Sollten alle bisher aufgezählten Verfahren nicht den gewünschten Erfolg haben, dann haben wir noch in dem *Quengelverband* eine letzte Möglichkeit der konservativen Kontrakturenbehandlung. Es ist dies ein zweiteiliger Gipsverband, dessen beide Teile, distal und proximal von dem versteiften Gelenk angelegt, durch einen starken Schnurzug gegeneinander gezogen werden, der durch einen Quengel von Zeit zu Zeit verkürzt wird.

Sehr häufig wird man der Mechanotherapie eine Wärmebehandlung in Form von Heißluft, Lang- oder Kurzwellendiathermie vorausschicken, um die Gewebe zu hyperämisieren, serös zu durchtränken und so dehnungsfähiger zu machen. Gleichzeitig wird dadurch die Schmerzhaftigkeit gewisser passiver Maßnahmen herabgesetzt.

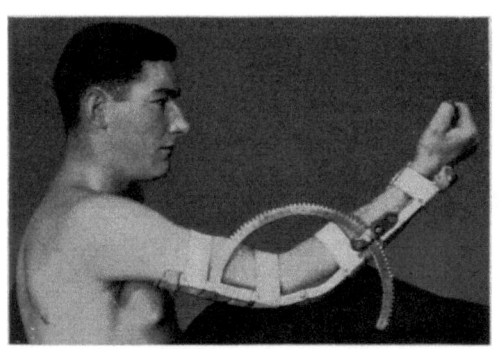

Abb. 224. Schedeschiene zur Behandlung von Gelenkversteifungen

Abb. 225. Winkelmaß zur Messung der aktiven und passiven Beweglichkeit eines Gelenkes

Um den durch die Behandlung erreichten Erfolg objektiv feststellen zu können, bedient man sich eines *Winkelmaßes*, das den aktiv und passiv erzielbaren Bewegungsausschlag in Graden abzulesen gestattet (Abb. 225).

Beispiele für Dehnungs- und Lockerungsübungen

Schultergelenk

Adduktionskontraktur. 1. Stand, Rumpf leicht zur Seite geneigt, Pendeln des Armes in der Sagittalebene, Vorwärtskreisen, Rückwärtskreisen, beides im Wechsel, einarmig, beidarmig, als symmetrisches Kreisen, als Mühlkreisen.
2. Stand, Rumpf leicht vorgeneigt, Pendeln der Arme in der Frontalebene, Schwung nach außen betonen. Die gleichen Übungen mit Hantel oder Keule, um die Schwungkraft zu erhöhen.
3. Finger beider Hände ineinander falten, Hände über den Kopf in den Nacken führen, in der Grenzstellung Ellbogen vor- und rückwärts ziehen.
4. Hände am Rücken fassen, möglichst hoch hinauf arbeiten.
5. Stand seitlich gegen eine Wand, mit der Hand an dieser möglichst hoch klettern, was durch kleine Leitern unterstützt werden kann, die ein Abgleiten erschweren. Den anderen Arm hochgestreckt halten.
6. Stand, Unterarm in einer Schlaufe, die mit der Hand der gesunden Seite über eine Rolle hochgezogen wird (Abb. 226).
7. Im Zehenstand mit beiden Händen eine möglichst hohe Stange der Sprossenwand ergreifen und halten, Fersen langsam senken.
8. Rückenlage, der Kranke verschränkt die beiden Hände im Nacken, Gymnast drückt die Ellbogen federnd gegen die Unterlage.
9. Rückenlage, Gymnast erfaßt die Hand des Kranken und schüttelt den ganzen Arm unter langsamer Abduktion.
10. Seitenlage, Kopf unterstützt, Gymnast am Kopfende, fixierende Hand am Angulus caudalis scapulae, bewegende am rechtwinkelig gebeugten Ellbogengelenk. Seithochheben und Federn in der Endstellung (Abb. 222, S. 187).
11. Stand, Unterarm in einer Schlaufe, Dauerzug eines Gewichtes über eine Rolle, mit fixierendem Gurt der kranken Schulter zur Sohle des Beines der Gegenseite (Abb. 227).
12. Schedeschiene.

Ellbogengelenk

Beugekontraktur. 1. Sitz, Ellbogen liegt auf dem eigenen Knie des überkreuzten Beines, Unterarm mit der anderen Hand über dem Handgelenk fassen, hinunterfedern, längere Zeit in der Endstellung belassen.
2. Sitz, Ellbogen auf ein Tischchen gestützt, Schlaufe um den Unterarm, oberhalb des Handgelenkes. Der Kranke sucht mit der gesunden Hand das Ellbogengelenk über einen Rollenzug zu strecken (Abb. 228).
3. Stand, Tragen eines größeren Gewichtes (Hantel, Sandsack, Koffer, Bügeleisen) mit der Hand oder Befestigung des Gewichtes über dem Handgelenk.
4. Sitz, Ellbogen in Hohlhand des Gymnasten gestützt, die auf einer Unterlage (Tischchen) ruht. Gymnast faßt mit der anderen Hand den Unterarm über dem Handgelenk und macht federnde Streckversuche (Abb. 221, S. 187).
5. Sitz, Dauerzug durch ein Gewicht über eine Rolle (Abb. 229).
6. Schedeschiene (Abb. 224, S. 188)

Streckkontraktur. 1. Sitz, Ellbogen liegt auf dem Knie des überkreuzten Beines, Unterarm mit der anderen Hand über dem Handgelenk fassen, nach aufwärts federn, längere Zeit in Endstellung belassen.
2. Ellbogen auf ein Tischchen gestützt, Schlaufe um den Unterarm oberhalb des Handgelenkes, der Kranke sucht mit der anderen Hand das Ellbogengelenk über einen Rollenzug zu beugen, analog der Abb. 228.
3. Sitz, Ellbogen in die hohle Hand des Gymnasten gestützt, die auf einem Tischchen ruht. Der Gymnast faßt mit der anderen Hand den Unterarm über dem Handgelenk und macht federnde Beugeversuche.

190 *Beispiele für Dehnungs- und Lockerungsübungen*

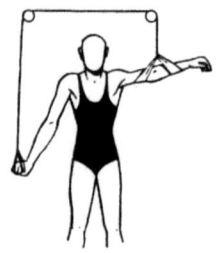

Abb. 226. Abduktion des Armes durch Hochziehen mit der anderen Hand

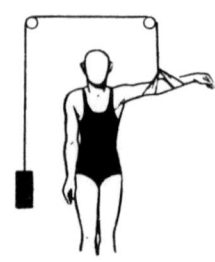

Abb. 227. Abduktion des Armes durch Gewichtsdauerzug

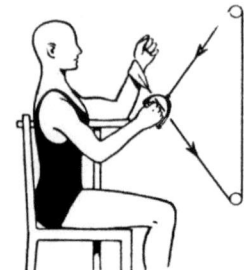

Abb. 228. Strecken des Ellbogengelenkes über einen Rollenzug mit der anderen Hand

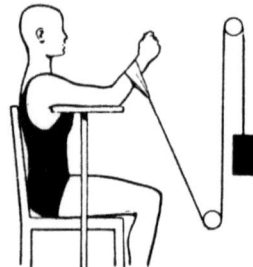

Abb. 229. Strecken des Ellbogengelenkes durch einen Gewichtsdauerzug

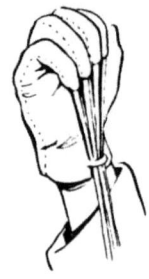

Abb. 230. Beugen der Finger durch Handschuh von KRUCKENBERG

Abb. 231. Strecken des Hüftgelenkes durch Gewichtsdauerzug

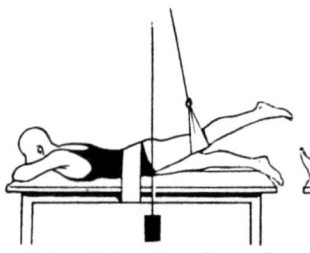

Abb. 232. Strecken des Hüftgelenkes durch Gewichtsdauerzug

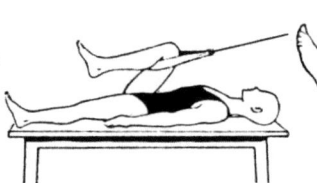

Abb. 233. Beugen des Hüftgelenkes durch Gewichtsdauerzug

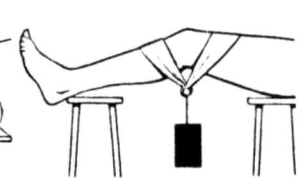

Abb. 234. Strecken des Kniegelenkes durch Gewichtsdauerzug

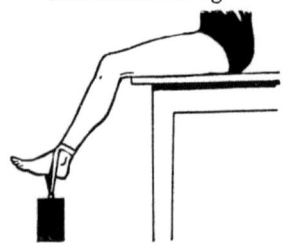

Abb. 235. Beugen des Kniegelenkes durch Gewichtsdauerzug

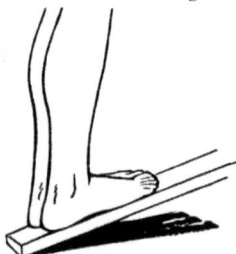

Abb. 236. Dorsalflexion des Fußes durch Stehen auf geneigtem Brett. (Nach HOHMANN)

Abb. 237. Dorsalflexion des Fußes durch keilförmige Gummisohle

4. Sitz, Dauerzug durch ein Gewicht über eine Rolle.

5. Schedeschiene.

Pronations- und Supinationskontraktur. 1. Sitz, Oberarm an den Rumpf angelegt, Ellbogengelenk rechtwinklig gebeugt, maximale Pronation. Die gesunde Hand des Kranken umgreift die kranke von oben her und verstärkt die Pronation. Hand in maximaler Supination, die gesunde Hand umgreift die kranke von unten her und verstärkt die Supination.

2. Stand, Oberarm an den Rumpf angelegt, Ellbogengelenk rechtwinklig gebeugt. Die Hand hält einen Stab nahe der Mitte, Drehen des Stabes durch schwunghaftes Pronieren und Supinieren.

3. Hang an der Sprossenwand, mehr oder weniger durch die Füße unterstützt, mit Rist- oder Kammgriff.

4. Sitz, Ellbogen gebeugt, zwischen den Knien des Gymnasten. Dieser umfaßt das distale Ende des Unterarms mit beiden Händen und federt in die Pronation oder Supination.

5. Sitz, Unterarm liegt in maximaler Pronation auf einer Unterlage (Tischchen), Hand steht frei über diese hinaus. Stab wird an einem Ende so gehalten, daß er die Pronation unterstützt. Das gleiche in maximaler Supination, so daß diese durch den Stab verstärkt wird.

Handgelenk

Beugekontraktur. 1. Finger ineinander falten, Unterarme gegeneinander drücken.

2. Stütz mit der Volarseite der Hand auf eine harte Unterlage, die Finger hängen frei über diese hinaus. Aufrichten des Unterarmes mit Druck gegen die Unterlage.

3. Stütz mit der Handfläche gegen eine Wand, Belastung durch Vorneigen des Rumpfes.

4. Sitz, Ellbogen gestützt auf eine Unterlage oder das Knie des Gymnasten. Dieser legt die beiden Daumen in den Handteller, die übrigen Finger auf die Dorsalseite des Handgelenkes, federnde Dorsalflexion.

5. Oberarm ruht auf einer Unterlage, Unterarm proniert, Dauerzug durch ein Gewicht über eine Rolle (Abb. 210, S. 183).

6. Schedeschiene.

7. Gips-, Cramer- oder Holzschiene an der Beugeseite, Hand in maximaler Dorsalflexion, Finger frei.

Streckkontraktur. 1. Unterarm liegt in Pronation auf einer Unterlage, Hand ragt über diese hinaus. Mit der gesunden Hand federnde Beugebewegungen.

2. Beide Handrücken aneinander legen, die Hände zwischen den eigenen Oberschenkel einklemmen. Abwärtsfedern der Ellbogen.

3. Sitz, Unterarm liegt proniert auf einer Unterlage (Tischchen), Hand ragt über diese hinaus. Federnde Volarflexion durch den Gymnasten unter leichtem Zug, verbunden mit Seitenbewegungen.

4. Sitz, Oberarm ruht auf einer Unterlage, Unterarm supiniert. Dauerzug durch ein Gewicht über eine Rolle.

5. Schedeschiene.

6. Gips-, Cramer- oder Holzschiene an der Streckseite, Hand in maximaler Volarflexion, Finger frei.

Fingergelenke

Beugekontraktur. 1. Stand, Stützen der Finger mit der Beugeseite auf eine harte Unterlage, Aufrichten des Unterarms.

2. Stand, Stützen der Finger mit der Beugeseite gegen eine Wand, Belastung durch Vorneigen des Rumpfes.

3. Sitz, Strecken der Finger zuerst einzeln, dann gemeinsam mit der gesunden Hand.

4. Sitz, Strecken der Finger zuerst einzeln, dann gemeinsam durch den Gymnasten.

5. Gips-, Cramer- oder Holzschiene an der Beugeseite anlegen, Finger in maximaler Streckstellung niederbinden.

Streckkontraktur. 1. Stand, Stützen der Finger mit der Streckseite gegen eine harte Unterlage, Aufrichten des Unterarmes.

2. Stand, Stützen der Finger mit der Streckseite gegen eine Wand, Belastung durch Vorneigen des Rumpfes.

3. Sitz, Beugen der Finger zuerst einzeln, dann gemeinsam mit der gesunden Hand.

4. Sitz, Beugen der Finger zuerst einzeln, dann gemeinsam durch den Gymnasten.

5. Handschuh nach KRUCKENBERG mit Dauerzug, der die Finger beugt (Abb. 230).

Hüftgelenk

Beugekontraktur. 1. Ausfallstellung, gesundes Bein vorne, das Hüftgelenk des kranken Beines federt in die Streckung mit oder ohne Nachhilfe der eigenen Hand.

2. Rückenlage, die beiden Beine ragen vom Gesäß an über das Fußende des Bettes hinaus. Knie der gesunden Seite maximal hochziehen und mit beiden Händen festhalten. Das andere Bein federt vom Hüftgelenk aus abwärts.

3. Rückenlage wie bei 2, Gymnast federt das kranke Bein mit Griff über dem Kniegelenk nach abwärts.

4. Rückenlage wie bei 2, Gewichtszug, der das Gelenk streckt (Abb. 231).

5. Bauchlage, Fixation des Beckens mit Gurt, passive Streckung des Gelenkes durch Gewicht über Rollenzug (Abb. 232).

6. Bauchlage, Rolle oberhalb des Kniegelenkes unterlegen. Belastung des Gesäßes mit Sandsäcken.

Streckkontraktur. 1. Sitz, Knie hochziehen, mit beiden Händen nachhelfen.

2. Stand, in Kniebeuge hinunterfedern.

3. Stand, Rumpfbeugen, mit den Händen zum Boden federn.

4. Langsitz, mit den Händen zu den Füßen federn.

5. Stand auf der Sprossenwand, mit dem gesunden Bein immer tiefer hinuntersteigen, in die Hüftbeuge federn.

6. Stand auf der Sprossenwand, mit den Händen immer tiefer greifen und mit dem Gesäß zum Boden federn.

7. Rückenlage, Gymnast federt das Knie gegen die Brust.

8. Rückenlage, Schlaufe in der Kniekehle, an der ein Gewicht über einen Rollenzug läuft (Abb. 233).

Kniegelenk

Beugekontraktur. 1. Bauchlage, Unterschenkel senken, in die Bauchlage federn, mit dem gesunden Bein nachhelfen.

2. Bauchlage, der Gymnast faßt den Unterschenkel über dem Sprunggelenk, während er mit der anderen Hand den Oberschenkel fixiert. Federndes Strecken.

3. Rückenlage, Ferse erhöht. Gymnast legt die eine Hand über, die andere unter dem Kniegelenk an und federt in die Streckstellung.

4. Rückenlage, Belastung des Knies mit einem oder mehreren Sandsäcken.

5. Sitz, das Bein ruht auf einem zweiten Stuhl. Dauerzug eines Gewichtes, das an einer Kniekappe zwischen beiden Stühlen hängt (Abb. 234).

Die Vergrößerung des Bewegungsumfanges eines Gelenkes

6. Bauchlage, Fixation des Oberschenkels durch eine Gurte. Dauerzug eines Gewichtes, das über dem Sprunggelenk angreift und über eine Rolle läuft.

7. Schedeschiene.

Streckkontraktur. 1. Sitz auf Tisch, Oberschenkel bis zum Knie unterstützt, Unterschenkel in die Beugung federn, mit dem gesunden Bein nachhelfen.

2. Sitz, Oberschenkel bis zur Brust hochziehen und das Knie mit beiden Händen federnd beugen.

3. Stand, in die Kniebeuge federn mit sicherndem Stütz beider Arme.

4. Stand in Hüfthöhe auf Sprossenwand, mit gesundem Bein immer tiefer steigen, krankes Knie in Beugestellung federn.

5. Sitz auf einer Tischplatte, Gymnast fixiert mit der einen Hand den Oberschenkel, faßt mit der anderen Hand den Unterschenkel oberhalb des Sprunggelenkes und beugt das Knie stetig oder federnd. In der Endstellung aktiv halten lassen.

6. Bauchlage, der Gymnast faßt den Unterschenkel oberhalb des Sprunggelenkes und federt in die Beugestellung.

7. Sitz am Tischrand, Dauerzug durch ein Gewicht, welches das Gelenk beugt (Abb. 235).

8. Schedeschiene.

Sprunggelenk

Kontraktur in Plantarflexion (Spitzfuß). 1. Stand, Kniebeugen, Fersen am Boden belassen.

2. Stand, Fuß auf einen Stuhl stellen. Dorsalflexion durch Vorschieben des Knies.

3. Stehen und Gehen auf schief geneigtem Brett (Abb. 236).

4. Stehen und Gehen mit einer keilförmigen, an der Fußsohle befestigten Gummiunterlage (Abb. 237).

5. Kriechstellung mit gehobenen Knieen.

6. Rückenlage, Rolle unter dem Knie. Dauerzug durch Spiralfeder oder Gewicht, das mit einer Schlaufe an der Fußsohle angreift und über eine Rolle läuft.

7. Schedeschiene.

Kontraktur in Dorsalflexion (Hackenfuß). 1. Sitz, Fuß unter den Kastenrand stellen, Knie strecken.

2. Fersensitz mit gegen den Boden gekehrten Fußrücken. Belastung durch den Rumpf.

3. Rückenlage, Gymnast fixiert mit der einen Hand den Unterschenkel und drückt mit der anderen den Fußrücken gegen die Unterlage.

4. Bauchlage mit gegen die Unterlage gekehrten Fußrücken.

5. Rückenlage, Rolle unter dem Knie. Dauerzug durch Spiralfeder oder Gewicht, das mit einer Schlaufe am Fußrücken angreift und über eine Rolle läuft.

Wirbelsäule

Halswirbelsäule. 1. Kopf vorbeugen, mit den am Hinterhaupt verschränkten Händen den Kopf nach abwärts federn.

2. Kriechstellung, Unterarme auf die Unterlage auflegen, Kopf in die Handflächen.

3. Rückenlage, Kopf auf Rolle, beide Beine gestreckt mit dem Becken heben (Kerze).

4. Rückenlage, Kopf auf Rolle, die gebeugten Kniee gegen den Kopf federn.

5. Dauerlagerung am Rücken mit Kopfrolle.

6. Extension in Glissonschlinge.

Brustwirbelsäule. 1. Tiefkriechstellung mit vorgestreckten Armen und möglichst tief gehaltenen Schultern.

2. Sitz rücklings an Sprossenwand mit angezogenen Knieen, Griff an möglichst hoher Sprosse, mit den Schultern vorfedern.

3. Zwei Kranke sitzen Rücken an Rücken. Ball über dem Kopf übergeben oder kleinen Ball über den Kopf prellen.

4. Dauerlagerung am Bauch, die unter der Stirn verschränkten Arme liegen 20 bis 30 cm erhöht auf einer Unterlage.

5. Dauerlagerung am Rücken, unter der Brustwirbelsäule eine Rolle, Knie anziehen, Arme hochstrecken.

6. Extension mit der Glissonschlinge.

Lendenwirbelsäule. 1. Langsitz, mit den Händen zu den Füßen federn.

2. Stand, mit den Händen zum Boden federn.

3. Stand, Knie abwechselnd zur Brust heben.

4. Stand, in die Kniebeuge federn, Ellbogen zwischen den offenen Knieen.

5. Liegestütz anhocken: Auf dem Boden in Bauchlage auf die gebeugten Unterarme gestützt, die dann gestreckt werden.

6. Hasenhüpfen: Am Boden die gestreckten Arme vorsetzen, mit den Beinen nachhüpfen.

7. Aufhocken und Durchhocken an einem Sprunggerät: Hände auf einen Hocker stützen, mit den Füßen auf diesen oder über diesen springen.

8. Hochsprung über eine Schnur.

Die Verbesserung der Koordination
Allgemeines über Koordination

Allgemeines. Nie kommt eine Bewegung durch einen Muskel allein zustande, stets ist an ihrer Ausführung eine größere Zahl von Muskeln, die sich gegenseitig unterstützen (Synergisten), beteiligt. Gleichzeitig treten auch ihre Antagonisten in Tätigkeit, um die Bewegung zu überwachen und fein abzustufen. Überdies müssen die Körperteile, die nicht unmittelbar an der Bewegung teilnehmen, von weiteren Muskeln festgestellt werden. Das richtige Zusammenspiel aller dieser Muskeln zu lenken, die Stärke und zeitliche Aufeinanderfolge ihrer Innervation festzulegen, ist Aufgabe der Koordination. Eine Bewegung ist dann koordiniert, wenn sie zweckmäßig ist, d. h. wenn sie das Ziel der Bewegung auf kürzestem Weg und mit dem geringsten Kraftaufwand erreicht.

Nur wenige koordinierte Bewegungen, wie das Atmen, Schlucken und Saugen, sind angeboren, alle anderen, wie das Stehen, Gehen, Greifen und sonstige Handfertigkeiten, müssen nach der Geburt erst erlernt werden. Das ist einzig und allein durch Übung möglich, indem man zuerst mit größter Aufmerksamkeit und Willensanstrengung die beabsichtigte Bewegung ausführt und so lange wiederholt, bis sie mühelos und leicht und schließlich automatisch, d. h. im Unterbewußtsein erfolgt. Alle Bewegungen, die wir wirklich beherrschen, wurden auf diese Weise automatisiert. Die Fähigkeit, koordinierte Bewegungen rasch zu erlernen, ist bei verschiedenen Personen verschieden ausgeprägt; sie ist angeboren und wird als Geschicklichkeit bezeichnet.

Das Erlernen koordinierter Bewegungen wird dadurch möglich, daß die Nervenzelle von jedem sie erregenden Vorgang Reizeindrücke oder Erinnerungsbilder (Engramme) bewahrt. Jedes Reizerlebnis, das einmal durch eine Nervenzelle hindurchgegangen ist, hinterläßt in ihr Veränderungen ihrer molekularen Struktur, die sie befähigen, auf eine Wiederholung dieses Reizes leichter und rascher anzusprechen. WERNICKE hat dies als das Gedächtnis des Nervensystems bezeichnet. In diesem Sinn spricht man bei Bewegungsvorgängen auch von einem kinetischen Gedächtnis. Durch stete Wiederholung einer bestimmten Innervationskombination gelingt es, die Nervenbahnen so auszuschleifen, daß schon ein schwacher Willensimpuls genügt, nicht nur eine Bewegung, sondern einen ganzen Bewegungskomplex automatisch ablaufen zu lassen. Man bezeichnet das als Bahnung.

Die Koordinationsübung ist also gleichbedeutend mit einer Übung des Nervensystems, die Kraftübung dagegen ist vorwiegend eine Angelegenheit des Muskels. Während wir bei der Kraftübung stets ein Maximum an Kraft anwenden sollen, suchen wir bei der Geschicklichkeitsübung mit einem Minimum an Kraft auszukommen. Jede nicht absolut notwendige Muskelkraft soll dabei vermieden werden. Dieser zwischen Kraft und Koordination bestehende Unterschied wird uns vielleicht am besten durch die Vorstellung eines Athleten und eines Jongleurs klar werden. Der erste verkörpert die Höchstleistung an Muskelkraft, der zweite die Höchstleistung an Geschicklichkeit. Der muskelbepackte Körper des Athleten zeigt uns, daß er die Leistung der Stärke seiner Muskeln verdankt, während die Kunst des Jongleurs auf der Geschwindigkeit und Präzision seiner Bewegungen beruht.

Störungen der Koordination. Richtige Bewegungsimpulse an die Muskeln können von den motorischen Zentren nur dann abgegeben werden, wenn diese über die jeweilige Lage der Körperteile und den Spannungszustand der Muskeln unterrichtet sind. Es ist Aufgabe der Tiefensensibilität, den motorischen Zentren diese Eindrücke zu vermitteln. Es laufen darum andauernd unbewußte tiefensensible Reize auf afferenten Bahnen, vor allem über die Hinterstränge, zum Gehirn und umgekehrt motorische Impulse auf efferenten Bahnen zu den Muskeln. Eine Störung dieses sensomotorischen Kreislaufes an irgendeiner Stelle hat eine Bewegungsstörung zur Folge.

Sind die Bahnen der Tiefensensibilität geschädigt, wie das bei der Tabes dorsalis der Fall ist, so kommt es zu einer Störung der Koordination, die wir als Ataxie bezeichnen. Aber auch dann, wenn motorische Bahnen teilweise ausfallen, kann es zu ataktischen Erscheinungen kommen. Durch einen solchen Ausfall wird die reziproke Innervation, wie sie nach dem Gesetz von SHERRINGTON zwischen Agonisten und Antagonisten besteht, gestört und damit auch das zweckmäßige Zusammenspiel dieser Muskeln. Die Bewegungen werden unzweckmäßig oder ataktisch. Ist die Koordination verlorengegangen, dann kann sie nur durch Übung wiedergewonnen werden. Die Übungen, welche dieses Ziel anstreben, bezeichnen wir als Koordinationsübungen.

Es gibt Bewegungen niederer Ordnung, die aber für das Leben dringend notwendig sind, wie das Aufstehen, Gehen, Niedersetzen, das Erfassen von Gegenständen mit der Hand und andere. Wir bezeichnen sie als

Prinzipalbewegungen. Bewegungen höherer Art sind alle handwerklichen, künstlerischen und sonstigen Tätigkeiten. Wir müssen uns im folgenden auf die Wiedererlernung der Prinzipalbewegungen beschränken. Da diese ganz unbewußt gemacht werden, muß der Gymnast jeden ihrer Teilakte und damit ihren Gesamtablauf genau kennen. Nur dann wird er imstande sein, sie dem Kranken sozusagen im Zeitlupentempo vorzumachen und auch kleine Fehler bei ihrer Ausführung sofort zu verbessern.

Koordinationsübungen

Das Aufstehen. Dabei muß der Schwerpunkt des Körpers, der über der Sitzfläche liegt, über die Fußsohlen verlagert werden. Zum Üben eignet sich am besten ein Stuhl mit nicht zu niedriger Sitzfläche (Polsterauflage), Armlehnen und einem freien Raum unter der Sitzfläche. Die Unterschenkel werden zunächst gebeugt, wobei die Füße etwas unter die Sitzfläche zu stehen kommen. Sie sollen einander nicht zu nahe sein, um eine genügend große Unterstützungsfläche zu bekommen. Gleichzeitig sollen die Fußspitzen nach außen gekehrt werden, um ein Umkippen über den äußeren Fußrand zu verhindern. Dann wird der Rumpf nach vorne gebeugt, damit der Schwerpunkt des Körpers möglichst über die Fußsohlen zu liegen kommt. Nunmehr werden Knie- und Hüftgelenke gleichzeitig gestreckt und so der Körper aufgerichtet. Das Aufrichten wird dem Kranken wesentlich erleichtert, wenn er die Möglichkeit hat, sich mit den Armen beiderseits zu stützen, so daß diese den Beinen einen Teil der Körperlast abnehmen. Erhebt sich der Kranke vom Bettrand, dann können ihm zwei Personen, die ihn in den Achselhöhlen unterstützen, beim Aufstehen behilflich sein. Häufig macht der Kranke beim Aufstehen den Fehler, daß er den Oberkörper nicht genügend weit nach vorne neigt; er fällt dann, sobald er die Knie zu strecken versucht, wieder auf die Sitzfläche zurück.

Das Stehen bedeutet eine Muskelleistung, was daraus hervorgeht, daß es ermüdend ist und daß beim aufrechten Stand gegenüber dem Liegen sich der respiratorische Grundumsatz je nach der „Strammheit" der Haltung bis zu 22% erhöht. Die Muskelarbeit ist nötig, einerseits, um den Körper in verschiedenen Gelenken zu versteifen und andererseits die kleinen Schwankungen, die beim Stehen andauernd stattfinden, reflektorisch auszugleichen. Das Stehen wird erleichtert, wenn die Beine leicht gespreizt und die Fußspitzen nach außen gekehrt sind. Es ist vor allem darauf zu achten, daß die Hüft- und Kniegelenke vollkommen durchgestreckt werden und der Oberkörper nicht nach vorne geneigt ist, sonst besteht andauernd die Gefahr des Vornüberfallens. Das Stehen fällt dem Kranken leichter, wenn er sich dabei mit den Händen auf einen Stock oder einen anderen Gegenstand stützen kann.

Das Gehen hat zur Voraussetzung, daß der Kranke bereits stehen kann, also das Gleichgewichtsgefühl in aufrechter Stellung wieder erlangt hat. Anfangs wird er bei der Übung von zwei Personen, die ihn beiderseits in der Achselhöhle unterstützen, geführt. Nie darf man den Kranken dabei am Oberarm halten wegen der Gefahr einer Fraktur oder Luxation beim Stürzen. Später genügt eine Person, die anfangs zur Seite, später hinter dem Kranken geht, um ihn durch Unterfassen unter den Armen jederzeit auffangen zu können. Ehe man die Gehübungen beginnt, verschaffe man dem Kranken ein Paar fester, breitgesohlter hoher Schnürschuhe, um den Sprunggelenken einen Halt zu geben. Nie soll barfuß oder in Hausschuhen geübt werden. Man achte darauf, daß die Schritte zunächst klein und beiderseits gleich lang sind. Das Nachziehen eines Beines ist zu vermeiden.

Ist die Lähmung der Beine eine besonders schwere, dann kann das Erlernen des Gehens durch verschiedene Hilfsmittel erleichtert werden. Zu diesen gehören der *Gehbarren*, zwei in der Höhe verstellbare Stangen von etwa 3 m Länge, auf die sich der Kranke mit den Händen stützt. Ein gleichsam fahrbarer Barren

Die Verbesserung der Koordination

ist der *Gehstuhl* oder die *Gehschule*. Ein weiteres Hilfsmittel ist die *Laufkatze*, an der sich der Kranke mit den Händen hält oder durch die er mit Hilfe von Achselschlingen gesichert wird (Abb. 238). Hat der Kranke eine gewisse Standfestigkeit wieder erlangt, so kann er das Gehen mit zwei Stöcken versuchen. Zunächst mit *vierbeinigen Stöcken* oder *Gehbänkchen* (Abb. 239), dann mit einbeinigen. Man achte darauf, daß die Stöcke nicht zu kurz und nicht zu lang sind, daß sie einen bequemen Handgriff und eine Gummikapsel besitzen. An die Stelle der früher üblichen *Achselkrücken* sind heute vielfach die *Ellbogenkrücken* getreten, Stöcke mit einer Fortsetzung nach oben, gegen die sich der Unterarm stützt, wodurch dem M. triceps die zur Streckung des Ellbogengelenks nötige Arbeit erleichtert wird. Kann der Kranke bereits auf ebenem Boden gehen, dann muß er das Stiegen-Auf- und -Abwärtsgehen erlernen, da ihm sonst, wenn er auf die Straße geht, jeder Randstein zum Verhängnis wird.

Das Umdrehen ist bei den Gehübungen jedesmal erforderlich, wenn der Kranke vor einer Sitzgelegenheit angelangt ist und nun Platz nehmen will. Beim Umdrehen nach rechts wird der rechte Fuß um eine durch die Ferse lotrecht verlaufende Achse so weit als möglich gedreht; dann rückt der linke Fuß nach. Zu einer Drehung um 180° sind drei bis vier solcher Akte nötig. Das Umdrehen ist leichter, wenn man breitspurig steht, als wenn man die Füße aneinandergeschlossen hat.

Das Niedersetzen benötigt die gleichen Bewegungen wie das Aufstehen, nur in umgekehrter Reihenfolge. Es ist so, als ob man einen Filmstreifen, der das Aufstehen zeigt, zurückdrehen würde. Beim Niedersetzen werden die Knie- und Hüftgelenke gebeugt und gleichzeitig der Oberkörper nach vorne geneigt, um dem nach rückwärts ausweichendem Gesäß das Gleichgewicht zu halten. Gewöhnlich macht der Kranke den Fehler, daß er wohl die Kniegelenke beugt, den Oberkörper aber, ohne ihn genügend nach vorn zu neigen, einfach auf die Sitzfläche fallenläßt. Zur Einübung des Niedersetzens ist es zweckmäßig, dem Kranken vorerst eine

Abb. 238. Das Gehenlernen mit der Laufkatze

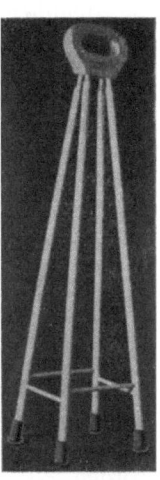

Abb. 239. Vierbeiniger Stock (Gehbänkchen)

Kniebeuge ausführen zu lassen, wobei man ihn an den Händen leicht stützen kann, um ihm die Erhaltung des Gleichgewichtes zu erleichtern. Erst dann, wenn sich das Gesäß bis zur Höhe der Sitzfläche gesenkt hat, darf sich der Kranke auf dieser niederlassen.

Die Übungen der Hand haben zunächst das Ergreifen, das Festhalten und das Versetzen von Gegenständen zum Ziel, wobei anfangs größere, dann immer kleinere Objekte zur Übung herangezogen werden. Bei schweren Koordinationsstörungen beginnt man mit dem Erfassen von Holzkugeln, Holzhanteln, Rundhölzern verschiedener Durchmesser, Gummibällen und anderen größeren Gegenständen. Später folgt die Beschäftigung mit Bausteinen, das Ordnen von Schachfiguren oder Damesteinen auf einem Schachbrett oder vorgezogenen Linien, das Auslegen von Karten (Patiencespiel), Zündhölzern, Bohnen und anderen kleinen Gegenständen in bestimmten Figuren. Auch Zusammensetzspiele können zur Übung Verwendung finden.

Dann werden gewisse Handbewegungen geübt, wie das Drehen einer Kurbel, einer Flügelschraube, die Handhabung eines Bohrers, eines Schraubenziehers, das Einschlagen von Nägeln in ein Holzbrett und das Herausziehen mit der Zange, das Knoten und Entknoten eines Seiles oder einer Schnur, das Umgießen eines mit Bohnen oder einer Flüssigkeit gefüllten Bechers, das Kneten und Formen von feuchtem Ton (Plastilin), das Sortieren von Knöpfen verschiedener Größe und ähnliche Dinge.

Vor allem aber ist es wichtig, daß der Kranke jene Handgriffe erlernt, die das tägliche Leben andauernd fordert. Dazu gehören das An- und Ausziehen der Kleider und Schuhe, das Öffnen und Schließen einer Türe, das Drehen eines Lichtschalters, die Handhabung von Löffel, Gabel und Messer, das Trinken aus einem Glas, das zuerst mit einem leeren Glas geübt wird, die Benützung des Telephons usw. Die Erlernung dieser Handgriffe soll den Kranken ehemöglichst unabhängig von der Hilfe seiner Umgebung machen.

Die Unterwassergymnastik

Allgemeines. Unter Unterwasser- oder Hydrogymnastik verstehen wir die Ausführung von aktiven und passiven Bewegungen im Wasser, die teils Kraft-, teils Dehnungs- und Lockerungsübungen, teils Koordinationsübungen darstellen können. Das Wasser ist ein physikalisch durchaus anderes Medium als die Luft. Die Bewegungen in ihm sind gegenüber denen in der Luft vielfach erleichtert, zum Teil aber auch erschwert. Dazu kommen die thermische Wirkung des Wassers und sein Einfluß auf das vegetative System, die als therapeutische Faktoren von Bedeutung sind. Die Unterwassergymnastik darf nicht verwechselt werden mit der Unterwassermassage (S. 38) und der Unterwasserdusche (S. 39), wie das häufig geschieht, wenn diese beiden Methoden auch nicht selten mit der Unterwassergymnastik kombiniert werden.

Die Unterwassergymnastik wurde bereits 1898 von LEYDEN und GOLDSCHEIDER (Z. physik. u. diät. Ther., Bd. I, 112) als kinetotherapeutisches Bad und 1904 von BECHTEREW (Zbl. Neurol. 1904, 180) empfohlen, ist aber erst über Amerika durch die in Warm Springs (Georgia, USA) und anderen Orten erzielten Heilerfolge allgemein bekannt geworden.

Die Wirkungen der Unterwassergymnastik. Wie wir bereits auf S. 27 ausgeführt haben, verliert jeder Körper im Wasser so viel von seinem Gewicht, als die von ihm verdrängte Wassermenge wiegt. Da das spezifische Gewicht des Wassers 1,0, das des menschlichen Körpers bei mittlerer Atmungseinstellung 1,036 ist, so beträgt das Gewicht des Körpers im Wasser nur 36 Tausendstel seines Gewichtes in der Luft.

Dieser Gewichtsunterschied hat nun einen entscheidenden Einfluß auf die Bewegungen im Wasser. Abduzieren wir einen Arm in der Luft, so müssen wir das Eigengewicht des Armes heben, das bei einem Gesamtgewicht von 70 kg etwa 5 kg beträgt. Im Wasser ist dieses Gewicht auf 0,180 kg oder 180 g vermindert. Es ist also das Heben des Armes wesentlich leichter. Der durch den Gewichtsverlust bedingte Auftrieb unterstützt demnach alle Bewegungen, die entgegen der Richtung der Schwerkraft erfolgen.

Anders ist es, wenn wir eine Bewegung in der Richtung der Schwerkraft ausführen. Senken wir den erhobenen Arm, so geschieht das normalerweise dadurch, daß wir den M. deltoideus um seine Synergisten, welche den Arm gehoben haben, wieder langsam entspannen, wodurch der Arm, der Schwerkraft folgend, langsam herabsinkt. Würden wir die Muskel plötzlich entspannen, so fiele der Arm einfach herab, was meist nicht erwünscht ist. Es wird also auch beim Senken des Armes Muskelkraft beansprucht. Im Wasser ist die Sache anders. Hier wird der Arm, auch wenn wir die Bewegung durch die Muskel nicht bremsen, keineswegs herabfallen, sondern infolge des hohen Reibungswiderstandes des Wassers langsam absinken. Das gilt für alle Bewegungen, die in der Richtung der Schwerkraft erfolgen.

Es sind demnach zwei *mechanische Faktoren*, welche bei Bewegungen im Wasser kraftsparend wirken, einerseits der *Auftrieb*, bedingt durch die Verminderung des Gewichtes, und andererseits der vermehrte *Reibungswiderstand*, bedingt durch die größere Dichte des Wassers. Diese beiden Faktoren bewirken es, daß Gelähmte gewisse Bewegungen im Wasser ausführen können, die ihnen in der Luft unmöglich sind. So vermögen manche Kranke, die nicht gehen können, im Wasser zu schwimmen. Dadurch ist für Schwergelähmte im Wasser die Möglichkeit einer Übungstherapie gegeben, welche sonst nicht durchführbar wäre, da sie ja die Ausführung aktiver Bewegungen zur Voraussetzung hat. Die Hydrogymnastik ist demnach die Gymnastik kleinster Kräfte.

Es darf jedoch nicht unerwähnt bleiben, daß durch den Reibungswiderstand des Wassers auch manche Bewegungen erschwert werden, so beispielsweise das Gehen im Wasser. Da der Reibungswiderstand mit dem Quadrat der Geschwindigkeit wächst, sind alle raschen Bewegungen im Wasser erschwert.

Zu den mechanischen Wirkungen des Wassers kommt weiterhin noch die *thermische Wirkung*, wenn die Übungen im warmen Wasser vorgenommen werden. Das warme Wasser wirkt entspannend und krampflösend. Das warme Bad ist daher ein ausgezeichnetes Mittel, um bei spastischen Lähmungen wie bei einer zerebralen Hemiplegie oder einer spastischen Paraparese die Hypertonie der Muskeln zu vermindern und so die Bewegungen zu erleichtern. Die entspannende Wirkung des Wassers kommt uns ferner bei allen Dehnungs- und Lockerungsübungen zugute. Darum ist die Gymnastik im Wasser vor allem indiziert für die Behandlung von Gelenkkontrakturen, wie sie die Folge von chronischen Gelenkkrankheiten, von Verletzungen der Gelenke, Frakturen, Luxationen und anderen Traumen sind.

Neben der mechanischen und thermischen Wirkung des Wassers darf der mächtige Einfluß nicht übersehen werden, den der Aufenthalt im Wasser auf das *vegetative System*, worunter wir nach FR. KRAUS einerseits das vegetative Nervensystem, andererseits das endokrine System verstehen, ausübt. Der hydrostatische Druck des Wassers, sein von der Luft so verschiedenes Wärmeleitvermögen, die im Wasser stattfindende Transmineralisation, das ist der Ionenaustausch zwischen dem Wasser und der Haut, wirken als neue, körperfremde Reize auf die Haut und über diese reflektorisch auf das vegetative System. Sie fördern den Schlaf, haben eine anregende Wirkung auf den Appetit, die Verdauung, den Kreislauf, die innere Sekretion und andere vegetative Funktionen. Auf diese Weise kommt es zu einer vegetativen Umstimmung, die den Krankheitsverlauf günstig beeinflußt. Die Bedeutung dieser Umstimmung geht daraus hervor, daß die Hydrogymnastik auch dann von Erfolg begleitet ist, wenn ihre Technik ganz mangelhaft ist und nicht viel mehr als ein Planschen im Wasser darstellt.

Schließlich wäre noch des *psychischen Einflusses* zu gedenken, den die Unterwassertherapie auf den Kranken ausübt. Die Erkenntnis, daß er im Wasser gewisse Bewegungen auszuführen vermag, die ihm sonst unmöglich sind, erfüllt ihn mit freudiger Zuversicht und spornt ihn an, sich diesen zunächst vorübergehenden Erfolg dauernd zu eigen zu machen.

Die Technik der Unterwassergymnastik. Die Unterwassergymnastik wird entweder in Bassins oder großen, für diesen Zweck eigens gebauten Wannen ausgeführt. Das Bassin soll nach LOWMAN eine Mindestgröße von 3,0 × 3,6 m haben. Der Boden soll leicht geneigt sein, um das Üben in verschiedener Wassertiefe zu ermöglichen. Der Bodenbelag sei etwas gerauht, um ein Ausgleiten zu verhindern. Die Wassertemperatur schwankt zwischen 35 und 37° C. Zum Einsteigen in das Wasser dienen breite bequeme Stufen mit Geländer. Gehunfähige Kranke werden entweder mittels eines schwenkbaren Krans oder auf einer schiefen Ebene in das Wasser eingelassen.

Im Wasser bewegen sich Leichtkranke frei, wobei ihnen umlaufende Stangen zum Anhalten dienen. Unter Wasser befindliche Sitze gestatten ein Ausruhen im Bad. Für Gehübungen ist ein Gehbarren oder eine Laufkatze, die sich längs einer an der Decke befindlichen Schiene bewegt, zweckmäßig (Abb. 238, S. 197). In anderen Fällen ruht der Patient auf einem Behandlungstisch (Abb. 240) oder einer sogenannten *Plinth*, das ist eine Holzplatte, die an ihrem Kopfende verankert und an ihrem unteren Ende im Wasser durch einen Stab gestützt ist (Abb. 241). Bisweilen genügt es, den Körper durch Korkplatten oder Korkschienen im Wasser zu stützen. Der Gymnast befindet sich mit dem Kranken im Wasser, vor der Durchnässung durch einen bis zur Brust reichenden Gummianzug geschützt. Er führt mit dem Kranken die vorgeschriebenen aktiven und passiven Bewegungen aus. Die Dauer des Bades beträgt je nach der Art der Erkrankung und dem Kräftezustand des Kranken 20 bis 40 Minuten.

In Ermanglung eines Bassins kann man sich einer großen Badewanne bedienen. Die für diesen Zweck geeignetste Form ist der *Hubbard-Tank*[1], eine verchromte Wanne aus Nickelstahl, die in der Mitte eine Einschnürung zeigt (Abb. 242). Diese Form ermöglicht es dem Kranken, Abduktionsbewegungen der Arme und Beine zu machen und gestattet es gleichzeitig

---
[1] HUBBARD-Tanks und alle Zusatzgeräte werden geliefert von der Ille Electric Corp., 36-08, 33rd Street, Long Island City 1, N. Y.

Die Unterwassergymnastik

Abb. 240. Bassin für Unterwasserbehandlung (Kinderspital in Denver, Colorado)

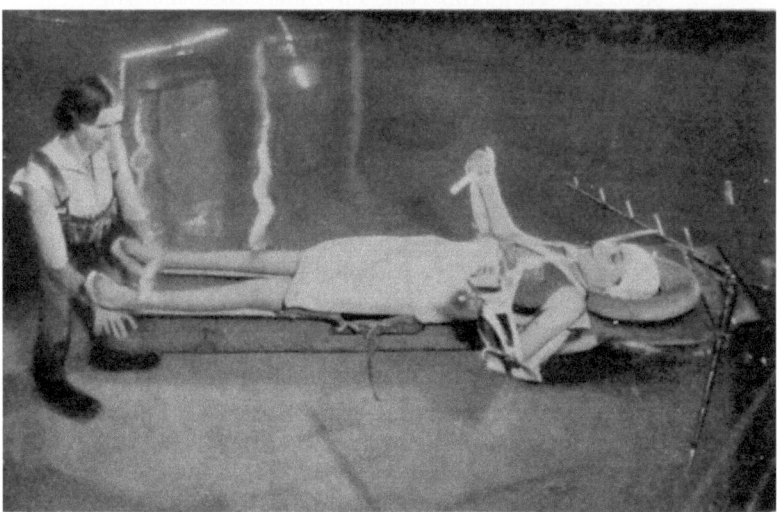

Abb. 241. Ein mit Segeltuch überspannter Rahmen, auf welchem der Kranke ruht, wird auf eine sogenannte Plinth gesetzt, das ist eine im Wasser schwimmende, an ihrem Kopfende verankerte Holzplatte. Das untere Ende des Segeltuchrahmens läßt sich so leicht im Wasser versenken

dem Gymnasten, überall an den Körper des Kranken heranzukommen, ohne selbst in das Wasser steigen zu müssen. Der Kranke ruht auf einem mit Leinen bespannten Rahmen aus Metallrohr, der am Kopfende der Wanne befestigt ist. Ein Thermostat erhält die Temperatur des Wassers dauernd auf gleicher Höhe.

Durch zusätzliche Apparate kann die technische Einrichtung eines solchen Tanks noch vervollkommnet werden. Ein elektrisch bewegter Kran erleichtert das Einbringen des Kranken in das Wasser, ebenso wie das

Abb. 242. HUBBARD-Tank zur Unterwassergymnastik

Herausheben. Zwei Elektroturbinen, die an jeder Stelle der Wanne befestigt werden können, versetzen das Wasser in eine wirbelnde Bewegung, durch die eine Art Massage durch das Wasser ausgeübt wird. Natürlich kann auch eine Unterwasserdusche im Bad zur Anwendung kommen.

Die therapeutischen Anzeigen der Unterwassergymnastik sind: 1. Schlaffe Lähmungen schwerer Art, besonders nach Poliomyelitis. 2. Spastische Lähmungen, wie zerebrale Hemiplegie, spinale Paraplegie, Encephalomyelitis disseminata. 3. Chronische Gelenkkrankheiten, die zu einer Einschränkung des Bewegungsvermögens führten. 4. Kontrakturen nach Frakturen, Luxationen und anderen Traumen.

Die Massage
Allgemeines

Begriff und Wirkungsweise. Unter Massage verstehen wir eine Reihe von Handgriffen, wie Streichen, Reiben, Kneten usw., durch welche die Haut und die unter ihr liegenden Weichteile, im besonderen die Muskeln, mechanisch beeinflußt werden.

Die Wirkung auf die Blutgefäße. Die kleinen und kleinsten Gefäße der Haut werden durch den mechanischen Reiz erweitert. Gleichzeitig kommt es zu einer Beschleunigung des Blutstromes. Zu dieser oberflächlichen Hyperämie gesellt sich auf dem Reflexweg eine Tiefenhyperämie. Sie bewirkt eine Steigerung des örtlichen Stoffwechsels und damit auch eine raschere Resorption von Ermüdungsstoffen oder krankhaften Ablagerungen (Ödeme, Gelenkergüsse). Einzelne Handgriffe, wie das Streichen in zentripetaler Richtung, fördern auch mechanisch den Abfluß des venösen Blutes und der Lymphe.

Die Wirkung auf die motorischen Nerven und Muskeln. Die durch die Massage gesetzten mechanischen Reize wirken auf reflektorischem Weg auf die Vorderhornzellen und führen zu einer Steigerung des Muskeltonus. Gewisse Handgriffe, wie das Beklopfen der Muskeln, können selbst reflektorische Muskelkontraktionen auslösen. Nur wenige Handgriffe, wie das lockere Schütteln oder Walken der Muskeln, sind imstande, den Tonus, vor allem wenn er erhöht ist, herabzusetzen und dadurch zu einer Entspannung der Muskeln zu führen.

Die Wirkung auf die schmerzleitenden Nerven. Viele Schmerzen lassen sich bekanntlich durch leichtes Streichen der Haut oder durch einen gleichmäßigen Druck auf diese mildern. Umgekehrt können aber Schmerzen durch mechanische Eingriffe, wie Drücken, Kneten u. dgl., gesteigert werden.

Die Fern- und Allgemeinwirkungen können auf zweifache Weise zustande kommen, einerseits auf neuralem Weg durch Vermittlung des vegetativen Nervensystems, andererseits auf humoralem Weg über die Blutbahn.

Jeder die Haut treffende Reiz wirkt reflektorisch über das vegetative Nervensystem auf die ihm unterstellten Organe, das Herz, die Lunge, Magen, Darm, die inkretorischen Drüsen, deren Funktion dadurch anregend oder hemmend beeinflußt werden kann. Da der menschliche Körper in Metameren aufgebaut ist und den inneren Organen bestimmte Dermatome entsprechen, so wird die Beeinflussung eines Organs am leichtesten von dem ihm segmentmäßig zugeordneten Dermatom zu erreichen sein. Auf dieser Tatsache beruht die sogenannte Reflexzonenmassage (S. 213).

Wie durch thermische werden auch durch mechanische Reize in der Haut hormonale Stoffe, sogenannte Lokalhormone frei. Nach EBBECKE und LEWIS kommt es durch die Massage zu einer Ausschüttung von Histamin, das auch in den allgemeinen Kreislauf übergeht und dort von TÖRÖK, LEHNER und URBAN nachgewiesen werden konnte. Nach F. HOFF führt das Kneten der Muskeln zu einem Zerfall von Körperzellen, deren Abbauprodukte gleichfalls in die Blutbahn übergehen und so Allgemeinwirkungen im Sinne einer Proteinkörpertherapie entfalten. Die teils neuralen, teils humoralen Einflüsse haben eine vegetative Umstimmung zur Folge, die F. HOFF in der Verminderung der Leukozyten (Leukozytensturz), dem Sinken des Blutdrucks, der Abnahme des Blutzuckers und anderen Veränderungen des Blutbildes nachweisen konnte.

Die Ausführung der Massage

Allgemeines über die Technik. Der zu behandelnde Körperteil muß ganz entblößt und so gelagert werden, daß es zu einer vollkommenen Entspannung der Muskulatur kommt. Die Massage des Kopfes, des Halses, des Schultergürtels und der Arme wird am besten am sitzenden Kranken vorgenommen. Bei der Behandlung des Vorderarmes und der Hand werden diese auf ein kleines Tischchen gelagert. Zur Massage des Rumpfes, des Bauches und der Beine liegt der Kranke auf einer Massagebank oder einem Behandlungsbett, das nicht zu niedrig sein soll, damit der Massierende nicht in gebückter Stellung arbeiten muß, was sehr ermüdend ist.

Der Gymnast kann bei seiner Arbeit sitzen oder stehen, wie es jeweils für ihn am bequemsten ist. Seine Hände müssen absolut sauber, seine Nägel kurz geschnitten sein. Um das Gleiten der Hand auf der Haut zu erleichtern, verwende man pulverisierten Talk, mit dem man die Handflächen einpudert. Von manchen Masseuren wird Öl (Oliven-, Paraffinöl oder ein anderes nicht reizendes Öl) vorgezogen, weil es einerseits das Gleiten noch mehr erleichtert und andererseits krankhafte Gebilde, die unter der Haut liegen, besser zu tasten gestattet. Ein Gleitmittel ist besonders dann nötig, wenn die Haut behaart, sehr trocken oder umgekehrt, etwa nach einem Bad, feucht ist. Ob man Puder oder Öl nimmt, in keinem Fall darf es in zu großer Menge gebraucht werden. Meist steht die Menge des verwendeten Gleitmittels in einem umgekehrten Verhältnis zur Kunst des Masseurs.

Man gewöhne sich daran, die linke Hand ebenso zu gebrauchen wie die rechte, damit man nicht gezwungen ist, andauernd die Stellung zu wechseln.

Die Massage soll für gewöhnlich nicht schmerzhaft sein, sondern eher angenehm empfunden werden. Hat man aber Narben zu dehnen, Verwachsungen zu lösen oder Muskelhärten (Gelosen) zu beseitigen, so werden sich Schmerzen nicht ganz vermeiden lassen. Von Wichtigkeit ist, daß nicht nur die richtigen Handgriffe gewählt, sondern auch die Stärke ihrer Anwendung richtig bemessen wird. Entscheidend für diese ist vor allem die Art der Erkrankung, die im gegebenen Fall vorliegt. Es ist etwas Grundverschiedenes, ob man einen noch frischen empfindlichen oder einen alten torpiden Krankheitsherd behandelt. Es ist etwas anderes, ob man eine Neuralgie oder eine Myalgie vor sich hat. Während jene fast immer eine zarte Behandlung erfordert, kann man bei dieser schon im akuten Stadium ungleich derber zupacken. Es ist für einen Laienmasseur nicht immer leicht, die Verhältnisse des besonderen Falles richtig einzuschätzen, weil ihm ja in der Regel das Verständnis für das pathologische Geschehen mangelt. Aber gerade in der individuellen Dosierung zeigt sich das Können des Masseurs.

Die Dauer einer örtlichen Massage beträgt 10 bis 15 Minuten, die einer allgemeinen 20 bis 30 Minuten.

Gewöhnlich unterscheidet man die folgenden fünf Handgriffe der Massage, die, in der verschiedensten Weise miteinander kombiniert, zur Anwendung kommen: 1. Das Streichen (Effleurage). 2. Das Reiben

(Friktion). 3. Das Kneten (Petrisage). 4. Das Klopfen (Tapotement). 5. Das Erschüttern (Vibration).

Das Streichen (Effleurage). Dabei wird mit der Hand über die Haut gestrichen, so daß zwischen beiden eine Reibung entsteht. Der Zweck des Streichens ist, die Blut- und Lymphabfuhr zu unterstützen und dadurch den Blutkreislauf, die Ernährung der Haut und der tiefer liegenden Teile sowie die Resorption pathologischer Ablagerungen zu fördern. Daher müssen die Striche der Hand stets in der Richtung der abführenden Blut- und Lymphwege, d. h. in proximaler Richtung erfolgen. Sie müssen distal von dem zu behandelnden Teil einsetzen, über diesen hinwegziehen und proximal von ihm enden.

Das Streichen geschieht in der Regel mit der Hohlhand. Es soll nach HOFFA „anatomisch" erfolgen, das will sagen, es soll sich den unter der Haut liegenden Gebilden, besonders den einzelnen Muskelgruppen der Beuger, Strecker, Abduktoren, Adduktoren anpassen und gleichzeitig den Verlauf der großen Blut- und Lymphbahnen, die meist in den Muskelfurchen liegen, berücksichtigen. Das gilt

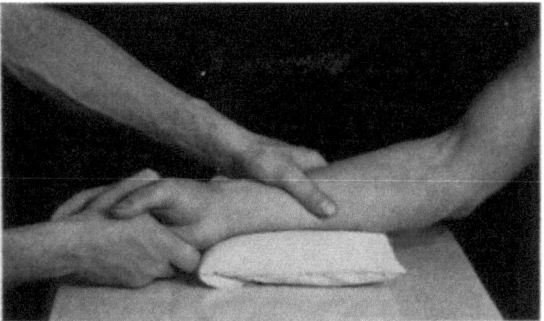

Abb. 243. Streichen mit einer Hand

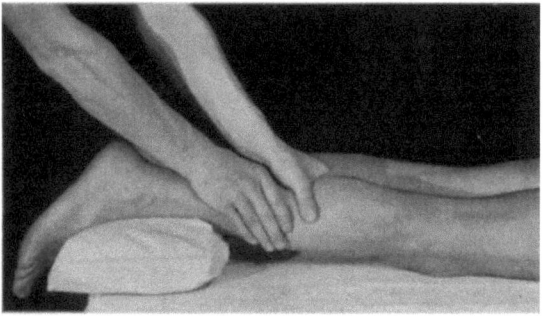

Abb. 244. Streichen mit beiden Händen

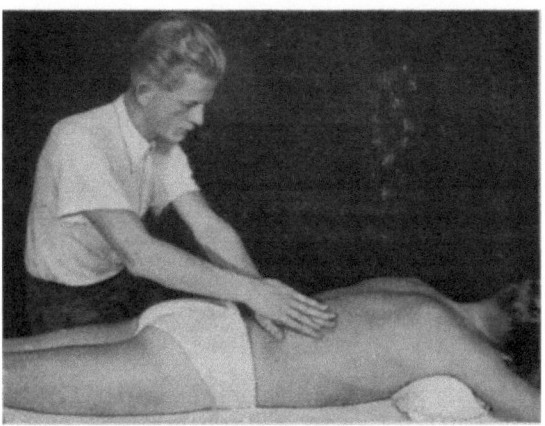

Abb. 245. Streichen mit übereinander gelegten Händen (Druckstreichen)

besonders für die deutlich gruppierten Muskeln der Arme und Beine.

Der Strich beginnt am Ansatz der Muskelgruppe, an dem zunächst die Spitzen des Daumens und der übrigen Finger einander genähert sind. Dann weichen sie auseinander, der Daumen umschließt die Muskelgruppe von der einen, der zweite bis fünfte Finger von der anderen Seite, während die Beugeseite der Hand der Muskelgruppe eng anliegt und einen Druck auf sie ausübt (Abb. 243). Am Ursprung der Muskelgruppe treffen die Spitzen aller Finger wieder zusammen. Der beim Streichen ausgeübte Druck soll langsam zu- und dann wieder abnehmen.

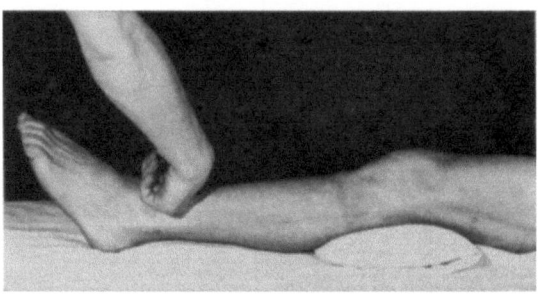

Abb. 246. Kammgriff (Ausgangsstellung der Hand)

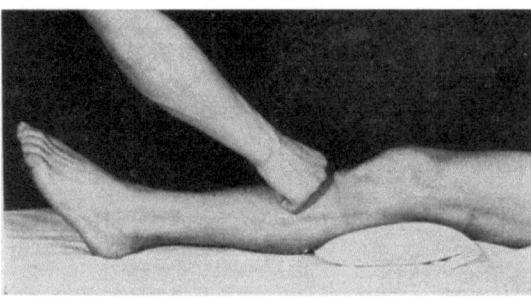

Abb. 247. Kammgriff (Endstellung der Hand)

Bei größeren Muskelmassen (Wade, Oberschenkel, Gesäß) streicht man mit beiden Händen, die neben- oder hintereinander laufen (Abb. 244). Will man den ausgeübten Druck vergrößern, so legt man eine Hand über die andere (Abb. 245). Man bezeichnet das als Druckstreichen.

Liegen die Muskeln unter einer starken Faszie, wie das am unteren Teil des Rückens (Fascia lumbodorsalis), an der Außenseite des Oberschenkels (Fascia lata), an der Vorderseite des Unterschenkels neben dem Schienbein, an der Hohlhand oder der Fußsohle der Fall ist, so nimmt man an Stelle der gut gepolsterten Handfläche den knöchernen Handrücken zum Streichen. Man schließt die Hand zur Faust, beugt sie maximal im Handgelenk, setzt sie mit den Metakarpophalangealgelenken

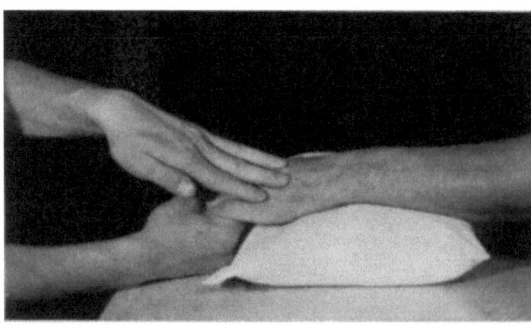

Abb. 248. Streichen der Mm. interossei mit den Fingerspitzen

distal von der zu behandelnden Stelle auf und streicht unter starkem Druck über diese hinweg, wobei man gleichzeitig die Hand aus der Beugestellung in die Streckstellung überführt (Abb. 246 und 247). Die Fingerknöchel schneiden dabei kammartig in die Haut ein, weshalb man diesen Handgriff als Kammgriff bezeichnet.

Hat man es mit kleinen Muskelpartien (Muskeln des Gesichtes, Zwischenknochenmuskeln, Daumen- und Kleinfingerballen) zu tun, dann benützt man an Stelle der ganzen Handfläche nur den Daumenballen oder die Fingerspitzen zum Streichen (Abb. 248).

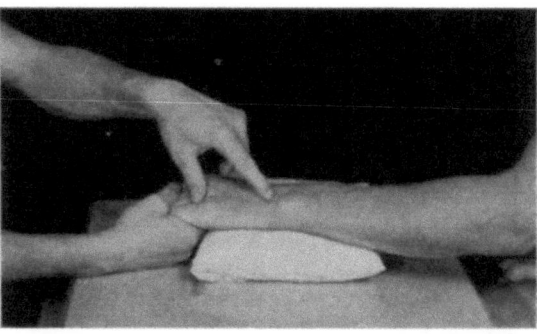

Abb. 249. Reiben mit der Spitze des Zeigefingers

Dort, wo man nicht auf die Muskeln, sondern nur auf die Haut und das Unterhautzellgewebe etwa wegen eines Ödems einwirken will, streicht man breitflächig ohne Rücksicht auf die tiefer liegenden Gebilde. Zur Streichmassage müssen wir auch das *Bürsten der Haut* mit einer trockenen, nicht allzu weichen Bürste rechnen.

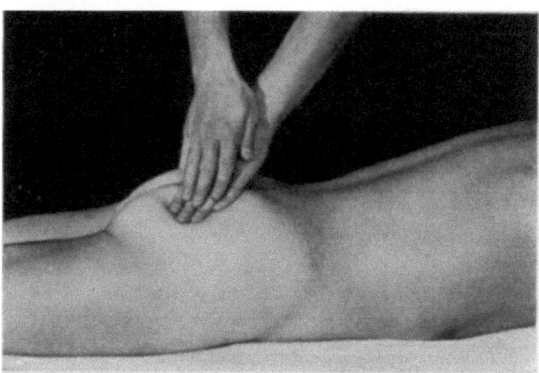

Abb. 250. Reiben mit übereinander gelegten Händen

Das Reiben (Friktion). Meist werden hiezu die Fingerkuppen des ersten, zweiten und dritten Fingers benützt. Die Finger werden gestreckt gehalten und führen unter ziemlich starkem Druck kleine kreisende Bewegungen aus. Wesentlich dabei ist,

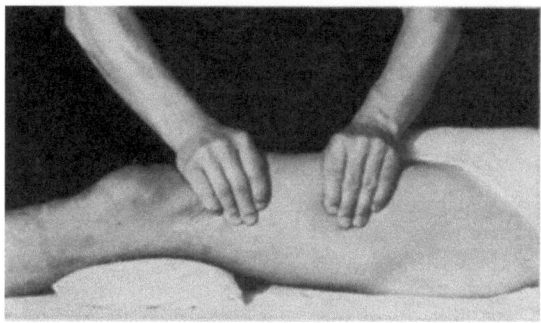

Abb. 251. Kneten mit beiden Händen

daß die Haut an den Fingerspitzen haftenbleibt und die Verschiebung nicht zwischen Fingerspitzen und Haut, sondern zwischen Haut und den tiefer liegenden Teilen stattfindet. Man massiert also sozusagen mit der Haut. Wird mit dem Daumen gearbeitet, so stützt man die Hand, um dem Daumen eine sichere Führung zu geben, auf den gestreckten zweiten und dritten Finger, arbeitet man dagegen mit diesen beiden Fingern, so bildet der Daumen die Stütze (Abb. 249). Damit der Druck genügend tief wirkt, muß der behandelte Körperteil auf einer festen, unnachgiebigen Unterlage ruhen.

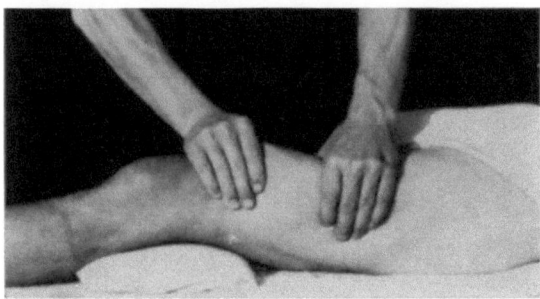

Abb. 252. Kneten mit seitlicher Verziehung

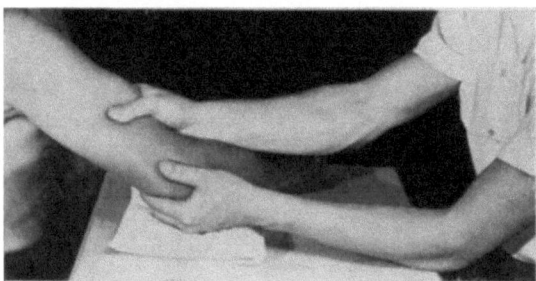

Abb. 253. Kneten mit einer Hand

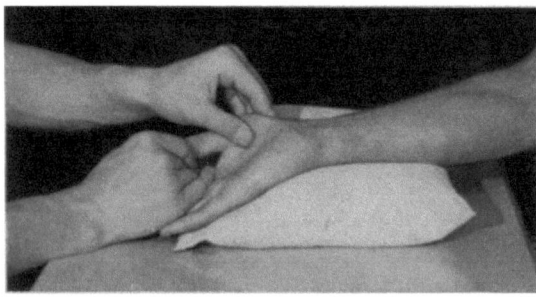

Abb. 254. Kneten mit den Fingerspitzen

Der Zweck des Reibens ist, Verklebungen zwischen der Haut und den tiefer liegenden Gewebsschichten (Hautnarben) zu lösen oder auf die unmittelbar unter der Haut befindlichen Teile, wie Schleimbeutel, Sehnenscheiden, Gelenkkapsel und Gelenkbänder, einzuwirken, etwa um Exsudate oder Auflagerungen zu lockern oder zu zerteilen. Aber auch in den Muskeln befindliche Verhärtungen, z. B. Gelosen, können durch das Reiben erweicht und zerteilt werden (Gelotripsie). Um ihre Aufsaugung durch die Lymph- und Blutbahnen zu erleichtern, läßt man auf ein paar Reibungen immer wieder einige Streichungen folgen, so daß beide Handgriffe andauernd miteinander abwechseln. Das Reiben stellt die wichtigste Form der Gelenksmassage vor.

Will man größere Gebilde, etwa unter der Haut liegende Muskeln oder den Dickdarm, durch Reibungen beeinflussen, so verwendet man hierzu die Spitzen der letzten vier Finger, die aneinander geschlossen werden, wobei man den Druck noch dadurch erhöhen kann, daß man die Finger der einen Hand über die der anderen legt (Abb. 250). Auch hier besteht das Wesentliche des Reibens darin, daß man unter Mitnahme der Haut kleine kreisende Bewegungen ausführt. Diese Art des Reibens ersetzt das Kneten bei den Muskeln des Rückens und allen jenen Muskeln, die sich nicht von der Unterlage abheben lassen. Statt der Fingerspitzen kann man in geeigneten Fällen auch die ganze Handfläche oder die Handballen zum Reiben benützen.

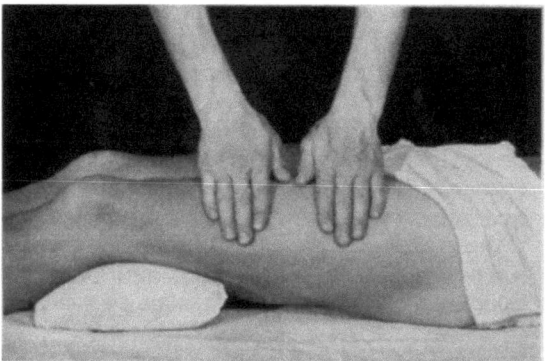

Abb. 255. Walken (Ausgangsstellung)

Das Kneten und Walken (Petrisage) sind schwer zu beschreibende Handgriffe, die nur durch persönliche Anleitung und Übung erlernt werden können. Da das Kneten eine größere weiche eindrückbare Masse zur Voraussetzung hat, kommt es so gut wie ausschließlich nur für die Behandlung der Muskeln in Frage, und zwar nur für solche Muskeln, die sich wenigstens zum Teil von ihrer Unterlage abheben und zwischen die Finger nehmen lassen.

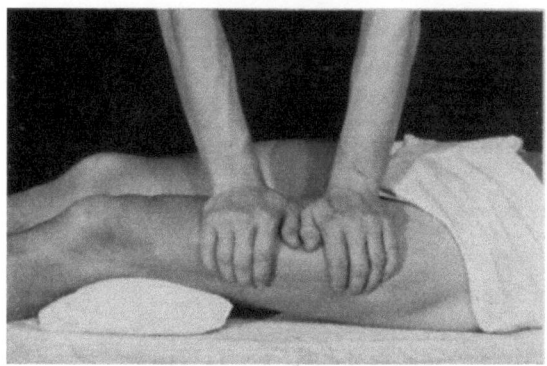

Abb. 256. Walken (Endstellung)

Größere Muskelmassen, wie die am Gesäß, dem Oberschenkel oder der Wade, werden mit beiden Händen geknetet, wobei die eine Hand die Muskeln quer zu ihrer Verlaufsrichtung erfaßt, so weit als möglich von der Unterlage abhebt, wie einen Schwamm ausdrückt und sie unter einer leicht dre-

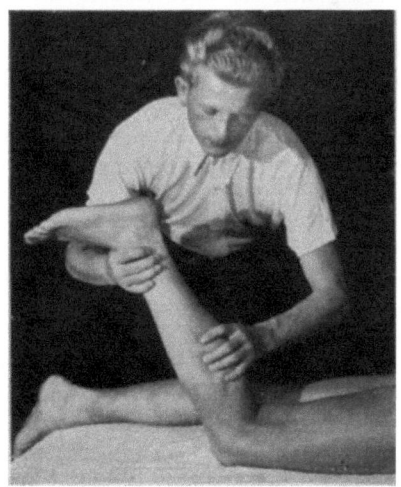

Abb. 257. Schütteln der Muskeln

henden Bewegung der zweiten, unmittelbar daneben befindlichen Hand übergibt (Abb. 251). Dabei sollen wie beim Reiben die Muskeln eng der Umrahmung des Daumens und Zeigefingers anliegen. Beim Kneten wird neben einem seitlichen Druck ein Zug auf die Muskeln, die von ihrer Unterlage abgehoben werden, ausgeübt. Diesen Zug kann man durch eine seitliche Verzerrung noch vergrößern (Abb. 252). Da das Kneten bloß der mechanischen Durcharbeitung der Muskeln dient, kann es sowohl in proximaler wie in distaler Richtung fortschreitend ausgeführt werden.

Bei kleineren Muskelgruppen, wie z. B. denen des Unter- und Oberarmes, genügt zum Kneten meist eine Hand (Abb. 253). Kleinste Muskelgruppen (Thenar und Hypothenar) faßt man zwischen die Kuppen des Daumens und Zeigefingers (Abb. 254).

Dem Kneten verwandt ist das *Walken*. Dieser Handgriff erinnert an das Kneten von Teig, der mit den Handballen gegen eine harte Unterlage gedrückt und dabei gerollt wird. Die Abb. 255 und 256 zeigen das Walken der Streckmuskeln des Oberschenkels. Beide Hände liegen mit leicht gebeugten Fingern und angeschlossenen Daumen nebeneinander, drücken die Muskeln gegen das Widerlager des Knochens und rollen sie über diesen hinweg. Die Walkungen erfolgen stets in gleicher Richtung mit zu- und abnehmendem Druck. Ihr Zweck ist es, auch die tieferen Schichten der Muskeln, die beim gewöhnlichen Kneten nicht erfaßt werden, zu beeinflussen.

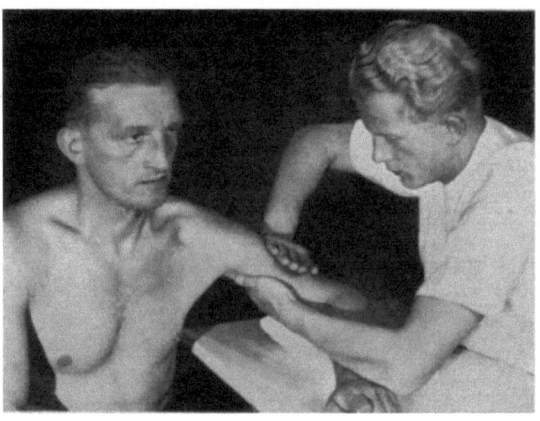

Abb. 258. Lockerndes Walken

Eine andere Form des Walkens dient dazu, hypertonisch erregte Muskeln zu entspannen. Zu diesem Zweck wird die zu behandelnde Muskelgruppe mit der vollen Hand erfaßt und über dem unterliegenden Knochen leicht hin und her geschoben, wobei jedoch kein nennenswerter Druck weder von der Seite noch auch gegen die Unterlage ausgeübt werden soll (Abb. 257). Werden die entgegengesetzten Bewegungen sehr rasch ausgeführt, so kann man von einem *Schütteln* sprechen.

Eine ähnlich lockernde Wirkung auf die Muskelspannung hat eine andere Methode des Walkens, die in Abb. 258 dargestellt ist. Dabei werden die in den Fingern gestreckt gehaltenen Hände an gegenüber liegenden Seiten der Extremität angesetzt und unter leichtem Druck in entgegengesetzter Richtung bewegt, so daß die Muskeln zwischen ihnen rollen. Diese Methode kommt vorwiegend für die Muskeln des Oberarmes und Oberschenkels in Betracht, die eine annähernd konzentrische Anordnung um den Knochen zeigen.

Mit dem Kneten und Walken verbindet man die Vorstellung, die Gewebssäfte auszudrücken und krankhafte Ablagerungen zu zerteilen, um sie der Aufsaugung leichter zugänglich zu machen. Zu ihrer Überführung in den allgemeinen Kreislauf unterbricht man das Kneten immer wieder durch einige Streichungen. Die Erfahrung zeigt, daß man auf diese Weise arbeitsbedingte Ermüdungsstoffe rascher beseitigen kann, als dies durch einfache Ruhe möglich ist. Die zweite, jedem Sportler bekannte Tatsache ist, daß die vor einem Wettkampf ausgeführte Muskelmassage den Tonus und die Leistungsfähigkeit der Muskeln zu steigern vermag.

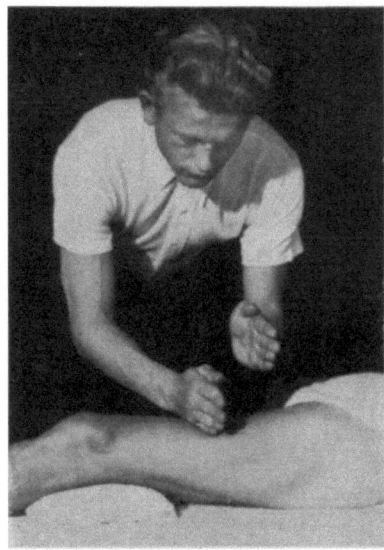 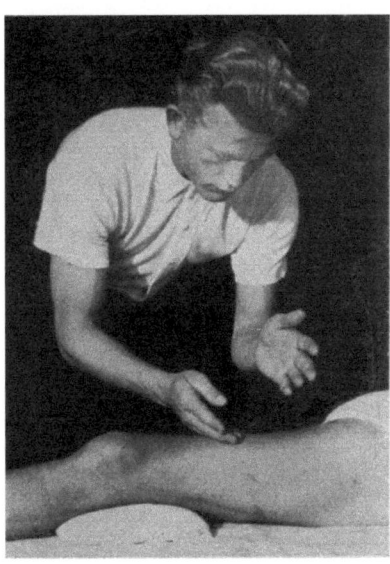

Abb. 259. Klopfen mit den Ulnarrändern der Hände

Abb. 260. Klopfen mit den gespreizten Fingern

Schließlich kann aber auch durch Walken und Schütteln eine lockernde und entspannende Wirkung auf die Muskeln ausgeübt werden, wie das durch keinen anderen Handgriff möglich ist.

Das Klopfen (Tapotement) kommt entweder für größere Muskelgruppen, wie sie sich am Gesäß, dem Oberschenkel und der Wade finden, oder für flächenförmig ausgebreitete Muskeln, wie sie am Rücken vorkommen, in Betracht. Das Klopfen der Muskeln kann in verschiedener Weise durchgeführt werden. So kann man sie mit den Ulnarrändern beider Hände, die in ihren Gelenken gestreckt gehalten werden und eine gegenläufige Bewegung ausführen, behacken (Abb. 259). Weicher gestaltet sich das Klopfen, wenn man hiezu nicht die Ulnarränder der Hände, sondern die Finger, die gespreizt gehalten werden, benützt (Abb. 260). Es bedarf einiger Übung, um ein solches Klopfen weich, elastisch und in raschem Rhythmus ausführen zu können. Man kann die Hände aber auch zur

Faust schließen und mit den Fäusten klopfen (Abb. 261). Weniger kräftig und gleichzeitig mehr flächig, daher für den Rücken geeignet, wirkt das Schlagen mit den flachen Händen. Statt mit den Handflächen zu klatschen, kann man die Finger auch leicht beugen und so aus der Hand ein Gewölbe formen (Abb. 262). Will man den Eingriff noch zarter gestalten, wie das z. B. bei der Behandlung des Gesichtes zweckmäßig ist, so benützt man zum Klopfen die Fingerspitzen.

Das Erschüttern (Vibration). Darunter versteht man die Erzeugung einer feinen, rasch oszillierenden Bewegung. Soll diese auf umschriebene Stellen, Nerven- oder Muskelpunkte, beschränkt bleiben, so verwendet man hiezu die Spitze des Zeige- oder Mittelfingers. Will man sie aber auf größere Körperabschnitte, etwa die Rücken- oder Gesäßmuskeln aus-

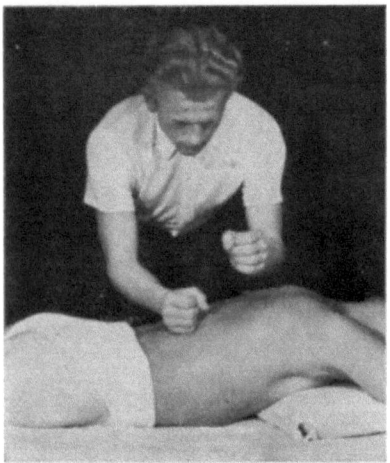

Abb. 261. Klopfen mit den Fäusten

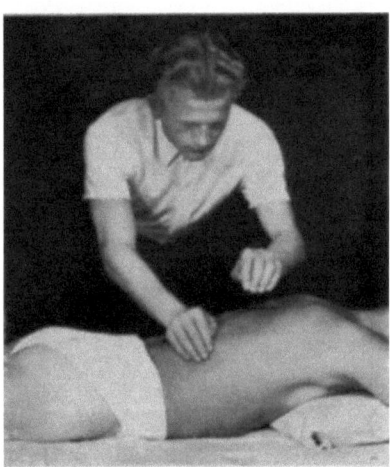

Abb. 262. Klopfen mit gewölbten Händen

dehnen, so setzt man alle fünf Finger in gespreizter Stellung der Haut auf (Abb. 263). Eine Erschütterung der Baucheingeweide führt man am besten mit der flach aufgelegten Hand durch. Die Behandlung erfolgt in der Weise, daß das Handgelenk und die Fingergelenke fest eingestellt, das Ellbogengelenk leicht gebeugt und aus ihm heraus die Bewegungen mit einer Frequenz von etwa 10/sek gemacht werden.

Diese Muskelbewegungen sind für den Ungeübten sehr ermüdend. Man hat sie daher durch mechanische Einrichtungen zu ersetzen versucht. Diese bestehen im wesentlichen aus einer biegsamen Welle, die durch einen Elektromotor in Umdrehungen versetzt wird. Dadurch kommt eine am Ende der Welle befindliche Scheibe oder Gewicht gleichfalls in Rotation. Da diese aber exzentrisch angebracht sind, so entsteht bei jeder Umdrehung ein leichter Stoß, der auf einen Massageansatz übertragen wird (Abb. 264). Es gibt deren verschiedene, die abwechselnd auf die biegsame Welle aufgesetzt werden können. Mit der Geschwindigkeit der Motorumdrehungen kann die sekundliche Zahl der Erschütterungen, mit der Veränderung der Exzentrizität der Scheibe oder des Gewichtes kann die Stärke der Erschütterungen geregelt werden.

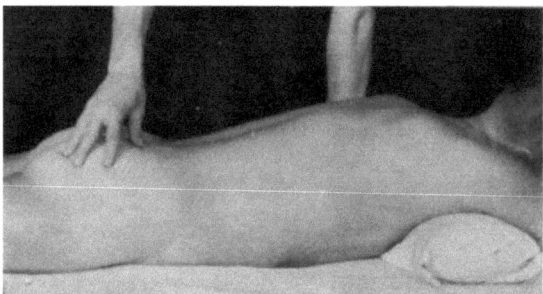

Abb. 263. Erschütterung mit gespreizten Fingern

Man hat auch eine Kombination der manuellen und maschinellen Vibration dadurch geschaffen, daß man die Erschütterungen, die durch den Exzenter erzeugt werden, nicht unmittelbar auf den Körper des Kranken überträgt, sondern zuerst auf die Hand des Masseurs, die sie dem Kranken übermittelt (Abb. 265). So wird dem Masseur die Muskelanstrengung erspart, während die Vibration ebenso zart und gefühlvoll ist, als ob sie von der Hand allein gemacht würde. Die Erschütterung ist der einzige Handgriff der Massage, bei dem die menschliche Hand vollwertig durch eine Maschine ersetzt werden kann.

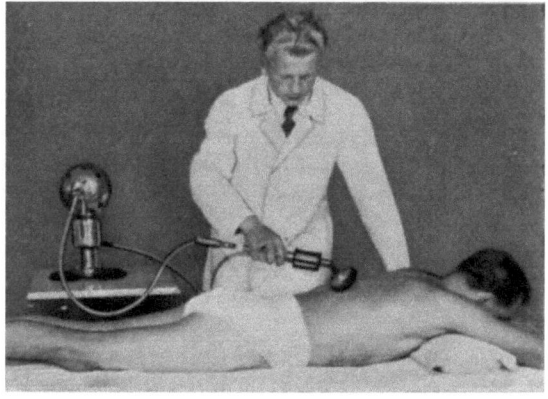

Abb. 264. Vibrationsmassage mit Hilfe eines Elektromotors

Besondere Formen der Massage

Die Reflexzonenmassage. Die Tatsache, daß man durch Massage bestimmter Hautzonen die Funktion innerer Organe beeinflussen kann, war schon HIPPOKRATES bekannt, der unter anderem bei Amenorrhöe das „Reiben" der Oberschenkel empfahl. Wir haben bereits in dem Abschnitt über die physiologischen Wirkungen der Massage (S. 203) darauf hingewiesen, daß

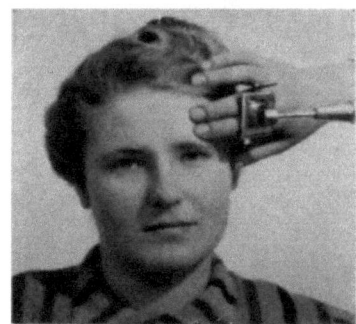

Abb. 265. Vibrationsmassage mit Hilfe eines Elektromotors. Die Erschütterungen werden auf die Hand des Masseurs übertragen, der sie dem Kranken vermittelt

jeder mechanische Hautreiz auf neuralem Weg Fernwirkungen zu erzeugen vermag. Es ist das Verdienst E. DICKES, diese seit langem bekannte, aber in Vergessenheit geratene Erfahrung wieder entdeckt zu haben. Sie hat dann gemeinsam mit H. LEUBE diese Methode an der Klinik von W. KOHLRAUSCH in Marburg geprüft und weiter entwickelt.

Die Technik der Reflexzonenmassage besteht im wesentlichen darin, daß man mit den Kuppen des dritten und vierten Fingers über die Haut streicht, wobei man gleichzeitig einen Druck und einen Zug ausübt (Abb. 266). Dieses Druckstreichen wirkt als starker mechanischer Reiz auf die Haut und das Unterhautzellgewebe. Während dieses Streichen auf normaler Haut keine besondere Empfindung auslöst, wird es an hyperästhetischen oder hypertonischen Hautstellen als scharfes Schneiden empfunden. Gleichzeitig tritt entlang der Streichspuren eine Rötung der Haut, bisweilen sogar eine Quaddelbildung (Dermatographie) auf. Meist sind es die HEAD-MACKENZIEschen Zonen, die in dieser Weise behandelt werden, um neural zugeordnete, tiefer liegende Teile oder innere Organe therapeutisch zu beeinflussen.

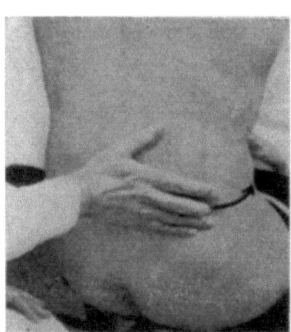

Abb. 266. Oberer Beckenstrich. (Nach DICKE)

Die synkardiale Massage. Die Blutgefäße, vor allem die großen Arterien, sind nicht starre, sondern elastische Röhren. Wird bei der Systole der linken Kammer Blut in die Aorta geworfen, so dehnt sich diese infolge ihrer Elastizität. Dadurch wird ein Teil der kinetischen Energie des Blutstromes in potentielle Energie umgewandelt. Sind die Aortenklappen geschlossen, so zieht sich die Aortenwand wieder zusammen. Die potentielle Energie setzt sich wieder in kinetische Energie um und erteilt dem Blutstrom einen neuen Bewegungsimpuls, der bewirkt, daß auch während der Diastole des Herzens die Strömung weiter anhält. Es ist eine Art

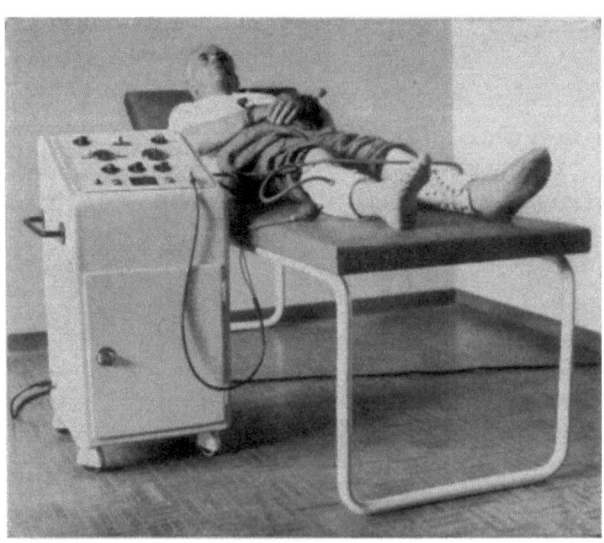

Abb. 267. Synkardiale Massage (Jaquet A. G., Basel)

Windkesselwirkung, welche durch die Elastizität der großen Arterien ausgeübt wird.

Diese Tatsache macht sich das Synkardon von M. FUCHS (Abb. 267) zunutze. Sein Zweck ist es, durch einen im richtigen Augenblick einsetzenden Druck den elastischen Antrieb der Arterien zu unterstützen. Zu diesem Ziel wird um den Oberschenkel, bzw. Oberarm eine pneumatische Manschette gelegt, durch die ein kurz dauernder Druck ausgeübt werden soll. Dieser darf aber erst eintreten, nachdem die längs der Arterie fortlaufende Pulswelle unter ihr hindurchgegangen ist. Ist das geschehen, so wird sie für Bruchteile einer Sekunde unter Druck gesetzt und erteilt so dem Blutstrom einen zusätzlichen Bewegungsantrieb. Würde die Kompression früher einsetzen, so würde sie gerade das Gegenteil dessen, was gewollt wird, bewirken. Sie würde den Blutstrom gegen das Herz hin zurückstauen. Damit die Kompression im richtigen Moment eintritt, wird sie von dem Aktionsstrom des Herzens selbst gesteuert. Um diesen aufzunehmen, ist natürlich ein Elektrokardiograph nötig. Die R-Zacke des Aktionsstromes, die einem kräftigen und kurz dauernden elektrischen Impuls entspricht, wird zur Synchronisierung der Herzaktion mit der Arterienkompression benützt. Dieser Impuls geht über einen Röhrenverstärker und ein Verzögerungsrelais zu dem Elektromagneten, der die Kompression auslöst. Das Synkardon ist zweifellos ein sehr sinnreiches und zweckmäßiges Gerät, seiner allgemeinen Verbreitung steht nur sein hoher Preis entgegen.

Die gleitende Saugmassage. Während bei den üblichen Handgriffen der Massage die mechanische Wirkung stets in einem Druck, bzw. Überdruck besteht, ist bei der Saugmassage das Gegenteil der Fall, sie arbeitet mit einem Sog oder Unterdruck. Ihrem Wesen nach ist sie eine Behandlung mit einem Schröpfkopf, der gleichzeitig bewegt wird.

Der Apparat besteht aus einer an das zentrale Netz anschließbaren Saugpumpe, deren Unterdruck regelbar ist (Abb. 268). Mit Hilfe eines Schlauches können gläserne Saugglocken verschiedener Größe angeschlossen wer-

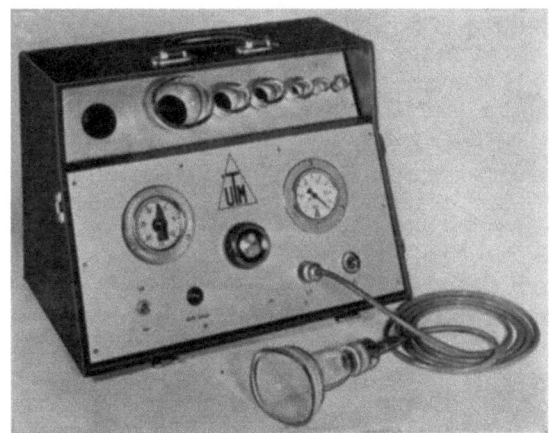

Abb. 268. Gerät zur gleitenden Saugmassage (R. Urbanek, Hamburg)

den. Zur Behandlung wird die Haut mit einem indifferenten Öl, z. B. Paraffinöl, eingefettet, die Saugglocke aufgesetzt und in langsamen Zügen über den zu behandelnden Körperteil geführt.

Die Ultraschallbehandlung
Allgemeines

Die Ultraschallbehandlung ist eine Methode der Mechanotherapie. Sie kann als eine Vibrations- oder Erschütterungsmassage angesehen werden, bei der die Zahl der in der Sekunde erfolgenden Stöße außerordentlich gesteigert ist. Während diese bei den mit einem Elektromotor angetriebenen Vibrationsapparaten kaum mehr als 30 beträgt, steigt sie bei den Ultraschallgeräten auf einige Hunderttausende bis eine Million. Man könnte daher die Ultraschallbehandlung als hochfrequente, die bisher bekannte Vibrationsmassage als niederfrequente Erschütterungsmassage bezeichnen.

Physikalische Grundlagen. Die Ultraschallwellen sind wesensgleich mit den gewöhnlichen oder akustischen Schallwellen, es sind Druckschwingungen, abwechselnde Verdichtungen und Verdünnungen der materiellen Teilchen, die in der gleichen Richtung erfolgen, in der sich der Schall fortpflanzt (Abb. 269). Solche Schwingungen bezeichnet man als longitudinale, im Gegensatz zu den transversalen Schwingungen, bei denen die Schwingungen senkrecht zur Fortpflanzungsrichtung stattfinden.

Abb. 269. Longitudinal fortschreitende Schwingungen einer Stimmgabel. (Nach LECHER)

Als akustische oder Schallwellen im engeren Sinn bezeichnet man jene, die von unserem Ohr als Ton oder Geräusch wahrgenommen werden. Ihre untere Grenze liegt bei etwa 20, ihre obere bei etwa 20 000 Schwingungen in der Sekunde. Was darüber hinaus geht, nennt man Ultraschall, was darunter liegt, Infraschall. Zu diesem gehören die Schwingungen von Maschinen, Brücken, Häusern und auch die Schwingungen der gewöhnlichen Vibrationsmassage.

Wenn die Ultraschallwellen ihrem Wesen nach den hörbaren Schallwellen grundsätzlich gleich sind, so unterscheiden sie sich doch in ihrem Verhalten nicht unwesentlich von ihnen: 1. Sie breiten sich nicht von einem ,,punktförmigen" Zentrum kugelsymmetrisch im Raum aus, sondern in Form eines Strahlenbündels, das gezielt oder gerichtet ist. 2. Sie werden von festen und flüssigen Körpern, nicht aber von der Luft geleitet. Treffen sie auf Luftschichten, so werden sie von diesen teils reflektiert, teils absorbiert. 3. Sie lassen sich ohne Schwierigkeiten in einer Intensität erzeugen, welche die des Hörschalls um das Hunderttausendfache übertrifft, da die Energie (E) bei gleichbleibender Amplitude (a) mit dem Quadrat der Frequenz (n) steigt. $E = \text{konst.} \cdot a^2 \cdot n^2$.

Erzeugung der Ultraschallwellen. Für medizinische Zwecke wird der Ultraschall fast ausschließlich auf Grund der von den Gebrüdern CURIE (1880) entdeckten Piezoelektrizität ($\pi\iota\acute{\varepsilon}\zeta\varepsilon\iota\nu$ = drücken, pressen) hergestellt. Es ist dies eine Erscheinung, die an bestimmten Kristallen, vor allem dem kristallinischen Quarz, beobachtet wird.

Schneidet man aus einem Quarzkristall parallel zu seiner Längsachse eine dünne Platte aus und setzt sie unter Druck, dann zeigt sie auf der einen Seite eine positive, auf der anderen Seite eine negativ elektrische Ladung. Diese Ladungen kommen dadurch zustande, daß durch den Druck gleichsam die beiden einander durchdringenden Gitter der positiven und negativen Ionen gegeneinander verschoben werden, so daß an der einen Seite die positiven, an der anderen die negativen Ladungen überwiegen.

Dieser Vorgang läßt sich auch umkehren. Wird eine solche Quarzplatte in ein konstantes elektrisches Feld gebracht, dessen Kraftlinien senkrecht zu ihrer Oberfläche verlaufen, so wirkt dies je nach der Richtung des Feldes als ein mechanischer Druck oder Zug auf die Platte, deren Dicke dadurch verändert wird.

Bringt man die Quarzplatte in ein elektrisches Wechselfeld, so ändert sich die Dicke der Platte in dem Rhythmus der elektrischen Schwingungen. Sie wird, als ob sie aus Kautschuk wäre, einmal dicker und einmal dünner. Diese Ausschläge werden dann am größten sein, wenn die Frequenz der elektrischen Schwingungen mit der Eigenfrequenz der Platte übereinstimmt, wenn also zwischen beiden Resonanz besteht. Dünne Platten haben eine größere, dickere eine kleinere Eigenfrequenz. Die Schwingungen des Quarzes können in starken Wechselfeldern eine solche Größe erreichen, daß der Kristall zerreißt.

Es muß ausdrücklich betont werden, daß die Schwingungen des Quarzes, auch wenn sie durch ein elektrisches Wechselfeld erzeugt werden, rein mechanischer Natur sind, daß sie sich daher grundsätzlich von den elektrischen Schwingungen, wie wir sie bei der Lang- und Kurzwellendiathermie verwenden, unterscheiden.

Das Instrumentarium der Ultraschallbehandlung

Der Ultraschallapparat. Die Hochfrequenzströme, welche die Quarzplatte zu mechanischen Schwingungen anregen sollen, werden in ganz der gleichen Weise erzeugt wie die Kurzwellenströme. Ihre Frequenz beträgt 800 bis 1000 kHz. Sie werden mittels eines Kabels zu zwei Metallfolien zugeführt, die als Elektroden den beiden Seiten der Quarzplatte anliegen. Diese soll bei einer Frequenz von 800 kHz eine Dicke von 0,36 cm haben, damit ihre Eigenfrequenz mit der des Stromes übereinstimmt und eine gute Resonanz erzielt wird. Die Quarzplatte ist in den sogenannten *Schallkopf* wasserdicht derart eingebaut, daß sie mit der abstrahlenden Frontplatte ein gemeinsames Schwingungsgebilde darstellt.

Durch den Umsatz der Hochfrequenzenergie in mechanische Schwingungen und durch die diffuse Reflexion des Ultraschalls im Innern des Schallkopfs bildet sich Wärme. Bei größeren Leistungen wird daher eine Kühlung des Schallkopfes erforderlich, die durch Wasser besorgt wird, das durch ein in den Apparat eingebautes Pumpenaggregat in Umlauf erhalten wird. Bei kleineren Leistungen bis etwa 3,5 Watt/qcm genügt die Ableitung der Wärme durch den Körper des Kranken. Abb. 270 zeigt ein Ultraschallgerät mit Schallkopf.

Die Dosierung. Die abstrahlende Fläche des Schallkopfes ist durchschnittlich 10 qcm groß. Beträgt die Maximalleistung des Apparates 50 Watt (736 Watt = 1 PS), so ergibt sich für 1 qcm eine Leistung bis zu 5 Watt, womit man in allen Fällen sein Auslangen findet.

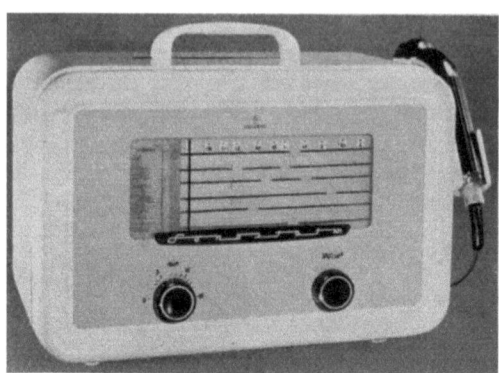

Abb. 270. Ultraschallapparat (Sonostat der Siemens-Reiniger-Werke)

Wenn wir in der Literatur über Ultraschall lesen: „Ein gut ausgenützter Piezoquarz erzeugt etwa die millionenfache Energie eines normalen Rundfunk-Lautsprechers und etwa die zehntausendfache eines Geschützknalles" — und solche Angaben finden wir immer wieder —, so erweckt das eine vollkommen falsche Vorstellung von der biologischen Wirkung des Ultraschalls und ist darum irreführend. Der Ultraschall wirkt ja überhaupt nicht auf unser Gehörorgan, ebensowenig wie ein Hochfrequenzstrom der gleichen Schwingungszahl etwa in einer Stärke von 1 A auf unsere motorischen und sensiblen Nerven. Würde ein niederfrequenter oder akustischer Schall der erwähnten Stärke das Gehörorgan treffen, dann würde er dieses ebenso zerstören, wie ein niederfrequenter Wechselstrom von 1 A einen Menschen töten würde. Es geht nicht an, biologisch wesensverschiedene Dinge miteinander zu vergleichen.

Das aus dem Schallkopf austretende Strahlenfeld ist in keiner Weise homogen. Zwischen dem Zentralstrahl und den Randstrahlen kommt

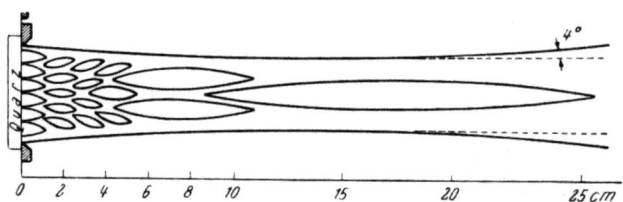

Abb. 271. Inhomogenität des Strahlenfeldes bei Ultraschallbehandlung (POHLMANN)

es zu Interferenzen, so daß ein Intensitätsmaximum unmittelbar neben einem Intensitätsminimum zu liegen kommt (Abb. 271). Das ist insofern praktisch bedeutungslos, als bei bewegtem Schallkopf diese Unterschiede verwischt werden.

Arten des Ultraschalls. Man unterscheidet 1. Gleichschall, 2. Impulsschall, 3. Modulierten oder Wechselschall. Wird der Quarzplatte ein Hochfrequenzfeld von andauernd gleicher Stärke zugeführt, so haben ihre

Schwingungen andauernd die gleiche Amplitude (Abb. 272 a). Man spricht in diesem Fall von *Gleichschall*. Wird der Gleichschall von Pausen unterbrochen, so erhalten wir den *Impulsschall* (Abb. 272 b). Das Verhältnis von Strahlungsdauer zur Strahlungspause ist von 1 : 2, 1 : 3 usw. regulierbar. Beim Impulsschall ist die Erwärmung des Schallkopfes sowie des behandelten Körperteiles infolge der Schwingungspausen natürlich kleiner. Es tritt mehr die mechanische Komponente in den Vordergrund.

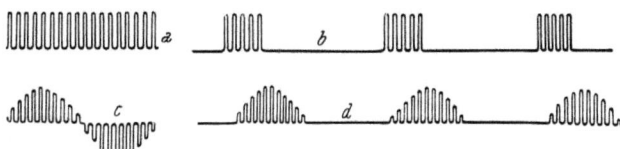

Abb. 272. *a* Gleichschall, *b* Impulsschall, *c* modulierter oder Wechselschall bei Benützung beider Wellen, *d* bei Benützung nur einer Halbwelle des Netzstromes

Haben die Schallschwingungen nicht dauernd die gleiche Amplitude, sondern ändern sie diese im Rhythmus der Halbwellen des Sinusstromes, der den Apparat speist, so entsteht ein modulierter oder Wechselschall. Wird nur die eine Halbwelle ausgenützt, so liegt zwischen den einzelnen Schwingungsgruppen eine Pause (Abb. 272*d*). Bei Verwertung beider Halbwellen (Doppelweggleichrichtung) schließen sich die Schwingungsgruppen unmittelbar aneinander (Abb. 272*c*). Manche Autoren behaupten, daß zur Behandlung verschiedener Krankheiten auch verschiedene Schallarten verwendet werden müßten, sie verraten aber nicht, welche Schallart in einem gegebenen Fall angezeigt ist, offenbar, weil sie es selbst nicht wissen.

Die Ausführung der Ultraschallbehandlung

Die Behandlung kann entweder trocken oder im Wasser ausgeführt werden. Im ersten Fall muß der Kontakt zwischen Schallkopf und Körper ein möglichst inniger sein, damit die größtmögliche Menge an Schallenergie auf den Körper übergeht. Die kleinste Luftschicht zwischen Schallkopf und Körper verhindert praktisch jeden Schallübergang. Um die Luft auszuschalten, benützt man ein Bindemittel, meist Paraffinöl. Während der Behandlung wird der Schallkopf in kreisenden oder streichenden Bewegungen über der zu behandelnden

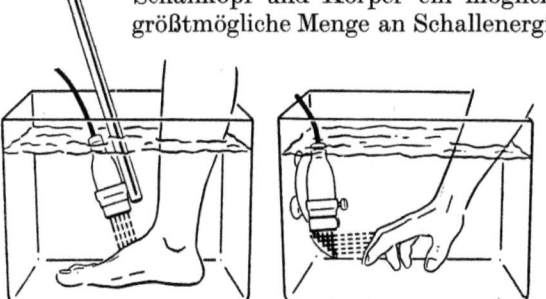

Abb. 273. Ultraschallbehandlung unter Wasser mit direkten und reflektierten Wellen

Körperstelle bewegt. An Händen und Füßen wird die Behandlung am besten im Wasserbad ausgeführt, wobei der Schallkopf in geringer Entfernung von der Haut hin und herbewegt wird (Abb. 273). Das Wasser leitet die Schwingungen verlustlos auf den Körper über. Die Behandlung beträgt 5 bis 15 Minuten.

Man hat den Ultraschall auch dazu benützt, um Medikamente in die Haut oder durch diese in den Körper einzubringen, was man als *Sonophorese* bezeichnet hat. Von dieser Methode gilt genau das gleiche, was über die Iontophorese gesagt worden ist.

Die biophysikalischen Wirkungen der Ultraschallbehandlung

Die mechanische Wirkung. Da es sich bei der Ultraschallbehandlung um eine besondere Form der Massage handelt, ist die primäre Wirkung eine mechanische. Sie besteht in einer abwechselnden Kompression und Dilatation der Gewebe. Dieser Wechseldruck führt ebenso wie andere Handgriffe der Massage zu einer Ausscheidung lokaler Wirkstoffe, zur Besserung der Durchblutung, zu einer Anregung des örtlichen Stoffwechsels, gesteigerter Resorption krankhafter Ausscheidungen, mit einem Wort, zu allen jenen Wirkungen, die wir bereits bei der Handmassage besprochen haben. Daß dem Ultraschall auch reflektorische Fernwirkungen zukommen, ist nach unseren Ausführungen auf S. 203 selbstverständlich. Bei einer Überdosierung können die Gewebszellen auch mechanisch geschädigt, ja selbst zerstört werden, wie Versuche an Hautkarzinomen und anderen oberflächlichen Neubildungen zeigten. WEDEKIND konnte an lebenden Kaninchen sogar Darmzerreissungen erzeugen.

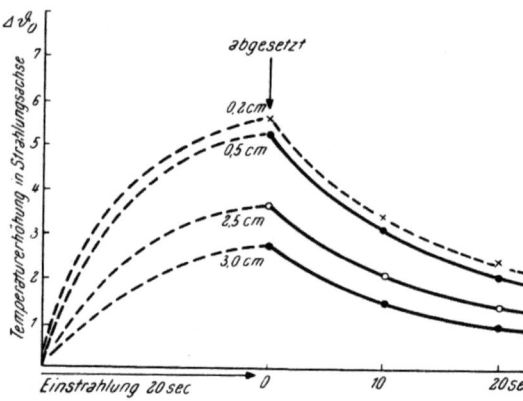

Abb. 274. Erwärmung durch Ultraschall bei Einstrahlung in die Gesäßmuskulatur nach 20 Sekunden (POHLMANN)

Die thermische Wirkung. Wie bei jeder Bewegung wird auch bei den Schwingungen des Ultraschalls ein Teil der kinetischen Energie in Wärme umgesetzt. Nach POHLMANN beträgt die Erwärmung bei Einstrahlung in die Gesäßmuskulatur nach 20 Sekunden je nach der Körpertiefe 5,7 bis 2,7° C. Wie man aus der Abb. 274 ersieht, nimmt die Erwärmung von der Oberfläche nach der Tiefe hin rasch ab. Wenn sie auch nicht die Tiefenwirkung der Diathermie besitzt, so dürfte ihr doch eine gewisse therapeutische Bedeutung zukommen.

Die Tiefenwirkung des Ultraschalls ist, wie schon aus der Wärmewirkung zu erkennen ist, keine sehr große. Wir messen sie durch die Halbwertschicht, das ist die Dicke jener Schicht, in der die Intensität der Strahlung auf die Hälfte abgesunken ist. Die Absorption des Ultraschalls im lebenden Gewebe erfolgt praktisch linear. Sie ist aus Tab. 4 ersichtlich.

Tabelle 4. *Halbwertschicht in Zentimetern bei Einstrahlung in der Gesäßgegend.*
(Nach POHLMANN)

Frequenz in kHz	400	800
Fett................	6,6	3,3
Muskel	4,2	2,1

Je höher die Frequenz der Ultraschallschwingungen, desto weniger tief dringen sie in das Gewebe ein. Wenn wir in der Medizin meist Frequenzen von 800 bis 1000 kHz benützen, so ist das nicht reine Willkür, sondern das Ergebnis eines Kompromisses, den POHLMANN vorgeschlagen hat, um bei guter Bündelung auch noch in tieferen Gewebsschichten eine genügende Schallenergie zu erzielen.

Die therapeutischen Anzeigen der Ultraschallbehandlung

Wohl keine physikalische Behandlungsmethode ist mit einer so überlauten Propaganda in die Medizin eingeführt worden wie die Ultraschallbehandlung. Wollte man den anfänglichen Mitteilungen Glauben schenken, so gäbe es kaum mehr eine Krankheit, bei der man mit Ultraschall nicht eine Besserung oder Heilung erzielen könnte. Der Rückschlag ist heute bereits eingetreten und manche ursprüngliche Indikation hat sich in eine Kontraindikation verwandelt.

Wenn man sich vor Augen hält, daß die Ultraschallbehandlung nichts anderes ist als eine besondere Form der Massage, eine mechanische Beeinflussung der Gewebe, dann wird es nicht schwer fallen, ihre Anzeigen und Gegenanzeigen zu erkennen. Alle akut entzündlichen Erkrankungen, wie Arthritis, Neuritis, Bursitis, Tendovaginitis usw., bilden Gegenanzeigen. Ebenso widerspricht es allen chirurgischen Grundsätzen, Furunkel, Karbunkel, Entzündungen des Unterhautzellgewebes, und andere Infektionsherde mechanisch zu beunruhigen. Hier ist im Gegenteil möglichste Ruhigstellung am Platz.

Die sensationellen Heilerfolge bei Otosklerose, Schwerhörigkeit und Ohrgeräuschen, über die WIETHE und WYT berichteten, konnten von PFANDLER, BARTH, DENIER, KREJCI und anderen nicht bestätigt werden, ebenso die Erfolge, die DUSSIK bei multipler Sklerose erzielt haben wollte. Die Besserungen und Heilungen, die HORVATH, DEMMEL und WINTER beim Ulcus cruris mitteilten, sind nach BLEIER und SIEGERT durch die bisherige konservative Therapie ebenso zu erreichen. Bei der Behandlung von Durchblutungsstörungen mit Ultraschall, die von verschiedenen Seiten empfohlen wurde, ist nach den Untersuchungen von STUHLFAUT größte Vorsicht geboten, da durch sie auch das Gegenteil, nämlich eine Herabsetzung der Durchblutung, ja selbst stenokardische Beschwerden ausgelöst werden können. Vor der Behandlung maligner Tumoren, die WIETHE, HORVATH, DEMMEL und andere teilweise oder ganz zerstört haben wollten, wurde von der Erlanger Tagung (1949) ausdrücklich gewarnt. Aus diesen wenigen Angaben ist ersichtlich, mit welcher Kritiklosigkeit der Ultraschall von manchen Autoren angepriesen wurde.

Heute, wo die Sturmflut der Propaganda abgeebbt ist, bleiben als Anzeigen jene Krankheiten, die seit jeher mit Massage behandelt worden sind. Es ist das die große Gruppe der chronisch rheumatischen Erkrankungen, Arthrosen, Spondylosen, Morbus Bechterew, Arthritiden, Neuritiden, Neuralgien, Myalgien usw. Gute Erfolge können bei beginnenden Fällen von Dupuytrenscher Kontraktur erzielt werden, alte Fälle dagegen verhalten sich vollkommen refraktär. Nach langjähriger Erfahrung an einigen tausend Fällen darf der Verfasser wohl sagen, daß eine Massage mit einer geschulten Hand durch keinen Ultraschall ersetzt werden kann, eine Ansicht, die auch G. U. FISK vertritt.

Schrifttum über Mechanotherapie

BEIER, W. u. E. DÖRNER: Der Ultraschall in der Biologie und Medizin. Leipzig: G. Thieme. 1954.
BERGMANN, L.: Der Ultraschall und seine Anwendung in Wissenschaft und Technik, 6. Aufl. Stuttgart: S. Hirzel. 1949.
BÖHM, M.: Leitfaden der Massage, 7. Aufl. Stuttgart: F. Enke. 1946.
BUM, A.: Handbuch der Massage und Heilgymnastik, 4. Aufl. Berlin u. Wien: Urban u. Schwarzenberg. 1907.
CAUVY et L. MATHA: La Rééducation motrice. Paris: G. Doin & Co.
COHN, T.: Die mechanische Behandlung der Nervenkrankheiten. Berlin: Julius Springer. 1913.
DEBRUNNER, H.: Kurzer Leitfaden der Massage, 2. Aufl. Basel: B. Schwabe u. Co. 1942.
DICKE, E.: Meine Bindegewebsmassage. Stuttgart: Hippokrates. 1953.
DROBIL, R.: Die aktive Bewegungstherapie. Wien: W. Maudrich. 1945.
EDSTRÖM, G.: Prinzipien der Bewegungstherapie in der Rheumatologie. Dresden u. Leipzig: Th. Steinkopff. 1943.
FOERSTER, O.: Übungstherapie. (Aus O. BUMKE u. O. FOERSTER: Handbuch der Neurologie, Bd. 8.) Berlin: Julius Springer. 1936.
FRENKEL, H. S.: Die Behandlung der tabischen Ataxie mit Hilfe der Übung. Leipzig: F. C. W. Vogel. 1900.
FUCHS, G.: Ultraschalltherapie. Wien: Gebr. Hollinek. 1954.
GLÄSER, O. u. A. W. DALICHO: Segmentmassage. Leipzig: G. Thieme. 1952.
HIEDEMANN, E.: Grundlagen und Ergebnisse der Ultraschallforschung. Berlin: W. de Gruyter u. Co. 1939.
HIPPAUF, E.: Ultraschall. Wien: W. Maudrich. 1951.
HOFBAUER, L.: Atemregelung als Heilmittel. Wien: W. Maudrich. 1948.
HOFFA, GOCHT u. STORCK: Technik der Massage. Stuttgart: F. Enke. 1937.
HOHMANN u. STUMPF: Orthopädische Gymnastik. Leipzig: G. Thieme. 1933.
KESSLER, H.: The Principles and Practices of Rehabilitation. Philadelphia: Lea & Febiger. 1950.
KIRCHBERG, FR.: Handbuch der Massage und Heilgymnastik, 2 Bände. Leipzig: G. Thieme. 1926.
KLAPP, B.: Das Klappsche Kriechverfahren, 2. Aufl. Stuttgart: G. Thieme.
KÖHLER, P.: Übungstherapie bei rheumatischen Erkrankungen. Dresden und Leipzig: Th. Steinkopff. 1938.
KOEPPEN, S.: Die Anwendung des Ultraschalls in der Medizin. Berlin und München: Urban u. Schwarzenberg. 1949.

KOHLRAUSCH, W.: Massage und Krankengymnastik. Leipzig: G. Thieme. 1942.
— Reflexzonemassage in Muskulatur und Bindegewebe. Stuttgart: Hippokrates. 1955. — Krankengymnastik in der Chirurgie. Berlin: W. de Gruyter u. Co. 1954.
KOHLRAUSCH, W. u. H. LEUBE: Lehrbuch der Krankengymnastik bei inneren Erkrankungen, 2. Aufl. Jena: G. Fischer. 1943.
— Gymnastische Krankenbehandlung, 2. Aufl. Jena: G. Fischer. 1943.
KOHLRAUSCH, W. u. A. SCHMIDT: Physiologie der Leibesübungen, 4. Aufl. Leipzig: R. Vogtländer.
KREBS, J.: Ultraschalltherapie. Osnabrück: Gebr. Pagenkämper. 1950.
LEUBE, H. u. E. DICKE: Massage reflektorischer Zonen im Bindegewebe, 4. Aufl. Jena: G. Fischer 1950.
LOWMAN, CH.: Technique of Underwater Gymnastics. Los Angeles: American Publications. 1937.
LUBINUS, J. H.: Lehrbuch der medizinischen Gymnastik, 2. Aufl. Berlin: Julius Springer. 1933.
— Lehrbuch der Massage, 5. Aufl. München: J. F. Bergmann. 1933.
MATTHES, K. u. W. RECH: Der Ultraschall in der Medizin. Zürich: S. Hirzel. 1949.
MATTHIAS, E.: Lehrbuch der Heilgymnastik. München: J. F. Lehmann. 1937.
NEUHUBER, R. u. H. LACHMANN: Lehrbuch der Massage und Heilgymnastik. Wien: W. Maudrich. 1948.
NEUMANN-NEURODE: Säuglingsgymnastik, 23. Aufl. Heidelberg 1955.
POHLMANN, R.: Die Ultraschalltherapie. Bern: H. Huber. 1951.
PORT, K.: Die sogenannte schwedische Massage, 2. Aufl. Stuttgart: F. Enke. 1941.
PUTTKAMER: Organbeeinflussung durch Massage. Berlin, Tübingen, Saulgau: F. Haug. 1948.
SCHNELL, W.: Biologie und Hygiene der Leibesübungen, 2. Aufl. Wien u. Berlin: Urban u. Schwarzenberg. 1929.
SMITH, O. G.: Rehabilitation, Re-education and Remedial Exercises. London: Baillière, Tindall & Cox. 1945.
THOMSEN, W.: Lehrbuch der Sportmassage. Leipzig: Quelle u. Mayer. 1937.
— Lehrbuch der Massage und manuellen Gymnastik, 2. Aufl. Stuttgart: G. Thieme. 1949.
TRUMPP, K.: Aktive Bewegungstherapie. Stuttgart: Hippokrates. 1950.
WENT, J. VAN: Ultrasonic and Ultrashort Waves in Medicine. Amsterdam: Elsevier Publishing Company. 1954.

Zweiter Teil

Die Behandlung einzelner Krankheiten

I. Die Krankheiten der Gelenke und Muskeln

Allgemeines über Gelenkkrankheiten

Die Gelenkkrankheiten sind teils degenerativer, teils entzündlicher Natur. Die ersten bezeichnet man als Arthrosen, die zweiten als Arthritiden. Allerdings kommt es häufig vor, daß sich einer latent bestehenden Arthrose eine Arthritis überlagert. Die Arthrose ist die häufigste Gelenkserkrankung. Nach einer Statistik des Verfassers an 10 000 Patienten kommt sie genau dreimal so häufig vor als alle anderen Gelenkkrankheiten zusammen genommen.

Die Arthritis ist in den meisten Fällen keine selbständige Erkrankung, sondern die Folge einer allgemeinen oder örtlichen fokalen Infektion. Da die physikalische Therapie eine unspezifische Reizbehandlung darstellt, so spielt die Ätiologie der Arthritis für die Behandlung keine entscheidende Rolle. Maßgeblich sind vielmehr zwei andere Gesichtspunkte. Erstens, ob die Krankheit als Polyarthritis oder Monarthritis auftritt; im ersten Fall wird eine Allgemeinbehandlung des Körpers notwendig sein, im zweiten Fall werden vielfach örtliche Maßnahmen genügen. Ein zweiter Gesichtspunkt ist der, ob die Krankheit akut oder chronisch ist. Je stärker die klinischen Reizerscheinungen sind, um so schwächer soll der therapeutische Reiz sein. Beide stehen zueinander in einem reziproken Verhältnis.

Daraus ergibt sich für die Darstellung der Therapie folgende Einteilung: 1. Akute Polyarthritis, 2. Chronische Polyarthritis. 3. Akute Monarthritis. 4. Chronische Monarthritis. Natürlich bestehen zwischen Poly- und Monarthritis, ebenso wie zwischen den akuten und chronischen Formen Übergänge. Unter den verschiedenen Arten der Arthritis nimmt nur eine einzige eine Sonderstellung ein und das ist die Tuberkulose der Gelenke, deren Therapie daher gesondert besprochen werden muß.

Polyarthritis acuta

Pathologie. Zu den akuten Formen der Polyarthritis zählt zunächst die Febris rheumatica, die früher als akuter Gelenkrheumatismus bezeichnet wurde. Sie ist eine Infektionskrankheit unbekannter Ätiologie. Zahlreiche bekannte Infektionskrankheiten vermögen ähnliche Krankheitsbilder zu erzeugen, so die Sepsis, Gonorrhöe, Lues, Typhus, Dysenterie, Scarlatina, Variola, Varizellen usw. Eine akute Polyarthritis kann ferner die Folge eines örtlich umschriebenen Infektionsherdes mit Streptokokken, Staphylokokken oder Pneumokokken sein.

Ruhigstellung und Hydrotherapie. Bei der akuten Polyarthritis spielt die physikalische Therapie gegenüber der chemischen eine untergeordnete Rolle. Sie tritt erst in ihre Rechte im Stadium der Genesung, wenn es gilt, die Rückbildung der Gelenkserscheinungen, wie Schmerz, Schwellung, Bewegungseinschränkung, zu beseitigen. Auf der Höhe der Erkrankung beschränken wir uns auf die *richtige Lagerung* der Gelenke auf Polstern, Sandsäcken, Cramer- oder Gipsschienen, um überflüssige Bewegungsschmerzen zu vermeiden. Doch denke man daran, daß allzu lange Ruhigstellung in einer bestimmten Lage die Ausbildung von Kontrakturen fördert. So entsteht leicht bei dauernder Beugung der Knie (Unterschieben von Rollen oder Kissen) eine typische Bettkontraktur mit Beugestellung in den Knie- und Hüftgelenken.

Man hüte sich vor der Anwendung zu starker Wärme. Nur selten werden Thermophore oder warme Umschläge gut vertragen. Meist ziehen die Kranken *kühle* oder *kalte Umschläge* vor, die öfters gewechselt oder mit einem Kühlapparat versehen werden. Vielfach werden auch *Prießnitzumschläge* angenehm empfunden.

Leidet der Kranke unter der Fieberhitze, so gibt man ihm einen alle 20 bis 30 Minuten gewechselten *Rumpfwickel* oder, um ihm das Aufsitzen zu ersparen, einen *Stammaufschlag* (S. 22). Bei Endokarditis können wiederholt gewechselte oder mit einem Kühlapparat kombinierte *kalte Umschläge,* bei sehr frequenter Herzaktion auch ein *Eisbeutel* mit entsprechend dicker trockener Unterlage gute Dienste tun.

Bäder- und Wärmebehandlung. Auch im Stadium der Genesung sei man noch vorsichtig mit stärkeren Wärmeanwendungen, wie Heißwasser- oder Heißluftbädern, sie sind die geeignetsten Mittel, um ein Rezidiv zu erzeugen.

Ist das Fieber geschwunden, dann gebe man zunächst *laue Vollbäder* von 35 bis 37° C in der Dauer von 10 bis 20 Minuten, denen man ein Fichten- oder Kiefernadelextrakt oder eine Abkochung von 500 g Flores graminis (Heublumen) oder Folia malvae (Käspappel) zusetzen kann. Im Bad selbst werden vorsichtige Bewegungsversuche gemacht. Anschließend folgt eine einstündige Ruhe im Bett.

Auch *Rumpflichtbäder* im Bett von 20 bis 30 Minuten Dauer können versucht werden. Gerät der Kranke in Schweiß, so macht man eine Abreibung mit lauem Wasser oder Franzbranntwein. Eine ambulatorische Behandlung ist erst dann gestattet, wenn alle akut entzündlichen Erscheinungen geschwunden sind.

Mechanotherapie. Diese darf erst beginnen, wenn die Schmerzen und die Schwellung der Gelenke weitgehend zurückgegangen sind. Man fordert den Kranken auf, *aktive Bewegungen* in den einzelnen Gelenken auszuführen, die man später durch *passive Bewegungen* unterstützen kann. Die ersten Bewegungen werden zweckmäßig im Bad gemacht. *Die Massage* beschränke man zunächst nur auf die Muskulatur.

Bleiben in einzelnen Gelenken längere Zeit Schmerzen, Schwellungen und Bewegungseinschränkungen zurück, so kann man ihre Beseitigung durch eine *örtliche Wärmetherapie* unterstützen. Sie besteht in der Anwendung von warmen, aber nicht heißen Umschlägen mit Salzwasser (1 Eßlöffel auf ½ Liter) oder einer Kräuterabkochung (S. 87) mit oder ohne Thermophor, von Teillichtbädern oder Wärmelampen, wie sie bei der Monarthritis chronica (S. 232) näher geschildert ist.

Polyarthritis chronica

Pathologie. Den Typus dieses Leidens stellt die primär chronische Polyarthritis, auch Polyarthritis chronica progressiva (lateinisch progrediens) genannt, dar, ein Leiden, das zu 85% Frauen befällt, an den Finger- und Handgelenken beginnt, einen ganz typischen Verlauf zeigt und unheilbar ist. Neben diesem so charakteristischen Krankheitsbild gibt es eine Reihe gänzlich uncharakteristischer Formen der chronischen Polyarthritis und solche, die eigentlich nicht chronisch sind, sondern nach vorübergehender Heilung immer wieder rezidivieren. Man bezeichnet sie insgesamt als rheumatisch, um den Mangel eines Begriffes wenigstens durch ein Wort zu ersetzen. Nur bei wenigen chronischen Polyarthritiden vermögen wir eine bestimmte Ursache nachzuweisen. Dazu gehören die Polyarthritis gonorrhoica, dysenterica, psoriatica, endocrina, urica. In den Formenkreis der chronischen Polyarthritiden fallen ferner die chronischen Erkrankungen der Kettengelenke der Wirbelsäule, wie die Spondylosis, Spondylarthrosis, Spondylarthritis ankylopoetica (M. Bechterew).

Thermotherapie. Während bei der akuten Polyarthritis die Physikotherapie neben der Chemotherapie von untergeordneter Bedeutung ist, hat sie bei der chronischen Polyarthritis eine führende Rolle. Ihr wichtigstes Heilmittel ist die *Wärme*, die in der allerverschiedensten Form zur Anwendung kommen kann. Wie bei jeder unspezifischen Reiztherapie ist auch in der Thermotherapie weniger die Art als die Intensität der Wärmeeinwirkung von Bedeutung. Diese wieder muß in einem umgekehrten Verhältnis zur Reizbarkeit des Kranken stehen, die durch seine augenblickliche Reaktionslage bestimmt wird. Der Übersicht wegen erscheint es zweckmäßig, drei Reaktionsstufen zu unterscheiden, eine hyper-, eine norm- und eine hypergische.

Eine hyperergische Reaktion besteht immer zur Zeit eines akuten Nachschubes, wie er häufig im Verlauf einer chronischen Polyarthritis vorkommt, und eine Zeitlang nach diesem. In dieser Zeit sind starke Wärmeanwendungen zu vermeiden. Man begnügt sich mit *lauen* oder *warmen Vollbädern* von 36 bis 37° C in der Dauer von 20 bis 30 Minuten, denen man ein Kiefer- oder Fichtennadelextrakt, 2 kg Sud- oder Steinsalz zusetzt. Auch *Bettlichtbäder* von 20 bis 40 Minuten Dauer mit anschließender Teilabreibung oder Waschung sind gestattet.

Unter die *normergische Reaktion* fällt die größte Zahl der chronisch Gelenkkranken. Bei diesen kommen *warme Vollbäder* von 37 bis 39° C, die man vorsichtshalber auch langsam aufheizen kann, in der Dauer von

20 bis 30 Minuten zur Anwendung. Als Zusatz empfiehlt sich ein kolloidales Schwefelpräparat (S. 61), Moorschwebstoff oder Salhumin. Auch künstliche *Radonbäder* sind oft wirksam. Weiterhin kommen *Vollichtbäder*, *Heißluft-* und *Dampfkastenbäder* in Frage, denen man zur Erhöhung ihrer Wirkung eine einstündige Trockenpackung folgen lassen kann. Auch *Saunabäder* sind empfehlenswert. Alle diese Maßnahmen kommen zwei- bis dreimal in der Woche zur Anwendung.

Eine *hypergische Reaktion* finden wir in alten, jahrelang bestehenden Fällen von chronischer Arthritis. Sie haben in der Regel alle bisher aufgezählten Kuren schon mitgemacht und sprechen auf diese nicht mehr an. Hier ist unter der Voraussetzung, daß das Herz und die Gefäße gesund sind, eine energische Hyperthermie am Platz. Die einfachste Form dieser besteht in den sogenannten *Überwärmungsbädern*, allmählich von 36° C auf 40 bis 42° C aufgeheizten Vollbädern, wobei orale Temperaturen von 39 bis 40° C erreicht werden. Um die Reaktion des Kranken kennenzulernen, begnügt man sich bei den ersten Bädern mit einer Mundtemperatur von 38° C, die man dann von Bad zu Bad langsam erhöht. Meist läßt man den Kranken in einer Trockenpackung noch eine Stunde nachschwitzen. Solche Bäder werden zwei- bis dreimal wöchentlich gegeben. Genaueres über ihre Technik ist auf S. 30 nachzulesen. Die Überwärmungsbäder erweisen sich oft noch in ganz schweren Fällen von chronischer Polyarthritis, Spondylosis, M. Bechterew erfolgreich.

An die Stelle der Bäder kann auch eine Hyperthermie mit *Kurzwellen* (S. 164) treten. Andere Methoden der physikalischen Überwärmungsmethoden sind *Schlammpackungen* für den ganzen Körper, *Moor-* und *Sandbäder*, die am besten in einem Kurort verabfolgt werden.

Die Mechanotherapie spielt bei jeder Art chronischer Polyarthritis eine sehr wichtige Rolle. Sie hat einerseits die Aufgabe, prophylaktisch Gelenkversteifungen zu verhüten, andererseits solche, falls sie bereits eingetreten sind, wieder zu beseitigen. Ihre zweite Aufgabe ist es, die bei jeder Polyarthritis mitbeteiligten Muskeln vor dem Verfall zu bewahren, bzw. sie wieder zu kräftigen. Jeder chronisch Gelenkkranke sollte täglich 10 bis 20 Minuten lang turnen. Das gilt besonders für Kranke mit Polyarthritis chronica progrediens und Spondylarthritis ankylopoetica, denen eine zunehmende Versteifung ihrer Gelenke droht. Je energischer und je andauernder solche Kranke üben, um so eher werden sie ihre vollkommene Verkrüppelung verhüten oder wenigstens verzögern. Man gebe ihnen eine schriftliche Zusammenstellung jener Übungen, die sie täglich ausführen sollen, nachdem man sie ihnen genau vorgezeigt hat.

Handelt es sich um eine Mobilisierung schon versteifter Gelenke, dann kommen *Dehnungs-* und *Lockerungsübungen* in Frage, wie sie für die einzelnen Gelenke in dem Abschnitt auf S. 189 ausführlich beschrieben sind.

Mit der Bewegungstherapie auf das engste verbunden ist die *Massage*. Sie richtet sich einerseits gegen die Muskelatrophie, andererseits dient sie der Beseitigung der Schwellungen der Gelenkkapsel und der periartikulären Weichteile. Auch die Ultraschallmassage kommt hier in Frage, die bei der Arthrose der großen Gelenke, der Wirbelsäule und dem M. Bechterew gute Erfolge erzielt.

Die Massage wird häufig mit einer *Wärmebehandlung*, die ihr vorausgehen soll, verbunden, um die Gewebe besser zu durchbluten und so dehnbarer zu machen. Als Wärmebehandlung kommen Heißluft, Teillichtbäder, Lang- und Kurzwellendiathermie sowie Schlammpackungen in Betracht. In vielen Fällen wird sich auch die Ausführung der Mechanotherapie im Bad als *Unterwassergymnastik* oder *Unterwassermassage* empfehlen.

Elektrotherapie. *Galvanische Vollbäder* (Stangerbäder) von 37 bis 38° C stellen die Vereinigung eines thermischen mit einem elektrischen Reiz dar. Man kann diese Reizkombination durch Zusatz einer Abkochung von Eichenrinde noch um einen chemischen Reiz vermehren. Bei der Spondylosis und dem Morbus Bechterew verwendet man neben den seitlichen Elektroden noch eine Rückenelektrode, um den Strom auf die Wirbelsäule zu konzentrieren. Galvanische Bäder sind bei allen Formen der chronischen Polyarthritis ein sehr wirksames Mittel und können, wenn ihre Temperatur indifferent gehalten wird, auch bei jenen Kranken zur Anwendung kommen, die stärkere Wärmeanwendungen nicht vertragen.

Die *Lang-* und *Kurzwellendiathermie* geben die Möglichkeit, ganz leichte bis stärkste Durchwärmungen des gesamten Körpers zu machen, dienen aber ebenso der Behandlung einzelner Gelenke.

Die Behandlung mit *Schwellströmen*, auch Elektrogymnastik genannt, ist ein ausgezeichnetes Mittel, um geschwächte oder atrophische Muskeln zu kräftigen.

Heilbäderbehandlung. Die Wahl eines Kurortes richtet sich wie die Thermotherapie nach der jeweiligen Reaktionslage des Kranken. Bestehen wegen eines akuten Nachschubes starke Schmerzen, Schwellungen, eine erhöhte Blutsenkungsgeschwindigkeit, dann ist eine Badekur kontraindiziert. Schickt man einen solchen Kranken in ein Schwefel- oder Radonbad oder gar in ein Schlamm- oder Moorbad, so kann es leicht zu einer Verschlechterung seines Zustandes kommen. Desgleichen sind alte, erschöpfte oder weitgehend verkrüppelte Leute für eine Heilbäderbehandlung nicht mehr geeignet. Auch Krankheiten des Herzens, der Gefäße und anderer Organe können eine Gegenanzeige bilden.

Die Zahl der Bäder, die bei einer chronischen Polyarthritis zur Anwendung kommen können, ist eine sehr große. Darum findet man chronisch Gelenkkranke fast in allen Kurorten. Wir wollen nachstehend die Heilbäder in einer Reihenfolge aufzählen, in der ihre Reizwirkung ansteigend zunimmt. Allerdings ist dabei zu bemerken, daß die Reizwirkung eines Bades nicht allein von seinen chemisch wirksamen Bestandteilen, sondern auch von seiner Temperatur, Dauer und anderen Dingen abhängt.

Akratothermen: Wildbad im Schwarzwald, Badenweiler in Baden, Warmbrunn in Schlesien, Warmbad Villach in Kärnten, Ragaz-Pfäfers und Leuk in der Schweiz.

Kochsalzbäder: Wiesbaden, Baden-Baden im Schwarzwald, Nauheim besonders bei Herzschäden, Oeynhausen in Westfalen, Ischl in Oberösterreich, Hall in Tirol, Kreuznach im Rheinland (Radon).

Radonbäder: Badgastein und Hofgastein in Salzburg, Teplitz-Schönau in Böhmen, Landeck in Schlesien, St. Joachimsthal in Böhmen, Brambach und Oberschlema in Sachsen.

Schwefelbäder: Aachen im Rheinland, Baden bei Wien, Baden in der Schweiz, Nenndorf bei Hannover (Schlamm), Landeck in Schlesien (Radon), Eilsen in Sachsen, Wiessee am Tegernsee in Bayern (Jod), Schallerbach in Oberösterreich, Deutsch-Altenburg in Niederösterreich (Jod).

Schlamm-, Moor- und Sandbäder: Schlamm in Pistyan und Trentschin-Teplitz in der Slowakei, Eilsen (Schwefel), Nenndorf (Schwefel), Landeck (Radon), Battaglia und Abano in Oberitalien.

Moor in Elster in Sachsen, Marienbad, Franzensbad und Karlsbad in Böhmen, Aibling in Bayern, Driburg in Westfalen, Neydharting in Oberösterreich.

Sand in Köstritz (Thüringen).

Heilklimabehandlung. Diese kommt für jene Kranken in Frage, bei denen eine Badekur aus den früher angeführten Gründen nicht angezeigt ist. Der chronisch Gelenkkranke bedarf wie jeder Rheumatiker eines warmen, trockenen Klimas, besonders in der kalten Jahreszeit. Es ist ihm darum im Winter ein Aufenthalt in Bozen, Meran, Arco oder einem windgeschützten Ort der Riviera zu empfehlen. Im Gebirge sollen weite, sonnige, nach Süden offene Täler (Kärnten) aufgesucht werden, die nachts nur eine geringe Abkühlung aufweisen. Ungeeignet für Kranke mit chronischer Polyarthritis sind die Nord- und Ostseebäder, wie schon die Tatsache beweist, daß England und Holland die klassischen Länder des „Rheumatismus" sind.

Man hat auch versucht, chronisch Gelenkkranke in einem künstlichen Klima zu behandeln, indem man sie tagelang in einer „Tropenkammer" verweilen ließ (G. EDSTRÖM, Lund, Schweden). Es ist dies ein durch Doppelwände gut isolierter und gut ventilierter Raum, in dem sich ein paar Betten befinden, der durch automatisch arbeitende Einrichtungen auf einer konstanten Temperatur von 32° C bei einer relativen Luftfeuchtigkeit von nur 30 bis 40% gehalten wird.

An dieser Stelle sei auch der *Klimakammern* gedacht. Man versteht darunter luftdicht abschließbare Räume oder Behälter von verschiedener Größe, in denen der Luftdruck, die Temperatur und die Luftfeuchtigkeit vollautomatisch regelbar sind[1]. Meist enthalten diese Kammern noch Aerosolzerstäuber, Quarzlampen oder andere Bestrahlungsgeräte. Die Abb. 275 zeigt eine derartige Anlage. Die Kranken verbleiben in diesen Kammern liegend oder sitzend ein bis zwei Stunden.

---
[1] Solche Anlagen werden hergestellt von den Firmen: v. Hoessle in München, Klimatechnische Gesellschaft O. J. Zeuzem in Frankfurt a. M., Erwang in Bad Godesheim

Die Behandlung ist also von der oben erwähnten Tropenkammer, in der die Kranken tagelang verweilen, grundsätzlich verschieden. Wie weit eine stundenweise Veränderung der drei klimatischen Faktoren Luftdruck, Temperatur und Luftfeuchtigkeit einen wochenlangen Aufenthalt in einem klimatischen Kurort zu ersetzen vermag, ist eine noch offene Frage. Die Indikationen für die Behandlung in der Klimakammer werden von den Vertretern der Methode außerordentlich weit gezogen. Sie umfassen nicht nur den rheumatischen Symptomenkomplex, die Krankheiten der Luftwege, Asthma bronchiale, Tuberkulose, Krankheiten des Herzens und Kreislaufes, der Haut, endokrine Störungen, Allergie, sondern auch Rekonvaleszenz, Geisteskrankheiten und maligne Geschwülste. Näheres s. bei F. STREIBL: Klimakammertherapie. Stuttgart: Fritz Dopfer. 1954.

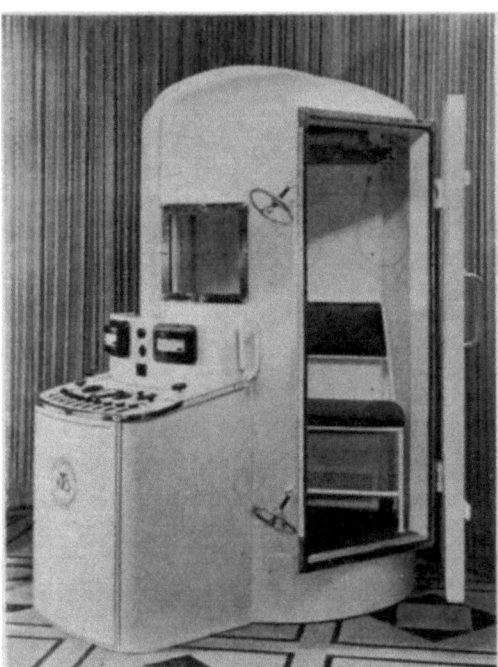

Abb. 275. Klimakammer (Klimatechnische Gesellschaft, Frankfurt a. M.)

Monarthritis acuta

Pathologie. Akute Entzündungen einzelner Gelenke sind entweder die Folge eines Traumas (Arthritis traumatica) oder die einer Infektion. Sie können der Ausdruck einer allgemeinen Infektion wie einer Gonorrhöe oder Lues sein oder sie können als Metastase einer örtlichen Infektion wie einer Angina auftreten.

Ruhigstellung und Hydrotherapie. Jedes akut entzündete Gelenk muß *ruhiggestellt* werden, wenn nötig auf einer Schiene oder Gipslonguette. Allzulange Ruhigstellung ist jedoch stets mit der Gefahr einer Gelenkversteifung, einer Muskel- und Knochenatrophie verbunden und soll daher vermieden werden. Ist die Versteifung voraussichtlich nicht zu umgehen (Panarthritis, destruktiver Prozeß im Röntgenbild), so soll sie in einer Stellung erfolgen, welche für die Funktion des Gelenkes am günstigsten ist. Das ist für das Knie eine ganz geringe Beugung, für das Ellbogengelenk eine etwa rechtwinkelige Stellung in Pronation, für das Schultergelenk eine leichte Abduktion.

Wie bei der akuten Polyarthritis ist auch bei der akuten Monarthritis jede stärkere Wärmeanwendung zu vermeiden. Sie erhöht meist die Schmerzen und die Entzündungserscheinungen. Sind diese sehr stark, so wird häufig schon ein Thermophor nicht vertragen. Meist werden von den Kranken *kühle und kalte Umschläge*, die öfters gewechselt oder mit einem Kühlapparat versehen werden, bevorzugt. Auch *Prießnitzumschläge* wirken schmerzlindernd. Bisweilen werden die Schmerzen durch Ansetzen von 3 bis 4 *Blutegeln* auffallend günstig beeinflußt.

Thermotherapie. Nach Abklingen der heftigsten Reizerscheinungen geht man zu anfangs milder, später stärker werdender Anwendung von Wärme in Form von *Bestrahlungslampen* (Sollux-, Profundus-, Vitaluxlampe) oder *Teillichtbädern* über, deren Dauer man von 20 bis auf 60 Minuten ansteigen läßt. Auch *warme Umschläge* mit Kochsalz (1 Eßlöffel auf ½ Liter Wasser) oder einem Kräuterabsud (Flores chamomillae, Folia malvae), die mit einem mäßig warmen Thermophor bedeckt werden, tun gute Dienste. Anstatt des Thermophors kann auch eine Wärmebestrahlungslampe zur Warmhaltung der Kompresse benützt werden. Eine für die Extremitätengelenke zweckmäßige, weil gut anliegende Form des Umschlages ist der *Bindenumschlag*, bei dem zuerst eine in das heiße Wasser getauchte Binde um das Gelenk gelegt wird, die dann mit einer trockenen bedeckt wird.

Bei Erkrankungen des Hand-, Ellbogen- und Sprunggelenkes kann an die Stelle des warmen Umschlages auch ein *Teilbad* treten, das durch Nachgießen von heißem Wasser 20 bis 30 Minuten lang auf gleicher Temperatur erhalten wird. Zur Behandlung des Knie-, Schulter- und Hüftgelenkes sind *warme Vollbäder* nötig. Diese Bäder haben den Vorteil, daß in ihnen aktive und passive Bewegungen ausgeführt werden können. So wie bei den Umschlägen kann auch die Wirkung des Teil- oder Vollbades durch Zusatz von Salz, Sole oder einer Kräuterabkochung erhöht werden.

Erst später, wenn die akut entzündlichen Erscheinungen abgeklungen sind, dürfen stärkere Wärmeverfahren, wie *Lang-* oder *Kurzwellendiathermie*, *Heißluft*, *Schlamm-*, *Moor-* oder *Paraffinpackungen*, zur Anwendung kommen. Darüber ist Näheres bei der chronischen Monarthritis (S. 232) nachzulesen.

Die Mechanotherapie spielt bei der akuten Monarthritis im wesentlichen eine vorbeugende Rolle. Sie soll einerseits die Versteifung des Gelenkes, andererseits die Atrophie der das Gelenk bewegenden Muskeln verhüten. Man wird daher dafür Sorge tragen, daß das Gelenk nicht andauernd in der gleichen Ruhigstellung verbleibt und wird, sobald es zulässig ist, *aktive Bewegungen* womöglich im warmen Bad ausführen lassen. Der Atrophie der Muskulatur kann durch eine leichte *Massage* oder *Schwellstrombehandlung* der von der Atrophie bedrohten Muskeln begegnet werden. Über die Behandlung einer bereits eingetretenen Kontraktur s. S. 186.

Monarthritis chronica

Pathologie. Die weitaus häufigste Form der chronischen Monarthritis ist die Arthrose, früher auch Arthritis deformans oder Osteoarthritis genannt. Als sogenannte primäre Arthrose stellt sie einen Abnützungsprozeß dar, der am häufigsten in den durch das Körpergewicht belasteten Knie- und Hüftgelenken und dann meist doppelseitig auftritt. Eine Arthrose kann sich aber auch an eine traumatisch oder infektiös bedingte Arthritis anschließen. In diesem Fall sprechen wir von einer sekundären Arthrose. Sie betrifft dann meist nur ein einzelnes Gelenk. Bisweilen entwickelt sich eine solche Arthrose oft jahrelang völlig symptomlos, um eines Tages plötzlich klinisch in Erscheinung zu treten. Der Arthrose stehen die trophischen Arthropathien bei Erkrankungen des Zentralnervensystems (Tabes, Syringomyelie) nahe.

Thermotherapie. Die einfachste und überall anwendbare Form der Thermotherapie sind *Umschläge* mit warmem oder heißem Wasser, dem man in einer Menge von $\frac{1}{2}$ Liter einen gehäuften Eßlöffel von Sud- oder Steinsalz zusetzen kann. An Stelle des Salzwassers kann ein Dekokt von Folia chamomillae oder Folia malvae (1 Eßlöffel mit $\frac{1}{2}$ Liter Wasser 3 bis 5 Minuten lang abkochen) Verwendung finden. Die Umschläge werden gut ausgewrungen, mit einem trockenen Tuch bedeckt und einer Binde befestigt. Um sie längere Zeit warm zu erhalten, umhüllt man sie mit einem Wärmekissen.

Teillichtbäder oder Wärmelampen (Sollux-, Profundus-, Vitalux- oder Infraphillampe), in der Dauer von 30 bis 60 Minuten angewendet, sind nur ein unvollkommener Ersatz der eben beschriebenen feuchten Wärmeanwendungen. Wesentlich wirksamer sind richtige *Heißluftapparate*, das sind durch elektrische Widerstände geheizte Kasten.

Ein vortreffliches Mittel zur Behandlung der chronischen Monarthritis ist die *Dampfdusche*, die leider nur in einzelnen Krankenhäusern oder Kuranstalten zur Verfügung steht. Zu den energischen Wärmeanwendungen zählen *Packungen mit Schlamm, Moor oder Paraffin*. Auch Packungen mit *Diphlogen* oder *Tonerde* (Bolus alba, die man mit heißem Wasser oder Essigwasser zu einem dicken Brei verrührt) tun recht gute Dienste. Zu bemerken ist, daß die sogenannten Schlammkompressen nur einen minderwertigen Ersatz der Packungen darstellen (S. 82). Sehr zweckmäßig ist es, die kranken Gelenke, besonders in der kalten Jahreszeit, in *Katzenfelle* oder *Wolle* zu hüllen, wodurch eine andauernde Wärmestauung erzielt wird.

Elektrotherapie. Diese findet in Form der *Langwellen-* und *Kurzwellendiathermie* bei der chronischen Arthritis und Arthrosis eine ausgedehnte Verwendung. Viel zu wenig bekannt ist die Tatsache, daß auch die *Galvanisation* in sehr hartnäckigen Fällen, bei denen *Lang-* und *Kurzwellendiathermie, Schlammpackungen* und andere Methoden versagt haben, oft noch einen guten Erfolg erzielt. Die Galvanisation mit der Iontophorese von Natrium salicylicum zu verbinden, ist wertlos, weil die in dieser Weise in den Körper eingebrachten Mengen von einigen Milligrammen Salicylsäure therapeutisch völlig unzulänglich sind.

Man vergesse nicht, daß bei jeder Gelenkerkrankung auch die das Gelenk bewegenden Muskeln mitgeschädigt sind. Zu ihrer Kräftigung erweist sich die Behandlung mit *Schwellströmen* sehr wirksam.

Mechanotherapie. Nicht alle Muskeln werden im Fall einer Gelenkerkrankung in gleicher Weise von der Atrophie befallen. Bei dem Knie ist es vor allem der M. quadriceps femoris, bei dem Hüftgelenk die Glutäalmuskeln, bei dem Schultergelenk der M. deltoideus. Die bei einer chronischen Arthritis bestehende Bewegungsstörung ist nicht selten mehr durch die Muskelschwäche als durch die Arthritis selbst bedingt und kann durch eine entsprechende Behandlung oft weitgehend gebessert oder beseitigt werden.

Die Behandlung besteht in erster Linie in *Widerstandsbewegungen*, deren Ziel es ist, die Muskeln zu kräftigen. Wie diese im einzelnen Fall ausgeführt werden, ist auf S. 182 beschrieben. Auch die *Massage* der Muskeln, der man zweckmäßigerweise eine Wärmebehandlung vorausschickt, wird hier wertvolle Dienste leisten. Die Massage der Gelenke wird uns ferner helfen, Gelenkergüsse, Schwellungen der Gelenkkapsel und der periartikulären Weichteile zur Resorption zu bringen.

Hat sich bereits eine Kontraktur ausgebildet, so sucht man diese durch *Dehnungs-* und *Lockerungsübungen*, durch Gewichtszüge, Schedeschienen und ähnliche Maßnahmen, wie sie auf S. 189 für die einzelnen Gelenke angegeben sind, zu beseitigen.

Die Hautreiztherapie ist eine jahrtausendealte, bei schmerzhaften Zuständen der verschiedensten Art bewährte Heilmethode. Die Wirkung eines *Senfumschlages* oder *Senfkataplasmas* oder eines *Blasenpflasters* (Marke Madaus) ist nach den Erfahrungen des Verfassers oft eine schlagartige. Auch Einreibungen mit *Schmierseife*, die abends gemacht und am Morgen wieder abgewaschen werden, haben sich dem Verfasser bewährt.

Zur Erzeugung eines intensiven Hautreizes eignen sich auch die *ultravioletten Strahlen* der Höhensonne, über deren Anwendung auf S. 102 nachgelesen werden kann. Bei der Arthrose eines Kniegelenkes setzt man in der Regel drei Ultraviolettlicht-Erytheme, die an der Vorderseite, an der medialen und lateralen Seite des Gelenkes lokalisiert werden. Die Kniekehle wird wegen der Empfindlichkeit ihrer Haut nicht bestrahlt.

Orthopädische Behelfe. In vielen Fällen wird man die Funktion des kranken Gelenkes durch orthopädische Behelfe verbessern können; diesem Zweck dienen z. B. Schuheinlagen, orthopädische Schuhe, Kniehülsen, Hüftgelenksbandagen u. dgl.

Tuberkulose der Gelenke

Pathologie. Die Tuberkulose der Gelenke tritt meist in Form einer Monarthritis, seltener in der einer Polyarthritis auf. Die Monarthritis beginnt besonders im Kniegelenk nicht selten mit einem serösen Erguß (Hydrops tuberculosus), der jederzeit in einen Fungus oder eine Karies übergehen kann. Die polyartikuläre Form, auch PONCETscher Rheumatismus genannt, ist der Ausdruck einer Toxinwirkung der Tuberkelbazillen. Sie zeigt meist einen chronischen oder rezidivierenden, völlig atypischen Verlauf.

Die Therapie der Tuberkulose der Gelenke ist von allen anderen Formen chronischer Gelenkerkrankungen grundsätzlich verschieden. Während bei diesen die Thermotherapie eine führende Rolle spielt, wirkt Wärme, wenigstens solche höheren Grades, bei den Gelenkerkrankungen tuberkulöser Genese ausgesprochen schlecht. Das gleiche gilt für Schwefel-, Moor- und Schlammbäder. Schickt man einen Kranken in ein solches Bad, dann kann man mit größter Wahrscheinlichkeit rechnen, daß er verschlechtert zurückkommt. Diese Verschlechterung kann geradezu differentialdiagnostisch verwertet werden. Die tuberkulöse Erkrankung eines einzelnen Gelenkes erfordert vor allem Ruhigstellung, die mehrerer oder zahlreicher Gelenke eine Schonungstherapie, aber keine Reizbehandlung.

Die allgemeine Behandlung hat die Aufgabe, den Körper zu schonen und alle seine Kräfte gegen die Krankheit zu mobilisieren. Die beste Form der Schonungstherapie besteht in einer *Freiluftliegekur*, bei welcher der Kranke in einem bequemen Liegestuhl im Garten, auf einer offenen Veranda, einer Terrasse oder einem Balkon, wobei er gegen Wind und direkte Besonnung geschützt sein soll, ruht. Die Behandlung soll viele Stunden des Tages währen und auch in der kalten Jahreszeit nicht ausgesetzt werden. Gegen die Kälte schützt man den Kranken durch einen warmen Mantel, mehrere Decken und, wenn nötig, durch Wärmekissen.

Sonnenbäder sind unter der Voraussetzung zulässig, daß sie in langsam ansteigender Dosierung mit Kopf- und Augenschutz und allen jenen Vorsichtsmaßregeln gebraucht werden, die wir auf S. 91 beschrieben haben. Ihre Dauer soll eine Stunde täglich nicht überschreiten. Jedes wilde Baden in der laienhaften Vorstellung „Je mehr, desto besser" kann nur von Übel sein. Im Winter bildet das *Quarzlicht* einen teilweisen Ersatz des natürlichen Sonnenlichtes.

Die Wirkung des Lichtes kann durch dreimal in der Woche verabfolgte *Solebäder* (S. 57) mit anschließender einstündiger Ruhe unterstützt werden. Diese Kombination von Licht- und Bäderbehandlung hat sich dem Verfasser in vielen Fällen von PONCETschem Rheumatismus sehr wirksam erwiesen. Sie stellt eine ausgezeichnete Konstitutionstherapie dar, zumal, wenn sie von einer entsprechenden *Ernährung* begleitet ist.

Die örtliche Behandlung der kranken Gelenke tritt gegenüber der allgemeinen Behandlung in den Hintergrund und beschränkt sich auf leichte Wärmebestrahlungen mit einer *Sollux-*, *Vitalux-* oder *Ultravitaluxlampe*. Von vielen Autoren wird die BIERsche *Stauung* empfohlen, die sich vornehmlich für die Erkrankungen der Finger- und Hand- sowie der Zehen- und Sprunggelenke, zum Teil auch für das Ellbogen- und Kniegelenk eignet. Es wird eine elastische Binde proximal von dem erkrankten Gelenk so angelegt, daß es zu einem deutlichen Anschwellen der Venen und einer leichten Rötung der Haut kommt, ohne daß jedoch der Puls verschwindet. Die Binde bleibt anfangs 2 bis 3, später 4 bis 5 Stunden und darüber liegen.

Bei der Stauung des Fußgelenkes kann der Kranke auch mit der Binde umhergehen.

Beim Hydrops tuberculosus wird zur Schonung des kranken Gelenkes und damit auch zur Beseitigung der Schmerzen ein *Stützapparat* in Form einer Bandage, ledergepolsterten Hülse u. dgl. gute Dienste tun. Ein Gelenkfungus wird nach chirurgisch-orthopädischen Grundsätzen durch einen fixierenden Verband für lange Zeit vollkommen ruhiggestellt.

Die klimatische Behandlung ist die gleiche wie die der Lungentuberkulose. Das Klima soll trocken, windgeschützt und von geringer Abkühlungsgröße sein. Eine ausgiebige Besonnung ist Bedingung. Diese nimmt bekanntlich mit den südlichen Breitegraden und der Höhe des Ortes über dem Meeresspiegel zu. Das Klima allein tut es allerdings nicht, es müssen auch die entsprechenden Voraussetzungen für eine bequeme und hygienische Unterkunft und eine gute Verpflegung vorhanden sein. Es sind folgende Orte zu empfehlen:

Im Mittel- und Hochgebirge: Garmisch-Partenkirchen (700 m) in Südbayern, *Bühlerhöhe* (780 m) in Baden, *St. Blasien* (800 m) im Schwarzwald, *Königstein* (800 m) im Taunus, *Semmering* (1000 m) bei Wien, *Riezlern* (1085 m) bei Oberstdorf in Bayern, *Stolzalpe* (1300 m) bei Murau in der Steiermark, *Leysin* (1450 m), *Davos* (1500 m), *Arosa* (1800 m) in der Schweiz.

Im Süden: Gries (245 m) bei Bozen, *Meran* (319 bis 520 m), *Brennerbad* (1326 m) und *Brennerpost* (1380 m), Gardasee-Riviera mit *Gardone* und *Salo, Mentone, San Remo.*

Die Krankheiten der Sehnenscheiden, Schleimbeutel und anderes

Allgemeines. Die Sehnenscheiden und Schleimbeutel stehen zu den Gelenken in engster anatomischer Beziehung. Daher ist auch ihre Behandlung derjenigen der Gelenke ganz ähnlich. Hier wie dort besteht ein wesentlicher Unterschied in der Behandlung der akuten und chronischen Entzündungen. Zu den Sehnenscheidenentzündungen gehört die sogenannte *Styloiditis*, zu den Schleimbeutelentzündungen die *Periarthritis humero-scapularis*.

Anschließend an diese Krankheiten wollen wir eine Reihe von Schmerzzuständen besprechen, die ihren Sitz am Ansatz der Sehnen an den Knochen haben und deren Behandlung weitgehend mit denen der Sehnenscheidenentzündungen übereinstimmt. Dazu zählen die *Epicondylitis*, die *Achillodynie*, die *Calcaneodynie, Deltoidalgie* usw. Man hat sie als *Periostalgien* oder *Periostosen* bezeichnet.

Akute Entzündungen der Sehnen, Sehnenscheiden und Schleimbeutel erfordern vor allem *Schonung* und *Ruhigstellung* der kranken Teile, wenn nötig in einem Schienenverband. Starke Schmerzen können durch *kalte* oder *Prießnitzumschläge* gemildert werden. Nicht zu heiße *Hand-* oder *Fußbäder* werden in geeigneten Fällen meist angenehm empfunden. Man kann ihnen Steinsalz oder eine Kräuterabkochung zusetzen. Eine milde

Bestrahlung mit einer *Solluxlampe* (Rot- oder Blaufilter), einer *Vitalux-* oder *Ultravitaluxlampe* kann versucht werden. Bisweilen wirkt eine *Kurzwellenbehandlung* oder eine *Galvanisation* sehr günstig. Die *Iontophorese* hat kaum einen Vorzug vor der einfachen Galvanisation. Einige *Blutegel* mildern die Schmerzen häufig augenblicklich.

Chronische Entzündungen werden am besten mit starken Wärmeanwendungen bekämpft. *Lang- und Kurzwellendiathermie, Heißluft, Dampfduschen, Schlamm-, Moor-* und *Paraffinpackungen* sind hier am Platz. Ihre Wirkung kann man durch eine anschließende *Massage*, die jedoch dem Reizzustand genau angepaßt werden muß, unterstützen. Ein starkes *Ultraviolett-Erythem* hat oft eine schlagartige Besserung zur Folge.

Alle diese Maßnahmen dürfen bei *tuberkulösen Sehnenscheidenentzündungen* nicht zur Anwendung kommen, da sie meist zu einer Verschlechterung führen. Die tuberkulöse Entzündung der Sehnenscheiden nimmt wie die der Gelenke eine Ausnahmsstellung ein und wird nach den gleichen Grundsätzen behandelt wie diese (S. 283).

Die Dupuytrensche Kontraktur, die hier angeschlossen sein mag, läßt sich in einigermaßen vorgeschrittenen Fällen durch physikalische Therapie kaum mehr beeinflussen. Hier kommt einzig und allein die Operation in Frage. Nach dieser allerdings ist eine wochenlange, physikalische Behandlung in Form von *warmen Handbädern, Heißluft,* vor allem aber *Dehnungsübungen* und *Schienung* in Streckstellung der Finger dringend geboten, um eine neuerliche Kontraktur zu verhindern. In beginnenden Fällen kann man versuchen, durch *Heißluft, Dampfdusche, Hand-* oder *Ultraschallmassage*, eventuell durch eine *Radiumbestrahlung* das Fortschreiten der Kontraktur aufzuhalten.

Verletzungen der Gelenke, Knochen und Weichteile

Allgemeines. Während die anatomische Heilung von Gelenk-, Knochen- und Weichteilverletzungen Sache des Chirurgen ist, obliegt dem physikalischen Therapeuten die funktionelle Wiederherstellung. Da alle größeren Verletzungen der Knochen und Weichteile eine längere Ruhigstellung erfordern, so droht der Bewegungsfunktion schon durch diese eine Schädigung, bestehend in einer Versteifung der Gelenke und einer Atrophie der Muskulatur. Der physikalische Therapeut hat daher eine zweifache Aufgabe: 1. Vorbeugend die durch die Ruhigstellung bedingte Gelenkversteifung und Muskelatrophie möglichst hintanzuhalten. 2. Bereits zustande gekommene Versteifungen und Atrophien zu beseitigen.

Vorbeugende Behandlung. Um einer Atrophie der Muskeln im festen Verband so weit als möglich zu begegnen, weist man den Kranken an, die Muskeln mehrmals am Tag einige Minuten lang *willkürlich zu spannen* und zu *entspannen*. Diese Kontraktionen, die man als isometrische bezeichnet, bedeuten, wenn sie auch zu keiner Gelenkbewegung führen, eine vollwertige Muskelarbeit und wirken dem Muskelschwund entgegen. In manchen Fällen ist es auch möglich, durch einen Schwellstrom die in den Verband eingeschlossenen Muskeln zur Kontraktion zu bringen, indem man an den Enden des Verbandes — nehmen wir an, es handle sich um eine Fixation des Armes — an der Hand und an der Schulter eine Elektrode anlegt. Auch die Behandlung der im Verband befindlichen Teile im *Kurzwellenfeld* fördert die Durchblutung und scheint insbesondere auf die Kallusbildung nach Knochenbrüchen günstig zu wirken (PINELLI). Sie ist deshalb bei mangelnder oder unzureichender Kallusbildung zu empfehlen.

Eine andere der Atrophie vorbeugende Maßnahme besteht darin, daß man den Kranken täglich *systematische Turnübungen* mit den außerhalb des Verbandes befindlichen Körperteilen machen läßt. Das ist besonders bei solchen Kranken notwendig, die durch ihre Verletzung (Oberschenkelbrüche) längere Zeit an das Bett gefesselt sind. Dieses Betturnen soll möglichst unter dem Kommando einer geschulten Gymnastin ausgeführt werden. Hat man eine Anzahl von Kranken mit der gleichen Verletzung, wie das in Unfallkrankenhäusern oder Sonderstationen der Fall zu sein pflegt, so kann man sie auch in einer Gruppe turnen lassen. Die Bewegung der gesunden Körperteile führt im Sinn einer konsensuellen Reaktion auch zu einer stärkeren Durchblutung der ruhiggestellten Teile, wodurch einerseits die Heilung gefördert, andererseits der Muskel- und Knochenatrophie vorgebeugt wird.

Die Behandlung im engeren Sinn setzt sofort nach Abnahme des Verbandes ein und besteht im wesentlichen in Mechanotherapie und Wärmeanwendung.

Mechanotherapie. Das beste Mittel, um den Muskeln ihre normale Kraft wiederzugeben, sind *aktive Widerstandsübungen*, bei denen der Widerstand entweder durch die Hand des Gymnasten oder einen Apparat (Rollen- oder Federzug) geleistet wird. Übungen dieser Art sind für jedes Gelenk in dem Abschnitt ,,Kraftübungen" (S. 182) angegeben. Ihre Wirkung kann durch eine *Schwellstrombehandlung* ergänzt werden.

Die Bewegungstherapie wird wesentlich durch *Massage* unterstützt. Die Massage der Muskeln wirkt ihrer Atrophie entgegen und fördert die Wiedergewinnung ihrer Kraft, die Massage der Gelenke wirkt dehnend auf Schrumpfungen der Kapsel und Bänder. Die Bewegungstherapie und die Massage können auch im Wasser in Form der *Unterwassertherapie* durchgeführt werden.

Hat sich bereits eine Kontraktur ausgebildet, dann muß diese durch *Dehnungs-* und *Lockerungsübungen*, wie sie auf S. 189 für die einzelnen Gelenke angegeben sind, behoben werden. Kommt man mit den dort angegebenen Mitteln nicht zum Ziel, so haben wir in dem Quengelverband von MOMMSEN (S. 188) ein ausgezeichnetes Verfahren zur Beseitigung einer Kontraktur. Letzten Endes bleibt noch ein operativer Eingriff.

Thermotherapie. Die Anwendung von Wärme unterstützt die Heilung von Verletzungen wesentlich. Sie kann in der verschiedensten Art angewendet werden. So als *warmer Umschlag*, eventuell kombiniert mit einem *Wärmekissen, warme Teilbäder, Wärmelampen* oder *Teillichtbäder, Lang-* oder *Kurzwellendiathermie, Mikrowellenbestrahlungen*. Wärmeanwendung intensiverer Art sind *Heißluft, Dampfdusche, Schlamm-* und *Moorpackungen*.

Heilbäder. Zur Behandlung schlecht heilender Knochen- und Gelenkverletzungen oder Weichteilwunden oder zur Besserung der dadurch bedingten Folgen kommt weiterhin eine Badekur in Betracht. Von den hierzu geeigneten Heilquellen seien die folgenden genannt:

Akratothermen: Wildbad im Schwarzwald, Schlangenbad im Taunus. Warmbad Villach in Kärnten, Teplitz-Schönau in Böhmen, das schon unter Kaiserin Maria Theresia durch seine Erfolge bei Kriegsverletzungen berühmt war.

Schwefelbäder, wie Aachen im Rheinland, Baden bei Wien, Landeck in Schlesien und viele andere.

Radonbäder, wie Badgastein und Hofgastein.

In Japan erfreuen sich *warme Kohlensäurebäder* seit alters her zur Behandlung infizierter, schlecht heilender oder fistelnder Wunden eines großen Ansehens. Es gibt dort 40 solcher Bäder, die man als *Kizunoyus* (Wundheilbäder) bezeichnet. Man pflegt die Kranken, wenn das Fieber unter 37,5° C gefallen ist, täglich 10 Minuten lang bei einer Temperatur von 38 bis 39° C zu baden, wobei die Wunden unbedeckt dem Wasser ausgesetzt werden.

Myalgie

Allgemeines. Myalgien können durch eine Überanstrengung der Muskeln verursacht werden, wobei wir eine einmalige Überanstrengung von einer dauernden Überlastung unterscheiden müssen. Zu den letzten gehören die durch statische Insuffizienz bedingten Muskelschmerzen, die in einem besonderen Abschnitt behandelt werden sollen. Als weitere Ursache für Myalgien kommen örtliche und allgemeine Infektionskrankheiten (Tuberkulose, Gonorrhöe, Frauenleiden) in Betracht. Ist die Ursache, wie sehr häufig, unbekannt, so spricht man von einer rheumatischen Myalgie oder einem Muskelrheumatismus.

Die Myalgien treten im Gegensatz zu den Neuralgien, welche die Extremitäten bevorzugen, vornehmlich in der Stammuskulatur (Nacken, Rücken, Lendengegend) auf. Sie sind klinisch dadurch gekennzeichnet, daß sie nicht selten blitzartig einsetzen (Hexenschuß), oft rasch wieder heilen, aber eine große Neigung zu Rezidiven zeigen. In therapeutischer Hinsicht unterscheiden sie sich von den Neuralgien dadurch, daß ihnen die große Überempfindlichkeit gegen thermische und mechanische Eingriffe fehlt, die den Neuralgien eigen ist, so daß sie schon im akuten Stadium mit Heißluft, Massage u. dgl. behandelt werden können. Jedoch gibt es Mischformen von Myalgien und Neuralgien (Myoneuralgien), die besonders an den Übergangsstellen des Rumpfes in die Extremitäten, also an der Schulter und in der Gesäßgegend, auftreten und eine dementsprechende Behandlung erfordern.

Thermotherapie. Häufig läßt sich ein akuter myalgischer Anfall durch ein, zwei oder drei allmählich auf 39 bis 40° C *aufgeheizte Vollbäder* mit nachfolgendem einstündigem *Schwitzen* im Bett kupieren. Die Wirkung dieser Bäder kann noch durch die Verabfolgung von heißem Tee mit einer größeren Dosis *Aspirin* oder *Pyramidon* verstärkt werden. Die Thermotherapie der Myalgien ist entweder eine örtliche oder eine allgemeine.

Die örtliche Thermotherapie. Schon ein einfacher *Thermophor* erleichtert oft die Schmerzen. Wirksamer erweisen sich *Umschläge* mit warmem oder heißem Wasser, dem man auf eine Menge von ½ Liter einen Eßlöffel Salz zusetzen kann. Die gleiche Wirkung haben *Kataplasmen* von Tonerde (Bolus alba), die man mit heißem Essigwasser zu einem dicken Brei verrührt. Um den Umschlag oder das Kataplasma längere Zeit warm zu erhalten, bedeckt man sie mit einem nicht allzu heißen Wärmekissen. Auch trockene Wärme mit Hilfe von *heißen Sandsäcken, Bestrahlungslampen* oder *Teillichtbädern* dient dem gleichen Zweck.

Bei älteren oder sehr hartnäckigen Myalgien verordnet man *Schlamm-* oder *Moorpackungen.* Als besonders wirkungsvoll seien die *Dampfdusche,* die *heiße Vollstrahldusche* (40 bis 42° C) oder die *wechselwarme Vollstrahldusche* (40 und 20° C) empfohlen. Auch die *Unterwasserdusche* wirkt in ähnlicher Weise.

Die allgemeine Thermotherapie. Kommt man mit der örtlichen Wärmebehandlung nicht zum Ziel, so geht man zur allgemeinen über. Man gibt *warme* bis *heiße Bäder* von 38 bis 40° C in einer Dauer von 20 bis 30 Minuten, denen man ein Schwefel-Badepräparat (S. 61), Moorschwebstoff oder Salhumin zusetzt. In sehr hartnäckigen Fällen greift man zur Hyperthermie mit *Überwärmungsbädern,* also zu Bädern, die man in 20 bis 30 Minuten durch Zufluß von heißem Wasser auf 39 bis 40° C aufheizt und denen man ein einstündiges Nachschwitzen im Bett oder in einer Trockenpackung anschließt.

Andere Formen der Hyperthermie sind *Heißluft-* und *Dampfkastenbäder* sowie *Vollichtbäder.* Noch intensiver wirken *Schlammpackungen* für den ganzen Körper, *Moor-* und *Sandbäder,* die am besten in einem Kurort genommen werden.

Kranke, die an immer wiederkehrenden Myalgien leiden, sollten sich in der kalten Jahreszeit durch Tragen von *wollener Unterwäsche,* einer *Flanellbinde* oder eines *Katzenfelles* gegen Erkältungen schützen.

Die Hautreiztherapie spielt bei der Behandlung der Myalgien neben der Wärmetherapie eine wichtige Rolle. Beide lassen sich auch miteinander verbinden. So kann man heiße Umschläge mit *Senfwasser* machen (S. 88) oder ein Kataplasma aus *Semen sinapis pulv.* verwenden. Dieses bleibt so lange liegen, bis ein starkes Brennen und eine lebhafte Hautrötung auftreten, was etwa 10 bis 15 Minuten dauert. Ein bequemer Ersatz des Senfkataplasmas ist das *Senfpapier (Charta sinapisata).* Auch die Schlammpackungen kann man mit einem Hautreiz kombinieren, wenn man dem Schlamm 5 bis 10% seines Gewichtes *Paprika* zusetzt. Eine uralte Form von Hautreizen stellen die *Schröpfköpfe* dar, eine ganz moderne die *Ultraviolettlicht-Erytheme.* Die schmerzstillende Wirkung aller dieser Hautreize ist häufig eine augenblickliche.

Die Elektrotherapie kommt bei den Myalgien in vielfacher Form zur Anwendung. Als *Lang-* und *Kurzwellendiathermie* stellt sie eine Wärmebehandlung dar und reiht sich damit den oben genannten thermischen Methoden an. In dem gleichen Sinn wirkt auch die *Mikrowellentherapie.* Die Behandlung mit *Hochfrequenzfunken* ist ihrem Wesen nach eine Hautreiztherapie, die den Vorzug einer guten Abstufungsmöglichkeit besitzt.

Auch in der *Galvanisation* besitzen wir ein ausgezeichnetes Mittel zur Behandlung von myalgischen Schmerzen, das häufig selbst dann noch einen Erfolg bringt, wenn die anderen üblichen Methoden bereits versagt haben. Eine maßlose Überschätzung hat eine Zeitlang die *Histamin-Iontophorese* erfahren, an deren Stelle augenblicklich die *Ursica-Iontophorese* getreten ist.

Die Massage ist in jeder Phase der Krankheit, also schon im akuten Stadium anwendbar. Sie wird vielleicht anfangs etwas schmerzhaft empfunden, schafft aber doch sehr bald eine Erleichterung. Neben dem Kneten, Walken und Klopfen erweist sich besonders die Erschütterung (Vibration), die am besten mit Apparaten ausgeführt wird, sehr wirksam. Eine besondere Form der Erschütterungsmassage ist die *Ultraschalltherapie*. Noch wirksamer erweist sich besonders bei Myalgien der Nacken- und Rückenmuskulatur die *gleitende Saugmassage* (S. 215).

Umschriebene Muskelhärten (Myogelosen) sucht man durch tiefgreifende Reibungen (Gelotripsie) zu beseitigen. Als Gleitmittel verwendet man zweckmäßig einen hautreizenden Stoff, wie Sapo viridis, Oleum camphoratum oder Linimentum saponato-camphoratum. Im Anschluß an die Massage läßt man einige Bewegungsübungen ausführen, durch welche die schmerzhaften Muskeln gedehnt werden (Rumpfbeugen, Rumpfkreisen u. dgl.).

Statische Insuffizienz

Allgemeines. Unter statischer Insuffizienz versteht man die motorische Schwäche jener Muskeln, die der Statik, d. h. der Aufrechterhaltung des Körpers, dienen. Besteht ein Mißverhältnis zwischen ihrer Leistungsfähigkeit und der von ihnen beanspruchten Leistung, so kommt es zu Ermüdungserscheinungen, die ihren ersten Ausdruck in Muskelschmerzen finden und weiterhin zu einem „Haltungsverfall" mit Deformationen des Skeletts führen. Wir wollen uns hier ausschließlich mit den muskulären Beschwerden beschäftigen, und zwar auch nur mit den Beschwerden zweier Muskelgruppen, von denen der einen die Haltung der Wirbelsäule, der anderen die Stützung des Fußgewölbes obliegt. Ihre Behandlung ist teils eine aktive und besteht darin, daß man die insuffizienten Muskeln übt und damit kräftigt, teils eine passive, indem man sie durch mechanische Behelfe stützt und sie so teilweise entlastet.

Insuffizienz der Rückenmuskeln. Diese führt bei längerem Bestehen zum Rundrücken, zur Skoliose oder Kyphoskoliose. Die Kräftigung der Rückenmuskulatur wird in erster Linie durch *aktive Gymnastik* erreicht. Einige der Übungen, die diesem Zweck dienen, seien hier angeführt:

1. Aufrechtstand mit im Nacken verschränkten Händen. Der Kopf wird nach rückwärts gebeugt und der Rücken gestreckt, während die Arme nach vorne federn. — 2. Der Kranke sitzt mit rechtwinklig abduzierten und im Ellbogengelenk gebeugten Armen auf einem Hocker. Sein Hinterhaupt ist in eine Schlinge (Halfter) gelegt, deren beide Enden nach vorn in eine Schnur auslaufen, an der ein Gewicht befestigt ist, das über eine Rolle läuft. Durch Rückwärtsbewegung des Kopfes und Streckung der Wirbelsäule wird das Gewicht gehoben. — 3. Ein über eine Rolle laufendes Gewicht ist an einer Schnur

befestigt, die sich an ihrem Ende teilt und in zwei Handgriffen endigt. Der Kranke erfaßt die Handgriffe mit den vorgestreckten Armen und führt sie in einer horizontalen Ebene soweit als möglich nach rückwärts. — 4. Der Kranke steht mit horizontal nach vorn gestreckten Armen. Tief einatmen bei Rückwärtsführung der Arme, ausatmen bei Rückkehr in die Ausgangsstellung. — 5. Zehenspitzenstand bei möglichster Streckung der Wirbelsäule. Auflegen eines Sandsackes (1 bis 10 kg) auf den Scheitel. Mit dieser Last geht der Kranke auf den Zehenspitzen auf und ab (Spitzy). — 6. Bauchlage auf dem Behandlungsbett, wobei der Kopf und die Schultern über den Bettrand hinausragen. Die Oberschenkel sind durch einen quer laufenden breiten Gurt am Bett festgehalten. Der Kranke richtet den Kopf und den Oberkörper möglichst auf, während die Arme seitlich abduziert und im Ellbogengelenk gebeugt sind. Rumpfkreisen, Ball werfen, Kraulen. — 7. Hantel vom Boden aufheben und hochstoßen. — 8. Medizinball vom Boden aufheben und hochwerfen.

Der aktiven Gymnastik reiht sich die *Elektrogymnastik* mit Schwellströmen an, mit der man kräftige Kontraktionen der Rückenmuskeln erzielen kann. Der Kranke liegt dabei auf zwei links und rechts von der Wirbelsäule gelagerten Metallplatten in der Größe von 200 qcm, die mit einem mehrfach zusammengelegten feuchten Tuch bedeckt sind.

Die Wirkung der aktiven Bewegungstherapie kann auch durch eine kräftige *Massage* der Muskeln, eventuell eine *Duschenmassage* unterstützt werden. Im letzten Fall wird eine mechanische gleichzeitig mit einer thermischen Wirkung verbunden. Das ist auch bei der Anwendung einer heißen oder wechselwarmen *Strahldusche* der Fall. Sonst läßt man meist der Massage eine Wärmebehandlung in Form einer Bestrahlung mit einer Wärmelampe oder einem Teillichtbad vorausgehen.

Insuffizienz der Fußmuskeln. Die langen und die kurzen Fußmuskeln sind für die Erhaltung der Funktion des Fußes von größter Bedeutung. Ihr Versagen gibt den Auftakt zur Ausbildung verschiedener Fehlformen wie Knick-, Platt- oder Spreizfuß. Die motorische Schwäche kündigt sich durch rasches Ermüden und Schmerzen an. Es gibt, wie schon oben erwähnt, zwei grundsätzlich verschiedene Wege zur Bekämpfung dieser Fußschwäche, einerseits die Übung zur Kräftigung der Muskeln, andererseits die Schonung durch Unterstützung des Fußes (Einlagen). Beide Wege können auch gleichzeitig beschritten werden, indem man die augenblicklich wirksamen Einlagen durch die erst allmählich zur Wirkung kommende Kräftigung der Fußmuskeln überflüssig macht. Als Übungen für die Fußmuskeln empfehlen sich:

1. Der auf einem Stuhl sitzende Kranke ergreift mit den Zehen ein vor ihm auf dem Boden liegendes rauhes Handtuch und sucht es an sich heranzuziehen (Buchholz). Durch Beschweren des Tuches mit einem Gewicht von 0,5 bis 1,0 kg kann die Übung erschwert werden. — 2. Zug eines Gewichtes, das über eine Rolle läuft, mit den Zehen (Fr. Lanke). — 3. Drehen einer um eine lotrechte Achse laufenden Trommel oder eines Baumstammes mit den Zehen (Plate). Auch eine am Fußende des Bettes angebrachte Walze dient dem gleichen Zweck. Trommel wie Walze können durch eine entsprechende Vorrichtung mehr oder weniger gebremst werden. — 4. Rollen von runden Hölzern in der Dicke eines Besenstieles und darüber mit den Fußsohlen (Thomsen). Die Übung stellt gleichzeitig eine Art Massage der kleinen Fußmuskeln dar. — 5. Kräftige Dorsal- und Plantarflexion des Fußes gegen einen Gewichtswiderstand (Rollenzug). — 6. Ebensolche Pro- und Supination. — 7. Gang auf den Zehenspitzen mit stark plantar flektierten Zehen (Raupengang).

Neben der aktiven Gymnastik ist die Schwellstrombehandlung der kleinen Fußmuskeln ein wertvolles Mittel zu ihrer Kräftigung. Der Kranke stellt die beiden Füße auf je eine 100 qcm große, mit einer feuchten Stofflage überdeckte Bleiplatte, die auf einem flachen, locker gefüllten Sandsack liegt, damit sie sich der Fußwölbung gut anpaßt. Unter der Einwirkung des Schwellstromes kommt es zu deutlich fühlbaren Kontraktionen der Fußsohlenmuskulatur.

Auch die *Massage* ist ein wichtiges Hilfsmittel, die motorische Schwäche der Muskeln zu bekämpfen. Sie ist am besten im Anschluß an eine Wärmebehandlung vorzunehmen. Als solche sind warme oder allmählich aufgeheizte *Fußbäder* mit einem Zusatz von Steinsalz oder Sole, *Teillicht-* oder *Heißluftbäder* zu empfehlen.

II. Die Krankheiten des Nervensystems
Allgemeines über Lähmungen

Ursachen und Formen der Lähmung. Die Lähmung ist ein Symptom, das bei verschiedenen Krankheiten des Nervensystems auftreten kann. Die meisten Lähmungen kommen durch eine Erkrankung oder Verletzung der motorischen Willkürbahn zustande. Ist das periphere Neuron dieser Bahn betroffen, so kommt es zu einer schlaffen Lähmung. Ist aber das zentrale Neuron von der Schädigung ergriffen, so haben wir es mit einer spastischen Lähmung zu tun.

Die schlaffe Lähmung hat ihren Sitz entweder in den Vorderhörnern des Rückenmarks oder den ihnen anatomisch entsprechenden Hirnnervenkernen (Poliomyelitis, Bulbärparalyse), in den vorderen Wurzeln (Verletzungen, Tumoren) oder den peripheren Nerven (Verletzungen, Entzündungen, Vergiftungen). Zu den schlaffen Lähmungen gehören ferner die progressive spinale Muskelatrophie (Degeneration des peripheren motorischen Neurons) und die Muskeldystrophien (Degeneration der Muskelfasern selbst). Die wichtigsten Symptome der schlaffen Lähmung sind neben dem teilweisen oder vollkommenen Ausfall der willkürlichen Bewegung Verminderung des Muskeltonus, starke (degenerative) Muskelatrophie, Herabsetzung oder Fehlen der Sehnenreflexe, häufiges Fehlen der faradischen Erregbarkeit (Symptom von DUCHENNE) und Auftreten der Entartungsreaktion (Symptom von ERB).

Die *spastische Lähmung* hat ihren Sitz in der motorischen Region der Großhirnrinde oder in der von ihr ausgehenden Pyramidenbahn. Diese kann durch Blutungen, Traumen, raumbeengende Prozesse, degenerative und entzündliche Erkrankungen geschädigt werden. Zu den spastischen Lähmungen zählen die zentrale Hemiplegie, die zerebrale Kinderlähmung, LITTLEsche Krankheit, Querläsionen des Rückenmarks, spastische Spinalparalyse und amyotrophische Lateralsklerose. Diese Lähmungen sind, abgesehen von dem vollkommenen oder teilweisen Bewegungsausfall, gekennzeichnet durch verhältnismäßig geringe Muskelatrophie, soweit nicht das periphere Neuron gleichzeitig betroffen ist, durch die bis zum Klonus gesteigerten Sehnenreflexe, pathologische Reflexe, sogenannte Pyramidenzeichen (BABINSKI, OPPENHEIM), normale faradische Erregbarkeit und Fehlen der Entartungsreaktion.

Die Unterscheidung in eine schlaffe und eine spastische Form der Lähmung ist therapeutisch von größter Bedeutung, weil die bei ihnen zur Anwendung kommenden Behandlungsverfahren zum Teil geradezu entgegengesetzter Art sind: Auf der einen Seite Steigerung, auf der anderen Seite Herabsetzung des Tonus, hier Kraftübungen, dort Koordinationsübungen usw. Dementsprechend werden wir im folgenden zunächst die Krankheiten, die zu einer schlaffen Lähmung führen, und dann diejenigen, die eine spastische Lähmung im Gefolge haben, besprechen.

Die physikalische Therapie in der Lähmungsbehandlung. Hat die physikalische Therapie schon bei der Behandlung der Gelenk- und Muskelkrankheiten (Arthritis, Arthrosis, Myalgie usw.) eine führende Rolle, so ist sie bei der Behandlung der Lähmungen geradezu die Methode der Wahl, denn was die Chemotherapie hier mit Strychnin, Betaxin, Glykokoll und ähnlichen Mitteln leistet, ist recht belanglos.

Die Aufgabe der physikalischen Therapie ist eine doppelte: 1. Eine prophylaktische oder vorbeugende, darin bestehend, einerseits die Versteifung der nicht bewegten Gelenke zu verhüten, andererseits den Verfall der gelähmten Muskeln möglichst hintanzuhalten. 2. Eine therapeutische, deren Ziel es ist, die Wiederherstellung der geschädigten Nervensubstanz, soweit das noch möglich ist, zu fördern und gleichzeitig die motorische Kraft der Muskeln zu heben. Zwei Verfahren sind es, welche die Träger der Lähmungsbehandlung sind. Das eine ist die *Mechanotherapie*, insbesondere die Übungsbehandlung, das andere die *Elektrotherapie*. Neben ihnen spielen aber auch die *Thermotherapie*, die *Klima-* und *Bäderbehandlung* eine wichtige Rolle. *Orthopädische Maßnahmen* können in jedem Zeitpunkt der Lähmung notwendig werden. *Chirurgische Eingriffe* kommen in der Regel erst dann in Frage, wenn die anderen Methoden am Ende ihrer Leistungsfähigkeit angelangt sind.

Vor Beginn jeder Lähmungsbehandlung ist eine eingehende *klinische* und *elektrodiagnostische Untersuchung* nötig, die uns nicht allein über die Schwere der Schädigung und ihre Heilungsaussichten aufklären soll, sondern auch die Aufstellung des Behandlungsplanes bestimmt.

Um den durch die klinische Untersuchung erhobenen Befund rasch festhalten und leicht übersehen zu können, bedienen wir uns des auf S. 244 wiedergegebenen Schemas. Die aktive Bewegungsfreiheit der einzelnen Muskelsynergien wird durch die Zahlen 0 bis 4 gekennzeichnet, wobei 0 vollkommene Lähmung, 4 normale Bewegungsfähigkeit bezeichnet. Von den dazwischen liegenden Stufen bedeutet 1 nur einen geringen Grad von Beweglichkeit, 2 Bewegungsfähigkeit mittleren Grades, 3 nur wenig vermindertes Bewegungsvermögen. Der jeweilige Befund wird an der betreffenden Linie durch ein kleines Kreuzchen vermerkt. Zwei zu verschiedenen Zeiten, etwa zu Beginn und am Schluß der Behandlung, aufgenommene Diagramme lassen deutlich einen eventuellen Fortschritt erkennen.

Poliomyelitis

Allgemeines. Die Poliomyelitis erzeugt schlaffe Lähmungen, von denen am häufigsten die unteren Extremitäten befallen werden. Das Lähmungsbild der Poliomyelitis ist im Gegensatz zu anderen Lähmungen wie Hemiplegie, Paraplegie oder den Lähmungen einzelner peripherer Nerven, die meist ein typisches Krankheitsbild darstellen, völlig irregulär und atypisch, so daß kaum ein Fall dem anderen gleicht.

Wir können vom therapeutischen Standpunkt zwei Stadien unterscheiden, das Stadium der akuten Entzündung, das nur Tage bis wenige Wochen dauert, und das Stadium der Rückbildung, das sich auf Monate und Jahre erstrecken kann. Auch hier ist ein Unterschied gegenüber allen anderen Lähmungsformen festzustellen. Während bei einer Hemiplegie,

Motilitätsschema zur Festlegung der aktiven Beweglichkeit in den einzelnen Gelenken
(s. S. 243)

Name: ....

Diagnose: .... Datum: ....

Rechts	0	1	2	3	4		0	1	2	3	4	Links
Finger						Beugen Strecken Spreizen						Finger
Daumen						Beugen Strecken Adduzieren Abduzieren Opponieren						Daumen
Hand						Beugen Strecken Radial abduzieren Ulnar abduzieren						Hand
Ellbogen						Beugen Strecken Supinieren Pronieren						Ellbogen
Arm						Abduzieren Vorne heben Rückwärts heben Außen rotieren Innen rotieren						Arm
Schulter						Heben Rückwärts führen Vorwärts führen						Schulter
Kopf						Heben Senken Seitlich neigen Rotieren						Kopf
Stamm						Rückenmuskeln Bauchmuskeln						Stamm
Hüfte						Beugen Strecken Abduzieren Adduzieren						Hüfte
Knie						Beugen Strecken						Knie
Fuß						Plantar flektieren Dorsal flektieren Supinieren Pronieren						Fuß
Zehen						Beugen Strecken						Zehen

Paraplegie oder der Lähmung eines peripheren Nerven nach Ablauf von etwa zwei Jahren durch die physikalische Therapie kaum mehr eine Besserung zu erzielen ist, sehen wir bei poliomyelitischen Lähmungen oft nach drei bis vier Jahren noch deutliche Rückbildungen. Das allerdings nur dann, wenn der Kranke sowohl wie der Arzt die hinreichende Geduld und Ausdauer für eine unentwegte mühevolle Behandlung aufbringen.

Das Stadium der akuten Entzündung

Lagerung und Wärmebehandlung. In diesem Stadium sind es vor allem die Schmerzen und die reflektorisch bedingten Muskelspasmen, welche der Behandlung bedürfen. Diese besteht im wesentlichen in der *richtigen Lagerung* der erkrankten Gliedmaßen und der Anwendung von *Wärme*. Der Kranke soll so gelagert werden, daß die Rückenmarkwurzeln möglichst entspannt werden. Man legt den Kopf auf eine Rolle und stützt den Rücken durch ein weiches Kissen. Die früher übliche Lagerung in einer Gipsschale und die Schienung der Extremitäten werden heute nicht mehr geübt.

Abb. 276. Eiserne Lunge (Drägerwerk, Lübeck)

Die Wärme kann in Form eines unter den Rücken gelegten *Heizkissens* oder in *warmen Umschlägen* auf die schmerzhaften Teile zur Anwendung kommen. In Amerika erfreuen sich die sogenannten *Kennypackungen* einer großen Beliebtheit. In sehr heißes Wasser getauchte und gut ausgewrungene Leinentücher werden in ein Flanell- oder Wolltuch eingeschlagen und auf die kranken Teile aufgelegt. Sie werden in Abständen von ein bis zwei Stunden gewechselt. Manche amerikanische Autoren ziehen den Kennypackungen wegen ihrer Einfachheit *warme Vollbäder* vor. Die Kinder werden bis zu sechsmal täglich für die Dauer von 15 bis 20 Minuten in ein Bassin gebracht, das mit heißem Wasser von 38 bis 39° C gefüllt ist.

Methoden der künstlichen Atmung. Tritt eine zentrale oder periphere Atmungslähmung ein, dann wird eine künstliche Beatmung durch Apparate nötig. Von den hierzu nötigen Geräten seien die folgenden kurz beschrieben:

Die eiserne Lunge (Abb. 276). Es ist dies ein Kasten aus Metall, der den Körper des Kranken mit Ausschluß des Kopfes aufnimmt. Er ist luftdicht abschließbar; am Hals geschieht die Abdichtung durch einen Ring aus Gummischwamm. Ein Elektromotor erzeugt in der Kammer abwechselnd einen Unterdruck, durch den Luft von der Lunge angesaugt wird (Inspiration), und einen Überdruck, durch den sie wieder ausgepreßt wird (Exspiration). Der Zeiger eines Manometers läßt den Wechsel des Druckes erkennen. Der obere Teil des Kastens ist aufklappbar, um den Patienten leicht einbringen zu können. Er hat beiderseits vier große Fenster aus unzerbrechlichem glasklarem Kunststoff und zwei Handöffnungen, die bei Nichtgebrauch durch Klappdeckel geschlossen werden. Die Atemfrequenz sowohl wie der Unter- und Überdruck sind regelbar und werden so eingestellt, daß der Patient die Beatmung als angenehm empfindet. Bei Ausfallen des elektrischen Stromes kann der Apparat auf Handbetrieb umgestellt werden.

Der Poliomat (Abb. 277). Die Beatmung geschieht über einen Intratrachealkatheter oder eine Tracheotomiekanüle, vorübergehend auch über eine Gesichtsmaske. Der Apparat wird an eine Stahlflasche mit Preßluft oder Drucksauerstoff angeschlossen. Im letzten Fall wird der Sauerstoff durch einen Injektor geleitet, der so viel Luft ansaugt, daß ein Gemisch von gleichen Teilen Sauerstoff und Stickstoff entsteht. Dieses Gemisch wird unter einem geringen Überdruck der Lunge des Patienten zugeführt (Inspiration). Das geschieht so lange, bis der gewünschte Überdruck in der Lunge, der bis zu einem Maximum von 20 mm Wassersäule einstellbar ist, erreicht wird. Dann schaltet sich der Apparat automatisch um und saugt bei einem geringen

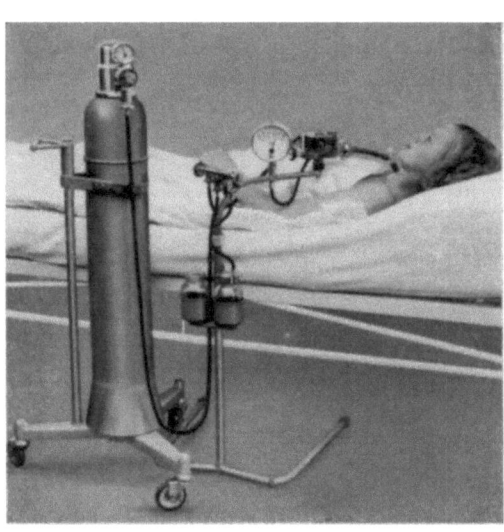

Abb. 277. Künstliche Beatmung mit dem Poliomat (Drägerwerk, Lübeck) mit angeschlossener Sauerstoffflasche über eine Tracheotomiekanüle

Unterdruck die Luft aus der Lunge wieder ab (Exspiration). Der Poliomat wird ebenso wie die eiserne Lunge von dem Drägerwerk Lübeck erzeugt.

Der Biomotor von Eisenmenger (Abb. 278). Er besteht aus einer Glocke, welche der Umrahmung des Bauches luftdicht angepaßt wird. In dieser wird durch eine elektrische Pumpe abwechselnd ein Über- und ein Unterdruck geschaffen. Dadurch werden die Bauchdecken und mit ihnen das Zwerchfell in Bewegung gesetzt und so eine künstliche Atmung bewerkstelligt.

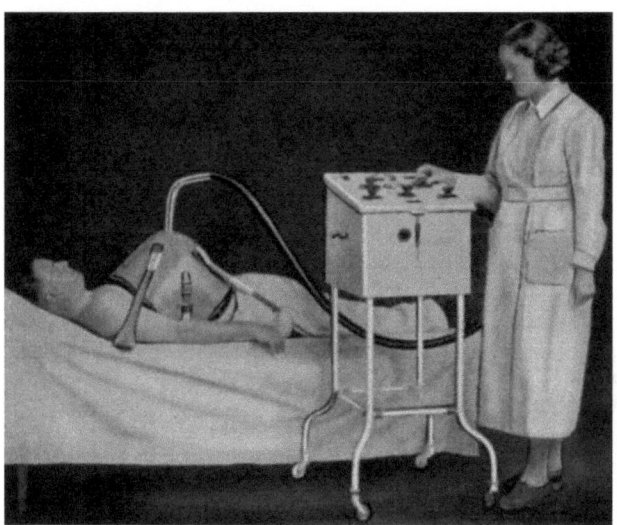

Abb. 278. Biomotor von EISENMENGER

Die elektrische Lunge von Kowarschik und Kolar. Die Beatmung erfolgt durch sie in der Weise, daß durch einen Schwellstrom die unteren Interkostal- und Bauchdeckenmuskeln zur Kontraktion gebracht werden, wodurch es zu einer Exspiration kommt. In der Strompause kehrt der Brustkorb infolge seiner Elastizität in die Inspirationsstellung zurück. Zur Ausführung der Beatmung werden zwei mit feuchten Tüchern unterlegte Elektroden in der Größe von 8×12 cm links und rechts am Bauch in einem gegenseitigen Abstand von 5 bis 10 cm so angelegt, daß sie etwas den Rippenbogen überragen. Als Stromquelle dient das Phrenoton der Siemens-Reiniger-Werke oder der gleichnamige Apparat von Dr. F. Schuhfried, Wien XIX. Es sind Schwellstromgeräte, bei denen die Stärke, die Dauer und das Intervall zwischen den Stromwellen nach Wunsch regelbar ist. Ein Vorteil der elektrischen Lunge ist es, daß durch sie die Atmungsmuskeln aktiv zur Kontraktion gebracht werden, während bei allen anderen Apparaten die Beatmung rein passiv erfolgt. Der vollkommenste, allerdings auch kostspieligste Apparat ist zweifellos die eiserne Lunge. Sie kann unbegrenzt lange betätigt werden, während die anderen Apparate nur eine zeitlich begrenzte Anwendung gestatten.

Das Stadium der Rückbildung

Grundsätzliches. Die erste Aufgabe des Arztes in diesem Stadium ist die *Verhütung von Gelenkkontrakturen.* Leider wird diese so wichtige Vorbeugung oft verabsäumt und der physikalische Therapeut bekommt die Kranken oft erst in die Hand, wenn sich bereits Kontrakturen ausgebildet haben. Die hätten sich bei rechtzeitiger Vorsorge mit Sicherheit vermeiden lassen. Nun aber kostet es Zeit und Mühe, sie zu beseitigen, ehe man an die eigentliche Lähmungsbehandlung schreiten kann.

Die Ausbildung der Kontrakturen wird, abgesehen von der Ruhigstellung der gelähmten Teile, vielfach noch dadurch gefördert, daß das Muskelgleichgewicht gestört ist. Das ist immer dann der Fall, wenn eine Muskelgruppe, sagen wir die Beuger, gelähmt sind, während ihre Antagonisten gesund geblieben sind. Dadurch kommt es zu einem einseitigen Zug, der bewirkt, daß sich eine Streckkontraktur ausbildet. Zur Verhütung von Kontrakturen stehen uns zwei Mittel zur Verfügung, einerseits die richtige Lagerung der gelähmten Teile, andererseits passive Bewegungen.

Die Lagerung geschieht in der Weise, daß man die Gelenke in eine Stellung bringt, in der die gelähmten Muskel entspannt werden. Diese Entspannung schafft die günstigsten Bedingungen für die Heilung der Lähmung, gleichzeitig beugt sie einer Verkürzung der Antagonisten vor, falls diese von der Lähmung nicht befallen sind.

Natürlich darf die der Kontraktur entgegenwirkende Stellung auch nicht dauernd, sondern nur für eine bestimmte Zeit des Tages oder der Nacht innegehalten werden, denn sonst würde man, um einer Kontraktur, sagen wir einer Streckkontraktur zu begegnen, eine Beugekontraktur schaffen.

Die häufigste Kontrakturstellung ist der *Spitzfuß (Pes equinus)*, der allein schon durch längere Bettruhe (Schwere des Fußes, Druck der Bettdecke) zustande kommt. Eine Lähmung der Dorsalflektoren des Fußes, die vom N. fibularis (peronaeus) versorgt werden, begünstigt die Ausbildung eines Spitzfußes noch besonders. Man vermeidet diese Kontraktur, wenn man für eine senkrechte Einstellung des Fußes gegen den Unterschenkel sorgt. Man läßt den Kranken die Fußsohlen gegen ein am Fußende des Bettes eingelegtes *Bänkchen* stemmen oder man lagert den Fuß in eine behelfsmäßig hergestellte *Schiene* oder eine anmodellierte *Gipslonguette*. Der Druck der Bettdecke wird durch eine *Reifenbahre* abgefangen.

Eine weitere typische Bettkontraktur ist die Versteifung der *Knie- und Hüftgelenke in Beugestellung*, die durch das Unterschieben von Rollen oder Polstern unter das Knie und die Benützung einer Rückenlehne, die dem Kranken eine halbsitzende Stellung ermöglicht, gefördert wird. Die Lähmung des M. quadriceps und des M. glutaeus maximus ist der Ausbildung dieser Kontrakturstellung in besonderem Maße günstig. Um sie zu vermeiden, lasse man den Kranken wenigstens für einige Stunden des Tages mit vollkommen ausgestreckten Knie- und Hüftgelenken im Bett ganz flach liegen. Bei bereits erkennbarer Kontrakturneigung lege man in dieser Stellung noch Sandsäcke auf die Knie und ein Kissen unter das Gesäß, damit die Hüftgelenke ganz durchgestreckt werden können.

Die flache Rückenlage ist auch die beste Vorbeugung gegen die Ausbildung einer *paralytischen Kyphose* oder *Skoliose*, wie sie bei Lähmung der Rückenmuskeln auftritt. In diesem Fall sichert man die Durchbiegung der Wirbelsäule noch durch ein unter die Matratze gelegtes Brett. In jedem Fall von Kinderlähmung achte man auf das Vorhandensein einer Lähmung oder Schwäche der Rückenmuskeln und lasse, wenn sich eine solche zeigt, die Kinder nicht zu früh und nicht zu lange aufsitzen. Bei vorübergehender Aufrichtung muß der Rücken durch ein hartes flaches Kissen gestützt werden.

Besteht eine Lähmung des M. deltoideus, dann droht eine *Adduktionskontraktur* des Armes, der man dadurch vorbeugt, daß man die Extremität in Abduktionsstellung bringt. Man zwingt sie durch ein an den Leib gebundenes Keilkissen in diese Stellung oder lagert sie auf eine geeignete Schiene (Abb. 279).

Passive Bewegungen, Massage und Bäder. Während man früher die Ruhigstellung auf vier bis sechs Wochen ausdehnte, ist man heute viel aktiver geworden. Man beginnt, sobald die Schmerzen es zulassen, mit passiven Bewegungen. Man bewegt alle Gelenke der Reihe nach in allen ihren Achsen und in vollem Umfang durch. Anschließend daran mache man eine *Massage* der gelähmten Muskeln. Die

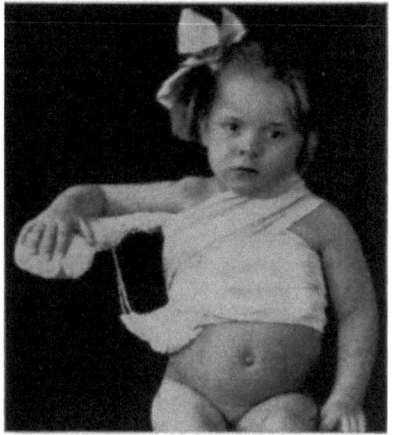

Abb. 279. Abduktion des Armes bei Lähmung des M. deltoideus mit Hilfe einer Cramer-Schiene. (Nach HOHMANN)

Dauer dieser kombinierten Behandlung, die zwei- bis dreimal im Tag durchgeführt werden soll, betrage 10 bis 15 Minuten.

Daneben verabfolge man dem Kranken, sobald dessen Zustand es zuläßt, dreimal wöchentlich ein *laues bis warmes Bad* von 36 bis 38° C, dessen Dauer man ansteigend von 15 Minuten bis auf 30 Minuten ausdehnt. Um einen Hautreiz zu erzeugen, kann man dem Bad 1 bis 2 kg Sud- oder Steinsalz, einen Kiefernadelextrakt oder eine Abkochung von 500 g Flores graminis (Heublumen) zusetzen. Auch im Bad können passive und aktive Bewegungen durchgeführt werden.

Die aktive Bewegungstherapie soll gleichfalls möglichst frühzeitig einsetzen. Die Art und Zahl der Übungen werden ganz und gar durch das Lähmungsbild bestimmt und müssen für jeden Fall besonders festgelegt werden. Ist die motorische Kraft stark herabgesetzt, dann werden anfangs *Förderübungen* notwendig sein, d. h. Übungen, bei denen die Bewegung durch die Hand des Gymnasten, durch die Wahl einer bestimmten Bewegungsebene, durch Gegengewichte, welche die Schwerkraft aufheben, unterstützt und erleichtert wird (S. 181).

Auch die *Unterwasser- oder Hydrogymnastik* erleichtert durch den Auftrieb und den Reibungswiderstand des Wassers viele Bewegungen. Sie gehört daher gleichfalls zu den Förderübungen. Sie wirkt aber gleichzeitig als vegetativer Reiz umstimmend auf den ganzen Organismus und fördert so die Heilung. Sie sollte daher dort, wo die nötigen technischen Einrichtungen bestehen, in ausgedehntem Maß zur Lähmungsbehandlung herangezogen werden.

Mit zunehmender Muskelkraft kann man dann zu *Widerstandsbewegungen* übergehen, wobei der Widerstand entweder durch die Hand des Gymnasten oder ein Gerät (Rollen- oder Federzug-) gegeben wird. Widerstandsübungen für die einzelnen Muskelsynergien sind auf S. 182 angegeben.

Hat man es mit älteren Kindern oder Erwachsenen zu tun, so wird es nicht schwerfallen, die so gekennzeichnete Übungstherapie durchzuführen. Anders bei kleinen Kindern, denen jedes Verständnis für den Sinn und Zweck dieser Übungen und damit auch der Wille zu ihrer Ausführung abgeht. Hier sucht man durch *Anregung des natürlichen Spieltriebes* die Kinder zu den bestimmten Bewegungen zu veranlassen. Man hängt an eine Stange, die quer über dem Bett angebracht wird, eine Reihe von Glocken oder klingenden Metallplättchen auf und läßt diese von dem Kind mit der Hand oder einem Stab anschlagen. Dabei wählt man die Entfernung bzw. Höhe, in der diese Gegenstände hängen, so, daß sie von dem Kinde gerade noch mit einiger Anstrengung erreicht werden. An Stelle der Glocken kann man auch bunte Kugeln, kleine Tiere oder andere Figuren, die zum Schwingen gebracht, oder Hampelmänner, die gezogen werden, an dem Stab befestigen. Der Phantasie ist hier ein weiter Spielraum gewidmet. Mit ähnlichen Mitteln kann man das Kind auch veranlassen, seine Beine zu bewegen.

Gehübungen. Sind die Beine von der Lähmung befallen, dann muß es unser Bestreben sein, den Kranken sobald als möglich wieder zum Stehen und Gehen zu bringen. Wie man die ersten Steh- und Gehversuche durchführt, ist auf S. 196 eingehend geschildert. Anfangs werden vielleicht zur Fixation der Knie- und Sprunggelenke gewisse orthopädische Behelfe notwendig sein. Diese sollen möglichst einfach und leicht sein. Die von den Bandagisten angefertigten schweren Rüstungen bedeuten, abgesehen davon, daß sie schon infolge ihres Gewichtes das Gehen erschweren, in vielen Fällen eine überflüssige Geldausgabe, da sie häufig bereits nach kurzer Zeit entbehrt werden können. Auch ein Gehbarren, eine Gehschule, eine Laufkatze, Gehbänkchen oder Krücken werden bei den Gehversuchen gute Dienste leisten.

Als Vorübung zum Gehen lasse man die Kinder auf einem *Dreirad* fahren oder, wenn sie bereits vor der Erkrankung schwimmen konnten, *Schwimmversuche* machen. Häufig zeigt sich, daß an den Beinen Gelähmte, die nicht oder kaum gehen können, sich überraschend gut im Wasser fortbewegen. Radfahren wie Schwimmen kräftigen nicht nur die Beine, sondern heben auch das Selbstgefühl des Kranken und spornen ihn zu neuer Leistung an.

Die Elektrotherapie ist eine wertvolle Methode der Lähmungsbehandlung, wenn sie von physiologischen und pathologischen Gesichtspunkten geleitet wird. Das bei Laien und Ärzten in gleicher Weise beliebte „Elektrisieren" mit der faradischen Rolle ist allerdings keine solche Methode.

Welche Form des elektrischen Stromes therapeutisch zur Anwendung kommen soll, hängt von der elektrischen Erregbarkeit der gelähmten Muskeln ab. Diese muß daher durch eine *elektrodiagnostische Untersuchung* festgestellt werden. Eine solche ist bei kleinen Kindern schwer, häufig überhaupt undurchführbar, nicht allein, weil die Kinder sich schreiend dagegen wehren, sondern auch, weil die Dicke des Panniculus adiposus und die Schwäche der Muskeln ihre elektrische Reaktion nicht erkennen lassen.

Sprechen die gelähmten Muskeln auf Serienreize, wie sie z. B. der rasch unterbrochene Gleichstrom darstellt, an, dann werden wir in erster Linie zum *Schwellstrom* greifen. Man wird möglichst kräftige Kontraktionen auszulösen suchen, wobei man den Kranken auffordert, diese durch eigene Willensanstrengungen zu unterstützen (Intentionsübungen). Am besten wendet man den Schwellstrom bipolar, d. h. mit Hilfe von zwei gleich großen Elektroden, an, von denen man eine an den Ursprung des Muskels, die andere an den Übergang des Muskelbauches in die Sehne anlegt.

Ist die faradische Erregbarkeit erloschen, was meist gleichbedeutend ist mit dem Bestehen einer Entartungsreaktion, dann haben wir nur mehr die Möglichkeit, mit Hilfe eines *unterbrochenen* oder *zerhackten Stromes*, also durch Rechteckstöße, einzelne Muskelzuckungen auszulösen. Nach langem Bestehen der Lähmung wird auch das nicht mehr möglich sein. Dann bleiben uns nur mehr die *Exponentialimpulse*, um den Muskel zur Zuckung zu bringen. Wir müssen uns aber darüber im klaren sein, daß solche Zuckungen sich in ihrer Wirkung mit den durch einen Schwellstrom ausgelösten kräftigen Kontraktionen nicht vergleichen lassen. Sie stellen ein sehr bescheidenes Mittel der Elektrotherapie dar.

Hier tritt die *konstante Galvanisation* in ihre Rechte, mit der man eine ungleich intensivere Beeinflussung der Muskel- und Nervensubstanz erzielt als mit Impulsen, die nur Bruchteile einer Sekunde dauern. Infolge seiner hyperämisierenden, tonussteigernden und trophischen Wirkung ist der konstante Strom in hohem Maß geeignet, die Rückbildung der Schädigung zu beschleunigen. Man arbeite mit möglichst großflächigen Elektroden, um eine homogene Durchströmung der gelähmten Teile zu erreichen. Der Behandlung mit galvanischem Strom kann man eine Reihe von Impulsen zur Auslösung von Muskelzuckungen anschließen.

Bei der Lähmung von Extremitäten wird die Galvanisation zweckmäßig im Zellenbad durchgeführt. Sind die Beine von der Lähmung ergriffen, dann werden sie in Zellenbäder getaucht, während auf den Rücken eine 200 qcm große Elektrode in der Höhe der Lumbalanschwellung des Rückenmarks, d. i. über der unteren Brustwirbelsäule, gelegt wird. Bei der Lähmung der Arme werden die Zellenbäder mit einer Plattenelektrode kombiniert, die über die Halswirbelsäule zu liegen kommt. Entsprechend unseren Ausführungen auf S. 119 wird man bei der Lähmung die aufsteigende Stromrichtung wählen.

Thermotherapie. Die Wärme kommt teils allgemein, teils örtlich zur Anwendung. Die *allgemeine Wärmebehandlung* wurde schon von J. V. HEINE, der die Kinderlähmung als erster beschrieb, in Form von warmen *Wannen-* und *Dampfbädern* zur Anwendung gebracht. Ihre Absicht ist es, dem Organismus im Sinn einer unspezifischen Reiztherapie einen Anstoß zum Wiederaufbau zu geben. In demselben Sinn werden *Rumpflicht-* und *Heißluftbäder* für den ganzen Körper mit anschließendem Abkühlungsbad gegeben. Energischer wirken *Überwärmungsbäder*, bei denen die allgemeine Körperwärme auf eine Temperatur von 39 bis 40° C getrieben wird, die ein bis zwei Stunden auf dieser Höhe gehalten werden soll. Diese Bäder bilden einen vollwertigen und ungefährlichen Ersatz für die von KAUDERS empfohlene Malariatherapie.

Zur *örtlichen Durchwärmung* des Rückenmarks, im besonderen des Hals- und Lumbalmarks, wurde die *Lang-* und *Kurzwellendiathermie* empfohlen. Diese muß natürlich mit entsprechender Vorsicht durchgeführt werden. Auch die gelähmten Extremitäten werden vorteilhaft mit Wärme behandelt, zumal sie infolge der Gefäßschädigung meist schlecht durchblutet und kalt sind. Jeder Gelähmte weiß aus Erfahrung, daß seine Bewegungsfähigkeit in der Kälte abnimmt und daß schon ein kurzer Aufenthalt in einem warmen Raum genügt, um sie wieder zu bessern.

Zur örtlichen Wärmeanwendung dienen *Bestrahlungslampen, Teillichtbäder, Heißluftapparate*. Als sehr wirksam kann ferner das *allmählich aufgeheizte Teilbad nach Hauffe* oder das *warme Bürstenbad* empfohlen werden. Beide sind leicht und ohne besondere technische Behelfe durchzuführen und können jederzeit, besonders im Winter, wenn die Kinder mit kalten Füßen nach Hause kommen, angewendet werden.

Die Lichtbehandlung zählt gleichfalls zu den unspezifischen Heilmethoden. In der schönen Jahreszeit läßt man die Gelähmten zur allgemeinen Kräftigung in systematischer Weise *Sonnenbäder* (S. 91) nehmen, die im Winter durch allgemeine *Quarzlichtbestrahlungen* dreimal in der Woche ersetzt werden können.

KNAUER empfahl, felderweise über der Wirbelsäule *Ultraviolettlicht-Erytheme* zu setzen, die im Sinn einer Hautreiztherapie die Heilvorgänge im Rückenmark günstig beeinflussen sollen. Sie sind sicher ein unschuldiges Mittel, was man von der von BORDIER empfohlenen Röntgenbestrahlung des Rückenmarks nicht behaupten kann. Sie kann unter Umständen auch schaden, während ihre Wirksamkeit keineswegs erwiesen ist.

Die Heilbäderbehandlung stellt eine wirksame Form der *allgemeinen* oder *Konstitutionstherapie* dar, die heute gegenüber der örtlichen Behandlung der Muskeln allzusehr vernachlässigt wird. Man sollte sich stets vor Augen halten, daß die gelähmten Teile kein selbständiges Leben führen, daß sie die Kräfte für ihre Erhaltung und für ihre Wiederherstellung nur aus dem Gesamtorganismus beziehen können und daß die Größe der Heilkraft, die diesem innewohnt, auch für ihr Los entscheidend ist. Darum soll man alles tun, um den ganzen Körper zu kräftigen. Der Verfasser konnte wiederholt die Beobachtung machen, daß ein mehrwöchiger Aufenthalt an der Adria ohne jede örtliche Therapie bessere Erfolge brachte als eine ebenso lange fachärztliche Behandlung der gelähmten Muskeln.

Meerbäder an südlichen Küsten verbinden den Reiz des Salzwassers mit der Wärme und der Ultraviolettstrahlung. Dazu kommt noch die Bewegungstherapie, die der Kranke in Form des Schwimmens ausübt. Von den Meerbädern seien genannt: Grado, Lido bei Venedig, Nervi bei Genua, Mentone und San Remo an der westlichen Riviera.

Kochsalzbäder: Baden-Baden, Homburg v. d. H., Ischl in Oberösterreich, Kissingen, Nauheim, Oeynhausen*, Reichenhall in Bayern, Wiesbaden.

Schwefelbäder: Aachen, Baden bei Wien*, Landeck in Schlesien, Schallerbach in Oberösterreich*.

Radiumbäder: Bad Gastein* und Hofgastein in Salzburg.

Akratothermen: Badenweiler im Schwarzwald, Johannisbad in Böhmen, Schlangenbad im Taunus, Ragaz-Pfäfers in der Schweiz*, Warmbad Villach in Kärnten, Wildbad im Schwarzwald*.

Von diesen Bädern haben diejenigen, die durch * gekennzeichnet sind, besondere Einrichtungen für Unterwassertherapie.

Die Orthopädie spielt bei der Behandlung der Kinderlähmung eine sehr wichtige Rolle. Sie findet in jedem Stadium der Krankheit ihre Anzeige. Schon ganz zu Beginn der Krankheit kann sie durch *Schienen* oder *Bandagen* Vorsorge gegen die Ausbildung von Kontrakturen treffen. Sollen die Kranken wieder auf die Beine kommen, so ist das häufig nur mit Hilfe von *Stützapparaten* möglich. Solche Stützapparate sind auch erforderlich, um Fehlformen der Gelenke, die durch Belastung entstehen können, hintanzuhalten. Ist eine weitere Besserung der motorischen Funktion nicht mehr zu erwarten, so kann die Orthopädie noch durch *Prothesen* Bewegungsausfälle ausgleichen oder durch operative Eingriffe die Funktion bessern. Einer der wichtigsten dieser Eingriffe ist die *Muskelplastik (Muskeltransplantation)*, bei der die Sehne eines gesunden Muskels durchtrennt und auf die eines gelähmten Muskels in der Absicht überpflanzt wird, daß der gesunde Muskel nunmehr die Funktion der kranken übernimmt.

Schrifttum

BEHREND, R. CH.: Die akute Poliomyelitis. Stuttgart: F. Enke. 1956.

FRANCONI: Die Poliomyelitis und ihre Grenzgebiete. Basel: B. Schwabe u. Co. 1947.

HOFMEIER, K.: Die Therapie der übertragbaren Kinderlähmung. Stuttgart: G. Thieme. 1949.

KLEINSCHMIDT, H.: Die übertragbare Kinderlähmung. Leipzig: S. Hirzel. 1939.

LANGE, FR.: Die epidemische Kinderlähmung. München: J. F. Lehmann. 1930.

PETTE, H.: Die akut entzündlichen Erkrankungen des Nervensystems. Leipzig: G. Thieme. 1942.

SCHEDE, FR.: Die orthopädische Behandlung der spinalen Kinderlähmung. München: R. Pflaum. 1954.

SIEGL, J.: Die Nachbehandlung der epidemischen Kinderlähmung. Neue Deutsche Klinik, 6. Ergänzungsband. 1938.

THIEFFRY, S.: Die Poliomyelitis. Paris. Deutsche Übersetzung Bern-Stuttgart: H. Huber. 1953.

World Health Organisation: Poliomyelitis. Deutsche Übersetzung. Stuttgart 1956.

ZAPPERT: Kinderlähmungen. Berlin: Julius Springer. 1933.

Polyneuritis und andere schlaffe Lähmungen

Polyneuritis. Die Polyneuritis ist entweder die Folge einer Infektion oder Intoxikation, wobei wir beide Ursachen auf den gleichen Nenner bringen können, wenn wir die Infektion als eine Intoxikation mit den Giften der Krankheitserreger ansehen. Zu den Infektionskrankheiten, die am häufigsten zu Lähmungen führen, gehören Diphtherie, Scharlach, Typhus, Sepsis, puerperale Prozesse, Tuberkulose und Lues. Von den chemischen Giften, die toxische Lähmungen erzeugen, sind die bekanntesten Alkohol, Blei, Thallium, Arsen, Salvarsan, Quecksilber. Die diabetische Neuritis stellt eine Intoxikation mit Stoffwechselgiften dar.

Da bei der Neuritis das periphere Neuron geschädigt ist, sind die bei ihr auftretenden Lähmungen schlaff, gekennzeichnet durch verminderten Muskeltonus, herabgesetzte oder fehlende Sehnenreflexe, oft weitgehende Muskelatrophien. Die Erregbarkeit auf Serienreize, wie z. B. den faradischen Strom, ist oft erloschen, nicht selten besteht Entartungsreaktion. Die Lähmungen sind somit denen bei der Poliomyelitis weitgehend ähnlich. Die Behandlung ist in beiden Fällen ganz die gleiche. Es würde darum eine Wiederholung und damit eine Raumverschwendung bedeuten, wenn alles, was bei der Poliomyelitis gesagt worden ist, hier nochmals gesagt würde.

Spinale progressive Muskelatrophie und Muskeldystrophien. Bei diesen Erkrankungen handelt es sich um degenerative Vorgänge auf Grund einer konstitutionellen Veranlagung, die einen ausgesprochen progressiven Charakter tragen. Sie zeigen daher auch im Gegensatz zu den bisher besprochenen Lähmungen keinerlei spontanes Heilungsbestreben. Dementsprechend schlecht sind auch die Aussichten der Therapie. Der Verfasser hat bei den von ihm behandelten Fällen von spinaler Muskelatrophie und Muskeldystrophie kaum jemals die Überzeugung gewinnen können, daß die physikalische Therapie das Fortschreiten des degenerativen Prozesses irgendwie merklich beeinflußt hätte. Nichtsdestoweniger ist man aus ärztlich-menschlichen Gründen zur Behandlung dieser armen Kranken verpflichtet. Man hüte sich aber vor allen energischen Eingriffen, denn es ist eher möglich, dem Kranken zu schaden als ihm zu nützen.

Behandlung. Man begnüge sich mit *lauen, leicht anregenden Arzneibädern*, die man in einer Temperatur von 36 bis 37° C und einer Dauer von 15 bis 20 Minuten dreimal wöchentlich verabfolgt. Es kommen in Betracht Kiefer- oder Fichtennadelbäder, Bäder mit Zusatz einer Abkochung von 500 g Flores graminis (Heublumen), 1 bis 2 kg Steinsalz, Luftperl- oder Sauerstoffbäder (S. 68). Die Bäderbehandlung kann man auch mit *allgemeinen Quarzlichtbestrahlungen* verbinden. *Sonnenbäder* sind nur mit Vorsicht zu gebrauchen, dagegen ist eine *Freiluftliegebehandlung* stets zu empfehlen.

Die Übungsbehandlung beschränke man auf freie oder unbelastete Übungen und Massage der Muskeln. Widerstandsübungen können leicht das Maß des Zulässigen überschreiten und dadurch mehr schaden als nützen. Die gleiche Vorsicht ist bei der *Elektrotherapie* geboten. Unschädlich ist eine galvanische Durchströmung der Muskeln im elektrischen Vollbad

(Stangerbad) und im Vier- bzw. Zweizellenbad. Bei der Behandlung mit Schwellstrom ist, soweit die Muskeln überhaupt noch auf Serienreize ansprechen, die Grenze zwischen Nützlichem und Schädlichem schwer zu ziehen.

Lähmung einzelner peripherer Nerven

Pathologie. Ursache für die Lähmung eines einzelnen Nerven können sein: 1. Verletzungen durch Schuß, Schnitt oder stumpfe Gewalt. 2. Die Infektionskrankheiten, die bereits bei der Polyneuritis (S. 254) aufgezählt wurden, vor allem Diphtherie. 3. Intoxikationen mit chemischen Giften, besonders Schwermetallen. Ist die Ursache unbekannt, so spricht man von einer rheumatischen Lähmung.

Die mononeuritische ist gleich der polyneuritischen eine schlaffe Lähmung mit allen ihr zukommenden Merkmalen (S. 254). Nicht selten finden sich neben motorischen Ausfallserscheinungen noch sensible und trophische Störungen.

Die Grundzüge der Behandlung sind die gleichen wie die der polyneuritischen und poliomyelitischen Lähmungen: Möglichste Entspannung der gelähmten Muskeln durch Annäherung ihrer Ansatzpunkte. Dadurch werden gleichzeitig die gesunden Antagonisten verlängert und so ihrer Verkürzung und einer Gelenkkontraktur vorgebeugt. Keine dauernde Feststellung der Gelenke, sondern Abwechslung mit passiven Bewegungen und Massage der Muskeln. Später aktive Bewegungstherapie mit Widerstandsübungen manueller und maschineller Art. Warme Teil- und Vollbäder, Bestrahlungslampen und andere Wärmeanwendungen, besonders aber Lang- und Kurzwellenbehandlung (bei Thermoanästhesie Verbrennungsgefahr!). Elektrotherapie je nach der Erregbarkeit der Muskeln mit galvanischem oder tetanisierendem Strom. Orthopädische Behelfe oder chirurgische Eingriffe zur Besserung der Funktion.

Lähmung des Nervus facialis. Handelt es sich um eine eben eingetretene rheumatische Lähmung, so kann man versuchen, durch *heiße* oder noch besser *allmählich* von 37 auf 40° C *aufgeheizte Bäder* in der Dauer von 20 bis 40 Minuten mit nachfolgendem einstündigem Schwitzen die Infektion zu überwinden. Das Trinken von heißem russischem Tee unterstützt die Schweißbildung. Gleichzeitig verordnet man für eine Woche größere Dosen von Aspirin, Pyramidon oder einem anderen Antirheumatikum.

Zum Schutz des Auges gegen eine Keratitis ex lagophthalmo ist auf der Straße eine *Schutzbrille* mit seitlichem Abschluß zu tragen. Gleichzeitig empfehle man dem Kranken, beim Ausgehen die gelähmte Seite durch ein Woll- oder Seidentuch gegen Wind und Kälte zu schützen.

In der Therapie steht an erster Stelle die *Galvanisation mit konstantem Strom*, die man mit Hilfe einer Halbmaskenelektrode durchführt. Spricht der gelähmte Nerv auf Serienreize an, so geht man später zur Behandlung mit *schwellendem Strom* über, wobei man die eine Elektrode dauernd dem Nervenstamm hinter dem Ohr aufsetzt, die andere abwechselnd je 5 Minuten lang entsprechend den gelähmten Ästen des N. facialis an der Stirn, der Wange und dem Unterkiefer anlegt.

Die Elektrotherapie unterstützt man durch eine milde *Bestrahlung mit einer Wärmelampe* (60 Minuten täglich) oder eine Diathermie. Auch *warme Umschläge* mit einer Abkochung von Flores chamomillae, warm gehalten durch einen nicht zu heißen Thermophor, kann man zu Hause ausführen lassen. Bisweilen tun 3 bis 4 unter dem Ohr angesetzte *Blutegel* gute Dienste.

Die *Massage und Heilgymnastik* haben bei der Facialislähmung nicht jene Bedeutung, die ihnen bei anderen Lähmungen zukommt, finden aber auch ihre Anwendung.

Bei der *Massage* steht der Arzt auf einem Schemel, etwas erhöht, hinter dem Kranken, der sitzt und seinen Kopf gegen die Brust des Masseurs stützt. Dieser streicht mit beiden Händen gleichzeitig von der Mitte der Stirne aus gegen die Schläfen. Streichungen gleicher Art werden an der Wange, der Ober- und Unterlippe ausgeführt, die alle in der Gegend des Unterkieferwinkels enden. Schließlich wird das Platysma vom Unterkieferrand nach abwärts verfolgt. Leichte Reibungen und Klopfungen mit den Fingerspitzen wechseln mit den Streichungen ab. Dauer der Sitzung 10 Minuten.

Der Kranke wird angewiesen, *Bewegungsversuche* der mimischen Muskulatur vor dem Spiegel auszuführen und diese auch, wenn sie nicht gleich gelingen, immer zu wiederholen. Folgende *Übungen* werden empfohlen: 1. Stirn runzeln, d. h. in Querfalten legen. 2. Finster blicken. Die Augenbrauen werden herunter und nach innen gezogen, wobei sich die Haut über der Nasenwurzel in Längsfalten legt. 3. Augen schließen. 4. Augen weit öffnen. 5. Zähne zeigen. 6. Lippen spitzen, Pfeifen. 7. Backen aufblasen. 8. Mundwinkel abwärtsziehen. Dazu Lippenlaute (B, P, F, V, W, M) üben durch das Aussprechen von Worten, wie Beben, Puppe, Frevel, Weben, Muhme usw.

Droht eine *Kontraktur* der gelähmten Muskeln oder ist sie bereits eingetreten, so sehe man von jeder Elektrotherapie ab und beschränke sich ausschließlich auf die Wärmebehandlung (Bestrahlungslampen, Diathermie) und Massage.

Bei unheilbaren Lähmungen hat man *operative Eingriffe* in Form von Nerven- und Muskelplastiken nach GERSUNY, LEXER und anderen empfohlen, um den kosmetischen Eindruck zu verbessern. Der Anschluß des gelähmten N. facialis an den N. hypoglossus oder N. accessorius hat nach den Erfahrungen des Verfassers nie einen praktischen Erfolg.

Lähmung des Nervus radialis. Bei der Lähmung dieses Nerven ist die Streckung des Hand- und der Fingergelenke unmöglich. Es ist aber auch der Faustschluß und damit das Ergreifen von Gegenständen erschwert, da die Hand infolge ihrer eigenen Schwere in maximale Beugestellung absinkt, was man als Fallhand bezeichnet. Man gibt dem Kranken daher eine *Handstütze*, die das Handgelenk in leichter Dorsalflexion hält, wodurch das Zugreifen und Festhalten von Gegenständen erleichtert wird. Die Abb. 280 und 281 zeigen zwei solche Stützapparate. Sie erfüllen gleichzeitig die Grundbedingung jeder Lähmungsbehandlung, die gelähmten Muskeln zu entspannen und einer Beugekontraktur zu begegnen.

Neben der Schienung verordnet man ein- bis zweimal täglich *warme Handbäder*, in denen der Kranke mit der gesunden Hand *passive Bewegungen* des Hand- und der Fingergelenke ausführen soll. Wenn die aktive Bewegungsfähigkeit wiederzukehren beginnt, versuche man leichte *Widerstandsbewegungen*, bei denen der Kranke selbst mit der gesunden Hand den Widerstand geben kann.

Ist die elektrische Erregbarkeit auf tetanisierende Ströme erhalten, so greift man zunächst zur *Schwellstrombehandlung*, bei der man eine Elektrode in der Größe von 4 × 5 cm über dem Ansatz der Strecker am Epicondylus radialis und eine gleich große Elektrode an der Streckseite

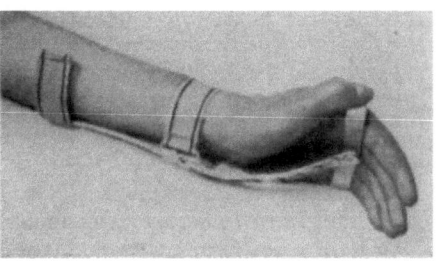

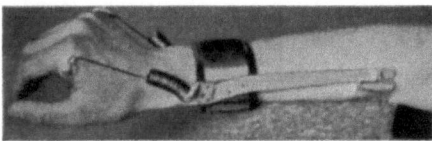

Abb. 280. Schiene bei Lähmung des N. radialis

Abb. 281. Schiene bei Lähmung des N. radialis

des Armes über dem Handgelenk anlegt. Ist die faradische Erregbarkeit erloschen, dann verordnet man ein *galvanisches Zellenbad*. Anschließend an dieses können einige *Rechteck-* und *Dreieckimpulse* verabfolgt werden.

Bei unheilbaren Radialislähmungen kann die Gebrauchsfähigkeit der Hand dadurch gebessert werden, daß man gesunde Beugemuskeln des Handgelenkes auf die gelähmten Streckmuskeln überpflanzt (PERTHES).

Die Lähmungen des Nervus medianus und des Nervus ulnaris werden in ganz ähnlicher Weise wie die des N. radialis behandelt.

Lähmung des Nervus fibularis (peronaeus), der die Dorsalflexion und Pronation des Fußgelenkes besorgt, führt zu einer Spitzfußstellung. Damit das Gelenk nicht in dieser Stellung kontrakt wird und damit gleichzeitig die gelähmten Muskeln entspannt werden, soll der Fuß nachtsüber durch eine *Schiene* (Cramer-Schiene, Gipslonguette) in rechtwinkeliger Stellung zum Unterschenkel erhalten werden. Während des Tages läßt man den Kranken einen orthopädischen Schuh (Peronaeusschuh) tragen, der die Fußstellung verbessert und das Gehen erleichtert (Abb. 282). Schon

Abb. 282. Peronaeusschuh mit federnder Schiene, welche das Absinken des Fußes verhindert

durch eine elastische Binde, die in Achtertouren um das Sprunggelenk läuft und den äußeren Fußrand durch Zug hebt, läßt sich eine Besserung des Gehens erzielen.

Für die *passiven Bewegungen*, die *Massage* im Verein mit *warmen Bädern*, und die aktiven *Widerstandsübungen* gelten die schon oben bei der Radialislähmung angegebenen Leitlinien. Das gleiche gilt für die Behandlung mit *konstantem und schwellendem Strom*.

Ist die physikalische Therapie nicht imstande, die Lähmung zu heilen, so kann die Funktion des Beines noch durch eine *Muskeltransplantation*, wobei man gesunde Muskeln mit den Sehnen der gelähmten verbindet, gebessert werden.

Zerebrale Hemiplegie

Pathologie. Die Ursache einer Halbseitenlähmung liegt in der Unterbrechung der kortiko-spinalen oder Pyramidenbahn. Sie kommt am häufigsten durch Blutung, Thrombose oder Embolie zustande. Seltener kommen in Betracht Verletzungen oder Tumoren der motorischen Region der Hirnrinde und raumbeengende Prozesse des Schädelinneren, welche einen Druck auf die Pyramidenbahn ausüben. Auch enzephalitische Herde können diese Bahn schädigen.

Die zerebrale Hemiplegie ist der Typus der spastischen Lähmung. Diese Lähmungsform ist gekennzeichnet durch die Erhöhung des Muskeltonus, Steigerung der Sehnenreflexe bisweilen bis zum Klonus, Auftreten pathologischer Reflexe, sogenannter Pyramidenzeichen (BABINSKI, OPPENHEIM), fehlende oder geringe Muskelatrophie, Vorhandensein der faradischen Erregbarkeit, keine Entartungsreaktion. Diese Merkmale sind von denen der schlaffen Lähmung nicht nur verschieden, sondern ihnen geradezu entgegengesetzt. Dementsprechend verschieden ist auch die Behandlung.

Verhütung der Kontrakturen. Wie bei jeder Lähmung muß es auch bei der Hemiplegie die erste Aufgabe des Arztes sein, drohende Gelenkkontrakturen zu verhüten. Während das bei schlaffen Lähmungen fast immer möglich ist, gelingt es bei spastischen nur zum Teil. Das wird dadurch bedingt, daß die Kontrakturen bei spastischen Lähmungen nicht allein die Folge der Ruhigstellung unter dem Einfluß der Schwerkraft sind, sondern daß bei ihnen auch ein endogenes Moment, die Muskelspasmen, eine entscheidende Rolle spielen. Diese Muskelspasmen, bei denen immer die stärkeren Muskeln über ihre schwächeren Antagonisten den Sieg davontragen, schaffen bei der Hemiplegie ein ganz charakteristisches Kontrakturenbild nach dem sogenannten *Prädilektionstypus* von WERNICKE-MANN, das man genau kennen muß, will man es mit Erfolg bekämpfen. An der oberen Extremität sind es vorwiegend Beugekontrakturen, an der unteren Streckkontrakturen, welche in Erscheinung treten.

Arm: Die Finger sind gebeugt, der Daumen häufig eingeschlagen, das Handgelenk gebeugt, der Unterarm proniert und gebeugt, der Oberarm adduziert.

Bein: Der Fuß ist plantar flexiert und supiniert, das Knie- und Hüftgelenk gestreckt, das Bein nach innen rotiert und adduziert.

Da die hemiplegische Lähmung anfangs fast immer eine schlaffe ist und es Wochen und Monate dauert, bis sich die typischen Spasmen ausbilden, muß vor allem diese Zeit zur prophylaktischen Behandlung ausgenützt werden. Sind die Kontrakturen einmal in vollem Ausmaß vorhanden, dann ist es sehr schwer oder unmöglich, sie durch physikalische Maßnahmen zu beseitigen.

Die vorbeugende Behandlung besteht darin, daß man die gelähmten Extremitäten durch Lagerung oder Schienung in eine Stellung bringt, die der Kontrakturstellung des WERNICKE-MANNschen Prädilektionstypus entgegengesetzt ist, und daß man andauernd passive Bewegungen ausführt, um die Versteifung der Gelenke zu verhindern.

Lagerung und Schienung. Der Vorderarm mit der Hand wird auf eine winkelig abgebogene Cramer- oder Holzschiene gelagert, welche die Hand und die Finger in Streckstellung zwingt. Für die Streckung des Daumens muß dabei noch durch eine besondere Schlinge vorgesorgt werden. Die Abb. 283 zeigt eine Drahtschiene, die es ermöglicht, auch bei schon bestehender Kontraktur die Finger durch Hebelwirkung leicht in die Streckstellung zu bringen. Das Ellbogengelenk wird gestreckt. Der Oberarm muß abduziert werden, was bei einem im Bett liegenden Kranken dadurch geschehen kann, daß man den im Ellbogen gestreckten Arm auf ein neben dem Kranken liegendes Polster lagert und um den Unterarm eine Schlinge legt, die man am Kopfende des Bettes befestigt.

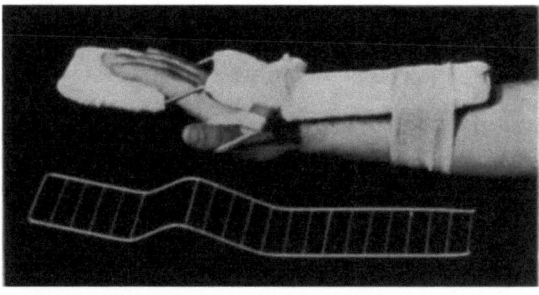

Abb. 283. Hebelmaschine zur Behandlung von Beugekontrakturen des Handgelenkes und der Fingergelenke

Die Spitzfußstellung verhütet man, daß man den im Sprunggelenk rechtwinkelig eingestellten Fuß mit der Sohle gegen ein am Fußende des Bettes eingelegtes gepolstertes Bänkchen stützt. Zeitweilig muß das Bein auch im Knie- und Hüftgelenk gebeugt werden. Doch hüte man sich, diese Stellung dauernd einzuhalten, da es sonst zu einer Beugekontraktur in diesen Gelenken kommt, die das Gehen später unmöglich macht.

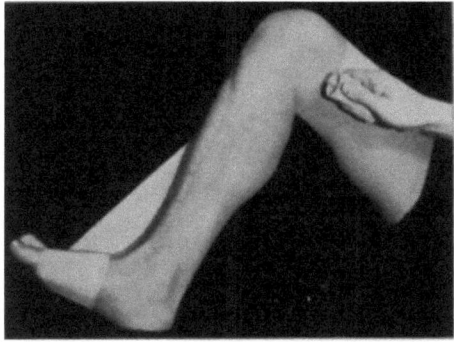 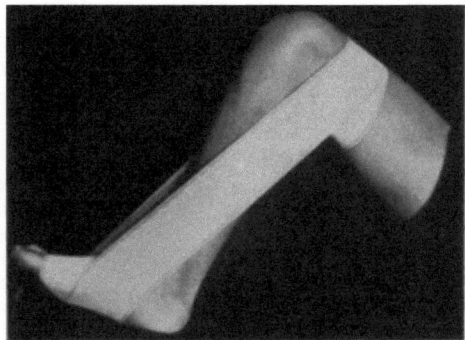

Abb. 284. Bandage nach KOWARSCHIK zur Verhütung der Spitzfußstellung und Streckkontraktur im Kniegelenk bei Hemiplegie

Abb. 285. Das Bein wird im Hüft- und Kniegelenk gebeugt, im Fußgelenk dorsalflektiert und supiniert

Eine dem Prädilektionstypus entgegengesetzte Einstellung kann man durch eine von KOWARSCHIK angegebene *Bandage* erreichen (Abb. 284 und 285). Dazu dient eine 10 cm breite elastische Binde, die man zunächst um den Vorfuß derart anlegt, daß der Zug an ihrem freien Ende den äußeren Fußrand hebt und den inneren senkt, also eine Pronationswirkung ausübt. Dann leitet man die Binde bei gebeugtem Knie und dorsal flektiertem Fuß zum Oberschenkel, führt um diesen, knapp über dem Kniegelenk, ein bis zwei Ringtouren aus, um wieder zum Fuß zurückzukehren.

Passive Bewegungen und Massage. Die Bewegungen sollen ganz langsam und stetig oder leicht federnd, nie aber rasch und brüsk durchgeführt werden, da sie sonst reflektorische Gegenspannungen auslösen. Die passiven Bewegungen der Fingergelenke und des Handgelenkes kann der Kranke auch selbst mit der gesunden Hand vornehmen.

Während man sich über die Notwendigkeit der passiven Bewegungen vollkommen einig ist, trifft das für die *Massage* nicht zu. Manche Autoren lehnen sie als tonussteigernd grundsätzlich ab, andere wollen sie nur auf die Antagonisten der verkrampften Muskeln beschränkt wissen. Wie wir bereits auf S. 203 auseinandergesetzt haben, gibt es gewisse Handgriffe, welche imstande sind, den Muskeltonus zu vermindern. Zu ihnen gehören leichte Streichungen, lockernde Walkungen und Schüttelungen der Muskeln, dann aber auch Schüttelungen der ganzen Extremität, wie sie zuerst von LAZARUS empfohlen worden sind (Abb. 223, S. 188). Auch langsame Schwung- und Pendelübungen der Extremitäten führen zu einer Entspannung der Muskulatur. Über ihre Ausführung lese man auf S. 186 nach.

Aktive Bewegungstherapie. Die Hemiplegie ist keine Lähmung im strengen Sinn, wie wir sie z. B. bei der Durchtrennung eines peripheren Nerven beobachten, denn den Vorderhornzellen fließen, wenn auch nicht über die Pyramidenbahn, so doch über extrapyramidale Bahnen noch Bewegungsimpulse zu, die dann über den peripheren Nerv zu den Muskeln gelangen. Sie reichen aber nicht mehr für koordinierte Bewegungen, sondern nur mehr für Massenbewegungen aus. Bei dem Versuch, eine Bewegung auszuführen, kommt es zu höchst überflüssigen, störenden Mitbewegungen. Will der Kranke beispielsweise das Ellbogengelenk beugen, so tritt gleichzeitig eine Abduktion des Oberarms, eine Beugung des Hand- und der Fingergelenke ein. Aufgabe der Übungstherapie ist es, diese Bewegungssynergien aufzulösen und in koordinierte Bewegungen überzuführen. Das geschieht durch Koordinationsübungen. Kraftübungen im Sinn von Widerstandsübungen, wie sie bei der Behandlung von schlaffen Lähmungen das Wesentliche darstellen, sind grundsätzlich zu vermeiden.

Gehübungen. Der Kranke soll so rasch wie möglich wieder zum Stehen und Gehen gebracht werden. Das gelingt fast immer, wenn nicht ein anderes Leiden vorliegt, welches das Gehen behindert. Bei den Übungen ist im besonderen darauf zu achten, daß das gelähmte Bein im Hüft- und Kniegelenk genügend gebeugt, daß es nicht zirkumduziert, sondern gerade durchgeschwungen wird und daß es mit der Ferse und nicht mit den verkrampften Zehenspitzen auf den Boden aufgesetzt wird. Im übrigen sei über das Erlernen des Gehens auf das bereits auf S. 196 Gesagte verwiesen.

Eine sehr zweckmäßige Vorübung für das Gehen ist das Fahren auf einem *Zimmerrad*, wie es JACOB empfohlen hat, wobei zuerst das gelähmte Bein an das Pedal angebunden und passiv mitgeführt wird. Später tritt der Kranke mit beiden Beinen und schließlich mit dem kranken allein. Nach einer solchen Übung fällt ihm auch in der Regel das Gehen leichter. Die Erfahrung lehrt, daß das Fahren auf einem gewöhnlichen *Zweirad* für viele Hemiplegiker eine leichte und bequeme Art der Fortbewegung ist.

Übungen der oberen Extremität. Während das Bein im wesentlichen eine Stützfunktion zu erfüllen hat, sind die Bewegungen der Hand ungleich komplizierter. Bei vollkommener Unterbrechung der Pyramidenbahn werden sie daher kaum wiederkehren. Doch gibt es glücklicherweise zahlreiche Fälle von Paresen, in denen sich auch die Gebrauchsfähigkeit der Hand noch wesentlich bessern läßt. Man wird sein ganzes Augenmerk darauf richten, daß der Kranke vor allem jene Bewegungen erlernt, die ihn unabhängig von der Hilfe seiner Mitmenschen machen. Das sind An- und Auskleiden, das Waschen, das Essen das Trinken aus einem Glas usw. Bei allen diesen Bewegungen ist meist die krampfhafte Adduktion des Armes und die Pronationsstellung der Hand hinderlich. Der Kranke muß daher erlernen, den Arm zu abduzieren und zu supinieren.

Alle Übungen müssen ganz langsam ausgeführt werden, da das Bewegungstempo des Hemiplegikers infolge der straff angezogenen Muskelbremsen verlangsamt ist. Sie dürfen den Gelähmten nicht allzu sehr anstrengen. Mißlingen sie, dann muß man den Kranken, der leicht erregt ist und einen roten Kopf bekommt (Blutdrucksteigerung), beruhigen.

Bei *motorischer Aphasie* muß auch das Sprechen von neuem erlernt werden. Das geschieht in der Weise, daß der Kranke zuerst einzelne Vokale nachspricht, dann folgen die Konsonanten. Hierauf werden Vokale und Konsonanten zu primitiven Silben kombiniert, be — pe, bi — pi, da — ta, di — ti usw., weiters einfache einsilbige und schließlich mehrsilbige Worte nachgesprochen. Jede Silbe ist dabei genau zu artikulieren. Kann der Kranke schon kleine Sätze sprechen, so versuche man es mit dem lauten Lesen. Sehr häufig gelingt es den Kranken, auf diese Weise das volle Sprachvermögen wiederzugewinnen.

Elektrotherapie. Es ist eine bei Ärzten wie bei den Laien unlösbare Gedankenverbindung, daß eine Lähmung „elektrisiert" werden muß. Man verschafft daher dem Kranken, so lange er noch nicht gehen kann, einen Faradisationsapparat und weist eines der Familienmitglieder an, mit einer Rolle auf den gelähmten Gliedern so lange hin- und herzurollen, bis der Behandelte oder der Behandler das Gefühl hat, daß es schon genug sei. Diese Methode ist keine Methode. Wenn man sie bei schlaffen Lähmungen noch hinnehmen kann, stellt sie bei spastischen geradezu eine Gefahr dar. Der faradische Strom steigert weiter den bereits krankhaft erhöhten Muskeltonus. Verwendet man Stromstärken, die zu Muskelkontraktionen führen, dann werden vor allem die stärkeren Muskelgruppen, das sind am Arm die Beuger, am Bein die Strecker, auf den Strom ansprechen, wodurch die Ausbildung der typischen Kontrakturen nur gefördert wird.

Muß unbedingt „elektrisiert" werden, dann mache man dies in einer Form, die dem Kranken nicht schadet und doch einen Sinn hat. Man kann z. B. durch einen *Schwellstrom* jene Muskelgruppen zu kräftigen suchen, die in Gefahr sind, von ihren stärkeren Antagonisten überwältigt zu werden. Das sind an der oberen Extremität vor allem die Streckergruppe des Unterarms und der M. deltoideus, an den unteren Extremitäten die Fibularisgruppe, welche die Dorsalflexion und die Pronation des Fußes besorgt.

Lang- und Kurzwellenströme kann man jederzeit anwenden, da sie durch Wärmebildung entspannend wirken. Ob die schon von E. REMAK und ERB und neuerdings wieder von französischen Autoren empfohlene *Galvanisation des Schädels* einschließlich der *transzerebralen Dielektrolyse* von BOURGUIGNON den Krankheitsherd unmittelbar günstig zu beeinflussen vermögen, ist bisher nicht erwiesen.

Bäderbehandlung im Haus. Während man die Elektrotherapie der Hemiplegie im Übermaß bevorzugt, wird die Bäderbehandlung allzusehr vernachlässigt. Das warme Wasser ist das allerbeste Mittel, einen erhöhten Muskeltonus herabzusetzen und die Spasmen zu lösen. Es gelingen daher viele Bewegungen im Wasser, die außerhalb desselben nicht möglich sind. Außerdem vermindert ein warmes Bad die meist gesteigerte Erregbarkeit des Kranken und setzt den Blutdruck herab.

Schon einfache Wasserbäder von 36 bis 38° C erfüllen diesen Zweck. Ihre Wirksamkeit kann durch einen leicht hautreizenden Zusatz von Kiefernadelextrakt oder einer Abkochung von 500 g Flores graminis (Heublumen) erhöht werden. Beliebt ist auch ein Zusatz von Haller oder Darkauer Jodsalz oder eines künstlichen Jodsalzes wie Sandows Jodbad oder Jod-Molbad. Auch Kohlensäure- oder Luftperlbäder kommen in Frage. Eine einstündige Bettruhe nach dem Bad ist für seine Wirkung wesentlich.

Meist begegnet man bei der Verordnung eines Bades dem Einwand, daß nicht die nötigen Hilfskräfte zur Verfügung ständen, um den Kranken in die Wanne zu setzen und herauszuheben. Dazu bedarf es nicht mehr als einer einzigen geschickten Person. Der Kranke wird zur Wanne geführt und nimmt auf dem Wannenrand Platz. Dann hebt man das eine, hierauf das zweite Bein über den Rand der Wanne und läßt den Kranken langsam in das Wasser gleiten. Beim Heraussteigen vollzieht sich der gleiche Vorgang in umgekehrter Ordnung.

Heilbäderbehandlung. Ist der Kranke einmal so weit, daß er in Begleitung reisen kann, was in schweren Fällen kaum vor einem halben Jahr der Fall sein wird, dann ist eine vorübergehende Entfernung aus seinem Heim in vielen Fällen angezeigt. Sie entzieht ihn zunächst den bemitleidenden Besuchen seiner Bekannten und Verwandten, wodurch dem erregbaren, leicht zum Weinen geneigten Kranken manche Aufregung erspart bleibt. Dann lenkt die Veränderung des Milieus den Kranken von seinem Leiden ab, wirkt psychisch beruhigend und somatisch anregend. Am besten eignet sich für einen Hemiplegiker ein klimatisch möglichst reizloser Ort im Mittelgebirge, nicht über 1000 m, der keineswegs ein Kurort zu sein braucht, wenn er dem Kranken die nötige Bequemlichkeit bietet.

Soll ein richtiger Kurort aufgesucht werden, so kann man eine *Akratotherme* wählen, wie Wildbad im Schwarzwald, Schlangenbad im Taunus, Warmbad Villach in Kärnten, Einöd in der Steiermark, Ragaz-Pfäfers in der Schweiz.

Will man das der Lähmung zugrunde liegende Gefäß- oder Herzleiden beeinflussen, so wählt man ein *Kohlensäurebad*, wie Oeynhausen in Westfalen (mit besonderen Einrichtungen für Gelähmte) oder Bad Nauheim. Auch der Aufenthalt in einem *Kochsalzbad* wie Wiesbaden ist zu empfehlen.

Besondere Beliebtheit haben sich in der letzten Zeit bei Hochdruck und Arteriosklerose die *Jodbäder* erworben. Zwei der beliebtesten sind Bad Hall in Oberösterreich und Wiessee in Bayern.

Sonstige spastische Lähmungen

Die zerebrale Kinderlähmung (Hemiplegia spastica infantilis) zeigt im wesentlichen den gleichen Symptomenkomplex wie die Hemiplegie der Erwachsenen, doch treten bei ihr häufig Wachstumshemmungen und vasomotorische Störungen auf. Auch extrapyramidale Erscheinungen wie Hemichorea und Hemiathetose sowie Intelligenzstörungen sind nicht selten. Die Behandlung ist grundsätzlich die gleiche wie die der Hemiplegie der Erwachsenen, zum Teil fällt sie mit der Behandlung der LITTLEschen Krankheit zusammen.

Bei der **Littleschen Krankheit,** deren Ursachen wie die der zerebralen Kinderlähmung sehr verschieden sein können, sind die spastischen Erscheinungen meist beiderseitig mit besonderer Bevorzugung der Beine, an denen der Adduktorenkrampf besonders auffällig in Erscheinung tritt.

Im Vordergrund der Behandlung steht die *Übungstherapie*, die allerdings, soll sie von Erfolg begleitet sein, äußerst mühevoll ist. Ein Erfolg ist nur zu erwarten, wenn das Kind noch einen genügenden Grad von Intelligenz besitzt. Die Behandlung richtet sich vor allem gegen die Spasmen. Man beginnt mit rein *passiven Bewegungen*, die später durch aktive Mithilfe des Kindes unterstützt werden sollen. Dieses liegt mit dem Rücken oder dem Bauch auf dem Behandlungsbett. Der Gymnast steht an dessen Kopf- oder Fußende und führt die Bewegungen meist gleichzeitig beiderseits langsam und stetig aus, um nicht reflektorische Gegenspannungen auszulösen. Arme heben und senken, Arme abduzieren und adduzieren, Ellbogengelenke beugen und strecken usw. Eine Massage der spastischen Muskeln ist zu unterlassen. Man begnüge sich mit *lockernden Schüttelungen* der Muskeln und der ganzen Extremität (S. 188).

Für die *Gehübungen* werden oft leichte Stützapparate notwendig sein, welche die Knie- und Sprunggelenke feststellen. Sie verhüten gleichzeitig eine Überdehnung der Gelenkkapsel und -bänder. Um das Überkreuzen der Beine infolge des Adduktorenkrampfes beim Gehen unmöglich zu machen, läßt man auf einem Brett üben, in desen Mitte ein zweites Brett senkrecht befestigt ist.

Zur Lösung der Muskelspasmen empfehlen sich *warme Bäder*. Sehr zweckmäßig ist eine *Unterwassergymnastik* im warmen Wasser. Jede Elektrotherapie ist zu unterlassen.

Die spastische Paraplegie (spastische Spinalparalyse, traumatische Querschnittläsion). Handelt es sich um einen fortschreitend degenerativen Prozeß, dann hat eine Behandlung wenig Aussicht auf Erfolg. Die Therapie der traumatischen Querschnittläsion hat dagegen in den letzten Jahrzehnten wesentliche Fortschritte erzielt. Während im ersten Weltkrieg die Mortalität noch 80 bis 90% betrug, ist sie im zweiten auf 2 bis 8% gesunken.

Die erste Sorge gilt natürlich der richtigen Heilung des Wirbelbruches. Sie ist Aufgabe des Chirurgen. Gleichzeitig muß der Verhütung des Dekubitus, der Pflege der Blasen- und Mastdarmfunktion die größte Aufmerksamkeit geschenkt werden. Die *Übungstherapie* muß so früh wie möglich einsetzen. Schon während der Heilung des Knochenbruches müssen im Bett Übungen mit den nicht gelähmten Muskeln gemacht werden. Ist die Knochenverletzung geheilt, was nach ungefähr 12 Wochen der Fall ist, dann muß der Kranke das Aufsetzen und Umdrehen im Bett erlernen. Er muß es ferner erlernen, ohne fremde Hilfe von dem Bett auf den Rollstuhl, einen Sessel oder in die Badewanne zu gelangen. Schließlich muß er so weit kommen, daß er mit Hilfe von Krücken und Beinschienen, die in den Knie- und Fußgelenken feststellbar sind, wieder allein geht. Im übrigen gilt für die Behandlung der Muskelspasmen das bereits früher Gesagte.

Schrifttum

BIESALSKI im Lehrbuch der Orthopädie von F. LANGE. Jena: G. Fischer. 1922.

BÖHLER, J.: Wien, klin. Wschr. 1953, 655.

EGEL, P.: Technique of treatment for the cerebral palsy child. St. Louis: The C. V. Mosby Co. 1948. — Spinal cord injuries: Veterans Administration Technical Bulletin TB 10-503, Washington, 15. Dez. 1948, mit ausführlichem Literaturverzeichnis.

FOERSTER, O. im Handbuch der Neurologie von BUMKE u. FOERSTER, Bd. 8. Berlin: Julius Springer. 1936.

VOLLER, KOHLER u. LINDE: Die Heilgymnastik der Königin-Elena-Klinik. Kassel-Harleshausen: Selbstverlag.

Morbus Parkinson, Parkinsonismus

Allgemeines. Dem Morbus Parkinson oder der Paralysis agitans liegt eine chronisch degenerative Erkrankung des Globus pallidus des Linsenkerns zugrunde. Da dieser eine hemmende Wirkung auf den vom Kleinhirn gesteuerten Muskeltonus ausübt, so kommt es wie beim Ausfall der Pyramidenbahn zur Tonussteigerung. Der Morbus Parkinson gehört also im weiteren Sinn zu den spastischen Lähmungen (Schüttellähmung).

Die extrapyramidale Tonussteigerung unterscheidet sich von der pyramidalen in drei wesentlichen Punkten: 1. Sie bietet passiven Bewegungen keinen elastisch federnden Widerstand, der sich mit der Geschwindigkeit der Bewegung steigert. Ihr Widerstand ist vielmehr ein gleichmäßiger und dem zu vergleichen, den eine Schlammasse der Fortbewegung entgegensetzt oder der beim Biegen einer Wachsmasse zu fühlen ist (Flexibilitas cerea). 2. Die extrapyramidale Tonussteigerung erstreckt sich auf alle Muskeln in ziemlich gleichem Grad, sie bevorzugt nicht bestimmte Muskelgruppen, hat daher keinen „Prädilektionstypus", wenn im allgemeinen auch sowohl an den oberen wie an den unteren Extremitäten die Beuger das Übergewicht über die Strecker haben. 3. Der extrapyramidale Rigor ist häufig von einem grobschlägigen Tremor begleitet.

Ähnliche Erscheinungen wie beim Morbus Parkinson treten auch nach enzephalitischen Erkrankungen auf (Parkinsonismus).

Die Aussichten der physikalischen Therapie bei diesen Krankheiten sind sehr schlecht und stehen der chemischen Therapie mit Homburg 680, Belladonna-Präparaten, Skopolamin u. dgl. zweifellos nach. Nichtsdestoweniger wird man versuchen, auch mit physikalischen Mitteln, vor allem durch Übungstherapie, den Zustand des Kranken zu erleichtern. Doch hüte man sich vor eingreifenden hydro- und thermotherapeutischen Maßnahmen, energischen Kaltwasserkuren, Sonnenbädern, vor anstrengenden Turnübungen, Massage, gedankenlosem ,,Elektrisieren''. Sie können unter Umständen dem Kranken schweren Schaden zufügen.

Hydrotherapie und Bäder. Milde *hydrotherapeutische Maßnahmen* wirken beruhigend auf die erhöhte Muskelspannung. Man beginne mit einem *Rumpfwickel* und gehe dann zu einer *Dreiviertel-* und schließlich zu einer *Ganzpackung* über. Anschließend daran gebe man zur Abkühlung eine Teilabreibung oder ein Halbbad. Auch *Teilabreibungen* oder *Halbbäder* für sich allein sind oft schon recht wirksam. Gute Vorwärmung ist für alle Kaltwasseranwendungen Bedingung.

Alle *lauen* und *warmen Bäder* führen zu einer Verminderung der Muskelstarre und werden von dem Kranken angenehm empfunden. Man verordnet dreimal wöchentlich *Vollbäder* von 36 bis 37° C in der Dauer von 20 bis 30 Minuten mit nachfolgender einstündiger Ruhe. Als Zusatz empfehlen sich ein Kiefer- oder Fichtennadelextrakt, ein Dekokt von 500 g Flores graminis oder Folia malvae. Auch *Luftsprudelbäder* und *Bürstenbäder* sind empfehlenswert.

Elektrotherapie. Von den Möglichkeiten der Elektrotherapie kommen in erster Linie leichte Allgemeindurchwärmungen mit *Lang-* oder *Kurzwellen* in Betracht, die aber nie bis zur Schweißbildung führen dürfen. Von verschiedenen Autoren werden schwache galvanische *Vierzellen-* oder *Vollbäder* empfohlen.

Passive Bewegungen und Massage. Die Lagerung und Schienung der Extremitäten, die bei den Erkrankungen der Pyramidenbahn zur Verhütung von Kontrakturen eine so wichtige Rolle spielen, treten beim Morbus Parkinson in den Hintergrund. Dagegen sind auch hier die *passiven Bewegungen* der Gelenke von größter Bedeutung. Sie werden bis zur maximalen Exkursion täglich zweimal in der Dauer von 15 Minuten durchgeführt. Man vergesse dabei auch nicht die Gelenke der Wirbelsäule, deren Versteifung für die Fehlhaltung der Kranken entscheidend ist. Man bewege, während der Kranke sitzt, seinen Kopf nach allen Seiten und versuche vor allem, die Kyphose auszugleichen, indem man die Wirbelsäule über eine in der Höhe verstellbare Rückenlehne nach hinten streckt. An Stelle der Rückenlehne kann auch ein über den Rücken laufender Gurt, der vor dem Kranken an der Wand befestigt ist, oder das gegen den Rücken gestemmte Knie des Gymnasten treten.

Von den Handgriffen der *Massage* dürfen nur jene zur Anwendung kommen, die den Muskeltonus herabsetzen; das sind leichte Streichungen und Walkungen sowie Schütteln der einzelnen Muskelgruppen. Schon CHARCOT hat einen Apparat (Fauteuil trépidant) angegeben, mit dem der ganze Körper durchgeschüttelt werden kann. Die *Schüttelungen* einzelner Extremitäten, die teils mit der Hand, teils mit Apparaten ausgeführt werden, waren schon in der schwedischen Gymnastik sehr beliebt.

Von FRIEDLÄNDER wurden sogenannte *Fallübungen* vorgeschlagen. Für diese lagert man den Kranken möglichst horizontal auf ein Behandlungsbett; dann hebt man der Reihe nach den Unterarm, den ganzen Arm und schließlich das Bein und fordert den Kranken auf, seine Muskeln so zu entspannen, daß diese Teile, bloß der Schwere gehorchend, auf das Bett zurückfallen. Die Fallhöhe soll dabei zunehmend größer werden. Später hebt der Kranke selbst seine Extremitäten, um sie dann wieder fallenzulassen.

Aktive Bewegungstherapie. Zur Lockerung der Spastizität dienen *Schwungbewegungen* der Arme in sagittaler, frontaler Ebene oder im Kreis, frei oder mit leichten Gewichten (Hantel, Keulen) beschwert. Bei den Schwungübungen der Beine steht der Kranke im Laufbarren oder zwischen zwei Stuhllehnen erhöht auf einem Schemel.

Gehübungen. Bevor man diese macht, suche man die *Haltung des Kranken* zu verbessern. Die in den Knie- und Hüftgelenken leicht gebeugten Beine müssen vollkommen durchgestreckt werden. Das Kommando lautet: Kopf hoch! Oberkörper zurück und Bauch heraus! Was der Kranke durch eigene Bemühung nicht erreicht, soll durch den Gymnasten ergänzt werden.

Der *Gang* bei dem Pallidumsyndrom ist dadurch gekennzeichnet, daß die Füße von dem Boden nicht abgehoben, sondern schlurfend in kleinen Rucken vorwärtsgeschoben werden (Bradybadie). Die gleichzeitige Beugung im Hüft- und Kniegelenk, sowie die Dorsalflexion des Fußes, die zum Durchschwingen des Beines erforderlich sind, machen dem Kranken die größten Schwierigkeiten und müssen daher besonders geübt werden. Die Füße sollen richtig gehoben werden, was man durch das Übersteigen von kleinen Hindernissen (Holzstücken) erzwingen kann. Die Schritte seien möglichst groß.

Infolge der vorgebeugten Haltung des Rumpfes liegt der Schwerpunkt weit vorne und droht jeden Augenblick nach vorne über die Unterstützungsfläche der Fußsohlen hinauszugehen. Das bedingt die Erscheinung der *Propulsion*. Der Kranke läuft seinem Schwerpunkt nach und kann sich, ist er einmal in Bewegung geraten, nicht mehr „erfangen". Es muß ihm daher gezeigt werden, wie er in einer solchen Situation die Fortbewegung zu bremsen vermag. Das geschieht durch Zurückwerfen der Arme, Rückwärtsneigen des Kopfes und Rumpfes sowie durch Beugen der Kniegelenke.

Übungen der oberen Extremität. Alle *Funktionen der oberen Extremität* leiden wie bei den Hemiplegikern unter dem Umstand, daß der Oberarm nur schwer abduziert und der Unterarm nicht genügend supiniert wird. Diesen Bewegungen muß daher ein besonderes Augenmerk geschenkt werden. So trinkt z. B. der Kranke mit fest an den Brustkorb gepreßtem Oberarm. Man muß ihm vorzeigen, wie man dabei den Arm abduziert und supiniert. Falls er dies nicht genügend tut, muß man ihn durch einen leichten Stoß an die Innenseite des Ellbogens daran erinnern (FOERSTER). In ähnlicher Weise werden auch andere Tätigkeiten der Hand und des Armes geübt.

Das Unvermögen, den Arm zu abduzieren und nach auswärts zu rollen, bedingt auch die Unleserlichkeit und Kleinheit der Schrift (Mikrographie). Um sie zu verbessern, lasse man fortlaufend lange Linien von links nach rechts ziehen, die den Kranken zwingen sollen, den Arm abzuheben und nach auswärts zu drehen. Das Schreiben übt man in linierten Schulheften, durch die auch die Größe der Buchstaben vorgezeichnet ist.

Tabes dorsalis

Allgemeines. Das Bild der Tabes ist einerseits durch ataktische Bewegungsstörungen, bedingt durch den Ausfall sensibler Neurone, andererseits durch Schmerzphänomene, verursacht durch die Reizung sensibler Neurone, gekennzeichnet. Beide Erscheinungen bekämpfen wir durch symptomatische Maßnahmen, daneben aber kommt noch eine Allgemeinbehandlung zur Anwendung, deren Aufgabe es ist, erstens vorbeugend alle Schädlichkeiten abzuhalten, die das Fortschreiten der Krankheit beschleunigen könnten, und zweitens kräftigend zu wirken, um den Degenerationsprozeß aufzuhalten oder wenigstens zu verlangsamen.

Vorbeugung und Schonung. Mit der Diagnose Tabes soll die ganze Lebensweise des Kranken einer Revision unterzogen werden. Geistige und körperliche Überanstrengungen, langes Stehen und Gehen, vor allem aber Erkältungen und Durchnässungen, sind zu vermeiden. Tabiker sollen daher in der kalten Jahreszeit wollene oder rehlederne Unterwäsche tragen. Menschen, die berufsmäßig Witterungseinflüssen ausgesetzt sind, wie Offiziere, Bau- und Forstleute, Eisenbahnbeamte, sollten an die Änderung ihres Berufes denken. Auch Alkohol, Nikotin und sexuelle Erregungen sind schädlich.

Jede Tabesbehandlung soll, wenn die Jahreszeit es gestattet, mit einer vier- bis sechswöchigen *Freiluftliegekur* beginnen. Der Kranke liegt dabei an einem vor Wind und direkter Besonnung geschützten Ort im Garten, auf einem Balkon oder einer offenen Veranda oder, wenn nicht anders möglich, im Zimmer bei offenem Fenster auf einem bequemen Liegestuhl 6 bis 8 Stunden täglich, wobei er sich mit Lesen, Schreiben oder ähnlichen Dingen beschäftigen kann. Später wird die Ruhekur durch kleine Spaziergänge unterbrochen. Diese Behandlung steigert den Appetit, fördert den Schlaf, hebt die Stimmung und das Kraftgefühl des Kranken. Tabiker, die körperlich stark heruntergekommen sind, wird man gleichzeitig so gut wie möglich ernähren.

Hydro- und Thermotherapie. Infolge der Erkrankung der sensiblen Nervenbahnen zeigen alle Tabiker eine hochgradige Empfindlichkeit gegen thermische Reize, und zwar nicht nur gegen Kälte, sondern auch gegen starke Wärme. Es sind daher energische Kaltwasserkuren mit Ganzabreibungen, kalten Tauchbädern u. dgl. verboten. Verboten sind ferner alle Heißluft-, Dampf- und Glühlichtbäder, Sonnen- und Sandbäder. Sie können zu einer katastrophalen Verschlimmerung des Leidens führen. Verfasser sah bei einigen Kranken, die an einer neurologischen Station mit Glühlichtbädern behandelt worden waren, einen rapiden Verfall des Gehvermögens. Darum ist auch vor der Anwendung einer Bäder- oder Kurzwellenhyperthermie zu warnen (ERB, STRÜMPELL, NONNE, KOWARSCHIK).

Leichte hydrotherapeutische Kuren sind dagegen ohne weiteres zulässig, falls sich der Kranke in keinem schlechten Ernährungszustand befindet und auf die Behandlung gut anspricht, was aus dem Wohlbehagen, das er nach ihr fühlt, unmittelbar zu erkennen ist. Es empfehlen sich *Teilabreibungen* an jedem Morgen oder dreimal in der Woche *Halbbäder* von 34 bis 30° C auf 32 bis 28° C absteigend. Starkes Reiben der Haut soll dabei vermieden werden. Vielfach werden Übergießungen allein genügen. Im Anschluß an die Hydrotherapie oder das Bad erweist sich eine allgemeine leichte *Körpermassage* recht vorteilhaft, weil dadurch der für den Tabiker charakteristischen Muskelatonie entgegengearbeitet wird.

Elektrotherapie. Sie kommt vor allem bei den verschiedenen Schmerzphänomenen der Tabiker, wie lanzinierenden Schmerzen, Magen- und Darmkrisen, zur Anwendung. Dabei bedienen wir uns in erster Linie des *konstanten galvanischen Stromes*. Man wird ihn am zweckmäßigsten in der Weise verwenden, daß man die eine Elektrode auf das Rückenmark, die andere auf den schmerzenden Körperteil legt. Bei lanzinierenden Schmerzen der Beine läßt man diese in Zellenbäder tauchen, während man über die Lumbalanschwellung des Rückenmarks, die sich in der Höhe der unteren Brustwirbelsäule befindet, eine Plattenelektrode in der Größe von 200 qcm anlegt. In analoger Weise können Schmerzen in den Armen bekämpft werden, wobei die Plattenelektrode über die Halswirbelsäule zu liegen kommt. Die Stromrichtung soll entsprechend unseren Ausführungen auf S. 119 eine absteigende sein.

Vierzellenbäder und *galvanische Vollbäder* hat man empfohlen, um allgemein anregend zu wirken und den herabgesetzten Muskeltonus zu heben. Auch *Lang-* und *Kurzwellendiathermie* sind bei den verschiedenen Schmerzzuständen der Tabiker zu versuchen. Man kann auch dabei die eine Elektrode über den in Frage kommenden Abschnitt des Rückenmarks, die zweite peripher, beispielsweise an den Beinen, anlegen. Doch sei man vorsichtig, weil bei der Tabes nicht selten die Wärmeempfindung gestört ist.

Örtliche Wärmeanwendung und Hautreiztherapie. Häufig wirkt schon einfach gestrahlte oder geleitete Wärme mäßigen Grades schmerzstillend. Diesem Zweck dienen *Bestrahlungslampen*, ein *elektrisches Heizkissen* oder ein mit warmem Wasser gefüllter *Gummibeutel*.

Eine uralte Behandlung lanzinierender Schmerzen ist das Setzen von *Hautreizen* über der Wirbelsäule. Man benützt hierzu neben Schröpfköpfen, Senfkataplasmen, Blasenpflaster sogar das Glüheisen, das übrigens heute noch in Frankreich üblich ist und von A. BIER neuerdings empfohlen wurde. Eine sehr zweckmäßige Form der Hautreiztherapie sind Ultraviolettlicht-Eryheme und die Behandlung mit Hochfrequenzfunken aus Pinsel- und Vakuumelektroden.

Aktive Bewegungstherapie. Die Übungstherapie der Tabes ist von dem Schweizer Arzt H. S. FRENKEL begründet worden. Ihr Zweck ist es, die noch vorhandenen sensiblen Bahnen auf Höchstleistung zu schulen, um die Funktion der ausgefallenen durch die Sinneseindrücke des Auges und des Labyrinthes (Gleichgewichtssinn) zu ersetzen. Man spricht daher auch von einer kompensatorischen Übungstherapie. Die Erfahrung lehrt, daß man durch sie oft noch erstaunliche Ersatzleistungen erzielen kann. Die Übungstherapie kann auch in Fällen von schwerer Ataxie noch zur Anwendung kommen. Gegenanzeigen sind nur körperliche Erschöpfungszustände, Optikusatrophie, Arthropathien, starke lanzinierende Schmerzen und Krisen.

Die Übungen müssen systematisch von leichteren zu schwereren fortschreiten. Bei ihrer Ausführung ist auf größte Genauigkeit zu achten, auch kleinste Fehler sind zu verbessern. Die Zahl und die Dauer der Übungen richten sich nach dem Kräftezustand des Kranken, wobei zu bedenken ist, daß dem Tabiker häufig das muskuläre Ermüdungsgefühl abgeht. Es sind daher zwischen den Übungen genügend lange Pausen einzuschalten. Die Koordinationsübungen können in Liege- und Gehübungen unterschieden werden.

Übungen im Liegen. Der Kranke liegt dabei auf einem Behandlungsbett mit glatter Unterlage (glatt gespanntes Leintuch oder noch besser Wachstuch). Der Kopfteil ist erhöht, so daß die Augen den Bewegungen der Beine genau folgen können. Alle Bewegungen werden auf Kommando, langsam und stetig, zuerst mit dem einen und dann mit dem anderen Bein ausgeführt. Jeder Übung folgt eine kleine Pause. Aus der großen Zahl der von FRENKEL angegebenen Übungen, die von den leichtesten beginnend fortschreitend schwerer werden, seien die folgenden angeführt:

1. Bein im Hüft- und Kniegelenk beugen und dann ausstrecken. — 2. Bein beugen, nach außen umlegen, wieder aufrichten und ausstrecken. — 3. Bein beugen, jedoch nur bis zur Hälfte, ausstrecken. — 4. Bein zur Hälfte beugen, nach außen umlegen, wieder aufrichten und ausstrecken. — 5. Während der Beugung oder Streckung auf Kommando des Arztes haltmachen. — 6. Beide Beine gleichzeitig beugen und strecken. — 7. Beide Beine beugen, nach außen umlegen, aufrichten und ausstrecken. — 8. Dabei auf Kommando haltmachen. — 9. Bein beugen, doch so, daß die Ferse nicht auf der Unterlage gleitet, sondern in geringem Abstand über ihr schwebt. — 10. Mit der Ferse eines Beines die Kniescheibe des anderen berühren. — 11. Die Kniescheibe berühren und in dieser Stellung eine Zeitlang verharren. — 12. Mit der Ferse die Mitte des Unterschenkels berühren. — 13. Daselbst eine Zeitlang verweilen. — 14. Mit der Ferse die Fußgelenkgegend berühren. — 15. Daselbst einige Zeit verweilen. — 16. Ferse auf die Zehen des anderen Fußes stellen. — 17. Die Ferse der Reihe nach auf die Kniescheibe, Unterschenkelmitte, Fußgelenkgegend und Zehenspitzen setzen. — 18. Die gleiche Übung in umgekehrter Folge. — 19. Ferse auf die Unterschenkelmitte, dann neben dieser auf die Liegefläche stellen. — 20. Mit der Ferse von der Kniescheibe längs der Tibiakante bis zu den Zehenspitzen gleiten. — 21. Bein in der Hüfte beugen. Unterschenkel hochheben, so daß er mit dem Oberschenkel einen rechten Winkel bildet. — 22. Ein Bein gestreckt heben und langsam niederlegen. — 23. Beide Beine beugen, wobei die Fersen die Unterlage nicht berühren, sondern über ihr schweben. — 24. Ferse in die vorgehaltene Hand des Gymnasten legen. — 25. Ein Bein beugen, während das andere gestreckt wird.

Übungen des Stehens und Gehens. Das *freie Stehen* fällt manchem Tabiker schwer und muß geübt werden, zuerst mit dem auf den Boden gerichteten Blick, dann mit dem Blick geradeaus. Schließlich werden die Augen für einen Moment geschlossen. Dann folgt das Stehen mit seitlich oder nach vorn gestreckten Armen, das Stehen mit leicht gebeugten Hüft- und Kniegelenken, der Zehenspitzenstand usw.

Das Gehen wird zuerst im Gehbarren oder mit Hilfe von zwei Personen, die den Kranken beiderseits in den Achselhöhlen stützen, dann mit einer Person geübt. Später genügen zwei mehrbeinige, zwei einbeinige und schließlich nur ein einziger Stock als Unterstützung. Hat der Kranke durch diese Übungen eine gewisse Sicherheit erlangt, dann versuche er, während des Gehens den Blick nach vorne auf die gegenüber liegende Wand zu richten. Es folgen Übungen im Gehen mit leicht gebeugten Knien, seitwärts gehen, rückwärts gehen, Gehen mit voreinander gesetzten Füßen auf einer Bodenzeichnung, Gehen auf einer schiefen Ebene, Treppen steigen mit und ohne Anhalten.

Orthopädische Behelfe. Schon das einfache Bandagieren der Knie- und Sprunggelenke erleichtert oft das Gehen wesentlich. In manchen Fällen sind orthopädische Behelfe notwendig. Infolge der Hypotonie der Muskeln kommt es bei der Tabes leicht zu einer Überdehnung der Gelenkkapsel und Gelenkbänder (Genu recurvatum). Um dieser vorzubeugen oder ihre weitere Entwicklung hintanzuhalten, sind häufig orthopädische Stützapparate (Kniehülsen, Fuß- oder Beinschienen) nötig.

Schrifttum

BUMKE, O. u. O. FOERSTER: Handbuch der Neurologie, Bd. 8. Berlin: Julius Springer. 1936.
FRENKEL, S.: Die Behandlung der tabischen Ataxie. Leipzig: F. C. W. Vogel. 1900.
GOLDSCHEIDER: Anleitung zur Übungsbehandlung der Ataxie, 2. Aufl. Leipzig: G. Thieme. 1904.

Multiple Sklerose

Pathologie. Im Krankheitsbild der multiplen Sklerose oder Encephalomyelitis disseminata treten vor allem die motorischen Störungen hervor. Da durch die sklerotischen Herde im Gehirn und Rückenmark vielfach auch pyramidale und extrapyramidale Bahnen getroffen werden, kommt es zu einer Steigerung des Muskeltonus und Bewegungsstörungen, die den Charakter der spastischen Lähmung tragen, kombiniert mit zerebellaren Symptomen (Ataxie, Intentionstremor).

Die Aufgabe der physikalischen Therapie ist es, einerseits die Bewegungsstörungen zu bessern, andererseits das Allgemeinbefinden des Kranken günstig zu beeinflussen. Leider sind die Aussichten in dieser Beziehung sehr bescheidene. Spontane Besserungen, die bisweilen eintreten, täuschen leicht einen Erfolg der Therapie vor.

Vorbeugung und Schonung. Wie bei der Tabes werden wir uns bemühen, durch *Abhaltung aller Schädlichkeiten*, wie körperlicher oder geistiger Überanstrengung, seelischer Aufregungen, Erkältungen und Durchnässungen, Mißbrauch von Alkohol, Nikotin usw., den Fortschritt des Leidens zu verzögern. Eine vier- bis sechswöchige *Freiluftliegekur*, wie wir sie auf S. 367 beschrieben haben, wird als Schonungstherapie stets von Nutzen sein. Vielfach vermag schon die Bettruhe allein, wie sie durch den Aufenthalt in einem Krankenhaus bedingt wird, das Leiden zu bessern.

Die Mechanotherapie steht unter den verschiedenen Behandlungsmethoden an erster Stelle. Sie hat die Aufgabe, die Spasmen zu lindern und dadurch vor allem das Gehen zu verbessern. Die Behandlung ist daher eine ähnliche, wie wir sie bei der Hemiparese und der Paraparese beschrieben haben. Sie besteht in *passiven Bewegungen* der spastisch versteiften Gelenke, wenn möglich im warmen Bad. Weiters sucht man durch *lockerndes Walken* und *Schütteln der Muskel* wie der ganzen Extremitäten den gesteigerten Muskeltonus herabzusetzen. Das Gehen wird man durch eine systematische *Übungstherapie* zu bessern versuchen, wie wir sie auf S. 196 beschrieben haben. Kraft- und Widerstandsübungen sind zu vermeiden, da die Erfahrung lehrt, daß jede Muskelanstrengung den Intentionstremor verstärkt.

Elektrotherapie. Mit der Anwendung des elektrischen Stromes ist Vorsicht geboten. Galvanische *Vierzellen-* oder *Vollbäder* von geringer

Stromstärke, dreimal wöchentlich verabfolgt, scheinen in vielen Fällen von Nutzen zu sein. Auch leichte allgemeine Durchwärmungen mit *Lang-* oder *Kurzwellenströmen*, bei denen es aber zu keiner merklichen Erhitzung kommen darf, wirken entspannend und beruhigend. Dagegen ist eine Kurzwellenhyperthermie bis zu Fiebertemperaturen, wie sie von amerikanischen Ärzten empfohlen wurde, abzulehnen.

Hydrotherapie und Bäder. Leichte *hydrotherapeutische Anwendungen* mildern gleichfalls die Spasmen. Man beginnt mit einem *Rumpfwickel* und geht, wenn dieser gut vertragen wird, zu einer *Dreiviertel-* und schließlich zu einer *Ganzpackung* über, der man als Abkühlung ein Halbbad von 34 bis 30° C (absteigend auf 30 bis 26° C) folgen läßt. In manchen Fällen wird man sich mit *Halbbädern* oder *Teilabreibungen* allein, die man täglich verabfolgt, begnügen.

Vor energischen Kaltwasseranwendungen, wie kalten Bädern, Duschen, Ganzabreibungen u. dgl., hüte man sich. Desgleichen sind intensive Wärmeeingriffe, wie Heißluft-, Dampf-, Schlamm-, Moor- oder Sandbäder gegenangezeigt. Sie können zu einer bedenklichen Verschlimmerung des Krankheitszustandes führen.

Laue Bäder von 36 bis 37° C in der Dauer von 15 bis 20 Minuten sind empfehlenswert. Als Zusatz kann ein Kiefer- oder Fichtennadelextrakt, 1 bis 2 kg Stein- oder Sudsalz oder eine Abkochung von Flores graminis oder Folia malvae dienen. Im Bad lassen die Muskelspasmen merklich nach, was man dazu benützt, aktive und passive Bewegungen ausführen zu lassen. Auch *Luftperlbäder*, vor allem aber *Kohlensäurebäder*, wirken auf die reflektorische Übererregbarkeit dämpfend. Man gibt sie in einer Temperatur von 35 bis 36° C, 10 bis 20 Minuten lang, dreimal in der Woche. Eine einstündige Ruhe nach dem Bad ist Bedingung für den Erfolg.

Klima- und Heilbäderbehandlung. Alle Orte im Mittelgebirge sowohl wie am Meer, die ein sogenanntes *Schonungsklima* aufweisen, also frei sind von starken klimatischen Schwankungen, sind zur Erholung für einen Kranken mit multipler Sklerose geeignet. Dazu zählen nicht die Bäder an der Nordsee und die mehr als 1000 m hoch gelegenen Orte im Gebirge.

Als Heilbäder im engeren Sinn kommen in Betracht *Kochsalzbäder,* wie Wiesbaden, Baden-Baden, Ischl in Oberösterreich, und *Kohlensäurebäder*, wie Kissingen in Bayern, Oeynhausen in Westfalen. Bäder von größerer Reizstärke, wie Radonbäder, sind nicht zu empfehlen.

Neuritis und Neuralgie

Pathologie. Es ist ein unfruchtbares Beginnen, die Neuritis und Neuralgie differentialdiagnostisch voneinander unterscheiden zu wollen. Die Neuralgie, d. h. der Nervenschmerz, ist meist das erste klinische Symptom einer Neuritis, falls diese einen sensiblen oder gemischten Nerven betrifft. Das gilt vor allem für die weitaus häufigsten Formen, die Neuritis des Plexus brachialis und die Neuritis ischiadica. Später können auch Störungen der Sensibilität, der Motilität, der Trophik, der Reflexe und andere Erscheinungen auftreten.

Die Ursachen der Neuritis und Neuralgie stellen teils örtliche oder allgemeine Infektionen, teils traumatische Einwirkungen dar. Wesentlich für die Therapie ist es, ob die Erkrankung akut, subakut oder chronisch ist. Je frischer und akuter eine Neuritis ist, um so schwächer muß der therapeutische Reiz sein, je länger das Leiden besteht, um so stärker kann er sein.

Versuch einer Kupierung. Bei dem Auftreten einer akuten Neuritis, die anscheinend infektiöser Genese ist, kann man den Versuch einer Kupierung machen. Man verabfolgt dem Kranken ein langsam von 37 auf 39 bis 40° C aufgeheiztes Vollbad in der Dauer von 30 Minuten, nach welchem er im Bett eine Stunde lang nachschwitzen soll. Um das Schwitzen zu erleichtern, kann man gleichzeitig heißen russischen Tee mit einer größeren Dosis von Aspirin, Pyramidon, Irgapyrin oder einem anderen Antineuralgikum geben. Diese Kombination kann in den folgenden Tagen noch ein bis zweimal wiederholt werden. Daneben verordnet man salinische Abführmittel, wie Magnesium oder Natrium sulfuricum, einen Kaffeelöffel voll aufgelöst in einem Glas Wasser vor dem Frühstück langsam zu trinken.

Allgemeine Maßnahmen. Das erste Gebot ist es, die schmerzhaften Teile möglichst ruhig zu stellen, da erfahrungsgemäß jede Bewegung die Schmerzen erhöht. Bei der akuten Ischias ist das nur durch Bettruhe möglich, bei der Brachialneuritis genügt meist eine Armbinde. Die kranken Teile sind ferner vor Kälteeinwirkungen zu schützen (Wolle, Flanell, Watteverband). Im akuten Stadium wird man neben der physikalischen Therapie schmerzstillende Medikamente nicht entbehren können.

Thermotherapie. Mit der Anwendung von Wärme sei man bei einer akuten Neuritis sehr vorsichtig, sie wird häufig nicht vertragen. Die Erfahrung lehrt beispielsweise, daß bei Patienten im akuten Anfall einer Armneuritis meist schon die Bettwärme Schmerzen auslöst. Sie können nur dadurch gebannt werden, daß der Kranke den Arm unter der Bettdecke hervornimmt, um ihn zu kühlen. Es verrät daher eine bedenkliche Unwissenheit, wenn der Arzt einem Kranken mit einem akuten Ischiasanfall sofort Heißluft oder Schlammpackungen verordnet. Glücklicherweise hat es der Kranke schon nach der ersten oder zweiten Behandlung heraus, daß dadurch sein Zustand verschlimmert wird und lehnt die weitere Behandlung ab.

Die Wärmebehandlung kann in dem Maß intensiver werden, als die Krankheit aus dem akuten in das subakute und chronische Stadium übergeht. Man versuche zunächst *Wärmelampen* (Sollux, Vitalux, Infraphil), deren Strahlungsintensität man durch die Entfernung der Lampe vom Körper leicht dosieren und durch ein vorgeschaltetes Rot- oder Blaufilter dämpfen kann. Sie können ebenso wie *Teillichtbäder* im Haus des Kranken zur Anwendung kommen. Die Bestrahlungszeit wird mit 30 bis 60 Minuten bemessen. Zur Thermotherapie geringerer Reizstärke gehört auch die *Kurzwellenbehandlung*.

Intensiver sind *Heißluftbehandlungen* in mit Widerständen geheizten Kasten, *Schlamm-, Moor-* und *Paraffinpackungen*, alles Verfahren, die aber nicht mehr im Haus des Kranken, sondern nur in einer Anstalt durchführbar sind.

Sehr wirksame Mittel in älteren hartnäckigen Fällen von Ischias sind die *Dampfdusche* oder die heiße *Vollstrahldusche*, die auch als *wechselwarme Dusche* verabfolgt werden kann. Weniger wirksam ist die *Unterwasserdusche*. Neben der örtlichen Wärmetherapie können in schweren Fällen auch allgemeine Wärmeanwendungen mit Erfolg verordnet werden. Zu diesen gehören *Heißluft-, Dampfkasten-* und *Vollichtbäder*, allmählich aufgeheizte Vollbäder, *Überwärmungsbäder*, bei denen die allgemeine Körpertemperatur auf 38 bis 39° C getrieben wird. Schließlich sei noch der *Sauna* gedacht.

Elektrotherapie. Eines der wirksamsten Mittel zur Behandlung einer Neuritis oder Neuralgie ist der *konstante galvanische Strom*, der nicht selten eine spezifisch schmerzstillende Wirkung entfaltet. Bei der Ischias wird man ihn in der Weise anwenden, daß man das kranke Bein in ein Zellenbad tauchen läßt, während man über die Lumbalgegend oder das Gesäß eine 200 qcm große Plattenelektrode legt. Die Stromrichtung sei absteigend. In analoger Weise wird bei einer Armneuritis ein Zellenbad mit einer Nackenelektrode kombiniert. In ganz schweren Fällen von Ischias greife man zu der von dem Verfasser angegebenen *Quergalvanisation* des Beines, die nicht selten dort noch einen Erfolg erzielt, wo alle anderen Mittel versagt haben. Nicht in gleicher Weise überzeugend ist die Behandlung mit *Kurzwellen*.

In vielen Fällen von Neuralgien, besonders solchen der Hautnerven (Meralgia paraesthetica, Narbenneuralgien, Coccygodynie, Interkostalneuralgie), erweisen sich die *Funkenentladungen der Hochfrequenzströme* sehr wirksam. Da sie im Sinn eines Hautreizes wirken sollen, müssen sie so stark sein, daß eine deutliche Rötung zustande kommt.

Ultraviolettlichtbehandlung. Ebenso wie die Hochfrequenzfunken können auch die ultravioletten Strahlen als Hautreiz dienen. Man setzt über dem Schmerzbezirk meist in Zwischenräumen von einem Tag *Ultraviolettlicht-Eryth eme* (13 × 13 cm), die sich eng aneinanderreihen. Bei der Ischias findet man mit fünf oder sechs solchen Feldern sein Auslangen. Die Wirkung ist häufig eine schlagartige. Die Ultraviolettlichtbehandlung ist ein guter Ersatz für die Hautreiztherapie, wie man sie früher mit Schröpfköpfen, Senfkataplasmen, Kantharidenpflaster und ähnlichen Mitteln ausgeführt hat. Auch das von MUNARI in Treviso und Florenz geübte Geheimverfahren gehört hierher. Man hat es in Deutschland unter dem Namen italienische Schnellkur vielfach nachzuahmen versucht.

Mechanotherapie. Eine alte Methode der mechanischen Ischiasbehandlung ist die *Dehnung des Nerven*, die man früher auch an dem durch Operation bloßgelegten Nervenstamm, und zwar in recht brutaler Weise, vornahm. Heute macht man das einfacher und schonender, indem man das im Kniegelenk gestreckte Bein wie bei dem Versuch nach LASÈGUE langsam hebt und eine Zeitlang in erhobener Stellung festhält. Man kann diese Übung auch im warmen Bad vornehmen.

Eine schonende *Massage* ist in älteren Fällen von Ischias nicht nur wegen der Schmerzen, sondern auch wegen der häufig bestehenden Muskelatrophie und etwaigen Paresen sehr zweckmäßig. Sie muß mit Gefühl und entsprechender Sachkenntnis durchgeführt werden. Sollte sie wie auch die Dehnung des Nerven anfangs Schmerzen machen, so hat das nichts zu bedeuten, insofern der Kranke nach dieser „negativen" Phase eine Besserung seiner Beschwerden wahrnimmt. Eine Behandlung der Skoliose ist fast nie notwendig, sie schwindet mit den schmerzbedingten Muskelspasmen von selbst.

Heilbäderbehandlung. Man hüte sich, eine akute Ischias in einen Kurort zu schicken. Solche Kranke gehören ins Bett. Auch nach dem Abklingen des akuten Anfalls sei man noch eine Zeitlang recht vorsichtig und verordne vor allem nicht gleich ein Schlamm- oder Moorbad. Eine rapide Verschlimmerung kann die Folge eines solchen Mißgriffes sein. Im übrigen kommen für die Ischias genau die gleichen Heilbäder in Betracht, die wir bereits bei der Polyarthritis chronica (S. 228) aufgezählt haben.

Psychische und vegetative Neurosen

Allgemeines. Psychische und vegetative Neurosen sind auf das engste miteinander verknüpft. Beide sind psychisch weitgehend beeinflußbar. Darum wird jeder gute Arzt die Physiko- mit der Psychotherapie in der Weise vereinen, daß die psychische von der physikalischen Behandlung getragen wird. Vor allem ist es der Glaube an die Behandlung selbst, der den Erfolg entscheidet. Das soll jedoch nicht sagen, daß nunmehr die Art der Behandlung ganz gleichgültig sei, denn wir wissen, daß hydriatische und andere physikalische Methoden die Organfunktionen in ganz bestimmter Weise beeinflussen.

Jeder Behandlung muß eine *eingehende Untersuchung* vorausgehen. Sie bildet sozusagen einen Teil der Behandlung, denn die nach ihr abgegebene Versicherung, es liege kein organisches oder irgendwie gefährliches Leiden vor, vermag manche Kranke schon von ihren Angstvorstellungen zu befreien. Der körperlichen Untersuchung folgt eine *vertrauensvolle Aussprache*, die dem Arzt die Möglichkeit geben soll, die seelischen Hintergründe der Erkrankung kennenzulernen. Auch über die Lebensführung des Neurotikers, die nicht immer eine sehr vernünftige ist, muß sich der Arzt unterrichten, um etwaige Schädlichkeiten, wie körperliche oder geistige Überanstrengung, Mißbrauch von Alkohol, Nikotin, Verirrungen des Geschlechtslebens und ähnliches, abstellen zu können.

Die Hydrotherapie steht bei der Behandlung der Neurosen an erster Stelle, denn es gibt kein anderes Mittel, das den vegetativen Tonus so rasch und überzeugend umzustimmen vermag wie das warme oder kalte Wasser.

Leider ist das Wissen um die oft erstaunlichen Wirkungen der Hydrotherapie der jüngeren Ärztegeneration vor allem in Österreich vollkommen verlorengegangen. Es wäre an der Zeit, daß die Hydrotherapie, die vor 50 Jahren noch in höchstem Ansehen stand, wieder einmal entdeckt würde.

In leichten Fällen wird schon eine Wasserbehandlung im Hause des Kranken eine Besserung erzielen können, in schweren dagegen ist eine Anstaltsbehandlung nicht zu umgehen. Die einfachste Form der Hydrotherapie ist die *Teilwaschung* (S. 17) mit Wasser von 20 bis 25° C, die der Kranke des Morgens nach dem Aufstehen an sich selbst vornimmt. Steht eine Hilfskraft zur Verfügung, so kann an die Stelle der Teilwaschung eine *Teilabreibung* (S. 16) treten, die am besten noch im Bett vor dem Aufstehen vorgenommen wird. Auch eine *kalte Dusche* oder eine zunächst laue und dann immer *kälter werdende Dusche* von 1 bis 2 Minuten Dauer wirkt anregend und erfrischend.

Auch kurze *kalte Bäder* in einer mit Wasser von 20 bis 25° C bis zur Hälfte gefüllten Wanne, in denen sich der Kranke mit einem Frottierlappen oder einer Bürste kräftig abreibt, tun gute Dienste. Je kälter das Bad, um so kürzer seine Dauer.

An die Stelle der kalten Duschen und Bäder können mit gleichem Erfolg heiße treten. Diese sind besonders in der kalten Jahreszeit vorzuziehen. Sehr kaltes und sehr heißes Wasser wirken in dem gleichen Sinn sympathikotonisch, welche Reaktion in kurzer Zeit in eine vagotonische umschlägt.

Ungleich wirksamer als die Kaltwasseranwendung im Haus des Kranken ist eine richtige Kur in einer von einem tüchtigen Facharzt geleiteten Anstalt. Hier bilden die Teilabreibungen und Teilwaschungen meist nur die Einleitung, um die Gefäßreaktion des Kranken kennenzulernen. Die wirksamsten Maßnahmen sind *Feuchtpackungen* und *Halbbäder*. Will man vorsichtig sein, so geht man von dem *Rumpfwickel* über die *Dreiviertelpackung* zur *Ganzpackung*, an die man ein *Halbbad* mit einer Temperatur von 34 bis 30° C anschließt, die im Verlaufe der Kur allmählich erniedrigt wird. *Ganzabreibungen* dürfen nur bei kräftigen, herz- und gefäßgesunden, nicht aber bei gefäßlabilen Neurotikern zur Anwendung kommen. Nach jeder hydrotherapeutischen Anwendung muß sich der Kranke frisch, wohl und angeregt fühlen. Nie darf er nachher frieren oder frösteln.

Bäderbehandlung. Nicht in dem gleichen Maß wirksam wie die aufgezählten hydriatischen Prozeduren sind *Wannenbäder*. Man kann ihnen ein Kiefernadelextrakt, 1 bis 2 kg Stein- oder Sudsalz oder eine Kräuterabkochung zusetzen. Ihre Temperatur kann je nach dem persönlichen Empfinden des Kranken zwischen 35 bis 37° C schwanken. Solche Bäder werden dreimal wöchentlich verabfolgt.

Sehr empfehlenswert sind *Bürstenbäder*, die das Bad mit einer leichten Massage verbinden. Auch *Luftsprudelbäder* erfreuen sich bei den Kranken einer großen Beliebtheit. *Kohlensäurebäder* wirken wohl oft beruhigend, werden aber von manchen übererregbaren Kranken nicht vertragen.

Freiluftbehandlung, Gymnastik, Sport. Der Neurastheniker soll so viel wie möglich seinen Körper *frischer Luft* aussetzen. Er soll tunlichst bei offenem Fenster schlafen, seine morgendliche Körperpflege unbekleidet besorgen, luftdurchlässige Kleidung und ebensolche Schuhe tragen, zeitweilig ohne Kopfbedeckung gehen.

Fühlt sich der Kranke ermüdet oder erschöpft, so wird ihm eine *Freiluftliegekur* im Garten, auf einer offenen Veranda oder auch nur einem Balkon gute Dienste tun. Fühlt er sich kräftig, so soll er spazierengehen, radfahren oder in möglichst geringer Bekleidung (Badeanzug) leichte oder schwere Gartenarbeiten verrichten. Er soll im Freien turnen, schwimmen, rudern und anderen *Sport* betreiben, er soll Handball, Tennis spielen u. dgl. Doch achte man stets darauf, daß all das von den Kranken nicht übertrieben wird, wozu die Neurastheniker in besonderer Weise neigen.

Sonnenbäder sind im allgemeinen nicht ratsam; sie werden von vielen neurotisch Veranlagten nicht vertragen. Erklärt jedoch ein Kranker, daß sie ihm wohltun, dann soll er sie mit allen jenen Vorsichtsmaßnahmen (ansteigende Dosis, Kopfschutz, nachfolgende Abkühlung) gebrauchen, die im allgemeinen Teil (S. 91) angegeben worden sind. Auch wird man dem Kranken raten, sie nicht gerade in der prallen Mittagssonne, sondern in den Vormittagsstunden oder am Nachmittag zu nehmen.

Die Gymnastik wird zweckmäßigerweise mit der Freiluftbehandlung verbunden. So können im Anschluß an das morgendliche Bad, die Dusche, Teilabreibung oder -waschung Turnübungen unbekleidet vorgenommen werden oder es kann, wie bereits erwähnt, tagsüber im Freien geturnt werden. Ist das undurchführbar, so weist man den Kranken an eine Turnschule. Die Gymnastik besteht im wesentlichen aus *Freiübungen:* Schwungbewegungen der Arme, Beine und des Rumpfes, Kurzstreckenlauf, Springen usw.[1] Auch hier ist vor jeder Übertreibung zu warnen. Zweckmäßig ist es, mit dem Turnen oder dem Sport eine leichte *allgemeine Körpermassage* zu verbinden.

Heilbäderbehandlung. Jede Entfernung des Neurasthenikers aus seiner gewohnten Umgebung mit ihren alltäglichen Sorgen und Pflichten wird für ihn eine Erholung bedeuten, insofern ihm der neue Aufenthaltsort die nötige Bequemlichkeit und Ruhe bietet. Ein mondäner Kurort ist für diesen Zweck nicht geeignet. Dagegen werden alle Orte des waldigen Mittelgebirges in Thüringen, Bayern, Tirol, Kärnten usw. diesem Zweck dienen. Sie werden sich in ganz besonderer Weise hierfür eignen, wenn sie eine von einem tüchtigen Facharzt geleitete Kaltwasseranstalt besitzen. Die klassische Stätte für solche Kuren ist *Wörishofen* im bayrischen Allgäu. Andere Kurorte sind *Berggießhübel* in Sachsen, *Berneck* im Fichtelgebirge, *Münstereifel* im Rheinland, *Neustadt* im Schwarzwald, *Schärding* in Oberösterreich.

---

[1] Als Anleitung für Turnübungen seien empfohlen: EDI POLZ, die lustige Edi-Polz-Gymnastik. München: Knorr u. Hirth. — KÄTHE HYE, Turnen mit Freude und Humor. Wien und Leipzig: Deutscher Verlag für Jugend und Volk. Auch andere Bücher der gleichen Autoren.

Anhang

Die Schlaflosigkeit ist ein sehr häufiges Symptom, das nicht nur bei Neurosen, sondern auch bei anderen Erkrankungen und als selbständiges Leiden vorkommt. Ein warmes *Vollbad* in der Dauer von 20 bis 30 Minuten, das unmittelbar vor dem Schlafengehen genommen wird, erweist sich häufig von Nutzen. Doch darf nicht unerwähnt bleiben, daß es einzelne Menschen gibt, die ein solches Bad als schlafstörend empfinden. In anderen Fällen führt ein *kaltes* oder *wechselwarmes Fußbad* oder das *Wassertreten* in einer 20 cm hoch mit kaltem Wasser gefüllten Wanne zum Erfolg. Bisweilen genügen schon zwei *Wadenwickel* oder zwei *nasse Strümpfe*. Wacht der Kranke nachts auf, ohne wieder einschlafen zu können, dann bringt nicht selten eine *kalte Abwaschung* des Kopfes, der Arme und des Brustkorbes oder eine sehr *heiße Dusche* den ersehnten Schlaf.

Man rate dem Schlaflosen im Sommer bei ganz, im Winter bei teilweise offenem Fenster zu schlafen, die Temperatur seines Schlafzimmers möglichst niedrig zu halten, sich im Sommer nur mit einem Leintuch zuzudecken, den Versuch zu machen, ohne Keilkissen mit ganz niedrig gelagertem Kopf zu schlafen. All diese für den Gesunden meist belanglosen Dinge sind für den Neurotiker oft von Bedeutung.

Kopfschmerz. Die dagegen angewandten Maßnahmen können in solche unterschieden werden, die direkt am Schädel angreifen, und solche, welche die Füße zum Angriffspunkt nehmen und ableitend wirken sollen. Zu den ersten zählen warme und kalte Einwirkungen auf den Kopf. Bisweilen verrät schon die Blässe oder Rötung des Gesichtes, ob wir es mit einer Anämie oder einer Hyperämie des Gehirns und seiner Häute zu tun haben und ob im gegebenen Fall Wärme oder Kälte angezeigt ist. Die Wärme kommt in Form *warmer* und *heißer Umschläge* oder mit Hilfe von *Wärmelampen* oder *Kopflichtbädern* zur Anwendung. Auch eine *Kurzwellenbehandlung* des Schädels erweist sich häufig erfolgreich. Als Kälteeinwirkung stehen uns nur *kalte Kompressen* mit oder ohne Kühlschlauch zur Verfügung.

Unter den elektrischen Verfahren steht die *Galvanisation* des Schädels (S. 112) an erster Stelle. Sie wirkt in vielen Fällen überraschend gut. Auch *Hochfrequenzeffluvien* haben sich bewährt.

Desgleichen leistet die *Massage* des Schädels, von einer geschickten und geschulten Hand ausgeführt, oft ausgezeichnete Dienste.

Zu den ableitenden Verfahren, die reflektorisch die Durchblutung des Gehirns und seiner Häute beeinflussen sollen, rechnet man *heiße, kalte* oder *wechselwarme Fußbäder*, in die man zur Verstärkung der Hautreaktion 20 g Senfmehl in einem Leinensäckchen einhängen kann.

Beschäftigungsneurosen

Allgemeines. Sie treten immer nur bei der Ausübung einer bestimmten Berufstätigkeit, wie beim Schreiben, beim Spielen eines Musikinstrumentes in Erscheinung und sind teils durch spastische und ataktische, teils durch kraftlose oder schmerzhafte Zustände gekennzeichnet. Meist liegt dem Leiden eine neuropathische Konstitution zugrunde. Deshalb soll neben der örtlichen auch immer eine allgemeine Behandlung, wie wir sie bei der Neurose geschildert haben, durchgeführt werden.

Behandlung. Jede Behandlung beginnt mit dem *Aussetzen der die Beschwerden auslösenden Tätigkeit* für die Dauer von 4 bis 8 Wochen. Diese Zeit soll der Kranke womöglich dazu benützen, sich im Gebirge oder an der See zu erholen und daselbst die ihm verordnete Behandlung durchzuführen.

Als örtliche Maßnahmen kommen vor allem *warme Armbäder* in Betracht, denen man eine Abkochung von Kamillenblüten oder Malvenblättern, einen Eßlöffel Ischler Salz oder die gleiche Menge von Acetum aromaticum zusetzt. Sie werden täglich ein- oder auch zweimal in der Dauer von 20 Minuten genommen. Im Bad selbst werden *Fingerübungen* (Strecken, Beugen, Spreizen) ausgeführt, wobei man besonders jene Bewegungen bevorzugt, bei denen die verkrampften Muskeln gedehnt werden. Anschließend daran wird eine leichte *Streich-* und *Vibrationsmassage* der Arm- und Handmuskeln durchgeführt. Auch die gleichzeitige Anwendung von feuchter Wärme und Massage in Form der *Duschenmassage* ist empfehlenswert. Von den elektrischen Verfahren haben sich besonders *galvanische Zellenbäder sowie Lang- und Kurzwellendiathermie* bewährt. Wird die Berufstätigkeit wieder aufgenommen, so darf das zunächst nur vorsichtig und versuchsweise geschehen, um bei einem neuerlichen Auftreten von Beschwerden sofort wieder ausgesetzt zu werden.

Liegt ein *Schreibkrampf* vor, so sucht man ihn durch eine Umstellung des Muskelspiels hintanzuhalten. Dabei ist auf folgende Punkte zu achten:

Der ganze Unterarm von der Hand bis zum Ellbogengelenk soll auf der Tischplatte liegen. Das wird dadurch erleichtert, daß man die Stuhlkante nicht parallel, sondern schief zur Tischkante einstellt. Gleichzeitig soll der Kranke nicht vorgebeugt, sondern mit dem Rücken angelehnt sitzen. Er benütze einen dicken Korkfederhalter oder einen solchen, der am unteren Ende prismatisch gestaltet ist.

Tickkrankheit

Allgemeines. Die Tickkrankheit beruht zum Teil auf neurotischer Veranlagung, zum Teil aber stellt sie eine organische Erkrankung dar, bedingt durch enzephalitische Herde im Neo-Striatum. Sind die therapeutischen Aussichten schon bei den neurotischen Formen keine günstigen, so sind sie bei den organisch bedingten ausgesprochen schlecht.

Behandlung. Wie bei anderen Spasmen sucht man auch beim Tick die Krampfzustände durch Wärme zu beeinflussen. Man verwendet hierzu *warme Umschläge* mit einer Kräuterabkochung (Flores chamomillae, Folia malvae) oder *Wärmebestrahlungslampen* (Sollux-, Profundus-, Vitaluxlampe), die man, in genügend großer Entfernung aufgestellt, 30 bis 40 Minuten einwirken läßt. Auch *Langwellen* oder *Kurzwellen* kann man versuchen. Mit der Wärmebehandlung verbindet man eine leichte *Streich-*, *Schüttel-* oder *Vibrationsmassage* der von der Erkrankung befallenen

Muskeln. Bisweilen gelingt es auch, mit dem *galvanischen Strom* einen Erfolg zu erzielen. Leider sind diese Erfolge häufig nur vorübergehender Art, in kurzer Zeit pflegt der Tick wiederzukehren. Man sucht daher neben der örtlichen Behandlung noch durch *Hydrotherapie, Bäder-* und *Freiluftbehandlung,* wie das bei der Behandlung der Neurosen geschildert wurde, die ganze Persönlichkeit des Kranken umzustimmen.

Am ehesten scheint noch eine *psychomotorische Erziehung* (Rééducation motrice) im Verein mit suggestiver Beeinflussung des Kranken zum Ziel zu führen. Nach BRISSAUD besteht das Wesen dieser Erziehung in zwei Momenten: erstens in der willkürlichen Hemmung oder Unterdrückung der ungewollten Bewegungen und zweitens in der willkürlichen Nachahmung und Variation derselben, um so die vom Krampf erfaßten Muskeln wieder unter die Herrschaft des Willens zu bekommen.

1. Man fordert den Kranken auf, die zum Krampf neigenden Muskeln zur vollkommenen Ruhe zu zwingen, während man von 1 bis 10 zählt. Diese Zeit wird dann fortlaufend auf 1 bis 20 usw. verlängert. Während der Ruhigstellung der Krampfmuskeln führt der Kranke mit anderen Muskeln bestimmte Bewegungen aus. Handelt es sich z. B. um einen Fazialistick, so werden Bewegungen mit den Armen und Händen gemacht, ist der eine Arm befallen, so wird während seiner Ruhigstellung der andere bewegt usw.

2. Die zweite Übung besteht darin, daß der Kranke die Tickbewegung willkürlich nachahmt, jedoch ganz langsam in bestimmten Zeitabständen, die durch das Kommando des Gymnasten gegeben werden. Bei Fazialistick öffnet der Kranke z. B. den Mund und die Augen, um sie dann wieder zu schließen.

Hyperthyreose, Morbus Basedow

Allgemeines. Beide Erkrankungen unterscheiden sich nur dem Grad nach, nicht aber ihrem Wesen nach voneinander. Die Behandlung der Hyperthyreose, die ungleich häufiger vorkommt, ist derjenigen der vegetativen und psychischen Neurosen sehr ähnlich. Wir unterscheiden hier wie dort eine allgemeine und eine örtliche Behandlung.

Allgemeine Behandlung. Die Hydrotherapie steht wie bei allen vegetativen Störungen an allererster Stelle. Dabei ist zu bemerken, daß Kranke mit einer Hyperthyreose, die meist an Kongestionen und Hitzegefühl leiden, die Anwendung des kalten Wassers sehr angenehm, stärkere Wärme dagegen unangenehm empfinden. Von den hydriatischen Prozeduren erweisen sich *Feuchtpackungen* in Form von Rumpfwickeln, Dreiviertel- oder Ganzpackungen mit anschließenden Halbbädern sehr wirkungsvoll. Daneben kommen laue oder kühle *Bürstenbäder, Luftsprudel-, Sole-* oder *Kohlensäurebäder* in Frage.

Örtliche Behandlung. Bei Tachykardie wird man *kalte Kompressen* mit oder ohne Kühlschlauch verabfolgen. Von französischen Autoren wurde die *Galvanisation* der Schilddrüse empfohlen, wobei die Kathode in der Größe von 100 qcm über die Drüse, eine gleich große Elektrode als Anode auf den Rücken zu liegen kommt. Diese Behandlung wirkt in manchen Fällen überraschend gut. Dagegen hat der Verfasser von der Diathermie, die gleichfalls empfohlen wurde, in zwei Fällen eine ausgesprochene Verschlechterung gesehen.

Klima- und Heilbäderbehandlung. Sehr wirksam erweist sich ein *mehrwöchiger Aufenthalt im Hochgebirge* in einer Höhe von durchschnittlich 1000 m. Orte dieser Höhenlage sind Igls bei Innsbruck (900 m), St. Blasien (800 bis 1200 m), Semmering bei Wien (1000 m), Seefeld in Tirol (1200 m). Die an einer Überfunktion der Schilddrüse Leidenden akkommodieren sich auffallend rasch an solche Höhen, nur von Kranken mit Kompensationsstörungen des Kreislaufs werden sie bisweilen nicht vertragen.

Gegenangezeigt sind bei Hyperthyreosen und Morbus Basedow alle Orte, die eine jodhaltige Luft aufweisen, wie Seebäder, Jodquellen oder Kochsalzquellen, die eine jodhaltige Sole führen.

Stehen Störungen des Kreislaufs im Vordergrund, dann kommen vor allem *Kohlensäurequellen* in Frage. Schwerkranke werden am besten in einer Heilanstalt untergebracht.

III. Die Krankheiten des Herzens und der Blutgefäße

Herzschwäche

Allgemeines. Die physikalische Therapie ergänzt die chemische in wertvoller Weise, wenn auch die Art ihrer Wirkung eine grundsätzlich verschiedene ist. Während Digitalis und andere Mittel unmittelbar auf die Herzmuskelfasern wirken, ihre Leistung steigern und dadurch die Herzkraft heben, greift die physikalische Therapie im wesentlichen am peripheren Kreislauf an.

Herz und Kreislauf bilden eine dynamische Einheit. Jede Änderung der Herztätigkeit wirkt sich auch im Kreislauf aus, so wie jede Änderung des Kreislaufes das Herz in Mitleidenschaft zieht. So lange das Herz imstande ist, die von ihm geforderte Arbeit zu leisten, um das Sauerstoffbedürfnis der Gewebe zu decken, machen sich Kreislaufstörungen nicht bemerkbar. Tritt aber ein Mißverhältnis zwischen der Kraft des Herzens und den zu überwindenden Widerständen auf, indem entweder die Herzkraft absinkt oder die Widerstände anwachsen, so kommt es zu Insuffizienzerscheinungen von Seite des Herzens und in weiterer Folge zu einer Dekompensation des Kreislaufes. Bei eintretender Herzschwäche ist es Aufgabe der physikalischen Therapie, durch geeignete Maßnahmen die Kreislaufverhältnisse zu verbessern und so das Herz zu entlasten. Da die Methoden der Physikotherapie unspezifischer Art sind, so ist die Ursache der Herzschwäche von sekundärer Bedeutung. Die Behandlung ist die gleiche, ob eine Erkrankung des Endo- oder Myokards vorliegt.

Hydrotherapie. Um den Kreislauf zu bessern, sind leichte hydriatische Prozeduren sehr geeignet. Man beginne mit *Teilwaschungen* und *Teilabreibungen*, die bereits im Bett vorgenommen werden können. Ein ausgezeichnetes Mittel, um den Kreislauf anzuregen, ist das *Bürstenbad*, das durch eine geschulte Hilfskraft auch im Haus des Kranken verabfolgt werden kann. Es hat den Vorzug, daß seine Temperatur, die Dauer und Stärke der Bürstenmassage ganz dem augenblicklichen Zustand des Kranken angepaßt werden können.

Es muß bemerkt werden, daß Vollbäder, auch solche indifferenter Temperatur, von manchen Herzkranken nicht vertragen werden, da der hydrostatische Druck des Wassers den Brust- und Bauchraum einengt und die Arbeit des Herzens erschwert. In solchen Fällen muß man sich mit einem Dreiviertel- oder Halbbad begnügen.

Bei der Endokarditis, Perikarditis, der Hyperthyreose und Herzneurosen, bei denen die Herztätigkeit beschleunigt oder unregelmäßig ist, sind örtliche Wasseranwendungen auf die Herzgegend zweckmäßig. Zu diesen zählt der *Eisbeutel*, dessen Kältewirkung weitgehend durch die Dicke des unterlegten trockenen Tuches gemildert werden kann. Er kann durch einen *kalten Umschlag*, der wiederholt gewechselt oder durch einen Kühlschlauch kalt erhalten wird, ersetzt werden. Vielfach genügt ein *Prießnitzumschlag*, der nur im ersten Augenblick eine Kältewirkung entfaltet, aber doch beruhigend wirkt. Eine solche Beruhigung der Herztätigkeit kann auch durch einen *Brustwickel* erzielt werden.

Passive Bewegungen und Massage. Beide belasten das Herz in keiner Weise, sondern entlasten es vielmehr, indem sie den Blutkreislauf fördern. Sie können daher selbst bei bereits dekompensiertem Kreislauf zur Anwendung kommen.

Die passiven Bewegungen werden der Reihe nach in allen Gelenken der unteren und oberen Extremitäten durchgeführt: Fuß plantar und dorsal flektieren, pronieren und supinieren, kreisen. Hüft- und Kniegelenk beugen und strecken, im Hüftgelenk kreisen, die gleichen Bewegungen am anderen Bein. Dann folgen der Reihe nach beide Arme. Jede Bewegung soll fünfmal gemacht werden.

Die Massage der Extremitäten unterstützt gleichfalls die Blutbewegung, indem sie den Abfluß des venösen Blutes und der Lymphe beschleunigt und den venösen Druck herabsetzt. Sie ist daher auch in Fällen, in denen es bereits zu Stauungen und Ödemen gekommen ist, angezeigt.

Die Massage des Herzens selbst wird nur selten ausgeführt, obwohl ihr günstiger Einfluß auf die Herztätigkeit außer allem Zweifel steht. Sie dient vor allem dazu, subjektive Herzbeschwerden, wie Schmerz, Druck und Angstgefühle, zu beseitigen, sei es, daß diese einem organischen Herzleiden überlagert sind, sei es, daß sie als reine Neurose auftreten.

Die Massage wird in der Weise ausgeführt, daß man zuerst mit den Fingerspitzen, dann mit der flachen oder geballten Hand ganz weiche elastische Klopfungen macht. Ein weiterer Handgriff besteht darin, daß man die flache Hand auf die Herzgegend auflegt und nun in rascher rhythmischer Folge einen Druck ausübt. Sehr wirksam erweist sich die Vibrationsmassage, die man jedoch nur nach längerer Übung erlernt und daher besser mit einem Apparat (S. 212) ausführt, wobei man sich einer weichen halbkugelförmigen pneumatischen Pelotte bedient.

Aktive Bewegungstherapie. So lange der Herzmuskel insuffizient ist oder an der Grenze seiner Leistungsfähigkeit steht, sind ausschließlich passive Bewegungen im Verein mit Massage zulässig. Hat sich das Herz etwas erholt, so kann man zu aktiven Übungen übergehen. Es werden die gleichen Bewegungen, die früher rein passiv gemacht wurden, nunmehr aktiv durchgeführt. Später kann der Gymnast den Übungen auch einen kleinen Widerstand entgegensetzen.

Jede aktive Bewegung bedingt eine vermehrte Blutzufuhr und damit eine beschleunigte Blutbewegung, bedeutet also eine Mehrleistung für das Herz. Sie stellt somit eine Übungstherapie des Herzens dar, welche zur Voraussetzung hat, daß dieses noch über eine bestimmte Reservekraft verfügt. Dieser Kraftreserve muß sich die geforderte Muskelleistung genauestens anpassen. Der Kranke darf nie atemlos werden, seine Pulszahl darf nicht übermäßig ansteigen, vor allem aber — und das ist das Entscheidende — soll der Kranke in den der Übung folgenden Stunden eine Besserung, aber keineswegs eine Verschlimmerung seines Zustandes verspüren.

An dieser Stelle sei noch der von OERTEL empfohlenen *Terrainkuren* gedacht, die darin bestehen, daß der Kranke Wege mit zunehmender Steigung, die in manchen Kurorten für diesen Zweck angelegt wurden, begeht. Diese Übungen, die nach anfänglicher Überschätzung später ganz verworfen wurden, haben in geeigneten Fällen zweifellos einen therapeutischen Wert. Sie finden dort ihre Heilanzeige, wo es gilt, ein schwaches, nicht sehr leistungsfähiges Herz durch systematisch gesteigerte Gehleistung zu kräftigen.

Zu den aktiven Übungen gehören auch die *Atmungsübungen*. Jede vertiefte Atmung deckt nicht nur das Sauerstoffbedürfnis des Organismus in erhöhtem Maß, sondern wirkt auch unmittelbar auf den Kreislauf, indem sie den negativen Druck im Thoraxinnern vermehrt und damit die Ansaugung des venösen Blutes aus dem großen Kreislauf erleichtert. Bei forcierter Tiefatmung kann es sogar zu einem Überangebot an Blut an das Herz kommen, was bei einer Mitralstenose z. B. von Übel ist.

Man unterscheidet zwei Atmungstypen, die Brust- oder Rippenatmung und die Bauch- oder Zwerchfellatmung. Werden vorzugsweise die oberen Rippen mit dem Brustbein bewegt, so spricht man von einem costosternalen Atmungstyp, durch den überwiegend die oberen Lungenteile durchlüftet werden. Bewegen sich dagegen vornehmlich die unteren Rippen, wobei der Brustkorb sich seitlich erweitert und sich gleichzeitig das Zwerchfell kontrahiert, so nennt man das costoabdominalen Typ oder Flankenatmung. Diese ist es, die vor allem auf das Herz und den Kreislauf wirkt und daher bei Funktionsstörungen derselben geübt werden soll.

Die Atmungsübungen werden anfangs in bequemer Rückenlage, später auch im Sitzen vorgenommen. Es wird stets durch die Nase eingeatmet. Die Ausatmung findet zweckmäßig durch den Mund statt, wobei die Luft bei halbgeöffneten Lippen durch die Zähne mit einem sausenden Geräusch entweichen soll, das den Rhythmus und die Dauer der Ausatmung erkennen läßt. Diese soll möglichst vollkommen sein, was jedoch nicht durch eine krampfhafte Muskelanstrengung erzwungen werden darf. Zwischen die einzelnen Atembewegungen wird eine genügend lange Pause eingelegt.

Die Atemübungen wirken günstig bei venöser Stauung in den Bauchorganen, vor allem in der Leber, deren Blutentleerung durch die rhythmischen Auf- und Abbewegungen des Zwerchfells gefördert wird. Gleichzeitig wirken sie anregend auf die Darmtätigkeit und bekämpfen so die meist bestehende Obstipation.

Heilbäderbehandlung. Durch die in Bad Nauheim erzielten Erfolge bei Herzkranken ist das *Kohlensäurebad* das Herzbad geworden. Über seine Wirkung und Technik wurde bereits auf S. 63 gesprochen. Seine wichtigsten Indikationen sind: 1. Herzschwäche aus den verschiedensten Ursachen. 2. Herzklappenfehler, vor allem Mitralinsuffizienz, weniger wirksam bei Mitralstenose und Aortenfehlern. 3. Chronische Perikarditis. 4. Koronarinsuffizienz (näheres s. unten). 5. Herzneurosen, doch ist zu bemerken, daß die Bäder bei hochgradiger Übererregbarkeit oft nicht vertragen werden.

Gegenanzeigen bestehen bei jenen Kranken, die schon in der Ruhe oder bei ganz geringer Anstrengung dyspnoisch werden oder stärkere Erscheinungen der Dekompensation aufweisen.

Ein pathologisches Elektrokardiogramm bildet noch keine Gegenanzeige, doch sind Veränderungen desselben im Verlauf der Kur ein guter Maßstab für die Wirkung der Bäder auf den Herzmuskel.

Bestehen irgend welche Zweifel an der Verträglichkeit der Kohlensäurebäder, so versuche man zunächst die kohlensauren Eisenquellen *Elster, Kudowa, Pyrmont, Schwalbach, Altheide*, die fast ausnahmslos gut vertragen werden. Kräftiger wirken bereits *Franzensbad, Marienbad, Orb*. Am stärksten die kohlensäurehaltigen Solquellen *Nauheim, Oeynhausen, Salzuflen*.

Nicht jedem Herzkranken wird man sofort ein Kohlensäurebad verordnen, vielfach wird eine Erholung und Kräftigung des Herzens schon in einem klimatisch günstig gelegenen Ort ohne jeden Bädergebrauch möglich sein. Dazu eignen sich besonders *Orte im Mittelgebirge,* wo der Kranke bei entsprechender Lebensführung und Diät eine Liegekur, unterbrochen von kleinen Spaziergängen oder heilgymnastischen Übungen, durchführen kann.

Koronarinsuffizienz, Angina pectoris, Myokarditis

Pathologie. Eine erhöhte Leistung des Herzmuskels erfordert wie bei jedem anderen Muskel eine vermehrte Blutzufuhr. Wird diese für die Herzleistung nötige Blutmenge nicht erreicht, so kommt es zu dem, was man als Koronarinsuffizienz bezeichnet. Die Ursache liegt in einer Erkrankung der Koronargefäße, am häufigsten in einer Arteriosklerose oder einem Spasmus der Gefäße.

Die relative Anämie des Herzmuskels hat eine Herzschwäche zur Folge und subjektive Beschwerden, die von einem Beklemmungsgefühl über die Stenokardie bis zum schweren Anfall von Angina pectoris führen. Kommt es zum Verschluß eines Astes der Koronararterien durch Thrombose oder Embolie, so ist die Folge davon ein Myokardinfarkt. Wiederholte kleinere Infarkte führen zu einer Myokarddegeneration. Die Aufgabe der physikalischen Therapie ist es, in allen diesen Fällen die Durchblutung der Kranzgefäße zu verbessern. Dabei hängt der Erfolg wesentlich davon ab, ob die Koronarinsuffizienz auf einer anatomischen Verengerung der Gefäße oder auf einem Spasmus beruht.

Hydrotherapie. Man muß wissen, daß die Koronargefäße in dem gleichen Sinn wie die Hautgefäße reagieren, trotzdem ihre Erweiterung im Gegensatz zu den Hautgefäßen dem Sympathikus und ihre Verengerung dem Vagus obliegt.

Eines der zweckmäßigsten Mittel, um die Kranzgefäße zu erweitern, ist das allmählich aufgeheizte *Teilbad* nach HAUFFE. Es kann auch bei bettlägerigen Patienten zur Anwendung kommen. Über seine Technik wurde bereits auf S. 34 das Nötige gesagt. Bei Koronarinsuffizienz wird man in der Regel das Bad am linken Arm verabfolgen.

Es kommt durch die HAUFFEschen Teilbäder zu einer weitgehenden Erweiterung der Hautgefäße und der mit diesen gleichsinnig reagierenden Kranzgefäßen. Die Gefäßerweiterung hat eine Verminderung der peripheren Widerstände und damit ein Absinken des Blutdrucks zur Folge. Dadurch wird auch die Arbeit des Herzens erleichtert. Wir können daher solche Bäder auch bei Herzschwäche und essentiellem Hochdruck mit Erfolg zur Anwendung bringen.

Elektrotherapie. Auch die elektrische Stromwärme ist ein ausgezeichnetes Mittel, die Gefäße des Herzens zu erweitern und deren Durchblutung zu verbessern. Sie kommt in Form der *Lang- und Kurzwellendiathermie* bei stenokardischen Beschwerden zur Anwendung. Wie bei den Erkrankungen der peripheren Gefäße ist auch bei denen des Herzens Vorsicht geboten, da zu starke Durchwärmungen Schaden stiften können. Im übrigen ist die Lang- und Kurzwellenbehandlung auch differentialdiagnostisch von Wert, um festzustellen, wie weit die vorliegenden Beschwerden funktionell oder organisch bedingt sind. Im ersten Fall ist die Wirkung nicht selten eine verblüffend rasche. In dem Maß, wie die anatomischen Veränderungen überwiegen, werden die Aussichten auf einen Erfolg geringer. Ist nach längstens 10 Sitzungen eine Besserung nicht zu erkennen, so kann die Behandlung als erfolglos aufgegeben werden.

Die UV-Lichtbehandlung erweist sich bei stenokardischen Beschwerden oft recht wirksam. Man setzt in Zwischenräumen von ein bis zwei Tagen an der Vorderseite des Thorax über dem Herzen zwei bis drei Ultraviolettlicht-Erytheme, ebenso viele gegenüber am Rücken.

Die Heilbäderbehandlung. Bei der Koronarinsuffizienz kommen nur *Kohlensäurebäder* in Betracht. Doch dürfen diese nicht wahllos verordnet werden. Es ist klar, daß man einen frischen Herzinfarkt nicht in einen Kurort schickt. Nach einem schweren Anfall ist eine Badekur frühestens nach sechs Monaten zulässig. Dauerbeschwerden sprechen im allgemeinen besser an als typische Anfälle. Die besten Erfolge werden so wie bei der Kurzwellenbehandlung dort erzielt, wo die stenokardischen Beschwerden spastischer Natur sind.

Krankheiten der Arterien

Pathologie. Eine der häufigsten Erkrankungen der Arterien ist die *Arteriosklerose*. Sie ist eine Abnützungserscheinung und wird mit zunehmendem Alter häufiger, nimmt aber nicht selten schon mit den Vierzigerjahren ihren Anfang. Wir zählen sie zu den Angiosen. Zu diesen gehört auch die *diabetische Degeneration* der Arterien. Zu den entzündlichen Krankheiten der Blutgefäße, den Angitiden rechnen wir die *Endangiitis obliterans*. Sie ist eine Entzündung unspezifischer Natur, die nicht selten auch die Venen ergreift und kommt fast ausschließlich bei Männern jüngeren Alters vor. Eine entzündliche Erkrankung spezifischer Art ist die *Lues*, die am häufigsten am Aortenbogen und der Brustaorta lokalisiert ist.

Zu den Angioneurosen spastischer Natur gehört der *Morbus Raynaud*, der an den Fingern beider Hände anfallsweise auftritt und durch einen Krampf der kleinen Arterien veranlaßt wird. Nicht selten führt er zur „symmetrischen Gangrän". Zu den Innervationsstörungen zählt ferner die *Akrozyanose*, eine spastisch-atonische Störung, bei der der venöse Anteil der Kapillaren stark erweitert, die kleinsten Arterien dagegen spastisch kontrahiert sind. Bei der *Erythromelalgie* sind nicht nur die venösen, sondern auch die arteriellen Kapillarschenkel erweitert, gleichzeitig bestehen Schmerzen. Zur Gruppe der Innervationsstörungen gehören auch die Gefäßveränderungen, wie sie als Begleiterscheinungen bei *Lähmungen* und als Folge von *Kälteschäden* auftreten.

Allen aufgezählten Erkrankungen ist gemeinsam, daß sie Durchblutungsstörungen zur Folge haben. Die Aufgabe der physikalischen Therapie ist es, die Durchblutung zu verbessern. Da diese Therapie eine unspezifische ist, so ist sie bei allen angeführten Erkrankungen die gleiche.

Hydro- und Thermotherapie. Nach A. BIER ist die Wärme das geeignetste Mittel, um die Blutgefäße zu erweitern. Das ist allerdings nur dann der Fall, wenn die Wärme richtig zur Anwendung kommt. Wie wir bereits auf S. 5 erklärt und durch Plethysmogramme erläutert haben, haben kranke Gefäße ihre Elastizität und damit die Fähigkeit verloren, sich bei plötzlich einwirkender intensiver Wärme, so wie das gesunde Gefäße tun, rasch zu erweitern. Sie reagieren nicht selten paradox, d. h. sie verengern sich, ja sie verfallen in einen Krampfzustand. Es tritt also das Gegenteil von dem ein, was wir therapeutisch anstreben, nämlich eine Verschlechterung der Durchblutung.

Das ist immer dann der Fall, wenn ein Arzt bei vorgeschrittenen Gefäßerkrankungen dem Patienten sagt: „Nehmen Sie ein möglichst heißes Fußbad" oder „Machen Sie wechselwarme Fußbäder." Es ist so ziemlich das Schlechteste, was er verordnen könnte. Wenn RATSCHOW meint, daß die Gangräne in einem Drittel aller Fälle durch eine unzweckmäßige Wärmebehandlung veranlaßt wird, so mag das wohl stimmen. Wenn er aber daraus den Schluß zieht, daß eine örtliche Wärmebehandlung überhaupt nicht angezeigt sei, so kann ihm der Verfasser nicht beipflichten, denn die Wärme kann zweifellos auch in einer Form zur Anwendung kommen, in der sie nicht schadet, sondern nützt.

Zu diesen Anwendungsformen gehört das *Hauffesche Teilbad*. Es ist das ein Fuß- oder Handbad von 36° C, das durch allmählichen Zufluß von heißem Wasser in 20 Minuten auf 40° C aufgeheizt wird, worauf der Kranke noch 10 Minuten im Bad verweilt, um dann eine halbe bis eine Stunde im Bett zu ruhen. Handelt es sich um spastische Zustände der Hautgefäße, dann kann man auch ein kleines Säckchen mit Senfmehl (Semen sinapis pulv.) in das Bad einhängen, einigemal durch das Wasser ziehen und dann ausdrücken. Das sich dabei bildende Allylsenföl wirkt stark gefäßerweiternd. Empfehlenswert sind auch *laue und warme Bürstenbäder*, bei denen die gefäßdilatierende Wirkung der Wärme noch durch den mechanischen Reiz des Bürstens erhöht wird.

Nicht so wirksam wie die feuchte ist die gestrahlte Wärme, wie wir sie mit *Teillichtbädern* anwenden. In Bad Hall in Oberösterreich vereinigt man feuchte und strahlende Wärme in der Art, daß man die Beine in warme Kompressen von Jodwasser einschlägt, die durch einen Lichtbügel warm gehalten werden.

An dieser Stelle sei auch daran erinnert, daß den Gefäßkranken die Warmhaltung ihrer Beine durch Wollstrümpfe, gummibesohlte Schuhe oder Überschuhe besonders in der kühlen und kalten Jahreszeit zu empfehlen ist.

Verboten sind alle intensiven Hitzeeinwirkungen, wie sie Schlamm-, Moor- oder Sandpackungen darstellen. Ist die Gefäßerkrankung so weit vorgeschritten, daß eine Gangräne droht oder bereits eingetreten ist, dann kommt es meist zu heftigen Schmerzen. Um diese zu bekämpfen, wurde von amerikanischen Autoren eine Hypothermie empfohlen, d. h. die Einpackung des kranken Beines in Eisbeutel, um den Stoffwechsel und damit das Blutbedürfnis der Gewebe auf ein Mindestmaß herabzusetzen.

Die Elektrotherapie wird in Form der *Kurzwellenbehandlung* in ausgedehntem Maß geübt. Die Kurzwellen kommen am besten in Form des Spulenfeldes zur Anwendung, wobei darauf geachtet werden muß, daß nicht nur die Unterschenkel, sondern auch die Oberschenkel in das Feld eingeschlossen werden. Die Feldstärke darf nur eine ganz mäßige sein. Eine zweite Stromform zur Behandlung von Durchblutungsstörungen ist der *konstante galvanische Strom*, der am zweckmäßigsten mit Hilfe eines Zellenbades verabfolgt wird.

Die Behandlung mit UV-Strahlen erweitert die Kapillaren der Haut und kommt vor allem bei Kälteschäden zur Anwendung, die am häufigsten an Händen und Füßen vorkommen. Da diese Teile gegen Licht sehr wenig empfindlich sind, kann man bei Verwendung des Standardmodells der künstlichen Höhensonne bei einem Brennerstand von 60 cm mit einer Bestrahlungsdauer von 4 Minuten beginnen, die man mit jeder folgenden Sitzung um 2 Minuten verlängert. Sehr empfehlenswert ist die Kombination einer UV-Bestrahlung mit Lang- oder Kurzwellendiathermie, die auch gleichzeitig durchgeführt werden kann.

Mechanotherapie. Ist die Gefäßerkrankung bereits weit vorgeschritten, dann ist nach RATSCHOW eine mehrmonatliche *Bettruhe* dringend geboten, um jede überflüssige Beanspruchung der Gefäße zu vermeiden. Dabei ist es vorteilhaft, das Bein etwas tiefer zu lagern, was durch Entfernung der untersten Matratze leicht erreicht werden kann. Man kann jedoch auch das Kopfende des Bettes höher stellen. In diesem Fall ist es notwendig, gut gepolsterte Zügel durch die Achselhöhlen zu legen, um das Abwärtsgleiten des Körpers auf der schiefen Ebene zu verhindern. Um auch im Bett eine gleichmäßige Wärmehaltung der Beine zu gewährleisten und eine zufällige Abkühlung zu vermeiden, ist ein *Watteverband* zweckmäßig.

Aktive Bewegungen vermehren bekanntlich die Durchblutung, da der arbeitende Muskel einer 3- bis 5fach größeren Blutmenge bedarf als der ruhende. Ist ein Kranker bettlägerig, um das erkrankte Bein zu schonen, dann soll er mit dem gesunden Bein und beiden Armen mehrmals im Tag Turnübungen machen. Dadurch wird im Sinn einer konsensuellen Reaktion (S. 4) auch die Durchblutung des nicht bewegten Beines gebessert.

Neben den aktiven Bewegungen gibt es eine Reihe *passiver Maßnahmen*, welche das gleiche Ziel anstreben. Dazu gehört
die Esmarchsche Blutleere. Sie wird in der Weise ausgeführt, daß man das hochgehobene Bein von den Zehenspitzen bis zur Mitte des Oberschenkels mit einer 8 cm breiten Gummibinde in bekannter Weise umwickelt und dann am Ende der Umwicklung einen Gummischlauch anlegt, der die arterielle Blutzufuhr vollkommen absperrt. Die Blutleere wird 5 bis 10 Minuten lang erhalten. Dann öffnet man die Umschnürung und läßt dem Blut ebensolang freien Zutritt. Der beschriebene Vorgang wird zwei- bis dreimal hintereinander ausgeführt. Er wird von dem Kranken nicht sehr angenehm empfunden, erweist sich aber oft recht wirksam, indem der der Blutentziehung folgende „Bluthunger" der Gewebe zu einer starken arteriellen Hyperämisierung führt, welche besonders die Schmerzen günstig beeinflußt. Die ESMARCHsche Blutleere ist auch diagnostisch verwertbar, indem man aus der Schnelligkeit, mit der sich die Extremität nach der Lösung der Umschnürung wieder mit Blut füllt, einen Rückschluß auf die Schwere der Gefäßveränderungen ziehen kann.

Saug- und Druckbehandlung. Diese wird mittels eines besonderen Apparates ausgeführt, bestehend aus einem Glasgefäß, in dem durch eine kleine elektrische Pumpe abwechselnd ein Unter- und Überdruck erzeugt wird. Die kranke Extremität wird in das Gefäß eingebracht und dieses an seinem oberen Ende durch eine Gummimanschette luftdicht verschlossen. Nunmehr wird die Saugpumpe betätigt, bis ein Unterdruck von 50 mm Hg erreicht ist, der anfangs 13, später 20 Minuten aufrechterhalten wird. Dann wird die Pumpe umgeschaltet und ein Überdruck von 20 mm Hg erzeugt, der 5 Minuten lang einwirken gelassen wird. Diese Behandlung wird täglich wiederholt.

Die synkardiale Massage, die auf S. 214 beschrieben wurde, erteilt durch rhythmische, dem Puls synchrone Kompressionen der größeren Arterien dem Blutstrom einen zusätzlichen Bewegungsimpuls, um so die Durchblutung der peripheren Teile zu verbessern. Sie ist ein ausgezeichnetes Mittel bei arteriellen Durchblutungsstörungen jeder Art.

Auch die *Handmassage* steigert die Durchblutung, indem sie nicht nur durch zentripetale Streichungen den Abfluß des venösen Blutes unterstützt, sondern auch durch leichtes Kneten, Klopfen und Walken der Muskulatur zu einer Erweiterung der Kapillaren und Arteriolen führt und damit den Zufluß des arteriellen Blutes vermehrt.

Die Heilbäderbehandlung. Wie bei den Krankheiten des Herzens stehen auch bei denen der Blutgefäße die *Kohlensäurebäder* an erster Stelle. Die Kohlensäure erweitert durch ihren chemischen Reiz unmittelbar die peripheren Gefäße. Es kommen die gleichen Heilquellen zur Anwendung, die wir bereits auf S. 64 aufgezählt haben. Der Verfasser möchte an dieser Stelle wiederholen, daß Kohlensäurebäder mit einer Temperatur von 36 bis 37° C ungleich stärker gefäßerweiternd wirken als die sonst üblichen Bäder mit einer Temperatur von 34 bis 35° C. In Nauheim, Oeynhausen und anderen Orten werden auch *Kohlensäure-Gasbäder*, teils für den ganzen Körper, teils für einzelne Extremitäten verabfolgt. Sie kommen vor allem dort zur Anwendung, wo man wegen einer Gangräne Wasserbäder vermeiden will.

Jodquellen, wie Tölz und Wiessee in Bayern und Hall in Oberösterreich, sind für alle Arten peripherer Durchblutungsstörungen angezeigt. Hier wird das Jodwasser auch vielfach für Trinkkuren verwendet. Die gefäßerweiternde Wirkung des Jods ist nach SIEDEK keine reflektorische oder neurale, sondern kommt durch die direkte Einwirkung des Jods auf die Gefäßwand zustande, die dadurch eine Art Quellung erfährt.

Radiumquellen, wie Bad Gastein und Hofgastein in Salzburg, St. Joachimsthal in Böhmen, Brambach und Oberschlema in Sachsen, haben gleichfalls eine die Durchblutung steigernde Wirkung und kommen bei Erkrankungen der Gefäße mit Erfolg zur Anwendung.

Krankheiten der Venen

Pathologie. Eine der häufigsten Erkrankungen der Venen sind die *Varizen*, Erweiterungen und Schlängelungen der Venen an den unteren Extremitäten, bedingt durch den auf der Gefäßwand lastenden hydrostatischen Druck der Blutsäule. Voraussetzung für die Varizenbildung ist eine konstitutionelle Bindegewebsschwäche. Die Folge der Erweiterung des Venenquerschnitts ist eine Insuffizienz der Klappen und im weiteren Verlauf eine Umkehrung des Blutstromes. Dieser Rückfluß des Blutes in einzelnen Venen schädigt die Sauerstoffversorgung und damit die Ernährung der Gewebe. Es kommt zu einer Atrophie der Haut, verbunden mit Juckreiz, Ekzem und schließlich bei der kleinsten Verletzung zur Geschwürsbildung. In derart geschädigten Venen kommt es auf dem Blutweg leicht zu einer entzündlichen Erkrankung der Gefäßwand (Phlebitis). Geht das Endothel verloren, so kann eine Gerinnung des Blutes eintreten (Thrombose).

Varices. Das Ziel der Behandlung ist es, den Rückfluß des Blutes zum Herzen zu unterstützen. Bekanntlich wird der Rückstrom des venösen Blutes durch Muskeltätigkeit wesentlich gefördert, da der sich kontrahierende Muskel das Blut in die Venen drückt, um bei seiner Entspannung neues arterielles Blut anzusaugen. Der Muskel wirkt also wie eine Pumpe. Schon vor 40 Jahren machte der Verfasser die Beobachtung, daß beim „Bergonisieren", einem seinerzeit üblichen Verfahren, bei welchem die gesamte Körpermuskulatur durch einen tetanisierenden Strom in rhythmische Kontraktion versetzt wurde, sich bestehende Varikositäten an den Beinen zurückbildeten. Die *Schwellstrombehandlung* der Wadenmuskulatur ist also zweifellos eine Methode, die den Rückfluß des venösen Blutes unterstützt. Das gleiche gilt für die *aktive Bewegungstherapie* der unteren Extremitäten. Geeignete Übungen sind in dem Abschnitt auf S. 185 angegeben. Auch Atmungsübungen, welche eine Vertiefung der Atmung erzielen, sind empfehlenswert. Sie erzeugen einen negativen Druck im Thorax, der den Abfluß des venösen Blutes in das rechte Herz erleichtert. Aber auch die passive Mechanotherapie in Form der *Muskelmassage* mit Streichungen in zentripetaler Richtung wirkt auf die Blutbewegung günstig. Natürlich darf eine Massage nur dann durchgeführt werden, wenn keinerlei Entzündungserscheinungen vorhanden sind.

Um das Fortschreiten der variköse Ausweitungen zu verhindern, bandagiere man die Unterschenkel mit elastischen Binden oder lasse Gummistrümpfe tragen, welche die oberflächlichen Venen komprimieren.

Thrombophlebitis. Bei der akuten Thrombophlebitis ist *Bettruhe* und *Hochlagerung* des kranken Beines das dringlichste Gebot. Da die Temperatur des Beines erhöht ist, werden kalte Umschläge angenehm empfunden. Zweckmäßig ist es, das Bein mit einer feuchten Binde zu umwickeln und unbedeckt auf eine Gummiunterlage zu legen. Durch die Verdunstung des Wassers kühlt sich der Umschlag von selbst. Beginnt er trocken zu werden, so kann man ihn mit einem Spray, ohne ihn abzunehmen, immer wieder anfeuchten. Während der Nacht legt man über die feuchte Binde eine trockene und stellt so einen Prießnitzwickel her, der am Morgen meist trocken ist. Im akuten Anfall werden vier bis sechs *Blutegel* gute Dienste leisten.

Erst wenn nach einigen Wochen die akute Entzündung abgeklungen ist, kommen milde Wärmeanwendungen zu ihrem Recht. Dazu gehören Bestrahlungen mit einer *Wärmelampe* oder einem *Teillichtbad*. Trägt der Patient einen Zinkleimverband, dann ist die Kurzwellenbehandlung im Spulenfeld die Methode der Wahl. Bestehen schließlich noch einzelne derbe schmerzlose Verdickungen oder ödematöse Schwellungen, so können diese durch *Schlamm-*, *Moorpackungen* oder auch eine *Dampfdusche* zum Verschwinden gebracht werden.

Schrifttum

HOHMANN, G.: Fuß und Bein, 5. Aufl. München: J. F. Bergmann. 1951.

RATSCHOW, M.: Die peripheren Durchblutungsstörungen, 5. Aufl. Dresden und Leipzig: Th. Steinkopff. 1953.

IV. Die Krankheiten der Atmungsorgane
Krankheiten der oberen Luftwege

Pathologie. Es sind vornehmlich die katarrhalischen Entzündungen der Nase und ihrer Nebenhöhlen, des Pharynx, Larynx, der Trachea und Bronchien, die hier besprochen werden sollen. Bei ihrer Entstehung spielen Erkältungen und Durchnässungen eine maßgebliche Rolle. Ihr wichtigstes Heilmittel ist die Wärme, die teils allgemein, teils örtlich zur Anwendung kommt.

Allgemeine Thermotherapie. In vielen Fällen gelingt es, durch eine *Schwitzkur* eine akut einsetzende Rhinitis, Laryngitis, Tracheitis oder Bronchitis, wenn nicht zu kupieren, so doch in ihrem Verlauf wesentlich abzukürzen. Diesem Zweck dienen *heiße Bäder* oder allmählich auf 39 bis 40° C *aufgeheizte Bäder*, die meist zu einem Schweißausbruch führen, den man noch durch einstündiges Nachschwitzen im Bett verlängern kann. Ein Aufguß von russischem Tee, Lindenblüten (Flores tiliae) oder Holunderblüten (Flores sambuci) mit gleichzeitiger Verabfolgung von Aspirin, Irgapyrin oder einem ähnlichen Mittel unterstützen noch die Wirkung. Zimmer- oder Bettruhe wird die Krankheitsdauer verkürzen.

Manche Kranke pflegen, wenn sie von einem Katarrh der oberen Luftwege befallen werden, ein Heißluft- oder Dampfbad oder eine Sauna aufzusuchen. Dieses hat den Vorteil, daß dabei die heiße Luft oder der Dampf beim Einatmen unmittelbar auf die kranke Schleimhaut wirkt, aber auch den Nachteil, daß es, weil solche Bäder nur außerhalb des Hauses genommen werden können, besonders in der kalten Jahreszeit leicht zur Veranlassung einer neuerlichen Erkältung wird. Eine genügende Abkühlung und eine entsprechend lange Ruhe nach einem solchen Bad sind daher erforderlich. Auch ein *Vollicht-, Heißluft-* oder *Dampfkastenbad* kann zum Zweck einer Schwitzkur Verwendung finden.

Örtliche Thermotherapie. Ein *Halswickel* mit zimmerwarmem Wasser (Prießnitzumschlag) ist ein beliebtes Hausmittel bei Angina und Laryngitis. Bei Rhinitis und Erkrankungen der Nebenhöhlen, auch wenn sie nicht mehr ganz akut oder selbst chronisch sind, werden Bestrahlungen mit einer *Wärmelampe* oder einem *Kopflichtbad* viel gebraucht. In länger dauernden Fällen können auch *Kurzwellen* mit Erfolg zur Anwendung kommen. Doch muß man sich bei allen diesen örtlichen Wärmeanwendungen im klaren sein, daß sie nur in leichten Fällen für sich allein zur Heilung führen, in den meisten jedoch nur einen Teil der fachärztlichen Behandlung darstellen.

Zur örtlichen Wärmeanwendung zählt auch die *Inhalation von Wasserdämpfen*, die man entweder mit Hilfe eines besonderen Apparates oder behelfsmäßig in der Weise durchführt, daß der Kranke die Wasserdämpfe aus einem Kochtopf, der über einer Heizung steht, einatmet. Ein über den Kopf gehängtes Tuch macht die Inhalation zu einem *Kopfdampfbad*. Die Einatmung reizender Stoffe, wie ätherischer Öle, ist bei frischen Katarrhen nicht zu empfehlen. Man begnüge sich, wenn man nicht reines Wasser verwenden will, mit einer 1 bis 2%igen Lösung von Kochsalz, Natrium hydrocarbonicum oder Emsersalz.

Klimatherapie. Bei Katarrhen, die immer wiederkehren oder eine Neigung zeigen, chronisch zu werden, empfehle man dem Kranken den Besuch eines jener Kurorte, die in dem Abschnitt über chronische Bronchitis (S. 293) aufgezählt sind.

Chronische Bronchitis, Bronchiektasien, Emphysem

Allgemeines. Diese drei Krankheiten stehen in enger ursächlicher Beziehung zueinander und sind auch häufig miteinander kombiniert, so daß wir sie gemeinsam besprechen sollen. Soll die physikalische Therapie Erfolg haben, so müssen zunächst zwei Voraussetzungen erfüllt werden: 1. Die Vermeidung aller Schädlichkeiten, welche die Bronchialschleimhaut reizen, vor allem Staub, wie er häufig im Beruf eingeatmet wird und Rauch (absolutes Rauchverbot). 2. Der ausgiebige Genuß frischer Luft. Was die Diät bei den Katarrhen des Magen-Darmkanals, das ist die Luftbehandlung bei den Katarrhen der Atmungswege (NOTHNAGEL). Man empfehle daher dem Kranken, soweit es durchführbar ist, bei offenem Fenster zu arbeiten und zu schlafen und sich so viel wie möglich in freier Luft aufzuhalten.

Hydro- und Thermotherapie. Ein *Brustwickel* oder noch besser eine *Kreuzbinde* mit stubenwarmem Wasser ist ein allgemein bekanntes und beliebtes Mittel bei chronischer Bronchitis. Es vertieft die Atmung, vermindert den Hustenreiz und erleichtert das Aushusten. Solche Wickel sollen jedoch nur im Bett, z. B. abends vor dem Einschlafen gegeben werden, um eine rasche Wiedererwärmung zu gewährleisten. Schläft der Kranke im Wickel ein, so kann dieser auch ruhig über Nacht liegenbleiben. Manche Kranke ziehen einen *heißen Wickel* vor. In besonders hartnäckigen Fällen versuche man einen *Senfwickel*. Bestrahlungen mit einer *Wärmelampe* oder einem *Glühlichtbogen*, die je 15 Minuten auf die Vorder- und Rückseite des Thorax einwirken, werden angenehm empfunden.

Bei der chronischen Bronchitis wird in ausgedehntem Maß von der *Inhalationstherapie* Gebrauch gemacht. Dabei kommen teils Apparate zur Anwendung, welche die Heilmittel mit Wasser verdampfen, teils solche, die sie mechanisch als Aerosole zerstäuben. Behelfsmäßig kann man aus einem über einer Flamme stehenden Kochtopf Wasserdämpfe inhalieren. Dem Wasser kann man etwas Natrium hydrocarbonicum oder Emsersalz zusetzen. Bei starker Sekretion empfiehlt sich ein Zusatz von Oleum therebinthinae oder Oleum pini pumilionis. Bei trockener Bronchitis ist das Anfeuchten der Luft in den Arbeitsräumen durch Verdampfen oder Versprühen von Wasser oder das Aufhängen von feuchten Tüchern zweckmäßig.

Elektro- und Lichtbehandlung. Der Thermotherapie reiht sich die Kurzwellenbehandlung an, die bei chronischer Bronchitis, vor allem solcher spastischer Natur, ein ausgezeichnetes Mittel darstellt. Der Kranke fühlt meist schon unmittelbar während der Durchwärmung, die mit möglichst großen Elektroden vorgenommen werden soll, eine Erleichterung der Atmung und anschließend eine Besserung seiner sonstigen Beschwerden.

Auch die Hautreiztherapie mit *Ultraviolettlicht-Erythemen* ist sehr zu empfehlen. Man setzt zwei Erytheme im Ausmaß von 13 × 13 cm auf die Vorderseite, zwei auf die Rückseite und je eines auf die beiden seitlichen Teile des Thorax. Kurzwellentherapie und Hautreizbehandlung können in zweckmäßiger Weise miteinander verbunden werden.

Mechanotherapie. Während die bisher besprochene Therapie sich gegen die Erkrankung der Bronchialschleimhaut richtet, hat die aktive und passive Bewegungstherapie die Besserung des Emphysems zum Ziel. Sie ist gleichzeitig die einzig rationelle Behandlungsmethode dieses Leidens. Ihre Aufgabe ist es, einerseits die verminderte Elastizität des Lungengewebes und andererseits die damit Hand in Hand gehende Erstarrung des Thorax in Inspirationsstellung zu bekämpfen. Das erste geschieht dadurch, daß man das übermäßig gedehnte Gewebe der Lunge durch eine Verbesserung der Ausatmung zu entspannen sucht, das zweite dadurch, daß man die in Inspirationsstellung verkrampften Muskeln und die durch sie fixierten Rippen lockert und mobilisiert. Wir können dementsprechend Atmungs- und Brustkorb- oder Rumpfübungen unterscheiden.

Atmungsübungen. Der Emphysematiker, dessen „faßförmiger" Thorax in seiner unteren Hälfte dauernd erweitert ist, atmet vorzugsweise mit seinen oberen Lungenanteilen. Er soll es erlernen, auch die unteren Rippen und das Zwerchfell zur Atmung heranzuziehen, also costoabdominal zu atmen. Dazu ist vor allem eine Verbesserung der Ausatmung notwendig.

L. Hofbauer hat die sogenannte *Summtherapie* empfohlen. Der Kranke, der steht und die Arme über der Brust gekreuzt hat, wird angewiesen, so lange und so gründlich als möglich auszuatmen, wobei die Luft mit einem summenden Geräusch zwischen den Lippen entweichen soll. Um die Ausatmung mechanisch zu unterstützen, beugt sich der Kranke nach vorne, wodurch die Unterarme einen Druck auf die Bauchdecken ausüben und das Zwerchfell hochdrängen.

Eine andere Methode besteht darin, daß der Kranke mit erhöhtem Oberkörper liegt und eine Gymnastin ihre Handflächen auf den Rippenbogen und die vordere Bauchwand auflegt und die Exspiration durch langsam zunehmenden Druck unterstützt. Bei Fehlen einer fremden Hilfe kann der Kranke dies mit seinen eigenen Händen tun.

Man hat eine Reihe von *Apparaten* gebaut, durch welche mit Hilfe eines elektrischen Motors eine Thoraxkompression bei der Ausatmung ausgeführt wird. Sie sind aber heute kaum mehr in Gebrauch. Häufiger noch wird die *Lungensaugmaske* von Kuhn benützt, welche die Luftzufuhr bei der Einatmung beschränkt, um eine Überfüllung und Überdehnung der Lungenalveolen zu vermeiden, während sie die Ausatmung unbehindert läßt.

Um die emphysematöse Inspirationsstellung des Brustkorbs zu vermindern und die Exspiration zu erleichtern, hat man empfohlen, mehrere Stunden täglich um die unteren Teile des Thorax eine *Gummibinde* zu legen und so eine konzentrische Kompression auszuüben. Auch eine *elastische Weste* hat man für diesen Zweck angegeben.

Ungleich wirksamer als diese Behelfe ist die *Schwellstrombehandlung,* die zuerst von Kolar und Kowarschik 1945 erprobt wurde. Man befestigt zwei Elektroden in der Größe von 100 qcm mit Hilfe eines Gummibandes links und rechts am Rippenbogen und den dort inserierenden Bauchmuskeln. Mit jeder Stromwelle kontrahieren sich diese Muskeln und unterstützen so kräftig die Ausatmung. Um die Stromwellen mit der Exspiration zu synchronisieren, ist eine Handtaste nötig, durch deren Betätigung der Patient selbst in dem Augenblick, in dem die Exspiration einsetzt, den Strom einschaltet. Dadurch kommt es nicht nur zu einer vollkommenen

Ausatmung, sondern auch zu einer Kräftigung der Ausatmungsmuskeln, was gegenüber den Methoden, welche den Thorax passiv komprimieren, als ein wesentlicher Fortschritt angesehen werden muß.

An dieser Stelle sei auch ein Vorschlag von QUINCKE erwähnt, der bei *Bronchiektasien* empfahl, das Fußende des Bettes vorübergehend höher zu stellen, um so den Abfluß des Bronchialsekretes zu erleichtern. Man kann auch den Kranken auffordern, zeitweilig eine Knie-Ellenbogenstellung einzunehmen, dabei tief zu atmen und auszuhusten.

Lockerung des Brustkorbes. Der Brustkorb erstarrt in seiner Inspirationsstellung nicht allein, weil die elastischen Kontraktionskräfte der Lunge vermindert sind, sondern auch weil die Inspirationsmuskeln hypertonisch erregt sind und die Rippen hochziehen. Es müssen daher auch die Muskeln und der knöcherne Thorax mobilisiert werden. Das geschieht durch *Rumpfbewegungen* im Sinne der Streckung, Beugung, Seitwärtsneigung und Drehung, die auch mit den Atmungsübungen verbunden werden können. Die Rumpfbewegungen unterstützt man durch Schwingen der Arme, z. B.: Einatmung mit Streckung des Rumpfes und Hochschwingen der Arme — Ausatmung mit Beugung des Rumpfes und Schwingen der Arme nach unten und rückwärts. Drehen des Rumpfes um eine senkrechte Achse mit Schwingen der Arme im Halbkreis, abwechselnd nach links und rechts. Seitwärtsneigen des Rumpfes, wobei der eine Arm über den Kopf gelegt wird, der andere herunterhängt. Dazu kommen *Schüttelungen* des Brustkorbes durch die Gymnastin, welche den auf dem Boden liegenden Kranken an den Händen hält.

Klima- und Bäderbehandlung. Der Aufenthalt in einem staubfreien, warmen und feuchten Klima erleichtert meist die Beschwerden der Kranken, die an chronischer Bronchitis leiden. Im Sommer erfüllen viele windgeschützte *Orte des Mittelgebirges* in Kärnten, Steiermark, Tirol oder im Schwarzwald diese Bedingungen. Im Frühjahr und Herbst, wo sich die Beschwerden meist steigern, ist ein Aufenthalt in südlicheren Gegenden empfehlenswert. Es kommen in Betracht *Meran, Gries, Arco*, die *Gardasee-Riviera, Montreux, Territet, Vevey* am Genfer See oder *Lugano, Locarno, Bellagio* an den oberitalienischen Seen. Wenn es die Verhältnisse des Kranken gestatten, kann dieser den Winter auf *Madeira, Orotava* auf Teneriffa oder *Ajaccio* auf Korsika zubringen. Das *Hochgebirge* ist wegen seiner trockenen Luft nur bei Katarrhen mit starker Sekretion geeignet, bei Emphysem und Komplikationen von Seite des Herzens ist es nicht zu empfehlen.

Neben den klimatischen Kurorten gibt es auch eine Reihe von *Heilbädern*, die bei chronischen Erkrankungen der Luftwege viel besucht werden. Es sind alkalische oder muriatische Quellen oder eine Kombination beider, alkalische Kochsalzquellen. Dazu gehören *Ems, Gleichenberg* in Steiermark, *Reichenhall* in Bayern, *Salzbrunn* in Schlesien, *Kreuznach* im Rheinland und andere. Die hier zur Verfügung stehenden Heilmittel sind erstens *Bäder*, die kräftigend und umstimmend auf die Reaktionslage des Kranken wirken und seine Widerstandskraft gegen Erkältungen und andere die Krankheit auslösende Ursachen erhöhen. Zweitens *Trinkkuren*, die den Schleim alkalischer und damit flüssiger machen und so die Expektoration erleichtern. Schließlich die *Inhalation*, wozu auch der Aufenthalt in der Nähe von Gradierwerken (S. 57) zu rechnen ist, wo die Luft durch ihre Feuchtigkeit und ihren Salzgehalt ausgezeichnet ist. Mit der Verbreitung der Klimakammern in den letzten Jahren ist die chronische Bronchitis und das Emphysem auch eine Indikation dieser Behandlungsmethode geworden.

Asthma bronchiale

Pathologie. Das Bronchialasthma ist gekennzeichnet durch einen anfallsweise auftretenden Krampf der Bronchialmuskulatur, begleitet von sekretorischen Störungen, die zu einer schweren Dyspnoe führen. Die Anfälle werden vielfach durch ganz geringfügige, beim Gesunden unwirksame Ursachen wie das Einatmen von Staub, gewisser chemischer Stoffe, durch bestimmte Gerüche oder Nahrungsmittel (Allergene), ja selbst rein psychisch ausgelöst. Es besteht ein Übergewicht des Parasympathikus, der die Bronchialmuskeln innerviert, gegenüber dem Sympathikus. Eine neurotische, häufig ererbte Anlage bildet die Grundlage des Leidens.

Die Therapie hat die Aufgabe: 1. Die Ursachen der Anfälle (Allergene) zu erkunden, um sie, wenn möglich, auszuschalten. 2. Die Anfälle durch Herabsetzung des Parasympathikustonus abzukürzen und zu verhüten. 3. Die neuropathische Grundlage des Leidens zu beseitigen. 4. Die ungenügende Exspiration zu verbessern.

Thermo- und Hydrotherapie. Im Anfall selbst erweisen sich *heiße Kompressen* oder *ein Heizkissen*, die auf die Brust aufgelegt werden, oft sehr wirksam. Noch besser wirken ein *heißer Wickel* oder ein *Senfwickel*, die auch in Gestalt einer Kreuzbinde angelegt werden können. Reflektorisch entspannend wirkt ein *Hauffesches Teilbad*, das am besten als Fußbad verabfolgt wird. Auch außerhalb des Anfalls können solche Teilbäder zur Verminderung der vagotonischen Übererregbarkeit täglich gebraucht werden.

Neben dieser örtlichen sind auch allgemeine Wärmeanwendungen als vorbeugende Mittel im Gebrauch. STRÜMPELL empfahl *Glühlichtbäder*, dreimal wöchentlich, die zu einer starken Hauthyperämie führen sollen, ohne daß ein Schweißausbruch notwendig wäre. Als Ersatz dieser können *Rumpflichtbäder* dienen, die der Kranke auch zu Hause nehmen kann. Schließlich wird schon eine *Solluxlampe*, die man auf die Vorder- und Rückseite des Thorax je 15 Minuten täglich einwirken läßt, gute Dienste tun. In besonders hartnäckigen Fällen kann man einen Versuch mit *Überwärmungsbädern* (S. 29) machen, die in gleicher Weise wirken wie eine Fieberkur mit Pyrifer und ähnlichen Mitteln.

Um die hyperergische Reaktionslage des Kranken, seine Überempfindlichkeit gegen Reize der verschiedensten Art herabzusetzen, empfehlen sich hydriatische Maßnahmen, wie sie bei den Neurosen (S. 275) beschrieben worden sind. Dazu gehören kalte *Abwaschungen* und *Abreibungen*, die bereits im Hause des Kranken durchgeführt werden können, weiters *Bürstenbäder*. Am wirksamsten ist wohl eine mehrwöchige Kur, die in einer von einem tüchtigen Arzt geleiteten Anstalt für Hydrotherapie durchgeführt wird.

Elektro- und Lichttherapie. Die *Lang-* und noch mehr die *Kurzwellentherapie* haben eine ausgesprochen entspannende Wirkung auf die Bronchialmuskulatur. Sie kommen daher mit bestem Erfolg zur Anwendung. Der Verfasser verwendet seit Jahren eine Kombination von Kurzwellendurchwärmung der Lunge mit einer Hautreiztherapie, erzeugt durch *Ultraviolettlicht-Erytheme*. Während die Durchwärmung der Lunge täglich durchgeführt wird, werden in Abständen von ein bis zwei Tagen starke Erytheme in dem Ausmaß von 13 × 13 cm gesetzt, und zwar zwei auf der Vorder-, zwei auf der Rückseite und je eines an den beiden Seiten des Thorax. Abstand der gut eingebrannten künstlichen Höhensonne 60 cm, Bestrahlungsdauer je nach dem Alter des Brenners 6 bis 10 Minuten. Die Wirkung ist meist eine ausgesprochen gute.

Die Elektrotherapie bietet uns weiterhin die Möglichkeit, die unzureichende Exspiration zu verbessern. Dazu dient uns die *Schwellstromtherapie*. Es werden beiderseits über dem Ansatz der Bauchmuskeln am Rippenbogen Elektroden in der Größe von 100 qcm angelegt und durch eine umlaufende Gummibinde festgehalten. Mit Hilfe einer Handtaste, die der Patient selbst betätigt, wird in dem Augenblick, in dem die Exspiration einsetzt, eine Stromwelle ausgelöst, welche die Exspirationsmuskeln in kräftige Kontraktion versetzt, wodurch es zu einer maximalen Ausatmung kommt.

Mechanotherapie. Die ungenügende Exspiration, die beim Asthma bronchiale zu einer andauernden Überfüllung der Alveolen mit Luft und damit zu einem ungenügenden Luftaustausch führt, kann man auch durch Atmungsübungen verbessern.

Atmungsübungen. Sie schließen sich am besten an eine der oben angeführten Wärmebehandlungen an. Der Kranke liegt mit erhöhtem Oberkörper auf einem bequemen Behandlungsbett. Man sucht ihn durch eine beruhigende Aussprache seelisch und körperlich zu entspannen. Dann wird er aufgefordert, ruhig zu atmen und den Atmungsvorgang genau zu beachten. Er soll dabei costoabdominal atmen mit möglichst ausgiebigen Zwerchfellbewegungen, jedoch ohne jedes Pressen. Auf die Ausatmung ist besonders zu achten. Sie soll dadurch, daß die Luft unter Summen oder Zischen entweicht, hörbar, langdauernd und möglichst vollkommen sein. Der Gymnast kann sie durch Auflegen seiner Hände auf den Rippenbogen leicht unterstützen. Eine eigentliche Kompression wie beim Emphysem ist dabei nicht wünschenswert.

Lockerung des Brustkorbes. In der gleichen Weise wie beim Emphysem sind auch beim Asthma bronchiale die Zwischenrippen- und die anderen Atmungsmuskeln hypertonisch erregt, zum Teil verkrampft. Wenn schon die Atmungsübungen der Verkrampfung entgegenwirken, so empfiehlt es sich doch noch, Rumpfbewegungen im Sinn der Streckung, Beugung, Seitwärtsneigung und Drehung zu machen, um die Wirbelsäule und die Rippen zu lockern. Es sind dies die gleichen Übungen, die wir im Abschnitt über das Emphysem (S. 293) beschrieben haben. Auch Schüttelungen des Thorax sowie die Vibrationsmassage desselben sind empfehlenswert.

Psychotherapie. Es ist wichtig, den Kranken auch psychotherapeutisch zu beeinflussen, denn die Psyche hat einen weitgehenden Einfluß auf das Auftreten der Anfälle. So wie bei einem Neurotiker die Angst vor einem Herzleiden Herzbeschwerden, die Angst vor Schlaflosigkeit Schlaflosigkeit zu erzeugen vermag, kann auch die Angst vor einem Anfall einen solchen auslösen. Diese Angst ist es auch, die im Anfall diesen immer mehr steigert.

Schon durch beruhigendes Zureden allein gelingt es bisweilen, diesen abzukürzen, ja selbst zu verhindern.

Klima- und Heilbäderbehandlung. Zur klimatischen Behandlung sind alle Orte geeignet, die staubfrei und windgeschützt sind und keine großen Temperaturschwankungen aufweisen. Das trifft für viele Orte des *Mittelgebirges* in einer Höhe von 500 bis 1000 m zu. Eines besonderen Rufes beim Asthma bronchiale erfreut sich das *Hochgebirge* über 1000 m, wie es z. B. in Arosa, Davos und anderen Orten der Schweiz zu finden ist. Auch die *Meeresküste* mit ihrer reinen, sonnendurchwärmten Luft wirkt oft recht günstig. Das gilt sowohl für die Küsten der südlichen Meere als auch für die der Ostsee. Die Wirkung eines Klimawechsels ist oft eine schlagartige. Leider muß man hinzufügen, daß bei der Rückkehr in die Heimat die Wirkung bisweilen ebenso rasch wieder verschwindet.

Den Klimawechsel kann man gleichzeitig mit einer *Bade-* und *Inhalationskur* verbinden, was vor allem dann zweckmäßig ist, wenn die bronchitischen Erscheinungen bekämpft werden sollen. Als Heilquellen kommen entweder *alkalische Wässer*, wie Ems in Hessen, Nassau, Gleichenberg in der Steiermark, oder *Kochsalzquellen* in Betracht, wie *Ischl* in Oberösterreich, *Reichenhall* in Bayern, *Kreuznach* im Rheinland, *Münster* a. St., *Salzbrunn*, *Salzuflen* usw.

Zum Schluß noch einige Worte über *pneumatische, allergenfreie* und *klimatische Kammern*. Die ersten, die meist mit einem Überdruck benutzt werden, sollen auf das Asthma recht günstig wirken. Der Zweck der von STORM VAN LEUWEN eingeführten allergenfreien Kammern ist nicht recht ersichtlich. Was für einen Sinn soll es haben, einen Asthmatiker für einige Stunden den ihm feindlichen Allergenen zu entziehen, wenn er dann wieder in sein gewohntes Milieu zurückkehrt? Ist er aber in einem allergenfreien Ort, so hat eine solche Kammer erst recht keinen Zweck. Im übrigen ist die Beobachtung F. HOFFs interessant, daß es Kranke gibt, die in einer allergenfreien Kammer auch dann keinen Anfall bekommen, wenn die Türe offenbleibt und die Filtrierungsanlage nicht funktioniert. In den letzten Jahren wurden auch zur Behandlung des Asthma bronchiale Klimakammern herangezogen. Sie bilden wohl nur einen sehr unvollkommenen Ersatz für einen mehrwöchigen Aufenthalt in einem klimatisch günstig gelegenen Ort. Näheres s. S. 229.

Pneumonie

Allgemeines. Die erste Bedingung für den an kruppöser oder Bronchopneumonie Leidenden ist die dauernde Zufuhr frischer Luft. Man lasse daher die Fenster des Krankenzimmers im Sommer ganz, im Winter wenigstens teilweise offen. Auch die völlige Freiluftbehandlung in der schönen Jahreszeit wurde vorgeschlagen.

Die zweite Bedingung für einen Kranken mit kruppöser Pneumonie ist möglichste Ruhe. Man vermeide es, ihn aufzusetzen, umzubetten oder zu untersuchen, wenn es nicht unbedingt notwendig ist. Anders bei der Bronchopneumonie. Hier wird man gut tun, die Kranken, besonders ältere Leute, öfters aufsetzen und tief atmen zu lassen. Kinder soll man alle zwei Stunden herumtragen. Wenn sie dabei schreien, um so besser; dadurch wird nur die Atmung vertieft.

Die Hydro- und Thermotherapie spielt sowohl bei der lobären als auch bei der lobulären Pneumonie eine wichtige Rolle. Ein *Brustwickel* oder eine *Kreuzbinde* mit zimmerwarmem, bei kräftigeren Kranken mit kälterem Wasser wirkt allgemein beruhigend, vermindert den Hustenreiz und erleichtert die Expektoration. Bei kruppöser Pneumonie werden wir uns, um den Kranken nicht überflüssig zu bewegen, mit einem *Brustaufschlag* begnügen, d. h. mit einem nassen, gut ausgewrungenen Handtuch, das den vorderen und seitlichen Teilen des Thorax aufgelegt wird. Ein trockenes Tuch, das dauernd unter dem Rücken durchgezogen ist, wird mit seinen freien Enden über das nasse geschlagen und dicht geschlossen. Je nach der Höhe des Fiebers und dem subjektiven Befinden des Kranken bleibt dieser feuchte Umschlag ein bis zwei Stunden liegen. Schläft der Kranke in der Packung ein, so wird sie natürlich nicht gewechselt. Bei drohendem Gefäßkollaps verwendet man statt kalter *heiße Wickel*. Auch heiße *Senfwickel* um die Waden oder ein *Hauffesches Teilbad* wirken in solchen Fällen anregend auf den Kreislauf.

Hydrotherapeutische Anwendungen in Form von kalten Voll- oder Halbbädern, wie man sie früher zur Bekämpfung des Fiebers gebrauchte, sind heute nicht mehr üblich, da man jetzt das Fieber als einen Heil- und Abwehrvorgang ansieht, der nicht bedingungslos bekämpft werden soll, sondern nur dann ein ärztliches Eingreifen erfordert, wenn er gewisse Grenzen überschreitet, mit Benommenheit und Delirien einhergeht. Aber auch dann begnügt man sich heute mit milderen Maßnahmen. Man erweitert den Brustaufschlag zu einem *Stammaufschlag* (S. 22), der in halbstündigen Zwischenräumen gewechselt wird, oder macht dreimal täglich *Teilabreibungen*.

Bei Kindern mit Bronchopneumonie etwa bei Masern stellen *Senfbäder* von 38 bis 40° C in der Dauer von einigen Minuten, die man mit einer kalten Übergießung des Nackens abschließt, ein ausgezeichnetes Mittel dar, die Atmung zu vertiefen und die Lunge zu durchlüften.

Elektro- und Lichtbehandlung. Verzögert sich die Lösung eines pneumonischen Exsudates, bestehen Dämpfung, Fieber und Husten weiter, dann gibt es nach der Erfahrung des Verfassers keine bessere Therapie als die *Kurzwellenbehandlung*, die, täglich angewendet, meist in kurzer Zeit eine Wendung zum Besseren herbeiführt. Auch Lungenabszesse reagieren oft ausgezeichnet auf eine Kurzwellenbehandlung.

Pleuritis (Empyem)

Pathologie. Die Pleuritis tritt meist sekundär im Anschluß an eine lobäre oder lobuläre Pneumonie, eine Grippe oder Febris rheumatica auf. Liegt keine dieser Ursachen vor, entsteht die Krankheit anscheinend primär, dann ist der Verdacht eines tuberkulösen Ursprungs naheliegend. Pathologisch-anatomisch unterscheiden wir drei Formen: 1. Die Pleuritis sicca oder fibrinosa. 2. Die Pleuritis serosa oder exsudativa. 3. Die Pleuritis purulenta oder das Empyem.

Thermotherapie. Nur in jenen Fällen, wo eine *rheumatische Pleuritis* vorliegt, sind eingreifende Wärmeanwendungen gestattet. Man kann es hier mit einer Schwitzkur versuchen, die man mit einem *heißen Bad*, am besten einem *Überwärmungsbad* (S. 29) oder einem *Rumpflichtbad* einleitet und durch Trinken eines Aufgusses von russischem Tee, Flores tiliae, Flores sambuci oder Species diaphoreticae sowie durch die gleichzeitige Darreichung einer größeren Dosis eines Antirheumatikums unterstützt. Dieses Verfahren wird an mehreren hintereinander liegenden Tagen wiederholt.

Pleuritische Schmerzen, ob sie nun im Verlauf einer Pleuritis oder im Anschluß an eine solche infolge von Adhäsion oder Schwartenbildung auftreten, werden am besten durch örtliche Wärmeanwendung bekämpft. Dazu dienen *heiße Salzwasserkompressen* (1 Eßlöffel Salz auf ½ Liter heißes Wasser), warmgehalten durch ein mäßig geheiztes Wärmekissen, *Kataplasmen* aus Semen lini pulv. oder *Bolus alba* (S. 86). Eine Verbindung von Wärme und Hautreiz stellen die Kataplasmen aus *Semen sinapis pulverisatum* oder *heiße Senfumschläge* dar. Auch das Ansetzen von 3 bis 4 *Blutegeln* oder einer ebensolchen Zahl von *trockenen Schröpfköpfen* erweist sich oft wirksam.

Auch dort, wo die *Resorption pleuritischer Exsudate* beschleunigt werden soll, steht die Wärmebehandlung an erster Stelle. Wir verwenden neben *Kräuter-* und *Tonerdekataplasmen* einfache oder *Senfwickel*. Desgleichen sind *Dampfwickel*, das sind heiße Wickel zwischen zwei trockenen Tuchlagen, recht wirksam. Ein sehr wertvolles Mittel ist die *Dampfdusche*, die jedoch nur in Anstalten verabfolgt werden kann. Behelfsmäßig läßt sie sich im Hause des Kranken durch einen Inhalationsapparat ersetzen, mit dem die kranke Brustseite täglich 10 Minuten lang angedampft wird. Eine Abreibung mit zimmerwarmem Wasser beschließt die Behandlung. Einfacher, wenn auch nicht gleich wirksam ist die Anwendung gestrahlter Wärme. Dazu dienen Wärmelampen oder Teillichtbäder.

Elektrotherapie. Auch die elektrische Stromwärme der *Lang-* und *Kurzwellen* kommt bei Pleuritis zur Verwendung, einerseits um die Adhäsionsschmerzen zu bekämpfen, andererseits um die Resorption von Exsudaten zu beschleunigen. Manche Autoren loben besonders die Wirkung der Kurzwellen bei Empyem. Wohl selten wird ein eitriges Exsudat zur spontanen Aufsaugung kommen, meist wird ein operativer Eingriff notwendig sein. Aber auch nach einem solchen ist die Kurzwellenbehandlung angezeigt, weil sie den Heilungsvorgang beschleunigt. Handelt es sich um Adhäsionsschmerzen, dann leistet eine Erythembehandlung mit ultraviolettem Licht oft sehr gute Dienste.

Die Mechanotherapie hat die Aufgabe, durch Atmungs- und Rumpfübungen die Narbenschrumpfung soweit wie möglich zu verhüten. Sie soll daher so frühzeitig, wie es der Zustand des Kranken gestattet, einsetzen. Der Kranke wird angewiesen, wiederholt am Tag tief zu atmen, wobei die costoabdominale oder Flankenatmung zu bevorzugen ist. Die Atmungsübungen werden zweckmäßig mit Rumpfbewegungen vereint, in der gleichen Weise, wie wir das zur Mobilisierung des Brustkorbes beim Emphysem (S. 293) beschrieben haben.

Tuberkulose der Lunge

Allgemeines. Aufgabe der Therapie bei der Lungentuberkulose ist es, einerseits von dem Kranken alles fernzuhalten, was das Fortschreiten des Leidens begünstigen könnte, und andererseits alles zu tun, was geeignet ist, die Abwehrkräfte des Körpers gegen die Krankheit zu erhöhen. Die physikalische Therapie ist also im wesentlichen eine allgemeine. Die örtliche Behandlung tritt gegenüber der allgemeinen ganz in den Hintergrund. Die Mittel, deren wir uns bedienen, sind teils Schonung, teils Zuführung neuer Lebensreize. Wieweit die Schonung, wieweit die Reizbehandlung am Platze ist, wird durch den jeweiligen Krankheitszustand bestimmt. Kunst des Arztes ist es, diese beiden Heilfaktoren richtig zu bemessen. Keine andere Therapie vermag sowohl die Schonung als auch die Reizzuführung in so idealer, naturgemäßer Weise zu vermitteln wie die klimatische Behandlung.

Die Freiluft-Liegekur ist eine ausgesprochene Schonungsbehandlung, deren Zweck es ist, alle Kräfte des Körpers in den Dienst der Abwehr zu stellen. Sie ist am wirksamsten, wenn sie in einem klimatischen Kurort im Rahmen einer Anstaltsbehandlung durchgeführt wird. Sie kann aber auch ohne diese in jedem klimatisch günstig gelegenen, staubfreien und windgeschützten Ort mit Erfolg zur Ausführung gelangen, unter der Voraussetzung, daß dem Kranken daselbst eine luftige, trockene und sonnige Wohnung sowie eine entsprechende Ernährung zur Verfügung stehen.

Der Kranke liegt auf einem Balkon, einer Veranda, in einem offenen Gartenhaus oder frei im Garten an einem vor Wind und direkter Besonnung geschützten Ort auf einem bequemen, mit Matratzen versehenen Liegestuhl 6 bis 8 Stunden täglich in frischer Luft. Im Sommer ist er durch eine einfache Decke, in der kälteren Jahreszeit durch mehrere Decken, außerdem durch einen warmen Mantel, eine Mütze, einen Pelzsack für die Füße u. dgl. vor Abkühlung geschützt.

Hydro- und Thermotherapie. Die Behandlung der Haut mit kaltem und warmem Wasser ist therapeutisch von größter Wichtigkeit. Da die Tuberkulose eine Allgemeinerkrankung darstellt, ist auch die Haut miterkrankt, was sich durch ihre Blässe, ihren mangelnden Turgor und ihre Neigung zum Frieren oder Schwitzen kundgibt. Da die Haut gleichzeitig eine Bildungsstätte für Antikörper und somit ein Abwehrorgan ist, so ist ihre Pflege ein dringendes Gebot. Durch die Besserung ihrer Ernährung und Durchblutung wird ihre Empfindlichkeit äußeren Einflüssen gegenüber und damit die Gefahr von Erkältungen, zu denen der Lungenkranke neigt, verringert. Schließlich wird durch die Wasserbehandlung reflektorisch über die Haut das ganze vegetative Nervensystem, die Atmung, der Kreislauf, die Verdauung, die innere Sekretion und damit das Allgemeinbefinden günstig beeinflußt.

Die Hydrotherapie wird heute in wesentlich milderer Form, als das noch vor wenigen Jahrzehnten der Fall war, ausgeübt. Von kalten Vollbädern, Duschen, Ganzabreibungen und ähnlichen energischen Maßnahmen ist man derzeit völlig abgekommen.

Man begnügt sich meist mit *Teilabreibungen* oder *Teilwaschungen* mit stubenwarmem Wasser, dem man 1 bis 2 Eßlöffel Salz oder einige Eßlöffel Essig zusetzen kann. Bei besonders empfindlichen Kranken nimmt man eine Mischung von Wasser und Franzbranntwein zu gleichen Teilen oder den letzten allein. Die Abreibungen oder Waschungen werden morgens an dem im Bett liegenden Kranken ausgeführt, worauf dieser noch eine Zeitlang zur Wiedererwärmung im Bett bleibt.

Ist das Lungenleiden inaktiv, so kann man zu *milden Halbbädern* (34 bis 30° C) oder zu *Bürstenbädern* (35 bis 36° C) greifen, die man während ihrer Anwendung etwas abkühlt. Auch das *Trockenbürsten* der Haut bessert die Durchblutung derselben. Bei Brustschmerzen oder starkem Hustenreiz finden *Brustwickel* oder *Kreuzbinden* ihre Anzeigen.

Alle hydriatischen Anwendungen müssen von dem Kranken, wenn auch nicht im ersten Augenblick, so doch in ihrer Auswirkung, angenehm empfunden werden. Ist das nicht der Fall, so nehme man von ihnen lieber Abstand und setze an ihre Stelle *Vollbäder*, die man in einer Temperatur von 35 bis 36° C dreimal wöchentlich verabfolgt. Als Zusatz empfehlen sich Stein- oder Sudsalz, Kiefer- oder Fichtennadelextrakt oder eine Abkochung von 300 bis 500 g Heublumen (Flores graminis).

Luftbäder dienen in gleicher Weise wie die Anwendungen des Wassers einerseits der Besserung der Hautfunktionen, andererseits der Kräftigung des ganzen Körpers. Sie kommen bei uns nur in der schönen Jahreszeit in Frage. Der Kranke hält sich dabei möglichst wenig bekleidet an einem windgeschützten Ort im Freien, am besten in einem Garten auf, wobei er es vermeiden soll, sich unmittelbar einer starken Sonnenstrahlung auszusetzen. Um sich warm zu erhalten, ist es nötig, daß er andauernd Bewegung macht, indem er sich mit körperlicher Arbeit, Turnen, Spiel oder Sport beschäftigt. Es ist zweckmäßig, den Kranken an die freie Luft dadurch zu gewöhnen, daß er sich zuerst im Zimmer bei geschlossenem, dann offenem Fenster unbekleidet aufhält, ehe er ins Freie geht. Die Dauer des Bades hängt einerseits von der Lufttemperatur, andererseits von der Gewöhnung des Kranken ab. Sie beträgt anfangs nur wenige Minuten, kann aber später bei schönem Wetter im Sommer bis auf Stunden verlängert werden.

Sonnenbäder. Während die von BERNHARD und ROLLIER eingeführte Sonnenlichtbehandlung bei der Tuberkulose der Gelenke und Knochen ein Heilmittel allerersten Ranges bildet, darf sie bei der Lungentuberkulose nur bedingt angewendet werden. Sie stellt hier eine ausgesprochene Reizbehandlung dar.

Zunächst muß zwischen Tieflands- und Hochgebirgssonne ein wesentlicher Unterschied gemacht werden. Im Hochgebirge ist die Sonnenstrahlung reich an Ultraviolett, die Lufttemperatur jedoch verhältnismäßig niedrig, während im Tiefland die Ultraviolettstrahlung verhältnismäßig gering, die Lufttemperatur aber hoch ist. Diese thermische Komponente, die den Kranken leicht in Schweiß geraten läßt, ist es vor allem, die bei der Lungentuberkulose gefährlich ist und darum vermieden werden muß.

Beachtet man dies, so ist gegen eine vorsichtige und systematisch gesteigerte, unter ärztlicher Aufsicht stehende Anwendung des Sonnenlichtes nichts einzuwenden. Voraussetzung ist, daß diese Anwendung nur in jenen Fällen geschieht, die inaktiv und fieberfrei sind. Bei Temperatursteigerungen, Frühinfiltraten und exsudativen Formen sowie bei Hämoptoe sind Sonnenbäder verboten. Ganz zu verdammen ist das stundenlange Liegen in der Sonne, sei es an der Meeresküste, sei es im Schwimmbad, wie es von vielen Laien als besonders heilsam angesehen wird. Es kann zu einer katastrophalen Verschlimmerung des Leidens führen.

Die *künstliche Höhensonne* ist wegen ihrer geringen Wärmestrahlung ungleich weniger gefährlich als die natürliche Sonne. Doch kann auch sie im Übermaß genommen durch den Zerfall und die Resorption von Proteinkörpern der Haut einen nicht ungefährlichen Reiz darstellen. In langsam ansteigender Dosierung kombiniert mit Solebädern sieht der Verfasser jedoch in den allgemeinen Quarzlichtbestrahlungen einen wertvollen Heilbehelf besonders dort, wo eine klimatische oder andere Behandlung nicht möglich ist.

Die Klimabehandlung ist das wichtigste Heilmittel der Lungentuberkulose. Während man früher dem südlichen, später dem Hochgebirgsklima eine spezifische Wirkung zuschrieb, weiß man heute, daß es eine solche Wirkung nicht gibt, sondern daß in manchen Fällen das südliche, in anderen wieder das Hochgebirgsklima den Vorzug verdient.

Die klimatische Behandlung ist eine Reizbehandlung. Die Wahl des klimatischen Kurortes muß ausschließlich von der Überlegung geleitet werden, wie groß der Reiz sein soll, der im gegebenen Fall für den Kranken optimal erscheint. Auch hier gilt das Gesetz der reziproken Reizstärke, nach dem der Reiz um so geringer sein muß, je aktiver der Krankheitsprozeß ist. Allerdings muß neben dem Lungenbefund noch die persönliche Reaktion des Kranken in Rechnung gestellt werden. So reagieren z. B. Pykniker im allgemeinen stärker als Astheniker. Von diesen Gesichtspunkten aus wollen wir im folgenden die klimatischen Kurorte in drei Gruppen teilen, in solche mit Schonungsklima, mittlerem und starkem Reizklima.

Es muß jedoch bemerkt werden, daß für eine erfolgreiche Kur die Änderung des Klimas allein nicht genügt. Dem Kranken müssen außerdem auch ein bequemes Wohnen, die Möglichkeit einer Liegekur, eine entsprechende Ernährung und ärztliche Betreuung gesichert werden. Alle diese Bedingungen sind von Bedeutung. Sie finden ihre beste Erfüllung in einer *Anstalts-* oder *Sanatoriumsbehandlung*. Eine solche wird aber nur dann von Erfolg begleitet sein, wenn ihre Dauer wenigstens einige Monate beträgt. Schließlich sei noch davor gewarnt, Kranke, die fiebern, oder solche, die sich im letzten Stadium ihrer Krankheit befinden, in einen Kurort zu schicken.

Orte mit Schonungsklima. Ein ausgesprochenes Schonungsklima gibt es in Mitteleuropa nicht. Es ist nur im Süden zu finden. Zu den von Lungenkranken bevorzugten Orten gehört die Insel *Madeira* mit ihrer Hauptstadt *Funchal*, *Teneriffa*, die wichtigste der Kanarischen Inseln, und *Ajaccio*, die Hauptstadt *Korsikas*. Selbst vorgeschrittene Fälle halten sich in einem solchen

Klima oft noch sehr lange. Allerdings besteht die Gefahr, daß bei ihrer Rückkehr in die rauhere Heimat eine rasche Verschlimmerung des Leidens eintritt.

An der West-Riviera sind *Mentone* und *San Remo* gleich geeignet für Tuberkulose. An der Ost-Riviera wären *Nervi* bei Genua, weiterhin *Rapallo* und *Santa Margherita* zu nennen, die zu den schönsten Plätzen der Riviera zählen.

Weiter nördlich liegen *Gardone Riviera* und *Salo* am Gardasee, *Lugano* am Luganersee (Schweiz), *Meran*, *Gries*, nicht aber das mehr den Winden ausgesetzte Bozen. Sie bilden gute Übergangsstationen für den Frühling und Herbst.

Orte mit mittlerem Reizklima. Zu ihnen zählen alle jene Gegenden Deutschlands und Österreichs bis zu einer Höhe von 500 m, die über eine lange Sonnenscheindauer, Windschutz und die entsprechenden Einrichtungen für Lungenkranke verfügen. Es sind nach A. BACMEISTER: *Lippspringe* (154 m) am Teutoburgerwald, *Sülzhayn* (380 m) am Harz, *Nordrach* (300 m) am Schwarzwald, *Rehburg* (100 m) am Steinhudermeer, *Obernigk* (200 m) bei Breslau.

Orte mit starkem Reizklima. Solche finden sich teils im Mittelgebirge von 500 bis 1000 m, teils im Hochgebirge über 1000 m. Es sind nach A. BACMEISTER:

Mittelgebirge: St. *Blasien* und *Todtmoos* (800 m) im badischen Schwarzwald, *Schömberg* (650 m) im württembergischen Schwarzwald, *Reiboldsgrün* (700 m) im Erzgebirge, *Görbersdorf* (560 m) in Schlesien, *Oberschreiberhau* (500 m) im Riesengebirge, *Reinerz* (600 m) im Glazerbergland, *Sorge-Benneckenstein* (562 m) im Harz, *Gaisbühel* (540 m) in Vorarlberg, *Hochzirl* bei Innsbruck, *Grimmenstein* (860 m) in Niederösterreich.

Hochgebirge: Davos (1560 m), *Arosa* (1840 bis 1860 m), *St. Moritz Bad* (1775 m), *St. Moritz Dorf* (1856 m), *Leysin* (1450 m) in der Schweiz, *Riezlern* (1085 m) bei Oberstdorf im Allgäu, *Stolzalpe* (1300 m) in der Steiermark.

V. Die Krankheiten der Verdauungsorgane

Gastritis und Enteritis

Allgemeines. Gastritis und Enteritis sind zwei Erkrankungen, die nicht selten miteinander gleichzeitig als Gastroenteritis auftreten. Ihre Behandlung ist in erster Linie eine diätetische, der physikalischen Therapie kommt nur eine unterstützende Rolle zu. Ihr wichtigstes Heilmittel in akuten wie in chronischen Fällen ist die Wärme.

Thermotherapie. Die örtliche Anwendung von Wärme regt unter normalen Verhältnissen die Peristaltik an. Ist diese jedoch pathologisch gesteigert, bestehen Spasmen und Koliken, dann ist die Wärme das beste Mittel, diese Hypertonie der glatten Muskelfasern zu vermindern. Es ist eine jedem Laien bekannte Erfahrung, daß die Wärme Schmerzen, wie sie durch krampfartige Zusammenziehung der Magen- und Darmmuskulatur entstehen, mildert.

Während die Wärme bei Gesunden die Sekretion steigert, wirkt sie bei Kranken auf diese vielfach ausgleichend. So wird bei Gastritis eine vermehrte Salzsäureausscheidung in der Regel herabgesetzt, eine verminderte dagegen erhöht. Man spricht in diesem Sinn auch von einer Regulationstherapie. Die Entzündungserscheinungen der Schleimhaut werden durch die von der Wärme ausgelöste bessere Durchblutung günstig beeinflußt. Sie kommen rascher zur Abheilung.

Bei akuter Gastritis mildert schon ein *Wärmekissen*, noch besser ein *warmer Umschlag* im Verein mit einem Wärmekissen oft beträchtlich die

Beschwerden. Noch wirkungsvoller ist ein Rumpfwickel mit zimmerwarmem oder auch kälterem Wasser, bei dem zwischen dem feuchten und trockenen Tuch ein Warmwasserschlauch oder ein Thermophor eingelegt wird (WINTERNITZsches Magenmittel). Ein ausgezeichnetes Mittel, um die gesteigerte Motorik des Magens und Darms herabzusetzen und die sekretorischen Störungen auszugleichen, ist die *Kurzwellenbehandlung*.

Bäderbehandlung. Da jede länger dauernde Gastritis oder Enteritis auch die Ernährung und damit das Gesamtbefinden beeinträchtigt, so wird es oft zweckmäßig sein, dem Kranken allgemein anregende Bäder zu geben. Dazu gehören *Kiefer-* oder *Fichtennadelbäder*, *Kochsalz-* oder *Solebäder*, die in einer Temperatur von 36 bis 37° C zwei- bis dreimal wöchentlich verabfolgt werden. Manche Kranke ziehen als mehr erfrischend *Halbbäder* mit einer Temperatur von 34 bis 28° C oder *Bürstenbäder* vor.

Heilquellenbehandlung. Bei einer chronischen Gastritis und Enteritis ist oft eine Trinkkur, und zwar an der Heilquelle selbst, von ausgezeichnetem Erfolg. Für hyperazide Formen der Gastritis eignen sich vor allem *alkalische* und *alkalisch-sulfatische* Wässer. Sie stumpfen nicht nur die Säure ab, sondern wirken auch hemmend auf die Sekretion. Zu den Heilquellen dieser Art gehören *Karlsbad* sowie *Bertrich* und *Neuenahr* im Rheinland (Eifel), weiterhin *Salzbrunn, Bilin, Gleichenberg* und *Preblau*.

Bei der subaziden und anaziden Gastritis kommen säurelockende *Kochsalzquellen* und *Säuerlinge* in Betracht. Die wichtigsten dieser sind die Rakoczyquelle in *Kissingen*, die Elisabethquelle in *Homburg* und der Karlsbrunnen in *Mergentheim*. Als besonders anregend gilt der Kochbrunnen in *Wiesbaden*.

Bei einer Enteritis, die mit Diarrhöen einhergeht, sind warme Kochsalzquellen, wie *Kissingen* und *Homburg*, vor allem aber *Karlsbad*, angezeigt. Bei chronischen Darmkatarrhen, die mehr zur Obstipation neigen, sind die kalten Quellen von *Marienbad, Franzensbad, Elster* oder *Tarasp* in der Schweiz vorzuziehen.

Ulcus ventriculi und duodeni

Pathologie. Während man früher das Ulkus des Magens und Duodenums als eine lokale Erkrankung ansah, ist man heute der Ansicht, daß es nur ein Symptom, wenn vielleicht auch das klinisch wichtigste Symptom der sogenannten Ulkuskrankheit ist, bei der vegetative, psychische und konstitutionelle Momente eine wichtige Rolle spielen. Die Therapie zerfällt daher in eine örtliche Behandlung des Geschwürs und eine Allgemeinbehandlung, welche den Gesamtorganismus erfassen soll.

Die örtliche Behandlung. Das Magengeschwür ist in etwa der Hälfte aller Fälle von einer hyperaziden Gastritis begleitet, daher ist seine Therapie derjenigen der Gastritis sehr ähnlich. Voraussetzung jeder anderweitigen Behandlung ist weitgehende Schonung, bei frischem Ulkus womöglich eine mehrwöchige Bettruhe, um zu verhüten, daß das Geschwür chronisch wird.

Auch beim Ulkus steht die Wärmebehandlung, die zuerst von LEUBE eindringlich empfohlen wurde, an erster Stelle. Der immer wieder gemachte Einwand, daß die Wärme eine Hyperämie und damit die Gefahr einer Blutung erzeuge, ist praktisch durch eine jahrzehntelange Erfahrung widerlegt. Er ist aber auch theoretisch hinfällig. Da eine Blutung viel leichter durch eine mechanische Stauung des Mageninhaltes, bedingt durch den Pylorospasmus, zustande kommt, der Pyloruskrampf aber durch die Wärme gelöst und damit die Stauung beseitigt wird, so wird die Blutungsgefahr durch die Wärme eher verringert als vermehrt.

Am wirksamsten erweist sich feuchte Wärme, die möglichst stundenlang einwirken soll. Man verwendet sie in Form warmer Kompressen, kombiniert mit einem Thermophor, der diese warm erhalten soll, oder als *Kataplasmen* von Leinsamenmehl oder Tonerde (S. 86). Sehr wirksam erweist sich auch die *Kurzwellenbehandlung*. Sie wirkt nicht nur lösend auf den Pyloruskrampf, sondern setzt auch den erhöhten Gefäßtonus, der von Bedeutung für die Entstehung des Ulkus ist, herab, schließlich bessert sich die häufig bestehende Hyperazidität. Die Wirkung dürfte durch die direkte Beeinflussung des Plexus coeliacus und der anderen Nervengeflechte des vegetativen Systems in der Bauchhöhle zustande kommen. Dem Verfasser sind zwei Fälle bekannt, bei denen die Ulkuskrankheit durch eine längere Kurzwellenbehandlung dauernd zur Ausheilung kam.

Die allgemeine Behandlung des Kranken sollte nie vernachlässigt werden. Schon eine mehrwöchige Bettruhe, zu welcher der Ulkuskranke vielfach gezwungen ist, bedeutet eine Loslösung von allen Berufsgeschäften und damit nicht nur eine körperliche, sondern auch seelische Entspannung. Die vegetative Reaktionslage des Kranken kann man durch leichte hydriatische Maßnahmen, wie Teilwaschungen oder Teilabreibungen, durch Halbbäder oder Bürstenbäder günstig beeinflussen. Auch Kochsalz- oder Fichtennadelbäder zwei bis dreimal in der Woche werden das Vegetativum in günstigem Sinn umstimmen. In der ulkusfreien Zeit ist eine **Trinkkur** von Vorteil, an einer jener Quellen, die wir bei der Behandlung der hyperaziden Gastritis auf S. 303 aufgezählt haben.

Hyper- und Atonie des Magens und Darms
Habituelle Obstipation

Pathologie. Die hypertonischen und atonischen Zustände des Magen-Darmkanals bilden die Grundlage einer Reihe klinisch sehr wichtiger Krankheitsbilder.

Zur *hypertonischen Gruppe* gehören der Ösophagospasmus, Kardiospasmus, Pylorospasmus und die verschiedenen Darmspasmen, die, wenn sie in akuten Anfällen auftreten, nicht selten zu Fehldiagnosen, wie Appendizitis, Cholecystitis, führen und schon manche überflüssige Laparotomie zur Folge hatten. Machen sie mehr chronisch schleichende Beschwerden, so laufen sie häufig unter der Diagnose Adhäsionen. Die Darmspasmen sind oft der Ausdruck einer neurotischen Konstitution, was therapeutisch zu berücksichtigen ist.

Die *Hypo-* und *Atonie* des Magens und Darms ist mehr ein Dauerzustand, der nicht nur zu funktionellen Störungen (Obstipation), sondern auch zu anatomischen Veränderungen (Gastroenteroptose) führen kann. Da mit der Atonie der glatten Eingeweidemuskulatur nicht selten eine Atonie der Bauchdecken-, ja der gesamten Körpermuskeln verbunden ist, so darf auch hier die konstitutionelle Veranlagung nicht übersehen werden.

Wenn wir beide Formen der motorischen Störungen, die hypertonischen und die atonischen gleichzeitig besprechen, so geschieht es erstens, weil sie vielfach miteinander vergesellschaftet sind, und zweitens, weil die Wärmebehandlung sich bei beiden gleich wirksam erweist, indem sie bei der Hypertonie dämpfend, bei der Atonie anregend auf die Peristaltik wirkt.

Thermo- und Hydrotherapie. Kein Mittel vermag Krampfzustände der glatten wie der quergestreiften Muskelfasern so rasch und sicher zu lösen wie die Wärme. Dabei ist feuchte Wärme der trockenen zweifellos überlegen. Sie wird angewendet in Gestalt *warmer* bis *heißer Umschläge*, die zur Warmhaltung mit einem Thermophor bedeckt werden, oder von *Kataplasmen* aus Pflanzenpulvern (Semen lini pulv., Species emollientes) oder Tonerde (Bolus alba). Auch ein *Bauchwickel* mit zimmerwarmem Wasser, bei dem zwischen feuchtem und trockenem Tuch ein Wärmeträger (Warmwasserschlauch oder Thermophor) eingelegt ist, erweist sich oft als ausgezeichnet.

Auch bei der Hypo- und Atonie wird die Wärme in ganz gleicher Weise erfolgreich angewendet. Daneben wirken aber auch kurze kalte Reize anregend auf den Tonus und die Peristaltik der glatten Muskelfasern, wie z. B. wechselwarme (40 und 20° C) *Fächerduschen* auf die Bauchgegend oder *Sitzbäder* von 15 bis 20° C in der Dauer von 2 bis 3 Minuten, wobei der Behandelte die Wirkung durch kräftiges Reiben oder Bürsten der Bauchdecken unterstützen soll. In der Erwägung, daß die Magen-Darmatonie oft nur die Teilerscheinung einer allgemeinen Atonie ist, kann man auch *Halbbäder* versuchen, die man mit einer kalten Übergießung des Bauches aus ziemlicher Höhe abschließt.

An dieser Stelle sei auch der **Darmbäder** gedacht, bei denen im warmen Bad mittels einer eigenen Apparatur eine Spülung des Dickdarms mit 20 bis 30 Liter physiologischer Kochsalzlösung vorgenommen wird. Die in den Darm einfließende Lösung bewirkt eine Dehnung der Darmwand, die, wenn sie einen bestimmten Grad erreicht hat, eine peristaltische Welle auslöst, durch welche die Flüssigkeit, gemengt mit dem Darminhalt, wieder ausgestoßen wird. Dieses Spiel, Dehnung und Zusammenziehung, wird nun im Verlauf der Behandlung so lange wiederholt, bis das Kolon vollkommen entleert ist und die Spülflüssigkeit rein abfließt.

Die Wirkung der Bäder auf die Darmmuskulatur ist die einer Heilgymnastik, die sowohl bei spastischer wie bei atonischer Obstipation zur Anwendung kommen kann, wobei im ersten Fall die passive Dehnung, im zweiten die aktive Kontraktion das therapeutisch Wesentliche ist. Die Darmbäder werden anfangs dreimal, später zweimal und schließlich nur mehr einmal in der Woche in einer Gesamtzahl von 15 bis 20 gegeben.

Elektrotherapie. Wir besitzen heute in der *Schwellstromtherapie* eine in sehr vielen Fällen von chronischer Obstipation wirksame Behandlungsmethode. Es ist dies eine Methode, die der Verfasser bereits 1920 in seinem Lehrbuch der Elektrotherapie empfohlen hat. Dabei werden zwei feucht unterlegte und mit Sandsäcken beschwerte Elektroden in der Größe von je 100 qcm rechts und links vom Nabel aufgelegt und ein Schwellstrom eingeschaltet, der kräftige Kontraktionen der Bauchmuskeln auslöst. Dauer der Behandlung 15 bis 20 Minuten.

Da *Exponentialimpulse*, wie wir auf S. 124 ausgeführt haben, auch die glatten Muskelfasern zur Zusammenziehung zu bringen vermögen, so können sie gleichfalls bei atonischer Obstipation zur Anwendung kommen. Die Elektrodenanordnung ist die gleiche wie bei der Schwellstromtherapie. Die Stromstärke der Impulse betrage 25 bis 30 mA, ihre Dauer 100 bis 150 Millisekunden. Sie folgen einander in Intervallen von einer Sekunde.

Bei spastischer Obstipation hat sich die *Lang- und Kurzwellentherapie* bewährt. Der Verfasser konnte schon vor mehr als 30 Jahren die Beobachtung machen, daß eine aus anderen Gründen, etwa wegen Lumbago, erfolgte Durchwärmung des Unterleibs unbeabsichtigt eine lange bestehende Obstipation besserte oder beseitigte.

Mechanotherapie. Da die chronische Obstipation ebenso wie die Enteroptose häufig bei Menschen vorkommt, die wenig Bewegung machen, eine sitzende Beschäftigung haben und an sich muskelschwach sind, so wird man vor allem hier eingreifen müssen und dem Kranken *Bewegung in jeder Form*, Gehen, Turnen, Schwimmen, Radfahren oder einen anderen Bewegungssport empfehlen. Jede Körperbewegung wirkt anregend auf die Peristaltik.

Abgesehen davon soll aber der Kranke täglich, am besten morgens nach dem Aufstehen, eine Anzahl *gymnastischer Übungen* machen, deren Zweck es ist, vor allem die Bauchmuskeln zu kräftigen. Solche Übungen sind auf S. 185 angegeben.

Neben den Übungen der Bauchmuskeln sind auch *Atmungsübungen* mit besonderer Betonung der Zwerchfellatmung auszuführen. Jede Auf- und Abbewegung des Zwerchfelles, verbunden mit einer Einziehung und Vorwölbung der Bauchdecken, verschiebt den gesamten Bauchinhalt und wirkt anregend auf die Peristaltik.

Die Massage des Bauches ist bei chronischer Obstipation ein altes bewährtes Verfahren.

Der Kranke liegt mit leicht gebeugten Beinen in Rückenlage, der Masseur steht an seiner Seite. Zuerst werden die Bauchdecken behandelt. Sind sie hypertonisch gespannt, so sucht man sie durch leichtes Streichen und Schütteln zu lockern. Sind sie hypotonisch, dann soll ihr Tonus durch Kneten gesteigert werden. Nun folgt die Massage des Bauchinhaltes, wobei alle technischen Handgriffe der Reihe nach zur Anwendung kommen können. *Streichen* mit den flachen Händen von den Seiten gegen die Bauchmitte, dann dem Verlauf des Kolons folgend von der rechten bis zur linken Darmbeingrube. Hierauf *Reiben* in kleinen Kreisen mit den langsam in die Tiefe dringenden Fingerspitzen der rechten Hand, deren Druck durch Auflegen der linken Hand verstärkt wird. Bei Atonie wird man auch durch tiefe *Knetungen* die Peristaltik des

Darmes anzuregen suchen. Nun folgt das *Klopfen* mit der gewölbten Hohlhand oder den leicht zur Faust geschlossenen Händen und schließlich das *Erschüttern* mit der flach auf die Bauchdecken aufgelegten Hand oder einem Vibrationsmotor.

Die Heilquellenbehandlung hat bei chronischer Obstipation oft einen sehr guten Erfolg. Immerhin kann sie nur als ein Unterstützungsmittel der diätetischen Therapie angesehen werden. Weist man den Kranken in einen Kurort, so hat dies den Vorteil, daß er, abgesehen von seiner Trinkkur, auch seine diätetischen Maßnahmen viel strenger als zu Hause durchführen wird.

Bitterwässer, deren wirksamer Bestandteil das Magnesiumsulfat ($MgSO_4$) ist, stellen im wesentlichen nur Abführmittel dar. Es ist gefährlich, den Kranken an sie zu gewöhnen. Bei leichter Obstipation sind *Kochsalzquellen*, wie *Homburg* und *Kissingen*, zu empfehlen. Etwas energischer wirken die *Glaubersalz* (Na_2SO_4) führenden *Quellen* von *Marienbad* und die gleichartigen kalten Quellen von *Karlsbad*. Besteht gleichzeitig eine Anämie oder ein Frauenleiden, so ist *Franzensbad* vorzuziehen. Eine Glaubersalzquelle mit Höhenklima ist das 1200 m hoch gelegene *Tarasp* in der Schweiz. Bei spastischer Obstipation steht der heiße, krampflösende *Karlsbader Sprudel* an erster Stelle.

Krankheiten der Leber, der Gallenwege und des Bauchfells

Pathologie. Zu den Krankheiten der Leber und Gallenwege zählen wir die Hepatitis, Cholangitis, Cholecystitis und Cholelithiasis, zu denen des Bauchfells vor allem jene umschriebenen Entzündungen, die durch Übergreifen irgendwelcher Erkrankungen der Bauchorgane auf ihre peritoneale Umkleidung entstehen. Auch die als Restzustände verbleibenden Adhäsionen bilden häufig den Gegenstand der physikalischen Therapie.

Thermo- und Hydrotherapie. Bei allen akuten Entzündungen der Gallenwege und des Bauchfells darf nur milde Wärme zur Anwendung kommen, starke wird in der Regel nicht vertragen. Vielfach empfinden die Kranken einen einfachen *Prießnitzumschlag*, vielleicht noch in Verbindung mit einem mäßig warmen *Heizkissen*, am angenehmsten. Eine solche Kombination größeren Formates ist ein *Leibwickel*, zwischen dessen feuchter und trockener Lage ein Warmwasserschlauch oder ein Thermophor eingelegt ist. In dem Maß, wie die akuten Entzündungserscheinungen abklingen, kann man Wärme höheren Grades anwenden. Auch hier verdient die feuchte Wärme den Vorzug vor der trockenen. Als Wärmeträger dienen uns neben Wasser *Kataplasmen* aus Semen lini pulv. oder Tonerde.

In alten chronischen Fällen kann man zu einer intensiven Wärmetherapie in Form von *Schlamm-* oder *Moorpackungen* greifen, die den ganzen Leib umfassen. Eine solche Behandlung ist jedoch nur in einer hierfür eingerichteten Kuranstalt durchführbar. Das gleiche gilt für die *Dampfdusche*, die ein sehr wirksames Mittel in schweren, hartnäckigen Fällen darstellt. Nur ein unvollkommener Ersatz für die eben angeführten Behandlungsmethoden ist die Anwendung strahlender Wärme mit Hilfe einer Wärmelampe oder eines Teillichtbades.

Elektro- und Lichtbehandlung. Als sehr wirksam bei allen chronischen Entzündungen der Gallenwege und des Bauchfells hat sich die *Langwellen-*

und *Kurzwellendiathermie* erwiesen. Dem Verfasser gelang es, in einigen Fällen durch eine solche Behandlung die unvermeidlich scheinende Operation zu umgehen. Aber auch die nach einem operativen Eingriff noch zurückbleibenden Beschwerden werden durch die elektrische Stromwärme meist sehr gut beeinflußt.

Bei schmerzhafter Cholecystitis hat man auch *Ultraviolettlicht-Erytheme* (S. 102) erfolgreich angewendet. Sie werden in einem Ausmaß von 13 × 13 cm teils über der Gallenblase selbst, teils gegenüber am Rücken oder auch entsprechend dem Eintritt der schmerzleitenden Spinalwurzeln in das Rückenmark gesetzt.

Heilquellenbehandlung. Bei Erkrankungen der Gallenwege werden *alkalische*, d. h. Hydrokarbonat (HCO_3) führende oder Glaubersalz (Na_2SO_4) haltige Quellen benützt. An erster und oberster Stelle steht hier *Karlsbad*, ihm reihen sich *Marienbad, Franzensbad, Elster, Mergentheim, Bertrich* und *Neuenahr* an. Die Erfahrung lehrt, daß ein- oder mehrmalige Kuren in diesen Orten die Beschwerden oft völlig zum Verschwinden bringen können. Sie sollen daher vor einem operativen Eingriff, falls dieser nicht aus lebenswichtigen Gründen angezeigt ist, in jedem Fall versucht werden.

VI. Die Krankheiten der Harn- und Geschlechtsorgane

Nephritis

Allgemeines. Neben einer, wenn möglich ursächlichen Therapie, wie der Entfernung eines Infektionsherdes und einer entsprechenden Schonungsdiät besteht die Behandlung der *akuten Nephritis* im wesentlichen in Bettruhe und der Anwendung von Wärme. Schon die horizontale Körperlage und die gleichmäßige Bettwärme wirken günstig auf die Durchblutung und damit auf die Funktion der Nieren. Örtliche sowohl wie allgemeine Wärmeanwendungen fördern weiterhin die Durchblutung der Nieren sowie die Harnausscheidung und sind daher die wichtigsten physikalischen Heilmittel bei akuter wie chronischer Nephritis. Umgekehrt bewirken örtliche und allgemeine Kältereize eine Herabsetzung der Nierenfunktion. Nierenkranke müssen sich deshalb gegen Kälte und Durchnässungen durch warme Kleidung und gute Beschuhung schützen. In der kalten Jahreszeit wird sich das Tragen einer Leibbinde aus Flanell oder eines Katzenfelles empfehlen.

Örtliche Thermotherapie. Bei akuter wie bei chronischer Nephritis wird man, wenn die Harnsekretion unzulänglich wird oder gar eine Anurie droht, die Funktion der Nieren durch stundenlange Wärmeanwendungen zu heben suchen. Dazu dienen uns warme, doch nicht allzu heiße *Kompressen*, am besten in Verbindung mit einem *Heizkissen*. In gleicher Weise wirkt ein *warmer Leibwickel* oder ein *Dampfwickel*, das ist ein heißer Wickel zwischen zwei trockenen Flanellagen. Reflektorisch können wir die Durchblutung und die Harnausscheidung durch *Hauffesche Teilbäder*, am besten Fußbäder, bessern. Diese führen infolge der beträchtlichen Erweiterung der Hautgefäße in der Regel auch zu einem Absinken des Blutdruckes.

Besonders wirksam haben sich bei akuter wie bei chronischer Nephritis die *Langwellen-* und die *Kurzwellenbehandlung* erwiesen. Der Verfasser konnte bei einer größeren Zahl von Kranken, unter denen sich einige trotz Dekapsulation der Nieren bereits in einem präurämischen Zustand befanden, die Harnausscheidung durch lang andauernde Durchströmung wieder in Gang bringen. Es wurde meist vormittags und nachmittags eine Stunde lang behandelt. EPPINGER und EWIG empfahlen, die Diathermie in jedem Fall von akuter Glomerulonephritis vorbeugend zu gebrauchen. Auch hier soll die Behandlungszeit eine möglichst lange sein.

Allgemeine Thermotherapie. STRASSER und BLUMENKRANZ empfahlen *Vollbäder* von 35 bis 36° C (vielleicht noch besser bis 37° C) in der Dauer von einer Stunde täglich. Sie vermehren nicht nur die Ausscheidung von Wasser, sondern auch von Kochsalz und Stickstoff. KOWARSCHIK hat viele seiner chronisch Nierenkranken bis zu einer Stunde im Tag im *Warmluftraum* bei einer Temperatur von 35 bis 40° C belassen und ihnen jeden zweiten Tag eine *allgemeine Quarzlichtbestrahlung* verabfolgt, wodurch es zu einer andauernd guten Hautdurchblutung kommt. Auch die Bestrahlung mit einem *Rumpf-* oder *Bettlichtbad* in der Dauer von 30 bis 60 Minuten ist zu empfehlen.

Bei starkem Absinken der Harnmenge und drohender Urämie wird man, besonders wenn Ödeme bestehen, zu einer *Schwitzkur* greifen, um durch die Ausscheidung von Schweiß die Nieren zu entlasten. Mit dem Schweiß werden nicht nur beträchtliche Wassermengen, sondern auch große Mengen von Kochsalz abgegeben, die z. B. im Überwärmungsbad so bedeutend sein können, daß der Harn fast chlorfrei wird (WALINSKI). Auch Harnstoff, Harnsäure und andere harnpflichtige Stoffe werden in erhöhtem Maß durch die Haut ausgeschieden (Sudores urinae, S. 10). Gleichzeitig steigt im warmen Bad infolge der Nierenhyperämie auch die Harnstoffausscheidung durch den Urin stark an. Sie ist bis zu 70% im warmem Bad größer als im indifferenten (FARR-MOEN). Da das Blut unter allen Umständen seine normale Konzentration aufrechtzuerhalten sucht, so wird die dem Blut entzogene Flüssigkeit sofort durch Nachströmen der in den Geweben angesammelten Ödemflüssigkeit wieder ersetzt (VOLHARD).

In einfacher und schonender Form kann der Kranke durch ein *Hauffesches Teilbad* zum Schwitzen gebracht werden, wenn er während desselben gut in Decken eingehüllt ist. Auch mit einem *Rumpf-* oder *Bettlichtbad* ist eine Schwitzkur im Hause des Kranken durchführbar. Ganz groß sind die Schweißverluste, die in einem *Überwärmungsbad* (S. 29) erzielt werden können. Sie betragen 1 bis 2 Liter. Nicht jeder Kranke wird allerdings solche Bäder vertragen. Man kann sie ihm durch eine gute Kopfkühlung erleichtern. In allen Fällen kann die Schweißausscheidung durch das Trinken warmer Flüssigkeiten (Aufguß von Flores tiliae oder sambuci) und ein anschließendes Nachschwitzen im Bett oder in einer Trockenpackung unterstützt werden.

Darmbäder. Auch durch die Anregung der Darmtätigkeit kann man der Niere zu Hilfe kommen. Man macht hohe Irrigationen oder, wenn es der Zustand des Kranken erlaubt, noch besser *Darmbäder*. Dadurch werden manche giftige, bei der Verdauung entstehende Spaltprodukte unmittelbar entfernt, die sonst resorbiert und durch die Nieren ausgeschieden werden. Allerdings wird im Darmbad von der Schleimhaut des Kolons auch Wasser aufgenommen, das durch die Nieren wieder ausgeschieden werden muß. Immerhin fühlen sich die Kranken nach einem solchen Bad in der Regel erleichtert, wenn auch etwas müde.

Klimabehandlung. Von den früher üblichen Trinkkuren, mit denen man eine Durchspülung der Nieren erreichen wollte, ist man heute ganz abgekommen. Man sieht sie nur als eine schädliche Belastung des kranken Organes an und beschränkt sich ausschließlich auf die Klimabehandlung. Der Nierenkranke bedarf eines warmen und trockenen Klimas, die Meeresküste und das Hochgebirge sind für ihn ungeeignet. Im Sommer läßt sich ein geeigneter Aufenthaltsort im *Mittelgebirge* finden. Im Winter ist das schwerer. Darum pflegten früher Kranke mit chronischen Nierenleiden nach südlich gelegenen Orten, wie *Meran, Gries, Bozen, Amalfi, Sorrento* oder *Castellamare*, zu gehen. Als besonders günstig wurde das Wüstenklima von *Helouan, Assouan* oder *Luxor* in Ägypten angesehen. Der Vorteil dieses Klimas äußert sich in der andauernd guten Durchblutung der Haut und der sich konsensuell verhaltenden Nieren.

Cystitis, Pyelitis, Uretersteine

Allgemeines. Die Behandlung der Cystitis und Pyelitis, die beide nicht selten mit Steinbildung einhergehen, ist grundsätzlich die gleiche. Bei akuter, von Fieber begleiteter Blasen- und Nierenbeckenentzündung ist *Bettruhe* unbedingt geboten. Dazu kommt als wirksamste physikalische Behandlung die Anwendung von Wärme. Auch bei chronischen Entzündungen steht die Wärmebehandlung an erster Stelle. Gleichwie Kranke mit Nephritis sind auch solche mit Entzündungen der Harnwege gegen Kälte sehr empfindlich. Sie müssen sich daher gegen Erkältungen und Durchnässungen durch entsprechende Bekleidung und Beschuhung schützen.

Thermotherapie. Ist die Erkrankung ganz akut, so darf nur milde Wärme zur Anwendung kommen, etwa ein *warmer Umschlag* in Verbindung mit einem nicht zu heißen *Thermophor*, die bei Cystitis über der Symphyse oder am Perineum angelegt und mittels einer T-Binde befestigt werden. Bei subakuter und chronischer Pyelitis ist ein *heißer Leibwickel* oder ein *Dampfwickel* angezeigt. Bei Entzündung der Harnblase sind *Sitzbäder* mit einer Temperatur von 38 bis 40° C und einer Dauer von 20 bis 30 Minuten zu empfehlen. Man kann der Wärmewirkung des Bades durch Zusatz einer Abkochung von 50 g Heublumen (Flores graminis) oder Kamillenblüten (Flores chamomillae) noch einen Hautreiz hinzufügen. Bei solchen Sitzbädern ist darauf zu achten, daß der Kranke durch Bekleidung mit Schuhen und Strümpfen und Einhüllung in einer oder zwei Wolldecken gegen Abkühlung geschützt wird.

Bei chronischer Blasen- und Nierenbeckenentzündung haben sich besonders die *Lang-* und *Kurzwellendiathermie* bewährt. Wegen ihrer krampflösenden Wirkung werden sie auch zur Mobilisierung eingeklemmter Uretersteine mit Erfolg benützt. Desgleichen sind sie nicht selten bei Reizblase mit Pollakisurie und Blasenkrämpfen von Nutzen.

Bäderbehandlung. Schon einfache *warme Vollbäder* von 36 bis 38° C oder solche mit einem Zusatz Fichten- oder Kiefernadelextrakt lindern die Beschwerden bei Cystitis und Pyelitis oft beträchtlich. Bei Einklemmung von Uretersteinen wurden von vielen Seiten *Darmbäder* in Vorschlag gebracht. Bisweilen geht der Stein schon nach dem ersten Bad ab. Ist das auch nach dem zweiten und dritten Bad nicht der Fall, dann dürften weitere Bäder wohl zwecklos sein. Das im Darmbad Wirksame ist einerseits die Tonusverminderung der Muskulatur, andererseits der Umstand, daß im Bad durch den Dickdarm eine nicht unbeträchtliche Menge Wasser aufgenommen wird, das bei seiner Ausscheidung durch die Nieren die Wirkung eines Wasserstoßes hat.

Bewegungstherapie. Die Lösung eines festsitzenden Uretersteines kann durch Körperbewegung, die mit Erschütterungen verbunden ist, unterstützt werden. In diesem Sinn wirken *Seilspringen, Auto- und Motorradfahren, rasches Bergabgehen*. Der Abgang des Steines kann durch *Trinken von Wasser* oder *Tee*, wie durch die Verabreichung von *Atropin* oder *Papaverin* gefördert werden.

Heilquellenbehandlung. Das Trinken von Mineralwässern wirkt einerseits rein mechanisch, indem diese die Harnwege durchspülen und reinigen, andererseits aber auch durch ihren Gehalt an Salzen, die eine den Schleim lösende und die Entzündung hemmende Wirkung entfalten. Nicht angezeigt sind solche Kuren bei Erkrankungen der Niere und Störungen des Kreislaufes.

Trinkkuren können entweder an der Quelle selbst oder im Hause des Kranken mit Versandwässern durchgeführt werden. Die Art des Wassers wird vornehmlich durch die Harnreaktion bestimmt. Bei stark saurem Harn sind *alkalische Wässer*, wie die von *Neuenahr* im Rheinland, *Salzbrunn* in Schlesien oder *Bilin-Sauerbrunn* in Böhmen, zu empfehlen. Bei neutraler oder alkalischer Harnreaktion kommen nur *einfache* oder *erdige Säuerlinge* in Betracht, die durch ihren Gehalt an Kalzium und Magnesium besonders schleimlösend wirken. Zu diesen zählen *Wildungen* in Kurhessen, das sich bei Steinleiden einer großen Beliebtheit erfreut. *Brückenau* in der Röhn und *Marienbad* (Rudolfsquelle). Alle diese Wässer kommen auch zum Versand.

Krankheiten der männlichen Geschlechtsorgane

Allgemeines. Die Fortschritte, welche die Chemotherapie in den letzten Jahren bei der Behandlung der Urethritis gonorrhoica erzielte, läßt heute die physikalische Therapie überflüssig erscheinen. Es sind vor allem ihre Komplikationen, die Epididymitis und Prostatitis, welche für die physikalische Behandlung in Frage kommen. Am wirksamsten erweist sich bei diesen Erkrankungen die Thermotherapie.

Thermotherapie. Bei der akuten Epididymitis und Prostatitis wird man sich zunächst mit *Prießnitz-* und *warmen Umschlägen* begnügen, die man durch ein ganz leicht geheiztes Wärmekissen längere Zeit warm erhalten kann. Sind das Fieber und die akuten Reizerscheinungen abgeklungen, versuche man *Sitzbäder* von 37 bis 38° C, denen man eine Abkochung von Heublumen (Flores graminis) oder Kamillen (Flores chamomillae) zusetzen kann.

Schon frühzeitig ist bei der Epididymitis eine *Kurzwellenbehandlung* in schwacher Dosierung zulässig. Die Ausführung derselben ist auf S. 162 beschrieben. Die Langwellendiathermie kommt wegen der Kompliziertheit ihrer Technik heute nicht mehr zur Anwendung. Auch für die Behandlung der Prostatitis zieht man die ungleich einfachere Kurzwellenbehandlung vor. Ihre Ausführung ist auf S. 162 beschrieben. Wenn dabei nicht nur die Prostata, sondern auch deren Umgebung im Wärmefeld liegt, so ist das nur ein therapeutischer Vorteil. Im Gegensatz zur Epididymitis darf die Prostatitis erst im subakuten und chronischen Stadium mit Hochfrequenzströmen behandelt werden. Die Erfolge dieser Behandlung sind so gute, daß sie sich allgemein eingebürgert und ältere Behandlungsformen, wie die mit rektalen Warm- oder Kaltwassersonden (Psychrophor) vollkommen verdrängt haben.

Auch bei der *Prostatahypertrophie* hat sich die Kurzwellenbehandlung nach den Berichten von C. E. SCHMIDT, RUETE, KOBAK und anderen gut bewährt. Sie mildert oder beseitigt die dysurischen und krampfartigen Beschwerden der Kranken. Bei plötzlich eintretender Harnverhaltung wird man *warme Umschläge*, *Sitz-* oder auch *Vollbäder* versuchen und den Kranken anweisen, den Harn im Bad selbst zu entleeren. Bisweilen gelingt dies nach der Entleerung des Darmes durch eine Irrigation, da, wie wir aus dem täglichen Leben wissen, die Harnentleerung an die Darmentleerung reflektorisch gekoppelt ist.

Die allgemeine Hyperthermie durch warme, allmählich auf 40° C aufgeheizte Vollbäder, wie sie WEISS bereits 1915 empfohlen hat oder die Hyperthermie durch Kurzwellen, wie sie von amerikanischen Autoren vorgeschlagen worden ist, wird heute nicht mehr geübt.

Massage der Prostata. Diese von THURE BRANDT eingeführte Behandlung wird bei chronischer Prostatitis auch derzeit noch in ausgedehntem Maße verwendet.

Der zu Behandelnde steht dabei vornüber gebeugt, den Kopf auf die auf einem Tisch liegenden Arme gestützt, oder er liegt auf dem Rücken mit gebeugten und abduzierten Beinen. Der Masseur sitzt im letzten Fall an seiner rechten Seite und führt den durch ein Kondom geschützten und eingefetteten Zeigefinger in das Rektum ein. Dann sucht er durch kleine kreisförmige Reibungen und analwärts gerichtete Streichungen das Sekret der Drüse zu entleeren. Dauer der Behandlung 5 bis 10 Minuten. Alle Handgriffe müssen zart und schonend, ohne allzu große Schmerzen für den Kranken durchgeführt werden. Halten diese stundenlang nach der Behandlung an, dann ist die Massage, wie dies für jede ihrer Anwendungsarten gilt, entweder schlecht ausgeführt worden oder überhaupt nicht angezeigt.

Bäderbehandlung. Eine Kur in *Karlsbad* oder *Marienbad* bringt manchem Prostatiker Erleichterung. Die schwach abführende Wirkung der *Glaubersalzquellen* wie die resorbierende Wirkung der Moorbäder wirken sich bei der chronischen Prostatitis und auch bei der Prostatahypertrophie günstig aus. Auch *Kochsalz-* oder *Solebäder* können empfohlen werden.

Krankheiten der weiblichen Geschlechtsorgane

Allgemeines. Die physikalische Therapie nimmt in der Frauenheilkunde eine hervorragende Stellung ein. In ihr Bereich fallen einerseits die chronisch entzündlichen Erkrankungen des Uterus und seiner Adnexe, wie die Perimetritis, Parametritis, Adnexitis, Salpingitis, Oophoritis usw., andererseits Störungen des Zyklus, wie Amenorrhöe, Dysmenorrhöe, sowie die damit häufig in Verbindung stehende Sterilität.

Thermotherapie. Die Wärme ist für alle entzündlichen Erkrankungen des weiblichen Genitales ein ausgezeichnetes Heilmittel, doch muß sie in akuten fieberhaften Fällen mit Vorsicht gebraucht werden. In allzu großer Stärke ruft sie augenblicklich eine Steigerung der Schmerzen und eine Erhöhung des Fiebers hervor. Man begnüge sich daher in der Zeit der Bettruhe mit *Prießnitz-* oder *feuchtwarmen Umschlägen* und einem mäßig warmen Heizkissen, die man stundenlang einwirken läßt. Erst später, wenn die akuten Reizerscheinungen abgeklungen sind, gebe man warme Sitzbäder von 37 bis 39° C, denen man eine Abkochung von 50 g Heublumen (Flores graminis), 200 bis 300 g Sud- oder Steinsalz, Moorschwebstoff, Salhumin oder ein ähnliches Präparat zusetzt.

Verhältnismäßig früh kann man auch die strahlende Wärme mit Hilfe einer großen *Solluxlampe* oder eines *Glühlichtbogens* zur Anwendung bringen. Wesentlich intensiver wirken die mit elektrischen Widerständen geheizten *Heißluftkasten*. SEITZ und auch WINTZ haben sogenannte *Scheidenlampen* angegeben, zylindrisch geformte Glühlampen mit regelbarer Heizung, die in die Scheide eingeführt werden.

Ist die Entzündung chronisch geworden, dann kommen die mit Höchsttemperaturen arbeitenden *Schlamm- und Moorpackungen* zu ihrem Recht. Sie sind auch bei inkretorischer Unterfunktion der Geschlechtsdrüsen, Amenorrhöe, Dysmenorrhöe und Sterilität als eine die Funktion anregende Maßnahme angezeigt.

Elektrotherapie. Diese schließt sich mit der *Lang-* und *Kurzwellenbehandlung* der Thermotherapie unmittelbar an. Beide Methoden erfreuen sich heute in der Frauenheilkunde großer Beliebtheit und ausgedehnter Anwendung. Über ihre Technik ist auf S. 149 und S. 162 nachzulesen. Auch bei der akuten und chronischen *Mastitis*, die ja schon bisher mit Wärme in Form von Umschlägen, Kataplasmen u. dgl. behandelt worden ist, kommt die Kurzwellentherapie mit Erfolg zur Anwendung.

Als *Gegenanzeigen* der Thermotherapie einschließlich der Lang- und Kurzwellen sind genitale Blutungen jeder Art anzusehen. Darum ist die Thermotherapie auch in der Zeit der Menses auszusetzen, die erfahrungsgemäß durch sie verstärkt werden, sowie sie auch im Verlauf einer thermischen Kur verfrüht ausgelöst werden können. Eine Gegenanzeige bildet ferner die Schwangerschaft. Auch die Tuberkulose des Genitales spricht auf Wärmeanwendungen schlecht an und wird durch diese fast regelmäßig verschlimmert, so daß eine Verschlimmerung geradezu differentialdiagnostisch verwertet werden kann.

Von sonstigen Methoden der Elektrotherapie sei noch der *Schwellstrombehandlung* gedacht, die bei Atonie der Bauchdecken die aktiven Widerstandsübungen wesentlich unterstützt, abgesehen davon, daß sie auf die nicht selten bestehende chronische Obstipation günstig wirkt (S. 306).

Bei Amenorrhöe hat KOWARSCHIK sich wiederholt einer Hautreiztherapie mit *Hochfrequenzfunken* erfolgreich bedient, indem er die Unterbauch- und Kreuzbeingegend mit einer Kondensatorelektrode bis zur deutlichen Hautrötung bestrich.

Diese Behandlung leitete sich von einer zufälligen Beobachtung her. Eine seit mehreren Jahren mit Röntgenstrahlen kastrierte Frau sollte wegen einer Adiposalgie der Bauchdecken mit Hochfrequenz behandelt werden. Bereits einen Tag nach der ersten Behandlung trat eine genitale Blutung auf. Dadurch erschreckt, blieb die Kranke von der Behandlung weg, um erst nach einem Jahr wieder zu erscheinen. Eine Wiederholung des Versuches führte sofort zu einer neuerlichen Blutung, die zweifellos durch einen cutaneo-viszeralen Reflex ausgelöst wurde. Die Erfahrung an anderen Frauen zeigte später, daß man die gleiche Wirkung auch durch Reizbestrahlungen mit ultraviolettem Licht erzeugen kann.

Lichtbehandlung. Das Licht einer Quarz- oder Bogenlampe läßt sich in dreifacher Weise therapeutisch verwenden: Erstens zur Bestrahlung des ganzen Körpers, zweitens zur örtlichen Bestrahlung im Sinne einer Hautreiztherapie und drittens zu vaginalen Bestrahlungen.

Der *allgemeinen Bestrahlung* bedienen wir uns als unterstützende Maßnahme zur Behandlung der *Anämien*, die nach Menorrhagien, Metrorrhagien, Abortus oder bei Myom auftreten.

Die umschriebene, bis zur *Erythembildung* gehende Bestrahlung der Haut hat, wie bereits oben erwähnt, KOWARSCHIK bei der Amenorrhöe benützt. Wie die Funktion der Eierstöcke kann man auch die der Milchdrüsen bei *Hypogalaktie* durch Ultraviolettlicht-Erytheme anregen. Die Behandlung wird in der Weise durchgeführt, daß man die Brustdrüsen einzeln für sich, nachdem man den übrigen Körper abgedeckt und auf die Mamilla ein Wattebäuschchen gelegt hat, in einer Entfernung von 70 cm 5 bis 6 Minuten lang bestrahlt, so daß ein kräftiges Erythem entsteht, denn nur dann ist eine Wirkung zu erwarten. Ist eine solche nicht aufgetreten, dann sind wegen der sofort auftretenden Lichtimmunität der Haut weitere Bestrahlungen meist zwecklos.

Vaginale Bestrahlungen hat man bei *Erosionen der Portio, Cervicitis, Scheidenkatarrhen* und *Fluor* empfohlen. Man benützt hierzu die künstliche Höhensonne oder die Kromayerlampe in Verbindung mit den von WINTZ angegebenen Quarzspekula oder Quarzstäben, die in die Scheide eingeführt werden. Da die Schleimhaut der Scheide gegen die Strahlen der Quarzlampe sehr empfindlich ist, beträgt die Bestrahlungsdauer anfangs nur eine Minute, um ansteigend bis auf acht Minuten verlängert zu werden.

Die **Mechanotherapie** spielt bei der Behandlung der Bauchdeckenschwäche eine wichtige Rolle. Vor allem sind es die auf S. 185 angegebenen *Widerstandsübungen*, die hier in Frage kommen. Der aktiven Bewegungstherapie kann eine *Massage* angeschlossen werden (S. 306). Die Gymnastik während der Schwangerschaft und dem Wochenbett hat rein prophylaktischen Charakter und soll hier nicht besprochen werden. Wer sich dafür interessiert, findet genaue Angaben in dem Buch von SIEBER: Ist Gymnastik in der Schwangerschaft angezeigt? Stuttgart: Dieck u. Co.

Die Heilbäderbehandlung findet bei chronisch entzündlichen Erkrankungen des weiblichen Genitales ebenso wie bei der Dysfunktion der Ovarien und Sterilität eine ausgedehnte Verwendung. Zwei Arten von Heilquellen erfreuen sich hier einer besonderen Beliebtheit, einerseits die Kochsalz- und Solebäder, andererseits die Moorbäder. Im Mittelalter waren es auch die Schwefelbäder, die bei Frauenleiden, vor allem Sterilität, einen großen Ruf genossen.

Die *Kochsalz*- und *Solebäder* können wegen ihrer geringeren Reizstärke bei entzündlichen Erkrankungen bereits in einem früheren Stadium zur Anwendung kommen als die Moorbäder. Ein Verzeichnis der wichtigsten Kochsalzbäder findet sich auf S. 56.

In schweren chronischen Fällen verdienen die *Moorbäder* den Vorzug. Das bekannteste Frauenheilbad war Franzensbad in Böhmen, daneben wären Marienbad, Karlsbad, Elster in Sachsen, Aibling in Bayern, Landeck in Schlesien, Neydharting in Oberösterreich und andere zu nennen.

VII. Die Konstitutions- und Stoffwechselkrankheiten
Skrofulose, exsudative Diathese, Rachitis

Allgemeines. Die Skrofulose und die exsudative Diathese sind Krankheiten auf konstitutioneller Grundlage. Wenn wir ihnen die Rachitis, eine Avitaminose, anschließen, so geschieht es, weil alle drei typische Erkrankungen des Kindesalters darstellen und ihre Behandlung weitgehend ähnlich ist. In den gleichen Indikationskreis gehören auch die Anämie und die allgemeine Körperschwäche des Kindes. Das Ziel derselben ist es, eine durchgreifende vegetative Umstimmung des ganzen Organismus zu erreichen. Die Mittel hierzu bieten uns vornehmlich jene Heilmethoden, die man heute als die naturgemäßen bezeichnet, also neben entsprechender Diät Sonnenlicht, Luft und Wasser. Wir können sie am besten und wirksamsten in einer klimatischen Therapie vereinen, wie sie der Aufenthalt an der See, im Mittel- oder Hochgebirge darstellt. Ist eine solche Therapie nicht durchführbar, so haben wir in den Sonnen- und Luftbädern, in der Behandlung mit Quarzlicht und Kochsalzbädern immer noch Mittel in der Hand, um auch ohne Ortsveränderung den Zustand des Kranken günstig zu beeinflussen.

Sonnen- und Luftbäder. Die Rachitis ist eine typische Mangelkrankheit, vor allem eine Lichtmangelkrankheit, wie sie in den sonnenarmen Straßenschächten und Wohnungen der Großstädte entsteht. Auch bei der Skrofulose und exsudativen Diathese spielt der Mangel an Licht und Luft eine entscheidende Rolle. Die gegebenen Heilmittel dieser Krankheiten sind somit Sonnenlicht und frische Luft.

Man führe die Kinder zu jeder Jahreszeit, also auch im Winter, ins Freie. Ein Spaziergang in frischer Luft wirkt als vegetativer Reiz, fördert den Appetit und Schlaf und hebt den gesamten Tonus. Im Sommer lasse man die Kinder möglichst unbekleidet im Freien spielen, wo es angeht, in einem Garten, an einem See- oder Flußufer, wo ihnen die Beschäftigung im Sand einen unerschöpflichen Zeitvertreib bietet. Man gewöhne sie auch allmählich an den Aufenthalt in der Sonne, bei dem natürlich ein Kopfschutz getragen werden muß. Größere Kinder kann man auch regelrechte, in ihrer Dauer langsam ansteigende Sonnenbäder nehmen lassen mit allen jenen Vorsichtsmaßregeln, die wir im allgemeinen Teil, S. 91, angegeben haben. Man hüte sich bei den Sonnenbädern sowohl wie bei den Luftbädern vor jeder Übertreibung.

Lichtbehandlung. In der schlechten Jahreszeit bedient man sich in Ermanglung des Sonnenlichtes der *künstlichen Höhensonne*, einer *Bogenlampe* oder mehrerer *Ultravitaluxlampen* (S. 97), mit denen man Bestrahlungen des ganzen Körpers ausführt. HULDSCHINSKY hat den Beweis für die spezifische Wirkung der ultravioletten Strahlen auf die Rachitis erbracht, welche Wirkung bekanntlich durch die Bildung von Vitamin D aus dem Ergosterin der Haut zustande kommt. Über die Technik der Bestrahlung s. S. 100. Meist genügen zehn Bestrahlungen, um das Befinden und Aussehen der Kinder wesentlich zu bessern. Hält man weitere für nötig, dann ist es besser, statt die Bestrahlungen noch weiter fortzusetzen, eine Pause von sechs Wochen eintreten zu lassen, um die Lichtempfindlichkeit wieder zu steigern, und dann von neuem zu beginnen. Handelt es sich um eine prophylaktische Bestrahlung, dann findet man mit einer einmaligen Bestrahlung wöchentlich in der Dauer von wenigen Minuten sein Auslangen. Ein Ansteigen mit der Bestrahlungszeit ist in diesem Fall nicht nötig, weil die Haut in der Zwischenzeit immer wieder ihre normale Empfindlichkeit erlangt.

Neben der spezifischen Wirkung des Quarzlichtes, bestehend in der Bildung von Vitamin D, hat dieses aber noch durch den Abbau von Proteinkörpern der Haut (S. 105) eine unspezifische, den gesamten Organismus anregende Wirkung, die wir uns sowohl bei der Rachitis, als auch bei der Skrofulose und exsudativen Diathese, aber auch bei Anämie und Schwächezuständen verschiedener Art zunutze machen. Diese unspezifische Wirkungskomponente fehlt natürlich der Vigantoltherapie.

Bäderbehandlung. Schon einfache *warme Bäder* haben eine das vegetative Nervensystem, im besonderen den Parasympathikus tonisierende Wirkung. Dies kann noch erhöht werden, wenn man dem Bad ein leichtes Hautreizmittel, wie *Kiefer-* oder *Fichtennadelextrakt* oder eine Abkochung von 300 g *Heublumen* zusetzt. Dieser chemische Reiz wird im *Bürstenbad* durch einen mechanischen ersetzt. In besonderer Weise anregend auf die vegetativen Funktionen erweisen sich *Kochsalz-* oder *Solebäder*, die man durch Zusatz von 1 kg Salz oder ½ Liter Mutterlauge zum Badewasser herstellt. Sie werden zwei- bis dreimal wöchentlich gegeben. Eine einstündige Ruhe nach dem Bad, besonders nach den Salzbädern, die etwas ermüdend wirken, ist erforderlich.

Die Heilbäder- und Klimabehandlung vereinigt in sich die Vorzüge aller bisher aufgezählten Methoden und vermehrt sie noch um eine Reihe von Wirkungen, die wir als klimatische bezeichnen. Sie stellt somit einen therapeutischen Reizkomplex dar, der sich bei der in Rede stehenden Trias von Kinderkrankheiten, der Skrofulose, exsudativen Diathese und Rachitis von besonderer Wirksamkeit erweist. Zu den durch die Natur gegebenen Heilkräften kommt bei der Behandlung in einem Kurort noch eine Anzahl von Umständen, welche der Heilung sehr förderlich sind. Dazu gehören die Loslösung vom Elternhaus, die für die Gesundung der Kinder oft von größtem Vorteil ist, die Veränderung der Umgebung, die eine körperliche und seelische Anregung bedeutet und schließlich die andere Ernährung. Wo es irgend möglich ist, soll man daher die Behandlung des kranken Kindes in einem klimatischen Kurort durchführen.

Der Erfolg macht sich sehr bald in einem frischeren Aussehen, in einer Steigerung des Appetites und des Körpergewichtes, in einer erhöhten körperlichen und geistigen Regsamkeit, in einer günstigen Wandlung des Blutbildes usw. bemerkbar. Viele Kinder sind nach einer solchen Kur somatisch und psychisch so verändert, daß sie kaum mehr wieder zu erkennen sind. Am besten ist es, die Kranken in einem *Kinderheim* unterzubringen, wie es deren zahlreiche sowohl im Gebirge als auch an der See gibt. Die Vorteile einer solchen Heimbehandlung sind die dauernde Überwachung der Kinder, die Betreuung durch einen erfahrenen Facharzt und die dem Krankheitsbild genau angepaßte Ernährung. Die Dauer einer klimatischen Kur soll womöglich einige Monate, mindestens aber sechs Wochen betragen.

Vor allem sind es Kochsalz- und Solebäder, die Meeresküste, das Mittel- und Hochgebirge, die sich bei den genannten Zuständen wirksam erweisen.

Kochsalz- und Solebäder, die im besonderen auf die Behandlung von Kindern eingestellt sind und Kinderheime besitzen, sind *Kreuznach* im Rheinland, *Rothenfelde* im Teutoburgerwald, *Reichenhall* in Bayern, *Soden* im Taunus, *Oeynhausen* in Westfalen, *Pyrmont* in Sachsen, *Dürckheim* in der Pfalz.

Meeresküste. Der Aufenthalt an der Meeresküste ermöglicht nicht nur den Gebrauch der kochsalzhaltigen Bäder, sondern bietet vor allem klimatische Heilfaktoren, die für die Gesundung noch viel wichtiger sind als das Baden im Meer. Schwache anämische und skrofulöse Kinder sollen mit Rücksicht auf den großen Wärmeentzug überhaupt nicht baden, vor allem nicht in dem kalten Wasser der Nord- und Ostsee. Viel eher noch ist das Baden an den Küsten der Adria und des Mittelmeeres zulässig, die durch die Wärme des Wassers und den Sonnenreichtum der Luft den Küsten der Nordmeere überlegen sind. Im übrigen bieten die *erwärmten*

Seebäder, wie sie in vielen Orten üblich sind, auch dem schwachen Kind die Möglichkeit des Badens.

In zahlreichen Seebädern finden sich Kinderheime für anämische, skrofulöse und rachitische Kinder, sogenannte *Seehospize*, deren erstes 1791 in Margate an der Südküste Englands errichtet wurde. Das erste Heim in Deutschland erstand 1882 in Norderney. Von den Seebädern mit Kinderheimen seien genannt: *Wyk* auf Föhr, *Heiligendamm* und *Müritz* in Mecklenburg, *Heringsdorf* und *Kolberg* in Pommern, *Wangerooge* in Ostfriesland. An den südlichen Küsten des Kontinentes *Abbazia*, die Insel *Grado*, *San Pelagio* bei Rovigno, *Cirkvenice*, *Cannes*, *Nizza* und das größte Hospiz Europas in *Berck sur mer* bei Dieppe (Frankreich).

Mittelgebirge. In diesem finden sich zahlreiche sonnige und windgeschützte Orte besonders in den nach Süden offenen Tälern Steiermarks, Kärntens, Tirols, Bayerns und des Schwarzwaldes. Bekannte Kinderheime sind in *Reichenhall-Gmain*, *Garmisch-Partenkirchen*, *Oberstdorf* in Bayern, *Königsfeld*, *Todtmoos* und *Schömberg* im Schwarzwald.

Das *Hochgebirge* ist durch die Reinheit und Trockenheit seiner Luft und den Ultraviolettreichtum des Sonnenlichtes zur Behandlung von Anämien, kindlichem Bronchialasthma und stark sezernierenden Katarrhen der oberen Luftwege besonders geeignet. Kurorte s. S. 302.

Fettsucht

Allgemeines. Bekanntlich unterscheiden wir eine exogene und endogene Fettsucht, wenn es auch vielfach Mischformen gibt. Es ist klar, daß es in dem einen wie in dem anderen Fall zu einem Fettansatz nur dann kommen kann, wenn die Zahl der eingenommenen Kalorien größer ist als die der verausgabten. Daraus ergeben sich zwei Möglichkeiten der Behandlung: Entweder die Zahl der durch die Nahrung aufgenommenen Kalorien zu verkleinern oder (bei gleicher Aufnahme) den Kalorienverbrauch zu vergrößern. Das erste ist Aufgabe der Diät, das letzte Aufgabe der physikalischen Therapie. Diätbehandlung und Physikotherapie ergänzen sich somit, indem sie das gleiche Ziel von zwei entgegengesetzten Seiten angreifen. Die Mittel, die der physikalischen Therapie zur Verfügung stehen, sind einerseits die Thermotherapie, welche durch Erhöhung der Körpertemperatur, andererseits die Bewegungstherapie, welche durch Vermehrung der Muskelarbeit die Verbrennungsvorgänge im Körper zu steigern suchen. Dazu kommt noch die Behandlung mit bestimmten Heilquellen, die gleichfalls den Stoffumsatz erhöhen.

Thermotherapie. Jede thermische Einwirkung, welche zu einer Erhöhung der Körpertemperatur führt, steigert den Stoffwechsel. Diese Steigerung beträgt nach dem Gesetz von PFLÜGER für einen Anstieg der Körperwärme von je ein Grad Celsius 8 bis 10%. Da die therapeutischen Wärmeanwendungen meist nicht lang dauern, ist der durch sie bedingte Mehrverbrauch an Kalorien kein sehr großer. Er entspricht bei einem Dampfbad von 20 Minuten Dauer etwa der Verbrennung von 20 g Fett. Viel größer ist dagegen die durch den Schweißverlust bedingte Gewichtsabnahme.

Sie erreicht im Überwärmungsbad 1 bis 2 kg und darüber. Es wäre natürlich ein Irrtum, diesen Gewichtsverlust als eine bleibende Verminderung des Körpergewichtes anzusehen. Es ist aber ebenso ein Irrtum, ihn als reinen Wasserverlust zu werten, der alsogleich wieder ersetzt wird. Nach F. HOFF ist die Fettsucht stets mit einer hochgradigen Retention von Wasser und Salzen verbunden. Wir bekämpfen diese bekanntlich durch Einschränkung der Wasserzufuhr und durch Entwässerungsversuche mit Salyrgan, Novurit und ähnlichen Mitteln. Durch eine Schwitzkur wird nicht allein Wasser, sondern auch Kochsalz in ganz beträchtlicher Menge ausgeschieden (S. 10). Dazu kommt, daß eine solche Behandlung durch ihre Einwirkung auf den Kreislauf und die innere Sekretion auch über die Zeit ihrer Anwendung hinaus den Stoffwechsel steigert, indem sie gleichsam als Stoßtherapie wirkt.

Eine Hyperthermie kann man durch *Lichtbäder, Heißluft-* und *Dampfbäder* im Kasten oder in der Kammer (römisch-irische Bäder) erzeugen. Ein einfaches, die Körperwärme beliebig hoch treibendes Mittel stellt das *Überwärmungsbad* dar, das durch seine Temperatur und Dauer weitgehend der Individualität des Kranken angepaßt werden kann. Sehr wirksam erweisen sich auch *Sand-* und *Moorbäder*, die am besten in einem Kurort genommen werden.

Meist pflegt man das Schwitzbad mit einer kräftigen *Abkühlung* zu beschließen, um auch noch durch einen Kältereiz den Stoffwechsel anzuregen. Dies geschieht durch ein von 35 auf 25° C abgekühltes Vollbad, in dem sich der Kranke ausgiebig bewegt und frottiert, durch ein Halbbad von 30 bis 26° C, eine Ganzabreibung oder kalte Dusche. Am besten ist ein Schwimmbad, das den Kältereiz mit kräftiger Körperbewegung verbindet.

Bewegungstherapie. Muskelarbeit steigert bekanntlich den Kalorienverbrauch. Von therapeutischer Bedeutung sind jedoch nur Dauerleistungen, bei denen die Gesamtarbeit, gemessen in Kilogrammetern, unvergleichlich größer ist, als bei noch so großen kurz dauernden Kraftleistungen. Zu diesen Dauerleistungen gehört auch das *Gehen*. Man wird daher dem bewegungsfaulen Fettsüchtigen raten, den Weg zu und von seiner Arbeitsstätte zu gehen oder zu radeln, statt mit dem Auto zu fahren, dessen Erwerb häufig mit dem Beginn der Gewichtszunahme zusammenfällt. Jede körperliche Betätigung, wie *Haus-* und *Gartenarbeit*, jeder *Bewegungssport*, wie Rudern, Reiten, Tennisspielen, wirken im Sinn eines Fettabbaues. Von besonderer Wirkung ist nach ZUNTZ das *Bergsteigen*. Auch das Turnen ist eine Form der Bewegungstherapie. Doch hat es nur dann einen praktischen Wert, wenn es täglich wenigstens eine Stunde lang betrieben wird.

Massage. Der unmittelbare Einfluß dieser auf den Stoffwechsel ist wohl nur gering, immerhin hat die Massage bei der Behandlung der Adipositas ihre Berechtigung. Sie steigert bei muskelschwachen und muskelträgen Menschen den Muskeltonus und dadurch den Bewegungstrieb; sie fördert so mittelbar die Muskelbetätigung und den Kalorienverbrauch. Sie wirkt bei Fettherz anregend auf den Kreislauf und damit günstig auf die Herzarbeit. Bei Obstipation, die häufig eine Begleiterscheinung der Fettsucht ist, wird eine Massage des Bauches, verbunden mit einer Gymnastik der Bauchdecken und Atemübungen (S. 282), die Peristaltik des Darmes und die Verdauung unterstützen. Zweckmäßig ist es, einem Licht-, Dampf- oder Heißluftbad eine allgemeine Körpermassage folgen zu lassen.

Die Vorstellung, daß man durch eine Massage örtliche Fettansammlungen beseitigen und so gleichsam modellierend auf die Körpergestalt einwirken kann, ist ein frommer Wunsch. Desgleichen die Vorstellung, daß man örtliche Fettablagerungen durch Paraffinpackungen oder andere Wärmeeinwirkungen zum Schwinden bringen kann.

Heilquellenbehandlung. Das Trinken von Heilquellen kommt bei Adipositas oft mit gutem Erfolg zur Anwendung. Es sind zwei Gruppen von Heilwässern, die sich hier wirksam erwiesen haben, die *alkalischen Kochsalz-* und die *Glaubersalzquellen.* Zu den ersten zählen *Kissingen* in Bayern, *Homburg* v. d. H., *Wiesbaden, Baden-Baden, Neuenahr* im Rheinland. Zu den letzten *Karlsbad, Marienbad, Mergentheim* und *Tarasp* (Schweiz). Diese Quellen erhöhen erwiesenermaßen den respiratorischen Stoffwechsel und wirken anregend auf Verdauung und Peristaltik.

Zur Wirkung des Wassers treten in den Kurorten allerdings noch eine Reihe anderer Faktoren, welche den therapeutischen Erfolg wesentlich unterstützen. Dazu gehören der gleichzeitige Gebrauch der daselbst vorhandenen *Sole-, Kohlensäure- und Moorbäder,* die Möglichkeit zu *Spaziergängen (Terrainkuren)* in landschaftlich schöner Gegend und nicht zuletzt die *diätetische Behandlung,* die nirgendwoanders so vollkommen durchgeführt wird wie in einem Kurort für Stoffwechselkranke, wo häufig schon die öffentlichen Gaststätten auf eine ,,kurgemäße" Diät eingestellt sind. In den meisten der oben genannten großen Heilbäder finden sich außerdem *Spezialsanatorien für Stoffwechselkranke.* Sie haben nicht nur einen therapeutischen, sondern auch einen didaktischen Wert, nämlich den, den Kranken zu einer für ihn zweckmäßigen Lebensweise zu erziehen. Die gegenseitige Beeinflussung, das Beispiel und der Wetteifer tun das übrige, um den angestrebten Kurerfolg zu sichern.

Diabetes mellitus

Allgemeines. Die Therapie des Diabetes wird einerseits von der Diät, andererseits von der Insulinbehandlung getragen. Der physikalischen Therapie kommt bei dieser Erkrankung nur eine unterstützende Rolle zu. Ihr Ziel ist es, den Körper besonders bei geschwächten und heruntergekommenen Kranken zu kräftigen, um so die Stoffwechsellage zu bessern und die Toleranz gegen Kohlehydrate zu erhöhen. Dadurch wird es vielfach möglich, die strenge Diät etwas zu lockern oder die Insulindosis herabzusetzen. Die Mittel, welche diesem Zweck dienen, sind vor allem *Wärme* und *Licht.* Dazu kommt die *Arbeitstherapie,* die durch Muskelarbeit den Zuckerverbrauch erhöht und schließlich das Trinken bestimmter *Heilquellen,* welche den Umsatz der Kohlehydrate günstig beeinflussen.

Thermotherapie. Es kommen vor allem *warme Bäder* in Betracht, und zwar warme, weil in diesen der Blutzuckerspiegel sinkt, während er in kalten ansteigt. In dem gleichen Sinn ändert sich auch die gesamte Stoffwechsellage (MESSERLE, KESTMANN, CATREIN). Das Baden im Meer oder im kalten See- und Flußwasser ist daher den Diabetikern verboten. Andererseits ist von dem warmen Bad nur in leichten und mittelschweren Fällen von Diabetes eine Besserung zu erhoffen, bei schwerem Diabetes können heiße Bäder den Blut- und Harnzucker sogar vermehren. Im übrigen dienen warme Bäder auch der Hautpflege (Furunkulose, Pruritus).

Man verordnet sie meist zwei- bis dreimal wöchentlich in einer Temperatur von 36 bis 37° C und setzt ihnen häufig einen *Kiefer-* oder *Fichtennadelextrakt*, 1 bis 2 kg Stein- oder Sudsalz oder ein Dekokt von Heublumen (Flores graminis) zu. Bei Beschwerden von Seite des Herzens (Fettherz) erweisen sich *Kohlensäurebäder* von 35 bis 36° C zweckmäßig. In dem gleichen Sinn wie warme Wasserbäder wirken auch *Lichtbäder*, die aber, wenn nicht eine gleichzeitig bestehende Fettsucht bekämpft werden soll, nur bis zur Hauthyperämie, nicht bis zum Schweißausbruch führen sollen.

Lichtbehandlung. *Sonnenbäder* in der Ebene wirken, vorsichtig genommen, in ähnlicher Weise wie warme Bäder. Bei der Sonne im Hochgebirge kommt zur Wärme noch eine Ultraviolettlichtwirkung hinzu, die im allgemeinen leistungssteigernd, im besonderen auch dämpfend auf die Zuckerbildung wirkt (GROTE). Über die Wirkung der *künstlichen Höhensonne* ist man sich bisher nicht einig. Während PINCUSSEN bei ihrer Anwendung eine Abnahme des Blut- und Harnzuckers gesehen haben will, konnten LIPPMANN und VÖLKER einen solchen Einfluß nicht feststellen. Sollte dieser aber auch nicht vorhanden sein, so bleibt doch die das Allgemeinbefinden hebende Wirkung des Quarzlichtes bestehen.

Arbeitstherapie. Der Muskel braucht bei seiner Arbeit fast ausschließlich Zucker, den er dem Blut entnimmt. Die Muskelarbeit drückt daher auf den Blutzuckerspiegel. Gleichzeitig aber wirkt sie als Reiz auf die inkretorische Funktion des Pankreas und steigert sowohl bei Gesunden wie bei Diabetikern die Insulinbildung. Doch ist auch hier zu bemerken, daß in schweren Fällen von Diabetes die Muskelarbeit die Glykosurie vermehren kann (v. NOORDEN).

Als Arbeitstherapie ist jede muskuläre Betätigung in Haus, Garten und Feld und jeder Bewegungssport, wie Bergsteigen, Skilaufen, Rudern Radfahren, Reiten u. dgl. zu werten. Es gibt auch Diabetikerheime, wie z. B. in Gars auf Rügen, wo die Arbeitstherapie systematisch betrieben wird.

Heilquellenbehandlung. Wir kennen eine Reihe von Heilquellen, dazu gehören vor allem die *Glaubersalzquellen* (Na_2SO_4 oder Sal mirabile Glauberi), die in Form von Trinkkuren den Stoffwechsel der Diabetiker günstig beeinflussen, ohne daß wir imstande wären, diese Wirkung restlos zu erklären. Wir wissen jedoch, daß diese Quellen den Zuckergehalt des Blutes herabsetzen und dessen Alkalireserven erhöhen, wodurch eine Änderung im Kohlehydrathaushalt zustande kommt, in deren Folge auch die Glykosurie absinkt oder selbst schwindet. Manche Kranke werden in solchen Kurorten bei einer Diät zuckerfrei, bei der sie zu Hause Zucker ausschieden. Dadurch kann vielfach die Insulinzufuhr herabgesetzt oder weggelassen werden. Aber auch Trinkkuren eignen sich nur für leichte und mittelschwere Fälle von Diabetes, schwere sollten davon ausgeschlossen werden.

Zu den von Diabetikern am häufigsten aufgesuchten Heilquellen gehören

die alkalischen Quellen von *Salzbrunn* in Schlesien, *Neuenahr* im Rheinland und *Vichy* in Frankreich,

die Glaubersalzquellen, in allererster Linie *Karlsbad,* daneben *Marienbad, Franzensbad, Elster* und *Bertrich* in der. Eifel.

Sowohl für Trinkkuren als auch für Bäder kommen die *Schwefelquellen* zur Anwendung, von denen bekannt ist, daß sie durch Wirkung auf den Vagus die Insulinbildung vermehren und sowohl bei Gesunden wie bei Diabetikern den Zuckergehalt des Blutes herabsetzen (S. 62). Von Schwefel- und Schwefelwasserstoffquellen seien genannt *Eilsen, Nenndorf* bei Hannover, *Sebastianweiler* in Württemberg, *Baden* bei Wien, *Schallerbach* in Oberösterreich.

Gicht

Allgemeines. Die Gicht ist eine Stoffwechselkrankheit, die durch einen Überschuß von Harnsäure im Blut und in den Geweben gekennzeichnet ist. Wie bei der Therapie jeder Stoffwechselstörung steht auch hier die Diät an erster Stelle. Während diese die Zufuhr aller stark purinhaltigen Nahrungsmittel und damit die Bildung von Harnsäure zu vermindern sucht, sieht die physikalische Therapie ihre Aufgabe darin, den Überschuß an Harnsäure durch Ausschwemmung und Ausscheidung herabzusetzen. Das kann durch warme Bäder, Bewegungstherapie und alle jene Maßnahmen geschehen, welche den Stoffwechsel steigern. Nachdem wir bereits die Behandlung der gichtischen Gelenkerkrankungen in den Abschnitten über Polyarthritis (S. 226) und Monarthritis (S. 232) besprochen haben, verbleibt hier nur die Therapie der Stoffwechselstörung als solcher.

Thermotherapie. *Warme* und *heiße Bäder* haben nicht nur einen günstigen Einfluß auf die gichtischen Gelenkserscheinungen, sondern auch auf die Stoffwechsellage, indem sie diese nach der alkalotischen Seite hin verschieben. Sie erhöhen den Vagustonus, der für die Regelung des Purinstoffwechsels ausschlaggebend ist. Ohne diese Erkenntnisse hat man jedoch heiße Bäder zur Behandlung der Gicht schon seit dem Altertum mit bestem Erfolg gebraucht. Man kann ihre Wirkung durch einen Zusatz leichter Hautreizmittel erhöhen. Als besonders wirksam gelten einerseits *Kochsalz-* und *Sole-,* andererseits *Radonbäder,* die man auch künstlich herstellen kann (S. 75).

An die Stelle warmer Wasserbäder kann ein Schwitzbad im *Licht-, Heißluft-* oder *Dampfkasten* oder der *Heißluft-* oder *Dampfkammer* treten, das man einmal in der Woche nehmen läßt. Das therapeutisch Wirksame einer solchen Schwitzkur liegt nicht so sehr in der Ausscheidung von Harnsäure durch den Schweiß, als vielmehr in der Anregung des gesamten Stoffwechsels und in der Durchspülung der Gewebe, die dadurch zustande kommt, daß die Gewebsflüssigkeit in dem Maß in die Blutbahn einströmt, als diese Wasser durch den Schweiß verliert. In ähnlicher Weise wie Dampf und Heißluft wirken auch *Schlamm-* und *Moorbäder*. Jede Schwitzkur wird mit einer Abkühlung beschlossen, der man zweckmäßigerweise eine *allgemeine Körpermassage* folgen läßt.

Bewegungstherapie. So wie bei der Fettsucht und dem Diabetes mellitus soll auch bei der Gicht für eine ausgiebige Körperbewegung als ein den Stoffumsatz steigerndes Mittel Sorge getragen werden. Das in den früheren Abschnitten bei der Fettsucht und dem Diabetes Gesagte gilt auch hier. Es ist nicht so sehr die Zimmergymnastik, von der wir einen Erfolg erwarten, als vielmehr die *körperliche Arbeit* jeder Art und der *Bewegungssport* (Reiten, Radfahren, Rudern usw.). Jedoch kann allzuvieles Gehen unter Umständen einen akuten Gichtanfall in einem Gelenk auslösen.

Heilquellenbehandlung. Die günstige Wirkung verschiedener Heilquellen auf den Stoffwechsel im allgemeinen wie auf den der Purinkörper im besonderen ist empirisch sichergestellt. Sie ist heute zum Teil auch schon verständlich. So wissen wir, daß alkalische und andere Wässer die Purinausscheidung vermehren und daß Kalksalze den endogenen Purinumsatz einschränken. Zum Trinken werden vornehmlich die nachfolgenden Wässer benützt:

Die Glaubersalzquellen von *Karlsbad, Marienbad, Mergentheim* und *Tarasp* (Schweiz). In den drei ersten Orten finden sich auch Moorbäder, in Tarasp Solebäder, die häufig gleichzeitig mit der Trinkkur gebraucht werden.

Die alkalischen Quellen von *Bilin* in Böhmen, *Fachingen* in Hessen-Nassau, *Vals* in der Schweiz und *Vichy* in Frankreich, die besonders bei verminderter Löslichkeit der harnsauren Salze im Harn (harnsaure Diathese) und Neigung zur Nierensteinbildung aufgesucht werden.

Die alkalisch-erdigen und *erdigen*, d. h. kalziumhaltigen Quellen von *Salzschlirf, Wildungen* und *Marienbad* (Rudolfsquelle).

Die Radonquellen von *Badgastein* und *Hofgastein* in Salzburg, *St. Joachimsthal* in Böhmen, *Oberschlema* und *Brambach* in Sachsen. Sie werden teils zum Trinken, teils zu Inhalations- und Badekuren gebraucht. Das vom Körper aufgenommene Radon hat, wie viele Autoren übereinstimmend bezeugen, eine beträchtliche Steigerung der Harnsäureausscheidung zur Folge.

Die Schwefelquellen von *Aachen, Eilsen* in Sachsen, *Baden* bei Wien, *Baden* und *Schinznach* in der Schweiz finden nicht nur zu Bade-, sondern auch zu Trinkkuren Verwendung. Sie senken den erhöhten Harnsäurespiegel des Blutes und steigern die Ausscheidung der endogenen Harnsäure und des Hypoxanthins (VOGT).

VIII. Die Infektionskrankheiten
Typhus abdominalis

Allgemeines. Die Hydrotherapie der Infektionskrankheiten war früher eines ihrer wichtigsten Anwendungsgebiete. Ihre Bedeutung ist heute stark gesunken, einerseits, weil sich unsere Anschauungen über das Fieber und seine Behandlung grundsätzlich geändert haben, andererseits, weil auch die Serum- und Chemotherapie der Infektionskrankheiten große Fortschritte gemacht haben.

Wirkung der Hydrotherapie. Es gibt kein Mittel, mit dem sich die allgemeine Körpertemperatur so leicht erhöhen läßt wie mit einem heißen Bad, es gibt aber auch umgekehrt kein Mittel, mit dem sich eine fieberhaft erhöhte Körpertemperatur so rasch herabsetzen läßt wie mit einem kalten Bad. Darum ist das kalte Bad bei hohem und lang andauerndem Fieber, wie wir es beim Typhus finden, seit mehr als 200 Jahren therapeutisch in Verwendung. Es ist aber nicht allein die Herabsetzung der Körpertemperatur, weswegen wir es auch heute noch gebrauchen, sondern es sind darüber hinaus eine Reihe von anderen günstigen Wirkungen, welche dem kalten Wasser zukommen.

Dazu gehört die Wirkung auf den *Kreislauf*. Die Kälte verlangsamt die Herztätigkeit und kräftigt sie gleichzeitig. Sie steigert den Tonus der peripheren Gefäße und erhöht den Blutdruck. Dadurch wird nicht nur einem Herz-, sondern auch einem Gefäßkollaps vorgebeugt.

Das kalte Wasser wirkt ferner als Reiz auf das *Atmungszentrum*. Es vertieft die Atmung und sorgt für eine gute Durchlüftung der Lungen. Dadurch werden Atelektasen beseitigt und die Expektoration erleichtert. Bei Vorhandensein einer Bronchitis wird so die Gefahr einer Bronchopneumonie vermindert.

Eine weitere Wirkung von größter Bedeutung ist die auf das *Zentralnervensystem*. Der Kältereiz des Wassers erweckt den Kranken aus seiner Benommenheit und beseitigt, wenn auch nur für Stunden, die Trübung des Sensoriums. Dadurch wird es möglich, mit dem Kranken wieder in geistige Fühlung zu treten, ihn zu veranlassen, Nahrung aufzunehmen, auszuhusten u. dgl.

Schließlich dienen die Bäder auch der *Hautpflege*, die mit Rücksicht auf die durch das Fieber bedingte Schweißbildung, die Gefahr eines Dekubitus und die Neigung zur Furunkulose von größter Bedeutung ist. Auch soll nicht vergessen werden, daß die Haut eine wichtige Bildungsstätte für Immunkörper darstellt.

Technik der Hydrotherapie. Während noch BRAND in den sechziger Jahren des vorigen Jahrhunderts seine Typhuskranken in Wasser von 10 bis 20° C baden ließ und zum Schluß mit eiskaltem Wasser übergoß, beschränkt man sich heute auf das allmählich abgekühlte Bad, wie es zuerst ZIEMSSEN vorschlug, dessen Anfangstemperatur von 32 bis 33° C durch Zufluß von kaltem Wasser im Verlauf von 10 bis 15 Minuten auf 25° C erniedrigt wird. Dabei sinkt die Körpertemperatur um 1 bis 2 Grad ab. Nach STÄHELIN werden ein bis zwei Bäder im Tag gegeben.

Nach dem Bad wird der Kranke auf einem besonderen Lager oder seinem eigenen Bett — in diesem Fall auf einer wasserdichten Unterlage, die später entfernt wird — abgetrocknet. Dann wird er, nachdem man Rücken und Gesäß eingepudert hat, in eine vorgewärmte Decke eingehüllt. Er soll sich alsbald wohl fühlen und darf nicht frieren. Die Wiedererwärmung kann man durch Trinkenlassen von etwas heißem Tee unterstützen.

Damit die Behandlung für den Kranken möglichst wenig anstrengend sei, soll die Wanne fahrbar sein, um an das Bett herangebracht werden zu können, so daß es nur nötig ist, den Kranken in das Wasser und wieder zurück in das Bett zu heben. Das muß durch ein geübtes Personal geschehen. Sind diese Voraussetzungen nicht gegeben, dann ist es besser, von dem Baden Abstand zu nehmen.

Statt der allmählich abgekühlten Bäder hat H. BISCHOFF *Bäder von indifferenter Temperatur* (34 bis 35° C) in der Dauer von einer halben Stunde empfohlen. Zur Anregung des Sensoriums und der Atmung sollen während des Bades Kopf und Nacken mehrmals mit kühlerem Wasser übergossen werden.

Die *Anzeige* für ein Bad ist immer dann gegeben, wenn die Temperatur auf 40° C und darüber steigt oder wenn zwei bis drei Tage hindurch ein kontinuierliches Fieber besteht, auch wenn dieses 39° C nicht überschreitet, weiterhin bei starker Benommenheit und Trübung des Bewußtseins oder drohender Pneumonie.

Gegenanzeigen bilden Herzschwäche, Darmblutung und Darmperforation, Pneumonie und Thrombose. Wegen der Gefahr einer Darmblutung läßt F. HOFF die Bäder in der dritten Woche aussetzen, wenn das Fieber Remissionen zeigt.

Ist das Baden aus den oben angeführten Gründen nicht angezeigt oder aus technischen Gründen nicht durchführbar, dann muß man sich mit einem *Rumpfwickel* begnügen (S. 22). Wenn dieser auch keine wesentliche Erniedrigung der Temperatur zur Folge hat, so wirkt er doch günstig auf den Kreislauf, die Atmung und das Bewußtsein. Der Wickel soll halbstündlich gewechselt werden, sonst kommt es zu einer Wärmestauung. Noch schonender als ein Rumpfwickel ist ein *Stammaufschlag* (S. 22), weil bei seiner Anlegung jede Bewegung des Kranken vermieden wird. Es wird ein mehrfach gefaltetes nasses Tuch auf die Vorderseite des Rumpfes aufgelegt, das halbstündlich erneuert wird, während das trockene Tuch, das unter dem Rücken durchgezogen ist und zur Bedeckung des feuchten dient, dauernd liegenbleibt.

Bei Bronchitis und Pneumonie wird man sich mit Vorteil eines *Brustwickels* oder einer *Kreuzbinde* bedienen. Auch *Teilabreibungen* und *Teilwaschungen* sind zur Belebung und Erfrischung des Kranken oft von Nutzen.

Ist der Kranke fieberfrei und bereits im Stadium der Wiedergenesung, so kann man diese durch Allgemeinbestrahlungen mit der *künstlichen Höhensonne*, durch *Fichten-* oder *Kiefernadelbäder*, durch *Kochsalz-* oder *Solebäder*, durch *Freiluft-Liegekuren* oder durch einen Aufenthalt in einer klimatisch günstig gelegenen *Wald-* oder *Gebirgsgegend* wesentlich fördern.

Masern

Allgemeines. Bei normalem ungestörtem Ablauf der Masern wird eine physikalische Therapie meist nicht nötig sein. Sie wird aber immer dann auf den Plan gerufen, wenn, wie so häufig, die Bronchitis im Vordergrund des Krankheitsbildes steht. Hier werden physikalische Maßnahmen teils vorbeugend wirken, um eine Bronchopneumonie zu verhüten, teils heilend, wenn eine solche bereits besteht.

Hydrotherapie. Die gebräuchlichste Form der Wasseranwendung bei der Bronchitis ist der *Brustwickel* oder die *Kreuzbinde*, die ein bis zwei Stunden liegenbleiben. Bisweilen empfiehlt sich auch das gleichzeitige Trinken von heißer Flüssigkeit, z. B. eines Tees von *Lindenblüten* (Flores tiliae) oder *Holunderblüten* (Flores sambuci), um einen Schweißausbruch zu erzeugen. Ein weiteres Mittel, um die Atmung zu vertiefen und das Aushusten zu erleichtern, stellt ein *warmes Bad* von 37 bis 38° C dar, in dem Nacken und Rücken mit Wasser, das etwa um 10 Grad kühler ist, übergossen werden.

Besteht eine schwere kapillare Bronchitis oder bereits eine Bronchopneumonie, so ist ein *heißes Bad* von 40° C mit kalten Übergießungen des Nackens und Rückens in der Dauer von etwa 5 Minuten das souveräne Mittel. Bringt man die Kinder nach einem solchen Bad ins Bett und deckt sie gut zu, so schwitzen sie meist noch beträchtlich nach.

Die Wirkung auf den Kreislauf und die Atmung kann man noch dadurch verstärken, daß man das heiße Bad zu einem *Senfbad* macht, indem man eine Handvoll Senfmehl (Semen sinapis pulv.) auf ein Stück Leinen gibt, dieses nach Art eines Tabakbeutels zusammenrollt und im Wasser ausschwenkt und ausdrückt. Die thermische Wirkung des heißen Wassers und der chemische Reiz des Senföles führen in wenigen Minuten zu einer enormen Hyperämie der Haut, so daß diese krebsrot wird.

In der Wirkung ähnlich, in der Ausführung aber umständlicher ist der *Senfwickel*, wie ihn HEUBNER empfohlen hat. Er wird in der Weise bereitet, daß man 1 bis 2 Liter Wasser von 40 C° in der beschriebenen Weise mit einem Senfzusatz versieht und in dieses den Wickel taucht. Nachdem man ihn gut ausgewrungen hat, wird er um den Körper des Kindes gelegt und mit einer Wolldecke umschlossen. Ist nach 10 bis 20 Minuten die Haut stark gerötet, so bringt man das Kind in ein warmes Bad, trocknet es ab und gibt ihm einen Wickel von gewöhnlichem zimmerwarmem Wasser, den man ein bis zwei Stunden liegen läßt.

Scharlach

Allgemeines. Ist es bei den Masern die Bronchitis, so ist es beim Scharlach die Nephritis, welche den Gegenstand der physikalischen Therapie bildet. Es ist vor allem die Wärme, die hier in verschiedener Weise zur Anwendung kommt.

Thermotherapie. Schon bei den ersten Anzeichen von Blutdrucksteigerung oder Eiweißausscheidung im Harn empfiehlt die Schule EPPINGER die *Lang-* und *Kurzwellenbehandlung* vorbeugend ein bis zwei Stunden täglich anzuwenden.

Ist die Möglichkeit einer solchen Behandlung nicht gegeben, so macht man einen *heißen Wickel* und kombiniert ihn mit einem *Thermophor*. Auch allmählich von 36 auf 40° C *aufgeheizte Bäder* in der Dauer von etwa 30 Minuten sind empfehlenswert, denen man ein Nachschwitzen im Bett folgen läßt. Näheres lese man bei Nephritis S. 309 nach.

Auch bei der *Lymphadenitis der Halsdrüsen* bildet Wärme das wichtigste Heilmittel. Man mache *warme Umschläge* mit einer Abkochung von Kamillen (Flores chamomillae) oder *Kataplasmen* aus Semen lini pulv. oder Bolus alba, wenn man nicht eines der in den Apotheken käuflichen Fertigpräparate, wie Antiphlogistine, Diphlogen u. dgl. verwenden will.

Erysipel

Allgemeines. Das Erysipel ist ein therapeutisch schwer faßbares und außerordentlich sprunghaftes Krankheitsbild, das einmal trotz aller Therapie fortschreitet, ein anderes Mal ohne eine solche plötzlich haltmacht, so daß die Bewertung der verschiedenen therapeutischen Vorschläge sehr schwer ist. Immerhin dürften wir einerseits im Quarzlicht, andererseits im Glühlampenlicht zwei Mittel besitzen, welche den Krankheitsablauf, vermutlich infolge der durch sie erzeugten Hyperämie, günstig beeinflussen.

Lichtbehandlung. Man bestrahlt die erkrankte Hautfläche über die Grenzen des Erysipels hinaus mit einer künstlichen Höhensonne bis zur Bildung eines Erythems, wozu man bei einem Lampenabstand von 60 cm eine Zeit von durchschnittlich 6 Minuten benötigt (S. 102). Bei unzureichender Hautreaktion kann man einen zweiten Versuch mit einer Bestrahlungszeit von 10 Minuten machen. Weitere Bestrahlungen sind wegen der rasch auftretenden Lichtimmunität meist zwecklos.

An Stelle der ultravioletten kann man auch Wärmestrahlen verwenden, wozu man sich einer *Sollux-* oder *Vitaluxlampe* bedient, die man in einem nicht zu kleinen Abstand 30 bis 60 Minuten lang einwirken läßt. Auch die kombinierte Einwirkung des Quarz- und Glühlampenlichtes oder die Verwendung eines Mischstrahlers, wie ihn die *Bogenlampe* oder *Ultravitaluxlampe* darstellt, ist empfehlenswert.

IX. Die Hautkrankheiten

Ekzem

Allgemeines. Ein Ekzem kann durch die verschiedensten äußeren Reizwirkungen verursacht werden. Gleichzeitig schaffen gewisse Allgemeinerkrankungen, wie Anämie, Skrofulose, Diabetes, Gicht und andere, eine Bereitschaft hierzu. Dementsprechend wird sich die physikalische Behandlung teils gegen die Erkrankung der Haut, teils gegen das disponierende Allgemeinleiden richten. Eine örtliche Behandlung kommt erst dann in Frage, wenn das Ekzem subakut oder chronisch geworden ist. Ein akutes Ekzem ist derart reizempfindlich, daß schon ganz indifferente Maßnahmen, wie ein Wasserbad, den Zustand verschlimmern kann.

Die uns zur Behandlung des Ekzems zur Verfügung stehenden physikalischen Heilbehelfe sind nicht zahlreich. Sie beschränken sich im wesentlichen auf die Anwendung der Wärme- und Ultraviolettstrahlen sowie die der Schwefelquellen.

Wärme- und Lichtbehandlung. Einen Reiz milder Art stellt das *gefilterte Glühlampenlicht* dar, wie es eine *Solluxlampe* mit Rot- oder Blaufilter liefert. Ein Reiz ungleich stärkerer Art ist das *Quarzlicht*, das nach der Ansicht von THEDERING, VOLK und anderen besonders bei chronisch infiltrativen Ekzemformen angezeigt ist. Soll es wirken, dann muß die Bestrahlung bis zur Bildung eines Erythems gesteigert werden.

Sehr gut hat sich das Quarzlicht nach den Erfahrungen des Verfassers auch bei Intertrigo, Ekzema ani und vulvae vor allem wegen seiner den Juckreiz stillenden Wirkung bewährt. Hier genügen schon Dosen, die an der Erythemgrenze stehen. In mehreren Fällen von *Neurodermitis* des Nackens, die seit Jahren bestand, konnte der Verfasser durch eine Quarzlichtbehandlung eine restlose Heilung erzielen.

Allgemeine Quarzlichtbestrahlungen wird man dort geben, wo infolge einer Anämie, Skrofulose oder Stoffwechselstörung eine Neigung zur Ekzembildung besteht, um eine Änderung der Hautreaktion und damit eine Beseitigung der Allergie zu erreichen. Dem gleichen Zweck dienen *Sonnenbäder*, besonders an den Küsten der Adria und des Mittelmeeres. Es ist eine uralte Erfahrung, daß manche chronische Ekzeme im Sommer spontan heilen, um in der lichtarmen Jahreszeit wiederzukehren.

Heilbäderbehandlung. Hier stehen an erster Stelle die *Schwefelquellen*, die sowohl für Bade- wie für Trinkkuren verwendet werden. Ihre Wirkung ist teils eine örtliche, bestehend in der Beseitigung der Krusten und Schuppen sowie der Milderung des Juckreizes, teils eine allgemeine, bewirkt durch die Umstimmung und Kräftigung des gesamten Organismus.

Pyodermien

Allgemeines. Zu den Pyodermien rechnen wir vor allem die Akne vulgaris, den Furunkel und Karbunkel sowie die Hidroadenitis. Alle die Haut hyperämisierenden Verfahren sind geeignet, teils durch die bakterizide Kraft des Blutes, teils durch die Bildung von Immunkörpern in der Haut die Krankheitserreger zu schädigen oder abzutöten.

Thermotherapie. Bei beginnender Infektion der Haut mache man sofort *warme Umschläge* mit Kamillentee (Flores chamomillae) oder eine warme Auflage von *Tonerde* (Bolus alba), doch hüte man sich, allzu starke Wärme anzuwenden. Eine reaktive Verschlimmerung oder Ausbreitung der Infektion könnte die Folge sein.

Ist es bereits zur Eiterung gekommen, dann meide man Umschläge, da sie zu einer Verschleppung der Krankheitserreger führen könnten. Zur rascheren Abheilung ist dann die strahlende Wärme mit Hilfe einer *Wärmelampe* vorzuziehen.

Zur Zeit erfreuen sich zur Behandlung der Furunkel die Kurzwellen einer besonderen Beliebtheit. Sie haben keinerlei spezifische Wirkung und leisten nach Ansicht von KOWARSCHIK, KRUSEN, SCHUBERT, HAAS und LOB nicht mehr als eine gewöhnliche Wärmelampe.

Bei hartnäckiger Akne hat sich dem Verfasser die Anwendung der Dampfdusche besonders bewährt. Zur Behandlung der Gesichtsakne dienen eigene Apparate, sogenannte Gesichtsdampfbäder. Als Ersatz dieser kann der aus einem Inhalationsapparat ausströmende Dampfstrahl dienen.

Lichtbehandlung. Auch das *Quarzlicht* erweist sich bei staphylo- oder streptogenen Erkrankungen der Haut von Nutzen. Bei Furunkeln bestrahlt man nicht nur den Infektionsherd, sondern auch dessen weitere Umgebung bis zur leichten Erythembildung, um neben einer rascheren Abheilung des Furunkels auch einen Schutz der gesunden Haut gegen eine Neuinfektion zu erreichen.

Bei Akne dagegen sind viel stärkere Bestrahlungen nötig, damit es nach Ablauf des Erythems zu einer Abstoßung der obersten Hautschichten, zu einer richtigen Schälung kommt. Nur dann ist ein Erfolg zu erwarten.

Allgemeine Bestrahlungen mit der künstlichen Höhensonne, in noch höherem Maß aber *Sonnenbäder*, sind bei Furunkulose nicht nur ein ausgezeichnetes Mittel, um die Infektion zur Abheilung zu bringen, sondern auch um ihre Wiederkehr zu verhüten.

Heilbäderbehandlung. Die *Schwefelquellen* haben teils in Form von Bade-, teils in Form von Trinkkuren sowohl bei der Furunkulose als auch bei anderen pyogenen Infektionen der Haut meist einen ausgezeichneten Erfolg.

Hautgeschwür

Allgemeines. Unter Hautgeschwür wollen wir hier nicht allein das typische Ulcus cruris, sondern auch die trophischen dekubitalen, Röntgen- und Radiumgeschwüre und in weiterem Sinn alle nicht oder schlecht heilenden Wunden nach Traumen oder Operationen, einschließlich der Fisteln verstehen.

Thermotherapie. Schon ein einfaches Bad von indifferenter Temperatur hat einen die Wundheilung fördernden Einfluß. Darum bringen wir Kranke mit Dekubitus, gangränösen Wunden, Magen- oder Darmfisteln in das Wasserbett (S. 29). Bei schlecht heilenden oberflächlichen Wunden oder Geschwüren pflegen wir *Umschläge* oder *Teilbäder* mit einer Abkochung von *Kamillenblüten* (S. 87) zu machen, die zweifellos eine die Epithelisierung anregende Wirkung haben. In dem gleichen Sinn verwenden wir Teilbäder mit warmem *kohlensäure*haltigem Wasser. In Japan sind auch Vollbäder üblich, die mit einer Temperatur von 38° C täglich 10 Minuten lang gegeben werden (S. 238). Die Wundbehandlung mit *Kohlensäuregasbädern* wurde gegen Ende des 18. Jahrhunderts in verschiedenen Kurorten geübt, ist aber dann völlig in Vergessenheit geraten. Sie wurde neuerdings von COBET und PARADE in Erinnerung gebracht, die sie vor allem bei Gangräne empfahlen (S. 66).

Zur Behandlung von Fisteln haben dem Verfasser *Dampfduschen* sehr gute Dienste geleistet, die sicherlich den *Heißluftduschen* überlegen sind. Auch die strahlende Wärme einer *Sollux-* oder anderen *Wärmelampe* kann bei schlecht heilenden Wunden oder Geschwüren von Nutzen sein, wenn sie auch an Wirksamkeit der feuchten Wärme nachsteht.

Lichtbehandlung. Schon HIPPOKRATES beschreibt in seinen Aphorismen die heilende Wirkung des Sonnenlichtes bei Wunden jeder Art, besonders bei offenen Knochenbrüchen. Die Behandlung mit *Sonnenlicht* wurde dann später völlig vergessen und erst wieder 1774 von dem Franzosen FAURE bei Fußgeschwüren empfohlen. Heute bedienen wir uns neben der natürlichen Sonne auch des *Quarzlichtes*. Will man die Heilung einer Wunde oder eines Geschwürs anregen, dann muß man diese einschließlich ihrer Umgebung bis zur leichten Erythembildung bestrahlen, wobei man jedoch gut tun wird, falls bereits ein Epithelsaum vorhanden ist, diesen gegen die Einwirkung des Lichtes durch Bedecken mit einer Zinkpasta zu schützen.

Elektrotherapie. Auch die *Lang-* und *Kurzwellentherapie* hat man zur Behandlung von Beingeschwüren empfohlen. Man wird sich bei ihrer Anwendung nicht nur auf die Erwärmung des Geschwüres beschränken, sondern diese auf den ganzen Unterschenkel ausdehnen. Zur Epithelisierung kleinerer Hautverluste hat sich auch die Berieselung mit *Hochfrequenzfunken* bewährt.

Heilbäderbehandlung. Die *Radonbäder*, unter ihnen vor allem *Teplitz-Schönau* in Böhmen sowie *Badgastein* in Salzburg, genießen seit langer Zeit den Ruf, die Heilung von Wunden, Geschwüren und Fisteln zu fördern. Ähnliches gilt von den *Schwefelquellen*. Zur Vermeidung von Wiederholungen sei auf das S. 63 und 76 Gesagte verwiesen.

Schrifttum über die gesamte physikalische Therapie

American Council of Physical Medicine and Rehabilitation: Handbook of Physical Medicine and Rehabilitation, 5. Aufl. Chicago.

American Medical Association: Handbook of Physical Medicine and Rehabilitation. Philadelphia and Toronto: The Blakiston Company. 1950.

BIERMAN, W. and S. LICHT: Physical Medicine in General Practice, 3. Aufl. New York: P. B. Hoeber. 1952.

DESSAUER, FR.: Zehn Jahre Forschung auf dem physikalisch-medizinischen Grenzgebiet. Leipzig: G. Thieme. 1931.

Ergebnisse der physikalisch-diätetischen Therapie. 5 Bände 1939—1956. Dresden u. Leipzig: Th. Steinkopff.

GOLDSCHEIDER u. JAKOB: Handbuch der physikalischen Therapie, 2 Bände. Leipzig: G. Thieme. 1901.

GROBER, J.: Klinisches Lehrbuch der physikalischen Medizin, 2. Aufl. Jena: G. Fischer. 1950.

HOLZER, W.: Physikalische Medizin in Diagnostik und Therapie, 6. Aufl. Wien: W. Maudrich. 1947.

KIERNANDER, B.: Physical Medicine and Rehabilitation. Springfield, Ill. 1953.

KLARE, V. u. H. SCHOLZ: Die physikalische Medizin in der täglichen Praxis. Wien: Urban u. Schwarzenberg. 1949.

KUKOWKA, A.: Abhandlungen aus dem Gebiet der physikalischen Therapie. Leipzig: G. Thieme. Bd. I 1954, Bd. II 1955.

LAMPERT, H.: Physikalische Therapie, 3. Aufl. Dresden u. Leipzig: Th. Steinkopff. 1955.

LAQUEUR, A. u. J. KOWARSCHIK: Die Praxis der physikalischen Therapie, 4. Aufl. Wien: Julius Springer. 1937.

MARCUSE, H.: Physikalische Therapie in Einzeldarstellungen. Stuttgart: F. Enke. 1907.

OSTERMANN, M.: Praktikum der physikalisch-diätetischen Therapie, 3. Aufl. Liesthal, Schweiz: Lüdin A.G. 1952.

SCHOLTZ, H. G.: Physikalisch-diätetische Therapie, 3. Aufl. Leipzig: G. Thieme. 1951.

Year Books of Physical Medicine and Rehabilitation. Chicago: The Year Books Publishers.

Sachverzeichnis

Abhärtung 59
Abreibung 16
Absorption 54
Achillodynie 141
Adiposalgie 141
Adipositas 318
Adnexitis 45, 313
Adsorption 54
Akne vulgaris 45, 106, 328
Akrozyanose 295
Aktivator für Radonkuren 73
Alopecia areata 106
— seborrhoica 106
Alphastrahlen 69
Amenorrhöe 106, 142, 169, 314
Anämie 59
Angina pectoris 106, *283*
Angiosen 285
Angitiden 285
Anodenstrom 137
Anschlußapparate 108
Antiphlogisticum Dr. KLOEPFER 86
Antiphlogistine 86
Aphasie, motorische 361
Aquasollampe 49
Armguß 41
Arsonvalisation 134
Arterien, Krankheiten der 285
Arteriosklerose 68, 76, *285*
Arthritis 57, 76, 141
— traumatica 236
— tuberculosa 233
Arthropathie, trophische 232
Arthrosis 76, 106
Asthma bronchiale 59, 106, 134, 169, *294*
Ataxie 195
Atmung, künstliche 246
Atmungslähmung bei Poliomyelitis 246
Atmungsorgane, Krankheiten der 289
Atmungsübungen 282, 292, 293, 295
Atonie des Magens und Darmes 304
Aufladung, elektrische 141
Aufstehen, das 196
Auftrieb 27

Bad, elektrisches 113, 114
Badereaktion 55
Badewannen 26
Bäder 29
Bakterien, Wirkung des Lichtes auf 186

Balneotherapie 52
BASEDOWsche Krankheit 279
Bassinbad 26
Bauchfell, Krankheiten des 307
Bauchmassage 306
BECHTEREWsche Krankheit 226
Beschäftigungsneurosen 277
Bestrahlungstreppe 103
Betastrahlen 69
Bewegungen, passive 168
Bewegungstherapie 176
BIERsche Stauung 234
Biomotor 247
Blaulicht 46
Blut, Wärme- und Kältewirkung auf das 7
Blutdruck, Wärme- und Kältewirkung auf den 7
Blutgefäße, Krankheiten der 285
— Wärme- und Kältewirkung auf die 7
Blutleere nach ESMARCH 287
Bogenlampe 94
Bolus alba für Umschläge 86
Brachialneuralgie 271
Breiumschlag 86
Bronchialasthma 294
Bronchitis acuta 289
— chronica 169, 291
Bronchopneumonie 169
Bursitis 235
Bürstenmassage 207

Calcaneodynie 235
Cellulitis 141
Cholecystitis 307
Chromotherapie 46
Chronaxie 123
Claudicatio intermittens 285
Coccygodynie 106
Curie 71
Cystitis 310

Dampfdusche 44
Dampfkammer 42
Dampfkastenbad 42
Darm, Wärme- und Kältewirkung auf den 8
Darmbad 305, 309
Darmspasmus 109
DASTRE-MORATsche Regel 8
Dauerbad 29

Dehnungsübung 186
Dermatosen, juckende 106
— pyogene 106
Diabetes insipidus 169
— mellitus 59, *320*
Diathermie, Kurzwellen- 151
— Langwellen- 142
Diathese, exsudative 58, *315*
Dielektrikum 159
Dielektrizitätskonstante 166
Dielektrolyse 119
Diphlogen 86
Dipol 174
Dissoziation, elektrische 115
Diurese 76
Doppelanodenröhre 109
Dornostrahlen 91
Dosimetrie der Ultraviolettstrahlen 102
Dreielektrodenröhre 136
Dreiviertelpackung 21
Druck, hydrostatischer 27
Drüsen, endokrine 7, 76
DUPUYTRENsche Kontraktur 236
Duschen 36
Duschenkatheder 37
Duschenmassage 38
D-Vitamin 105
Dysmenorrhöe 76, 169
Dystonie, vegetative 68, 274

Effleurage 205
Effluvienbehandlung 140
Eifelfango 80
Einheit, elektrostatische 71
Eisbeutel 24
Ekzem 76, 106, 141, *327*
Elektroden, Polung der galvanischen 111
Elektrodenreiter 133
Elektrogymnastik 128
Elektrolyse 116
Elektromechanotherapie 128
Elektronenröhre 136
Elektroosmose 115
Elektrophorese 115
Elektropyrexie 164
Elektrotherapie 107
Emanatorium 71
Emphysem 59, *134*
Empyem 109, 291, 297
Encephalitis 68
Endangiitis obliterans 68, 76, *285*
Enteritis 302
Entlastungsübungen 191
Epididymitis 312
Epikondylitis 141
Erfrierung 45, 106, 285

Erschöpfungszustände 106
Erschüttern 213
Erysipel 106, *327*
Erythembestrahlung 102, 106
Erythromelalgie 285
Exponentialimpulse 123, 134

Facialislähmung 255
Fächerdusche 37
Fallübungen 265
Fango 76
Faradisation 125
Febris rheumatica 224
Feld, elektrisches 153
Feldstärke der Kurzwellen 160
Fettsucht 58, *318*
Fibrositis 141
Fichtennadelbäder 87
Finsenlampe 95
Fissur 141
Fistel 45
Flores graminis 87
Fluor vaginae 314
Foenum graecum pulv. 86
Förderübungen 181
Frauenkrankheiten 57, 79, 170, *313*
Freiluft-Liegekur 234, 299
FRENKELsche Übungstherapie 268
Frequenz 135
Friktion 207
Funkenstrecke 135
Furunkel 45, 51, 106, 170, 328
Fußbad 33
— allmählich aufgeheiztes 34
— wechselwarmes 34

Gallenwege, Krankheiten der 307
Galvanisation, konstante 108
Galvanonarkose 119
Galvanotaxis 119
Gammastrahlen 69
Ganzabreibung 17
Ganzpackung 19
Gase, nitrose 100
Gastritis 302
Gefäße, Krankheiten der 68, 76
Gehbänkchen 197
Gehübungen 196
Geigerzähler 70
Gelenke, Verletzungen der 58, 236
Gelenkkrankheiten 224
Gelenktuberkulose 233
Gelose 208
Gelotripsie 208
Geschlechtsorgane, Krankheiten der männlichen 311
— — weiblichen 313
Geschwüre 45, 51, 141

Gesetz der reziproken Innervation 195
— von JOULE 142
Gicht 58, 76, *322*
Gingivitis 106
Glomerulonephritis 224
Glühkathodenröhre 108, 137
Glühlampen 45
Güsse 40

Halbbad 31
Halblichtbad 48
Halbwertzeit 70
Harnorgane, Krankheiten der 308
HAUFFEsches Teilbad 34
Haut, Krankheiten der 51, 76, 106, *327*
Hautgeschwür 106, 141
Hautnerven, Neuralgie der 141
Hautreiztherapie 233, 239, 268
Heilbäder 52
Heilgymnastik 176
Heilsedimente 77
Heißluftapparat 43
Heißluftbad 42
Heißluftkammer 42
Heißluftkasten 42
Heißwasserkissen 25
Heizkissen, elektrisches 25
Hemichorea 263
Hemiplegia 258
— spastica infantilis 263
Hepatitis 307
Hertz 135
Herz, Krankheiten des 280
— Wärme- und Kältewirkung auf das 7
Herzmassage 281
Heublumenbad 87
Heufieber 59
Hidroadenitis 328
Histamin-Iontophorese 122
Hochfrequenztherapie 134
Hochspannungstransformator 138
Höhensonne, künstliche 97
Hydrotherapie 1, 13
Hyperthermie 1, 30
Hyperthyreose 279
Hypertonie 68, 76
— des Magens und Darmes 304
Hypogalaktie 106, 314
Hypothermie 1, 24
Hypotonie 59

Impulsform 123
Indifferenzpunkt 2
Infektionskrankheiten 324
Infraphillampe 50
Infrarotstrahlung 45
Insuffizienz, statische 134, 240

Intensitäts/Zeitkurve 123
Intentionsübung 128
Ionen 52
— parasitäre 120
Ionendurchlässigkeit der Haut 54
Ionentherapie 119
Ionenwanderung 115
Iontophorese 119
Ischias 106, 141

JOULEsche Wärme 143
Jupiterlampe 95

Kältebehandlung 1, 24
Kaltquarzlampe 99, 106
Kaltwasseranwendung, Grundregeln der 14
Kaltwasser-Heilanstalten 276
Kamillenbad 87
Kammer, allergenfreie 296
— klimatische 229, 296
— pneumatische 296
Kammgriff 207
Kandem-Bogenlicht 95
Karbunkel 51, 170, 328
Kardiospasmus 169
Kataphorese 116
Kataplasma 86
Kehlkopf, Krankheiten des 51, 106
Kennypackungen 245
Kennzeit 123
Kiefernadelbad 87
Kinderheime 317
Kinderkrankheiten 58
Kinderlähmung, spinale 243
— zerebrale 263
Klimakammer 229, 296
Klimakterium 76
Klopfen 211
Kneten 209
Kniefuß 40
Knochen, Verletzungen der 236
Kochsalzbäder 56
Körpertemperatur, Wärme- und Kältewirkung auf die 9
Kohlenbogenlicht 99
Kohlensäurebäder 63
Kohlensäure-Gasbad 66
Kohlensäurequellen 64
Kolpitis 106
Kondensatorentladung 136
Kondensatorfeld, Behandlung im 153, 156
Konstitution 12
Konstitutionskrankheiten 315
Kontraktur 186
Konvektion 3

Konzentrationsänderungen an Grenzschichten 116
Koordination, Verbesserung der 196
Kopflichtbad 219
Kopfschmerz 141
Koronarinsuffizienz 68, 283
Kräuterbad 87
Kräuterumschlag 25
Kraftübungen 177
Kreidebad 80
Kreuzbinde 23
Kromayer-Lampe 99
Kryotherapie 1
Kühlapparate 24
Kurzwellenapparate 155
Kurzwellendiathermie 151
Kurzwellenhyperthermie 164
Kyphose, paralytische 248
Kyphoskoliose 240

Lähmung des N. facialis 255
— — N. fibularis 257
— — N. medianus 257
— — N. radialis 256
— — N. ulnaris 257
— mononeuritische 255
— polyneuritische 254
Lähmungen 242
— peripherer Nerven 255
— schlaffe 154
— spastische 263
Laryngitis 289
Laufkatze 197
Leber, Krankheiten der 307
Leinsamenmehl 86
Leitfähigkeit, dielektrische 152
Lichen accuminatus 106
— chronicus Vidal 106
— ruber planus 106
Licht, Wirkung auf Bakterien 106
Lichtbad 47
Lichtbehandlung 89
Lichtbogen 94
Lichtempfindlichkeit der Haut 104
Lichtgewöhnung 104
Liegelichtbad 48
LITTLEsche Krankheit 263
Lockerungsübungen 186
Löschfunkenstrecke 136
Luftbad 93
— bei Tuberkulose 454
Luftsprudelbad 68
Lumbago 238
Lunge, eiserne 245
— elektrische 247
— Wärme- und Kältewirkung auf die 7
Lungenabszess 169

Lungentuberkulose 299
Lupus vulgaris 96, 106

MACHE-Einheit 71
Magen, Krankheiten des 304
— Wärme- und Kältewirkung auf den 8
Magengeschwür 303
Magnetronröhre 171
Masern 326
Massage 202
— des Bauches 306
— der Prostata 312
— gleitende Saugmassage 215
— synkardiale 214
Mastitis 313
Mechanotherapie 176
Meerbäder 58
Meralgia parästhetica 141
Migräne 59, 141
Mikrocurie 71
Mikroelemente 52
Mikron 46
Mikrowellentherapie 170
Monarthritis acuta 230
— chronica 232
Monode 161
Moorbäder 76
Moorersatzbäder 78
Moorschwebstoff 78
Moorwasserbäder 78
Morbus Basedow 59, *279*
— Bechterew 226
— Parkinson 68, 87, *264*
— Raynaud 68, *285*
Motorumformer 108
Mundhöhle, Krankheiten der *106*
Muskelatrophie 134
— progressive spinale 254
Muskeldystrophie 254
Muskeln, Krankheiten der 238
— Wärme- und Kältewirkung auf die 8
Muskelrheumatismus 238
Muskeltonus, Wärme- und Kältewirkung auf den 9
Mutterlauge 57
Myalgia 238
Myokarditis 283

Nanocurie 71
Narbenneuralgie 141
Nase, Krankheiten der 51
Nebenhöhlen der Nase, Krankheiten der 51
Nephritis 308
Nephrose 170

Nerven, vegetative, Wärme- und
  Kältewirkung auf die 8
Nervensystem, Krankheiten des 242
Neuralgie 51, 106, 141
Neurasthenie 274
Neuritis 106, 141
Neurodermitis 106
Neurosen 274
Neuroton 109
Nieren, Krankheiten der 308
— Wärme- und Kältewirkung auf
  die 8
Nordseebäder 59
Nullpunkt, absoluter 4
Nutzzeit 123

Obstipation, chronische 134, 169, *304*
Ohr, Krankheiten des 51
Ostseebäder 59

Packungen 19
Pantostat 109
Paradentose 106
Paraffinpackungen 84
Paralysis agitans 68, 87, *264*
Paraplegie, spastische 263
Parkinsonismus 264
Peloide 76
Pelose 80
Pendelapparate 186
Periarthritis humero-scapularis 235
Perimetritis 45, 313
Periode 135
Pes planus 134
Petrisage 209
PFLÜGERsches Gesetz 129
Pharyngitis 289
Phlebitis 288
Pigmentbildung 104
Piszine 26
Pityriasis rosea 106
— versicolor 106
Plattfuß 241
Pleuritis 297
Plexusneuralgie 271
Pneumonie 296
Pocken 46
Polarisation, dielektrische 154
Poliomat 246
Poliomyelitis 243
Polyarthritis acuta 224
— chronica 226
Polyneuritis 254
PONCETscher Rheumatismus 233
Portioerosionen 106
Prießnitzumschlag 23
Profunduslampe 51
Prostatahypertrophie 312

Prostatamassage 312
Prostatitis 170, 312
Pruritus 76
Psoriasis vulgaris 76, 106
Punkte, motorische 129
— Verschiebung der 129
Psychotherapie 274
Purinstoffwechsel 62, 75
Pyelitis 310
Pylorospasmus 169, 304
Pyodermie 328

Quarzlampe 97
— kalte 99
Quecksilberquarzlicht 96
Quengelverband 188
Quergalvanisatioon 113
Querschnittläsion 263

Rachitis 106, 315
Radardiathermie 170
Radialislähmung 256
Radium- und Radontherapie 69
Radiumbadekur 74
Radiumemanation 69
Radiumquellen 74
Radiumsalze 75
Radiumtrinkkur 72
Radon 69
Randwirkung 146
RAYNAUDsche Krankheit 68, *285*
Reaktion des Kranken 12
— konsensuelle 4
Reaktionslage, vegetative 12
Reaktionszeit 10
Reflexzonenmassage 213
Regel von VAN'T HOFF 10
Regendusche 37
Reiben 207
Reizdauer 123
Reizpause 124
Reizstromtherapie 122
Reizsummation 124
Rekonvaleszenz 59
Resonanz 160
Resorption durch die Haut 54
Rheobase 123
Rhinitis 290
Rippenfell, Krankheiten des 297
Röhrenumformer 108
Röntgenverbrennung 76
Rollenzug 177
Rotlicht 47
Rumpfwickel 22

Salhumin 78
Salimor 78
Sandbad 82

Sachverzeichnis

Saug- und Druckbehandlung 287
Saugmassage, gleitende 215
Sauna 42
Scharlach 326
Schedeschiene 188
Scheide, Krankheiten der 106, 314
Scheidenlampe 313
Schenkelguß 41
Schilddrüse, Krankheiten der 279
Schlaflosigkeit 169
Schlammbäder 80
Schlammkompressen 82
Schlammpackungen 80
Schleimbeutel, Krankheiten der 235
Schlick 76
Schnellkraftübung 180
Schreibkrampf 278
Schreibübungen 226
Schrifttum über Elektrotherapie 175
— — gesamte physikalische Therapie 330
— — Heilbäderbehandlung 88
— — Mechanotherapie 222
— — Ultraviolettlicht-Behandlung 107
— — Wärme- und Kältebehandlung 51
Schüttelbewegungen 187
Schwarzwasserbad 78
Schwefelbäder 59
Schwefelquellen, Chemie der 59
Schweißbildung 9
Schweißdrüsenabszeß 51
Schwellstrom 128
Schwerkraft 180, 198
Schwingungen, elektrische 135
— elektromagnetische 89
— gedämpfte 135
— ungedämpfte 135
Schwingungszahl 135
Schwingungszeit 135
Schwungbewegungen 186
Seebäder 58
Sehnenscheiden, Krankheiten der 235
Semen lini pulv. 86
— sinapis 88
Senfmehlbad 88
Servomat 160
Sinnesorgane, Wärme- und Kältewirkung auf die 8
Sinusitis 289
Sinusstrom 125
Sitzbad 33
Sklerodermie 76
Skoliose 134
Solluxlampe 49
Sonnenbad 91
— bei Tuberkulose 300

Sonnenbrand 103
Sonnenlicht 90
Spasmophilie 106
Species emollientes 86
Spektrum, elektromagnetisches 89
Spinalparalyse 236
Spitzenwirkung 159
Spitzfuß 193, 248
Spondylarthritis ankylopoetica 226
Spondylarthrosis 226
Spulenfeld, Behandlung im 156, 160
Spurenelemente 52
Stammaufschlag 24
Stammwickel 22
Stangerbad 114
Steinsalz 57
Stenokardie 283
Sterilität 63, 313
Stoffwechsel, Wärme- und Kältewirkung auf den 9
Stoffwechselkrankheiten 315
Stomatitis 106
Strahldusche 37
Streichen 205
Stromwärme 143
Styloidalgie 141
Sudsalz 57
Synkardon 214

Tabes dorsalis 68, 141, *266*
Tachykardie 281
Tapotement 211
Tarsalgie 141
Teilabreibung 16
Teilbad, allmählich aufgeheiztes 5, *34*
Teillichtbad 48
Teilwaschung 17
Temperaturmessung 3
Tendovaginitis 235
Terrainkuren nach ÖRTL 282
Thermophor 25
Thermotherapie 1, 10
Thrombophlebitis 76, *289*
Thyreotoxikose 279
Tickkrankheit 278
Toleranzpunkt 2
Tonerdeumschlag 86
Transmineralisation 199
Triode 136
Tuberkulose der Drüsen 59, 106
— — Gelenke 59, 106, *233*
— des Kehlkopfes 106
— der Lunge 59, 106, *299*
Typhus abdominalis 324

Überwärmungsbad 29
Ulcus cruris 106
— duodeni 303
— ventriculi 303

Ultraphillampe 98
Ultraschall 176, *216*
Ultraviolettlicht-Behandlung 87
Ultraviolettlichtdosimeter 102
Ultraviolettlichterythem 102, 106
— bei Ischias 273
Ultravitaluxlampe 57
Umschläge 19, 23, 25
Unterguß 41
Unterwasserdusche 39
Unterwassergymnastik 198
Unterwassermassage 38
Uretersteine 310

Varizen 288
Vasoneurose 285
Venen, Krankheiten der 288
Verdauungsorgane, Krankheiten der 302
Verletzungen der Knochen und Gelenke 236
Verschiebungsstrom 154
Vibrationsmassage 212
Vierzellenbad 113
Vigantol 105
Vitaluxlampe 50
Vitamin D 105
Vollbad, allmählich aufgeheiztes 29
— elektrisches 114
Vollichtbad 47

Wärme, geleitete 11
— gestrahlte 11
— spezifische 3
Wärmebehandlung 1
Wärmebestrahlungslampen 49
Wärmekapazität 3
Wärmeleitvermögen 2
Wärmeströmung 3
Walken 209
Wannen 26
Wasserbett 29
Wassertreten 33
Wellenlänge 46, 135
WERNICKE-MANNscher Prädilektionstypus 258
Wessely-Lampe 106
Whirlpoolbad 36
Widerstand, dielektrischer 152
— kapazitiver 152
— manueller 177
— mechanischer 177
WIENsches Verschiebungsgesetz 46
Winkelmaß 188
WINTERNITZsches Magenmittel 6
Wirbelströme 160
Wirbelstrombad 36
Wunden, schlecht heilende 76, 106
Wundheilbäder 238

Zellenbad 110

MIX
Papier aus verantwortungsvollen Quellen
Paper from responsible sources
FSC® C105338

If you have any concerns about our products,
you can contact us on
ProductSafety@springernature.com

In case Publisher is established outside the EU,
the EU authorized representative is:
**Springer Nature Customer Service Center GmbH
Europaplatz 3, 69115 Heidelberg, Germany**

Printed by Libri Plureos GmbH
in Hamburg, Germany